Innovative Design Principles of Packaging Machinery

包装机械创新设计原理

许林成 著

·北京·

内 容 简 介

现代包装机械已建立相当完整的工业与学科体系。本书基于创造学的新理念，力求结合生产实际反映这方面发展的新成就。

全书内容丰富，整个编写结构由相互联系的两大篇组成，包括包装机械的创新设计总论及其组合机构创新设计原理。后者是重点，引入大量的包装机械组合机构范例，还附加适量的计算机编程，所用解题方法多种多样，学以致用。

本书可供从事包装机和相近自动机研发、设计、制造、使用等工作的广大科技人员参考，并提供一些技术资料；也可作为高等院校相关专业研究生、本科生的教学用书。

图书在版编目（CIP）数据

包装机械创新设计原理/许林成著.—北京：化学工业出版社，2021.4

ISBN 978-7-122-38525-3

Ⅰ.①包…　Ⅱ.①许…　Ⅲ.①包装机-机械设计　Ⅳ.①TB486

中国版本图书馆 CIP 数据核字（2021）第 026653 号

责任编辑：陈　喆　　王　烨　　　　装帧设计：王晓宇

责任校对：王素芹　　　　封面设计：张挹天

出版发行：化学工业出版社（北京市东城区青年湖南街 13 号　邮政编码 100011）

印　　装：北京新华印刷有限公司

787mm×1092mm　1/16　印张 28¼　字数 700 千字　2022 年 2 月北京第 1 版第 1 次印刷

购书咨询：010-64518888　　　　售后服务：010-64518899

网　　址：http://www.cip.com.cn

凡购买本书，如有缺损质量问题，本社销售中心负责调换。

定　　价：198.00 元

作者简介

许林成，1932年生，辽宁省鞍山人，江南大学（原无锡轻工大学）教授，我国包装工程（主攻包装机械）高等教育创始人之一。

1951年保送至大连工学院化工机械专业本科学习，1957年南京工学院食品机械研究生毕业。

在近四十年的教育生涯中，作为学科带头人积极致力于我国食品机械和包装工程两个新兴专业高级科技人才的培养工作，并参与大量社会学术活动，在国内有一定的影响。

学术上，主要从事包装机械现代设计学的系统研究和包装工程高等教育学的综合研究，取得一系列创新成果。先后发表70余篇科研论文，着重解决包装界公认的若干专业技术难题。主编参编国内外第一部系统深入阐述包装机械设计理论与方法的专著《包装机械原理与设计》及全国统编教材《包装机械》。发明创造多功能旋晃机，获得国家专利和部级科技成果奖。晚年继续著书立说，独自完成又一部新著《包装机械创新设计原理》，为构建和发展包装机械学科体系做出应有的贡献。

自立治学格言：顺水行舟，慢进则退。奋斗一生，得到社会肯定。1992年起享受国务院授予的政府特殊津贴；2007年荣获中国包装工程学会授予的包装科技教育终身成就奖；还获得其他有关学会和协会授予的多项奖励。

前　言

迄今，在中国乃至世界许多国家，包装机械作为新兴包装工程主要支柱之一，业已建立了相当完整的现代工业与学科体系。尤其是，随着机电一体化与智能化的加速推动，整个体系发生了巨大变化，在机械类型、机构组合、自动控制以及制造技术诸多方面，大幅度推陈出新，面貌焕然一新，遂引起包装工程界的广泛关注。另外，社会上希望学术界与时俱进，编写出版较高档次、凸显创新风格的包装机械专著的呼声也逐年增长。处于这样的时代背景，本书应运而生，不落窠臼，试图深入反映有关的新技术和新成就。

科学－技术－生产的统一大系统正在各个工业领域逐步形成，促进现代的科学研究和产品开发日益趋向于社会集体活动。突出表现在，创新技术课题大都是较大型、多学科、复杂性的，同时要求高质量、高速度、高效益完成任务。为此，需要集合、依靠一大批通中有专的多种人才，搞跨学科的分工协作。基于此一认识，本书力求主题鲜明、内容广博、论理透彻、学以致用，而对机与电的安排则有所侧重。

开宗明义。首先阐述《包装机械创新设计原理》一书命名的根本依据，大体上概括为两点：

第一，常言道，不依规矩，难成方圆。不言而喻，精通包装机械的设计原理，可谓是所有从事该机械设备创新设计应该牢固掌握的基本功。笔者借鉴前人的大量科技成果，加之总结个人的创业工作经验，提出一套以创造学说为指导思想的设计理念、设计准则和设计技巧，不妨作为研究开发和改进设计包装机械产品的有益参考。

第二，设计需要创新，同理，著书也务必创新。笔者在长期参加教学、科研以及生产实践活动中，运用先进科学方法，潜心于包装工程、包装机械、包装组合机构等理论与应用的综合系统研究，获得了一系列突破性进展。现将这些研究成果汇集于本书正式发表，愿与读者一道为构建和发展庞大的包装机械学科体系添砖加瓦。

出于这种力量的驱动，近十余年来，笔者克服重重困难，付出了艰苦的劳动。特别值得一提的，尽管自己年事已高，依然持之以恒，每年多次赴上海等地参观国际性包装机械及机械技术之类展览会，从中洞察前沿、了解动向、充实素材、增补选项，不断完善编写质量、提高学术水平，竭力把新著写出下述应有的特色。

现代包装机械一般设有执行与操作系统、传动与主传送系统、控制与检测系统，又常涉及高新技术的交叉、渗透、融合。然而不管机械设备如何先进，机构同其他装置的本质区别仍在于，前者能够产生确定的机械运动，使各个部分相互协调配合实现预期的生产过程。可见，由机械内部多种机构有机组成的完整技术系统，乃是机械创新设计的核心所在。在此必须认识到，要设计好别具特点的包装机械，尚需将传统机构与广义机构同包装工艺、包装材料、包装设计、包装技术紧密结合在一起加以全面考察和充分研究；切实体现其功能，高效发挥其性能，以更好满足社会需求，紧跟时代潮流保持一定的生命力。

全书的主体结构由互有内在联系的两大篇组成，包括包装机械创新设计总论和包装机械组合机构创新设计原理。后者所占比重最大，并将撰写的重点落实到供送、主传送、充填、裹包、装盒、包装生产线（分流一合流）六个分支系统，以便取得以点带面、举一反三的效果，从而有助于打好专业基础，增强应变能力。

鉴于本书内容多系笔者的学习研究心得，所以十分重视理论与实践的辩证统一。面向工程的具体课题，有的章节特意安排了一题多证、甚至一机多用（同一类型机构，根据用途可制定多个机构结构不尽相同的组合方案），借此启发读者开放思路、扩展视野，提高机动灵活创新设计的本领。

书中引入数量可观的机构组合及组合机构的范例，均有较强的典型性、创新性、主导性和实用性，而且着重对包装界公认的一些专业技术难题开展攻关，设法由浅入深、搞清概念、化繁为简、推广运用。至于解题方法也多种多样，以计算机辅助设计与分析为先导，除加强常规的设计法之外，还精选了优化设计法、仿真设计法、选型设计法，等等。与此相呼应，附加适量的计算机编程（运用 MATLAB 语言），帮助读者融会贯通，自主解决各类设计计算问题。强调指出，按照各种既定目标所建立的数学模型，其推导结果基本通过上机检测或者生产实践验证。

本书图文数表并茂。欲求论证与推导的合理、确凿、高效，其中大部分插图由笔者亲自借助电脑绘制。对援引国内外公开的包装机械产品样本的一些图像资料，几乎都给予适当的简化和修饰，使之符合专著出版的要求。

本书主要供食品、医药、轻工、纺织、机械、兵器、化工、印刷、电子、仪表等工业部门从事包装机和相近自动机的研发、设计、制造、使用工作的广大科技人员参考；也冀望赢得高等院校相关专业的教师、研究生、本科生的欢迎和使用。

科学技术的发展永无止境，包装机械的现代化方兴未艾。很多尚且未被深刻认识的客观事物及其运动规律有待继续探索，争取百尺竿头更进一步。本书的撰著工作量颇大，个人精力又有限，凡欠妥之处，敬请读者不吝赐教。

本书从选题、编辑到出版，承蒙化学工业出版社领导及责任编辑的鼎力支持与通力合作，谨致衷心谢意。

笔者在包装教育科技战线上辛勤创业了大半生，曾总结一句治学格言——顺水行舟，慢进则退。向往中华民族的伟大复兴，我们必须奋起直追，迎头赶上。趁此机会，愿共勉之。

许林成

2021 年 5 月于江南大学

目　录

第一篇　总　论

第二篇　包装机械组合机构创新设计原理

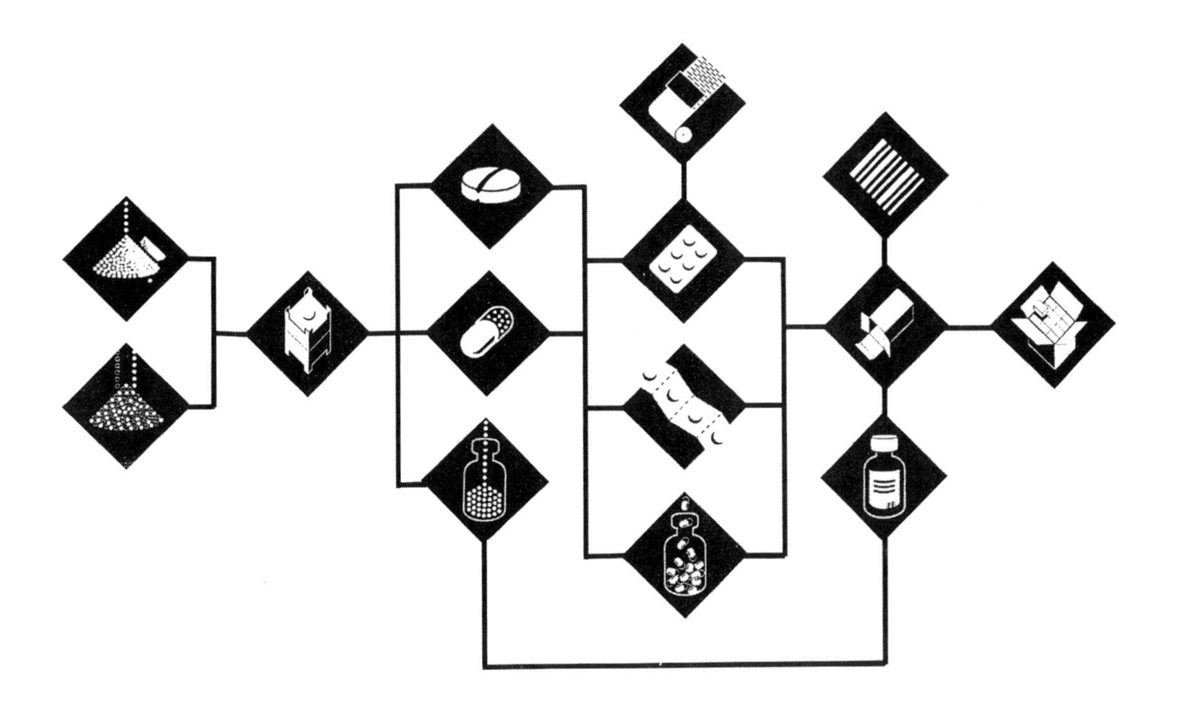

第一篇

总　论

在现代工业生产中，几乎所有产品都需要包装，以达到保护美化商品、方便储存运输和促进销售应用等目的。包装机械乃是实现包装的机械化、自动化和智能化的根本手段，对国民经济的高速度发展起着举足轻重的作用。

第一章

包装机械工程综合特征

第一节　包装机械工程现状与变革方向

当今世界已进入大科学、大技术、大工程、大数据的崭新时代，对工程技术科学无论从宏观还是微观方面进行的探索和研究，都越来越强调系统性和综合性。只有这样，才能在更大范围的内在联系上，全面深刻揭示客观事物各种矛盾的运动变化规律，以便制定正确的战略战术，求得整体的最优化。

机械工程是现代工业的强大支柱，已形成庞大的工业与学科体系。在发展过程中，各组成部分之间以及各组成部分与其他相邻工程之间，都会发生程度不同的相互作用与制约。因此，包装机械的研究开发也永远不能脱离同整个机械工程从属共存的关系。

当然，包装机械也具有自身的显著特点。它属于一种特殊类型的专业机械，是能够完成全部或部分包装功能的执行手段。根据包装的基本要求，将包装工艺、包装材料容器和包装技术加以有机结合，是不断创新包装机械并使之保持旺盛生命力的根本途径。

环顾全球，随着商品经济的发展和消费水平的提高，包装已演变成为现代生产的一个重要环节。所有工业部门几乎都已或多或少地实现了由原料处理、中间加工、产品包装所构成的机械化和自动化生产过程。图 1-1-1 所示的干果自动包装线和图 1-1-2 所示的牛奶无菌自动包装线，就是两个典型实例。显然，这能极大地提高产品质量、劳动生产率和市场竞争能力。

另外还要看到，科学能产生技术，技术又能产生科学，彼此界限趋于模糊，以致可通过交叉、渗透、融合等途径不断将其前沿扩大，演变为新的边缘学科及综合学科。况且现代科学技术体系中涌现出来的许多高新科技突飞猛进，最能代表社会生产力发展的大方向，甚至起主导作用。所以，发展包装机械工程要特别关注高新科技的发展动向，使之紧密结合，抓住突破口，开辟新的生长点，构筑变化多端的新技术组合模式，获得取之不竭的新机械设备创造源泉。

第二次世界大战刚结束时，日本只有十余家包装小企业，而包装机械企业几乎是空白。可是不到半个世纪，日本竟然一跃成为全球包装机械强国之一。究其原因，关键在于日本采取了科技振兴策略，不单善于引进国外先进技术消化吸收，还走上积极创新之路。1971 年，日本率先向全世界宣告“机电一体化（mechatronics）”新概念，并且凭借自己

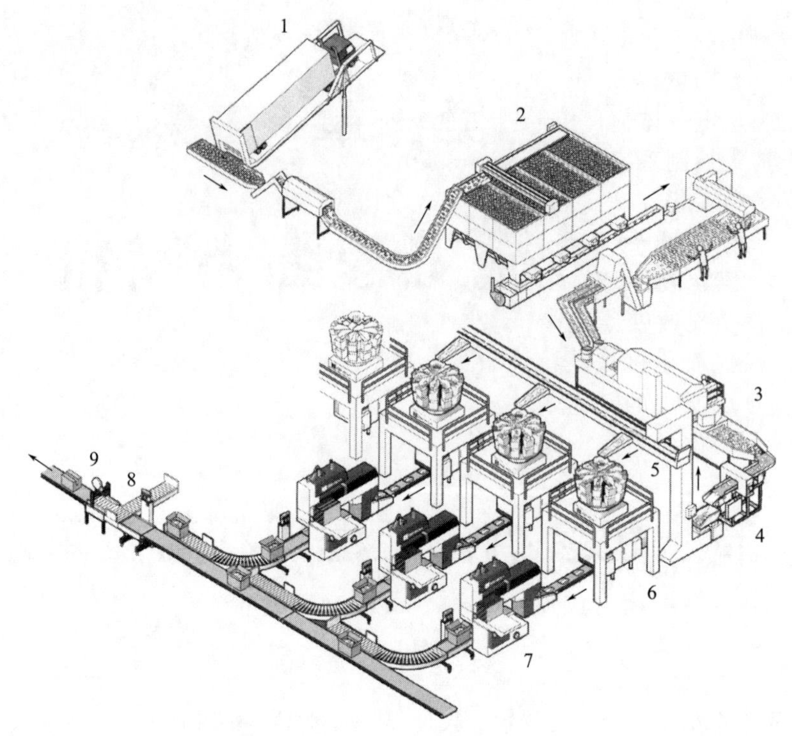

图 1-1-1　干果自动包装线示意图

1—卸料机；2—清理分选机；3—加工处理机；4—金属检测机；5—微机控制组合秤；6—袋成型充填封口机；7—装箱机；8—物重选别机；9—封箱机

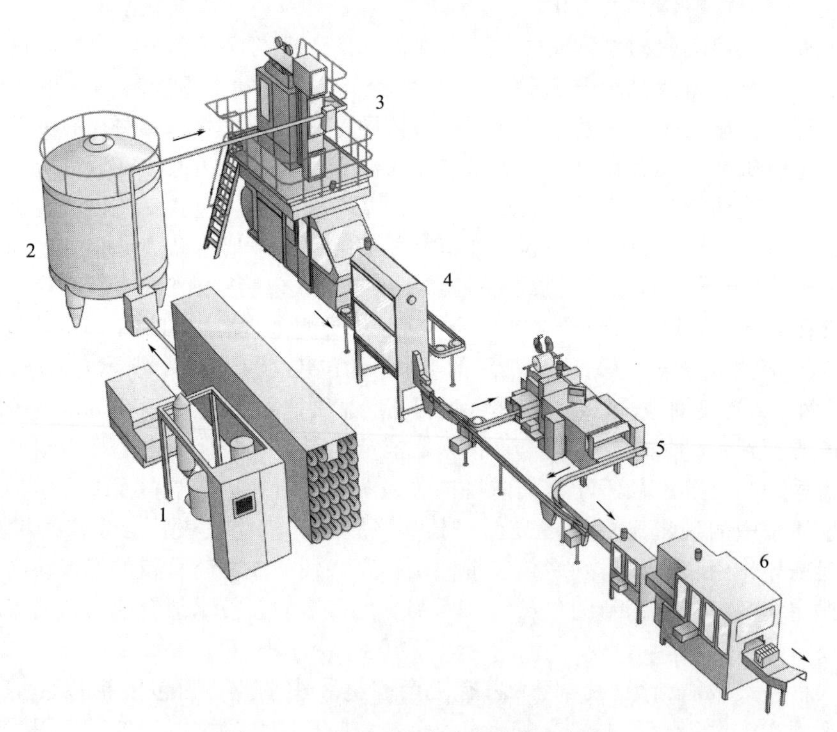

图 1-1-2　牛奶无菌自动包装线示意图

1—牛奶高温杀菌及冷却设备；2—贮液罐；3—袋装牛奶无菌包装机；4—贴吸管机；5—纸托盘集装机；6—薄膜热收缩包装机（送至码垛机）

机械工业、电子工业、化学工业的雄厚实力付诸实施，陆续研制出利用微机控制的多种新型自动包装机和自动包装线。

一般认为，机电一体化是指广义的机械技术与电子技术的交叉融合，并借信息传递构成以微机为核心的控制系统。这充分体现了复合技术的独特功能与优势，给机械工程和电子工程带来革命性变化。

单就广义机构而言，一经在工作原理和结构形式上跨越了纯机械领域限制，演化为包括机、电、光、磁、液、气等在内的复合机构之后，就明显改变了整个机械产品的面貌，不仅能简化机构结构，还能完成传统机构难以实现的动作，给包装机械增添了强大的生命力。下面举几个典型实例略加说明。

① 微机控制高精度组合称重技术

图 1-1-3 中的辐射式布局微机控制组合秤，由 10 个秤斗绕一圈而形成辐射状布局，每一秤斗均配有槽式电磁/压电振动给料器和物重传感器。当借微机系统进行同步称重计量时，可任取 3 个秤斗为一分组，并从各个分组中自动选出等于或稍大于标定值的最佳组合值，作为每一单元包装容器的充填量。其突出优点在于，对某些价值较高的粗颗粒或小块状散体物料，可以实现高精度、高速度、高智能的称重包装。

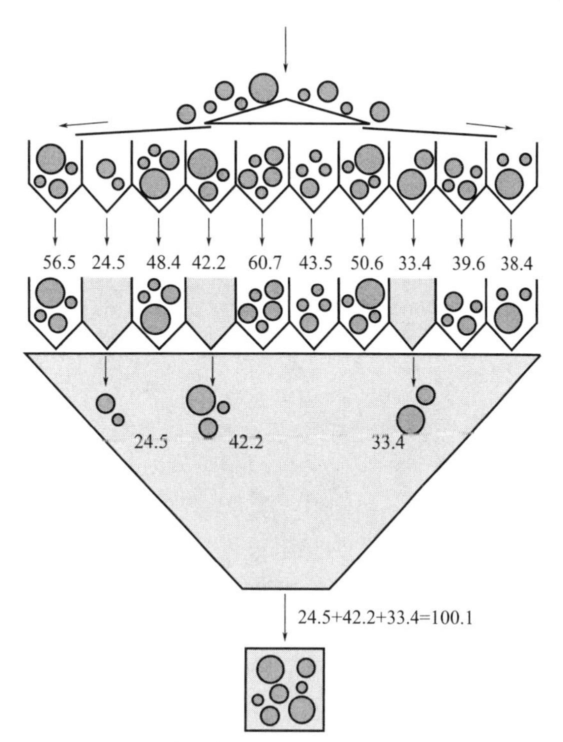

图 1-1-3　辐射式布局微机控制组合秤工作原理图

② 微机控制 3D 打印成型技术

基于微机控制喷墨打印的工作原理，发明了 3D 打印成型技术。实际上这是一种快速成型制造新方法，也由微机控制，以三维数字设计模型为蓝本，采用金属、陶瓷、塑料等极细粉末以及与之相配合的黏结剂，通过逐层轮换喷射方式(即所谓的打印）来构造某一种实体。整个加工工艺过程示意图如图 1-1-4 所示。

由此可见，3D 打印成型技术并不需要传统的刀具、夹具、模具，又可在一台设备上快速精确地一次造出多种多样、结构相当复杂的零件或器具，从而实现智能制造和直接制造。这在诸多领域（包括包装机械制造）都有广泛的应用前景，充分体现了 CAD-CAM 一体化的优越性。

深言之，机电一体化的要害就在“化”字上。化，意味着形成一个系统，而且还联合了信息与控制技术。这个新生事物问世绝非偶然，它体现了当代新兴科学理论与方法——系统论、信息论和控制论（简称“三论”）这三大基本指导思想的再现与发展。

“三论”，同样是由于 20 世纪上半叶科学技术革命的迫切需要才产生出来的。如今，它不仅适用于机电等领域，也外延到自然、社会、思维各个方面，为解决各类系统的复杂问题提供一系列新概念和新方法，帮助人们打开思路，以获得更大的社会和经济效益。无疑，这是人类认识的巨大飞跃。

鉴于此，先概括说明一下“三论”的基本思想及相互联系。

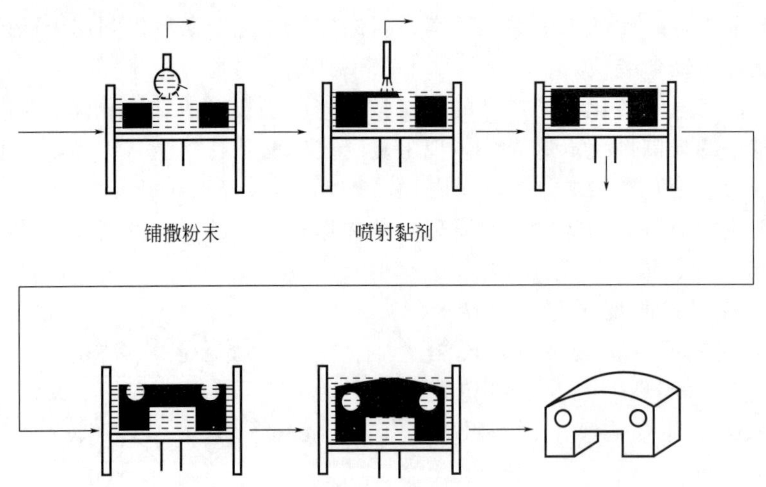

图 1-1-4　3D 打印成型技术加工工艺过程示意图

① 系统论中所指的系统，是由一些有机联系和相互作用的要素所组成，且在一定环境中具有特定结构和某种功能的一个整体。

实际的系统往往是很复杂的，不仅有实体系统和抽象系统之分，还都有一定的层次，而且只有能够与外部环境经常保持良好的适应状态并不断进化的开放系统，才是所要求的理想系统。

任何类型机械设计都是创新或创造某一种新系统的过程，其目的在于完成所预期的整体功能，并以此作为评定该系统存在价值的依据。

② 信息论所指的信息，是系统内部以及系统内外部各要素之间建立相互联系的一种特殊标记，如指令、信号、代码、数据，等等。

大量生产实践表明，物质、能量和信息是构成系统的三大要素。其实，物质的运动、能量的传输，都是通过信息来实现控制的。一切事物的特征，也只有借助各种信息才能够切实地表达出来。

③ 控制论所指的控制，是在系统获得信息的基础上对其中某一或某些对象的各种可能状态进行调整，以达到保持或改变原有功能的目的。

反馈是控制论中最基本、最常用的控制方法，也就是将系统的输出信息引向输入端，并对信息再输出发生一定影响的作用方式，结果使之成为一个闭环控制系统。关于负反馈的功用，一是可保持系统的稳定性，二是可实现系统的最优化，三是可扩大系统的控制能力。所以，这最适合多变量、动态、精确的控制系统。

总之，系统、信息、控制，这三者是密切相关的。事实上，没有系统何谈信息与控制；同理，没有信息何谈系统与控制。

第二节　包装机械系统组成与整体功能

现代科学技术发展向我们提出一个新课题，即不仅要认识自然界的变化规律，同时也

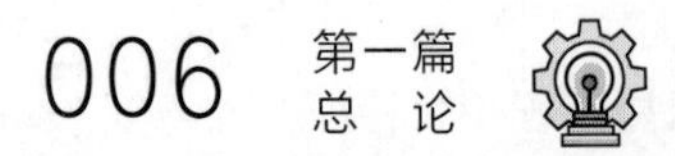

要认识科学技术本身的变化规律。

包装机械同样是个多变量、结构复杂的动态实体，应以“三论”为指导深入探讨其基本组成、各要素之间的内在联系，以及优化组合等问题，为有效开发利用该庞大系统最终实现预期整体功能提供科学依据。

笔者根据“三论”经全面分析综合，提出如图 1-1-5 所示的包装机械工程及其学科体系的组成结构简图。从表面上看相当错综复杂，为便于读者理出头绪，了解全貌，有必要联系现代科学技术的发展现状，着重探讨以下 5 个方面的问题，为包装机械总体技术方案的创新设计奠定理论基础。

一、系统的规划目标

根据“人类的生产活动是最基本的实践活动，是决定其他一切活动的东西”这一著名论断，不难体会到包装机械工业领域所研究开发出来的大量成果，长期以来最令人关注的，是在经济全球化时代，能否成为适销对路又有生命力的新产品。

援引国际包装界公开宣布的包装机械市场购销策略，作为本系统的主攻目标和评价准则，这就是性能优良、功能满足、造型美观、质量保证、经济合理、社会适用。当规划包装机械总体技术设计方案时，必须逐项具体落实这些基本要求。

二、系统的组成结构

参阅图 1-1-5，其中最能反映包装机械工程及其学科体系组成结构的，应首推包装机械及包装材料容器加工机械的研究开发分块、产品包装的研究开发分块和以包装机械设计与制造为核心的包装工程技术科学分块。此三者内部结构不尽相同，但将其有机联系起来会对整个系统产生主导作用。

除此之外的分系统，如包装材料容器的研究开发、包装废弃物的回收处理、产品的供销市场以及其他的学科体系等，可以一律定义为环境。如此划分，有助于在研究开发包装机械时，更好地控制范围、抓住要害。

三、系统的内外联系

对现有的机械系统而言，为更好发挥其功能，应着重考察系统内部结构各要素之间的变化关系，以及系统内部结构诸要素与外部环境之间的变化关系。实际上，这些关系都具体体现在对内对外联系的物质流（如输送线上的原材料、半成品、成品）、能量流（如线路管路内的电流、液流、气流）和信息流（如设计制造与管理过程中的信号、指令、代码、参数）。而且这种信息传递必定是输入、转换、输出的单向流动过程，并具有直接定性定量分析该系统的功能，以便充分挖掘其潜力。

另一方面，当开发设计新产品时，则需从系统的功能出发去求解相适应的机械结构。但是，在某些场合，若系统内部结构相当复杂，以致一时难以搞清各要素之间的关系时，就不妨采用控制论中的黑箱辨识法来处理。简单地说，黑箱或灰箱代表一个待求内部结构的系统，其功用是将输入的物料、构件、能量、信号转变为输出的物料、构件、能量、信号，同时还伴随着某种的环境输入和环境输出。据此，可按系统主体功能要求来构思机械

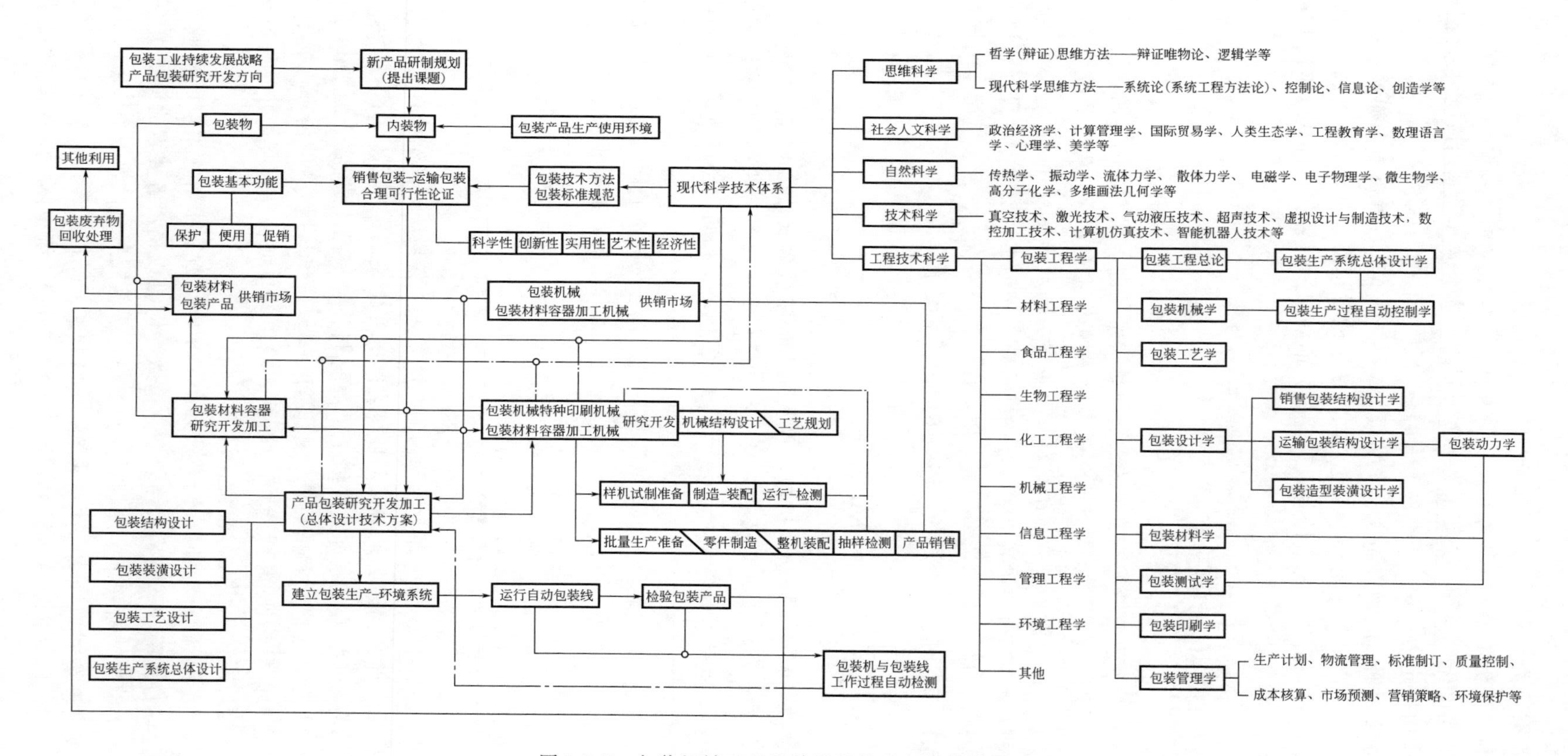

图 1-1-5 包装机械工程及其学科体系组成结构简图

产品结构的可行方案，为扩大思路、开展全面的创新设计奠定基础。图 1-1-6 和图 1-1-7 就是一组典型实例。分析黑箱输入和输出的差异，可以看出该设计产品的总功能，是以多种异型瓶完成对低黏度无气液料的定量灌装与盖封。依此拟定总体结构——组合式灌装封口自动包装线，进而拟定各个分功能和分结构，其中包括异型玻璃瓶理瓶机。总之，借助这套装备足以满足多品种、小批量包装生产的实际需要。

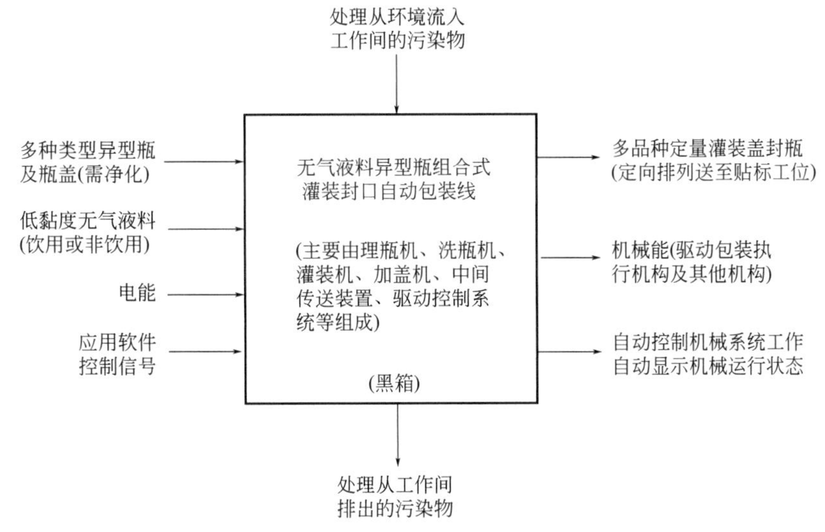

图 1-1-6　黑箱法求解包装机械产品结构可行方案示例

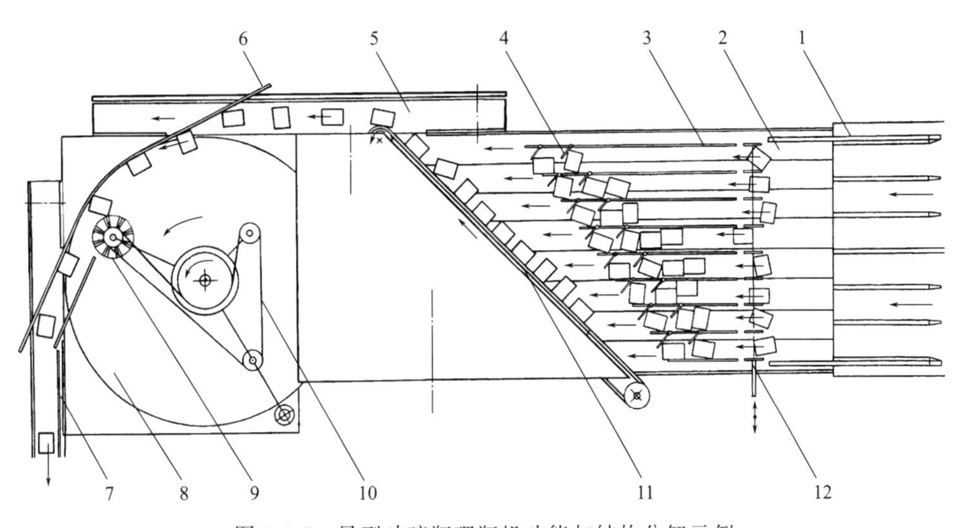

图 1-1-7　异型玻璃瓶理瓶机功能与结构分解示例

1—固定分流导板；2—输送板链；3—可调分流导板；4—可控双道活门；5—提速板链；6—截流导板；7—输出板链；8—提速转盘；9—拨瓶刷轮；10—刷轮传动带；11—合流驱动导轨；12—游动分流导板

四、系统的环境效应

通常，按系统与环境有无一定联系而将系统划分为开放系统和封闭系统。显然，任何系统只有开放，始终同环境保持物质、能量、信息的交换状态，才能显示动态特性和生命活力，从而也增强对环境的应变能力。

世界科学技术的发展曾经历了多次伟大的变革，现在呈现既高度分化又高度综合的崭新局面。思维科学、社会科学、自然科学、技术科学以及工程技术科学之间已打破传统界限，彼此贯通，形成一个极其庞大的整体。不仅如此，工程技术科学内部也加剧有关组成部分的交叉、渗透、融合，使之既各有特色、主攻方向，又界限模糊、相辅相成，有力地促进国际社会快速迈入以知识信息产业为主导的时代。包装机械系统的产业结构和技术面貌也随之发生深刻的变化。

举例说明，在包装领域，常需对卷筒的纸、薄膜进行开卷和收卷操作。以前多采用恒定张力控制机构来保持卷带的稳定运行。近些年来，由于其他工程技术部门已研究开发出电子齿轮、无轴数字伺服传动等新技术，可以改用伺服电机直接驱动控制，如图 1-1-8 所示。这不仅简化原来的传动系统，还使多轴同步控制更加精确、灵活、可靠。

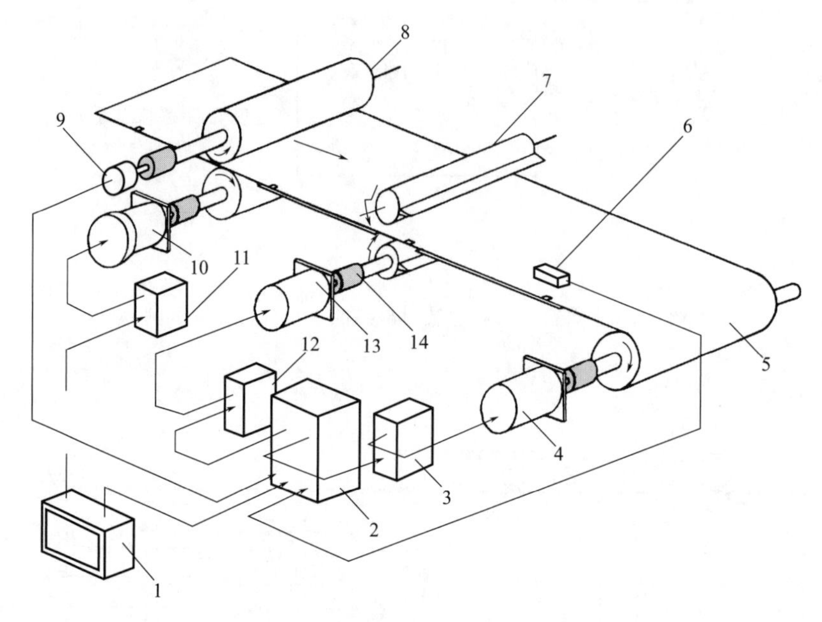

图 1-1-8　薄膜收卷机基本组成与控制系统示意图

1—操作控制箱；2—可编程控制器；3,12—伺服驱动器；4,13—伺服电机；5—收卷辊；6—光电传感器；7—切割辊；8—牵引辊；9—编码器；10—感应电机；11—变频器；14—联轴器

为在更大范围内说明系统的环境效应，现结合表 1-1-1 概括回顾在世界现代科技与工业共同发展的大背景下，包装机械所经历的演变过程。从中不难理解，国际包装机械事业与高技术产业的确是息息相通、紧紧相随的。无疑的，会帮助我们转变观念，更好研究开发包装机械。

对表 1-1-1 略做补充。统观全局，进入 21 世纪，以 CAD、CAE、CAPP 和 CAM 为基础的大集成技术，将向更广阔的领域和更深入的层次快速发展，成为支撑新产品不断创新的基本手段和促进科技与工业共同继续变革的新生长点。

一个最突出的成就，是工业机器人的崛起及其在包装工业的普及应用。机器人的发展历史并不长，其功能很独特，能代替或协助人类完成很多单调重复或繁重危险的作业，可形成高度机械化、自动化、智能化的生产线，极大地提高劳动生产率和产品质量，从而改变诸多领域的生产与管理模式。

表 1-1-1　国际包装机械演进概况

变革领域	20 世纪 40 年代	20 世纪 50 年代	20 世纪 60 年代	20 世纪 70 年代	20 世纪 80 年代	20 世纪 90 年代
世界科技变革进程	普通电开关元件	电子管元件 MC 自动换刀数控	晶体管元件 中小型集成电路 AC 自适应数控	大规模集成电路 小型电子计算机 CNC 计算机数控	微处理机 微型电子计算机 CAD-CAM 技术 MNC 微机数控	多媒体计算机 互联网技术 仿真虚拟设计技术 智能机器人
世界工业变革进程	造船、石油化工	汽车、原子能	航空、航天	生物工程、微电子	FMS 柔性制造系统	CIMS 集成制造系统
世界包装机械工业变革进程		内包装机、外包装机、联动包装机		自动检测包装机	微机控制专用包装线	
			简易多用包装机	自动换型多用包装机	微机控制多用包装线	
			通用包装机	随机处理包装机	微机控制柔性包装线	

工业机器人有着广泛的用途，图 1-1-9 显示了工业机器人在自动包装线上用于装箱、码垛等的情况。

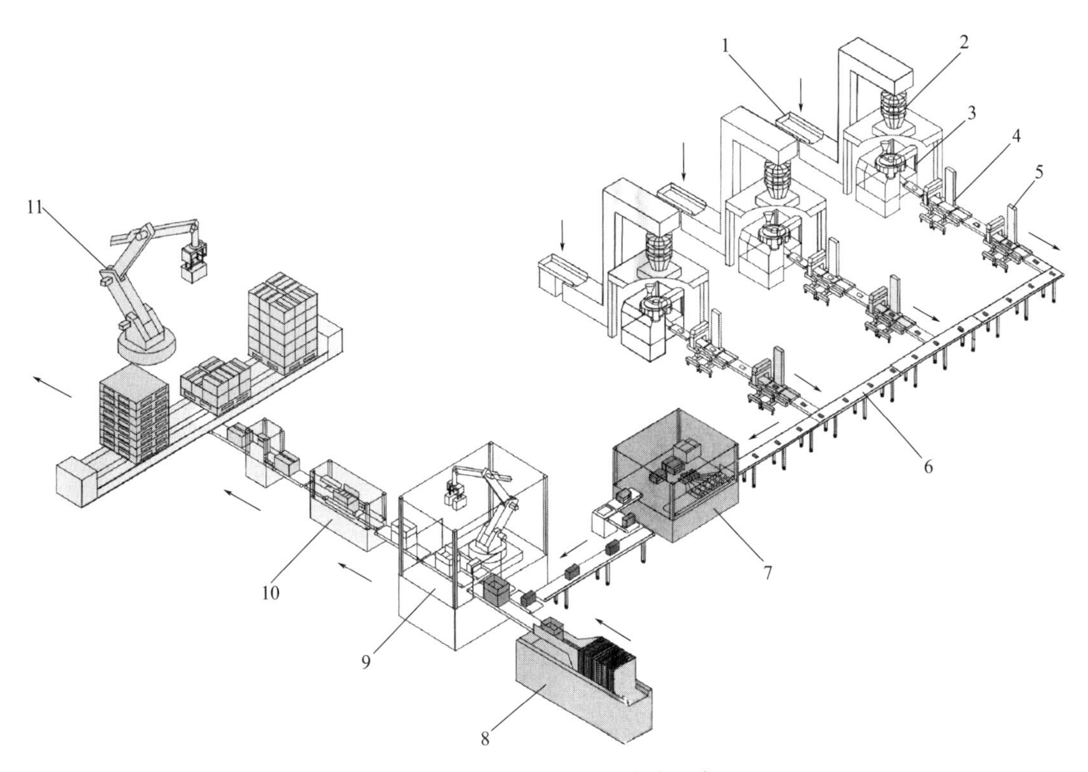

图 1-1-9　散体物料自动包装线示意图

1—斗式提升机；2—微机控制组合秤；3—回转式开袋充填封口机；4—金属检测机；5—物重选别机；6—输送带；7—装盒机；8—纸箱成型机；9—装箱机器人；10—封箱机；11—码垛机器人

现今，包装工业大都采用多关节型机器人，包括垂直串联机器人（图 1-1-10）、水平串联机器人和并联机器人（图 2-6-6）。

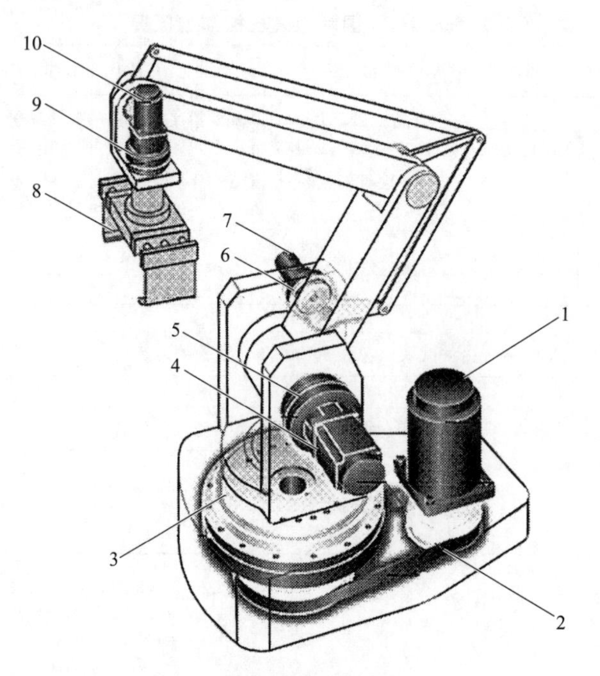

图 1-1-10　多关节型垂直串联工业机器人结构简图

1,4,7,10—伺服电机；2—同步齿形带；3,5,6,9—谐波或行星齿轮减速器；8—机械手

强调指出，现代工业机器人的发展水平及应用程度，已成为衡量一个国家科技与工业综合实力的重要标志之一。

五、系统的整体功能

任何系统都要完成某一或某些功能，并可用其主攻目标加以权衡。

然而，研究开发一个复杂的工程系统所追求的整体功能，绝非是那种传统观念，只专注于解剖整体、搞清组成、分析结构、逐个优化，最后叠加即为结果。大量科学实践证明，这种传统认识事物的方法，不一定会达到整体功能的最优化。因为它掩盖了一个极其重要的实质性问题：由系统内各要素有机构成的矛盾对立统一体，往往会产生“联系功能效应”，尤其当彼此协调共同发挥某种特殊作用时，系统就能增添新的功能。

因此，系统论提出一条著名定律：在一定条件下，系统的整体功能可以大于各个组成要素的功能之和，即逻辑思维表达式“1＋1＞2”。在广义机构中，呈现着形形色色的机构组合，能获得不同的组合效应，如同构同功、同构异功、异构异功、异构同功等，这些都是很有说服力的佐证。创新设计时，设计者应牢记这一点。

但有时，系统内各要素之间失去了某种协调关系，反而产生负效应，使整体功能大体保持不变甚至有所削弱。举例说明，设计机械传动系统时，如果全部采用串联的传动链，且各要素之间的传动效率均小于 1，显然，该系统的总传动效率必随组成要素个数的增多而大幅度下降。这又可以表述为另一逻辑思维表达式“1＋1＜2”，要尽量少用此类组合。

正因如此，巧妙运用技术合成、仿生创造，往往会获得突出的成效。如今，众多领域提出了包装材料复合化、加工工艺合成化，以及设计制造一体化、技术管理一体化、科学技术一体化、信息控制一体化等。接踵而来的，是引发大量高新技术的诞生，并被广泛应用于食品工程、医药工程、包装工程、机械工程和电子工程，显示出非凡的整体功能。

业界人士知道，早期的真空技术和低温技术都是分别应用的，不仅功能单调，也无法达到所需的高真空和超低温。后来，人们将该技术有机结合，面貌大为改观，还派生出如真空冷冻干燥之类的新技术和新装备。这特别适用于极为热敏、极易氧化食品的干燥，经包装可长期保留新鲜食物原先具有的色、香、味和某些营养物质。

其他，诸如食品与药品的无菌包装技术、真空与充气的防腐保鲜技术也都具有类似情况，并已取得长足的发展。

所以，对包装机械进行开发创新，不能完全沿用纯机构学的思路，必须根据设计要求将传统机构、广义机构与包装工艺、包装材料、包装设计，以及其他相关科学技术紧密结合起来进行综合研究，如图 1-1-5 所示的那样。否则，往往造成片面，会走弯路，这方面的沉痛教训屡见不鲜。

从今后发展主流看，可将包装机械理解为主要是由包装技术与机电技术密切结合而形成的产物。要想在“包装-机电一体化”上大做文章，探索出一条新路来，就该抓住根本，深入研究不同类型主机的整体功能及其影响因素，进而加以全面综合。但是，按哲学思维来判断，不论单机或机组，其整体功能的优化组合可能出现无限多个答案。由于客观条件复杂多变，此答案的最优解永远也达不到极限，只能随着时间的推移逐步逼近极限。

据此，矛盾的主要方面有时又转移到如何根据环境条件切实实现合理包装和简化包装的问题。诚然，合理包含简化，而简化也可能更加合理。实用中，若能很好利用科技领域现有的新工艺、新材料、新技术，再适当简化改善包装结构、包装机结构及包装线结构，必定会给有关的设计、制造、操作、管理这一系列过程带来难以估量的效益，相应地，还将最大限度地减少各种消耗浪费。

毋庸置疑，包装机械的确有着广阔的研究空间，其中的无穷奥妙等待我们去发掘和探索。

第三节　包装机械特点及主导机型

一、包装机械主要特点

包装机械也同其他机械一样，经历了从少到多、从低级到高级的演进过程。若能从中概括出其主要特点，找出规律性认识，将有助于对包装机械主体及其相关装备的认识了解、研究开发和选型使用，而且对总体技术方案的创新设计也会起到良好的指导作用。

（1）随着时代进步，包装物品、包装材料和包装工艺都呈现着日新月异、层出不穷的发展局面。加之受到高新科学技术的积极推动，使得作为工业包装执行手段的机械装备日益多样先进，并建立具有独特功能的现代包装机械体系，成为关系国民经济基础的重要制造业之一。

补充说明几点：

① 实用中，被包装物品种类繁多，有不同黏度的液体，不同粒度、物理特性的散体，不同形状、大小、硬度的固体等，还可将这些多相物加以各种组合，以致在生产中可以采取多种多样的包装工艺方法。

参阅图 1-1-11 和图 1-1-12，一般最常用最基本的包装工艺方法有两大类，即充填和裹包。广义讲，充填包括灌装，这种方法几乎适用于一切物体。对流动性好的液体和散体，主要依靠自身重力，必要时辅以一定的机械作用，便可完成包装过程；而对半流体和体型较大的单件、组合件，则应采用挤压式、推移式或拾放式等充填方法。所用的包装物，大都是由不同材质制成的各种软袋、泡罩，或杯、管、瓶、罐、盒、箱、桶之类的刚性或半刚性容器。

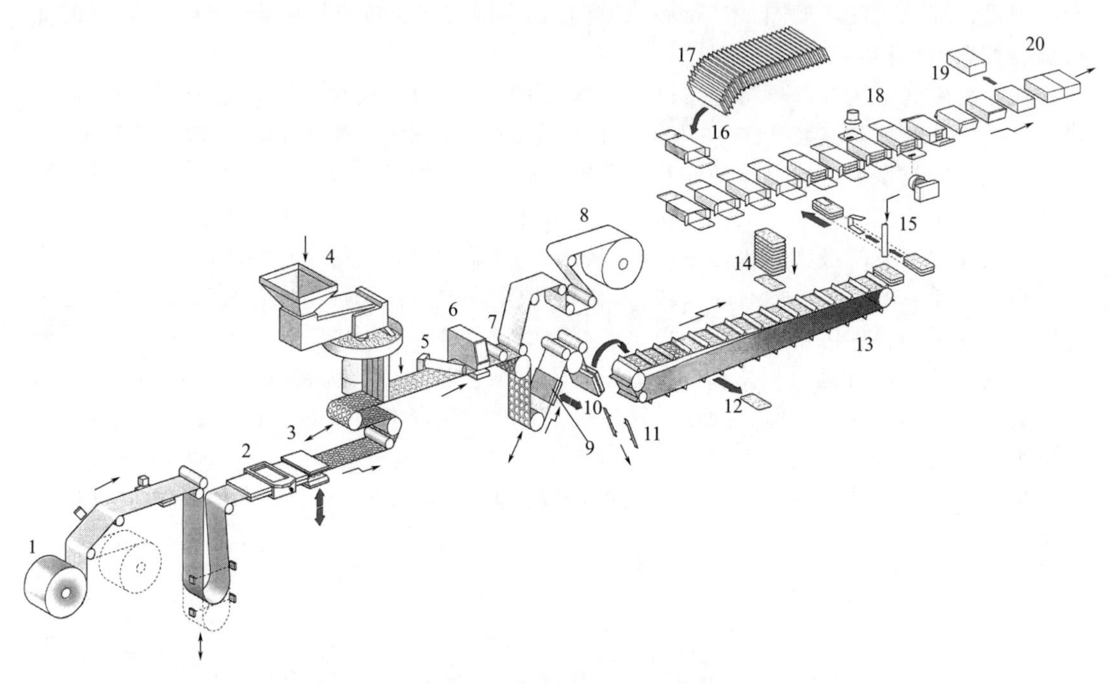

图 1-1-11　泡罩-开盒成型充填封口机包装工艺路线图

1—基材供送；2—基材预热；3—泡罩成型；4—电磁振动给料；5—拨料充填；6—缺料检测；7—加热封合；8—盖材供送；9—打印；10—冲切；11—废边剔除；12,19—不合格品剔除；13—泡罩板输送；14—泡罩板补给；15—说明书供给；16—开盒；17—纸盒片供送；18—印码；20—包装成品输出

裹包方法则主要用于外形较规整、有足够韧性和硬度，并要求包装紧实一些的中小型物品，多采用柔性或半刚性材料（有的需附加衬板、托盘）进行包装。

一般说来，充填法比裹包法适用性更强。例如，卧式的开袋充填封口机和裹包机，虽然都可以连续包装大块切片面包，机械结构和生产能力也相差不大，然而由于前者采用单薄塑料袋，又常伴以结扎式或嵌合式封口，不仅成本低，还能让用户重复使用，便于短期保存。

从现代包装的三大基本功能来考虑，同一种物品，往往可采用不同的工艺方法来包装，而且同一种包装工艺方法往往也可采用不同的包装形式来完成。因此，包装的多样性

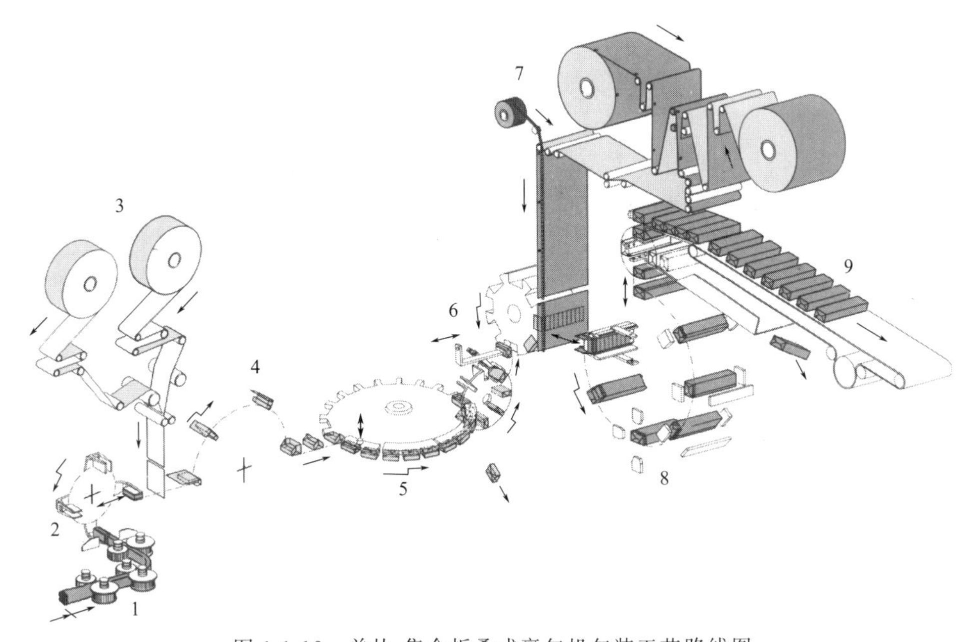

图 1-1-12　单块-集合折叠式裹包机包装工艺路线图

1—糖条供送与切割；2—糖块供送；3,7—包装材料供送；4—单块裹包；5—封口；6—计数排列集合；8—集合裹包；9—包装成品输出

决定了包装机械的多样性。

② 提起包装机械的创新设计，通常应根据销售包装和运输包装的具体要求来选好包装容器、基本尺寸、结构形式和外观造型；另一方面，还应着重考虑结构设计对包装机械的机电一体化会带来哪些影响。例如，过去一直沿用的带有“套合盖”和“翻转盖”的传统式硬纸盒，不单使包装机的机构与控制系统趋于复杂，还使设备工作效率偏低。所以，现今除了某些高档包装之外，大都用其他盒型取代。

总之，客观事物的发展总是充满矛盾的，而错综复杂的实际情况必会引发连锁反应，加速推动包装材料、包装工艺、包装设计和包装技术的不断革新。

（2）包装机械的类型已基本齐全，要不断优化整体功能，提高模块化、组合化、机电一体化水平，并相应增加设备的通用能力和加速产品的更新换代，以满足诸多行业几乎无所不包的生产实际需要。特别是根据仿生学基本原理，运用广义的执行机构，模仿某些手工操作方法，研究开发各种新型的包装机械，前景十分广阔。

补充说明几点：

① 包装领域所采用的机械设备大体上分为三大类别：包装机械、包装制品加工机械和辅助包装机械。由于包装机和包装线的不断扩大，很多场合已打破了原来的行业界限，朝着通用化和系列化方向演变。

现今，在提高自动包装线的通用能力方面已取得显著成效。例如，装箱、封箱、捆扎、结扎等工序，可对流水线上传送过来的多规格物件实现随机处理。这些物件一到达包装工位，就能自动调节执行机构，从而有序完成规定的包装作业。如何进一步扩大混流自动包装线的随机处理范围问题，无疑是国际包装科技工作者深感兴趣的重大攻关课题。

② 关于包装机械的分类方法，从不同的应用角度出发可以分为多种。在此只着重说明按包装品种适应能力的不同，可分为专用、多用、通用三种机型。深言之，开发和使用这三类包装机的基本出发点，不外乎主要取决于包装品种的多少、包装批量的大小及其组

合状况。实际上，三者是相辅相成的，随着时代的发展需要适当调整各自的比重。可以预言，单一品种的专用包装机必将越来越少，多品种的通用包装机必将越来越多。

③ 将自动包装机和自动包装线作为一个大系统来考察，可谓机种繁多、千差万别。然而，其基本组成又有很强的共性。从图 1-1-13 可以看出，除机身以外，整个系统主要包括八大部分，即内装物计量整理供送系统、包装材料一容器整理供送系统、主传送系统、包装执行系统、检测与控制系统、驱动与传动系统、辅助系统和成品输出系统。

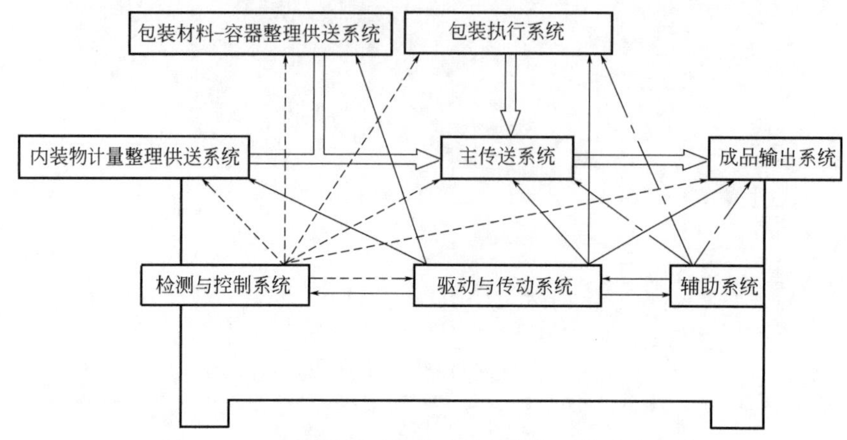

图 1-1-13　包装机械系统组成及互依作用关系示意图

在这之中，包装执行系统固然是每个机器的核心，然而有时会发生这种情况：参与某内装物包装操作的还有周边的相关机构，如供送机构、主传送机构、传动机构或驱动装置，形成互相交叉、界限模糊的局面，结果使执行机构的概念也被广义化。这一切，不妨认为是现代包装机械的新特征。

④ 仿生学的基本原理在包装领域大有用武之地，图 1-1-14 和图 1-1-15 所示的一系列包装动作，就是模仿手工操作的具体体现。当然，也可不拘一格，另谋创新途径。

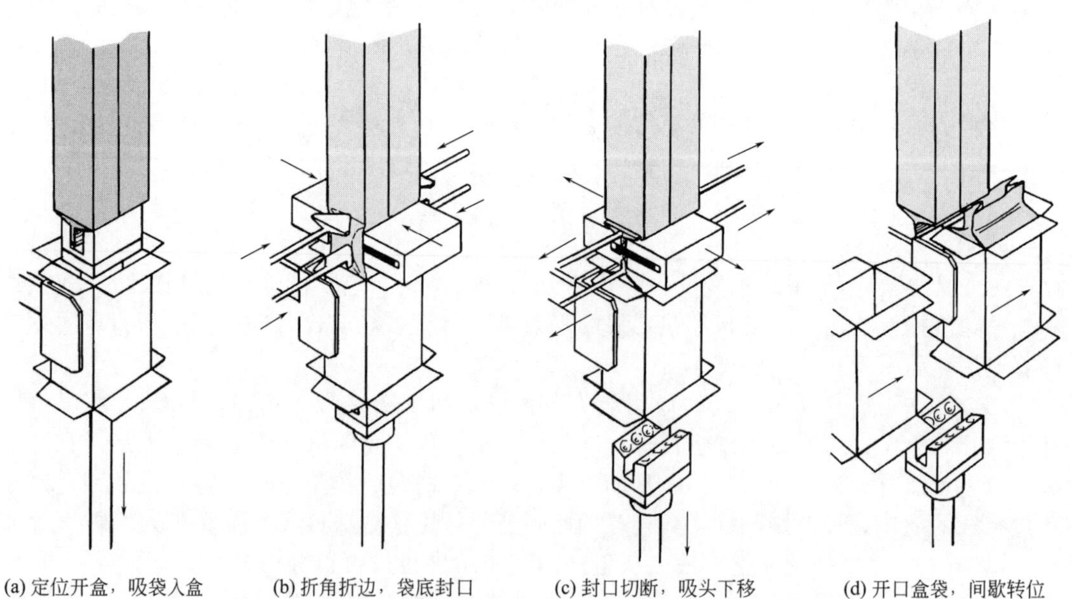

(a) 定位开盒，吸袋入盒　(b) 折角折边，袋底封口　(c) 封口切断，吸头下移　(d) 开口盒袋，间歇转位

图 1-1-14　盒中袋底部折角封口切断包装动作示意图

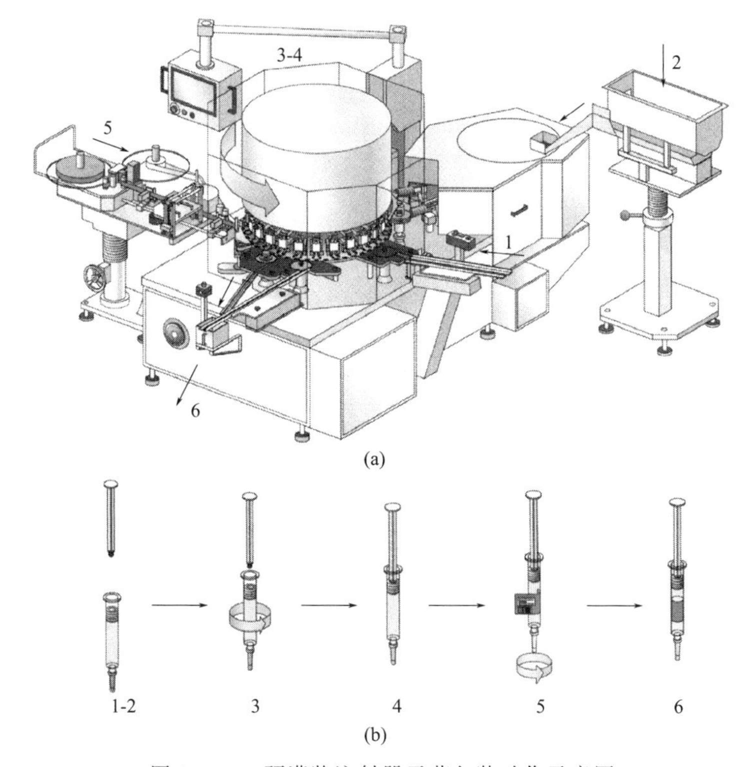

图 1-1-15　预灌装注射器无菌包装动作示意图

1—预罐装加塞针筒；2—针筒推杆整理供送；3,4—推杆插入针筒；5—针筒贴标；6—包装成品输出

(3) 产品包装的高速化、联动化、柔性化、智能化，对自动包装机和自动包装线及其辅助装置的研究开发与设计制造都提出了更新更高的要求，同时促进相关技术科学和工程技术科学取得同步协调的发展。

补充说明几点：

① 包装机械的高速化，是人类社会生产与科学技术高度发展的必然结果，应根据客观物质技术条件做到最佳选择。要综合权衡高速化会给设备投入量、劳动生产率、材料能量消耗、机械工作寿命以及操作环境带来哪些利与弊。另外，还得分析所用包装材料对机械高速运行状态的适应能力。关于后者，现今突出反映在高强度的卷筒纸（或薄膜）以及玻璃瓶的研制上。自从将这些材料、容器成功应用于经过改造的某些裹包机、灌装机之后，设备的生产能力随之大幅度提高，其他的工作状况，如振动、噪声、磨损也有所改善。可见，加强与高速自动包装机有关的材料学、机构学、机械学等基础理论与应用的研究，是有重要意义的。

包装越是高速化，就越应关注相关主机、辅机的联动化和自动化，关键在于如何解决工作的协调性与可靠性问题。通常中小型自动包装线大都采用串联布局和没有中间储存环节的刚性连接方式，如图 1-1-16 所示。至于大型自动包装线，有的则采用串联与并联的混合布局，并在局部区段设置中间储存环节的柔性连接方式，如图 1-1-17 所示。

特别是，较为高级的柔性自动包装线，能够对多品种不同批量产品包装实现自适应控制。实用中，只要将被更新的产品代码及工作参数输入计算机控制系统，系统即可迅速做出反应，自动完成全部的换型（更换规定的执行部件）与调整工作。接着，又重新开机进

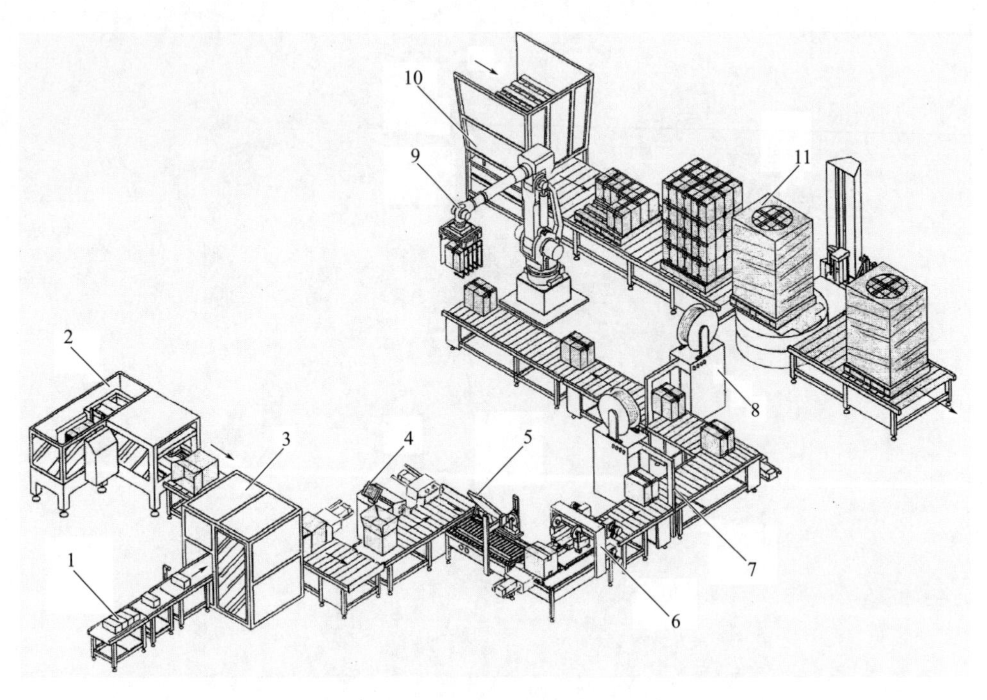

图 1-1-16　裹包产品自动包装线示意图

1—裹包产品；2—开箱成型机；3—装箱机；4—贴标机；5—折盖封箱机；6—角边封箱机；7—纵向捆扎机；8—横向捆扎机；9—堆箱机器人；10—托盘供送装置；11—缠绕式裹包机

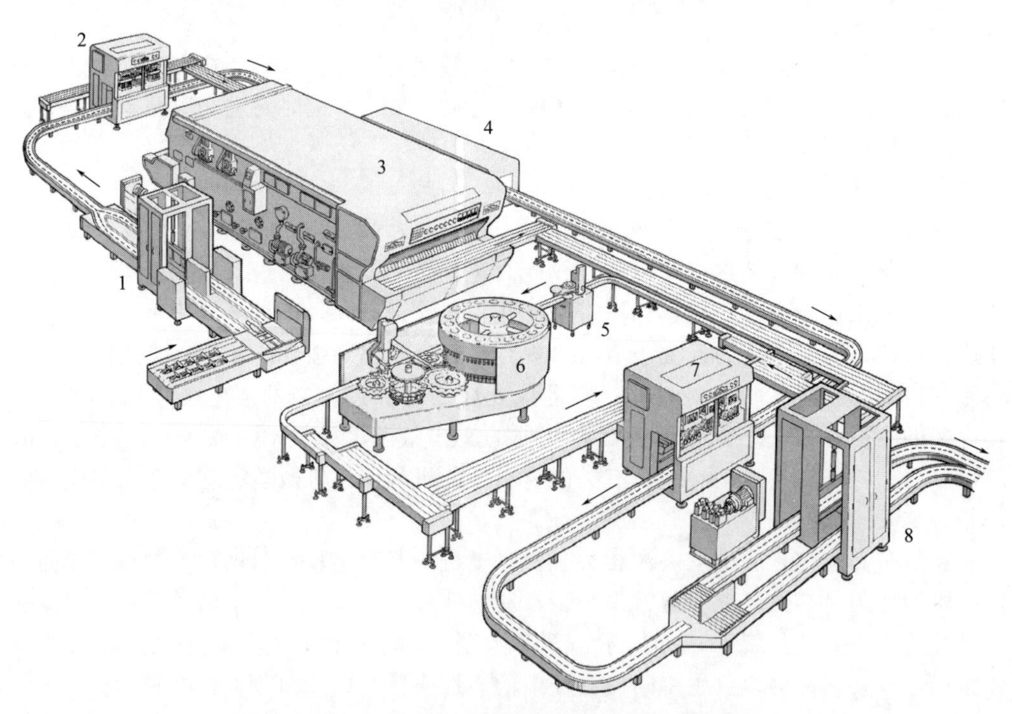

图 1-1-17　瓶装含气液料自动包装线示意图

1—卸垛机；2—卸瓶机；3—洗瓶机；4—洗箱机；5—净瓶检验机；6—灌装压盖机；7—装箱机；8—码垛机

行新品种、新批量的包装作业。

② 包装机械的智能化，今后的主攻方向：一是在连续运行中，包装材料的自动衔接和被包装物品的自动整理、排列、供送；二是单机、机组和作业线的自动协调工作以及有故障时完全自动处理；三是包装质量非接触、非破坏式的自动检测和对不合格品定点的自动剔除计数；四是提高人工智能水平，开辟新一代柔性自动包装机和自动包装线；五是对某些小型、轻便、实用的包装辅助装置和工具，在机电一体化上多下功夫，以满足生产操作的广泛需要。

二、包装机械主导机型

（一）主导机型的内涵

主导，比“主要”还有更深一层的含义，就是能够决定、引导、带动事物向某一方向发展。要抓好主导，就必须了解全局，特别是系统与环境的内在联系。

从有关部门的统计数据来看，全球食品与医药工业的总产值始终高居于其他工业之上；同样，食品与医药包装工业的总产值也占整个包装工业的大半。因为食品与医药包装工业关系到国计民生，面广量大，一直被认为是永不衰落的朝阳工业。

再就食品与医药包装的物流过程而言，又分为销售包装和运输包装两大范畴。考虑到销售包装大都同内装物直接接触，对其内外包装的方方面面也多提出较高要求，尤其是所用的包装材料、容器、工艺、技术及装备，不论在复杂程度和先进水平上，都是无与伦比的。由此可见，食品与医药的销售包装在整个包装工业中实在起着当之无愧的主导作用。相应地，也该优先大力研究开发有关这方面销售包装的主导机型。

面对繁多的包装机械设备，为了找到合理筛选的依据，应着眼于以下几个方面：

① 食品与医药销售包装常用的包装工艺方法。已经论证，一是充填，二是裹包，三是充填与裹包的组合。

② 食品与医药销售包装常用的包装材料及容器。考察当前商品市场可以了解到，以金属与玻璃等材料制作的盒、瓶、罐等所占比重较小，且有逐渐下降趋势，多用于特需包装；以薄型纸板制作的盒、罐等由于阻隔性能差，多用于外包装；而以塑料薄膜及其复合材料制成的形式多样的袋、杯、瓶等包装物，因具有良好保护功能和美化外观等作用而被广泛应用。如图 1-1-18 所示，均适用于液体、半流体、散体、块体的充填与裹包。

③ 食品与医药销售包装常用的机械结构类型。迄今，国际包装界十分重视提高包装机械的通用能力和多功能集成能力，以便为市场开拓多样化商品提供及时应变的生产手段。同时基于合理简化包装的实际需要，并与现代自动机床迅速发展相适应，逐步明确要想建立包装机械新体系，必须着重解决组合化和机电一体化这两个主导方向的大问题。

关于机电一体化，前面已有详细论述。现结合图 1-1-19 所示的组合式袋成型充填封口机，只对组合化做进一步说明。

组合化的基本指导思想在于，根据包装要求设计一系列具有独立功能的模块（泛指部件、组件、装置、设备），应用时通过改变模块的类型、数量、位置来变换系统的工艺过程及整体功能，使之成为具有一定柔性的通用包装机，可用较低的成本，实现多品种、多

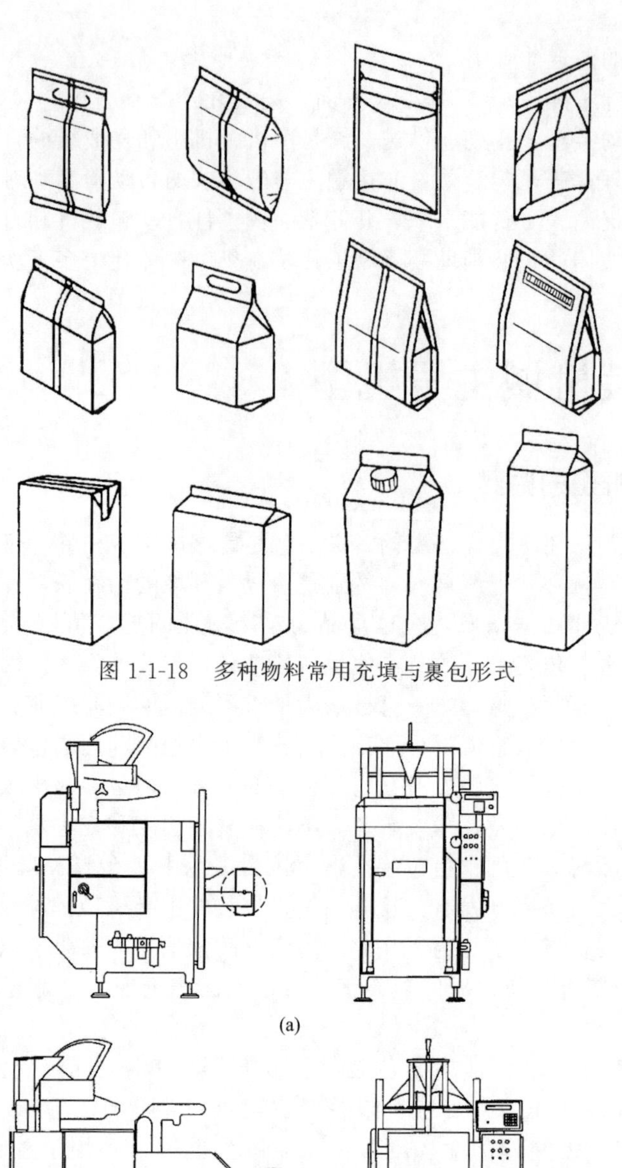

图 1-1-18　多种物料常用充填与裹包形式

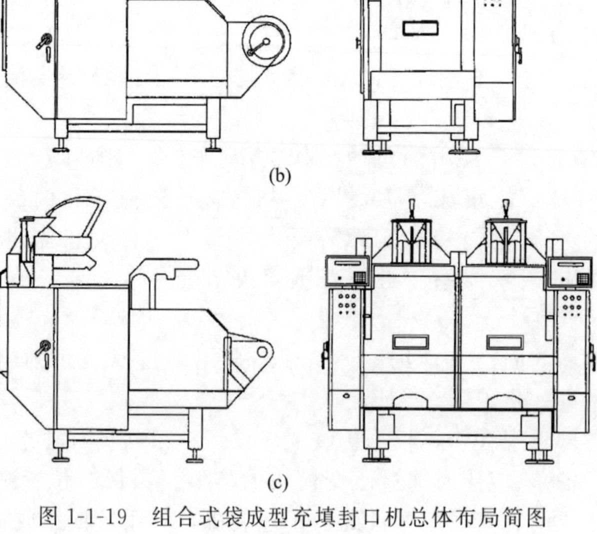

(a)

(b)

(c)

图 1-1-19　组合式袋成型充填封口机总体布局简图

功能、不同批量包装产品的目的。

再从整机的布局角度来看，水平布局和垂直布局各有优缺点和适用范围。前者便于将模块外延、增加功能、稳定机体、方便操作，主要缺点则是占地较多。而这恰恰是后者最大优越性之所在，况且对流动性较好的物料，可以利用自身重力来简化和改善包装的供送过程。

（二）主导机型的示例

综合以上分析和论证，不妨认为下述三大类型包装机乃是适合食品与医药普通销售包装的优秀机种，且堪称具有较高组合化-机电一体化水平、漫长发展历史和强大生命力的主导机型。至于它们的结构与性能，在下一篇均有详细介绍。

① 立式袋成型充填封口机　如图 1-1-20 和图 1-1-21 所示。

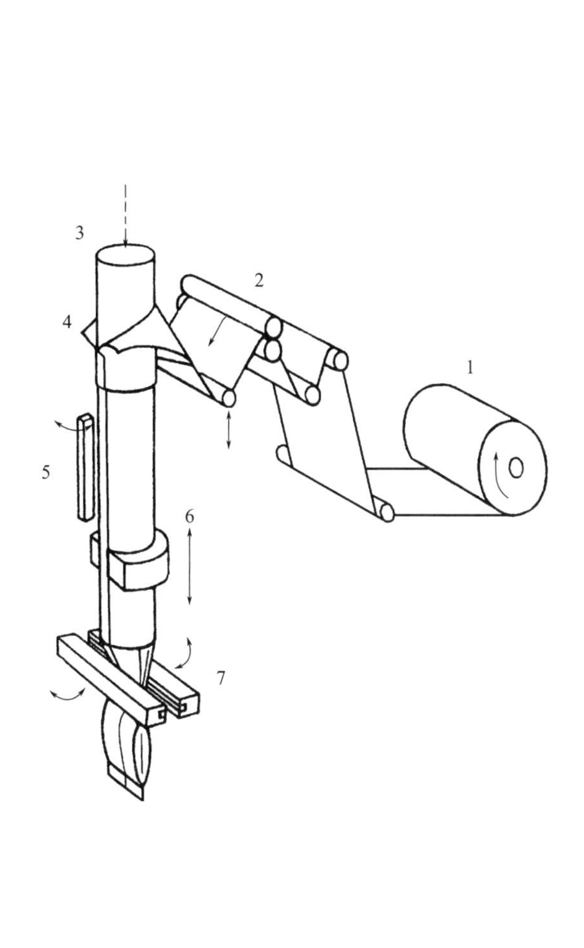

图 1-1-20　立式袋成型充填封口机（之一）

1—卷筒薄膜；2—薄膜牵引辊；3—加料筒；4—袋筒成型器；5—纵封板；6—吸气式袋筒牵引机构；7—横封切割器

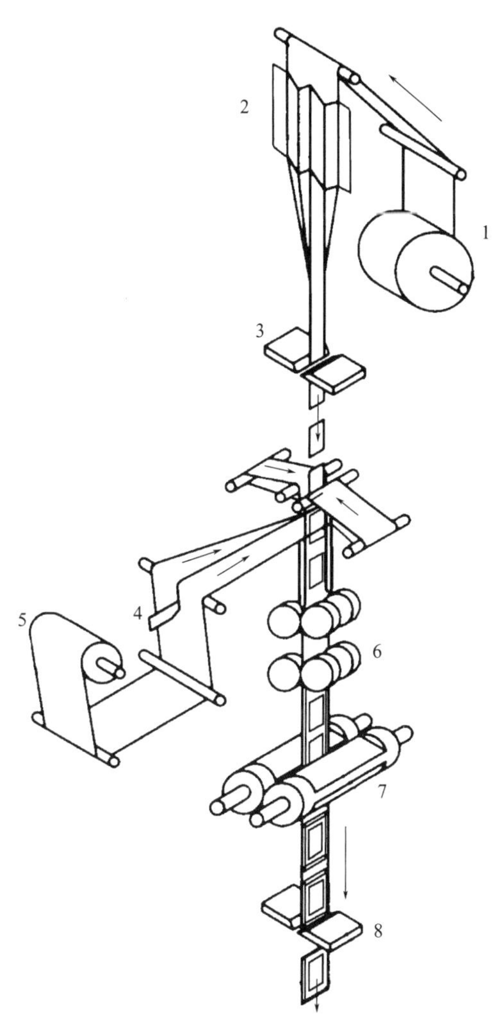

图 1-1-21　立式袋成型充填封口机（之二）

1—卷筒纸巾；2—纸巾折叠器；3,4,8—切刀；5—卷筒薄膜；6—双边牵引纵封辊；7—横封辊

② 卧式袋成型充填封口机　如图 1-1-22 所示。

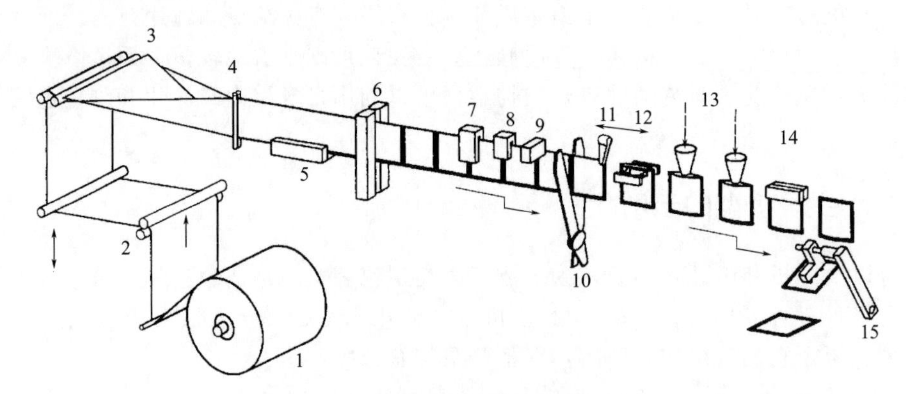

图 1-1-22　卧式袋成型充填封口机

1—卷筒薄膜；2—薄膜牵引辊；3—折叠器；4—导杆；5,6,14—热封器；7—喷码器；8—袋膜色标光电传感器；9—切口器；10—切刀；11—传送机构；12—真空式开袋器；13—液固二相加料斗；15—包装成品输出装置

③ 卧式接缝裹包机　如图 1-1-23 所示。

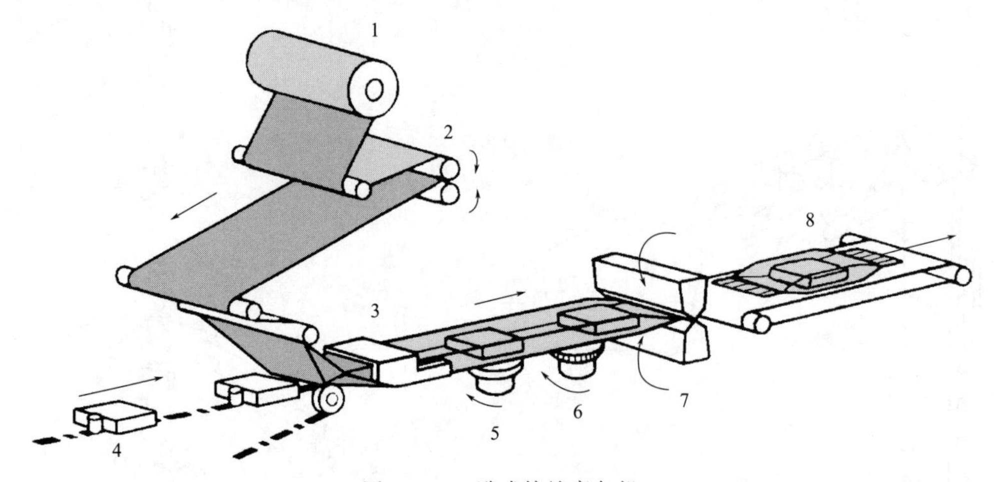

图 1-1-23　卧式接缝裹包机

1—卷筒薄膜；2—薄膜牵引辊；3—袋筒成型器；4—内装物供送链带；5—袋筒接缝牵引辊；6—纵封辊；7—横封切割器；8—包装成品输送带

按照成组技术思想加以剖析，这三者之间既有较多的共同性和相似性，便于统一研究开发；又各具特殊性和差异性，需因地制宜选用。

除此之外，还要看到，无菌包装技术正以惊人的速度在食品、医药等领域推广应用。最先起步的是液体物料的无菌包装，如图 1-1-24 和图 1-1-25 所示。接踵而来的，一些散体、固体物料（或物件）也实现了无菌包装。经深入考察发现，各种类型无菌包装机大体上都是参照相当的普通机型演进而成的，只是功能更完善、技术更复杂罢了。所以，有的无菌包装机也应该成为包装机械中很有代表性的主导机型之一。

众所公认，世上绝对没有“万能机”，也没有一成不变的机种，一切都以时间和条件为转移。包装机械的主导机型同样没有例外，要从各个方面综合考虑它的发展大方向和应起的作用，加以及时调整。

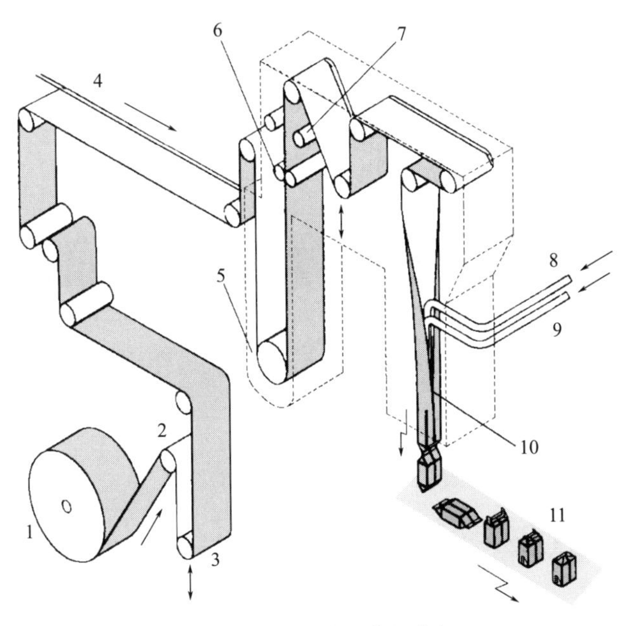

图 1-1-24　立式无菌包装机

1—卷筒复合薄膜；2—牵引辊；3—浮动辊；4—接缝封条供送装置；5—双氧水槽；6—挤液辊；7—干燥器；8—无菌空气输入管；9—无菌液料输入管，10　袋成型横封切割模具及牵引机构；11—端封装置

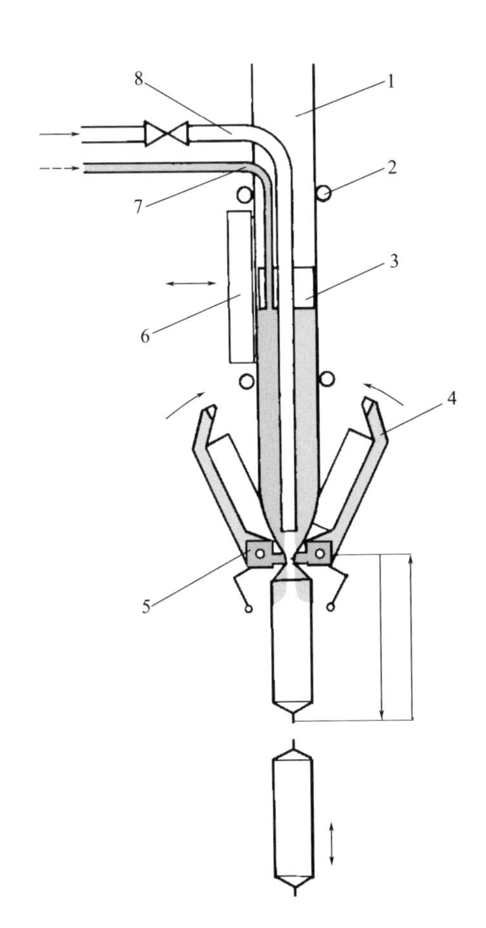

图 1-1-25　立式无菌包装机工作原理图

1—复合薄膜；2—圆环式袋筒成型器；3—隔离圈；4—袋成型模具及牵引机构；5—横封切割器；6—纵封板；7—无菌空气输入管；8—无菌液料输入管

第二章

包装机械总体技术方案创新设计

第一节　总体技术方案创新设计基本概念

包装机械种类相当繁多，但基本组成大体相同，主要包括驱动系统、传动传送系统和执行系统、控制检测系统，其总功能在于为满足给定需求，实现相应机械运动的生成、传递和变换。所以，机械设计的核心内容是拟定机械运动与控制的总体技术方案。由于科学技术和社会经济的迅猛发展，围绕机械设计的许多概念也都发生了极其深刻的变化。

一、创新设计意识

面对经济全球化，实现技术进步的出路，首要的是靠自主创新开发；其次，辅以引进、消化、吸收，为我所用。反映在包装机械设计上，就必须在大力提倡开发性设计的同时，也要适当重视适应性设计，贯彻“两条腿走路”的方针。

开发性设计，意指在没有任何样机的情况下，根据实际需要，运用先进的思维方法和科学技术，探索出新的工作原理和功能结构，并开发出全新的机械设备。这种从无到有的实践活动，从主流看应属于创造的范畴。

适应性设计，意指在借鉴现成样机的前提下，大体上保持原来的工作原理和功能结构，为适应社会的某种需求，只着重做局部的改进设计或整体的反求设计（逆向设计）。这种推陈出新的实践活动，一般应属于创新的范畴。

这里需要强调的是，不论是开发性设计，还是适应性设计，都应体现或大或小、或多或少的创造性与创新性。深言之，机械设计的关键在于创造和创新，其根本目的在于实际应用。现实生活中，人们往往在开发出创新产品的同时，通过深入研究，还能总结出一套崭新的设计理论与设计方法，反过来指导设计实践，进而丰富机械学和创造学。无疑，这是值得提倡的，也是设计工作者应追求的奋斗目标。只有这样，才能全面快速地提升整个设计工作中的科学性、精确性、可靠性及预见性，从而取得社会效益和经济效益的双丰收。

总之，从攻关难度讲，创造大都高于创新；但从活动范围讲，创新大都多于创造。本

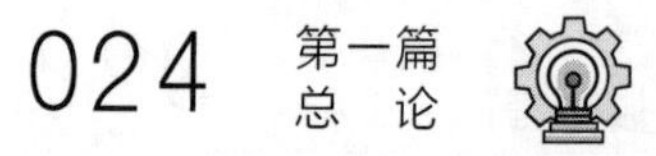

书为了简化说明，仅从广义角度引用创新概念，其实也包含创造。

二、创新设计理论

机械创新设计理论旨在研究揭示人类从事现代机械设计活动的思想认识基础、发展变化规律和具体应用准则，以便正确指导创新实践。实际上，这涉及一系列复杂的创造思维、创新原理和系统科学。随着时代的进步，这些学说既建立自身体系，又界限趋于模糊。关于机械创新设计常用的系统科学“三论”，已在前一章结合包装机械工程的变革做了详细阐述。

至于当前广为传播的“发明问题解决原理”，它的英文名是“theory of innovative problem solving”，缩写为“TRIZ”，其中心思想可概括为：

① 任何领域的产品改进、技术变革和设计创新都存在着产生、生长、成熟和消亡的过程，且有规律可循。要深入了解这些规律，以便掌握技术创新的主动权，预测未来的发展趋势。

② 在设计过程中，不断发现矛盾与冲突，借助创新理论处理矛盾和解决冲突，才能获得理想产品，从而推动设计技术不断进化。为此，要善于采用通用方法去求解特殊的技术问题。

③ 倘若发现现有产品在市场上趋于衰退，就意味着该产品的某些技术已经发展到了极限，这时应及时用已研究开发出来的新技术、新产品取而代之。也可另辟蹊径，有目的有计划地启动新技术、新产品的研究开发，保持创新的继续和衔接。

根据上述，TRIZ 理论提出大量富有启发性和行之有效的创新准则，关于具体内容请读者参阅有关专著［4］。

三、创新设计内容

现代机械不同于传统机械，不仅涉及刚性构件，还涉及各种柔性构件、弹性构件、光电磁液气构件以及检测控制装置，充分体现了机电一体化发展的大方向。加上包装机械系统的集成度越来越高，自动机和自动线所占比重越来越大，给机械设计带来许多新课题和新挑战。

另外，也要辩证看到，大量传统的机构依然在许多领域被有效应用，而且有些设计理论还正处于深入探索之中。在这种情况下，如果忽视甚至否认对传统可取之处的继承与发扬，那么现代机械设计就很难取得辉煌的成就。

创新设计是一个不断发现矛盾和不断解决矛盾的过程，如何找到主要矛盾和矛盾主要方面很为关键。现今，在包装机械设计内容处理上，多将焦点集中在三个方面：确定产品功能、创新工作原理和优选设计方案。实际上，这些正是最能发挥设计者创造才能和创新水平的突破口。

鉴于此，在创新设计时必须加深以下两方面认识：一是，提出一个有价值的新课题往往比解决一两个具体问题更重要、更困难，因为这可能孕育着某种新科学技术的诞生，需要有创造精神和丰富想象力，敢于付出代价去挑战。二是，工程问题大都很复杂，要从多方面多角度去思考，并寻求解决问题的途径。最好先用发散性思维初步研究拟定多个设计方案，继而借助收敛性思维，经反复对比分析去综合优化最佳的设计方案，使之逼近预期目标。

四、创新设计方法

一般说来，设计理论的研究并不完全等同于设计方法的研究。在长期生产实践和理论研究的过程中，往往会相伴而生求解具体问题的新方法。所以对理论和方法的研究，有时会给人一种密不可分的印象。

再者，任何创新设计方法都不是万能的，都有其一定的适用范围。即使到了计算机技术高度发达的今天，也不该忽视历经漫长岁月的研究设计实践所积累的成功经验。

在机械创新领域内，除采用上述系统科学的理论与方法外，还有一些常用方法，如分析综合法、最优化设计法、模块化设计法、反求（逆向）设计法、仿真设计法、虚拟设计法、并行设计法等，这些方法都同计算机辅助设计与分析联系在一起。

计算机及其应用软件的成熟与普及，尤其是数据库、仿真实验、虚拟装配、网络通信等新技术的相继涌现，使得设计方法大为改观，逐步实现了CAD、CAE、CAPP、CAM的一体化，现正在迎接数字化和人机智能化设计制造时代的到来，从而为设计者将主要精力用于研究开发，实现高效、精确、可靠、智能的创新设计提供有利条件。

第二节　总体技术方案创新设计一般程序

面对如潮水般涌来的机械设计新理论、新方法，应在传统设计所积累的技术成就和宝贵经验的基础上，使现代包装机械的设计思路更好地适应时代发展的需要，并具体贯彻于常用的四个主要工作阶段之中。

第一阶段：产品调研规划

通过对社会需求的调研预测以及国内外有关情报的分析研究，充分论证产品开发的必要性、可行性，进而确定产品的总功能，并将生产能力、质量要求、使用寿命、经济效益等量化成所需要的参数信息，作为设计的主要依据。

第二阶段：总体方案设计

对机械系统总功能进行分解，提出基本工作原理、包装工艺路线及主要执行机构，再借助机构优化组合拟定全机的机构运动简图、控制原理简图、总体布局简图和工作循环简图，以形成总体技术设计方案，这是最关键也是最富有创造性的设计环节。

第三阶段：结构技术设计

为使总体技术设计方案转化为机械实体系统，经过求解机构的尺度综合，同步完成零部件及控制系统的结构设计、虚拟装配和实验检验。在多个层次评估的基础上，制定出一整套图形文件及说明文件。

第四阶段：加工工艺设计

以结构技术设计为依据，安排相关构件的加工、造型、装配、调试等施工程序，运用现代制造技术实现样机的试制，并吸取试用意见，进一步做好改进设计工作。

参阅图 1-2-1，结合一新型纸盒装箱机，着重阐述前两个设计阶段的具体特征。

(1) 设备功能与包装要求

采用大幅面折叠式瓦楞纸箱片，对已包装的长方体纸盒完成集合装箱和胶带封箱。

纸盒内装耐压的定位块状物，规定每箱装入 40 盒，每分钟可装 2 箱。

根据纸盒体形大小，确定按双层竖直排列方式(盒长为走向，2×10) 从纸箱开口的一端沿水平方向分两次装入箱内。这样做，既能节省大量包装材料，又能压缩总体结构空间，完全符合折叠式纸箱片优化设计的原则。

(2) 系统组成与总体布局

从包装工艺路线和传动执行机构的有机组合来考虑，整个系统大体上划分为四个互相联系的分系统，即供送箱片、定位开箱、推盒装箱和转位封箱。除推盒装箱部分独居于机身主体一侧以外，其余的均沿纸箱片-纸箱的主传送路线呈直线式排列，而且排列次序同工作程序完全吻合。

此装箱机由于工位较多、间歇转位行程较长、动停时间差别较大，同时为了合理布置工作台面上下所有的传动执行机构，力求缩短机身全长，以致形成了各个工位间距不尽相同的特点。

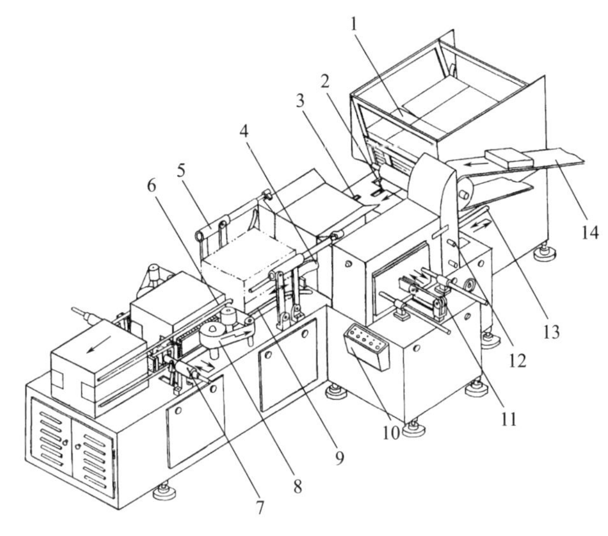

图 1-2-1　纸盒装箱机总体布局简图

1—纸箱片存库；2—牵引辊；3—纸箱转位推头；4,9—折边盖导板；5—气动式机械手；6—压条；7—胶带切割端封机构；8—胶带供送装置；10—控制箱；11—纸盒装箱推板；12—光电传感器；13—纸盒步进式推板；14—输送带

(3) 执行机构与运动关系

参阅图 1-2-2，按上述四个分系统依次说明。

① 供送箱片　瓦楞纸箱片成叠堆放在存库内，呈向前倾斜的状态。借槽凸轮机构控制的摆动式撑钩提起部分纸箱片的前端，可减轻往复运动的推头向外推出一只纸箱片的运动阻力。

② 定位开箱　由等速相向旋转的牵引辊将纸箱片快速拨出送至工作台上。台面下方分别配置一对翻转式的前挡杆和后压板，借此可从相对两个方向使纸箱片准确定位。另外，在纸箱片两边盖的下方，还对称配置一对顶杆和压爪（图中未画），顶杆一旦撑起纸箱片的上边盖，压爪便会立即压住相对应的下边盖。随之，启动两侧的气动机械手夹住上边盖，纸箱片就被抬起的机械手打开。

③ 推盒装箱　在一个工作周期内，共完成 20 次小推和 2 次大推。每次小推，将投放室内叠置的 2 盒推入存库；每次大推，将存库内叠置的 20 盒推入纸箱。

④ 转位封箱　装箱完毕，继而启动主传送系统，将装满纸盒的纸箱转移到输送滚道上面。与此同时，在转位的动停过程中，依次对纸箱折前后边盖和上下边盖，并用胶带进行端封。

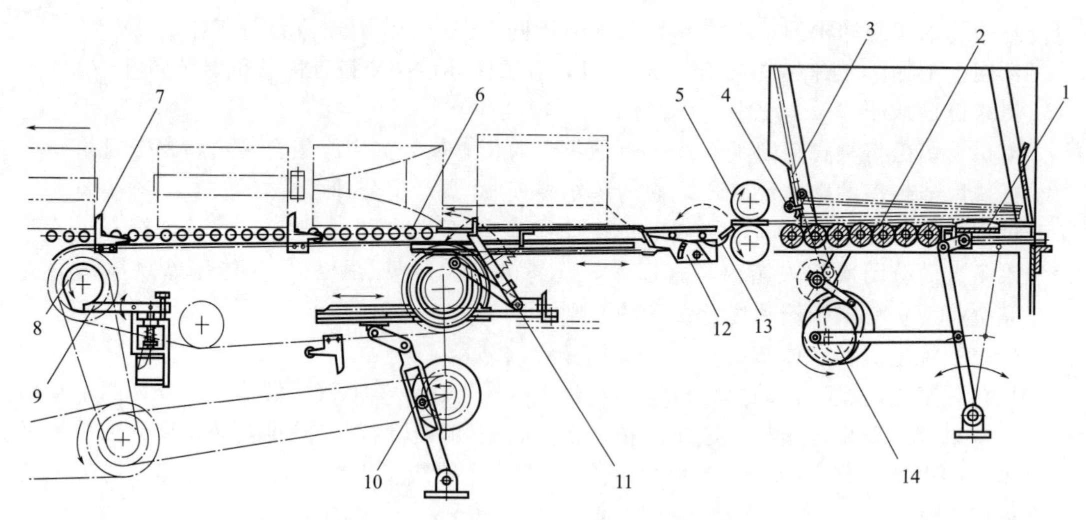

图 1-2-2　纸盒装箱机主传送系统机构运动简图

1—纸箱片推头；2—滚筒；3—可调闸门；4—摆动式撑钩；5—牵引辊；6—输送滚道；7—双链带推头；
8—超越离合器；9—电磁铁卡头；10—开口凸轮摆动导杆机构；11—翻转式前挡杆；
12—纸箱转位推头；13—翻转式后压板；14—槽凸轮机构

（4）工作循环与控制系统

参阅图 1-2-3，选用直角坐标方式编制此装箱机的工作循环图。现取主传送系统纸箱转位推头的启动时间作为工作循环的开始基准，再以纸盒小推 20 次所决定的装箱总时间作为一个工作周期。据此，按照四个分系统分块处理，经最后整合拟定出全机的工作循环过程。

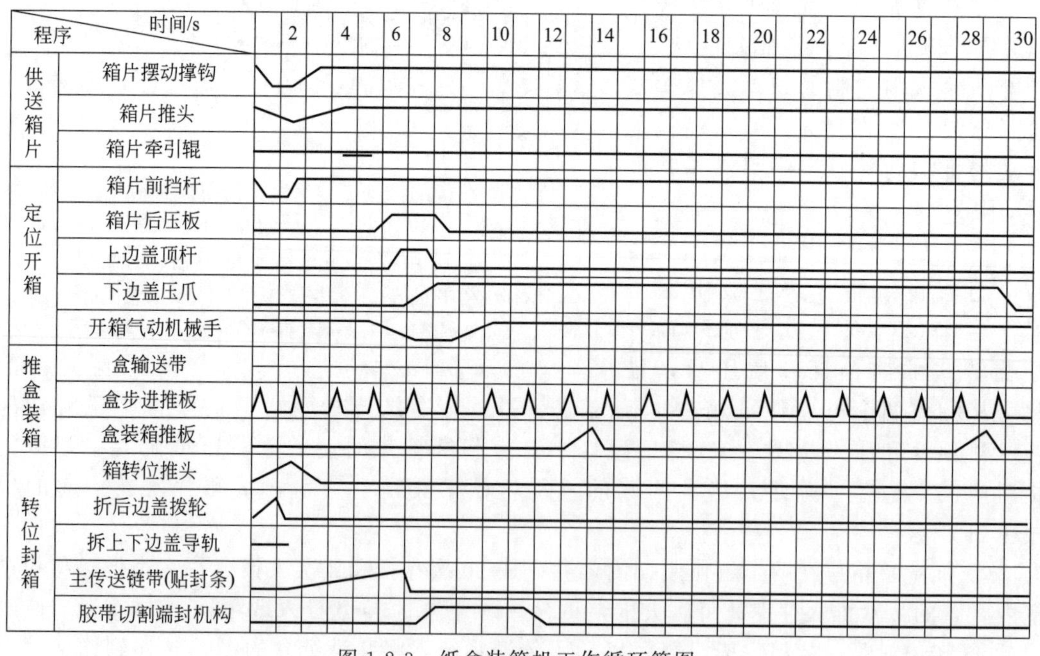

图 1-2-3　纸盒装箱机工作循环简图

这之中，要安排好各执行机构的动作配合关系，尤要注意在前后动作的衔接处留有足够的时间间隔和空间距离，保证各相关运动构件之间、各运动构件与被包装对象之间，不发生任何干涉。另外，还要尽量使各执行机构的运行区段适当重合，以有助于缩短循环周期，提高工作效率。

本机属于机电气三结合、有程序控制的自动包装机，按理在这种工作循环图中，除了表示各执行机构的运动循环之外，尚需表示各控制元件发出指令信号的时间、顺序及工作状态。限于篇幅，从略。

笔者凭借约定俗成的理念，加之多年包装机械设计实践（包括上述纸盒装箱机及其他）的深切体会，编制如图 1-2-4 和图 1-2-5 所示的总体创新设计的一般程序，供参考。

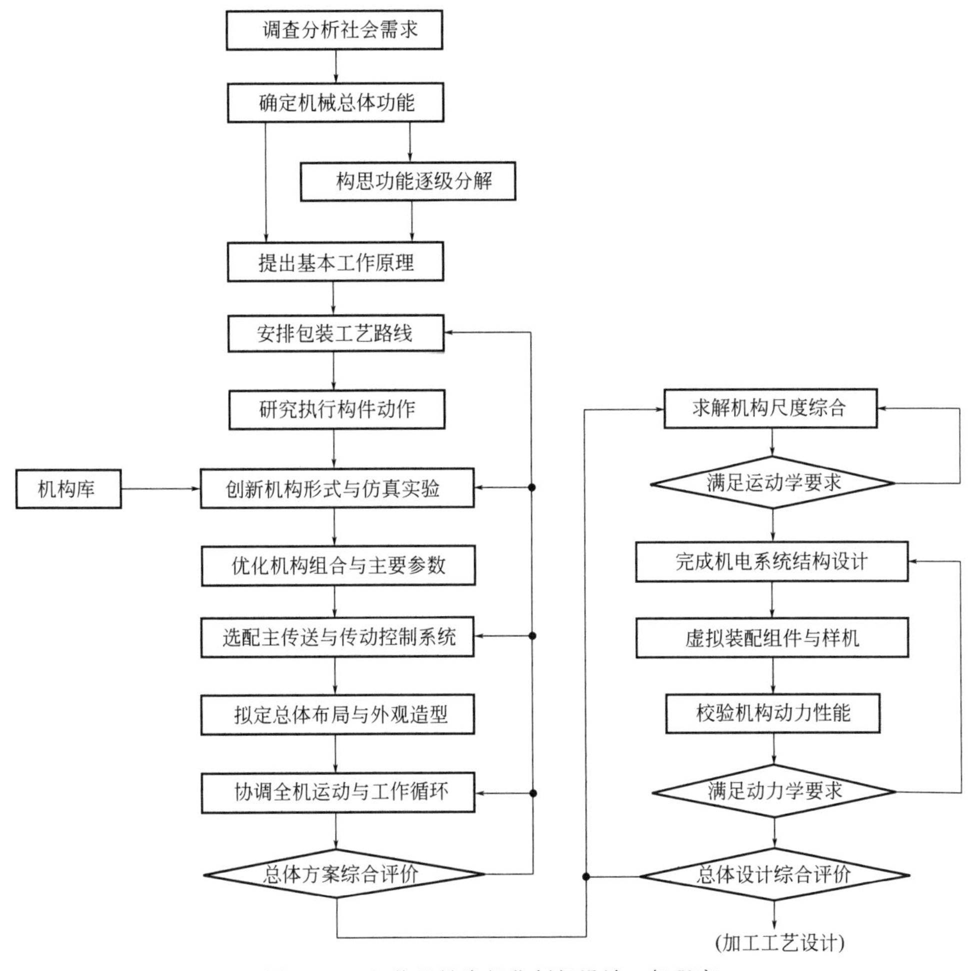

图 1-2-4　包装机械常规化创新设计一般程序

设计中，各个环节的相互作用与相互制约的关系并非一成不变的，要善于观察分析客观条件的变化而采取机动灵活的应对措施，有时甚至需要反复修改才能使结果逐步趋于完善。

另外，还经常出现：实现同一种功能要求，可以采用不同的工作原理；实现同一种工作原理，可以采用不同的运动规律；实现同一种运动规律，可以采用不同的机构形式。如此分解下去，就可以获得多种设计方案。至于包装机械系统运动方案设计所要研究和解决的问题，就是如何发挥设计者的聪明才智，创造性地构思出各种可能和可行的设计方案，并从中优选出最佳的设计方案。

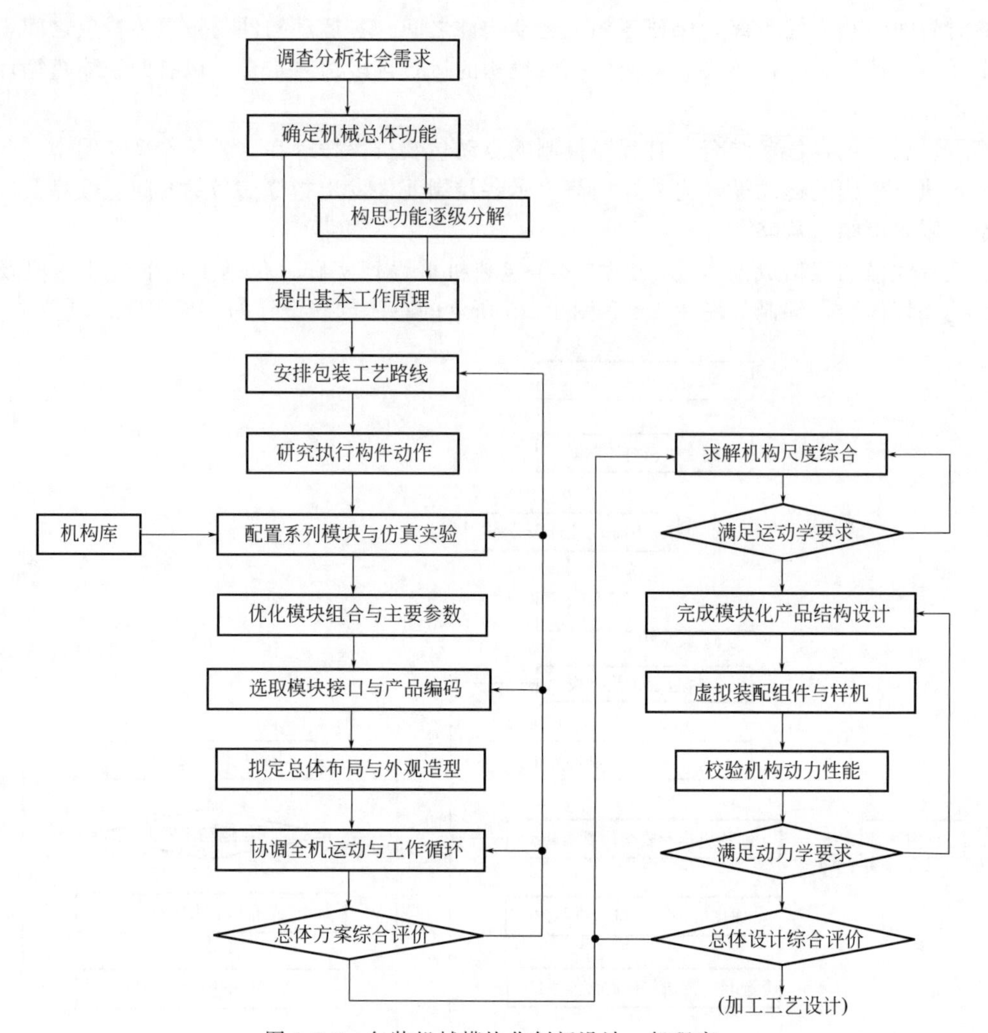

图 1-2-5 包装机械模块化创新设计一般程序

关于这方面的大量技术细节，将结合第二篇包装机械及其组合机构的创新设计原理和具体应用范例做更深入的探讨。

切记，人类社会已经进入 21 世纪，对包装机械新产品的研究开发，必须积极推广，大力实施数字化设计与制造技术，使我们的事业赢得更快更好的发展。

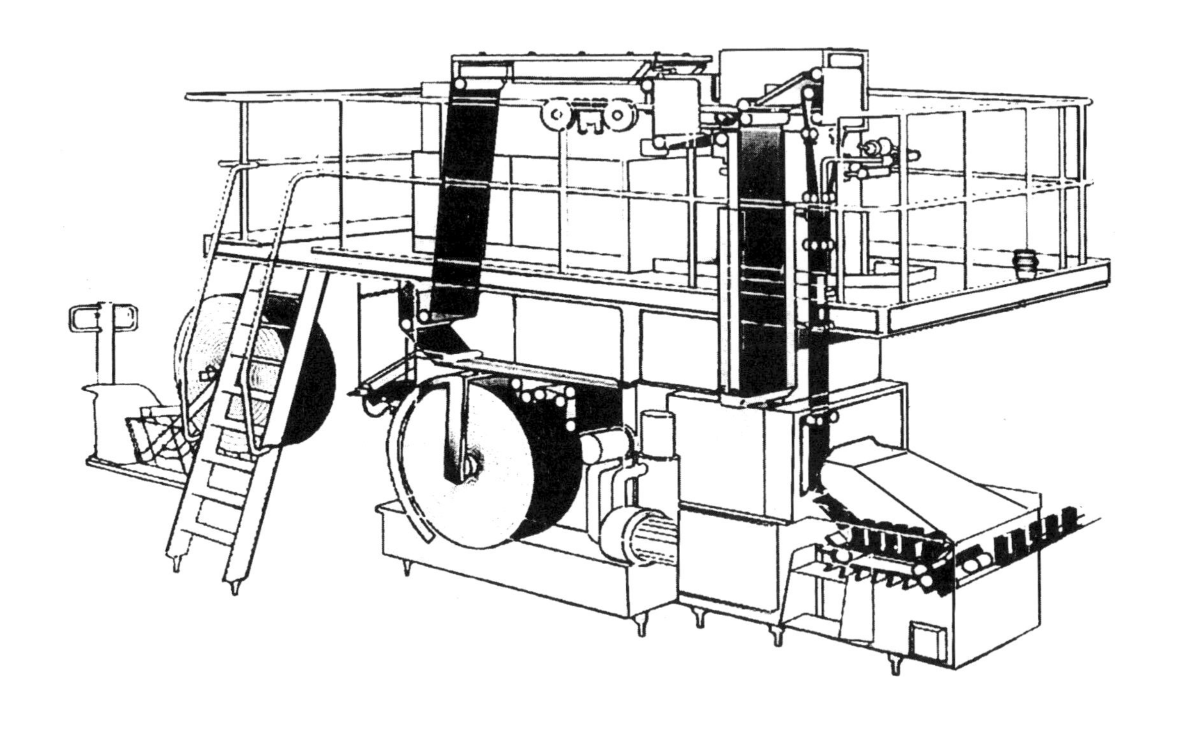

第二篇

包装机械组合机构创新设计原理

面对现代包装机械大量精彩纷呈的机构，在有限篇幅的表述上要达到事半功倍的效果，应按该专业机械的主要特征，适当精选机构类型，围绕创新设计核心问题，以点带面做系统深入的研究，从中寻求最基本的认识规律，更好建立和发展创新设计的理论体系，来有效指导开发的实践活动。其实这是一个反复循环、不断上升的过程，永远不会终结。

第一章
包装机构创新设计核心问题

第一节　机构选型范围及组合创新

一、机构选型范围

包装机械机构按结构及组合属性一般分为三种类型：

基本机构——由结构简单、不能再分割的单闭环及无分支开环所组成的机构。例如，连杆机构、凸轮机构、齿轮机构、槽轮机构、棘轮机构、螺旋机构、万向铰链机构等。

组合机构——根据给定的功能目标，将多个相同或不同类型的基本机构，通过一定规则组成的机构。例如，连杆-连杆机构、连杆-凸轮机构、连杆-槽轮机构、连杆-气缸机构、棘轮-液压缸机构、齿轮-凸轮机构等。

特种机构——也称广义机构，是指在包装等技术领域专门开发的具有特殊结构形式及组合方式的机构。例如，多种类型的分件供送螺杆机构、压电柔顺机构，以及包括气动、液压、电磁、光电元件在内的各种机构。

现今，许多包装机构系统相当庞大繁杂，大都由上述两种或更多种类型机构有机构成，使人们的视野越来越开阔。另外，科学技术创新的性质与方式也发生了重大变化，以原理创新和组合创新而论，后者的比例在急剧上升，并成为发展的主流。当然，这两种创新方式也可联合应用。

在现实生产活动中，各企业对包装机械的需求，在品种规格或功能档次等方面，不尽一致，因此，确定常用机构的选型范围，必须从先进性、可靠性、实用性、经济性等方面加以综合考虑。

二、机构组合方式

在机械运动方案的设计中，根据给定的功能和条件，将若干基本机构及其他机构通过某种方式加以巧妙地组合变换而构成新的机构系统，是机构演化和机构创新的重要途径。从结构的角度来分析，这种机构大体上可划分为两种类型。

一是组合机构——新的组合体是由两个或两个以上基本运动链融合而成，并具有特定的分析综合方法。它能够实现一般机构无法实现的运动规律和运动轨迹。

二是机构组合——在新的组合体中，各基本机构互不融合，依然保持自身原有的机构特性，但需安排好机构内部动作之间的协调配合，以实现预期的运动要求。

实用中，为简化说明，常将这两大类型机构不加区分统称为组合机构，而且这样做，也有利于开展组合与创新。

据此，对组合机构提出最基本的组合原则：既要高于单一基本机构的给定工作要求，又要力求机构结构简单，具有良好的运动及动力特性。换言之，这种组合，在机构功能上应该是“1+1≥2”，但在机构结构上最好是“1+1≤2”。现今被广泛应用的齿轮-连杆组合机构就是一个典型实例。

面对千变万化的组合机构，为了便于掌握内在规律，有效进行创新设计，必须深入研究机构的组合方式问题。仅就机械式刚性构件组成的组合机构而言，通常根据机构组成的结构形式来分类，主要的有四种：串联式、并联式、封闭式和叠加式，如图 2-1-1 所示。

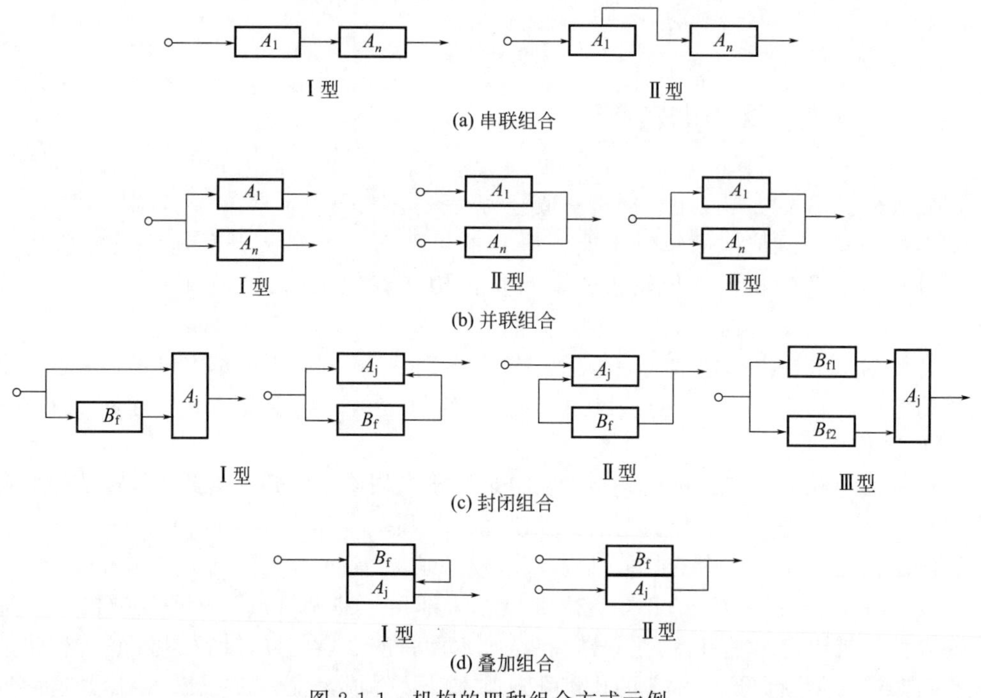

图 2-1-1　机构的四种组合方式示例

（一）机构串联组合

参阅图 2-1-1(a)，其特点，由若干个相同类型或不同类型的基本机构（包括各种传动件 A_1、A_n）串联而成。前置机构的输出构件是后置机构的原动件，连接点的位置可任意选取。若设在前置机构作简单运动的构件上（如连架杆、滑块），则称为Ⅰ型串联，而若设在前置机构作复杂运动的构件上（如连杆、行星齿轮），则称为Ⅱ型串联。组合之后，各基本机构的原有运动特性保持不变。

Ⅰ型串联组合常用于改善输出构件的运动及动力特性，或者对位移、速度、作用力进行放大。Ⅱ型串联组合却侧重于求解机构的运动轨迹。

（二）机构并联组合

参阅图 2-1-1(b)，其特点，两个或多个单自由度的基本机构并列配置又并行传递。按构件的互动关系分为三类：Ⅰ型并联，各基本机构共有一个输入构件而各有输出构件；Ⅱ型并联，各基本机构各有输入构件而共有一个输出构件；Ⅲ型并联，各基本机构共有一个输入构件和输出构件。

从结构看，比较简单的并联机构各基本机构大都具有相同的类型和尺寸，且呈对称分布，可以改善机构的受力状况、平衡效果和运动死点等问题。至于偏于复杂的并联机构，由于相关构件的类型、尺寸、布置均趋于多样化，不仅能改善运动及动力特性，还能设计有特定要求的输出运动轨迹。

（三）机构封闭组合

参阅图 2-1-1(c)，其特点，用一个单自由度基本机构来约束另一个具有两个或多个自由度的基本机构的运动，经组合变换后，各机构融合在一起成为一个单自由度的封闭机构。其中多自由度基本机构是组成封闭式组合机构的基础，故名曰基础机构（A_i），而起约束作用的单自由度基本机构则称为附加机构（B_f）。这种全新的机构系统同其他三种组合机构有着本质的区别，特别是它的分析与综合，不能简单地采用基本机构的叠加方法。

根据附加机构对基础机构的约束作用不同，一般分为三类：Ⅰ型是二者共用一个输入构件，而附加机构的一个/二个输出构件同基础机构的输入或输出构件相连接；Ⅱ型是基础机构的一个输出构件即为附加机构的输入构件，而附加机构的一个输出构件同基础机构的输入构件相连接；Ⅲ型是二个附加机构共用一个输入构件，其输出构件分别同基础机构的二个输入构件相连接，最后的合成运动由基础机构输出。

一般说来，封闭式组合机构的主要功能是能实现高灵活性的输出运动，例如，加速减速、前进倒退、瞬时停歇、曲线轨迹等，因此，设计复杂，往往找不到共同规律，需按具体机构进行专题研究。

（四）机构叠加组合

参阅图 2-1-1(d)，其特点，以一个基本机构或组合机构作为基础机构，在其某个活动构件上再附加一个或多个基本机构而形成的叠加式组合。

常用的有两种叠加组合方式。Ⅰ型叠加比较简单，一般只需一个主动的附加机构，在驱动基础机构的同时，又能输出最后的合成运动。但在Ⅱ型叠加机构中，附加机构可能不止一个，当采用多次叠加时，前一个基本机构即为后一个基本机构的基础机构。由于基础机构和附加机构分别装有动力源或配备各自的主动输入构件，因此，由最后的附加机构输出的运动，必定是总的合成运动。

叠加式组合机构多用来完成特定的平面运动、空间运动或某些复杂的工艺动作。设计的关键在于，应按预期目的适当选择各子机构的类型以及相应的驱动控制系统。实际上，这大都涉及机、电、磁、光、液、气等技术的综合应用，这对推动机器人的创新设计有积极作用。

总之，在现代包装机械中，不仅大量采用上述组合机构，还将这些组合机构通过多种

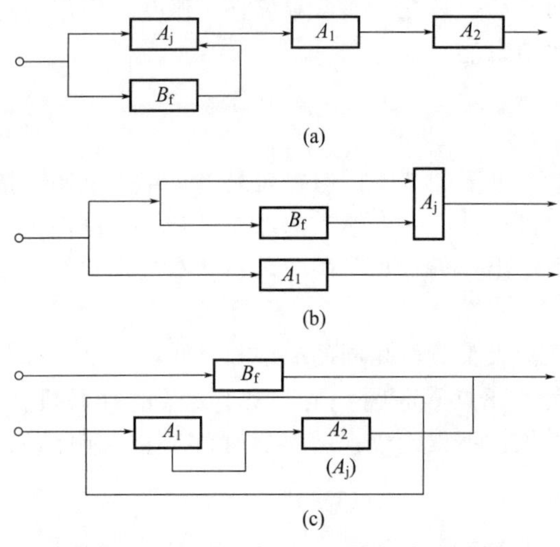

图 2-1-2　包装机构扩展组合的应用示例

方式加以扩展和演化，结果产生了功能更加强大的集成机构系统。对此，从本篇选出三个典型实例并绘出图 2-1-2 做扼要说明。

图 2-1-2(a) 及图 2-2-106，这是由Ⅰ型封闭式齿轮连杆组合机构和齿轮-同步齿形带基本机构所形成的Ⅰ型串联式集成机构系统，应用于无标卷带瞬歇供送切割。

图 2-1-2(b) 及图 2-5-22，这是由Ⅰ型封闭式固定凸轮连杆组合机构和曲柄滑块基本机构所形成的Ⅰ型并联式集成机构系统，应用于块状物夹送折叠裹包。

图 2-1-2(c) 及图 2-4-37，这是由Ⅱ型串联式多杆组合机构和齿轮基本机构所形成的Ⅱ型叠加式集成机构系统，应用于无菌包装的成型、充填、封口及牵引。

建议读者结合本篇其他相关机构，举一反三对照思考，以提高组合机构创新设计的理论与实践水平。

显然，组合机构的集成度越高，其创新设计的难度也越大。尽管达到了预期的功能目标，但不可忽视机构的积累误差、传动效率、空间布局、制造成本等因素所带来的一些负面影响。对此，设计者要学会解决冲突的方法。

第二节　机构创新准则及原理创新

一、机构创新基本准则

对创新机构来说，除了满足所需的运动形式、运动规律、运动轨迹，并便于调控等要求之外，还应从设计、制造、使用角度出发确定必须遵循的一些基本原则。

① 在一般情况下，可用一个执行机构完成一个工艺动作，也有的需用多个执行机构完成一个工艺动作，还有的能用一个执行机构完成多个工艺动作。针对如此错综复杂的情况，要优先选用构件和运动副的数量都偏少的机构，而且力求简单、轻巧、紧凑、可靠、耐用。

② 设计机构时，有时宁可选用有较小设计误差的简易、近似的机构，也不采用理论上毫无误差但结构却很复杂的机构。实际上，构件和运动副一多，总难免会积累较多的制造与装配误差，结果执行构件的运动并不一定十分精确，甚至适得其反。

③ 尽量使用转动副代替移动副，或者使用无导轨的直线运动机构代替移动副。因为转动副不仅加工方便，也容易保证配合精度，运动摩擦阻力小，适合高速、重载的工作场合。

至于高副机构，其优点是能用较少构件实现从动件的复杂运动。不过，高副元件一般难以制造，工作过程接触应力较大，需配合良好的润滑，多适合中低速和轻载的场合。当执行构件要求实现特殊的运动规律并需适当放大运动轨迹时，不妨考虑采用凸轮-连杆组合机构。

④ 机械系统的机构不仅能传递运动，同时也起到传递承载力与力矩的作用。所以要选择传动效率高的机构类型，以利于减小相关构件的尺寸、重量和能量消耗。

⑤ 凡作往复运动或偏心回转运动的构件，在高速状况下，其惯性阻抗往往是较大的。为减轻冲击，必须注意解决机构质量分布平衡和防止共振等问题，因此多采取对称性机构。

二、机构原理创新意义

设计机械运动方案，合理确定执行机构形式相当重要。通常根据执行动作的特点优选现有比较成熟的机构。如果选择组合得当，往往也是一种创新。实际上，除组合创新之外，还能借助原理创新的途径来构建结构新颖、性能优良的机构。

（一）机构类型变换原理

原理创新一般是指，选择典型机构为原始机构，通过对机构结构因素进行变换而开发出新型机构。常用的创新原理有，机构组成变换原理、机构形态变换原理、机构类型变换原理等。掌握和运用这些原理足以培养设计人员的创造思维，研究开发众多的新型机构，推动技术创新的深入发展。特别是，经中外学者努力探索出来的机构类型变换原理，业已建立比较完整的体系，受到有关学术界关注。

该创新设计原理的最大特点是，以机构组成和机构变异的理论为指导，将初选的一个原始机构，释放其机架而转化为运动链；再按规定原则抽象为一般化运动链并求解出组合运动链；然后以给定功能所赋予的设计约束形成再生运动链；进而演化成一系列相应的新机构，达到创新机构、扩大应用的目的。从图 2-1-3 所反映的全部设计程序，又可将此法称为机构运动链再生变换（或简称机构再生设计）。借助这种创新途径能够解决机构的型、数综合问题。最后，对推导出来的所有与原始机构具有相同功能的机构创新设计方案，要择优选用并进行机构的尺度综合。

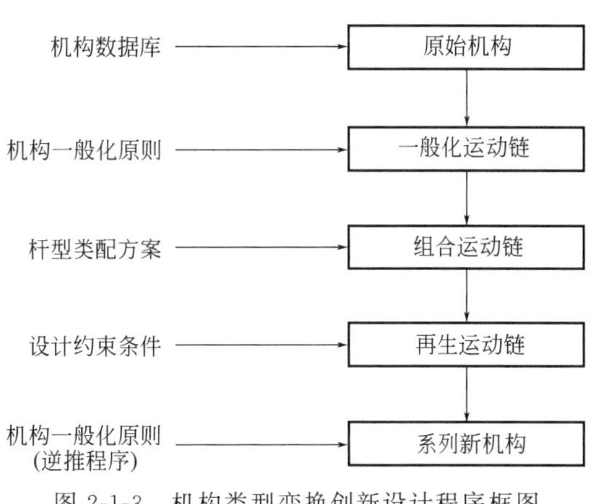

图 2-1-3　机构类型变换创新设计程序框图

机构类型变换主要指机构运动链类型的变换。这涉及若干新概念，现着重从三个方面加以说明。

1. 一般化运动链

对含有不同类型构件和运动副的原始机构，统一转化成为只包含连杆和转动副的一般化运动链，并使原有构件与运动副之间的连接关系以及机构的自由度均保持不变。

2. 机构一般化原则

对所选的原始机构，按规定的准则做相应的转化处理，主要包括以下内容：

① 将固定杆件（机架）的约束解除，转化为运动链。

② 将非连杆型构件（如气压缸、液压缸之类）转化为连杆。

③ 将非刚性构件（如螺旋弹簧之类）转化为刚性构件。

④ 将非转动副（如移动副、滚动副、螺旋副之类）转化为转动副。

⑤ 将复合铰链转化为相应组合个数的转动副。

据此，以表 2-1-1 所示的图解方式扼要说明几种典型原构件及运动副的变换原理。

表 2-1-1 原始机构转化一般化运动链典型图例

原构件类型	原运动副元素相对运动特征	原构件连接简图	构件一般化简图	机构变换原理
刚性构件平面高副	滚动		R	由两构件之间纯滚动形成的瞬心副，用转动副代替，标记为 R
	滚动+滑动		HS	由两构件之间滚动滑动形成的高副，二曲率半径保持定值，用一杆二转动副代替，标记为 HS
刚性构件平面低副	滑动		P	两构件构成的移动副，用转动副代替，标记为 P
			H	两构件构成的移动副，用转动副代替，标记为 H
				三杆构成的复合铰链，用一杆二转动副代替
弹性构件	弹性变形		S	两构件之间的弹簧连接，用一Ⅱ级杆组（A 型）代替，标记为 S

3. 杆型类配方案

杆型是指，在一般化运动链中，带有不同数目转动副元素的连杆类型。例如，二副元素杆（二副杆）、三副元素杆（三副杆）等。

杆型类配是指，在一般化运动链中，对全部包容的各种杆型所能完成符合要求的组合。杆型类配可写成表达式

$$LA=(L_2/L_3/L_4/\cdots/L_m) \tag{2-1-1}$$

式中　$L_2 \sim L_m$——具有 $2 \sim m$ 副元素连杆的数目。

杆型类配并非随意安排的，必须满足由以下二式所限定的条件：

$$L_2+L_3+L_4+\cdots+L_m=N \tag{2-1-2}$$

$$2L_2+3L_3+4L_4+\cdots+mL_m=2J \tag{2-1-3}$$

式中　N——一般化运动链中连杆的总数；

J——一般化运动链中运动副的总数。

对平面连杆机构，其自由度

$$F_o = 3(N-1) - 2J$$

在拟定杆型类配方案时，首先应按照上述相关公式来判断在所选的一般化运动链中是否具有许用最大运动副元素值 m 的杆型，然后才能对限定范围内的全部杆型运筹组合方案。一般说来，机构的结构越复杂，可以组合的方案数目也越多。通过列表、图解等方法逐步加以鉴别和筛选，便能确定一种或多种可行的方案。

（二）机构再生设计范例

在此，结合包装推送机构的创新实例具体说明再生设计要点。

1. 选择原始机构提出创新思路

如图 2-1-4 所示，选择该原始机构，作为创新设计对象。

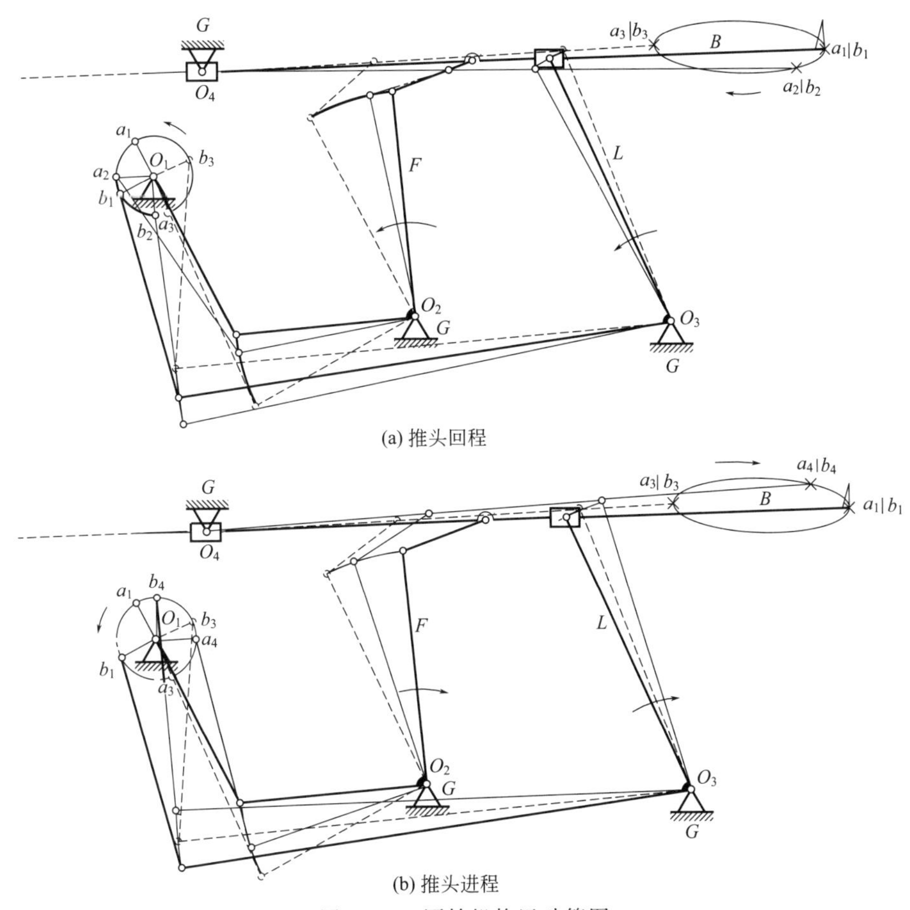

图 2-1-4　原始机构运动简图

从图中看出，它是具有一个自由度和十杆、十三副的封闭式平面连杆机构。匀速回转的固联双曲柄 a、b 分别驱动与其相连的摇杆 F、L。通过并联组合、协调动作，带动执行构件 B 的推头实现近似长椭圆形的竖平面运动轨迹。此机构适合推送中等块状物品，完成裹包等作业。

该机构中摇杆 L 的摆动中线偏于垂直布置，明显限制了执行构件 B 的上下行程，为扩展其应用范围有必要进一步改造，使推头的运动轨迹有所放大。

出于简化机构再生设计的目的，不妨假想将双摇杆 F、L 的连杆切断拆除，让余下的具有两个自由度和七杆八副的平面封闭机构成为研究的主体，如图 2-1-5 所示。待此部分机构的再生设计完成之后，再同前一部分机构按原来的约束条件还原，并进行统一的机构尺度综合。

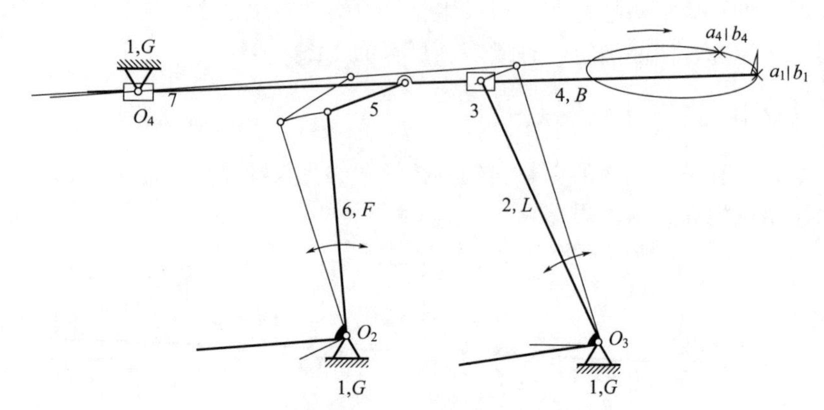

图 2-1-5　推送机构再生设计简化模型

2. 遵照规定原则生成一般化运动链

针对简化的原始机构，按照规定的转化原则，着手进行机构的一般化处理。首先将固定杆件（机架）1 解除，生成运动链；再将二移动副 3、7 用转动副代替并标以 P，结果变换为-封闭式一般化运动链。图 2-1-6 中 A 型即为其抽象化图形，所标注的杆型符号及数字编号，同原始机构完成对应。

3. 拟定杆型类配方案求解组合运动链

对已生成的一般化运动链，确认 $N=7$，$J=8$，代入式(2-1-2) 和式(2-1-3)，则有

$$L_2+L_3+L_4+\cdots+L_m=7$$

$$2L_2+3L_3+4L_4+\cdots+mL_m=16$$

求出

$$F_0=3(N-1)-2J=2$$

经直观判断，该运动链中不可能具有五副和五副以上（$m\geqslant5$）的连杆，因此拟定七杆八副运动链杆型类配方案，如表 2-1-2 所示。

表 2-1-2　七杆八副运动链杆型类配方案

杆型类配方案	L_2	L_3	L_4	N	$2J$
Ⅰ	5	2	0	7	16
Ⅱ	6	0	1	7	16

很明显，方案Ⅰ即 $LA=$（5/2/0），完全符合设计要求，可以成立。

但是，方案Ⅱ即 $LA=$（6/0/1），由于其中有两个二副杆与一个四副杆合为一体，形成一个三角形刚性结构，使之蜕变为一个五杆八副运动链，不符合设计要求，不能成立。

参阅图 2-1-6，七杆八副运动链的杆型类配虽然仅有一种方案，不过按照其中二副杆与三副杆的互连方式却可形成三种基本组合运动链——A 型、A_1 型和 A_2 型。在此基础上，又按照其中三个连杆能否构成复合铰链还可形成五种派生组合运动链——B 型、B_1

型、B_2 型和 C_1 型、C_2 型。

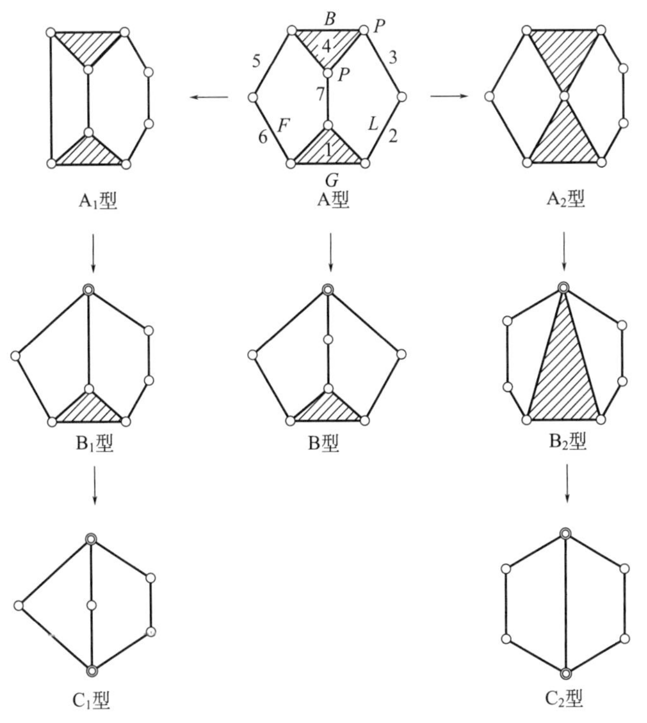

图 2-1-6　推送机构组合运动链

4. 引入设计约束条件推导再生运动链

根据设计的基本要求及原始机构的结构特征，确定以下约束条件作为机构创新设计的依据。

① 在运动链转化过程中，连杆总数 N 和运动链总数 J 应保持不变。

② 整个封闭链应有一杆（推送杆除外）作为固定杆（机架）G。

③ 摇杆 F、L 均应与固定杆 G 直接连接，且各具一个自由度，但不允许这些构件同推送杆直接相连。

④ 原始机构的推送杆 B，其推送作用也可选其他许用杆件代替，将推头另换适宜部位。

下一步是求解再生运动链。对图 2-1-6 所示的八种组合运动链依次选取一种，按照设计约束条件及构件标记符号分别进行排列组合，遂形成不同结构类型的机构运动链。再生的运动链，总计达 47 种之多，其中 A、A_1、C_1 各有 5 种，B_2、C_2' 各有 2 种，A_2 有 6 种，B 有 4 种，B_1 有 18 种。图 2-1-7 是一个重点示例，仅选 A 型、A_1 型各两种再生运动链。

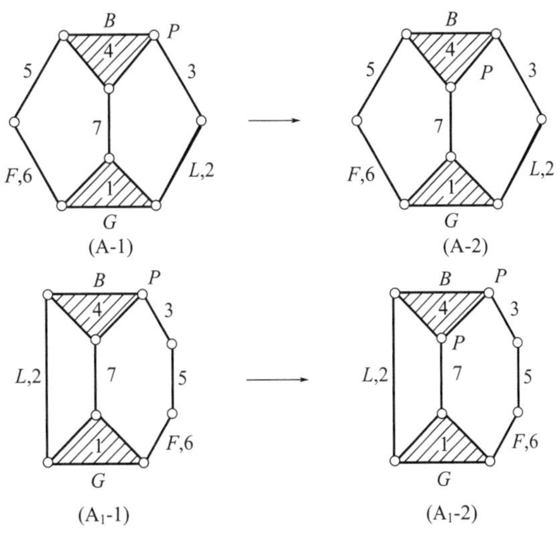

图 2-1-7　推送机构再生运动链重点示例

5. 运用逆推程序建立创新机构体系

逆向运用机构一般化原则，求出全部再生运动链对应的新机构运动简图，使设计者广开思路，从多视角对比分析，优选出令人满意的创新设计方案。

为突出重点，按图 2-1-7 画出四个再生设计的创新机构。从图 2-1-8 明显看出，A_1-1 和 A_1-2 两个设计方案较佳可取。

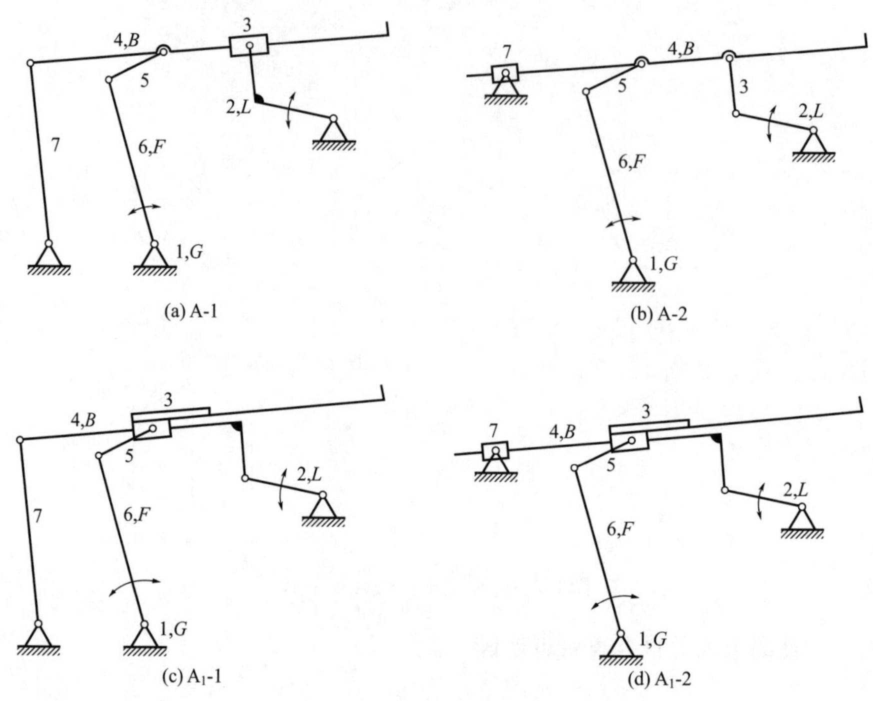

图 2-1-8　推送机构再生设计创新机构示意图

第三节　机构分析综合及数学建模

一、机构研究两大相关主题

研究设计机构，需要着重解决两类相关的主要问题，即机构的分析与综合，这可为改进现有机构和设计创新机构提供最基本的指导原则。

（一）机构分析

机构分析包括机构的结构分析、运动分析和动力分析。

结构分析——着重研究机构的组成原理和机构得以产生确定相对运动的必要条件。

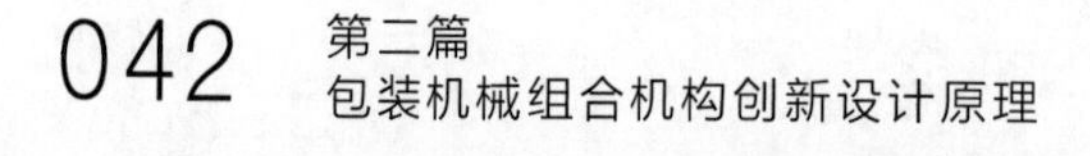

运动分析——通过对机构的位置、轨迹和速度进行分析，确认有关构件或构件上某点能否实现预期的运动要求，并为加速度分析奠定基础。另外，考察从动件行程占用的活动空间，可以判断机构的整体轮廓以及各构件之间产生相互干涉的可能性。

动力分析——基于加速度分析深入了解机械的动力性能，进而确定机构运动副作用力和维持机构作给定运动所需平衡力，并算出驱动功率。

（二）机构综合

机构综合主要包括机构的结构综合与尺度综合。

1. 结构综合

① 型综合——是为达到给定功能目标，产生某种运动规律而研究开发适当类型的新机构。

② 数综合——借助现有机构进行机构变异，创造出由一定数量构件和运动副所组成的，并具有相同功能和自由度的多种类型新机构。

2. 尺度综合

① 机构运动学尺度综合——对设计的某种类型新机构，按预期的运动要求来研究和确定机构的运动简图及其相关构件的基本尺寸。

预期的运动要求，即指综合所应达到的设计目标，大体上包括三类：

a. 实现给定的运动规律，如执行机构的工作行程、间歇运动时间、主从动构件某种函数互依变化关系等。

b. 实现给定的运动轨迹，如执行机构上一点或多点的某种封闭式或非封闭式的运动轨迹。

c. 实现给定的运动导向，如执行机构导引所载物件作平面运动从起点至终点的不同方位。

② 机构动力学尺度综合——对设计的某种类型新机构，按给定的动力分析结果来研究和确定相关构件的机械强度、弹性变形、质量分布、动态平衡等问题，进而全面完成结构设计。

总之，机构综合牵涉的问题既多而又复杂，在求解上比机构分析困难得多，有些只能得到近似的答案。

现今，优化方法在机构综合中已被广泛应用。从机构学角度看，最优化的目的在于寻求机构系统的最优设计方案。采用这种方法可以直接参照有关软件规定的某种程序处理相应的具体问题，并能定量地求得机构参数的数字解。不过美中不足的，难以做出定性分析。相比之下，传统的方法却有明显的优势，尤其是使之与现代计算机技术相结合，依然得以扩大其发展空间和应用范畴。

二、机构分析综合求解途径

诚然，现代机构设计是传统机构设计的延续和发展，但必须强调，如今的社会正处于大数据时代，以电子计算机的软硬件技术、数据库技术和专家系统为基础的计算机辅助设计与分析，已经逐步成为机械创新设计的主要手段。

再者，面对现有庞大的机构库，为正确求解机构的分析与综合问题，客观上也建立起创新设计方法体系，其中除前述的优化法之外，还包括解析法、图解法、图谱法、仿真法、形象模型实验法等。在此只简要阐述解析法和图解法，其他方法将在后文中斟情分散介绍。

解析法的特点是，通常按给定条件初步绘制机构简图，并以相关参数表示各构件的相对运动位置与尺寸关系。通过建立数学模型，选择求解方法（如封闭矢量多边形投影法、复数矢量法、矩阵法和杆组法），再依次推导机构的位置运动方程，编写程序，上机运算，求出所需设计答案。此法计算速度快、调整灵活方便、求解精度高、图形处理能力强，能洞察机构内在变化规律。总之，这是侧重于抽象逻辑思维的研究方法，其中的关键体现在合理建立模型和正确推导方程。

图解法的特点是，通常按给定条件选择机构形式，为满足其某种相对运动关系，采用几何作图方法（必要时附加简单计算）来求解各构件的位置尺寸和结构尺寸。至于机构的运动分析，不同的求解方法各有局限性（如瞬心法只能求速度，矢量方程法可求速度和加速度）。一般说来，在解决问题过程中，主要侧重于形象思维，直观易懂，当构件偏多时，却显得求解麻烦，精度不高，也不便编程上机运算，适应性欠宽。

总之，在计算机支持下，将解析法和图解法有机结合起来，使其优势互补，从而获得特有的整体效能，无疑是今后的发展方向。

三、设计计算数学建模方法

大量事实表明，采用数学建模可以广泛研究与数量变化规律密切联系的各类实际问题，而不仅仅局限于机构。这使人们强烈地意识到，数学模型虽然归属于抽象模型，却兼有科学与技术的属性。只有正确认识和熟练掌握此一技能，才能在创新工作中更好地打开局面，也为切实运用前述解析法奠定基础。

但是，数学模型同其他形象模型有所区别的在于，它是针对所研究现实事物的具体特征，结合相关的各种条件，通过抽象、模拟、简化，采用数学语言做出系统的近似刻画。而且通常以数学公式、几何图形、逻辑框图、算法程序等结构形式表达出来，再加以适当的运算、调控，便可高效地实现预期的求解目的。

由此可见，数学模型不等同于一般的数学研究，乃是强调数学以特定形式的实践和应用。现扼要说明数学建模的特点：

① 在内容上，数学建模侧重于，以数学和计算机为先导，综合运用有关的科学技术及基础知识，按给定的设计要求对特定的研究对象揭示其内在外在联系、主要参数关系以及特殊运动规律。为便于分析计算、调试检验，应抓住主要影响因素，合理简化近似处理，使结果既能反映客观事物的本来面貌，又得以实现数学问题的解决。

② 在方法上，对数学建模通常采取多种方法来处理，如公式引用、模拟计算、数值拟合、图形剖析、直观判断等。有时单用也有时联用，还必须借助计算机参与运算、仿真、调整、优化之类的工作，以提高设计的效率和成功率。

③ 在步骤上，严格说来包括八个层次：模型构思、模型简化、模型建立、模型求解、模型分析、模型检验、模型评价和模型应用。实用中，根据具体对象和给定要求，优先把握好前五步，即模型的构思、简化、建立、求解和分析。

④ 在结果上，建模前期由于对某些复杂的对象加以简化处理和近似取值，因此会造成求解的欠精确。当然，误差要适中，应该采取必要的检验措施，力求做到基本合理、可靠、实用。

为圆满完成数学建模，设计者要有充实的创新意识、锐敏的思维能力、广博的知识技能和丰富的实践经验。综合运用这一切，可使数学建模在创新设计中发挥应有的主导作用。

面对现代科学技术活动，欲达到简化分析求解的目的，本书还大量使用科学模型（包括理想模型和理论模型）、实体模型、数字模型、仿真模型、等效运动模型、设计计算模型，等等。

补充说明，设计计算模型也可广义地看作是数学模型，其建模的一个重要特征是，针对所组合的机构，应根据课题有关设计计算的基本要求，建立相应的初始约束条件以及适当的构件运动配合，在此基础上才能形成所需的实用模型。为加深理解，请参阅后继章节提供的实例。

第二章

供送机构

供送系统是现代包装机械的重要组成部分，其机构结构与工作性能的好坏，对提高包装的成品质量，生产效率和自动化水平均起很大作用，并对总体布局、整机造型产生直接影响。

包装机械的供送对象，一般是指内装物和包装物。

通常，内装物按其形态可分为液体、粉体、散体、条片块状及不规则状的固体；而瓶、罐、盒、袋等包装容器在外观上大都比较规整，有刚性、半刚性、柔性之分，多采用非金属或金属材料制成。

在生产实际中，供送系统是同包装机械的其他子系统相互依存、彼此制约的。所以，研究其间的协调性、同步性、可控性都至关重要。为此，本章拟分类选择若干典型实例，密切结合包装工艺，系统阐述有关创新设计的理论与方法。

第一节　块体及瓶罐供送机构

一、推移式供送机构

（一）现有机构启示

在自动包装机和自动包装线中，广泛采用各种类型的推移机构，以供送块体及容器。若执行机构不参与任何包装操作，也不要求工作头在往复运动过程中产生较长时间停歇，那么设计这类机构时，应着重考虑运动轨迹发生问题。

参阅图 2-2-1，雪糕包装的供送系统包括紧相配合的两部分，一是卷筒薄膜的等速连续供送，二是块状雪糕的逐个间歇供送。对后者来说，供送工艺路线是平面直角折线型，在转弯处设置推板 3 做垂直的封闭曲线运动。当每一块雪糕沿斜坡落到固定导板 4 上时，由齿轮-连杆机构（图中未画）驱动的输送带 2 产生瞬时停歇，随之推板动作，将雪糕快速推移至运动的薄膜之上，然后依次进行裹包成型、接缝纵封和横封切断，成为包装成品。

由此可见，推板就是一个典型的仅起供送作用的执行构件。设计的主要目的，是按给

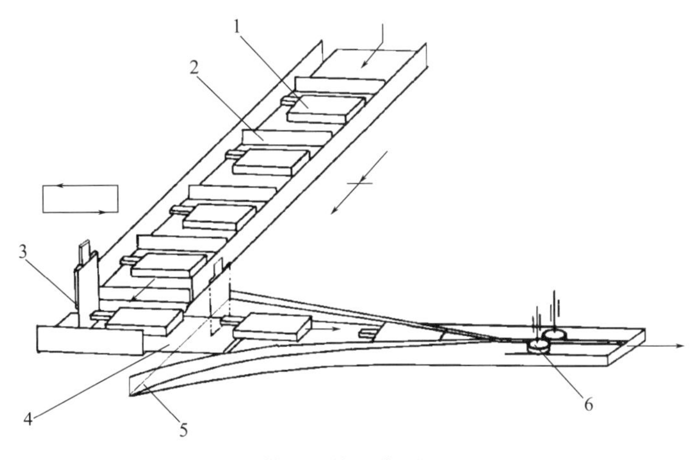

图 2-2-1　雪糕推移式供送系统示意图

1—雪糕；2—输送带；3—推板；4—固定导板；5—卷筒薄膜；6—接缝牵引辊

定要求通过机构综合实现预期的运动轨迹。实际上，基于不同的设计条件可以采用多种轨迹形式，如直线型、弧线型、腰果型、弓弦型、椭圆型，等等。

（二）连杆曲线应用

铰链四杆机构的连杆曲线，如图 2-2-2 所示。图中只绘出 5 条连杆曲线，若在连杆及其多方位扩展线上选取更多的点，则组成的图谱就相当可观。

更具体讲，由于铰链四杆机构的连杆作平面运动，除了同连架杆相铰接的两端点分别作圆、圆弧的运动以外，其余的各点都作其他形状的封闭曲线运动。而一经改变机构尺寸，这些轨迹也会发生变化。加之，该机构本身固有的许多优点（如结构简单、轻巧耐用、性能可靠、制造方便等），确认将连杆作为推移式供送机构的执行构件必有实用价值。

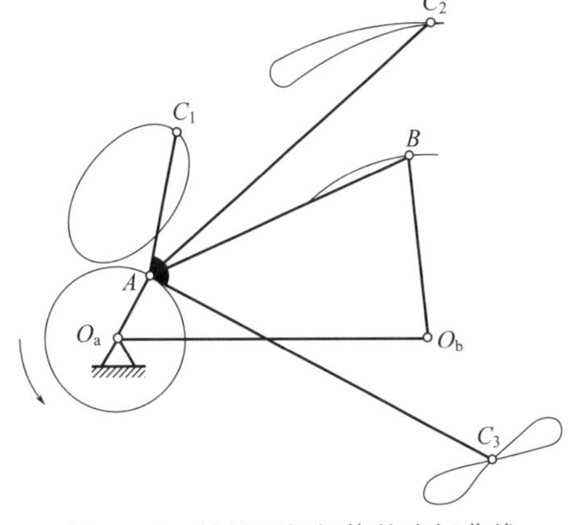

图 2-2-2　铰链四杆机构的连杆曲线

当然，在有些场合不仅要满足执行构件所预期实现的运动轨迹，还希望具有良好的往复运动急回特性。

据此，对推移式块体供送，试选能够产生对称连杆曲线的铰链四杆机构，使之生成近似腰果形的运动轨迹。同时考虑，既能从工作台面下方也能从工作台面上方，间歇推移单个或多个物件，以扩大其应用范围。另外，在研究方法上也要创新，首先根据设计要求结合连杆曲线图谱，初选执行构件的运动轨迹轮廓及其可行的机构基本参数，然后建立该系统的数学模型，借助计算机软件 MATLAB 可视化仿真工具 Simulink 进行仿真的实验与分析，从而快速准确地达到优化设计方案的目标。

（三）机构参数选择

1. 确定机构基本尺寸

现有的机构学研究成果表明，以图 2-2-3 为例，要使该铰链四杆机构产生近似腰果形的对称连杆曲线，必先确立以下特定条件：

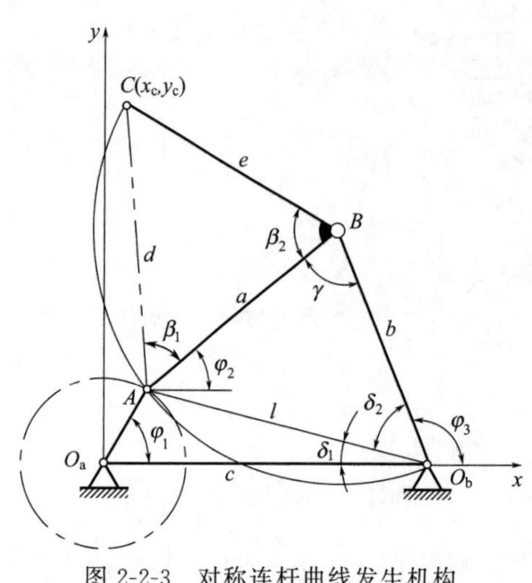

图 2-2-3　对称连杆曲线发生机构

$$AB=BO_b=BC$$

$$O_aO_b=AB\sqrt{\frac{2}{1+\varepsilon^2}},\ \varepsilon=\frac{AO_a}{BO_b}$$

为简化计算分析，令 AO_a 的实际长度为 L_1，相对长度为 1，显然，其他各杆的相对长度分别为 $a=\frac{AB}{L_1}$，$b=\frac{BO_b}{L_1}$，$c=\frac{O_aO_b}{L_1}$，$d=\frac{AC}{L_1}$，$e=\frac{BC}{L_1}$（均大于 1）。

据此，将上述特定条件改写为

$$a=b=e,\ \varepsilon=\frac{1}{a} \tag{2-2-1}$$

$$c=a^2\sqrt{\frac{2}{1+a^2}}>a \tag{2-2-2}$$

对该机构取直角坐标系 xO_ay，并标出连杆的夹角 β_1、β_2 及铰链四杆的瞬时位置角 φ_1、φ_2、φ_3，由△ABC 求得

$$d=\alpha\sqrt{2(1-\cos\beta_2)} \tag{2-2-3}$$

$$\beta_1=\frac{1}{2}(\pi-\beta_2) \tag{2-2-4}$$

可见，只要选出 α、β_2、φ_1，整个机构的基本尺寸及瞬时形状便完全确定。为保证机构正常运行，应验证

$$1+c^2<2a^2$$

若此不等式成立，不仅满足曲柄存在的条件，而且摇杆慢行程的转向与曲柄的转向相同。

另外，还需验证连杆与摇杆的夹角（传动角）最小值

$$\gamma_{\min}=\arccos\left[1-\frac{(c-1)^2}{2a^2}\right]>[\gamma] \tag{2-2-5}$$

一般取传动角的许用值 $[\gamma]=50°$，供参考。

2. 论证轨迹形成条件

关于对称连杆曲线的形成，要有深刻的认识，这对简化设计和合理应用都有一定的指导意义。

参阅图 2-2-4，其中采用粗实线和细虚线分别表示，当曲柄由 AO_a 转移至 $A'O_a$，即取 $\angle AO_aO_b=\angle A'O_aO_b=\varphi_1$ 以及 $\angle AO_bO_a=\angle A'O_bO_a=\delta_1$ 时，整个机构外形的变化情况。

与此相对应，连杆的轨迹发生点由 $C(x_c,\ y_c)$ 转换为 $C'(x_c',\ y_c')$。连接 CO_b 和 $C'O_b$，在 $\angle CO_bC'$ 内引一

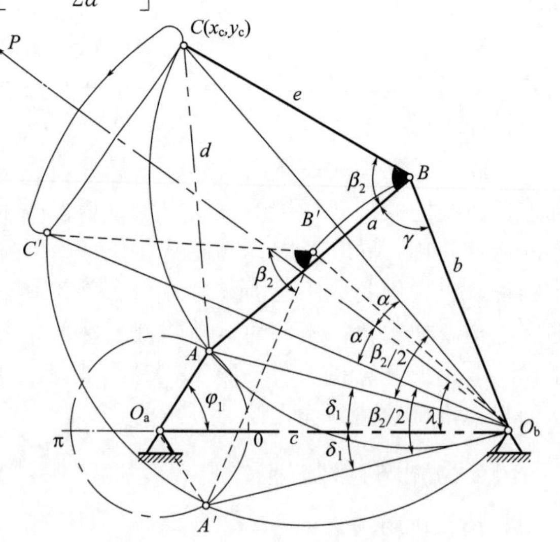

图 2-2-4　对称连杆曲线的形成

直线 PO_b，将其等分为二，各以 α 表示，且令该对称轴与横坐标轴（机架）的交角 $\angle PO_bO_a=\lambda$。

已知三杆 $a=b=e$，分别以铰接点 B、B' 为中心画圆弧 $\widehat{CAO_b}$ 和 $\widehat{C'A'O_b}$。根据圆弧的圆心角与圆周角的几何关系，不难证明$\angle AO_bC=\angle A'O_bC'=\dfrac{\beta_2}{2}$，进而确认

$$\delta_1=\alpha,\quad \lambda=\frac{\beta_2}{2} \tag{2-2-6}$$

这充分说明：

① 在给定条件下，连杆曲线上任一点 C，总会有另一个对称点 C'，PQ_b 是唯一的对称轴，同机架的交角 $\lambda=\dfrac{\beta_2}{2}$。

② 求解连杆曲线上二对称点的途径，是基于变换曲柄对机架的对称位置，即取其上下相位角均等于 φ_1 值来定位。因此，当 φ_1 为 0°或 180°时，连杆上 C 点会分别与对称轴重合，根据两点的差距可以求出对称连杆曲线的纵向边界。

③ 若用几何法粗略地考察连杆曲线的形状，由于存在对称性，只要在曲柄前半个回转区间内选取若干个分散点绘出半个轨迹图像就行了。特别是，当曲柄转至$\angle O_aAO_b=90°$，使 δ_1 为最大值时，能确定对称连杆曲线右侧的横向边界。当然，为了更好地解决创新设计问题，必须研究精确求算该曲线的横向边界和纵向边界的方法，从而有助于通过计算机仿真验比较完整地表示出该曲线图形的尺寸关系，以便进行有效调控。

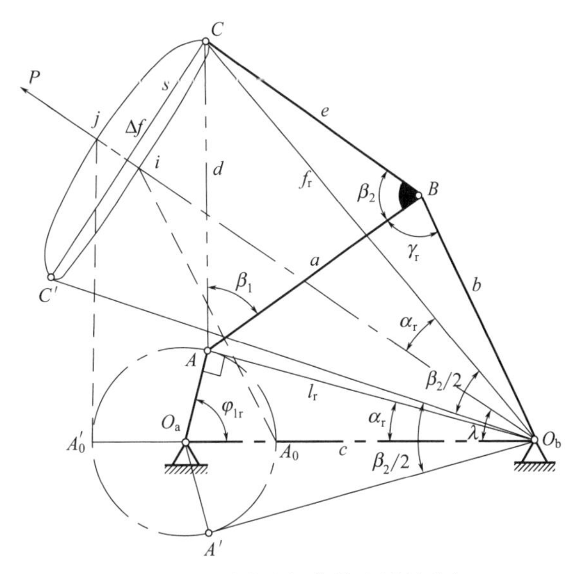

图 2-2-5　对称连杆曲线边界的求解

3. 求解连杆曲线边界

1）纵向边界

参阅图 2-2-5，取曲柄的相位角$\angle AO_aO_b=0°$，$A_0O_b=c-1$，因连杆曲线上的 C 点恰好位于对称轴 PO_b 上的 i 点，令 $iO_b=f_i$，由$\triangle iA_0O_b$ 写出

$$d^2=(c-1)^2+f_i^2-2(c-1)f_i\cos\frac{\beta_2}{2}$$

得

$$f_i=(c-1)\left[\cos\frac{\beta_2}{2}+\sqrt{\left(\frac{d}{c-1}\right)^2-\sin^2\frac{\beta_2}{2}}\right] \tag{2-2-7}$$

其次，取$\angle AO_aO_b=180°$，$A'_0O_b=c+1$，因连杆曲线上的 C 点恰好位于 PO_b 上的 j 点，令 $jO_b=f_j$，仿上法由$\triangle jA'_0O_b$ 得

$$f_j=(c+1)\left[\cos\frac{\beta_2}{2}+\sqrt{\left(\frac{d}{c+1}\right)^2-\sin^2\frac{\beta_2}{2}}\right] \tag{2-2-8}$$

根据以上二式求出对称连杆曲线的纵向边界距离

$$\Delta f=f_j-f_i \tag{2-2-9}$$

2）横向边界

见图 2-2-5，由$\triangle AO_aO_b$ 取$\angle O_aAO_b=90°$，使 δ_1 的最大值为

$$\alpha_r=\arcsin\frac{1}{c}$$

相应的

$$\varphi_{1r}=\arccos\frac{1}{c}$$

$$l_r=\sqrt{c^2-1}$$

又由$\triangle ABO_b$ 和$\triangle BCO_b$ 分别得

$$\gamma_r=\arccos\left(1-\frac{l_r^2}{2a^2}\right)$$

$$f_r=a\sqrt{2\left[1-\cos(\beta_2+\gamma_r)\right]}$$

结果求出对称连杆曲线的横向边界距离

$$S=2f_r\sin\alpha_r \tag{2-2-10}$$

至此，便能大体估出该封闭曲线的轮廓。至于精确形状，有待计算机仿真实验时加以描绘和调整。

综合上述，可从图 2-2-5 中获得一个有实用意义的发现：若令曲柄沿顺时针方向转至 A'，且使$\angle AO_aO_b=\angle A'O_aO_b=\varphi_{1r}$，显然曲柄端点经过路径 $A-A_0-A'$同连杆端点经过路径 $C-i-C'$所需的时间应完全相等。但是，$2\varphi_{1r}$ 比 180°小，说明对称连杆曲线的发生机构具有一定的急回特性。为便于分析比较，特取慢速行程与快速行程的时间占用比为

$$\mu=\frac{\pi-\varphi_{1r}}{\varphi_{1r}}>1 \tag{2-2-11}$$

对推进式供送来说，μ 值愈大，反映急回特性愈强。

（四）仿真实验范例

1. 仿真技术含义

计算机仿真以多种学科为基础，以计算机及相关软件为工具，通过模拟实验来复现实际系统的运动过程，并加以验证和调控，从而达到预期的创新设计。所以，仿真技术是作为信息时代除理论推导、科学实验之外颇具特色的一大崭新研究途径，已获得了广泛的应用。

现今，国内外的大型计算机软件，如 MATLAB、ProE、Creo、SolidWorks 等，大都包括了机构学仿真的功能模块，为机构的运动分析和动力分析提供有力的工具。不过各个软件所采用的仿真技术方法不尽相同，也各有特点和适用范围。

仅就 MATLAB 的工具箱 Simulink 而言，是集系统的建模、仿真、分析为一体的软件包，现已相当成熟。采用仿真实验处理工程技术问题，大体上包括建立模型、实验求解和结果分析三大步骤。

① 对所研究开发的机构系统，在仿真之前必须深入剖析各组成要素之间关系，要抓住主要因素，建立一套相关的数学模型。换言之，就是借助某些数学语言和推导公式来反映系统的内在运动规律以及有待求解的参数。

② 将已经建立的数学模型转换成适合所选计算机软件处理的仿真模型，包括仿真必需的 M 函数文件和框线图，并确定机构运动的初始条件。

③ 基于仿真实验结果，对输出的图形曲线和计算数据，分析判断其正确性、可行性，

必要时联系设计要求进行适当修改和调整，经过多次反复探索，可以取得最优化设计方案。

2. 仿真实验步骤

1）建立数学方程

见图 2-2-3，为了对铰链四杆机构进行运动分析，根据已建立的直角坐标系，可写出一组方程

$$\cos\varphi_1 + a\cos\varphi_2 = b\cos\varphi_3 + c$$
$$\sin\varphi_1 + a\sin\varphi_2 = b\sin\varphi_3$$
$$\varphi_1 = \omega_1 t, \quad \omega = \frac{\pi n}{30} \tag{2-2-12}$$

式中，t、ω_1、n 分别为曲柄的回转时间（s）、角速度（rad/s）和转速（r/min）。

将上式对时间求导，得从动杆角速度 ω_2、ω_3 的关系表达式

$$\omega_1\sin\varphi_1 + a\omega_2\sin\varphi_2 = b\omega_3\sin\varphi_3$$
$$\omega_1\cos\varphi_1 + a\omega_2\cos\varphi_2 = b\omega_3\cos\varphi_3$$

或写成

$$\begin{bmatrix} -a\sin\varphi_2 & b\sin\varphi_3 \\ a\cos\varphi_2 & -b\cos\varphi_3 \end{bmatrix}\begin{bmatrix} \omega_2 \\ \omega_3 \end{bmatrix} = \omega_1\begin{bmatrix} \sin\varphi_1 \\ -\cos\varphi_1 \end{bmatrix} \tag{2-2-13}$$

继而将上式对时间求导，得从动杆角加速度 α_2、α_3 的关系表达式

$$\begin{bmatrix} -a\sin\varphi_2 & b\sin\varphi_3 \\ a\cos\varphi_2 & -b\cos\varphi_3 \end{bmatrix}\begin{bmatrix} \alpha_2 \\ \alpha_3 \end{bmatrix} + \begin{bmatrix} -a\omega_2\cos\varphi_2 & b\omega_3\cos\varphi_3 \\ -a\omega_2\sin\varphi_2 & b\omega_3\sin\varphi_3 \end{bmatrix}\begin{bmatrix} \omega_2 \\ \omega_3 \end{bmatrix} = \omega_1\begin{bmatrix} \omega_1\cos\varphi_1 \\ \omega_1\sin\varphi_1 \end{bmatrix} \tag{2-2-14}$$

取连杆上的 C 点，其位移的坐标值

$$x_c = \cos\varphi_1 + d\cos(\varphi_2 + \beta_1)$$
$$y_c = \sin\varphi_1 + d\sin(\varphi_2 + \beta_1)$$

或写成

$$\begin{bmatrix} x_c \\ y_c \end{bmatrix} = \begin{bmatrix} \cos\varphi_1 + d\cos(\varphi_2 + \beta_1) \\ \sin\varphi_1 + d\sin(\varphi_2 + \beta_1) \end{bmatrix} \tag{2-2-15}$$

从以上推导结果看出，在给定条件下，对铰链四杆机构可以求解一些主要参数，为下一步机构仿真奠定基础。

2）转换仿真模型

采用 Simulink 将已建立的数学模型转换为仿真模型，需要做好两方面工作。一是，编写 M 函数文件，使之成为仿真模型的核心模块；二是，按设计要求调用其他多种功能模块，借数据线连成一个整体，以完成相应的仿真实验与仿真分析。

（1）编写函数文件　在给定条件下，为求解式(2-2-15）的 x_c、y_c，应采用积分器通过式(2-2-13）的 ω_2、ω_3 来求解 φ_2、φ_3。因此，要借助 MATLAB 语言编写两份 M 函数文件，分别命名为 Liangan _ qx1. m 和 Liangan _ qx2. m，编程内容如下。

```
% Liangan_qx1.m
function F1=Liangan_qx1(u)
a=3
b=3
e=3
c=a^2 * sqrt(2/(1+a^2))
DS=1+c^2-2 * a^2;
```

```
if DS<=0
    disp('1+c^2<=2*a^2')
else
    disp('1+c^2>2*a^2')                          % incorrect
    pause
end

gamin=acos(1-(c-1)^2/(2*a^2));
gamind=gamin*180/pi                              % gamind>=50
phi1r=acos(1/c);
phi1rd=phi1r*180/pi
mu=(pi-phi1r)/phi1r
n=120
omega1=n*pi/30

% u(1)=phi1;
% u(2)=phi2;
% u(3)=phi3;
% u(4)=omega1;
% F1(1)=omega2;
% F1(2)=omega3;
A=[-a*sin(u(2))  b*sin(u(3));  a*cos(u(2))  -b*cos(u(3))];
B=[u(4)*sin(u(1));  -u(4)*cos(u(1))];
F1=inv(A)*B;

phi1=0
l=sqrt(1+c^2-2*c*cos(phi1));
delt1=asin(sin(phi1)/l);
delt2=acos(l/(2*a));
phi3=pi-delt1-delt2
phi2=asin(sin(phi3)-sin(phi1)/a)
end

% Liangan_qx2.m
function F2 =Liangan_qx2(u)
a=3
b=3
e=3
c=a^2*sqrt(2/(1+a^2))
bet2d=70
bet2=bet2d*pi/180;
lamd=bet2d/2
d=a*sqrt(2*(1-cos(bet2)))
bet1=(pi-bet2)/2;
bet1d=bet1*180/pi
```

```
% u(1)=phi1;
% u(2)=phi2;
% F2(1)=xc;
% F2(2)=yc;
F2=[cos(u(1))+d*cos(u(2)+bet1);  sin(u(1))+d*sin(u(2)+bet1)];

L1=60
L2=a*L1
L3=b*L1
L4=c*L1
L5=d*L1
L6=e*L1

fi=(c-1)*(cos(bet2/2)+sqrt((d/(c-1))^2-(sin(bet2/2))^2));
fj=(c+1)*(cos(bet2/2)+sqrt((d/(c+1))^2-(sin(bet2/2))^2));
Df=fj-fi;
DF=Df*L1

alpr=asin(1/c);
lr=sqrt(c^2-1);
gamr=acos(1-(lr^2/(2*a^2)));
fr=a*sqrt(2*(1-cos(bet2+gamr)));
s=2*fr*sin(alpr);
S=s*L1
```

注：全书编程文件所涉希文代码，详见附录。

(2) 确定初始条件　启动仿真系统，事先必须确定若干初始条件。其中有的是默认值，有的是计算值。关于后者，联系本课题主要是求解当曲柄处于初始状态时连杆及摇杆的位置角，以便输入相对应的积分模块之中。

为此。参阅图 2-2-3，找出在一般情况下铰链四杆机构相关的几何关系，推导结果为

$$l=\sqrt{1+c^2-2c\cos\varphi_1}$$

$$\delta_1=\arcsin\frac{\sin\varphi_1}{l}$$

$$\delta_2=\arccos\frac{l}{2a}$$

$$\varphi_3=\pi-\delta_1-\delta_2 \tag{2-2-16}$$

$$\varphi_2=\arcsin\left(\sin\varphi_3-\frac{\sin\varphi_1}{a}\right) \tag{2-2-17}$$

在初始条件下，应取

$$\varphi_1=0°,\quad l=c-1$$

$$\delta_1=0°,\quad \delta_2=\arccos\frac{c-1}{2a}$$

$$\varphi_2=\delta_2,\quad \varphi_3=\pi-\delta_2$$

（3）组合仿真模块　这一步操作内容请参见有关专著。在此，只着重说明仿真模块的调用与组合。

首先，打开 MATLAB 的主界面及 Simolink 浏览器，从中找到建模所需的模块，再将其复制到所要建立的模型窗口之内。

参阅图 2-2-6，此系统共需调用 11 个模块。

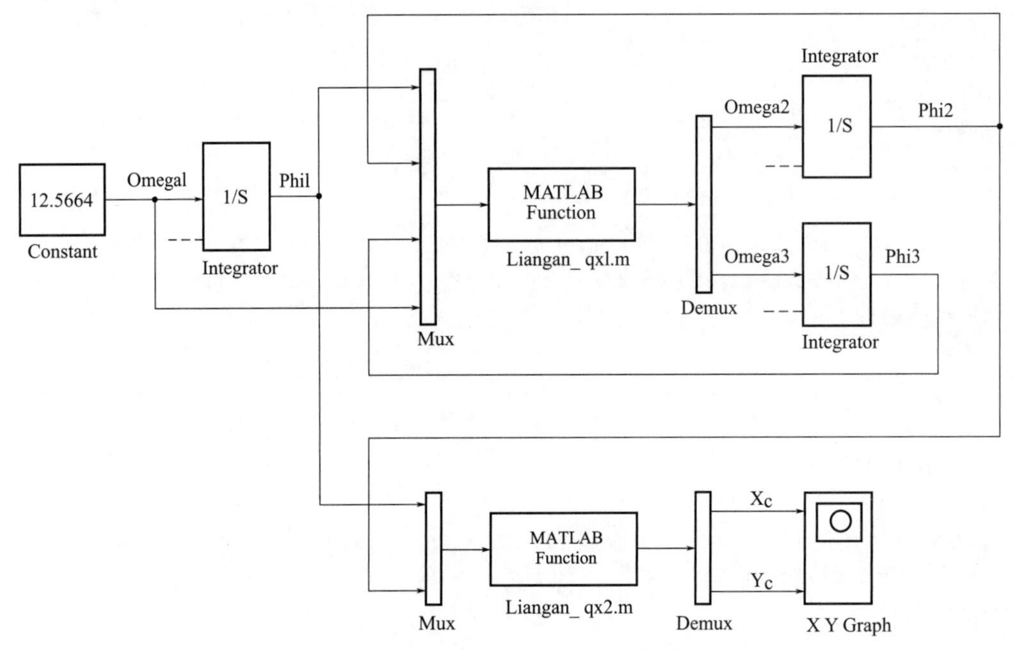

图 2-2-6　对称连杆曲线 Simulink 仿真模型

a. 从信号源模块库（Source）调用 1 个常值信号器（Constant），供输入 ω_1 的设定值。

b. 从连续系统模块库（Continous）调用 3 个积分器（Integrator），供求解 ω_1、ω_2、ω_3 的积分值 φ_1、φ_2、φ_3。

c. 从常用模块库（Commonly Used Blocks）调用 2 个多路复合器（Mux），供数据线的汇流。此外，还调用 2 个多路分离器（Demux），供数据线的分流。

d. 从自定义模块库（User Defined Functions）调用 2 个 MATLAB 函数模块库（MATLAB Function），供调用 M 函数文件。

e. 从输出模块库（Sinks）调用 1 个二维图像绘制器（XY Graph），供将仿真数据转换为平面曲线图形。

补充说明，各模块之间采用数据线（实线）加以连接，凡交结之处一律标示圆点。设计时要给所有模块加以注释表示其功能。

在模型窗口双击某些模块，会弹出相应的“模块参数设置对话框”，以便从中输入有关参数。这一点，对调控 ω_1（或 n）以及 φ_1、φ_2、φ_3 非常重要。

再有，在模型窗口单击菜单栏的 Simulation/Configuration Parameter，能打开“系统参数配置对话框”，可设置仿真时间和仿真算法。对仿真时间要按照曲柄转速适当选值，过大会影响仿真图形的可视效果，而过小又难以扫描出完整的曲线。例如，$n=120\text{r/min}$，仿真时间就不应少于 0.5s。至于仿真算法则常取默认值。

最后，将确认的仿真模型（图 2-2-6）形成一份操作文件，定名为 Liangan _ qx. md1。

3）分析仿真结果

打开 Liangan _ gx. md1 文件，即直接转换为仿真窗口界面。单击菜单栏中 Simulation/start 命令，随之弹出 X Y Graph 窗口显示如图 2-2-7 所示的对称连杆曲线（$a=3$，$\beta_2=70°$）。

图 2-2-7 提供对称连杆曲线发生机构的两种设计方案，从中看出，弧形工作头可从工作台面的下方或上方沿水平方向逐个推送块状物件。此外，也适用于一定角度的倾斜供送。请特别关注，在任何情况下，都要根据连杆曲线对称轴的位置（涉及 f_j、λ）安排好机架定向与曲柄回转中心定位的问题。只有这样才足以保证扩展连杆端部（工作头）能沿给定的封闭轨迹实现可靠供送。

另外，扩展连杆 CB 也可用扩展连杆 CA 来取代，因为二者的交点 C 具有完全相同的运动轨迹。基于此一思路，无疑有助于提高设计造型的灵活性和适应性。

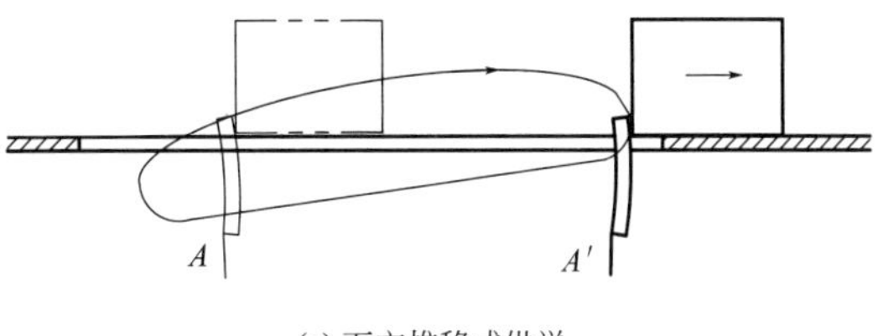

(a) 下方推移式供送

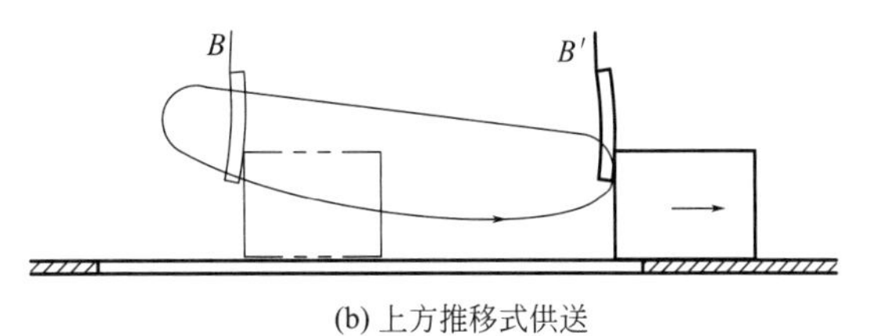

(b) 上方推移式供送

图 2-2-7　对称连杆曲线发生机构供送块体示意图

设计时，如果觉得仿真出来的对称连杆曲线欠理想，那么就该着眼于适当修改 a、β_2 这两个基本参数，尤其要设法调整好该曲线的横向与纵向的边界尺寸以及工作头的可适应形状。为了找出规律性认识，特将仿真实验输出的数据整理成表 2-2-1。

表 2-2-1　对称连杆曲线基本参数对比分析

	$a3$		$a5$	
c	4.0249		6.9338	
γ_{min}	60.5504°		72.7938°	
μ/mm	1.3805		1.2030	
β_2	Δf/mm	s/mm	Δf/mm	s/mm
70°	32.8093	173.2074	30.7792	169.4855
65°	39.8600	171.0922	37.9583	167.7964
60°	46.8348	168.6514	45.0651	165.7880
55°	53.7205	165.8893	52.0862	163.4639

对该表经全面分析确认：

a. 表中所列的 $a3$ 和 $a5$，分别代表铰链四杆机构的相对杆长 $a=b=e=3$ 和 5。计算表明，这两组机构均能满足曲柄存在的条件。

关于机构构件和轨迹边界的实际尺寸，要靠选择适当的曲柄长度 L_1 值来确定，通过 MATLAB 的指令窗口能查到相关数据。

b. 由前面导出的公式得知，c、γ_{min}、μ 只与 a 有关，而 Δf、s 只与 a、β_2 有关。联系表中数据更加明确，当其他条件一定时，a 偏大，可使 c、γ_{min} 偏大，μ、Δf、s 偏小；另一方面，β_2 偏小，可使 Δf 偏大，s 偏小。

其次，再将 $a3$ 和 $a5$ 加以综合对比，从机构结构、运动特性、供送工艺角度分析，

尤其反映在 c、$\gamma_{\min}$、μ、Δf、s 诸参数上面，选取 $a3$ 能获得较好的总效益。

总之，本书为创新设计对称连杆曲线发生机构提供了一套完整、先进、可靠的理论与方法，并为积极推广这种简单、轻巧、实用的推移式供送机构打好必要的知识技术基础。

二、拾放式供送机构

（一）机构特点

在包装领域，拾放式供送机构的工作头，大都采用机械式、气动式夹头，或者真空式、电磁式吸头。当它被执行机构驱动控制向下移动时，先将输送过来的物件夹住（吸住）、拾起，待转换至指定工位再向下移动时，便将该物件投放于静止乃至运动的台面上或容器中。这种供送机构由于模拟手工操作，有较好的适应性，常用于单机和自动线。

被拾放供送的对象，既可以是内装物，也可以是包装物，如竖放稳定性较好的瓶罐和平放稳定性较好的片块等。值得强调，这种拾放式供送对瓶罐之类的集合包装尤有突出意义，使它在整条生产线上得以保持同一姿态参与操作和运行，不仅提高了生产效率，甚至在包装后期进入储存、运输和销售阶段也能提供诸多便利。

在生产运作上，拾放式供送机构同样有间歇式和连续式之分。为了操作平稳、增加工效、简化机构，一般说来，大中型、笨重的单件和集合件比较适应于间歇式工作系统，而中小型、轻巧的单件则比较适应于连续式工作系统。

本节着重介绍拾放式供送机构。其实，当今的这种供送方式已经很难同拾放式装盒、装箱、卸箱等机械化作业划清界限。况且在机械结构与工作机理上也颇相类似，因此可以将它们联系起来进行综合研究。

下面只举两个间歇拾放式供送机构的实例，探讨其设计思路。关于连续拾放式供送机构，将分散在其他章节阐述。

（二）设计思路

1. 二步拾放供送

图 2-2-8 为泡罩药板之类二步拾放式间歇供送机构的工作原理图。

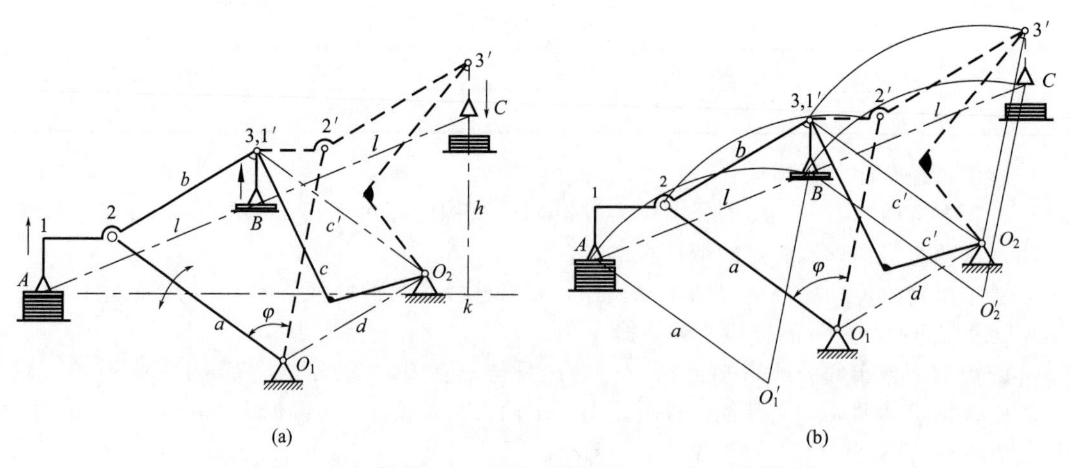

图 2-2-8　泡罩药板二步拾放式间歇供送机构工作原理图

此乃是某些泡罩包装与装盒联合机的中间过渡性装置。已包装好的泡罩药板被逐个整齐地堆放在前置设备的小型存仓内。接着，借助平行四杆机构的两个真空吸头沿倾斜路线依次将每一块药板由工位 A、经工位 B 转移到工位 C。最后，按一定的叠置个数分批输送至后置的装盒机主传送链带上。

对这套构思巧妙的供送机构来说，主要是研究工作头的运动轨迹发生问题。实际上，如果对供送定位精度要求不高，完全可以采用简易的图解法来近似求解。为此，仅提供有关的设计思路，供参考。

首先参阅图 2-2-8(a)，在平行四杆机构 $O_1 23O_2$ 中，$O_1 2$ 为主动摇杆，由另一套曲柄连杆机构驱动，令摆角为 φ。为使终点工位 C 有足够的工作空间，特将从动摇杆 $O_2 3$ 做成弯杆。为简化分析，又将其转化为直杆，并要求 $a=c'$，$b=d$。

图中所画的两组实线杆系和虚线杆系，分别表示该机构的初始位置和终止位置。不难理解，两摇杆的转向一致、转速相等。

根据供送要求，应给定泡罩药板的分步移距 l，以及终止工位的基点高差 $Ck=h$。在此前提下，为使三工位基点 A、B、C 共在一条斜直线上，与连杆两端固定连接的两个真空吸头，必须采取不尽相同的结构形式。换言之，前者为直角弯杆 $A12$，后者为直杆 $B3$，并保证垂线 $A1=B3$。

由于连杆始终作与固定杆平行的平动运动，其自身及扩展杆上任何一点的运动轨迹必定皆为具有同一半径 a 和弦长 l 的圆弧。当然，弦向也会保持不变。这样一来，如图 2-2-8(b) 所示，只要选定了真空吸头弯杆的垂直线段 $A1$、水平线段 12、摇杆长度 a，随之便可确定连杆长度 b、摇杆摆角 φ 以及机架两端点 O_1、O_2 的位置。

最后，将连杆上真空吸头在三工位之间的运动轨迹绘制出来，即两个圆弧 $\widehat{AB}$ 和 $\widehat{BC}$，相应的圆弧中心为 O_1' 和 O_2'。据此校核二吸头拾放供送过程是否工作可靠。

2. 一步拾放供送

图 2-2-9 为成组酒瓶之类一步拾放式间歇供送-装箱机构示意图。

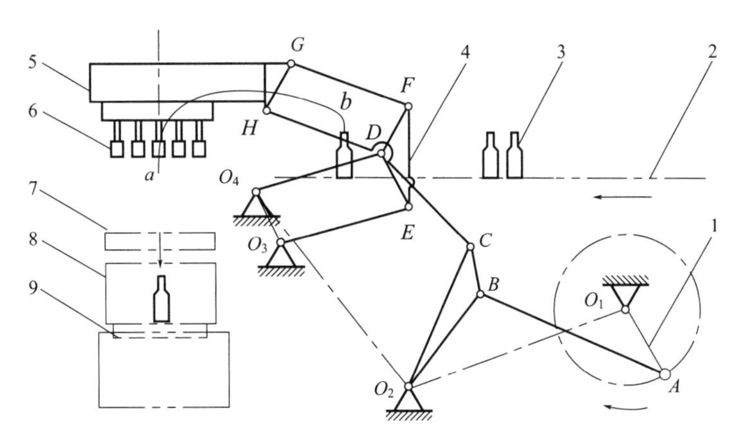

图 2-2-9　成组酒瓶一步拾放式间歇供送-装箱机构示意图

1—曲柄双摇杆组合机构；2—输送板链；3—玻璃酒瓶；4—双平行四杆机构；5—平动吊梁；6—气动组合夹头；7—导向缓冲格板；8—包装箱；9—牵引链带及滚道

该机构主要由驱动电机、曲柄双摇杆-双平行四杆组合机构、平动吊梁和气动组合夹头等组成。通常用来供送-装箱，若经适当改造调整，也能反操作，用来卸箱-供送，甚至完成更多的类似功能。该装置机构结构简单、工作稳定可靠、有可调节余地，应用前景较好。经深入剖析，设计时务必抓住两个方面：

① 以曲柄连杆机构驱动相串联的双摇杆机构，使扩展连杆 CDH 的端点得以产生符合拾放供送要求的一段连杆曲线 ab，让工作头沿着该曲线作平动往复运动。无疑，这是设计的重中之重。

② 在拾放供送过程，为确保重载的气动组合夹头及其吊梁做平动运动，使被夹持的瓶身始终保持垂直状态，特通过摇杆 DO_4 和连杆 DH 各附加一套平行四杆机构，并将其中的两杆 DE、DF 构成三角架形式加以固定连接。

概括而言，这进一步体现了机构学中连杆曲线和平行四杆机构在包装机械领域的具体应用和开拓创新。而且，此套组合机构的设计原理与设计方法同本节前述两个供送机构都存在许多共同点，不难举一反三设计出来。建议读者试做，必要时可参阅第五章裹包组合机构的某些设计计算范例。

三、旋进式供送机构

（一）独特功能及机构初探

现今，分件供送螺杆公认是包装机械领域一种典型而又重要的基础件。作为旋进式供送机构，除单独或成对使用外，更为大量的是同其他构件组成单元装置，以发挥某些特定的功能被广泛配置。

图 2-2-10 典型瓶罐的主体外廓形状

深言之，在包装工业诸多技术环节，如灌装、充填、封口、裹包、装盒、贴标、计量、检测以及自动包装线等等，该螺杆装置主要用于瓶罐，块体之类包装物件的分件供送，另外在机构制造等部门也有不少适用场合。参阅图 2-2-10，随着包装容器、包装工艺的不断演进变化，也相应扩大了这种螺杆的功能，由早期的等距、增距、减距的分件供送，大幅度增加了分流、合流、升降、起伏、转向、翻身和中间停歇等操作，越来越显示出它的强大生命力。

鉴于计算机辅助设计和数控加工技术的迅速发展，使分件供送螺杆的研究开发得以实现理论、设计、制造一体化，从而为该基础件的开发创新提供一个向广度和深度不断

探索的前沿课题。对此，笔者做出很大努力。

（二）主要类型及应用特点

借助分件供送螺杆装置可将呈规则或不规则排列的物件（如刚性、半刚性的内装物和包装容器），按给定的工艺要求逐个或分批供送至包装工位。由于螺杆的结构与功能不同，大体划分为一般功能型和特殊功能型两大类。

1. 一般功能型分件供送螺杆装置

（1）垂直等距分件/分批供送　参阅图 2-2-11，顶部的链轮既可驱动螺杆连续回转，也可受控间歇工作，使圆柱形物件沿壳体通道向下分件或分批供送。此装置结构简单，多为焊接件，常配置在空罐生产线上。

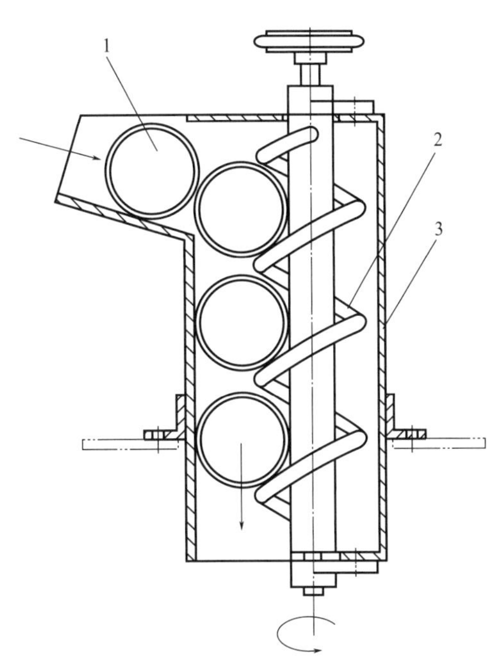

图 2-2-11　垂直等距分件/分批供送螺杆装置

1—空罐；2—供送螺杆；3—壳体

（2）水平等距分批供送　参阅图 2-2-12，在水平螺杆上方安置一个存槽，槽内分列叠放着已自动整理好了的圆柱形塑料瓶。借助控制闸门（图中未画出）使之逐批下落。启动螺杆和输送带即可将成批空瓶移向充填工位。

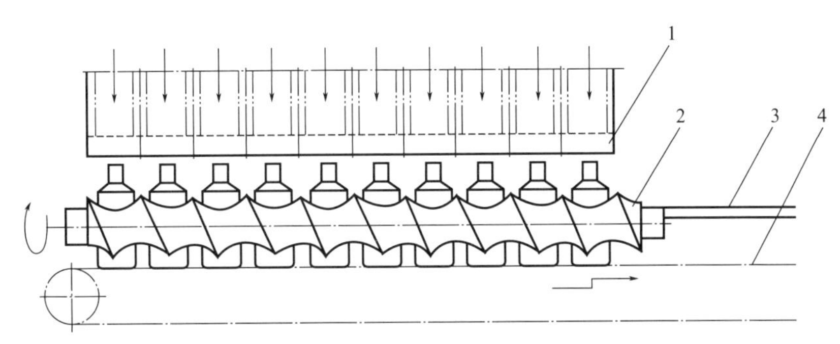

图 2-2-12　水平等距分批供送螺杆装置

1—理瓶存槽；2—供送螺杆；3—侧向导轨；4—输送链带

（3）水平减距分件供送　参阅图 2-2-13(a)，单头右旋变螺距螺杆沿逆时针方向转动，下设固定滑板，属上托式布局。由星形拨轮导入的圆柱形物件借螺杆推动起着减距作用，适合高速自动包装线终端对输送物件连续进行缓冲收集。

（4）水平增距分件供送　参阅图 2-2-13(b)，单头左旋变螺距螺杆沿顺时针方向转动，下设输送板链，属下压式布局。被供送的四棱柱形物件在板链的拖动下受到变螺距螺旋槽的制约，使之相应逐渐增大间距，以满足下一包装工位的要求。

其次，参阅图 2-2-14，此装置另有特点，采用一粗一细、旋向相同的平行变螺距螺杆，下设输送板链，专门用来分件供送形体扁而又高的异型瓶。在平稳增距过程中，瓶身始终保持一定的斜度，使瓶口竖直向上，以便转移至灌装工位让灌装头得以对准瓶口进行连续灌装。

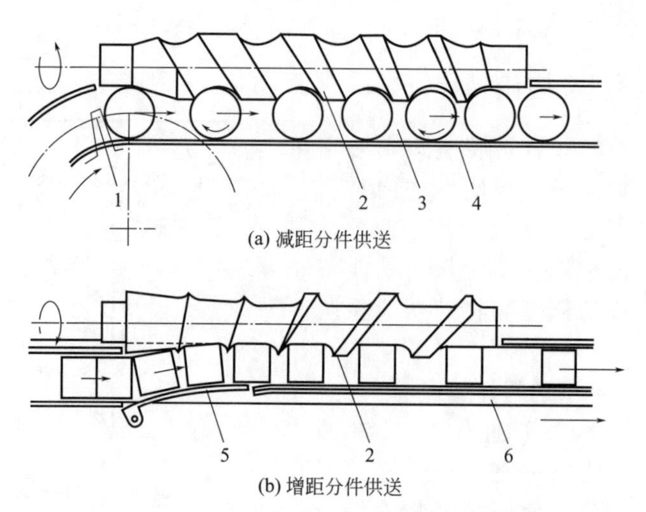

图 2-2-13 水平变螺距分件供送螺杆装置

1—星形拨轮；2—供送螺杆；3—固定滑板；4—侧向导板；5—可调导板；6—输送板链

2. 特种功能型分件供送螺杆装置

（1）水平竖起分件供送 参阅图 2-2-15，被输送过来的长方体形包装件，借助一对上下平行的特种螺杆由平卧转换为竖立的状态而达到分件供送的目的。

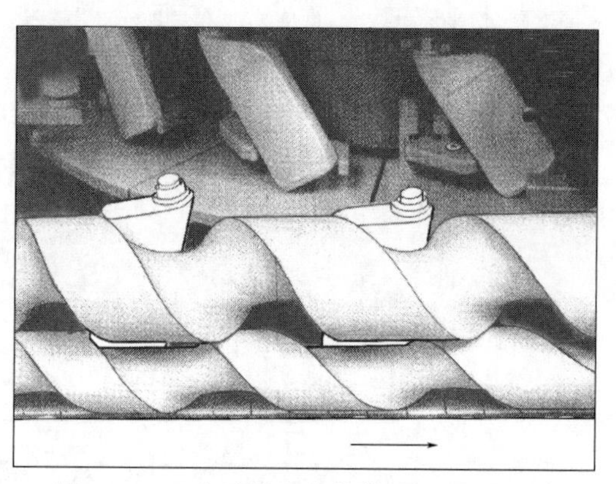
图 2-2-14 水平增距分件供送双螺杆装置

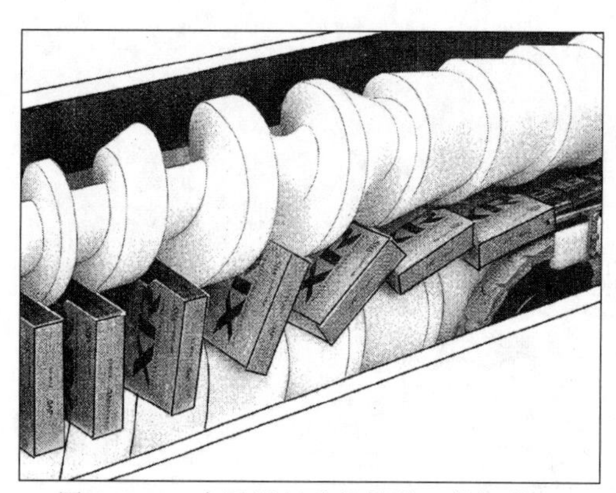
图 2-2-15 水平竖起分件供送双螺杆装置

从图可看出，两根螺杆的结构主要体现于螺旋槽有差异，而旋向和转向完全相同，对物件共同起着推进托起和稳定导出等作用。为防止物件走偏，需要在有被挤出倾向的一侧配置导向板（图中未画）。

若将双螺杆改为水平平行放置，显然对被供送的物件来说，就由进口端的纵向竖立状态转变为出口端的横向竖立状态，因此应将它重新定义为具有转向功能的特种螺杆。

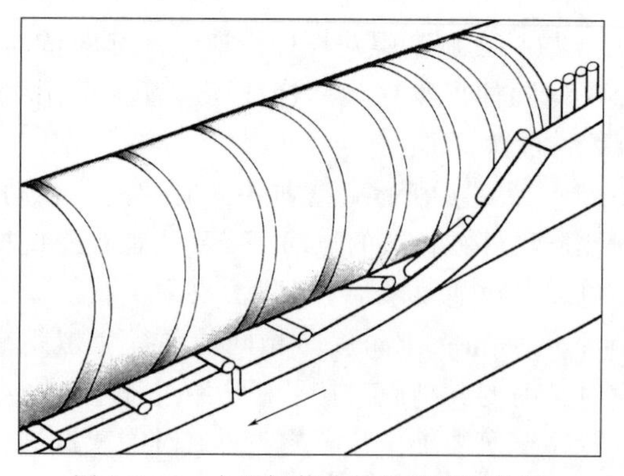
图 2-2-16 水平倾伏分件供送螺杆装置

（2）水平倾伏分件供送 参阅图 2-2-16，被供送对象主要是医用安瓶之类的小型管状

容器。先从存槽引出呈一线式竖立排列。接着通过特制的曲面滑板转变为倾伏状态，并沿横向切入螺杆的螺旋槽。经连续滚动达到一定距离后转移到包装工位，多用于装盒、检测。

为了完成上述分件供送过程，要求螺杆的直径偏大、螺旋角偏小、螺旋槽偏浅，总体结构显得简单。

(3) 水平中间停歇分件供送　参阅图 2-2-17，此螺杆装置适用于瓶、罐等包装产品的供送与物重选别。同秤体、秤盘相对应的螺杆部分有半圈螺旋槽的螺旋角为 0°，可使送到秤盘上物件暂停，以便进行快速的称重检测。整个螺杆以此为分界由前后两段变螺距螺旋槽组成。

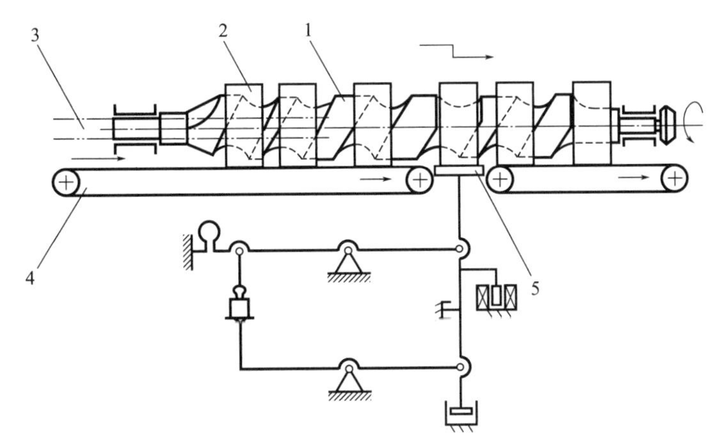

图 2-2-17　水平中间停歇分件供送螺杆装置

1—螺杆；2—物件；3—侧向导轨；4—输送带；5—秤盘

(4) 水平分流分件供送　参阅图 2-2-18(a)，此螺杆由前段双头等螺距螺旋槽、中间蜗形凸轮和后段单头等螺距螺旋槽连接而成。借凸轮横向推动物件达到连续分流的目的，适合供送体形偏高而稳定性好的圆柱体。

另外，还有如图 2-2-18(b) 所示的由水平平行双螺杆组成的分流装置。二螺杆均采用等螺距内圆锥面螺旋槽，输入端的内径大小输出端。两端螺旋线的相位差为 180°，旋向一左一右，相向转动，下设输送带，形成下压式布局。故能利用两螺旋槽之间凸凹工作面的相互嵌合与变化，在输送带的拖动下，对扁四棱柱形构件进行连续分流。

(5) 水平合流分件供送　参阅图 2-2-18(c)，一对螺杆结构尺寸完全相向，但螺旋线旋向相反，进口端相位差为 180°，两轴线交叉一定角度，相向回转。

对单一螺杆而言，前段采用单头变螺距螺旋线，而后段采用双头等螺距螺旋线，限于螺旋角不宜太大，因此只适合小型圆柱形瓶罐之类的合流分件供送。若想增大物件的主体尺寸，应去除后段并加以适当改造。

强调指出，分流与合流分件供送螺杆装置多用于联合包装机和自动包装线。其目的在于协调相关设备之间生产能力与供送能力的平衡关系。如果采用单级供送难以满足使用要求，则应改为多级供送的组合系统。

(6) 水平转向分件供送　参阅图 2-2-18(d)，这对水平平行螺杆的结构尺寸、转向、转速都完全相同，只是进口端二螺旋槽的相位必须相差 180°。由于要将椭圆体形物件的长轴由横向转变为纵向，所以必须采用螺旋槽逐渐加宽的变螺距螺杆。

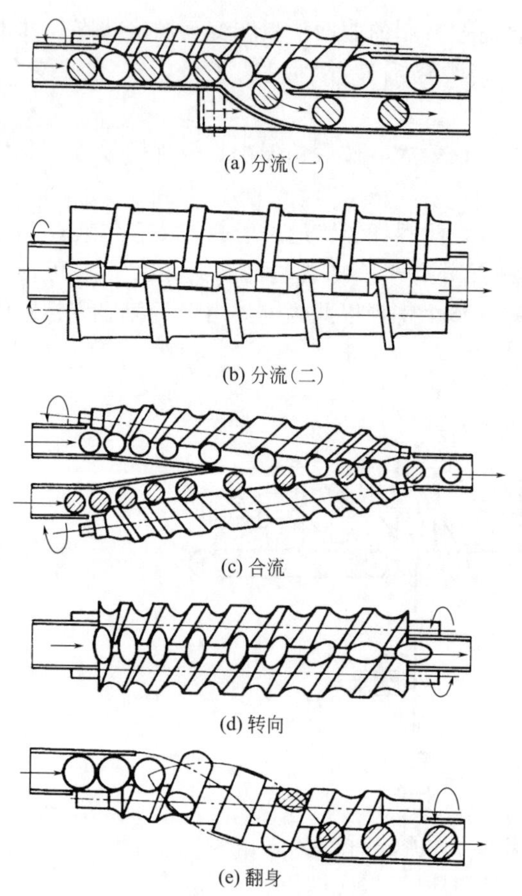

图 2-2-18　特种功能型分件供送螺杆装置

（7）水平翻身分件供送　参阅图 2-2-18(e)，对开口的圆筒形容器而言，翻身是为了将开口由朝上转变为朝下，或者由朝下转变为朝上，以适应不同的包装工艺要求，如冲洗、吹干、喷印、检测、充填、封口等。该装置所用的等直径变螺距螺杆除应实现规定的增距外，关键的问题是要配置好外围的螺旋型导轨，以便在螺杆的带动下完成刚性薄壁容器的翻身。

纵观以上应用实例，当会增强创新思维能力，概括出一些共性问题值得深入思考。

① 根据给定的供送要求，探讨螺杆的螺旋线和螺旋槽的形成原理、参数关系和设计制造方法。

② 根据多种的供送对象，探讨螺杆的通用准则、可选范围和稳态供送控制条件。

③ 根据不同的供送功能，探讨螺杆供送装置的必备构件、组合特性和提高工作效率的途径。

④ 根据未来的供送发展，探讨螺杆供送装置的潜在前景、创新构思和保持强大生命力的关键因素。

（三）工作原理及运动特性

图 2-2-19 所示的典型螺杆装置，广泛应用于圆柱形及某些异形瓶、罐的单列增距分件供送。其主要组成除核心构件螺杆之外，还有可调式减速缓冲器、平动侧向导板、输送板链以及双层的弧形导板-星形拨轮。

通过全面了解有关的工作机理和运动特性，可为基本型螺杆的设计、制造提供正确的指导思想及充分的建模依据，进而解决其他类型螺杆的研究开发问题。

1. 工作原理

对一般功能型变螺距螺杆而言，其工作原理可以简单概括为定时整流和分件供送互相紧密联系的两个方面。

1）定时整流的含义

由板链输送过来呈不规则排列的瓶罐，经缓冲器减速之后集合成为彼此相靠的单列。只要螺杆转速选择适当，每当其端部螺旋槽口转至确定的方位，便能将停顿少许的物件逐个导入槽内，再重新启动，实现整流，保证螺杆转过一圈，只能定时通过一个物件。

现援引图 2-2-20，用来表示螺杆的右旋螺旋槽沿逆时针方向回转时，每隔 90°所引起相应位置的改变，以便配合图 2-2-21 深入分析瓶罐是如何导入的。

通常，圆柱形螺杆的进口端部都制成截锥台形，其圆锥角可取 $\beta=30^\circ\sim40^\circ$，有利于改善对物件的导引整流效果。

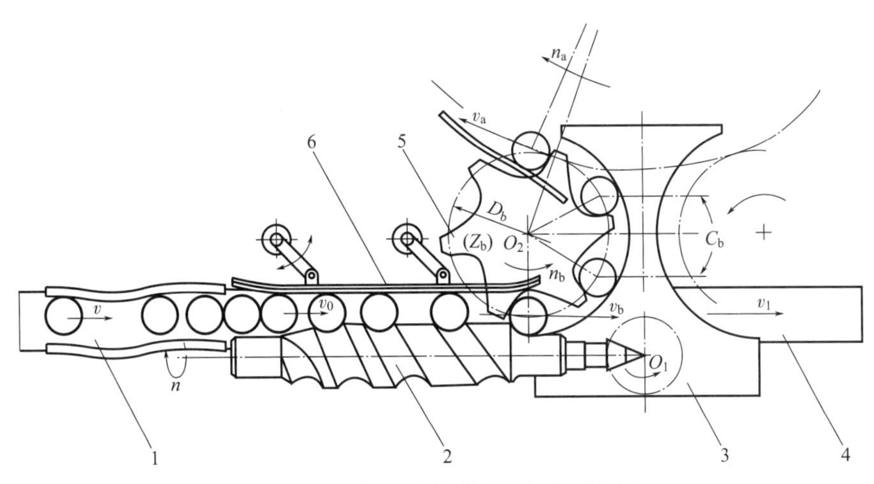

图 2-2-19 典型分件供送螺杆装置简图

1—可调式减速缓冲器；2—变螺距螺杆；3—双层弧形导板；4—输送板链；5—双层星形拨轮；6—平动侧向导板

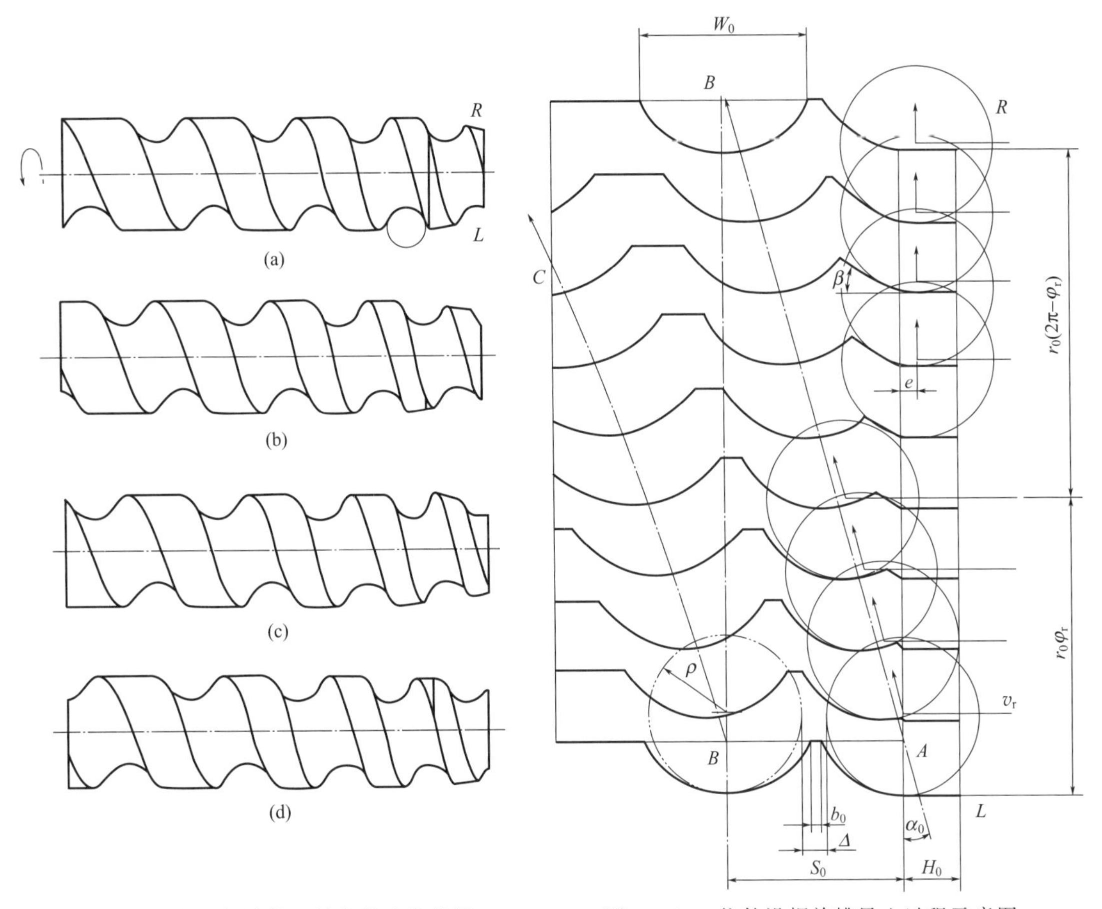

图 2-2-20 螺杆螺旋槽回转方位变化简图

图 2-2-21 物件沿螺旋槽导入过程示意图

瓶罐（主体半径为ρ）从排列的初始位置导移至螺旋槽口A处，有个受控于输送板链的短暂加速过程。该行程为e，其值小于H_0，与ρ、β有关，可借作图法粗略确定。另外从图看出，β对导入角φ_r也有很大影响，纯属估计值。令物件的平均导入速度为v_r（取

决于板链输送速度 v_1），所需时间为 t_r，实际上这应小于螺杆以转速 n 转过 φ_r 角度所需的时间 t_z，亦即 $t_r<t_z$。由于

$$t_r=\frac{e}{v_r},\quad t_z=\frac{\varphi_r}{360}\frac{60}{n}=\frac{\varphi_r}{6n}$$

求得

$$n<\frac{\varphi_r v_r}{6e} \tag{2-2-18}$$

可见，当其他条件选定时，螺杆转速是在有限范围内随螺杆导入角和板链输送速度的增大而增大的。

在高速供送情况下，为改善被导入物件的运动稳定性，最好对螺杆的进口部位设置一等速段，应取螺旋线的螺距

$$S_0=2\rho+\Delta,\Delta>b_0>0。$$

2）分件供送的含义

相互接触的单列瓶罐经螺杆前段定时整流之后，因受制于变螺距螺旋槽逐渐拉开距离而形成分件供送，按给定的姿态、间距、速度、方向从螺杆的后端输出，并与星形拨轮同步衔接，转移至包装工位。

下面，结合图 2-2-22 所示的螺杆装置四种布局，深入探讨螺杆对物件形成分件供送的基本原理。

首先考察图 2-2-22(a) 和图 2-2-22(d) 所示的两种布局。水平螺杆螺旋槽的旋向和转向不尽相同，前者为右旋、逆时针回转，物件置于左侧运输带之上；而后者为左旋、顺时针回转，物件置于右侧运输带之上。这两种布局统称为下压式布局，这意味着，在给定条件下螺杆对物件总能产生向下的作用力。

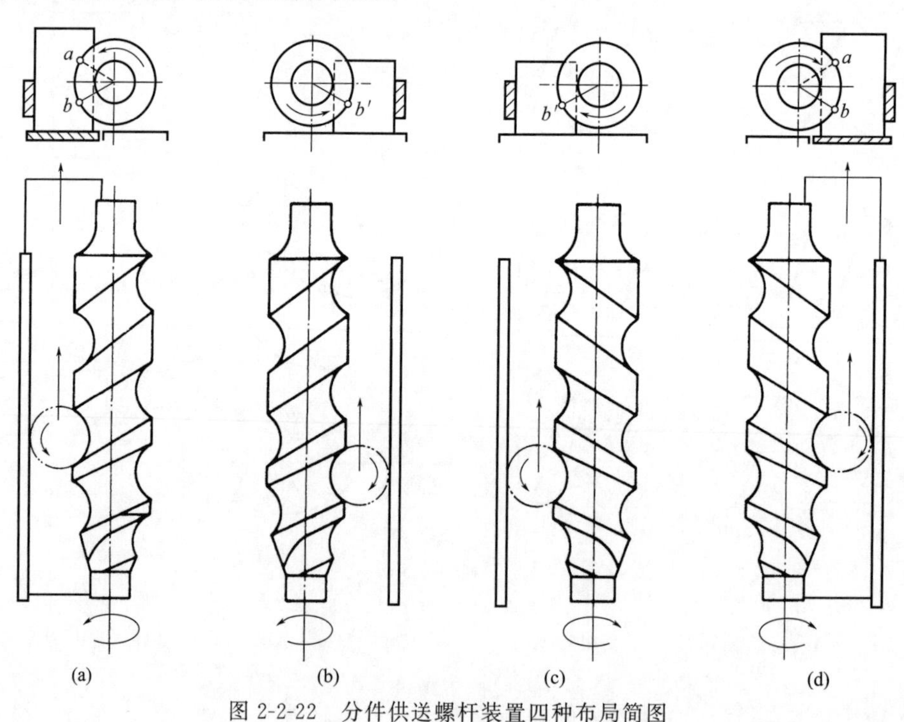

图 2-2-22　分件供送螺杆装置四种布局简图

为简化论证，暂不考虑螺杆同侧向导轨的相互作用，当螺杆转速一定时，若取输送带的运行速度稍快于螺杆的最大供送速度，由于输送带同置于其上的物件存在着运动速差及

摩擦效应，就能使该物件产生加速度为 a_0 的绝对前进运动。

设 G、h_z、ρ_0 分别代表物件的重力、重心高度、底面接触半径；N_d、F_d、f_d 分别代表输送带对物件的正压力、滑动摩擦力、滑动摩擦因数；g 代表重力加速度，为防止物件后倾（底面接触点向后偏移），必须保证

$$F_d h_z < N_d \rho_0$$

其中

$$F_d = f_d G = \frac{G}{g} a_0,\ N_d = G$$

求出

$$\rho_0 > f_d h_z \tag{2-2-19}$$

$$a_0 = f_d g \tag{2-2-20}$$

基于此一前提，设螺杆对物件的最大供送加速度为 $\overline{a}$，遵循动力学原理足以断定，当 $a_0 < \overline{a}$ 时，螺旋槽对物件应起着辅助推动作用，从物件运动方向看，螺杆的受力点必定位于螺旋槽后沿上方的 a 处，容易促使物件产生前倾趋势。与此相反，当 $a_0 > \overline{a}$ 时，螺旋槽对物件则起着阻挡制约作用，螺杆的受力点必定位于螺旋槽前沿下方的 b 处，有利削弱物件产生后倾趋势。在包装生产线发现，有的淡色工程塑料螺杆，整个螺旋槽前沿被磨损发暗，靠近进口段更加明显。经计算核实，充分证明了上述理论的正确性。实际上，采用 $a_0 > \overline{a}$ 的技术方案优点较多，能减轻螺杆对物件供送的作用力和自身磨损；还能对高低不等的物件得以实现高速分件供送过程的稳态控制。所以成为研发和应用的主流。

其次，考察图 2-2-22(b) 和图 2-2-22(c) 所示的两种布局。根据两只螺杆螺旋槽的旋向、转向以及物件配置等不同，又都在侧下方安排固定滑板，可称为上托式布局。由于固定滑板对被供送物件起着一定的阻抗作用，以致全靠螺旋槽的回转推动才使物件向前运动，相应的受力点位于螺旋槽后沿下方的 b' 处。这样一来，螺旋槽对物件也有托起之效，往往引起后倾，限制了螺杆转速的提高。因此，这两种布局常用于重载、重心偏低物件的低速分件供送。鉴于该螺杆装置结构简单，在某种场合可增加设计的灵活性和实用性。

2. 运动特性

对分件供送螺杆装置来说，被供送对象的运动特性主要体现在位移、速度、加速度的变化规律与合理控制上。如图 2-2-23 所示，整个过程大体分为三个相联系的运动区间。对前一个运动区间已经做过分析，接着要着重研究后两个运动区间，关键问题在于，如何将物件从定时整流后的起始速度 v_0，再设法提升到最大末速度 v_m，且使 $v_m = v_l = v_b$。令星形拨轮的齿节距为 C_b，显然其节圆线速度 $v_b = \frac{C_b n}{60}$。满足这些条件，螺杆的输出端就可达到速度同步。

进一步讲，为解决对中间运动区间所提出的问题，必须明确一些前提条件：一是，要求减缓甚至消除各运动衔接点的冲击；二是，要求尽量缩短螺杆的有效长度；三是，要求整个装置实现给定的生产能力。换言之，所设计的螺杆装置应该是科学、经济、实用的，不仅能控制被供送物件产生理想的速度、加速度变化，而且做到圈数合理、转速恰当，最终完成预期的综合效益。

据此，仅对设计螺旋槽的基准线——变螺距螺旋线提出如下构思：

① 用于高速螺杆（转速在 300r/min 以上），被供送物件的运动特性推荐为等速-变加速-等加速-减加速的连续变化，加速度没有任何突变，即不产生刚性或柔性冲击。

② 用于低速螺杆（转速在 100r/min 以下），相应的物件运动特性推荐为等速-变加速-等加速的连续变化，在螺杆出口端（同星形拨轮交接处）产生有限的加速度突变。实践表

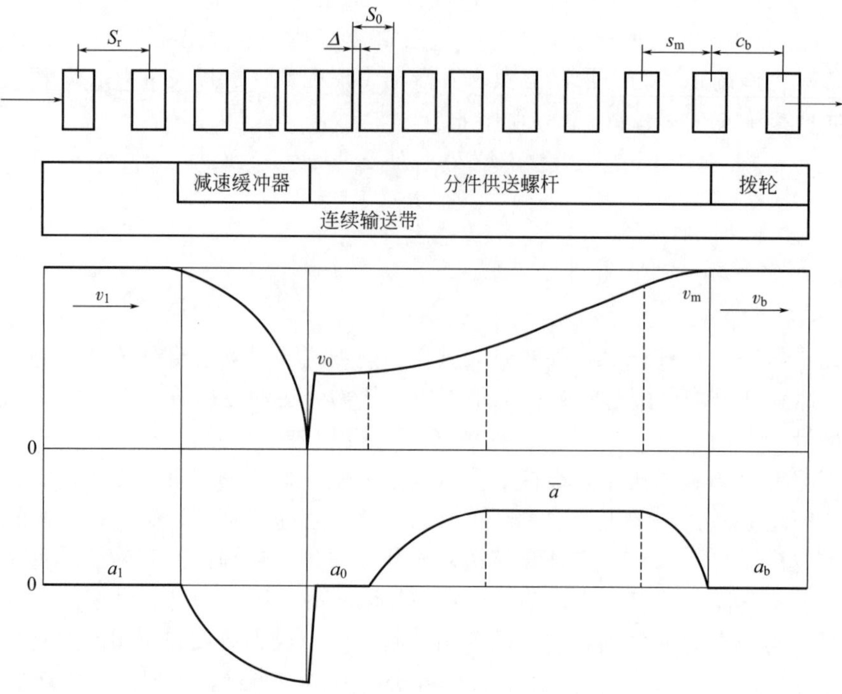

图 2-2-23　螺杆分件供送过程物件运动特性分析示意图

明，虽然这会引起物件的轻微晃动，但赢得的却是压缩螺杆的长度以及由此带来的某些好处。从今后发展看，当然应以高速分件供送螺杆为主，同时还要兼顾对低速分件供送螺杆的需求。

（四）一般功能型分件供送螺杆装置综合研究

1. 变螺距螺杆螺旋线

分件供送螺杆的螺旋线是决定其结构状况和工作性能的重要因素，而且又是加工螺杆的走刀基准，因此深入研究这种特殊螺旋线的设计问题很有实用意义。

1）典型螺旋线对比分析

根据上述指导思想，笔者经多年探索，研发出几种分件供送螺杆变螺距螺旋线，如图 2-2-24 所示。在此，首先根据供送加速度的变化规律扼要分析其基本特征。

(1) 四段/三段组合式螺旋线　参阅图 2-2-24(a)，按设计要求反映在它的供送加速度曲线上是由数个不同分段函数组成的。各段衔接点的加速度、速度及螺旋角分别对应相等，前后两过渡段可取不同的圈数，还能灵活采用四段或三段。这样做，虽然会给数学处理和编程操作带来不少麻烦，但从运动特性的灵活选择和有机组合来看，对研究设计其他螺旋线可提供参照模式。

(2) 反正切式螺旋线　参阅图 2-2-24(b)，其供送加速度曲线可建立全程连续函数，运动特性类似于三段组合式，故适用于低速螺杆。

(3) 合成正弦式螺旋线　参阅图 2-2-24(c)，经推导而得的合成正弦式全程连续函数曲线，近似于四段组合式，不过前后两过渡段带有对称性。为取得理想的运动特性，需要适当调整合成正弦项数及螺旋线圈数。值得着重说明的是，由此求解出来的最大供送加速度表达式，对设计其他类型螺旋线具有参考引用价值。

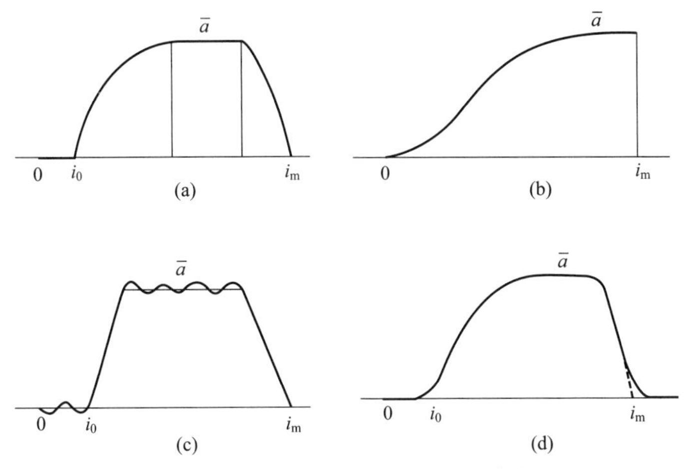

图 2-2-24　典型分件供送螺杆螺旋线

（4）拟合多项式螺旋线　参阅图 2-2-24(d)，按给定条件参照基本型来选取螺杆供送加速度曲线的一组设计数据，借助计算机软件（如 MATLAB）为用户提供的交互式拟合工具，可求解多项式拟合曲线图形及其数学表达式，调控自如，多至五段。反映全程供送加速度的代数多项式对进一步求解螺杆其他设计参数同样提供很多方便，极大提高工作效率。

2）合成正弦式螺旋线设计计算

（1）初拟结构尺寸　参阅图 2-2-25，一般所用的螺杆，其前端呈截锥台形，而后端则有同被供送物件主体半径 ρ 相适应的过渡角，以有利提高导入和输出的工作效果。

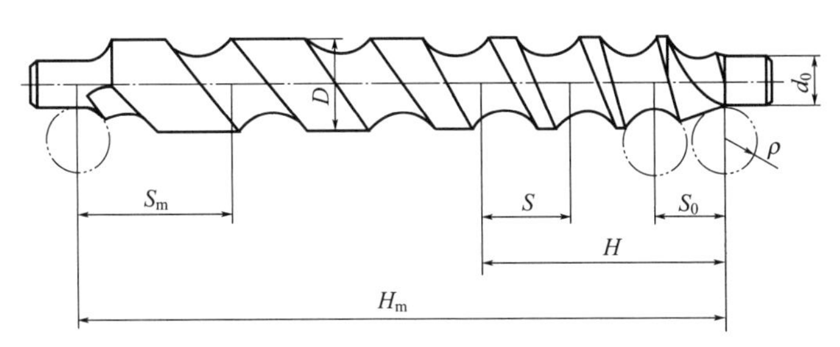

图 2-2-25　变螺距分件供送螺杆结构简图

设螺杆主体部分的内外半径和直径分别为 r_0、R 和 d_0、D。为使螺旋槽对物件产生适宜的侧向与轴向的压力比，可取

$$R=(0.7\sim1.0)(r_0+\rho) \tag{2-2-21}$$

至于 r_0 主要取决于尼龙螺杆的刚性及插入两端部钢轴的尺寸。但也有单从满足某种供送工艺要求来考虑的，如前述用于安瓿供送的粗螺杆。

确定螺杆本身最大长度 L_m 的影响因素较多，有待下面研究解决。

（2）建立数学模型　通常，变螺距螺杆最好选外螺旋线（半径为 R）作为设计制造螺旋槽的基准线。当然，若采用焊接法应该选内螺旋线（半径为 r_0）比较恰当。本书约定，按前者推导有关的计算式。

根据高等数学中周期性函数展开傅里叶级数的基本原理，以及矩形波（分段连续奇函数）展开三角级数的近似表达式（详见有关数学专著），绘出图 2-2-26。

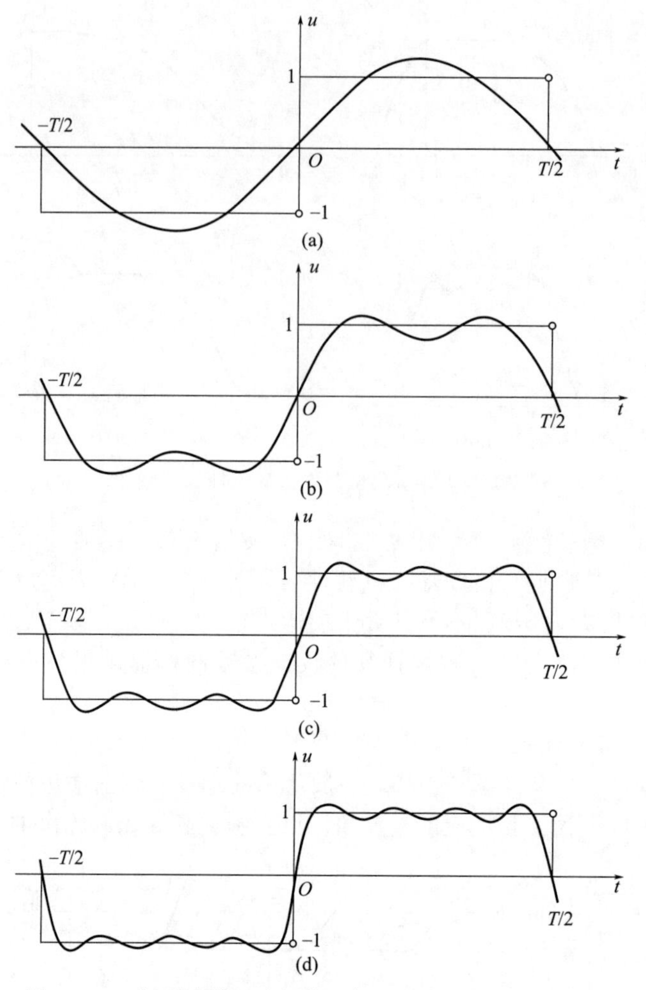

图 2-2-26　矩形波傅里叶级数近似展开式对应的叠加曲线

参照这些表达式将其中与角位移相关的自变量统转化为螺杆螺旋线的圈数 i，进而写出合成正弦式变螺距螺旋线数学模型的一般形式

$$a=\frac{\overline{a}}{A}\left[\sin(bi-B)+\frac{1}{3}\sin3(bi-B)+\frac{1}{5}\sin5(bi-B)+\cdots+E\right] \tag{2-2-22}$$

式中，a、$\overline{a}$ 分别为螺杆的供送加速度及其峰值；b、A、B、E 分别为待定系数，借边界条件求出。

从数学角度来讲，此供送加速度曲线同样是用一系列正弦波叠加出来的结果。为满足变螺距螺杆的需求，使曲线接近于梯形，一般宜取 3～5 项。

令螺旋线等速段的圈数为 i_0，前过渡段中点的圈数为 i_r，全程的总圈数为 i_m，按照式(2-2-22)，当 $i=i_r$ 时，可取 $a=\frac{\overline{a}}{2}$，$bi_r-B=0$，即 $b=\frac{B}{i_r}$，求出 $A=2E$，继而将该式改写为

$$a=\frac{\overline{a}}{2E}\left[\sin B\left(\frac{i}{i_r}-1\right)+\frac{1}{3}\sin3B\left(\frac{i}{i_r}-1\right)+\frac{1}{5}\sin5B\left(\frac{i}{i_r}-1\right)+\cdots+E\right] \tag{2-2-23}$$

同理，当 $i=i_m-(i_r-i_0)$ 时，也可取

$$a=\frac{\overline{a}}{2},\quad B\left[\frac{i_{m}-(i_{r}-i_{0})}{i_{r}}-1\right]=\pi$$

即
$$B=\frac{\pi i_{r}}{i_{0}-2i_{r}+i_{m}}\tag{2-2-24}$$

基于以上控制条件，当 $i=i_0$ 或 $i=i_m$ 时，应取 $a=0$，代入式(2-2-23)，求出

$$E=\sin B\left(1-\frac{i_0}{i_r}\right)+\frac{1}{3}\sin 3B\left(1-\frac{i_0}{i_r}\right)+\frac{1}{5}\sin 5B\left(1-\frac{i_0}{i_r}\right)+\cdots$$

或
$$E=\sin B\left(1-\frac{i_m}{i_r}\right)+\frac{1}{3}\sin 3B\left(1-\frac{i_m}{i_r}\right)+\frac{1}{5}\sin 5B\left(1-\frac{i_m}{i_r}\right)+\cdots$$

至此，完成合成正弦式螺旋线数学模型的建立，整条供送加速度曲线的形状仅与 $\overline{a}$ 及 i_0、i_r、i_m 有关。

(3) 推导参数方程　根据建立的数学模型求解供送速度和位移、螺距和螺旋角以及螺杆的有效长度、临界转速等参数方程。

为推导、编程方便，特将式(2-2-23) 及其 E 值统一改写为

$$a=\frac{\overline{a}}{2E}\left[\sum_{k=1}^{k}\frac{1}{2k-1}\sin(2k-1)B\left(\frac{i}{i_r}-1\right)+E\right]\tag{2-2-25}$$

$$E=\sum_{k=1}^{k}\frac{1}{2k-1}\sin(2k-1)B\left(1-\frac{i_0}{i_r}\right)\tag{2-2-26}$$

或
$$E=\sum_{k=1}^{k}\frac{1}{2k-1}\sin(2k-1)B\left(1-\frac{i_m}{i_r}\right)\tag{2-2-27}$$

其中，限定自然数列 $k=3,4,5,\cdots$

设物件从螺杆输入端计起的供送时间为 t，将上式中的 i 一并置换为 $i=\frac{nt}{60}$，采用不定积分的换元法求解螺杆的供送速度

$$\begin{aligned}v&=\int a\,\mathrm{d}t\\&=v_0+\frac{30i_r\overline{a}}{BEn}\left\{\sum_{k=1}^{k}\frac{1}{(2k-1)^2}\left[\cos(2k-1)B-\cos(2k-1)B\left(\frac{i}{i_r}-1\right)\right]+\frac{BEi}{i_r}\right\}\end{aligned}\tag{2-2-28}$$

式中，螺杆供送初始速度 $v_0=\frac{S_0 n}{60}$；S_0 为等速段螺距。

同理，可求物件沿螺杆轴向的位移

$$\begin{aligned}H&=\int v\,\mathrm{d}v\\&=S_0 i+\frac{1800\overline{a}}{n^2}\left\{\frac{i_r^2}{B^2E}\sum_{k=1}^{k}\frac{1}{(2k-1)^3}\left[\sin(2k-1)B\left(1-\frac{i}{i_r}\right)-\right.\right.\\&\left.\left.\sin(2k-1)B\right]+\frac{i_r i}{BE}\sum_{k=1}^{k}\frac{1}{(2k-1)^2}\cos(2k-1)B+\frac{i^2}{2}\right\}\end{aligned}\tag{2-2-29}$$

对 $1\leqslant i\leqslant i_m$ 而言，变螺距螺旋线的螺距

$$\begin{aligned}S&=H_i-H_{i-1}\\&=S_0-\frac{1800\overline{a}}{n^2}\left\{i+\frac{i_r^2}{B^2E}\sum_{k=1}^{k}\frac{1}{(2k-1)^3}\left[\sin(2k-1)B\left(1-\frac{i}{i_r}\right)-\right.\right.\end{aligned}$$

$$\sin(2k-1)B\left(1-\frac{i-1}{i_r}\right)+M\Big\} \tag{2-2-30}$$

式中 $$M=\frac{i_r}{BE}\sum_{k=1}^{k}\frac{1}{(2k-1)^2}\cos(2k-1)B-\frac{1}{2}$$

为求解外螺旋线的螺旋角 α，设该线沿螺杆周边的展开长度为 $L=2\pi Ri$，或 $i=\frac{L}{2\pi R}$，则

$$\tan\alpha=\frac{dH}{dL}$$
$$=\frac{S_0}{2\pi R}+\frac{900i_r\bar{a}}{\pi RBEn^2}\left\{\sum_{k=1}^{k}\frac{1}{(2k-1)^2}\left[\cos(2k-1)B-\cos(2k-1)B\left(1-\frac{i}{i_r}\right)\right]+\frac{BEi}{i_r}\right\} \tag{2-2-31}$$

令最大螺旋角为 α_m，以 $i=i_m$ 代入上式解出

$$\tan\alpha_m=\frac{1}{2\pi R}\left(S_0+\frac{1800i_r\bar{a}T}{BEn^2}\right) \tag{2-2-32}$$

式中 $$T=\sum_{k=1}^{k}\frac{1}{(2k-1)^2}\left[\cos(2k-1)B-\cos(2k-1)B\left(1-\frac{i_m}{i_r}\right)\right]+\frac{BFi_m}{i_r} \tag{2-2-33}$$

另一方面确认 $$\tan\alpha_m=\frac{C_b}{2\pi R} \tag{2-2-34}$$

求得 $$\bar{a}=\frac{(C_b-S_0)BEn^2}{1800i_rT} \tag{2-2-35}$$

设计高速变螺距螺杆时，当选好 C_b、S_0、i_0、i_r、i_m、n 诸值并计算出 $\bar{a}$ 之后，应校核 $\bar{a}<f_dg$。反之，将此不等式代入式(2-2-35)，便能求得螺杆的临界转速

$$n_r=\sqrt{\frac{1800f_dgi_rT}{(C_b-S_0)BE}} \tag{2-2-36}$$

实际上应取 $n<n_r$。据此，螺杆转速便有相应的取值范围。

（4）编程检验结果　对已建立的数学模型和已导出的参数方程，还需要通过编写程序、上机运算做进一步的调整与检验等工作，以加深了解事物内在运动变化的规律，正确指导创新设计。

① 数学模型的调整　对于式(2-2-25）所反映的数学模型，要想充分符合实用要求，除需控制好已述各边界条件之外，还得考虑三角函数叠加曲线的特性，尽量设法实现 $i=0$，$a=0$。经摸索认识到，在其他条件选定的前提下，针对不同的 i_m 值适当调整 i_0 和 i_r 值，大体上可以达到预期的目的。

现具体说明，取 $k=4$，$\bar{a}=f_dg=2.943\text{m/s}^2$，按 $i_m-i_0-i_r$ 排序编程，分别绘出如图 2-2-27 所示的四条供送加速度曲线。

由此可见，i_0 和 i_r 的取值是随 i_m 的增加而增大的。针对给定的条件，$i_m=5\sim8$，相应的，$i_0=1\sim1.5$，$i_r=1.5\sim2$。在这方面还要多积累一些经验。

② 方程形式的变换　研究任何事物都必须重视其实质，这样，才能少走弯路。前面推导出来的公式，表面看起来好像 H、S、α 都与 n^2 成反比，令人迷惑不解。可是，如果将求 $\bar{a}$ 的表达式(2-2-35）代入其中的公因式加以变换，便知

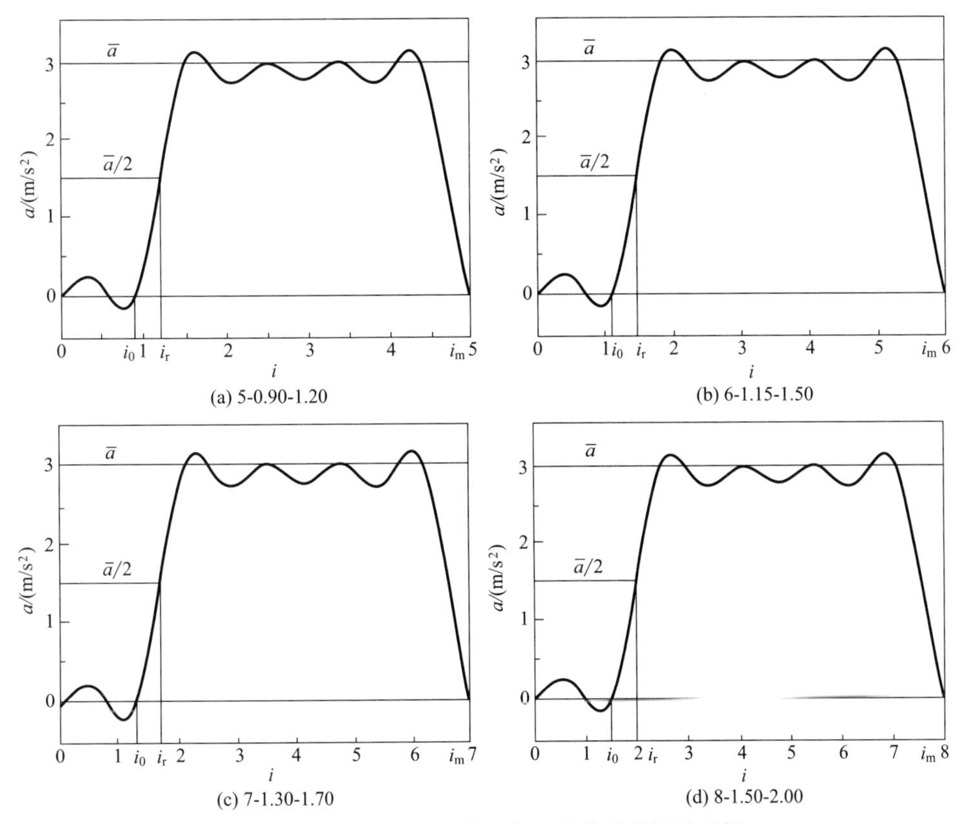

图 2-2-27 合成正弦式供送加速度曲线的调整示例

$$\frac{1800\bar{a}}{n^2}=\frac{1800}{n^2}\frac{(C_b-S_0)BEn^2}{1800i_rT}=\frac{(C_b-S_0)BE}{i_rT}$$

原来，H、S、α 均同 n 不发生直接关系；只是 v 除外，仍同 n 保持接近正比的关系。

③ 参数峰值的求解　求解各主要参数的最大值具有重要意义，往往得以了解构件的轮廓尺寸、空间布局以及有关部位的衔接关系。对 H_m、α_m 已做过论证，在此仅以 v_m 为例略加说明。将 $i=i_m$ 代入式(2-2-28) 解出

$$v_m=\frac{S_0n}{60}+\frac{(C_b-S_0)n}{60}=\frac{C_bn}{60}=v_b \tag{2-2-37}$$

这表明，在正常工作时，要保证输送带、分件供送螺杆、星形拨轮之间合理衔接，务必使 $v_1=v_m=v_b$。

④ 运动特性的验证　为概括表述分件供送螺杆的运动特性，特编制一套 MTLAB 文件 LGZXH－i. m，供参考。

```
% LGZXH－i.m
clear

i0=input('i0=');
ir=input('ir=');
im=input('im=');
B=pi*ir/(i0-2*ir+im)
```

```
syms k;
f1=(1/(2*k-1)).*sin((2*k-1)*B*(1-i0/ir));
E=symsum(f1,k,1,4);
ans_E=double(E)
f2=(1/(2*k-1)^2).*cos((2*k-1)*B);
A2=symsum(f2,k,1,4);
i=0:0.2:im;
f3=(1/(2*k-1)^3).*(sin((2*k-1)*B.*(1-i/ir))-sin((2*k-1)*B));
A3=symsum(f3,k,1,4);

S0=input('S0=');
Cb=input('Cb=');
f4=(1/(2*k-1)^2).*(cos((2*k-1)*B)-cos((2*k-1)*B*(1-im/ir)));
A4=symsum(f4,k,1,4);
T=A4+B*E*im/ir;
ans_T=double(T)

H=S0*i+((Cb-S0)*B*E/(ir*T)).*((ir^2/(E*B^2)).*A3+(ir*i./(B*E)).*A2+
i.^2/2);
ans_H=double(H)
plot(i,H)
xlabel('i');
ylabel('H');

n=input('n=')
am=(Cb-S0)*B*E*n^2/(1800*ir*T);
ans_am=double(am)
fd=input('fd=');
g=9.81;
fd_g=fd*g
nr=sqrt(1800*ir*fd*g*T/((Cb-S0)*B*E));
ans_nr=double(nr)
```

按前述符号含义给定设计数据：$\rho=2.8$，$\rho_0=2.5$，$h_z=5.0$，$S_0=6.0$，$C_b=12.0$（长度单位为 cm）；$f_d=0.20$，$g=9.81\mathrm{m/s^2}$，$n=300\mathrm{r/min}$。经计算，将结果列于表 2-2-2。

表 2-2-2 合成正弦式螺旋线位移曲线的计算数据

i_m	i_0	i_r	B	E	T	H_m	$\bar{a}$	n_r
5	0.90	1.20	1.077	0.838	5.198	42.4	0.434	637.8
6	1.15	1.50	1.136	0.831	5.166	50.6	0.365	695.3
7	1.30	1.70	1.090	0.817	5.102	59.2	0.308	757.4
8	1.50	2.00	1.142	0.862	5.306	67.7	0.278	796.6

注：表内各主要参数单位，可参照示例相关项确定。

从中选取 $i_m=7$ 的一组数据，绘制变螺距螺杆的供送位移曲线图及其他运动特性曲线图，汇集一起如图 2-2-28 所示。

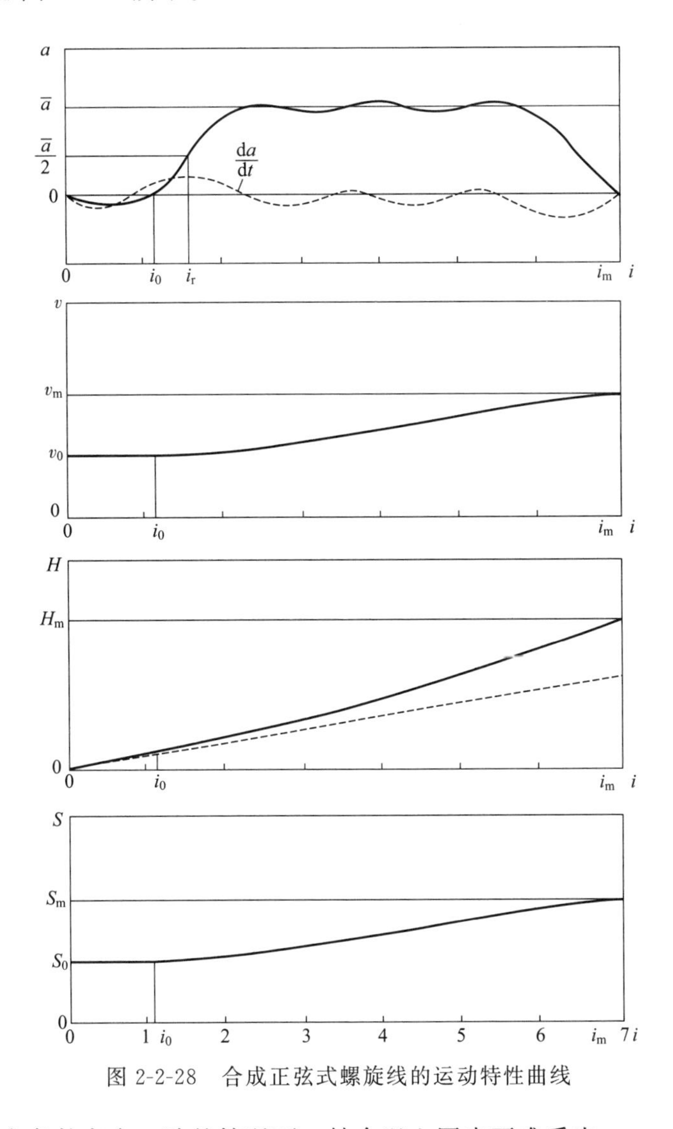

图 2-2-28　合成正弦式螺旋线的运动特性曲线

这样，在给定条件完全一致的情况下，结合以上图表不难看出：

a. 对同一的变螺距螺杆来说，v、H、S 均随 i 的增加而增大，其峰值各为 v_m、H_m、S_m。由计算得知，$i_m=7$，$S_m=11.6$cm，可见 $S_m<C_b$。此乃是个重要概念，应该牢记，凡增距型螺杆一概包含这种特定关系。

b. 对不同的变螺距螺杆来说，随着 i_m 的增加，$\overline{a}$ 相应减小，而 H_m、S_m、n_r 均相应增大。强调指出，n_r 的增大只意味着螺杆转速可选范围的扩大。由于 $f_d h_z=1.0$cm，$f_d g=1.96\text{m/s}^2$，所以确认，当 $i_m=5\sim8$ 时，$\rho_0>f_d h_z$，$\overline{a}<f_d g$，$n<n_r$，这一切都能满足高速分件供送螺杆采用下压式布局实现稳定运行的基本要求。

综合上述充分论证，此一套合成正弦式螺旋线的设计理念和设计方法，足以形成独立完整的创新体系，而且具有一定的优越性。体现在，层次清晰、结构严谨、处理方便、实用可靠；既能适应计算机的技术发展，又能反映四段组合式的基本特征，加之，$\overline{a}$ 和 n_r 的数学表达式只同六个主要设计参数 S_0、C_b、i_0、i_r、i_m、n 有关，无疑这对设计其他类型高速或低速变螺距螺旋线会有参照和引用价值。

3）拟合多项式螺旋线设计计算

（1）曲线拟合基本原理　合成正弦式螺旋线的研究打开了应用高等数学解决具体工程技术问题的思路。在此基础上，要使这种奇特的螺旋线进一步扩大应用范围，尤其是准备迎接设计某些特种螺杆的挑战，必须着手研究如何按照给定要求能够准确形成和灵活调整任意形状分件供送螺杆螺旋线的一大难题。因而联想到，运用曲线拟合的最小二乘法原理当会达到简易求解的目的。

对此，为使读者知其然又知其所以然，有必要引入一点关于数值分析的入门知识。

曲线拟合法的实质在于，首先要对已设定的螺杆供送加速度曲线拟定一系列直角坐标点，再设法寻求该条曲线的拟合函数，使之逼近（不一定都等同）所有的给定值，确保各点对应的残差平方和为最小。

对非线性问题，通常选取一元高次代数多项式作为曲线的拟合函数。它具有结构简单、便于实现线性化、简化计算分析等优点。不过，阶次不宜过高，以免出现所谓的“病态”现象，反而失去应用价值。

设拟定的数据组为（x_i，y_i），$i=1,2,3,\cdots,n$

考虑采用的曲线拟合函数为多项式

$$P_m(x)=b_0+b_1x+b_2x^2+\cdots+b_mx^m=\sum_{k=0}^{m}b_kx^k \tag{2-2-38}$$

式中 $k=0,1,2,3,\cdots,m(m<n)$

依最小二乘法原理写出各给定点残差 $\varepsilon_i=y_i-P_m(x_i)$ 的平方和为最小值的表达式

$$F(b_0,b_1,b_2,\cdots,b_m)=\sum_{i=1}^{n}[y_i-P_m(x_i)]^2=\min \tag{2-2-39}$$

实际上，求此多元函数的最小值就是求其极值。按求极值的必要条件，应对 $F(b_0,b_1,b_2,\cdots,b_m)$中各系数分别求偏导数，并令

$$\frac{\partial F}{\partial b_k}=-2\sum_{i=1}^{n}\left[y_i-\sum_{k=0}^{m}b_kx_i^k\right]x_i^k=0$$

或写成

$$\sum_{i=1}^{n}(b_0+b_1x_i+b_2x_i^2+\cdots+b_mx_i^m-y_i)x_i^k=0$$

故得

$$b_0\sum_{i=1}^{n}x_i^k+b_1\sum_{i=1}^{n}x_i^{1+k}b_2\sum_{i=1}^{n}x_i^{2+k}+\cdots+b_m\sum_{i=1}^{n}x_i^{m+k}=\sum_{i=1}^{n}y_i$$

显然，$b_0,b_1,b_2,\cdots,b_m$ 必定能满足下列的正则方程组

当 $k=0$ 时

$$b_0n+b_1\sum_{i=1}^{n}x_i+b_2\sum_{i=1}^{n}x_i^2+\cdots+b_m\sum_{i=1}^{n}x_i^m=\sum_{i=1}^{n}y_i$$

当 $k=1$ 时

$$b_0\sum_{i=1}^{n}x_i+b_1\sum_{i=1}^{n}x_i^2+b_2\sum_{i=1}^{n}x_i^3+\cdots+b_m\sum_{i=1}^{n}x_i^{m+1}=\sum_{i=1}^{n}y_ix_i$$

依此类推，当 $k=m$ 时

$$b_0\sum_{i=1}^{n}x_i^m+b_1\sum_{i=1}^{n}x_i^{1+m}+b_2\sum_{i=1}^{n}x_i^{2+m}+\cdots+b_m\sum_{i=1}^{n}x_i^{2m}=\sum_{i=1}^{n}y_ix_i^m$$

可以证明，此方程组存在唯一解。换言之，经矩阵运算之后将解出的各系数 $b_0, b_1, b_2, \cdots, b_m$ 代入式(2-2-38) 中，最后所求得的，就是按设计要求给定数据组（x_i，y_i）相对应的最小二乘 m 次拟合多项式。

如今，凡处理这一类复杂的数值计算问题，大都采用计算机辅助完成其求解与调整过程，从而极大地提高了创新设计效率。为此，不少应用软件也为用户提供了交互式曲线拟合工具，如 MATLAB 的 Basic Fitting Interface 等。通过这些工具能够完成常用的曲线拟合。

（2）曲线拟合求解示例　选一实例，分为三个步骤具体说明整个求解过程，以加深对曲线拟合原理的理解和应用。

① 探明题意，确定先决条件。对于分件供送螺杆的创新设计，综合上述，在考虑如何按给定供送加速度曲线拟定一组坐标数据点，以及选择该曲线拟合函数之时，会遭遇有关最大供送加速度 $\overline{a}$、最大螺旋线圈数 i_{m} 和一元高次代数多项式最高阶次 m 等主要参数难以准确取值的一系列棘手问题。

面临这样的境地，应该参照其他类型螺旋线的研究成果，特别是四段组合式供送加速度曲线的基本模式及合成正弦式最大供送加速度的表达式，从中引用一些参考数据作为拟合多项式计算求解的可靠依据。至于最高阶次的选择却有个实践探索的过程，往往不会一蹴而就。后面将介绍，MATLAB 的曲线拟合工具提供了处理此一问题的途径，先求出

$$a = b_0 + b_1 i + b_2 i^2 + \cdots + b_m i^m \tag{2-2-40}$$

的多解（取不同 m 值），再加以优选。只要迈过了采用计算机辅助设计这一关口，必将会为全面建立曲线拟合的参数方程，进而为有效创新设计分件供送螺杆螺旋线，增添又一崭新的科学方法。

② 编写文件，运行计算程序。编写程序文件 LGNHa-i. m，依次说明各语句的含义。

```
% LGNHa_i.m
   clear
1  i=[0:0.5:8];
2  a=[0,0,0,0.1,0.6,1.5,2.5,2.9,3,3,3,3,3,3,3,2.5,0];
3  nh8=polyfit(i,a,8)
4  a_nh8=poly2str(nh8,'i')
5  plot(i,a,'o',i,polyval(nh8,i),'m--')
6  hold on
7  ii=linspace(0,8,100);
8  plot(ii,polyval(nh8,ii),'k-')
9  xlabel('i')
10  ylabel('a')
```

注：读者照此编程应不带序号。

1——初选螺旋线的最大圈数，拟定相关数据点。

2——初选供送加速度的最大值，拟定相关数据点。

3，4——初选拟合多项式的最高阶次，求解其系数及通用表达式。

5—绘出初选数据点对应的多项式拟合曲线（a-i，洋红色虚线）。

6——图形的保持函数。

7——按初选的螺旋线最大圈数扩大其数据等分点。

8——绘出扩大数据等分点对应的多项式拟合曲线（a_{nh}-i，黑色实线）。

9，10——拟合曲线图形的直角坐标。

至此，将编好的M文件输入编辑器。一经运行，指令窗口就会显示拟合多项式的系数组合及其通用表达式。现仅写出

```
a_nh8=
-0.00010606i^8+0.0036348i^7-0.053468i^6+0.42916i^5-1.9628i^4+4.8239i^3-
5.2335i^2+1.8776i-0.021685
```

同时一浮动图形窗口还显示出初选数据点和扩大数据点所对应的多项式拟合曲线。

③ 残差分析，优选拟合曲线。点击浮动图形窗口的相关菜单（Tools/Basic Fitting），遂打开交互式曲线拟合工具窗口，内设多个选项，如

a. 选择拟合曲线的基本类型，包括不同阶次多项式拟合、线性拟合和样条插值等。

b. 选择拟合曲线残差的表示方式，包括曲线图、直方图和散点图等。

对此，不需另外编写程序便能将所选项目以图形、公式、数据等方式快速地显示出来，如图 2-2-29 所示。

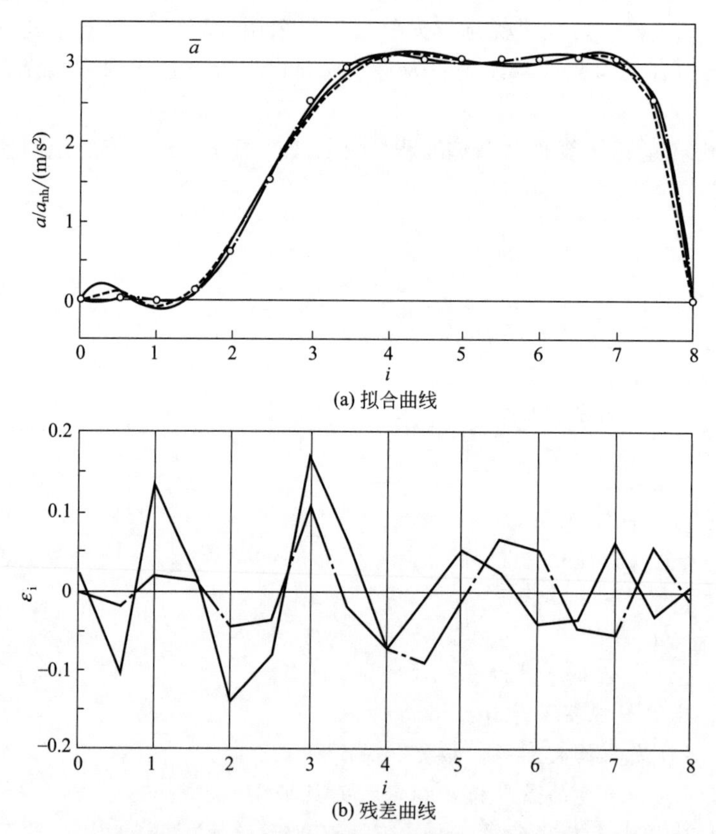

图 2-2-29　MATLAB交互式曲线拟合的对比分析

鉴于借助此窗口可以绘制多种类型的拟合曲线，又有残差曲线提供参照，经过全面对比分析足以为高效率优化设计创造有利条件。

在该图中，不论拟合曲线和残差曲线，凡阶次为 8 的统以实线表示，而阶次为 9 的统以点画线表示。显然二者的变化趋势大体是一致的，不过各数据点的残差值却存在不同程度的差别。看来 9 次的竟优于 8 次，因此应对初始设计做相应调整。

(3) 曲线拟合参数方程　关于这方面的研究思路，完全类似于合成正弦式螺旋线，只不过推导过程简化不少，有些变量符号的含义可以直接引用，切记前式(2-2-35) 中 $\overline{a}$ 的参考取值作用。

从实用角度出发，如果将拟合函数式(2-2-40) 的两边分别除以最大供送加速度 $\overline{a}$，即令系数

$$c_0=\frac{b_0}{\overline{a}},\ c_1=\frac{b_1}{\overline{a}},\ c_2=\frac{b_2}{\overline{a}},\ \cdots,\ c_m=\frac{b_m}{\overline{a}},$$

则该式便改写为另一等效形式

$$a=\overline{a}(c_0+c_1 i+c_2 i^2+\cdots+c_m i^m) \tag{2-2-41}$$

这样一来，从曲线拟合的角度看，就转化为借助 MATLAB 相关工具求解上式中各系数 $c_0, c_1, c_2, \cdots, c_m$ 的问题。同时也找到了建立 $\overline{a}$ 新的表达式的突破口。

为了搞清概念，有必要指出，当编程拟定数据组时，i 的系列值不变，而 a 的系列值均应除以 $\overline{a}$，结果绘出的拟合曲线依然保持原来形状，但纵坐标的峰值改为 1。

接着，依次推导各参数方程。

① 供送速度　以 $t=\dfrac{60i}{n}$，或 $i=\dfrac{nt}{60}$，代入式(2-2-41)，取

$$\begin{aligned} v &= \int a\,dt \\ &= \frac{60\overline{a}}{n}\left(c_0 i+\frac{c_1}{2}i^2+\frac{c_2}{3}i^3+\cdots+\frac{c_m}{m+1}i^{m+1}\right)+k_1 \end{aligned}$$

按边界条件 $t=0$，$i=0$，$v=v_0=\dfrac{S_0 n}{60}$，解出 $k_1=v_0$，求得

$$v=v_0+\frac{60\overline{a}i}{n}\left(c_0+\frac{c_1}{2}i+\frac{c_2}{3}i^2+\cdots+\frac{c_m}{m+1}i^m\right) \tag{2-2-42}$$

以 $i=i_m$ 代入上式，求得最大供送速度

$$v_m=v_0+\frac{60\overline{a}i_m}{n}\left(c_0+\frac{c_1}{2}i_m+\frac{c_2}{3}i_m^2+\cdots+\frac{c_m}{m+1}i_m^m\right) \tag{2-2-43}$$

② 供送位移

$$\begin{aligned} H &= \int v\,dt \\ &= S_0 i+\frac{1800\overline{a}i^2}{n^2}\left[c_0+\frac{c_1}{3}i+\frac{c_2}{6}i^2+\cdots+\frac{2c_m}{(m+1)(m+2)}i^m\right]+K_2 \end{aligned}$$

按边界条件 $i=0$，$H=0$，解出 $K_2=0$，求得

$$H=S_0 i+\frac{1800\overline{a}i^2}{n^2}\left[c_0+\frac{c_1}{3}i+\frac{c_2}{6}i^2+\cdots+\frac{2c_m}{(m+1)(m+2)}i^m\right] \tag{2-2-44}$$

③ 螺杆螺距　令 $1 \leqslant i \leqslant i_m$，则

$$\begin{aligned} S &= H_i-H_{i-1} \\ &= S_0+\frac{600\overline{a}i^2}{n^2}\left\{c_1+\frac{c_2}{2}(2i-1)+\cdots+\frac{6c_m}{(m+1)(m+2)}\left[i^m-(i-1)^m\right]\right\} \end{aligned} \tag{2-2-45}$$

④ 螺杆螺旋角　以 $i=\frac{L}{2\pi R}$，或 $L=2\pi Ri$，代入或（2-2-44），求得

$$\begin{aligned}\tan\alpha &= \frac{\mathrm{d}H}{\mathrm{d}L} \\ &= \frac{1}{2\pi R}\left[S_0+\frac{3600\overline{a}i}{n^2}\left(c_0+\frac{c_1}{2}i+\cdots+\frac{c_m}{m+1}i^m\right)\right]\end{aligned} \tag{2-2-46}$$

⑤ 供送最大加速度　由于 $v_{\mathrm{m}}=\frac{c_{\mathrm{b}}n}{60}$，联系式(2-2-43）写出

$$\frac{c_{\mathrm{b}}n}{60}=\frac{S_0 n}{60}+\frac{60\overline{a}i_{\mathrm{m}}}{n}\left(c_0+\frac{c_1}{2}i_{\mathrm{m}}+\frac{c_2}{3}i_{\mathrm{m}}^2+\cdots+\frac{c_{\mathrm{m}}}{m+1}i_{\mathrm{m}}^m\right)$$

令

$$A_{\mathrm{m}}=i_{\mathrm{m}}\left(c_0+\frac{c_1}{2}i_{\mathrm{m}}+\frac{c_2}{3}i_{\mathrm{m}}^2+\cdots+\frac{c_{\mathrm{m}}}{m+1}i_{\mathrm{m}}^m\right) \tag{2-2-47}$$

求得

$$\overline{a}=\frac{(C_{\mathrm{b}}-S_0)n^2}{3600A_{\mathrm{m}}} \tag{2-2-48}$$

取 $\overline{a}=f_{\mathrm{d}}g$，则螺杆的临界转速

$$n_{\mathrm{r}}=60\sqrt{\frac{f_{\mathrm{d}}gA_{\mathrm{m}}}{C_{\mathrm{b}}-S_0}} \tag{2-2-49}$$

⑥ 螺杆有效长度　取 $i=i_{\mathrm{m}}$，将式(2-2-48）代入式(2-2-44)，求得

$$H_{\mathrm{m}}=S_0 i_{\mathrm{m}}+\frac{(C_{\mathrm{b}}-S_0)i_{\mathrm{m}}^2}{2A_{\mathrm{m}}}\left[c_0+\frac{c_1}{3}i_{\mathrm{m}}+\frac{c_2}{6}i_{\mathrm{m}}^2+\cdots+\frac{2c_m}{(m+1)(m+2)}i_{\mathrm{m}}^m\right] \tag{2-2-50}$$

计算表明，当 S_0、C_{b} 一定时，H_{m} 是随 i_{m} 的增大而增大的。

（4）小结

① 关于拟合多项式螺旋线的设计计算，此法概念清晰、层次分明、求解简捷、调控方便、适应性强。具体应用时，先按给定要求适当选取 S_0、C_{b}、n，再借助供送加速度的曲线拟合分别确定 i_{m}、A_{m}，并算出 $\overline{a}$、n_{r}，校核 $n<n_{\mathrm{r}}$。最后求得 v_{m}、H_{m}、S_{m} 等，详见第 97 页表 2-2-4。

② 一经选定 S_0、C_{b}、n，增大 i_{m} 可相应减小 $\overline{a}$，提高高速供送的稳定性；同时可相应增加 n_{r}，扩大螺杆转速的调控范围。当然，为了合理安排螺杆的有效长度，其圈数也不宜过多。这一规律性认识，同合成正弦式的研究结论完全一致。

③ 对拟合多项式螺旋线的供送加速度曲线而言，理论上允许拟定任意所需的形状，而且能建立全程连续的函数表达式，打破了四段组合式多个分段函数所造成的种种制约。因此应用而广，符合时代发展方向，这一点对研究开发特殊型分件供送螺杆装置尤有重要意义。

④ 限于篇幅，只着重探讨了合成正弦式和拟合多项式两种分件供送螺杆螺旋线的设计计算问题，二者各有特点，将其有机结合之后更能发挥其独特的总体功能。

2. 螺旋槽轴向剖面几何形状

深入研究分件供送螺杆螺旋槽的形成原理与工作机理，可为解决螺杆分件供送的稳定性、功能性、通用性，以及螺杆机械加工的可行性、合理性、精确性等核心技术问题提供科学的依据。因此，在研究螺旋线之后，结合典型被供送物件进一步探讨螺旋槽的轴向剖面几何形状及其主要参数关系，对设计制造单一和组合螺杆，特别是检验螺旋槽的干涉等问题都具有重要意义，更是设计人员必须掌握的基本功。

1）螺杆螺旋槽形成原理

研究这个问题也就等于从根本上揭示螺旋槽轴向剖面几何形状的成因。因此，必须搞清楚将物件与螺杆按给定条件组合在一起并产生连续相贯运动所涉及的数学概念。

要从最基本情况谈起，假想圆柱形物件上密聚的母线同螺杆的水平轴线交叉垂直且能对其主体部分自由贯穿。当物件按某一转向沿着已确定的内空间螺旋线进行移动兼滚动时，各条密聚的母线与螺杆某一轴向剖面所形成的迹点，可描绘成为一曲线簇。而相对应的包络线即为它同该曲线族中各条曲线分别相切于一点所连成的切点轨迹，由此便构成了螺旋槽轴向剖面几何形状。由此推断，对变螺距螺杆而言，其螺旋槽每一个轴向剖面几何形状，本身既无对称性，彼此之间也不完全相同，对此一特征务必牢记。

关于曲线簇包络参数方程的求解问题，为便于理解，请参阅后面有关插图。在此只援引按公切法原理推导的解析法加以扼要说明。

首先对给定的曲线族以稳函数表示为 $F(x,y,l)=0$，其中 l 代表某一条母线的横坐标，它在限定范围内可取任意数，所以不同的值就对应着一条不同的曲线 $y=f(x)$。假设给定的曲线族存在包络线，其参数方程表示为 $x=f_1(l)$ 和 $y=f_2(l)$。对一个确定的 l，如果包络线同曲线簇在某点（$f_1(l)$，$f_2(l)$）相切，显然这两条曲线在该点必定有一公切线。依曲线族稳函数求导法得

$$\frac{\mathrm{d}y}{\mathrm{d}x}=-\frac{F_x(f_1(l),f_2(l),l)}{F_y(f_1(l),f_2(l),l)}$$

又依包络参数方程求导法得

$$\frac{\mathrm{d}y}{\mathrm{d}x}=\frac{\mathrm{d}f_2(l)}{\mathrm{d}f_1(l)}=\frac{f_2'(l)}{f_1'(l)}$$

由于公切线斜率相等，将以上二式联立解出

$$F_x(f_1(l),f_2(l),l)f_1'(l)+F_y(f_1(l),f_2(l),l)f_2'(l)=0 \qquad (2\text{-}2\text{-}51)$$

另一方面，包络线上每一点均在曲线族中相应的曲线 $F(x,y,l)=0$ 之上，确认必有恒等式

$$F(f_1(l),f_2(l),l)=0$$

对上式求全导数得

$$F_x(f_1(l),f_2(l),l)f_1'(l)+F_y(f_1(l),f_2(l),l)f_2'(l)+F_l(f_1(l),f_2(l),l)=0$$

再联立式(2-2-51) 解出

$$F_l(f_1(l),f_2(l),l)=0$$

由此可见，包络参数方程各点$(f_1(l),f_2(l))$应满足方程组

$$F(x,y,l)=0,\quad F_l(x,y,l)=0 \qquad (2\text{-}2\text{-}52)$$

并应保证 $F_x(x,y,l)$ 和 $F_y(x,y,l)$ 不同时为零。

对此包络理论，下面将结合典型实例阐述其具体应用。

2）圆柱形物件与螺杆相贯运动

参阅图 2-2-30，通过圆柱形物件和螺杆的交错垂直轴线引一空间直角坐标系 O_1xyz，令变螺距螺杆的外螺旋线同坐标面 yz 相交于点 i，且令该点的螺距计算值为 S。为简化分析计算，此值可在交点两侧分别量取半个螺距粗略确定。这意味着将此一小段螺旋线近似转化为等螺距的。

在物件的圆柱表面上，任取一条母线交坐标面 xy 于点 $m(k,l)$。假想该母线沿着以 k

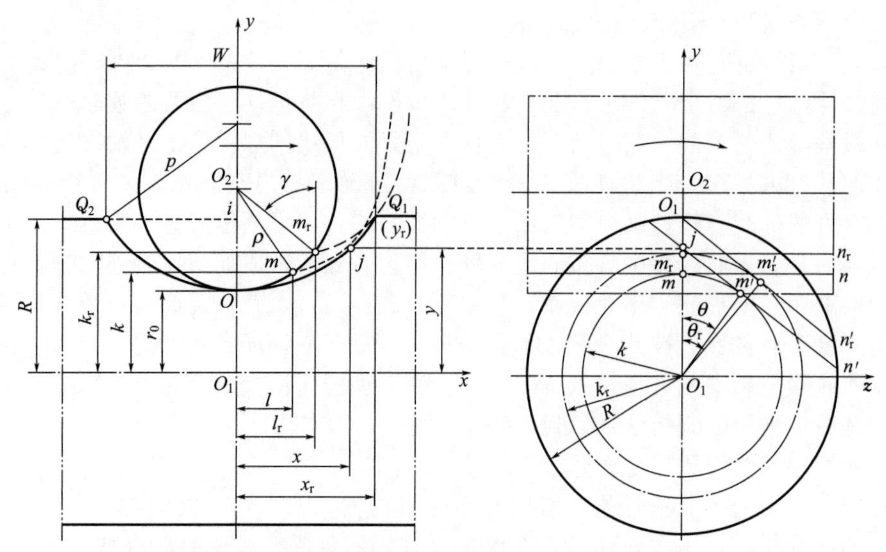

图 2-2-30　圆柱形物件与螺杆相贯运动分析简图

为半径的相应等螺距内螺旋线由初始位置 mn 移过水平距离 $x-l$，又同时滚过角度 θ 而至新位置 $m'n'$。此时它同 i 点轴向剖面相截的迹点为 $j(x,\ y)$。由图示几何关系得

$$y=k\sec\theta \tag{2-2-53}$$

式中

$$k=r_0+\rho-\sqrt{\rho^2-l^2} \tag{2-2-54}$$

$$\theta=\frac{2\pi(x-l)}{S} \tag{2-2-55}$$

可见，不同的取值 $l(0\leqslant l\leqslant\rho)$，对应着不同的迹点曲线 mj，亦即 $y=f(x)$。这说明 l 是曲线族方程的参数，可将式(2-2-53) 改写为

$$F(x,y,l)=y-(r_0+\rho-\sqrt{\rho^2-l^2})\sec\frac{2\pi(x-l)}{S}=0$$

根据前面论证，为求曲线族的包络方程，要推导上式对 l 的偏导数，由 $F_l(x,y,l)=0$ 求得

$$\left(\frac{l}{\sqrt{\rho^2-l^2}}-\frac{2\pi k}{S}\tan\theta\right)\sec\theta=0$$

理论上，$0\leqslant\theta<90°$，确认 $\sec\theta>0$，故知

$$\tan\theta=\frac{Sl}{2\pi k\sqrt{\rho^2-l^2}}=\frac{E}{k}$$

式中

$$E=\frac{Sl}{2\pi\sqrt{\rho^2-l^2}} \tag{2-2-56}$$

由于

$$\sec^2\theta=1+\tan^2\theta$$

代入式(2-2-55)、式(2-2-53)，解出曲线簇包络参数方程

$$x=l+\frac{S\theta}{2\pi}=l+\frac{S}{2\pi}\arctan\frac{E}{k} \tag{2-2-57}$$

$$y=\sqrt{k^2+E^2} \tag{2-2-58}$$

已设 R 为螺杆的主体半径，取 $y=y_r=R$，点 m 的坐标应改为 $m_r(l_r,\ m_r)$，随之写出

$$R=\sqrt{k_r^2+E_r^2} \tag{2-2-59}$$

式中

$$k_r=r_b+\rho-\sqrt{\rho^2-l_r^2} \tag{2-2-60}$$

$$E_r=\frac{Sl_r}{2\pi\sqrt{\rho^2-l_r^2}} \tag{2-2-61}$$

当 ρ、r_0、R、S 均选定时，可用图解一解析法求出 l_r，其变化范围为 $0\leqslant l_r<\rho$。

考虑到以上诸式是将变螺距螺旋线按选择点所限定区间近似认为等螺距而推导出来的，故相对应的螺旋槽宽度可取

$$W=2x_r=2l_r+\frac{S\theta_r}{\pi} \tag{2-2-62}$$

θ_r 即为物件与螺旋槽外沿接触点 a（或 b）形成的接触角

$$\delta=\theta_r=\arccos\frac{k_r}{R} \tag{2-2-63}$$

现取一组数据：$\rho=2.80\text{cm}$，$r_0=2.30\text{cm}$，(a)$S=6.00\text{cm}$，(b)$S=11.20\text{cm}$，借助式(2-2-57)和式(2-2-58)，采用 MATLAB 编程，绘制二幅螺旋槽轴向剖面几何形状，如图 2-2-31 所示，并将主要参数计算结果列于表 2-2-3（ξ 称为分压比，其含义及计算式详见后述）。

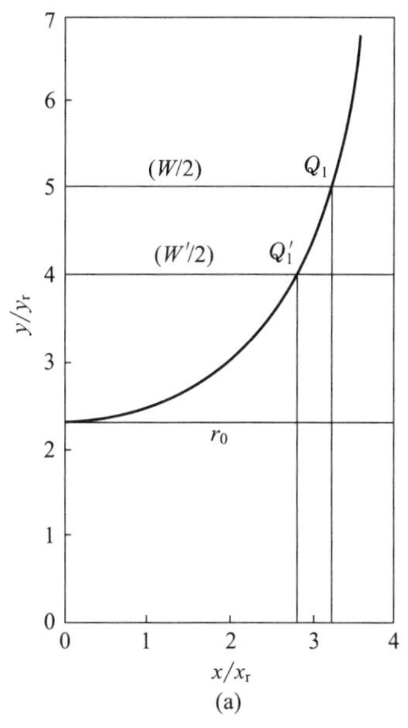

(a)

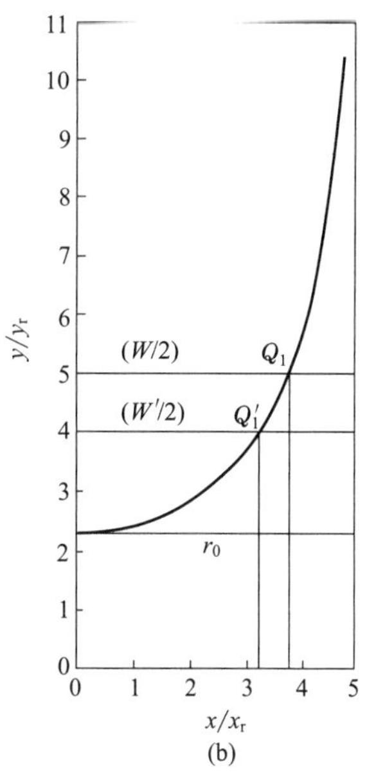

(b)

图 2-2-31　供送圆柱形物件螺旋槽轴向剖面几何形状

表 2-2-3　供送圆柱形物件螺旋槽轴向剖面几何参数计算

图形	S	l_r	k_r	x_r	y_r	θ_r	ξ
图 2-2-31(a)	6.00	2.80	5.10	4.30	∞	90.0°	0.00
		2.75	4.57	3.54	6.77	47.5°	0.19
		2.50	3.84	2.94	4.28	26.3°	0.51
		2.40	3.66	2.79	3.99	23.5°	0.60
		2.30	3.50	2.66	3.76	21.4°	0.69
		2.20	3.37	2.53	3.58	19.8°	0.79

续表

图形	S	l_r	k_r	x_r	y_r	θ_r	ξ
图 2-2-31(b)	11.20	2.80	5.10	5.60	∞	90.0°	0.00
		2.75	4.57	4.74	10.4	63.8°	0.19
		2.50	3.84	3.83	5.22	42.6°	0.51
		2.40	3.66	3.61	4.71	39.0°	0.60
		2.30	3.50	3.43	4.34	36.2°	0.69
		2.20	3.37	3.26	4.06	33.9°	0.79

将以上二图表加以对比分析，得出结论：

① 当ρ、r_0、S选定时，若增大l_r，则x_r、y_r、θ_r均随之增大，而ξ却随之减小。特别是，当$l_r=\rho$时，x_r为一有限值，y_r趋于无穷大，θ_r等于90°。实际上这已无实用意义。所以应取$0\leqslant l_r<\rho$比较适宜，与此相对应，通常选$R=(0.8\sim1.0)(r_0+\rho)$。

参阅图 2-2-30，在此条件下，供送圆柱形物件的螺旋槽轴向剖面几何形状，大体上可用半径为P的圆弧来代替。令槽深$\Delta R=R-r_0$，算出槽宽W后，由于

$$P^2=\left(\frac{W}{2}\right)^2+(P-\Delta R)^2$$

求得

$$P=\frac{1}{2\Delta R}\left(\frac{W^2}{4}+\Delta R^2\right) \tag{2-2-64}$$

② 同理，当ρ、r_0、S选定时，若增大R，则x_r、θ_r均随之增大，而ξ却随之减小。

至于当ρ、r_0、R选定时，若增大S，则x_r、θ_r、ξ均随之增大。

由此可见，对供送圆柱形物件而言，决定螺旋槽轴向剖面几何形状的主要因素是ρ、r_0、R和S。设计变螺距分件供送螺杆，必要时不妨采用简易作图法校核两相邻轴向剖面几何形状是否存在干涉。关键在于，靠近螺杆进口的一段，勿使螺旋槽之间外圆柱表面（槽边法向宽度）受到严重削弱。

3）椭圆柱形物件与螺杆相贯运动

为便于探讨椭圆柱形物件和圆柱形物件对螺杆作相贯运动所存在的内在联系，以便简化分析计算，在此不按椭圆的标准方程来确定轴向剖面几何形状及有关参数，而是将它转化为由四段圆弧组成且呈轴对称的一条封闭椭圆形曲线，如图 2-2-32 所示。

令该椭圆大小圆弧的中心各为O_3、O_4，半径各为ρ_1、ρ_2；其衔接点为$m_b(l_b, k_b)$，作O_3m_b连线与纵坐标轴的夹角为ψ；若将椭圆的长轴$2b_1$和短轴b_2以及大圆弧半径ρ_1预先选定，则由图示的几何关系写出

$$\sin\psi=\frac{b_1-\rho_2}{\rho_1-\rho_2},\quad \cos\psi=\frac{\rho_1-0.5b_2}{\rho_1-\rho_2}$$

求得

$$\rho_2=\frac{4b_1^2+b_2(b_2-4\rho_1)}{8(b_1-\rho_1)} \tag{2-2-65}$$

$$\tan\psi=\frac{2(b_1-\rho_2)}{2\rho_1-b_2}$$

另一方面

$$\tan\psi=\frac{l_b}{\sqrt{\rho_1^2-l_b^2}}$$

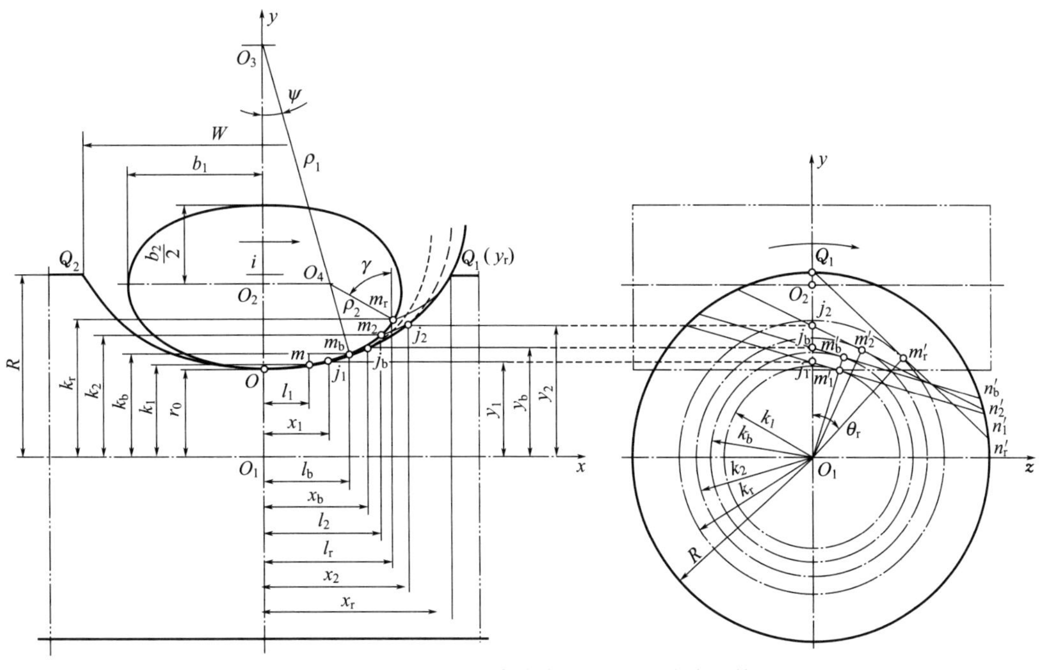

图 2-2-32 椭圆柱形物件与螺杆相贯运动分析简图

求得
$$l_b = \frac{\rho_1}{\sqrt{1+\frac{(2\rho_1 - b_2)^2}{4(b_1-\rho_2)^2}}} \tag{2-2-66}$$

在椭圆大圆弧上取一点 $m_1(l_1, k_1)$，且 $0 \leqslant l_1 \leqslant l_b$，按前式(2-2-54) 直接写出

$$k_1 = r_0 + \rho_1 - \sqrt{\rho_1^2 - l_1^2} \tag{2-2-67}$$

设螺杆上某点 i 的螺距计算值为 S，为求该点螺旋槽的轴向剖面几何形状，按式(2-2-57) 和式(2-2-58) 直接写出与椭圆上点 m_1 相对应的曲线族包络线上点 j_1 的坐标

$$x_1 = l_1 + \frac{S}{2\pi}\arctan\frac{Sl_1}{2\pi k_1\sqrt{\rho_1^2 - l_1^2}} \tag{2-2-68}$$

$$y_1 = \sqrt{k_1^2 + \frac{S^2 l_1^2}{4\pi^2(\rho_1^2 - l_1^2)}} \tag{2-2-69}$$

显然，包络线上衔接点 j_b 的纵坐标

$$y_b = \sqrt{k_b^2 + \frac{S^2 l_b^2}{4\pi^2(\rho_1^2 - l_b^2)}} \tag{2-2-70}$$

式中
$$k_b = r_0 + \rho_1 - \sqrt{\rho_1^2 - l_b^2} \tag{2-2-71}$$

设计时，如果要求螺杆的外半径 $R > y_b$，则应求出与椭圆小圆弧上某一点 $m_2(l_2, k_2)$，且 $l_b \leqslant l_2 < b_1$，相对应的曲线族包络线上点 j_2 的坐标

$$x_2 = l_2 + \frac{S}{2\pi}\arctan\frac{S(l_2+\rho_2-b_1)}{2\pi k_2\sqrt{(b_1-b_2)(l_2+2\rho_2-b_1)}} \tag{2-2-72}$$

$$y_2 = \sqrt{k_2^2 + \left(\frac{S}{2\pi}\right)^2\frac{(l_2+\rho_2-b_1)^2}{(b_1-l_2)(l_2+2\rho_2-b_1)}} \tag{2-2-73}$$

式中 $$k_2=r_0+\frac{b_2}{2}-\sqrt{(b_1-l_2)(l_2+2\rho_2-b_1)} \tag{2-2-74}$$

若取 $y_2=y_r=R$，则椭圆上对应点 m_r 的纵坐标由上式改写为

$$k_r=r_0+\frac{b_2}{2}-\sqrt{(b_1-l_r)(l_r+2\rho_2-b_1)} \tag{2-2-75}$$

为求出 l_r，应以 R、k_r、l_r 分别置换式(2-2-73) 中的 y_2、k_2、l_2，接着确定螺旋槽的宽度

$$W=2l_r+\frac{S\theta_r}{\pi}$$

式中 $$\theta_r=\arccos\frac{k_r}{R}$$

经计算绘图得知，椭圆柱形物件与螺杆相贯运动形成的轴向剖面几何形状，严格讲是一条特定的弧形曲线，而非圆弧。

4) 直棱柱形物件与螺杆相贯运动

参阅图 2-2-33，选一常见的八直棱形物件为例加以分析。设其底面的长度和宽度分别为 $2b_1$、b_2；较长的一对边长为 $2b_3$，与相邻斜边的夹角为 φ。

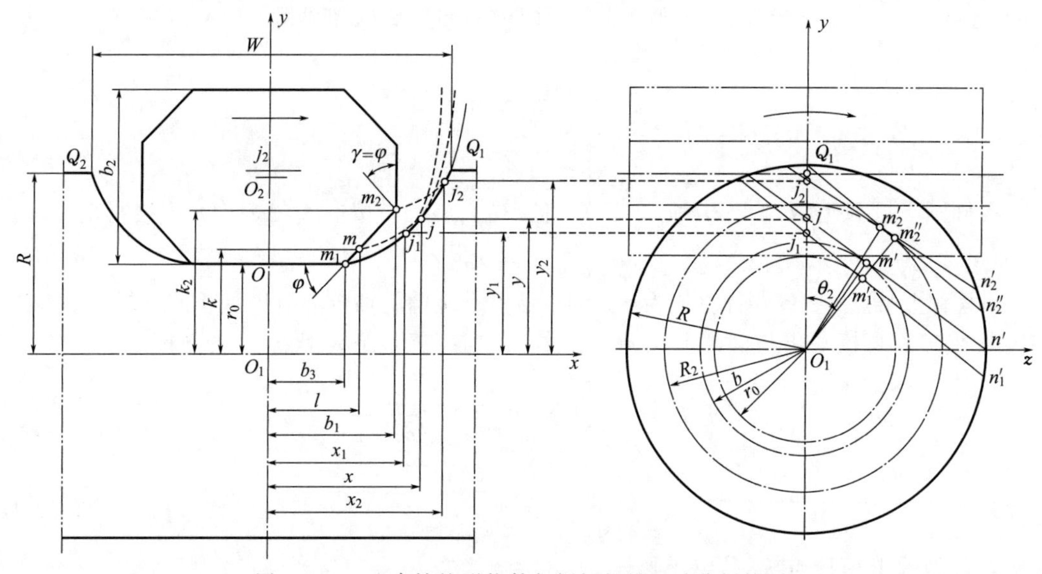

图 2-2-33 八直棱柱形物件与螺杆相贯运动分析简图

仍参照前述条件让物件与螺杆作相贯运动，对通过棱柱斜边上某点 $m(l, k)$ 的一条母线来说，$b_3\leqslant l\leqslant b_1$，$r_0\leqslant k\leqslant k_2$，按式(2-2-53) 写出

$$y=k\sec\theta$$

式中 $$k=r_0+(l-b_3)\tan\varphi \tag{2-2-76}$$

$$\theta=\frac{2\pi(x-l)}{S}$$

令 $$F(x,y,l)=y-k\sec\theta=0$$

解出 $$F_1(x,y,l)=\left(\tan\varphi-\frac{2\pi k}{S}\tan\theta\right)\sec\theta=0$$

已知 $$0°\leqslant\theta<90°,\ \sec\theta>0$$

故得 $$\tan\theta=\frac{S\tan\varphi}{2\pi k} \tag{2-2-77}$$

联立 $F(x,y,l)=0$ 和 $F_l(x,y,l)=0$，导出该母线 mn 同 i 点轴向剖面相截各迹点的包络参数方程

$$x=l+\frac{S}{2\pi}\arctan\frac{S\tan\varphi}{2\pi k} \tag{2-2-78}$$

$$y=\sqrt{k^2-\left(\frac{S\tan\varphi}{2\pi}\right)^2} \tag{2-2-79}$$

取 $l=b_3$，$k=r_0$ 代入上式，确定所求包络线下限点 j_1 的坐标

$$x_1=b_3+\frac{S}{2\pi}\arctan\frac{S\tan\varphi}{2\pi r_0} \tag{2-2-80}$$

$$y_1=\sqrt{r_0+\left(\frac{S\tan\varphi}{2\pi}\right)^2} \tag{2-2-81}$$

鉴于 $x_1>b_3$，$y_1>r_0$，而且 φ 愈大，x_1、y_1 亦愈大，可见在 m_1j_1 段不存在包络线。实际上应以棱边 m_1n_1 对同一轴向剖面的相贯线来表示，与 $b_3\leqslant x\leqslant x_1$ 相对应，

$$y_{m_1-j_1}=r_0\sec\frac{2\pi(x-b_3)}{S} \tag{2-2-82}$$

同理，取 $l=b_1$，$k=k_2=r_0+(b_1-b_3)\tan\varphi$，求出该包络线上限点 j_2 的坐标

$$x_2=b_1+\frac{S}{2\pi}\arctan\frac{S\tan\varphi}{2\pi[r_0+(b_1-b_3)\tan\varphi]} \tag{2-2-83}$$

$$y_2=\sqrt{[r_0+(b_1-b_3)\tan\varphi]^2+\left(\frac{S\tan\varphi}{2\pi}\right)^2} \tag{2-2-84}$$

如果螺杆的外半径 $R>y_2$，那么尚需由点 j_2 向外延伸一段由棱边 m_2n_2 对同一轴向剖面的相贯线 j_2Q_1，其函数表达式，与 $x\geqslant x_2$ 相对应，

$$y_{j_2-Q_1}=[r_0+(b_1-b_3)\tan\varphi]\sec\frac{2\pi(x-b_1)}{S} \tag{2-2-85}$$

参照式(2-2-62) 求出螺旋槽的宽度

$$W=2b_1+\frac{S\theta_2}{\pi} \tag{2-2-86}$$

式中 $$\theta_2=\arccos\frac{r_0+(b_1-b_3)\tan\varphi}{R} \tag{2-2-87}$$

总之，八直棱柱形物件与螺杆相贯运动所形成的轴向剖面几何形状，以大体对称两半个图形而论，是由中间直线段 Om_1 和两侧曲线段 $m_1j_1-j_1j_2-j_2Q_1$ 相互衔接而成的。其所以复杂，在于包络线与相贯线交叉组合，会给设计编程带来一些麻烦。

附带指出，对八直棱柱形物件，若取 $b_3=b_1$，$\varphi=90°$，即转化为四直棱柱体或称长方体。两者在体形上有相似之处，可仿同样方法分析和求解。

参阅图 2-2-34，设其底面的长度和宽度各为 $2b_1$、b_2，当物件与螺杆按给定条件相贯运动时，仅由一条棱边 mn 对 i 点轴向剖面所作的相贯线，即可形成螺旋槽的轴向剖面几何形状。

参照式(2-2-82) 写出相贯轨迹方程

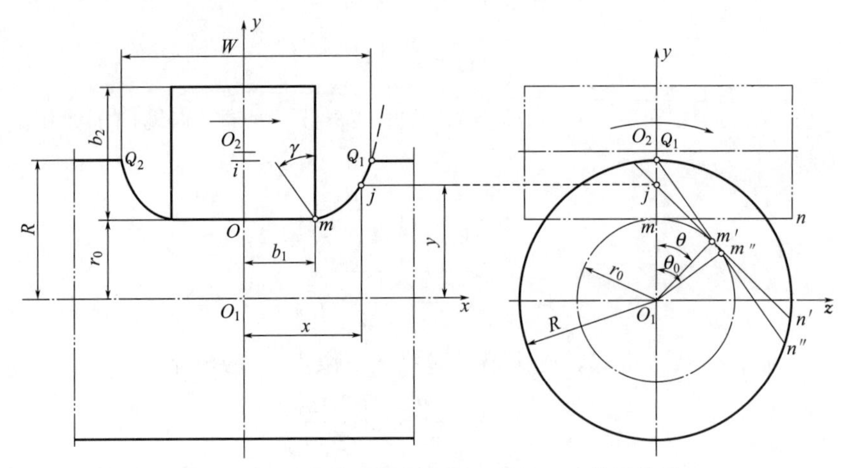

图 2-2-34　长方体形物件与螺杆相贯运动分析简图

$$y=r_0\sec\frac{2\pi(x-b_1)}{S}\tag{2-2-88}$$

从中看出，$x=b_1$，$y=r_0$；$x=b_1+\frac{S}{4}$，$y\to\infty$。因此

$$b_1\leqslant x\leqslant b_1+\frac{\pi}{4}$$

实用中，通常取 $R\leqslant r_0+\frac{b_2}{2}$，以 $y=y_r=R$ 代入上式，即可求得螺旋槽的半宽

$$x_r=b_1+\frac{S}{2\pi}\arccos\frac{r_0}{R}$$

令

$$\theta_0=\arccos\frac{r_0}{R}\tag{2-2-89}$$

则全宽

$$W=2x_r=2b_1+\frac{S\theta_0}{\pi}\tag{2-2-90}$$

这表明长方体形物件与螺杆相贯运动所形成的轴向剖面几何形状是由中间一直线和两侧相贯曲线组合而成，无论其形成原理和计算程序都比较简单。只不过供送这类形体物件的螺杆，在螺旋槽的加工方法上却另有特点和技术难度。

5）圆锥台形物件与螺杆相贯运动

(1) 解题思路

圆锥台形物件（主要是容器之类）在包装工业应用很广。论其外形轮廓，可以看成是一个正圆锥体作平行其底的截面，去除顶部所余下的那部分形体。还可以近似看成是由无数个全等的等腰梯形，以垂直角度绕一底面正圆包围而成的棱锥台。

由此可见，圆锥、圆锥台、棱锥、棱锥台的基本特性既有内在联系，又能彼此转化，所以研究这类物件与螺杆的相贯运动，完全能够做到触类而长。

同时还意识到，圆锥台形物件与螺杆的相贯运动所以有别于圆柱形物件与螺杆的相贯运动，就在于前者存在锥角以及大小头放置方位的差别；使锥角为零，就转化为圆柱体。

鉴于圆锥台有大小头，其横截面半径随高度的变化而变化，故断定它同螺杆相贯运动形成的轴向剖面几何形状不可能有对称性。必须改变解题思路，具体来说，首先按设计要求确定被供送物件的放置方位，是大头朝上还是朝下。再有，若采用右旋变螺距螺杆，遵照图 2-2-22(a) 的布局，当求解右半个图形时，可采用反转法，假想物件对静止螺杆沿着与螺旋线旋向相反的方向匀速滚动，同时平行其中心轴线向后同步移动。而当求解左半个图形时，应采用正转法，假想物件对静止螺杆沿着与螺旋线旋向相同的方向匀速滚动，同时平行其中心轴线向前同步移动。

(2) 解题步骤

① 反转法　参阅图 2-2-35(b)、(c) 所示情况。设供送时物件的大头朝上，大头半径为 ρ，锥角为 β，总高度为 H，对半径为 R 的水平螺杆的配置高度为 H_0，其一母线 ab 同螺旋槽半径为 r_0 的最凹处相切于 j_1 点。经螺杆轴心 O_1 向 j_1 引一直线确定为定坐标轴 y。又经 O_1 引一动坐标轴 y'，使该二轴线的夹角为 β，且同 ab 线相交于 m_0' 点。令 $m_0'O_1=r=r_0\sec\beta$，以此为半径画出螺杆的基准圆柱面。另外，作 m_0' 点的一条切线 $a'b'$，必同圆锥台顶面垂直并交于 y 轴的 j_0 点，由此形成物件的基准圆柱面（以双点画线表示，半径为 ρ_0），取其上一段长度 $m_0'j_0=h$。这样，螺杆的基准圆柱面与 y 轴的交点 m_0，应作为研究物件同螺杆相贯运动的初始位置。其实也意味着，当动点 m_0' 与定点 m_0 重合，亦即两坐标轴重合之时，$h=0$。

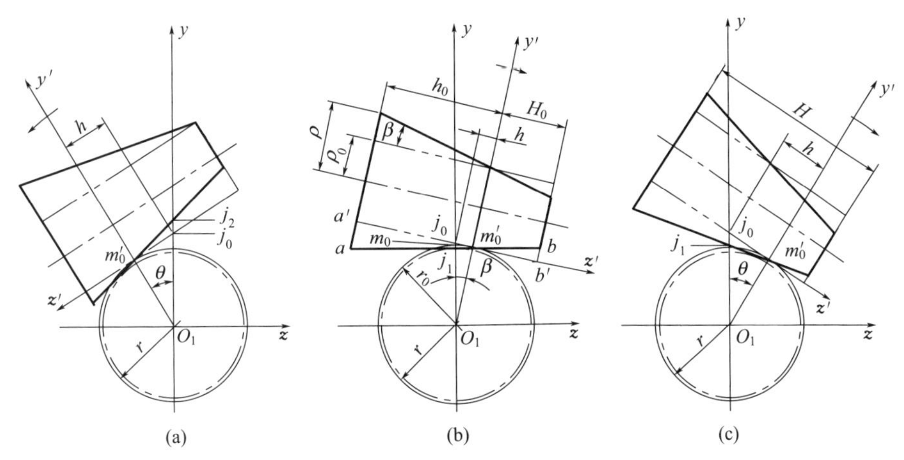

图 2-2-35　圆锥台形物件对螺杆正反向滚动分析简图

据此，可将圆锥台形物件与螺杆的实际相贯运动转化为在同样控制条件下两个交错垂直的基准圆柱面之间的相切运动，以便对圆锥台表面上任意一条母线进行空间定位。在此场合下，不管两坐标轴 y 和 y' 的夹角 θ 如何改变，两基准圆柱面的切点 m_0' 都始终是动坐标系 $x'y'z'$ 的原点，同时又是两条对应母线 ab 和 $a'b'$ 的交点。

从图中的夸大画法不难发现，这种做法并不是最精确的，但是当联系实际一般取 $\beta\leqslant 6°$，$\theta\leqslant 45°$，其误差却是相当的有限。而给复杂的工程设计带来的最大好处是，可以极大地简化有关计算分析过程，犹如在前面求解中将整个变螺距转化为分段等螺距最终获得良好实用效果一样。

接着，参阅图 2-2-36，考察物件按设定条件对螺杆完成反向的滚动兼滑动的过程。

在圆锥台表面上任取一母线 mc，相应的其基准圆柱表面上的母线是 mm。图中的 mj_1 和 mj_0 分别表示该二母线在给定轴向剖面上形成的相贯运动轨迹。依此类推，可以作出整个曲线簇轨迹，进而求出包络线。

根据前面已阐明的有关理论，不难直接写出基准圆柱体的包络参数方程。在此基础

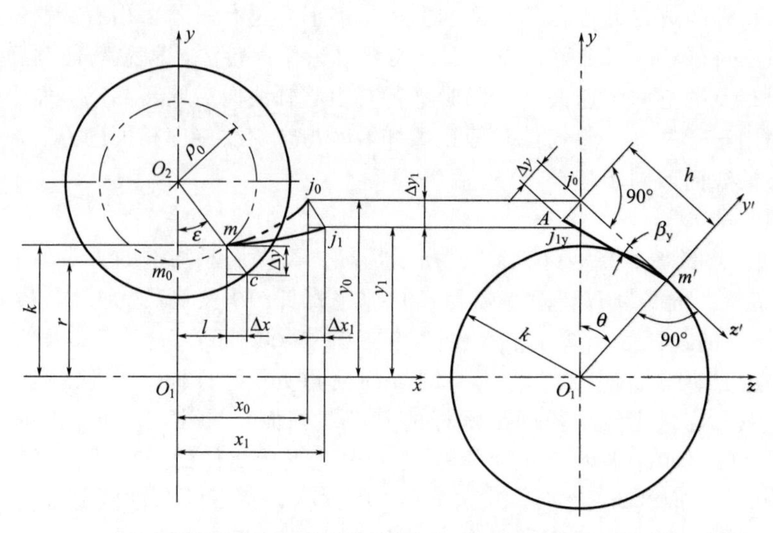

图 2-2-36 圆锥台形物件对螺杆反向相贯运动分析简图

上，只要在给定轴向剖面上找到点 j_1 对点 j_0 的相对位置坐标 Δx_1 和 Δx_2 关系式，则确定圆锥台体的轴向剖面几何形状便迎刃而解。

设计给定值一般包括：R、r_0、S、H、H_0、ρ、β，按图示几何关系及标注符号，依次列出以下计算表达式

$$h_0=H-H_0 \qquad (H_0>R)$$

$$\rho_0=\rho-h_0\tan\beta \tag{2-2-91}$$

$$r=r_0\sec\beta \tag{2-2-92}$$

$$k=r+\rho_0-\sqrt{\rho_0^2-l^2} \tag{2-2-93}$$

$$h=k\tan\theta \tag{2-2-94}$$

参照前式(2-2-57) 和式(2-2-58)，确认基准圆柱体的包络参数方程

$$x_0=l+\frac{S\theta}{2\pi} \tag{2-2-95}$$

$$y_0+\sqrt{k^2+E_0^2} \tag{2-2-96}$$

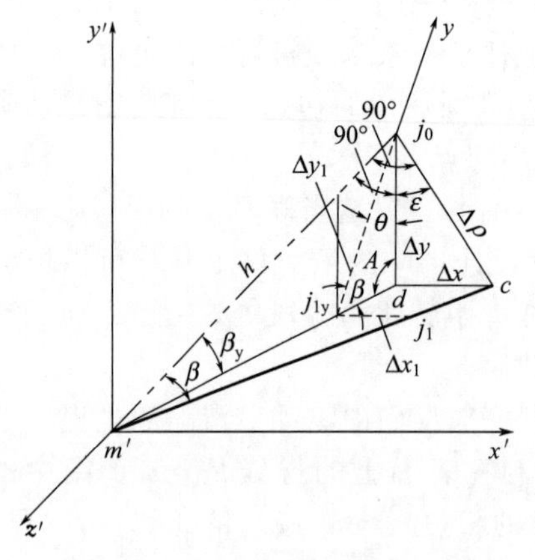

图 2-2-37 圆锥台母线反向相贯运动迹点的定位

式中

$$\theta=\arctan\frac{E_0}{k} \tag{2-2-97}$$

$$E_0=\frac{Sl}{2\pi\sqrt{\rho_0^2-l^2}}$$

为深入分析，由圆锥台分出一三棱锥，如图 2-2-37 所示。

从中得知

$$\Delta\rho=h\tan\beta$$

$$\Delta x=\Delta\rho\sin\varepsilon,\quad \sin\varepsilon=\frac{l}{\rho_0}$$

$$\Delta y=\Delta\rho\cos\varepsilon,\quad \cos\varepsilon=\sqrt{1-\left(\frac{l}{\rho_0}\right)^2}$$

$$\beta_y = \arctan\frac{\Delta y}{h}$$

$$A = \frac{\pi}{2} - \beta_y$$

$$B = \pi - (A + \theta) = \frac{\pi}{2} - (\theta - \beta_y)$$

在$\triangle j_0 d j_{1y}$中，由

$$\frac{\Delta y_1}{\sin A} = \frac{\Delta y}{\sin B}$$

解出

$$\Delta y_1 = \frac{k\tan\beta\cos\varepsilon\sec\theta}{\tan\beta\cos\varepsilon + \cot\theta} \tag{2-2-98}$$

在$\triangle m'dc$和$\triangle m'dj_0$中，由

$$\frac{\Delta x_1}{\Delta x} = \frac{\Delta y_1\cos\theta}{\Delta y}$$

解出

$$\Delta x_1 = \frac{k\tan\beta\sin\varepsilon}{\tan\beta\cos\varepsilon + \cot\theta} \tag{2-2-99}$$

至此，采用反转法导出圆锥台形物件与螺杆相贯运动的包络参数方程

$$x_1 = x_0 + \Delta x_1 = l + \frac{S\theta}{2\pi} + \frac{k\tan\beta\sin\varepsilon}{\tan\beta\cos\varepsilon + \cot\theta} \tag{2-2-100}$$

$$y_1 = y_0 - \Delta y_1 = \left(1 - \frac{\tan\beta\cos\varepsilon}{\tan\beta\cos\varepsilon + \cot\theta}\right)k\sec\theta \tag{2-2-101}$$

② 正转法　参阅图 2-2-35(a)、图 2-2-38 和图 2-2-39，仿上述的反转法求解步骤直接写出正转法计算表达式。

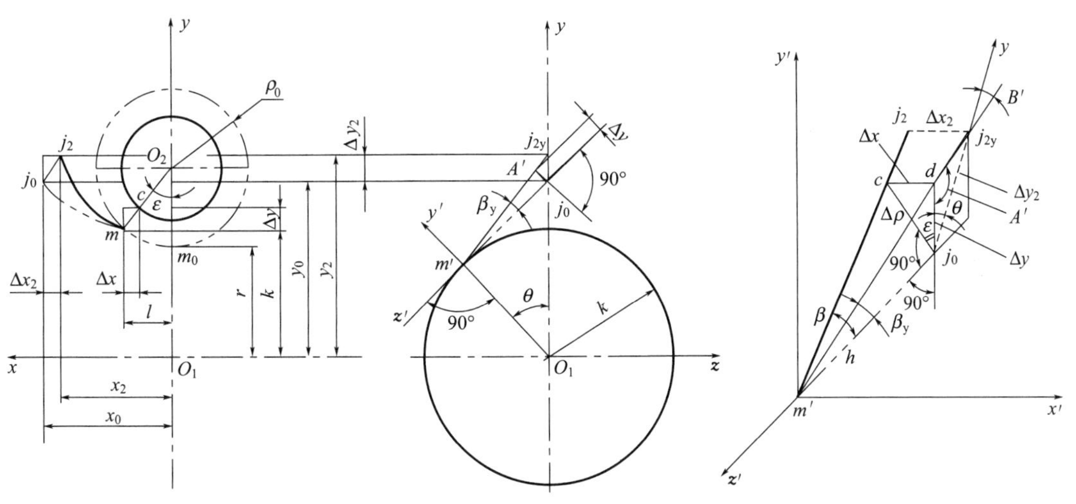

图 2-2-38　圆锥台形物件对螺杆正向相贯运动分析简图

图 2-2-39　圆锥台母线正向相贯运动迹点的定位

在$\triangle j_0 d j_{2y}$中，由

$$\frac{\Delta y_2}{\sin A'} = \frac{\Delta y}{\sin B'}$$

式中 $$A'=\frac{\pi}{2}+\beta_y,\quad B'=\frac{\pi}{2}-(\theta+\beta_y)$$

解出 $$\Delta y_2=\frac{k\tan\beta\cos\varepsilon\sec\theta}{\cot\theta-\tan\beta\cos\varepsilon} \tag{2-2-102}$$

在$\triangle m'dc$ 和$\triangle m'dj_0$ 中，由

$$\frac{\Delta x_2}{\Delta x}=\frac{\Delta y_2\cos\theta}{\Delta y}$$

解出 $$\Delta x_2=\frac{k\tan\beta\sin\varepsilon}{\cot\theta-\tan\beta\cos\varepsilon} \tag{2-2-103}$$

至此，采用正转法导出圆锥台形物件与螺杆相贯运动的包络参数方程

$$\begin{aligned}x_2&=x_0-\Delta x_2\\&=l+\frac{S\theta}{2\pi}+\frac{k\tan\beta\sin\varepsilon}{\tan\beta\cos\varepsilon-\cot\theta}\end{aligned} \tag{2-2-104}$$

$$\begin{aligned}y_2&=y_0+\Delta y_2\\&=\left(1-\frac{\tan\beta\cos\varepsilon}{\tan\beta\cos\varepsilon-\cot\theta}\right)k\sec\theta\end{aligned} \tag{2-2-105}$$

附带说明，若将 $\beta=0°$ 代入以上有关各式，求得 $\rho_0=\rho$，$r=r_0$，$k=r_0+\rho-\sqrt{\rho^2-l^2}$，最终结果是

$$x_1=x_2=x_0=l+\frac{S\theta}{2\pi}$$

$$y_1=y_2=y_0=\sqrt{k^2+E^2}$$

这同研究圆柱体与螺杆相贯运动所导出的包络参数方程完全一致。

下面举一实例做进一步验算。

给定设计条件：$R=4.50$cm，$r_0=2.30$cm，$S=11.20$cm，$H=12.00$cm，$H_0=5.50$cm，$\rho=3.50$cm，$\beta=5°$；大头朝上配置于传送带之上，右旋变螺距螺杆逆时针回转，呈下压式布局增速分件供送。

按有关计算式编写 MATLAB 文件 LGPMy _ x. m，并借此打印出螺旋槽轴向剖面几何形状，如图 2-2-40 所示。

```
% LGPMy_x.m
clear

H=input('H=');
H0=input('H0=');
h0=H-H0;
rho=input('rho=');
betd=input('betd=');
bet=betd*pi/180;
rho_0=rho-h0*tan(bet)
r0=input('r0=');
r=r0*sec(bet);
S=input('S=');
```

```
lm=input('lm=');        % lm<=rho_0

l=0:0.02:lm;
eps=asin(l/rho_0);
E0=S*l./(2*pi*sqrt(rho_0^2-l.^2));
k=r+rho_0-sqrt(rho_0^2-l.^2);
thet=atan(E0./k);
x_0=l+S*thet/(2*pi);
y_0=sqrt(k.^2+E0.^2);

Dx_1=k*tan(bet).*sin(eps)./(cot(thet)+tan(bet).*cos(eps));
Dy_1=k*tan(bet).*cos(eps).*sec(thet)./(cot(thet)+tan(bet).*cos(eps));
x_n=x_0+Dx_1;
y_n1=y_0-Dy_1;
plot(x_n,y_n1)

hold on
Dx_2=k*tan(bet).*sin(eps)./(cot(thet)-tan(bet).*cos(eps));
Dy_2=k*tan(bet).*cos(eps).*sec(thet)./(cot(thet)-tan(bet).*cos(eps));
x_n=-(x_0-Dx_2);
y_n2=y_0+Dy_2;
plot(x_n,y_n2)
axis equal
% grid on
axis([-5,5,0,8])
xlabel('x_n')
ylabel('y_n1/y_n2')
```

对此值得关注：

a. 取纵坐标值为 R，画一横线同包络线分别交于 Q_1 和 Q_2 两点，依此便可粗略测得与所设螺距计算值 S 相对应的螺旋槽宽度 W（约为 7cm）。当然也能从编程求精确解。

b. 通过横坐标 x_1 和 x_2 的交汇点 O 作一竖线，便明显看出此包络线的非对称性。而且该竖线还稍偏离包络线的下限点 j_1，这同图 2-2-35(b) 的分析结果相互吻合。

c. 若将图示的轴向剖面几何形状绕基点 O 的竖线翻转 180°，则用此法新生成的螺旋槽，可适合在同样给定条件下小头朝上圆锥台形构件的分件供送，为设计和应用打开了方便之门。

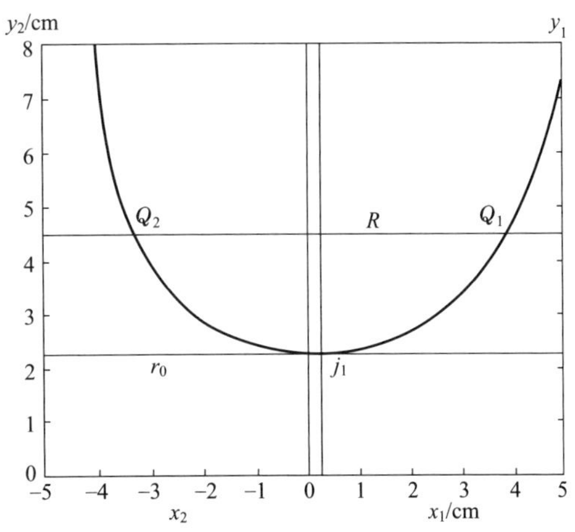

图 2-2-40　供送圆锥台形物件螺旋槽轴向剖面几何形状

3. 高速分件供送稳态控制

基于前述的基础理论已为分件供送螺杆

装置实现正常工作过程创造了必要条件。但是有些问题尚未完全考虑进去，特别是，当被供送物件受到螺杆、导引构件以及输送带的相互作用时，如何进行稳态控制，防止产生明显的颠簸晃动和倾斜卡塞的反常现象，还有待联系实际运用动力学原理加以综合研究，以便更好地指导设计、制造和调试。

解决此类复杂问题，首先应该关注分件供送螺杆，然而也不要忽视作为重要辅助构件的输送带所产生的影响。现今，它常用工程塑料或金属的板链、链轮制造，实用中务使各运动零件之间连接配合牢靠，不易松动变形，工作表面平整耐磨，又要选择适宜的运行速度，使之消除强烈的摩擦、振动和噪声。

1）稳态供送可控条件

如图 2-2-41 所示，对由右旋变螺距螺杆、可调侧向导轨和水平输送带所组成的一套装置用来高速分件供送圆柱形物件来说，设计的前提是 $\rho_0 > f_d h_z$，$v_1 \geqslant v_m$，$\overline{a} < f_d g$。依此保证，当螺杆逆时针等速回转时，形成下压式布局使物件接触于螺旋槽前沿的下方。此一方案优点较多，被广泛采用。

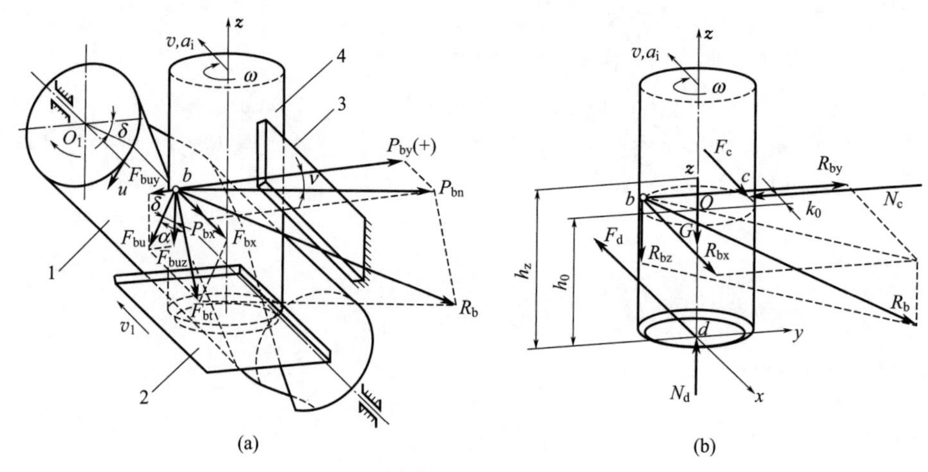

图 2-2-41　圆柱体分件供送螺杆装置空间作用力系示意图

1—螺杆；2—输送带；3—侧向导轨；4—物件

设定，运行时物件同螺杆、侧向导轨、输送带的接触点分别是 b、c、d，其间作用一空间力系，鉴于情况复杂，有待逐步分析求解。

在理想工况下，圆柱体与螺旋槽应沿着一段椭圆曲线 $a-O-b$ 接触。各接触点的法向作用力线必定同圆柱体的中心轴线垂直相交。实际上，圆柱体被输送带拖动会产生偏移，假定接触位置集中于螺旋槽下沿的 b 点。见图 2-2-41(a)，若将该点的合力 $\boldsymbol{R}_b$ 分解为正压力 $\boldsymbol{P}_{bn}$ 和切向摩擦力 $\boldsymbol{F}_{bt}$（实际上此二分力的夹角略等于 90°），则写出

$$\boldsymbol{R}_b = \boldsymbol{P}_{bn} + \boldsymbol{F}_{bt}$$
$$\boldsymbol{P}_{bn} = \boldsymbol{P}_{bx} + \boldsymbol{P}_{by}$$
$$\boldsymbol{F}_{bt} = \boldsymbol{F}_{bx} + \boldsymbol{F}_{bu}$$
$$\boldsymbol{F}_{bu} = \boldsymbol{F}_{buy} + \boldsymbol{F}_{buz}$$

继见图 2-2-42，值得关注，上式中的正压力 $\boldsymbol{P}_{bn}$（不是合力 $\boldsymbol{R}_b$）必定通过圆柱体的轴心 O_2，可沿直角坐标方向分解为二分力 $\boldsymbol{P}_{bx}$ 和 $\boldsymbol{P}_{by}$。这样，取二者的比值简称为分压比 $\xi = \dfrac{P_{by}}{P_{bx}}$，不妨作为衡量分件供送螺杆工作性能的一个尺度。具体而言，为防止螺杆对物

件产生过大的侧向压强，得以保护不受损坏，并能畅行无阻，免遭卡塞之患，显然应该控制适当偏低的分压比。

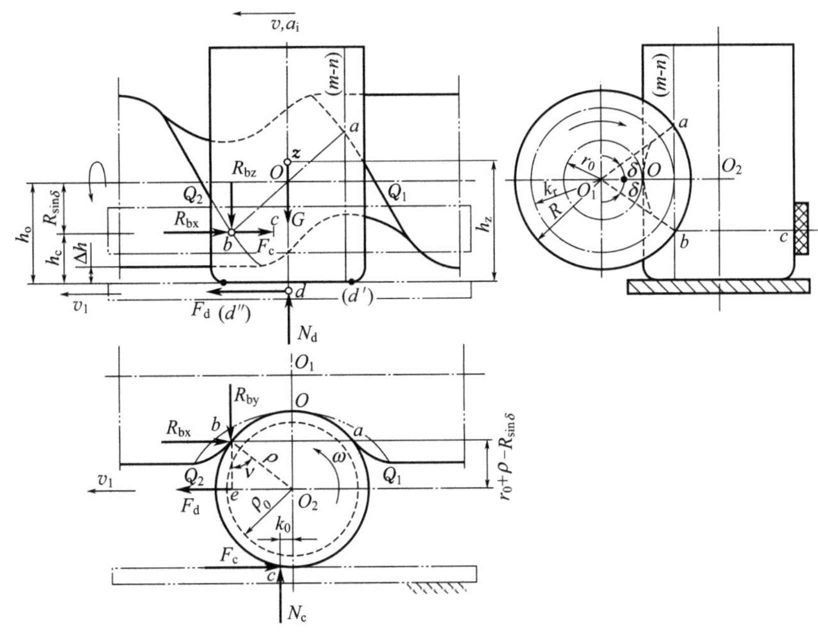

图 2-2-42　圆柱体分件供送螺杆装置受力分析三视图

由于

$$\xi=\frac{P_{\mathrm{by}}}{P_{\mathrm{bx}}}=\frac{be}{eO_2}$$

式中

$$be=r_0+\rho-R\cos\delta$$

$$eO_2=\sqrt{\rho^2-(r_0+\rho-R\cos\delta)^2}$$

已知

$$\delta=\theta_{\mathrm{r}}=\arccos\frac{K_{\mathrm{r}}}{R}$$

$$K_{\mathrm{r}}=r_0+\rho-\sqrt{\rho^2-l_{\mathrm{r}}^2}$$

解出

$$\xi=\sqrt{\left(\frac{\rho}{l_{\mathrm{r}}}\right)^2-1} \tag{2-2-106}$$

或

$$l_{\mathrm{r}}=\frac{\rho}{\sqrt{1+\xi^2}} \tag{2-2-107}$$

实际上，正压力 $\boldsymbol{P}_{\mathrm{bn}}$ 的分压比 ξ 也可用其方位角 ν 来表示，从图中看出

$$\cot\nu=\frac{be}{eO_2}=\xi$$

亦即

$$\nu=\operatorname{arccot}\xi \tag{2-2-108}$$

取 $r_0=2.3\mathrm{cm}$，$S=11.2\mathrm{cm}$，$\rho_0=2.8\mathrm{cm}$，绘出如图 2-2-43 所示的 $\xi-x_{\mathrm{r}}$ 和 $\theta_{\mathrm{r}}-x_{\mathrm{r}}$ 关系曲线。

再联系表 2-2-3 得以确认，当其他条件一定时，ξ 是随 R（或 x_{r}）的增大而减小的，同时又随 S 的增大而增大的。对于取 $R=(0.7\sim1.0)(r_0+\rho)$，相对应的 $\xi=0.8\sim0.5$。

据此，以 P_{bx} 作为分析计算的基准写出各力值

$$P_{\mathrm{bn}}=P_{\mathrm{bx}}\csc\nu$$

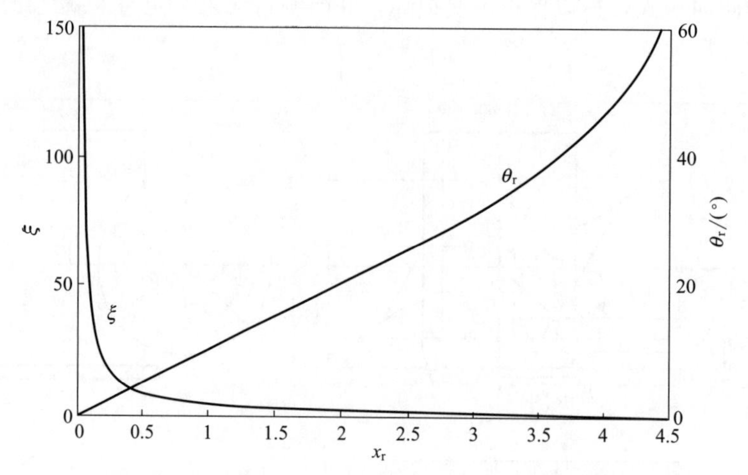

图 2-2-43 螺旋槽基本参数 ξ-x_r 和 θ_r-x_r 关系曲线

$$P_{by}=\xi P_{bx}$$

$$F_{bt}\approx f_b P_{bn}=f_z P_{bx} \qquad \text{(简化推导)}$$

$$F_{bx}=F_{bt}\sin\alpha=f_z P_{bx}\sin\alpha$$

$$F_{bu}=F_{bt}\cos\alpha=f_z P_{bx}\cos\alpha$$

$$F_{buy}=F_{bu}\sin\delta=f_z P_{bx}\cos\alpha\sin\delta$$

$$F_{buz}=F_{bu}\cos\delta=f_z P_{bx}\cos\alpha\cos\delta$$

式中，f_b 为螺杆对物件的滑动摩擦因数；f_z 为转化滑动摩擦因数，$f_z=f_b\csc\nu$；α 为螺旋角。

其次，见图 2-2-41(b)，将合力 $\boldsymbol{R}_b$ 沿空间直角坐标方向分解，改写成另一形式

$$\boldsymbol{R}_b=\boldsymbol{R}_{bx}+\boldsymbol{R}_{by}+\boldsymbol{R}_{bz}$$

其各向分力值为

$$R_{bx}=P_{bx}+F_{bx}=(1+f_z\sin\alpha)P_{bx}=AP_{bx}$$

$$A=1+f_z\sin\alpha \tag{2-2-109}$$

$$R_{by}=P_{by}-F_{buy}=(\xi-f_z\cos\alpha\sin\delta)P_{bx}=BP_{bx}$$

$$B=\xi-f_z\cos\alpha\sin\delta \tag{2-2-110}$$

$$R_{bz}=F_{buz}=CP_{bx}$$

$$C=f_z\cos\alpha\cos\delta \tag{2-2-111}$$

故得

$$R_b=P_{bx}\sqrt{A^2+B^2+C^2} \tag{2-2-112}$$

$$N_c=R_{by}=BP_{bx}$$

$$F_c=f_c N_c=f_c BP_{bx}$$

$$N_d=G+R_{bz}=G+CP_{bx}$$

$$F_d=f_d N_d=f_d(G+CP_{bx})$$

式中，f_c，f_d 分别为侧向导轨、输送带对物件的滑动摩擦因数；G 为单个物重。

至此，以被供送物件为示力体建立运动方程

$$F_d-R_{bx}-F_c=\frac{G}{g}a_i$$

式中，a_i 为螺杆对物件可控的瞬时供送加速度。

$$0 \leqslant a_i \leqslant \overline{a}$$

代入各相关式，解出

$$P_{bx}=\frac{G(f_d g-a_i)}{g(A+f_c B-f_d C)} \tag{2-2-113}$$

在供送过程中，为保证物件不向左右偏斜，应使螺杆、侧向导轨对物件的各水平作用力共一平面。令螺杆的配置高度为 h_0，要求侧向导轨的配置高度

$$h_c=h_0-R\sin\delta \tag{2-2-114}$$

再有，为保证物件不往后倾斜（不绕接触点 d' 产生顺时针偏转），应使

$$N_d\rho_0+(R_{bx}+F_c)(h_z-h_0+R\sin\delta)+R_{bz}\rho\sin\nu>F_d h_z$$

由此求出螺杆中心轴距输送带的最大许用高度

$$h_{0\max}=h_z+R\sin\delta+\frac{1}{A+f_c B}\left[\frac{G}{P_{bx}}(\rho_0-f_d h_z)+C(\rho_0+\rho\sin\nu-f_d h_z)\right] \tag{2-2-115}$$

有时还需校核被供送物件不往前倾斜（不绕接触点 d″产生逆时针偏转），应使

$$N_d\rho_0+F_d h_z>(R_{bx}+F_c)(h_z-h_0+R\sin\delta)+R_{bz}\rho\sin\nu$$

由此求出螺杆中心轴距输送带的最小许用高度

$$h_{0\min}=h_z+R\sin\delta-\frac{1}{A+f_c B}\left[\frac{G}{P_{bx}}(\rho_0+f_d h_z)+C(\rho_0-\rho\sin\nu+f_d h_z)\right] \tag{2-2-116}$$

总之，在给定条件下分件供送螺杆的配置高度必须控制在

$$h_{0\min}<h_0<h_{0\max}$$

同时满足

$$h_0=R+\Delta h \tag{2-2-117}$$

式中，Δh 为螺杆下沿同输送带或工作台表面的间距，一般取 10mm 左右，对供送易碎物件宜偏大一些，以便清理。

实用中，要设法促使圆柱形物件对侧向导轨产生滑动兼滚动的运动形式，其优点在于：

① 滚动比滑动前进阻力小，致使相关工作构件所受的作用力以及伴生的磨损、能耗、噪声都相应减少。

② 圆柱形物件一旦滚动起来，就可同螺杆、侧向导轨达到比较均匀的接触，有利于克服卡滞等故障，实现更加可靠稳定的供送。不过，对盛装液体的开口容器，应防止溢溅现象的发生。

欲达到此一目的，必要的控制条件是

$$F_d\rho+R_{by}\rho\sin\nu-R_{bx}\rho(1+\cos\nu)\geqslant N_c k_0$$

式中，k_0 为物件对侧向导轨工作表面的滚动摩擦因数线性值，由实验测定；也可取其等效滚动摩擦因数 f_0 计算，$k_0=f_0\rho$。

解出

$$P_{bx}\leqslant\frac{f_d G}{A(1+\cos\nu)+B(f_0-\sin\nu)-f_d C} \tag{2-2-118}$$

将式(2-2-113) 和式(2-2-118) 联立，遂导出物件对侧向导轨的滑动摩擦因数

$$f_c\geqslant\frac{f_d g-a_i}{f_d g B}[A(1+\cos\nu)+B(f_0-\sin\nu)-f_d C]-\frac{A-f_d C}{B}=K \tag{2-2-119}$$

式中，K 为校核准数。

强调指出，若能控制好上一条件，圆柱形物件就足以在螺杆与侧向导轨之间实现滑动兼滚动的分件供送。考虑到该式右边的各项因素，如 a_i、ν、A、B、C 等，大都是随机

变量，所以设计时最好选择有代表性的部位来校核 f_c 值。现今，多采用耐磨损、表面粗糙、有较强滑动与滚动摩擦效应的特种塑料板材作为侧向导轨的工作面层。

2）应用实例综合分析

设计旋转型灌装机，采用变螺距螺杆装置分件供送圆柱形玻璃瓶，给定条件：

瓶子主体半径及底面半径 $\rho=2.8\text{cm}$，$\rho_0=2.5\text{cm}$

瓶子主体高度及重心高度 $h=12.0\text{cm}$，$h_z=5.0\text{cm}$

瓶子重量 $G=3.0\text{N}$

拨瓶星轮节距 $C_b=11.2\text{cm}$

最高供送能力 $Q=540$ 个/分

要求设计计算该装置的主要参数，并做出综合分析。

首先着重说明：

① 关于设备的最高生产能力，计入断流，故障等意外因素，考虑适当的安全系数，确定螺杆的最高转速 $n_{max}=560\text{r/min}$。

② 螺杆套装的传动轴采用 $\phi 20\text{mm}$ 的 45 钢制造，另外考虑螺旋槽对瓶子的分压比一般取 $\xi=0.6\sim0.9$，决定螺杆的内外半径各为 $r_0=2.3\text{cm}$，$R=4.0\text{cm}$。

③ 螺杆和侧向导轨工作面层取材尼龙，板链取材不锈钢，对玻璃瓶的摩擦因数相应为 $f_b=f_c=0.27$，$f_d=0.21$，$f_0=0.05$。

④ 按拟合多项式建立螺杆供送加速度的设计计算模型，即选定

$$a=\overline{a}(c_0+c_1i+c_2i^2+\cdots+c_mi^m)$$

为使整个装置既实用而又紧凑，决定螺旋线总圈数 $i_m=6$，通过编程解出

$c_0=0.0668$，$c_1=-0.9294$，$c_2=1.4295$，$c_3=-0.4384$，$c_4=0.0026$，$c_5=0.0151$，$c_6=-0.0016$

打印出来的供送加速度曲线，如图 2-2-44 所示。

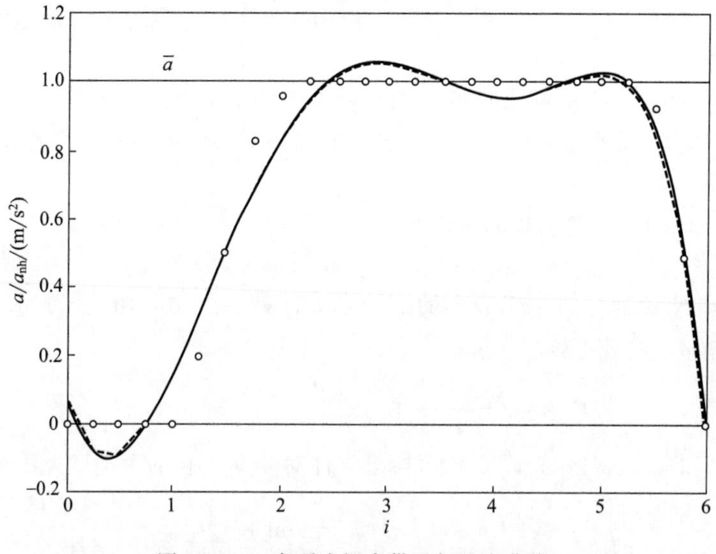

图 2-2-44　多项式拟合供送加速度曲线

⑤ 从已导出的公式看出，所求各主要参数大都是随螺旋线圈数的变化而变化的，为简化设计只选两个点来求解，一是 $S_0=2\rho+\Delta=6.0\text{cm}$，二是 $S_{max}=C_b=11.2\text{cm}$。

参照有关设计准则和计算公式列出求解结果，如表 2-2-4 所示。

表 2-2-4 圆柱体分件供送螺杆装置主要参数列表值

参数	单位	选定值	计算值
S_0/C_b	cm	6.0	11.2
R	cm	4.0	
r_0	cm	2.3	
H_m	cm	48.3	
i_m		6.0	
W	cm	5.6	6.4
α		13.4°	24.0°
δ		23.3°	33.4°
ξ		0.59	0.81
v_1	m/s	1.01	
Δv	m/s	0.49	0.01
$\overline{a}$	m/s^2	0.00	1.07
R_b	N	0.66	0.33
h_{omax}	cm	13.9	20.9
h_{omin}	cm	−9.2	−25.9
K		0.34	−0.68

注：Δv 表示板链与瓶的运动速差。

对表内各项数据经综合分析得出一些认识：

① 作为高速分件供送中型玻璃瓶的尼龙螺杆，其直径为 8.0cm，有效长度为 48.3cm，显得轻巧匀称。

② 确认 $\rho_0>f_d h_z$，$v_1>v_m$，$a_0>\overline{a}$，对此下压式布局，为保证供送稳定性提供了可靠条件。

③ 选定螺杆最大许用配置高度 $h_{0max}=13.9$cm，也满足 $h_0=R+\Delta R$ 的要求。另外，选取螺杆两端接触角的平均值 $\delta_p=28°$，粗略算出侧向导轨的配置高度 $h_c=3.1$cm。采取这些措施可以防止被供送物件产生左右摇晃和前后倾斜。

④ 瓶子对侧向导轨的滚动性能不尽人意，表现在输入段 $f_c<K$，而输出段 $f_c>K$。要消除局部滚动不畅，最好调换导轨工作表面材料，以适当提高滚动摩擦效应。

⑤ 表中列出的接触作用力 R_b 之值，在螺杆前后两端出现成倍的差距，从中找到了螺旋槽磨损不均衡的根本原因，也验证了本文所提出的分件供送螺杆基本理论的正确。

（五）特种功能型分件供送螺杆装置综合研究

自动包装线采用分流、合流、转向、翻身、输送、贮存等辅助装置的目的，在于按包装工艺要求将所配备的包装机械设备，通过控制系统有机联系起来而组成一个能够协调高效工作的生产系统。

对平面布局为并联或混联的自动包装线，通常都需要配备相适应的分流与合流装置，以便完成物件（包含容器）的分配输入及汇集输出。现今，在很多场合采用分流与合流的分件供送螺杆装置尤其多见，加之，在结构上又颇具特色，因此着重选择这方面的典型装置阐述其设计要点。

1. 分流分件供送螺杆

1）设计基本前提

对图 2-2-45 所示分流分件供送圆柱形物件的螺杆装置而言，设计时应着重考虑以下几方面问题。

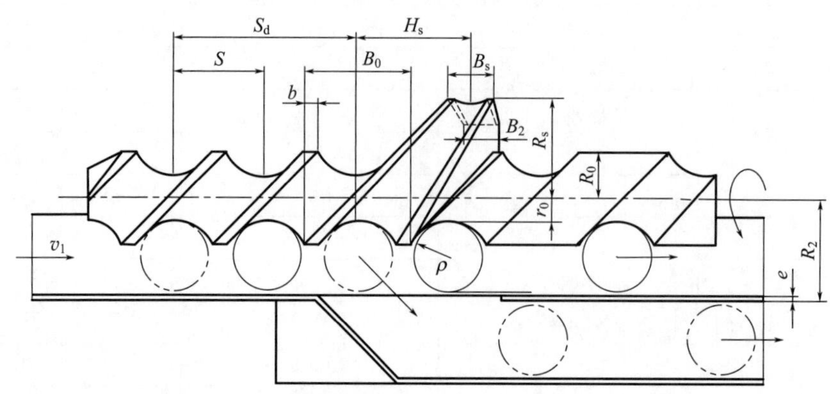

图 2-2-45　圆柱形物件分流分件供送螺杆装置简图

① 在功能组合上，此种螺杆主要由三部分组合而成。输入段为双头等螺距螺旋槽，对物件起定时整流作用。中间段为蜗形凸轮，起横推分流作用。输出段为单头等螺距螺旋槽（其螺距等于前段导程），起分件供送作用。除此之外，还配置两条同速并行输送带以及相适应的导板。

有必要指出，该螺杆所装的中间凸轮乃是一种机构组合形式，与前后两段既相互联系又相对独立，借助适当的互补互动来完成一些巧妙的运动变换。具体设计时，应遵循各基本机构固有的分析综合方法加以处理，然后进行叠加，以达到预期的设计目标。

② 在螺杆结构上，基于前述的一般功能型分件供送螺杆装置的设计原理，对输入段要结合物件的主体半径、高度（ρ、H）来合理确定螺杆的内外半径（r_0、R_0）及螺距、导程（S、S_d），保证螺旋槽互不干涉并有适宜的边宽（b）。这样，就为输出段的结构设计打好基础。

③ 在凸轮造型上，首先确定输送带的运行速度与螺杆的供送速度基本相等，即取 $v_1=S_d n/60$（n 为螺杆的转速，rad/min），使中间凸轮得以等速横向推移物件，跨越第一条输送带而平稳地转移到第二条输送带，实现分流和增距。因此要在蜗形凸轮盘面上沿锥面螺旋线开出逐渐收缩又逐渐变浅的螺旋槽。至于可选的锥面螺旋线，类型并不多，常用阿基米德螺旋线和渐开螺旋线。对比之下，在主要参数调控上，前者的灵活性占有明显的优势。

2）蜗形凸轮建模

此蜗形凸轮实际上就是在一段圆锥体表面所形成的螺旋槽，其等速内螺旋线的正视图和俯视图，如图 2-2-46 所示。

对该空间螺旋线而言，在任一点上极径 R 与极角 θ 的一般关系式，应写成

$$R=r_0+\lambda\theta \tag{2-2-120}$$

式中，λ 为比例系数；受螺杆装置结构布局的限制，可取 $0\leqslant\theta<\dfrac{3\pi}{2}$；当 $\theta=\pi$ 时，令 $\theta=$

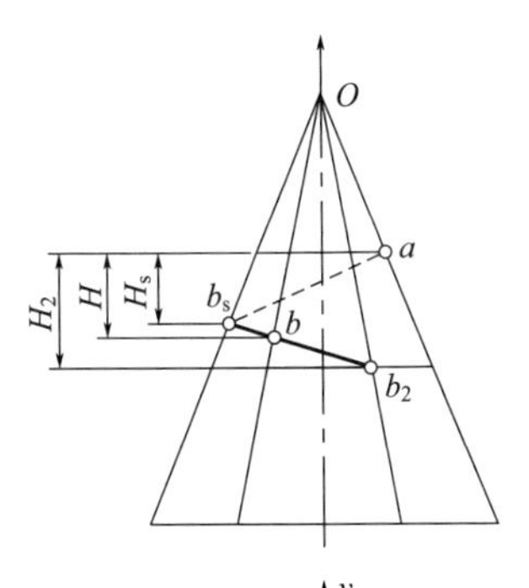

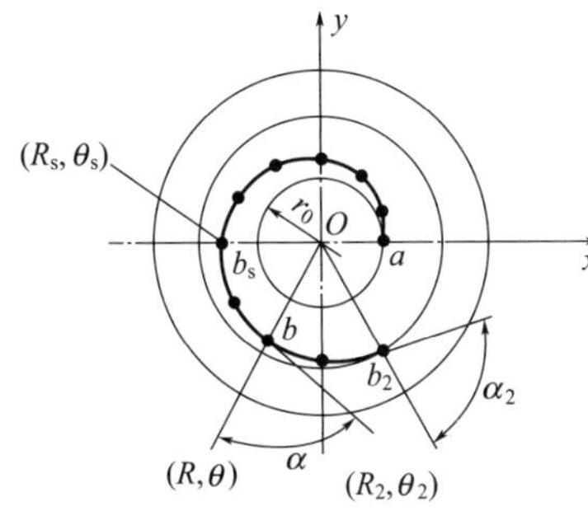

图 2-2-46　蜗形凸轮锥面等速螺旋线形成原理

θ_s，$R=R_s$，由

$$R_s=r_0+\lambda\theta_s=r_0+2\rho \tag{2-2-121}$$

求得
$$\lambda=\frac{2\rho}{\pi} \tag{2-2-122}$$

设两输送带之间的导板厚度为 e，当最大横向推程时，蜗形凸轮的极径和极角分别为 R_2、θ_2，由

$$R_2=r_0+\lambda\theta_2=R_s+e \tag{2-2-123}$$

求得
$$\theta_z=\left(1+\frac{e}{2\rho}\right)\pi \tag{2-2-124}$$

参阅图 2-2-45、图 2-2-46，取与 θ_s 对应的螺旋线轴向长度

$$H_s=S+\frac{B_s}{2},\quad B_s=\frac{W}{2} \tag{2-2-125}$$

式中，W 为螺旋槽的外沿宽度。

由
$$H=\frac{R-r_0}{R_s-r_0}H_s=\frac{\theta}{\theta_s}H_s \tag{2-2-126}$$

求得其最大轴向长度

$$H_2=\frac{\theta_2}{\theta_s}H_s=\left(1+\frac{e}{2\rho}\right)H_s \tag{2-2-127}$$

除此之外，为满足设计和加工的实际需要，还需推导出能反映蜗形凸轮螺旋槽深度变化的外螺旋线解析表达式。参阅后图 2-2-49，令外螺旋线上任一点的极径为 R_u，比例系数为 λ_u，由

$$R_2=R_0+\lambda_u\theta_2$$

或
$$\lambda_u=\frac{R_2-R_0}{\theta_2}$$

求得
$$R_u=R_0+\lambda_u\theta \tag{2-2-128}$$

与此相对应，对蜗形凸轮螺旋槽的外侧宽度应控制好两个端部，即初始宽度

$$B_0=W+2b \tag{2-2-129}$$

和末尾宽度 B_2，根据图示几何关系写出

$$\frac{B_s-B_2}{B_0-B_2}=\frac{\theta_2-\theta_s}{\theta_2}$$

解出
$$B_2=B_0-(B_0-B_s)\left(1+\frac{e}{2\rho}\right) \tag{2-2-130}$$

这表明 e 愈大，B_2 愈小，要合理控制。

概括指出，拥有以上参数关系式不难确定蜗形凸轮的结构尺寸，再附以螺杆的供送速度这一条件，便可为机械加工提供足够的依据。

3）横向推移过程

了解蜗形凸轮螺旋槽对圆柱形物件的横向推移过程，有助于更好探明分流分件供送的实质，并为运行的合理调控采取相应措施。

要想解决这个问题，必须推导出锥面等速螺旋线上任意动点的母线与其切线之间的夹角。为便于分析研究要考虑简化求解的途径。

对锥面等速螺旋线来说，其实就是由径向、周向、轴向三个等速同步分运动所合成的。而在此螺杆装置中，物件已由输送带提供了轴向的等速同步拖动，这相当于把锥面等速螺旋线转换为与水平中心轴垂直相交的平面等速螺旋线，结果完全可以产生等效的横向推动作用。

据此，在平面等速螺旋线上任取一动点，令其母线向量为 $\boldsymbol{A}(x, y)$，切线向量为 $\boldsymbol{B}\left(\frac{dx}{d\theta}, \frac{dy}{d\theta}\right)$，按微分几何二向量数量积原理，可求该二向量夹角 α 的余弦

$$\cos\alpha=\frac{\boldsymbol{A}\cdot\boldsymbol{B}}{|\boldsymbol{A}||\boldsymbol{B}|}=\frac{xx'+yy'}{\sqrt{x^2+y^2}\sqrt{x'^2+y'^2}}$$

已知
$$R=r_0+\lambda\theta$$
可取
$$x=R\cos\theta,\ y=R\sin\theta$$
求导
$$x'=\lambda\cos\theta-R\sin\theta,\ y'=\lambda\sin\theta+R\cos\theta$$
解出
$$\cos\alpha=\frac{\lambda}{R^2+\lambda^2} \tag{2-2-131}$$
或
$$R\cos\alpha=\frac{\lambda}{1+\left(\frac{\lambda}{R}\right)^2} \tag{2-2-132}$$

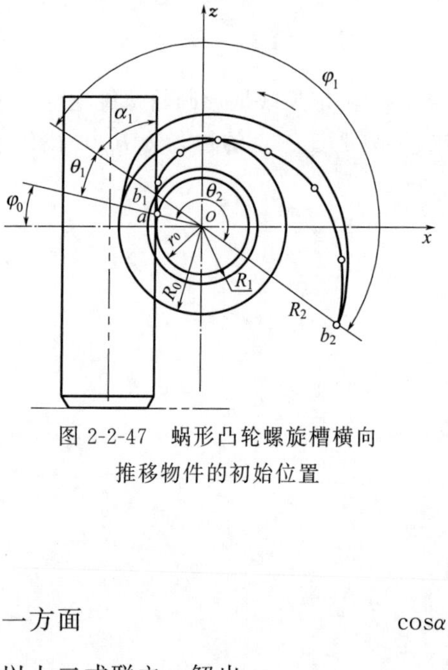

可见，当其他条件一定时，R 愈大，α、$R\cos\alpha$ 亦愈大。由于螺旋角 $\beta=\frac{\pi}{2}-\alpha$，显然，$\beta$ 是随 θ 的增大而减小的。

接着，参阅图 2-2-47 便可研究蜗形凸轮螺旋槽横向推移圆柱形物件的整个过程，并找出相关的影响因素。

图 2-2-47 蜗形凸轮螺旋槽横向推移物件的初始位置

容易理解，位于以 r_0 为半径的基圆上的 a 点，虽然是蜗形凸轮螺旋线的起始点，但是它沿逆时针回转时，却接触不到物件的圆柱表面。而真正的启动点应该是 b_1，因此特称 $\angle aOb_1=\theta_1$ 为初始作用角。令 $b_1O=R_1$，确认

$$\cos\alpha_1=\frac{\lambda}{\sqrt{R_1^2+\lambda^2}}$$

另一方面
$$\cos\alpha_1=\frac{\sqrt{R_1^2-r_0^2}}{R_1}$$
将以上二式联立，解出
$$R_1=\sqrt{\frac{1}{2}\left[1+\sqrt{1+\left(\frac{2\lambda}{r_0}\right)^2}\right]} \tag{2-2-133}$$
$$\theta_1=\frac{R_1-r_0}{\lambda} \tag{2-2-134}$$

由此可以确定 a 点的位置，相应的，初始位置角

$$\varphi_0=\frac{\pi}{2}-(\alpha_1+\theta_1) \tag{2-2-135}$$

另外，还可以确定动程转位角

$$\varphi_1=\theta_2-\theta_1 \tag{2-2-136}$$

这表示凸轮螺旋槽横向推移物件所转过的角度。在此主工作区间，物件不仅保持等速运行，同时其受力的压力角也趋于零。

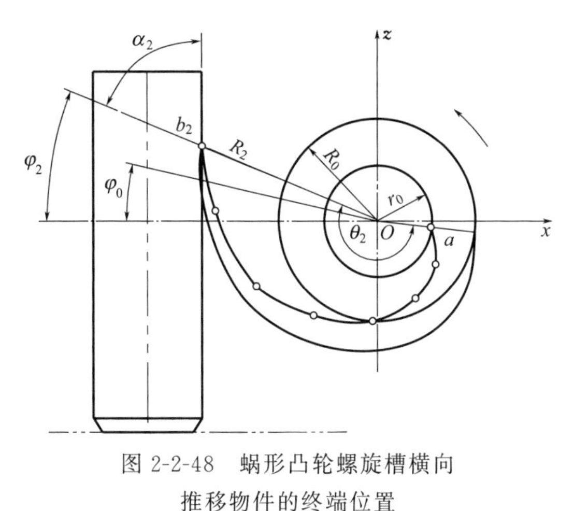

图 2-2-48　蜗形凸轮螺旋槽横向推移物件的终端位置

如图 2-2-48 所示，及至凸轮螺旋槽的终端 b_2 同圆柱形物件进入点接触之时，便转变为另一运动状态。在这种情况下，终端过渡角

$$\varphi_2=\frac{\pi}{2}-\alpha_2 \tag{2-2-137}$$

$$\alpha_2=\arccos\frac{\lambda}{\sqrt{R_2^2+\lambda^2}} \tag{2-2-138}$$

结果得知，凸轮的空程转位角

$$\varphi_3=2\pi-(\varphi_1+\varphi_2) \tag{2-2-139}$$

这样看来，在每一循环周期内，凸轮同物件初始接触和终止接触之际，都会发生程度不同的速度突变和冲击振动，从而限制了这种分流分件供送难以大幅度提速。

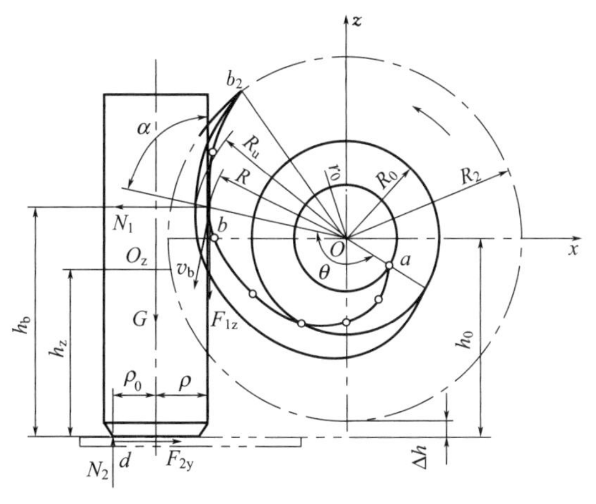

图 2-2-49　蜗形凸轮横向推移物件受力分析简图

4）分流稳态控制

参阅图 2-2-49，为使圆柱形物件能被输送带稳定地向前拖动，必须保证 $v_1=S_dn/60$，$\rho_0>f_dh_z$。在此条件下，螺杆凸轮相对同步运行的输送带主要起着横向等速推移物件的作用。因此，输送带对物件的滑动摩擦力在方向上与螺杆轴心线基本处于交错垂直状态。

要防止物件在运动中向外倾倒，以被供送物件为示力体，根据各作用力及其作用点应保证

$$N_2\rho_0+F_{1z}\rho>N_1(h_b-h_z)+F_{2y}h_z$$

$$F_{1z}=f_tN_1$$

$$N_2=G+F_{1z}=G+f_tN_1$$

$$F_{2y}=f_dN_2=f_d(G+f_tN_1)$$

式中，G、h_z 为物件的重量及重心高度；N_1、F_{1z}、f_t 为凸轮作用于物件的正压力、摩擦力及滑动摩擦因数；N_2、F_{2y}、f_d 为输送带作用于物件的正压力、摩擦力及滑动摩擦因数。

经置换解出

$$N_1 < \frac{(\rho_0 - f_d h_z)G}{h_b - h_z(1 - f_d f_t) - f_t(\rho_0 + \rho)}$$

又由

$$N_1 = F_{2y} = f_d(G + f_t N_1)$$

解出

$$N_1 = \frac{f_d G}{1 - f_d f_t}$$

将以上二式联立求得

$$h_b < \frac{\rho_0}{f_d} + f_t \rho = [h_b] \tag{2-2-140}$$

考虑到水平螺杆的配置高度

$$h_0 = R_2 + \Delta h \tag{2-2-141}$$

及凸轮螺旋槽终端对物件的作用高度

$$h_b = h_0 + R_2 \cos\alpha_2 = R_2(1 + \cos\alpha_2) + \Delta h \tag{2-2-142}$$

联立式(2-2-140) 和式(2-2-142) 写成

$$R_2(1 + \cos\alpha_2) + \Delta h < [h_b]$$

令

$$\Delta h' = [h_b] - R_2(1 + \cos\alpha_2) \tag{2-2-143}$$

选定 Δh （一般取 15mm），只要 $\Delta h < \Delta h'$，便可确认

$$h_b < [h_b]$$

而且通常也能综合满足式(2-2-19) 和式(2-2-140) 的要求

$$\rho_0 > f_d h_z, \quad \rho_0 > f_d(h_b - f_t \rho)$$

这样，才足以说明设计方案可行，否则应调整某些参数，关键在于控制好 f_d、f_t、ρ_0、ρ。深言之，为适当提高凸轮螺旋槽终端对物件的作用高度，又能防止物件向前倾倒，f_t、ρ_0、ρ 宜偏大些，f_d 宜偏小些。所以，在设计之初，对被供送物件的形状、尺寸、重心都要充分考虑并合理选择。

5）机构求解实例

参阅图 2-2-49，采用尼龙凸轮螺杆在不锈钢板链上横向分流、分件供送空玻璃瓶。已知数据：$\rho = 3.50$，$\rho_0 = 3.00$，$h_z = 8.50$，$r_0 = 2.20$，$R_0 = 5.00$（以上单位均为 cm），$f_d = 0.22$，$f_t = 0.28$。试验证工作的可靠性。

按已经导出的相关公式，首先算出

$$f_d h_z = 0.22 \times 8.50 = 1.87\text{cm}$$

验证 $\rho_0 > f_d h_z$

其次算出

$$[h_b] = \frac{\rho_0}{f_d} + f_t \rho = \frac{3.00}{0.22} + 0.28 \times 3.50 = 14.62\text{cm}$$

选取 $e = 0.80$cm，由

$$R_2 = r_0 + 2\rho + e = 2.20 + 2 \times 3.50 + 0.80 = 10.00\text{cm}$$

$$\lambda = \frac{2\rho}{\pi} = \frac{2 \times 3.50}{3.14} = 2.23\text{cm}$$

$$\cos\alpha_2 = \frac{\lambda}{\sqrt{R_2^2 + \lambda^2}} = \frac{2.23}{\sqrt{10.00^2 + 2.23^2}} = 0.22$$

求得 $$\Delta h'=[h_b]-R_2(1+\cos\alpha_2)$$
$$=14.62-10.00\times(1+0.22)=2.42\text{cm}$$

据此选取 $\Delta h=1.50\text{cm}$，求得

$$h_0=R_2+\Delta h=10.00+1.50=11.50\text{cm}$$
$$h_b=h_0+R_2\cos\alpha_2=11.50+10.00\times0.22=13.70\text{cm}$$

验证 $$\rho_0>f_d(h_b-f_t\rho)=0.22\times(13.70-0.28\times3.50)=2.80\text{cm}$$

这表明，在分流分件供送过程中，瓶子在输送带上无论沿横向推移还是沿纵向拖动，都能保持稳定状态。

2. 合流分件供送螺杆

当前，在包装工业领域最常用的合流分件供送变螺距螺杆装置大体上如图 2-2-18(c) 和图 2-2-50、图 2-2-51 所示。前者已做过说明，至于后两种类型，仅需着重阐述一些特点。

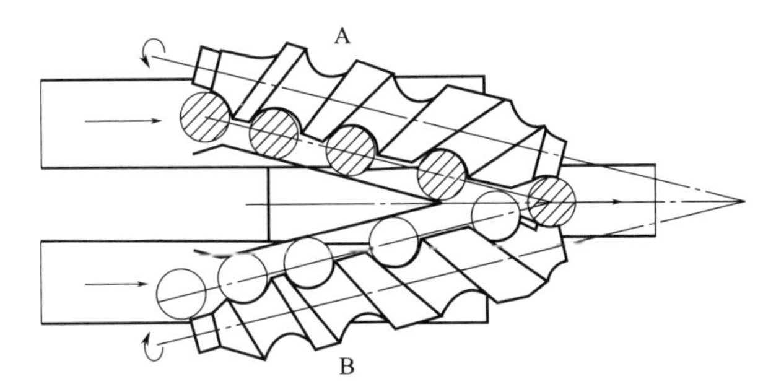

图 2-2-50 中型圆柱形物件合流分件供送螺杆装置简图

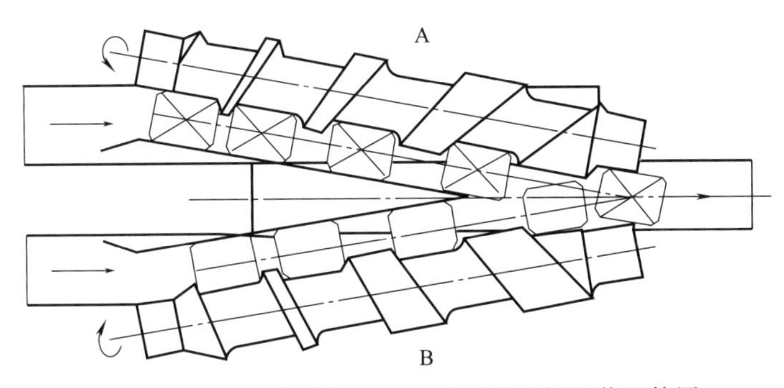

图 2-2-51 长方体形物件合流分件供送螺杆装置简图

① 这两套装置分别用于合流分件供送稳定性较好的中型圆柱形、长方体形物件或容器。

② 两只配对的变螺距螺杆，其结构尺寸完全相同，唯独螺旋槽的旋向相反，可按前述理论和方法统一设计，但对输出端（包括支承构件）要给予特别关注。

③ 二螺杆的水平轴心线在出口一侧汇交于一点，而进口部位的螺旋槽以 180°相位差（相当于螺旋线半圈）相向等速回转，形成对称的下压式布局。台面上内置可调位的三角形导向板，下设三条并行排列的输送带，带速略大于螺杆的最高轴向供送分速度。

④ 设计时，为确保被供送的物件在交叉汇合之际不发生物件与物件、物件与螺杆的相互干涉，有必要做相应的校核。在此提供一种简便的作图法供参考。参照前图 2-2-20，

按合流分件供送的设计要求及配置准则，借助计算机绘制左右旋相位依次相差 90°的四种并联组合螺杆简图，再在靠近出口一段的相应螺旋槽位置添加物件的俯视轮廓，便可大致了解是否存在干涉的迹象。如果发现了问题也不难调整和改善。

（六）星形拨轮齿槽形成理论基础

1. 星形拨轮结构形式

星形拨轮与弧形导板、分件供送螺杆相配合，大都参与主机的输入过程。而星形拨轮与弧形导板相配合，则能参与输入过程或输出过程。其功能是使物件（或容器）以确定的间距进行定向和定时的传送，应用相当广泛。

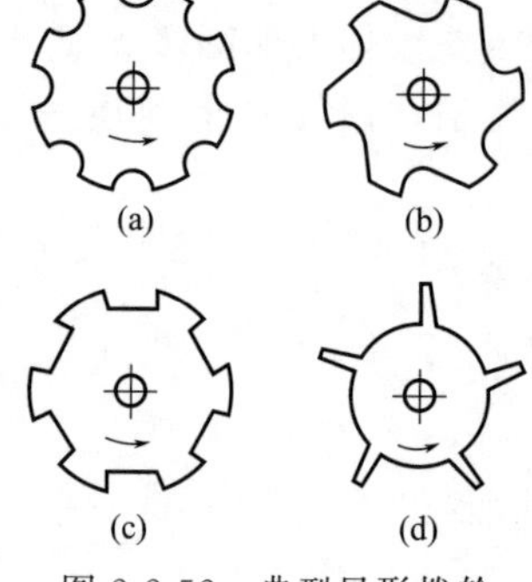

图 2-2-52　典型星形拨轮

星形拨轮的结构比较简单，但齿槽的形状却是多种多样的。如图 2-2-52 所示，图(a) 和图(b) 适合供送单个圆柱形、圆锥台形物件，图(c) 适合供送单个长方体形、四棱台形物件，图(d) 适合供送多个各种体形物件。至于齿槽的形状大体上与物件主体部分的轮廓相吻合。通常，拨轮多用不锈钢板或酚醛树脂板制造，以适当间距成双平放在传动主轴的上端加以紧固，其高度可根据实际需要灵活调整。

设计星形拨轮所需确定的主要参数，包括：给定拨轮齿槽节距 C_b、按总体布局初选节圆半径 R_b，由此计算齿槽个数 Z_b（圆整为正整数）。

$$Z_b=\frac{2\pi R_b}{C_b} \tag{2-2-144}$$

给定螺杆转速 n(r/min)，依次算出拨轮的主轴转速 n_b，角速度 ω_b、节圆线速度 v_b。

$$n_b=\frac{n}{Z_b} \tag{2-2-145}$$

$$\omega_b=\frac{\pi n_b}{30} \tag{2-2-146}$$

$$v_b=\frac{C_b n}{60}=R_b\omega_b \tag{2-2-147}$$

例如，对旋转型灌装机，C_b 即为灌装头的节距，n 在数值上即为该机的生产能力。

2. 齿槽形成理论基础

基于上述，为合理设计星形拨轮齿槽的结构形式，必须深入探明它同被供送物件的相对运动关系。为此提出如图 2-2-53 所示的分析计算简图。

令拨轮沿逆时针方向等速回转，与变螺距分件供送螺杆衔接，用来供送长圆柱形物件（宽度为 b_2）。现规定其初始计算位置，当某一齿槽中心 c 恰好经过纵坐标轴 y 之际，而物流中有一个物件的中心 a_0 位于 c 点切线上，并取 $a_0c=S_m$。这表明，物件一旦移过螺杆的最大螺距 S_m，齿槽就相应转过其等分角 $\varphi_0=\dfrac{360°}{Z_b}$，或者说，齿槽中心就相应移过节距 C_b。

根据动点的运动合成原理简要说明一下：牵连运动是指动点所在载体动坐标系的运动（可将拨轮上矢径 $\boldsymbol{Ob}$ 视为动坐标系的一个轴线），以物件初始位置的矢径 $\boldsymbol{r}_0$ 和拨轮经过时间 t 的转位角 $\varphi=\omega_b t$ 来描述；相对运动是指动点相对载体动坐标系该轴线的运动，以

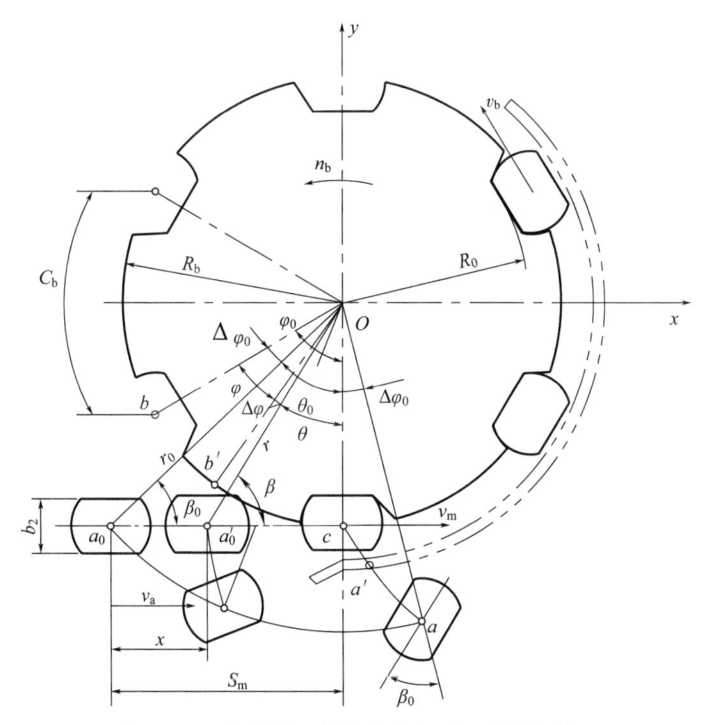

图 2-2-53　物件导入拨轮齿槽相对运动分析简图

运动物件瞬时所在位置的矢径 $\boldsymbol{r}$ 和极角 $\Delta\varphi$ 来描述；合成运动或称绝对运动是指动点对静止坐标系的运动，以变螺距螺杆分件供送同一物件的直线位移 x 来描述。在图中，对所绘的三条线段来说，a_0-a 为牵连运动轨迹，a-c 为相对运动轨迹，a_0-c 为绝对运动轨迹。依此类推，参照图 2-2-54，同理可以确定该物件沿直线移于 a_0' 点所对应的相对运动轨迹点 a'。将 a-a'-$b(c)$ 连线，便形成物件导入拨轮齿槽的相对运动轨迹线。可见，物件直线位移的分点愈多，所得结果亦愈准确。针对这种情况，如果对星形拨轮齿槽的设计制造精度要求不高，完全可以用简便的图解-解析法进行设计。

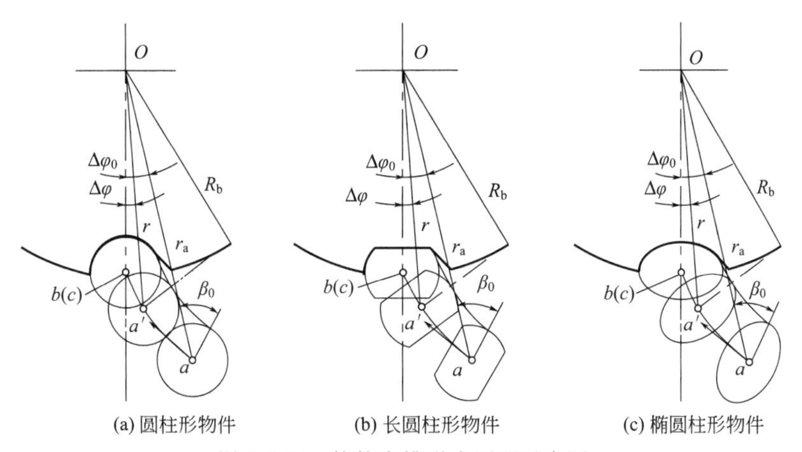

(a) 圆柱形物件　(b) 长圆柱形物件　(c) 椭圆柱形物件

图 2-2-54　拨轮齿槽形成原理示意图

按图示几何关系及相关符号，建立被供送物件与拨轮齿槽的相对运动参数方程。

已知螺杆的供送加速度为 $\overline{a}$ [见式(2-2-35)、式(2-2-48)]，物件运动的计时范围为 $0\leqslant t\leqslant\frac{60}{n}$，$t=\frac{\varphi}{\omega_b}$，由其初始速度

$$v_a=v_b-\frac{60\overline{a}}{n}$$

及位移

$$x=v_a t+\frac{1}{2}\overline{a}t^2$$

求得

$$S_m=\left(\frac{c_b n}{60}-\frac{60\overline{a}}{n}\right)\frac{60}{n}+\frac{\overline{a}}{2}\left(\frac{60}{n}\right)^2$$

$$=C_b-\frac{1800\overline{a}}{n^2} \quad (2\text{-}2\text{-}148)$$

$$r=\sqrt{R_b^2+(S_m-x)^2} \quad (2\text{-}2\text{-}149)$$

$$\theta=\arctan\frac{S_m-x}{R_b} \quad (2\text{-}2\text{-}150)$$

$$\Delta\varphi=\varphi_0-\varphi-\theta \quad (2\text{-}2\text{-}151)$$

$$\beta=90^\circ-\theta \quad (2\text{-}2\text{-}152)$$

当 $t=0$，$x=0$ 时，$r=r_0=\sqrt{R_b^2+S_m^2}$，$\theta=\theta_0=\arctan\frac{S_m}{R_b}$，$\varphi=0$，$\Delta\varphi=\Delta\varphi_0=\varphi_0-\theta_0$，$\beta=\beta_0=90^\circ-\theta_0$。

当 $t=\frac{60}{n}$，$x=S_m$ 时，$r=R_b$，$\theta=0$，$\varphi=\varphi_0$，$\Delta\varphi=0$，$\beta=90^\circ$。

至此进一步指出：

① 在画出物件相对运动轨迹点及其连接线之后，继而按确定的方位角 $\beta=90^\circ-\theta$，依次画出各迹点相对应的物件俯视轮廓线及其右侧的包络线。这样，便能判断物件导入齿槽是否会发生干涉，同时考虑修齿（切角）的具体措施。关于这一点，在图 2-2-54 中针对不同形状的物件都有清晰的表示。

② 从物件导入拨轮齿槽的走向来观察，都是逆着拨轮转向，而且沿着一定斜度跑合的。毫无疑问，这有利于被拨动物件沿导轨顺畅地进入包装工位。

③ 拨轮的齿槽一般以半径 $R_0=R_b-\frac{b_2}{2}$ 来反映其深度的，确定好槽深可使物件通过螺杆、拨轮和弧形导轨的衔接区得以协调动作。

④ 供送圆锥台形和棱锥台形之类物件所用的双层拨轮，其上下齿槽的形状大小会有所差异，还要为高低调位留有足够的余地。

（七）通用分件供送螺杆研究方向

1. 引言

当今，为适应包装容器日新月异的发展变化，对分件供送螺杆提出了通用化的要求。在学术上，这既有开创性、新颖性、实用性，也给包装界开拓一个值得很好探索的前沿课题。实际上，这正是前面研究成果的扩展和应用。在此，仅扼要阐述该包装机械基础件的研究方向和求解思路，而不重复相关设计计算公式的推导过程。

出于论证方便之目的，特做如下规定：按使用要求专门为某一种形状尺寸的物件（含

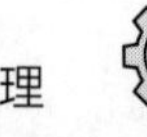

容器）而设计的螺杆，称为该物件的基准螺杆，相应的物件称为原配件；至于扩大应用于基准螺杆的其他物件，则一律称为通用件。

2. 解决螺杆通用性的关键因素

在满足设计条件的前提下，研究分件供送螺杆通用性的关键问题，仅仅在于全面协调多种类型被供送物件主体部分与同一根螺杆螺旋槽有关空间共存及互动配合的内在联系和制约关系。为此，求解时应着重考虑：

① 要合理选择螺杆的基本尺寸和螺旋线形式，尤其是要深入了解螺杆的内外直径、螺距变化、不同旋向、配置高度等主要因素对螺旋槽轴向剖面几何形状及稳定分件供送的影响，使螺杆的通用性及稳定性都得到切实保证。

② 要合理选择物件的外廓形状及主体部分尺寸（参阅图 2-2-10），尤其是要从系统角度全面考察多种类型物件各自所对应的螺杆螺旋槽轴向剖面几何形状，进而找出其间的共同点和差异点，通过归纳分析、对比分类，将被供送物件形状尺寸的无限变化转换成有限的结构形式，从而确定每一种螺杆的适用范围。这样，必定有助于简化分件供送螺杆的设计和制造，对广大用户同样会带来诸多益处。

3. 判断螺杆通用性的基本准则

① 被供送物件和螺旋槽在形状尺寸上相容　这意味着通用件、原配件同基准螺杆具有大体一致的高副接触状态（点或线段）。而且还具有足够的外延深度，防止在供送过程中发生错位、歪斜、晃动、卡塞。

② 被供送物件和螺旋槽在临界相贯线上相近　这意味着通用件、原配件同基准螺杆拥有至少一个接触工作点；或在螺旋槽后沿上方的某一点，或在螺旋槽前沿下方的某一点。可见，确定螺旋槽的临界相贯线（如图 2-2-30 中的 m_r-n_r），对研究螺杆的通用性有着重要意义。另外，只要满足了临界相贯线相近或重合的条件，即使通用件沿垂直于螺杆轴心线方向的轮廓尺寸有所改变（适度的增大或减小），一般也不会同螺旋槽相互发生干涉。

按照所述两点准则，举二实例略加说明。

由图 2-2-55 可知，原配四棱柱形物件的基准螺杆，同轮廓尺寸大致对应的四棱锥台形物件存在着一定程度的通用性，其接触工作点大体上位于 a 处。再由图 2-2-56 可知，原配四棱锥台形物件的基准螺杆，同轮廓尺寸大致对应的四棱柱形物件同样也存在着一定程度的通用性，然而其接触工作点却在 b 处。诸如此类，不乏实际应用。

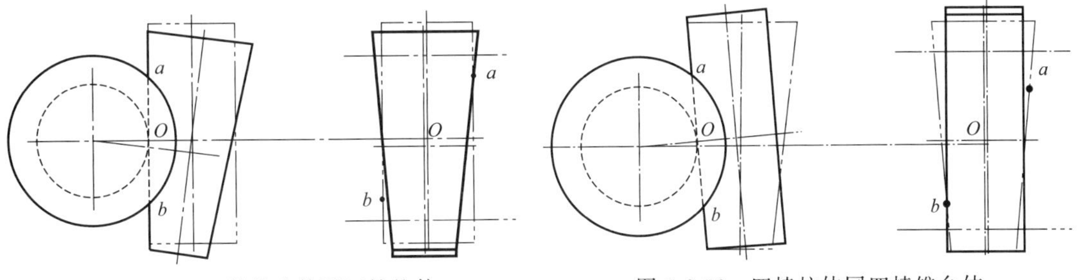

图 2-2-55　四棱锥台体同四棱柱体基准螺杆通用示意图

图 2-2-56　四棱柱体同四棱锥台体基准螺杆通用示意图

4. 实现螺杆通用性的主要途径

现对某些柱类通用件提出两类改型方式。

① 第一类改型通用件　如图 2-2-57、图 2-2-58 所示，在给定条件下，被改型物件尽管有

所变化，但参与螺杆相贯运动的母线同原配件的母线完全重合，必能达到协调的配合与互动。

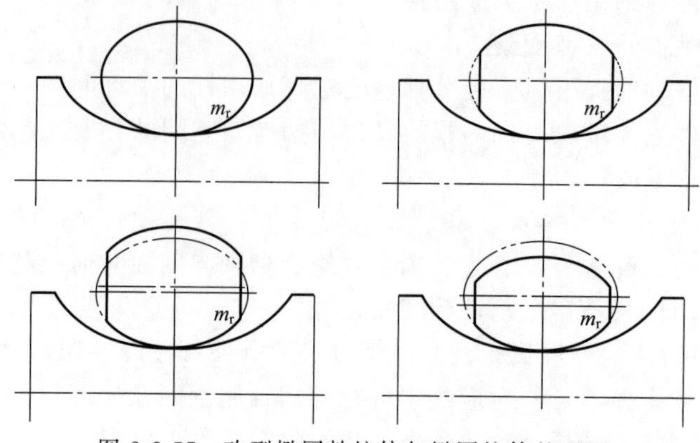

图 2-2-57　改型椭圆鼓柱体与椭圆柱体的通用

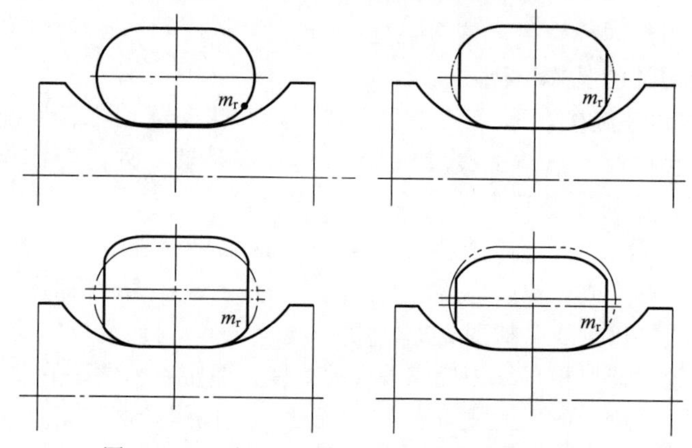

图 2-2-58　改型长圆鼓柱体与长圆柱体的通用

② 第二类改型通用件　如图 2-2-59、图 2-2-60 所示，在给定条件下，被改型物件尽管有所变化，但参与螺杆相贯运动的母线在若干关键部位或点同原配件对应的母线相互重合，依然能够受螺旋槽的制约，保持稳定的配合与互动。

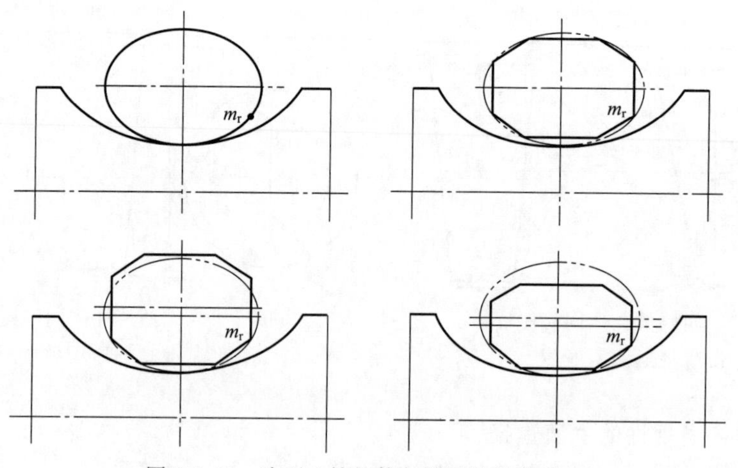

图 2-2-59　改型八棱柱体与椭圆柱体的通用

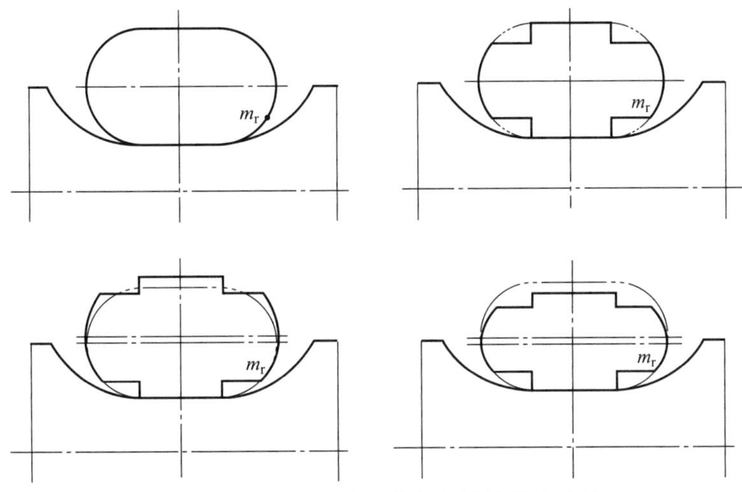

图 2-2-60 改型十字柱体与长圆柱体的通用

从上可明显看出，深入、全面、系统地探索被供送物件（含容器）与螺杆相贯运动所形成的多种多样轴向剖面几何形状实有重要意义。当然，只有切实掌握了这方面的规律，才能从根本上解决螺杆通用性的问题，并有助于更好地推动设计与制造一体化的进程。

（八）分件供送螺杆数控加工方法

1. 螺杆数控加工特点

机械设计的根本目的，在于制造出合格的实用产品。因此，在设计阶段就必须时时不忘设计理论对制造的指导作用以及设计成果的可行性；在制造阶段也必须时时考虑如何将设计的理论及其成果切实应用于加工过程，并经实践检验有所创新和发扬。如此，就会不断相互补充以共同促进提高。所以，不宜孤立片面地研究设计与制造问题。

事实上，包装机械领域的许多事物都在朝着这个大方向不断演进。计算机技术的迅猛发展，正在导致传统的设计方法和加工手段发生深刻的变化。将计算机辅助设计（CAD）和计算机辅助制造（CAM，含 CAPP）集成为一个大系统，使其硬件与软件功能更加强大，足以针对不同的应用对象加以有效组合发挥应有的作用。

在此扼要提一下 CAM 的具体含义，一般是指计算机在产品制造过程中有关应用的总和，不过往往特指计算机数控系统（CNC）有关数控程序编制和数控机床加工这两方面主要内容。

图 2-2-61 概括表示了 CNC 系统的基本组成及控制关系。其中，计算机数控装置是整个系统的核心，侧重于对各坐标轴执行构件的运动进行位置控制，而主轴刀具的转速、转向、启动、停止以及工件的夹装与松开之类的顺序控制则由可编程控制器来完成。

总之，数控加工技术的特点是：自动化程度高，制造精度高，生产效率高，而且对加工对象的适应性很强；当加工对象和加工要求有所改变时，往往只需重新安排数控加工程

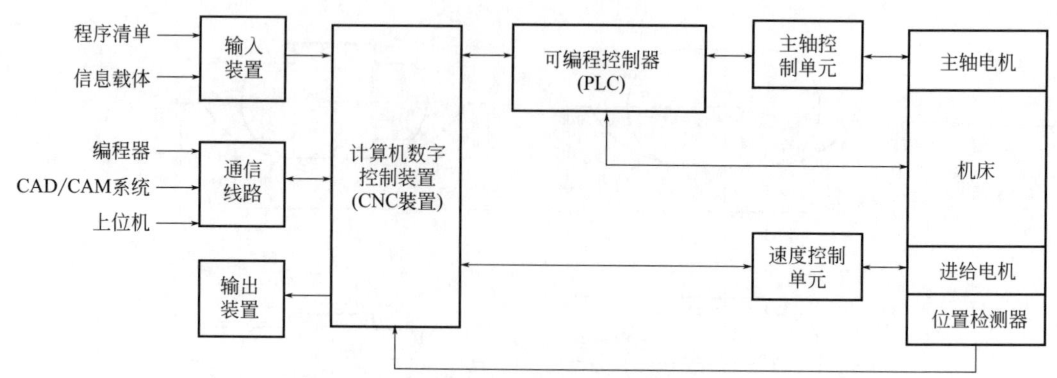

图 2-2-61 计算机数控系统的基本组成及控制关系

序就行，从而为复杂零件的多品种、小批量生产和试制提供极大便利。

相形之下，分件供送螺杆正朝着多样化、通用化、多功能化、系列化和高速化方向发展。由于结构特殊又多变，其制造难度不仅取决于功能类型，还同被供送物件（或容器）的外廓形状大有关系。现实情况表明，普通的分件供送螺杆暂时尚可使用改装的简易数控机床来加工，但从长远看，较高档次或者特种类型的螺杆采用专用数控机床加工乃是时代发展的主流。为此，联系前述的设计理论，对分件供送螺杆的制造以及螺杆专用数控机床的研发作为一个综合探讨课题，提出一些思路供参考。

① 首先要明确“专用”和“通用”的概念都是相对的，且依客观条件的变化可以相互转化。其实，研究开发分件供送螺杆专用数控机床，不外乎是指小范围内的“通用”，足以能够专门加工多种类型及规格又具有特定功能及结构的包装机械基础件。这样，有助于简化总体机构结构、操作控制系统，解决一般通用机床难以应对的特种切削加工问题，再加上模块化，更能增强螺杆专用数控机床的柔性。

② 现代化的数控技术充分体现了 CAD 与 CAM 的一体化。换言之，可使两者之间始终保持有关技术信息及数据的传递互动关系。在此基础上，由计算机辅助设计建立起来的“几何模型”和“数学模型”，应成为制定数控系统加工控制程序的根本依据。鉴于编程受制于分件供送螺件的使用范围而有所缩小，自然会相应提高加工的成功率，成品质量也得以保证。

③ 分件供送螺杆的主体部分，通常采用黑色或白色的含油尼龙坯料加工而成。此类工程塑料具有密度小、刚性好、导热差、光滑耐磨、易切削加工等特点，同金属相比差异悬殊。因此，对选择刀具材料、切削用量、走刀次数、降温处理等也都大不一样，以致加工分件供送螺杆应该另建一套工艺规程，并对有关的操作调控措施提出相应的技术要求。

2. 螺杆数控加工方法

通过对螺杆螺旋槽形成原理的研究确认，其轴向剖面几何形状是由物件主体部分的外轮廓母线按给定接触方位沿螺杆内螺旋线连续相贯运动所生成各个迹点的包络线。对变螺距螺旋槽而言，在其他条件一定时，整个轴向剖面几何形状必随螺距的变化而变化，而且没有任何对称性。从理论上讲，若想达到精密加工的要求，一般多用仿形法铣削工艺（切削刀具按被供送物件主体部分形状大小制作）或范成法铣削工艺（加工工艺按被供送物件与螺杆相对-相贯特定运动规律制定）。然而实践中却遇到不少困难，一是，参阅图 2-2-62，对加工适于供送旋转型物件（圆锥台体除外）的螺杆，所用圆柱形铣刀需对号入座，物件直

径一有改变就得另换切削工具；二是，对加工适于供送非旋转型物件（如多棱柱体）的螺杆，难以选择合适的常用切削工具。

现在的情况大有转变，先进的分件供送螺杆加工工艺方法已经被创造出来，其特点归纳如下：

① 将棒状立铣刀（直径 20mm 左右）以简支梁结构形式同水平螺杆交错垂直配置于刀架上，使之相当于被供送物件轮廓表面上参与同螺杆相贯运动的单根放大的母线。

② 将棒状立铣刀轴心线在点位控制过程所形成的运动轨迹，视为按一定比例缩小（只差刀具半径之距离）的被供送物件主体横截面的轮廓线，但回程线段可修改、尽量缩短。

③ 将棒状立铣刀的点位控制与轮廓控制有机结合，从而根据螺旋槽的形状尺寸、切削用量等要素确定适当的分步走刀次数和工作循环次数，以完成整个螺杆螺旋槽的粗加工和精加工。

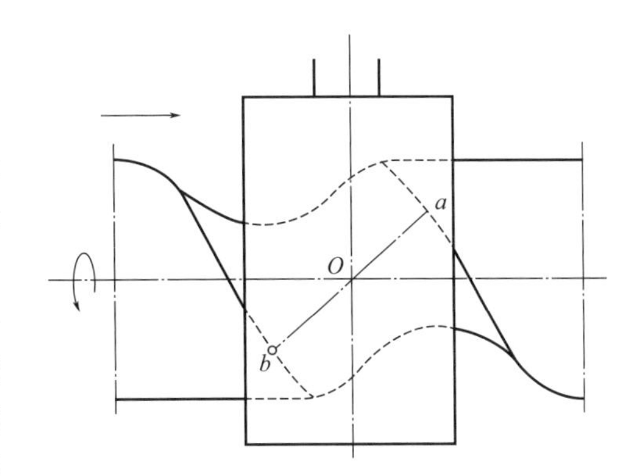

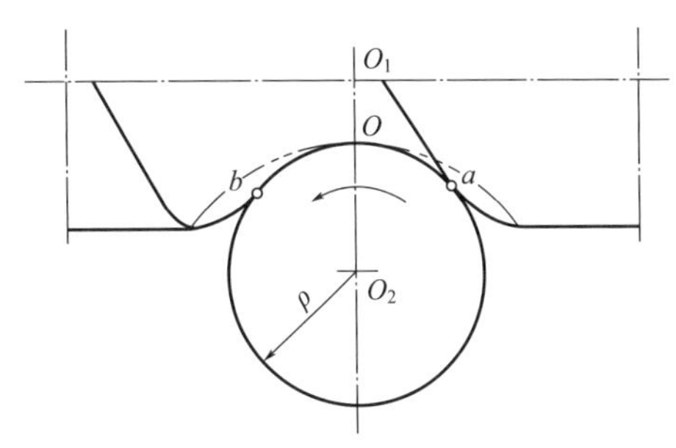

图 2-2-62　仿形法铣削圆柱体供送螺杆原理图

可见，集中这些构思于一点，在原理上不妨称为广义的范成法铣削加工。其突出的优点在于，能用少量的棒状铣刀来满足切削加工多种多样分件供送螺杆螺旋槽的实际需要；由于扩大了所加工螺杆对被供送物件（含容器）的适应性，当然也必定会大大提高此专用加工机床的通用性，发展前景广阔。

为便于加深理解，仅举两个典型实例做示意说明。

参阅图 2-2-63，加工的螺杆适于供送非旋转型（如长方体形）物件。采用特制的棒状立铣刀，在步进式点位控制过程，刀具轴心线的位移轨迹为带小圆角的正方形或长方形。每进刀一次，要安排多次步进式连续走刀，经过多次这样的工作循环才能把整个螺杆的螺旋槽切削完成。

参阅图 2-2-64，加工的螺杆适于供送旋转型（如圆柱形）物件。根据物件主体尺寸的改变可灵活调整棒状立铣刀对刀架主轴的回转半径，借此扩大其应用范围。至于切削过程与上述的非旋转型大同小异。

附带指出，在分件供送螺杆设计阶段所建立的数学模型，已导出了反映变螺距螺旋线供送运动变化规律的函数表达式。它能准确地转换为螺杆加工机床的水平工作台作不等速直线位移同装在该台面上被加工螺杆作等速角位移的互依变化关系。据此就构成了分件供送螺杆数控加工铣床最基本的双轴联动系统，可配置伺服电动机进行驱动和控制。

另外，出于点位控制、轮廓控制以及刀具调位等多方面需要，必须对刀架及其安装的刀具建立多轴联动及自动控制系统，使整个机床对加工多种类型的分件供送螺杆具有较强的适应与应变能力。

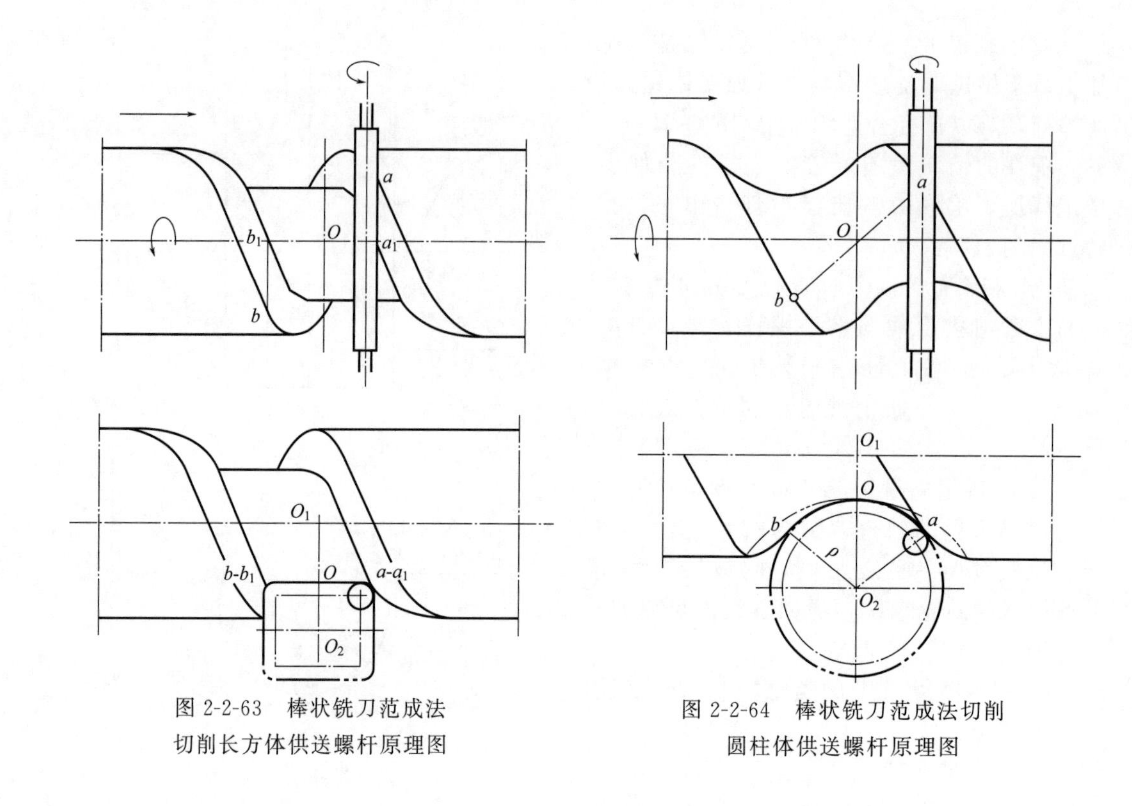

图 2-2-63　棒状铣刀范成法切削长方体供送螺杆原理图

图 2-2-64　棒状铣刀范成法切削圆柱体供送螺杆原理图

第二节　散体及盖塞供送机构

一、主要类型及发展动向

散体供送装置在食品、医药、轻工、电子、仪表等包装领域已经用得非常普遍。

散体或称散粒体，泛指由一种或数种体形较小的众多个体所组成的松散聚集物。它既不同于单个固体，又不同于液体、气体，在适当外界条件作用下，能表现出一定的散落与集合的半流动性质。

根据常用散体的基本形态，大体上包括三种类型：

第一类，体形细长、有足够强度和预先定向的物件，如圆珠笔芯、缝纫机针、绘图铅笔、注射器件、加工零件等。

第二类，外形多样、光滑匀称、强度适宜和可定向的物件，如图钉、盖塞、糖块、胶囊、机电与仪表元件等。实用中，这一类物件所占比重最大，技术要求也高。

第三类，粒度较小、黏度不大、无定向性的物料，如谷物、药丸、砂糖、食盐、味精、茶叶、花生、洗衣粉等。其中有些物料易受环境影响而会程度不同地改变物理化学性质，应采取适当的防护措施。

针对上述散体的不同特性而研发出来的各种散体供送装置，依其主体构件的运动方式分为旋转式、摆动式、振动式和直线往复式；依其主体构件的传动方式分为机械式、电动式、电磁式、压电式和气动式。此外，还可将这些方式加以适当组合以充分发挥功能互补的优势，扩大应用范围。下面先以图 2-2-65 所示的典型实例略做分类说明。

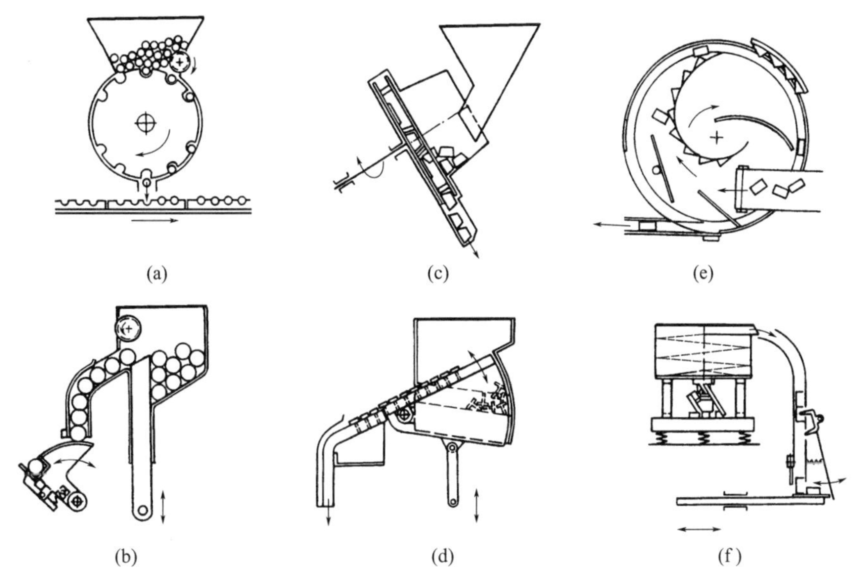

图 2-2-65　典型散体定向供送装置工作原理示意图

① 定向集合-自动排列供送——图 2-2-65(a) 为齿鼓式给料器，靠人工定向杆状物件，分批放入存槽内，再借等速回转的齿鼓逐个整列排出，落到输送带的模板上。

图 2-2-65(b) 为插板式给料器，圆柱体的加料方式与齿鼓式给料器相近。竖直插板的上端表面倾斜，每作一次直线性复运动只向外推出一个物件，流入滑槽再经摆动拨轮向外输出。

② 自由集合-自动定向排列供送——图 2-2-65(c) 为叶轮式给料器，叶轮的外环空间匀布导板形成与盖塞之类外廓形状大小相对应的孔道，使自动定向的物件得以从出口流出。

图 2-2-65(d) 为摆槽式给料器，在扇形摆动板的上方开有多列长槽，其内宽略小于图钉头的直径。当向上摆动时，可将一些图钉提起并形成整齐的定向排列。出口设有电控活门，以实现间歇的定量排料。

③ 自由集合-自动排列定向供送——图 2-2-65(e) 为转盘式给料器，采用输送带加料，散落到转盘上的长方体形物块沿着静止的带齿涡形导板自动地按其长轴进行定向排列。待落入转盘周边的滑槽之内，按其宽度再一次进行定向排列。在此过程中物块受力轻微，不易受损变形。

图 2-2-65(f) 为电磁式振动给料器，用板弹簧支持的料斗，受电磁激振力作用产生高频微幅振动，使散乱堆在斗底上面的物件（如塑料盖）顺着周边螺旋滑道排成一列并向上移动。由于附加一些措施，使之又能自动定向。最后经过装有摆叉的流槽逐个排出机外。

④ 整列集合-强制定向供送——图 2-2-66 为胶囊定向供送装置工作原理示意图，加抖

斗内散乱堆放的胶囊借助直线往复运动机构得以均按竖立状态充满一排垂直的通道之内。接着受下料闸门的控制间歇地落入水平通道的入口端，如图 2-2-66(a) 所示。由于该通道的内沿间距均以胶囊的大头直径为基准制作，因此竖立的胶囊不论大头朝上还是大头朝下，当它接触到水平叉形推板的前沿而向前移动时，完全都转变为小头朝前的平置状态。及至出口端，又受垂直叉形推板的作用，可完成大头一律朝上的定向过程，逐排插入胶囊充填机转位盘上均布的模板内，如图 2-2-66(b) 所示。

图 2-2-67 为带盲孔圆柱形金属件专用定向供送装置，由于物件体形偏大，盲孔细而又深，重心略偏移几何中心，不便采用一般方法解决其定向问题。

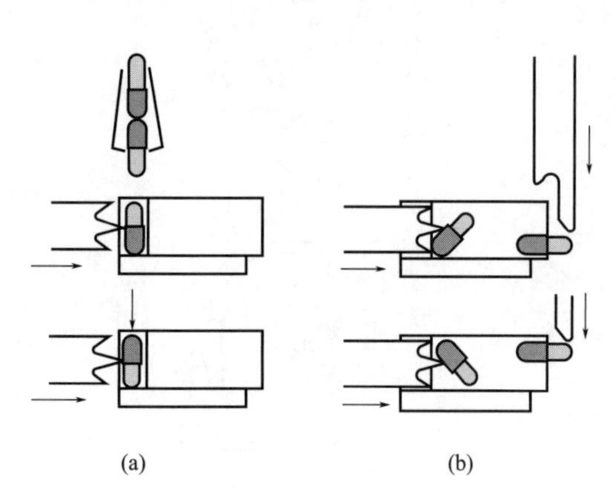

图 2-2-66　胶囊定向供送装置工作原理示意图

图 2-2-67　盲孔圆柱体定向供送装置工作原理示意图

1—气缸；2—推杆；3—滑槽；4—物件；5—挡杆；6—通道

该装置的工作原理在于，物件先经滑槽整列，当最前边一个开口朝外时，气缸驱动推杆直插物件盲孔之内，并将其推过落料口，搭在左边台阶处。当推杆退出时，物件被摆杆一端的凸起挡住，一旦推杆与盲孔完全脱离接触，物件便会盲孔朝下坠入垂直通道完成定向。与此相反，若物件盲孔朝内，推杆只要将物件推到落料口便可借其自身重力倾斜滑下，同样达到盲孔朝下的定向目的。

⑤ 自由集合-无定向自由供送——图 2-2-68 为电机式振动给料器，在包装生产线上，多用于第三类散体的长距离、快速度、大流量供送。其主要特点是，采用多对竖八字型弹

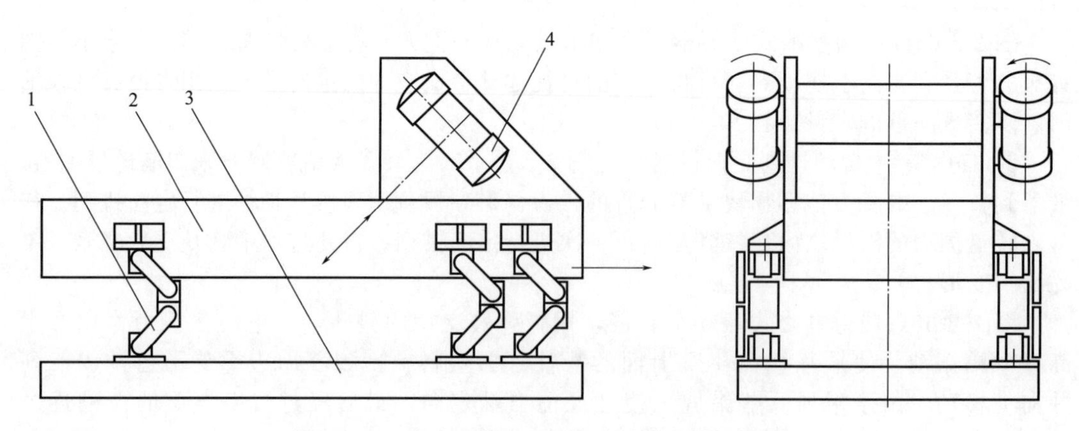

图 2-2-68　大中型槽式电机振动给料器结构简图

1—弹性支撑杆；2—水平料槽；3—底座；4—双振动电机

性支撑杆支撑大尺寸料槽，并配置双振动电机使槽体得以产生低频率、大振幅的斜向振动。双振动电机必须对称安装在槽体两侧的上方，相向等速回转，由内部不平衡重引起的激振合力作用线应通过运动整体的重心，且同上弹性支撑杆呈交错垂直状态。这样，上下弹性支撑杆就能分别对料槽和底座发挥良好的激振和隔振作用。

参阅图 2-2-69，此名为 ROSTA 振动体弹性支撑杆件，属于柔顺机构的范畴。每一组合包含 3 只刚性金属连杆，各杆的两端均用 4 只三棱柱形橡胶成型块包围起来而形成柔性运动副。从图中看出，各运动副有单式和复式之分，选用时主要取决于槽体的长宽尺寸及承载能力。

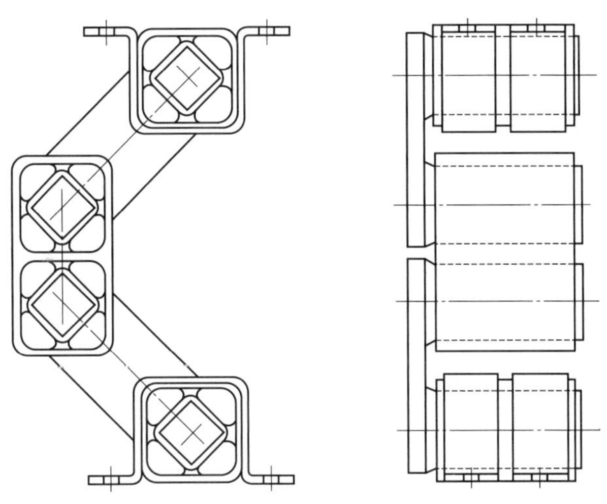

图 2-2-69　振动体弹性支撑杆组合结构图

值得指出，长期以来，槽式和斗式电磁振动给料器被广泛应用于第二类和第三类散体的供送，在包装机械自动化显示出一定的实用价值。国内外频频展出高质量的电磁振动给料器就是明证。此种装置类型多样、结构简单、功能独特、适应性好、调控方便、性能可靠、不需润滑、成本不高、操作维护容易、使用寿命较长，但无防磁能力、电磁发热多。至于噪声问题，不仅与供送物件的数量和重量有关，也同设计、制造、使用的技术水平息息相关。设计中应注意到，三维振动系统与二维振动系统存在很多共性，在一定条件下可以转化。凡能研究开发斗式电磁振动给料器就不难触类旁通，通过适当简化，把槽式电磁振动给料器设计好。其实这正是精心安排本节内容的指导思想。

此外，随着电子、仪表等工业的发展，对大量的轻薄短小精密元件的自动排列定向供送装置提出了更高的要求，包括超小型、无磁化、易调控、高效率、低噪声、少发热等。在这种形势推动下，压电技术开始引进到包装机械和机械制造领域中来，经数十年努力终于研发出一系列压电式振动给料器。限于压电逆效应所能产生的激振振幅远比电磁式的为小，加上压电元件易受高频应变和温度变化的影响而老化，制造成本又高，以致当前市场所能提供的压电式振动给料器，在规格上多偏重于微型和小型的，而电磁式振动给料器多偏重于中型和大型的。

压电技术涉及面很广，压电振动给料只是其中的一环，而且已经取得很大成功。从这一意义讲，它给包装界指出一个新的发展方向。

另据资料报道，国内外开始研制超声波振动给料技术，虽未进入实用阶段，不过此一创举值得关注。

二、电磁式振动给料器

（一）总体结构形式特征

1. 槽式电磁振动给料器

参阅图 2-2-70，这是一种应用广泛、很有代表性的中小型单支槽式电磁振动给料器，主要用于第三类散体的无定向供送。其组成部分包括：水平料槽 1、主振板弹簧 2、底盘 3、隔振弹簧 4、激振电磁铁 5 及衔铁 6。

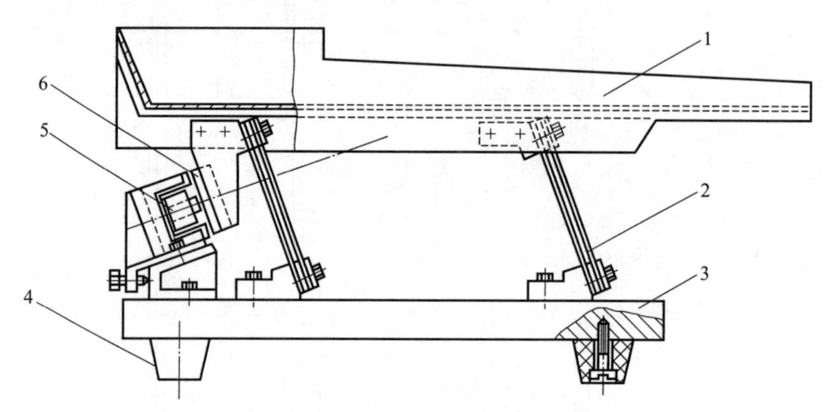

图 2-2-70　单支槽式电磁振动给料器

1—水平料槽；2—主振板弹簧；3—底盘；4—隔振弹簧；5—激振电磁铁；6—衔铁

料槽大都采用较厚的不锈钢板制作，要有较强的刚性，以免工作时伴生抖振。根据不同的供送要求，槽体的工作面可选水平式或倾斜式。

在料槽与底座之间固定连接两组或四组板弹簧。将各片组装时应留有适当间隙，防止相互接触摩擦。板弹簧对底座的斜度一般取为 25°左右，务必保证电磁铁的激振力作用线与板弹簧交错垂直，并通过槽体的合成重心，使料槽不偏振，物料不偏流。

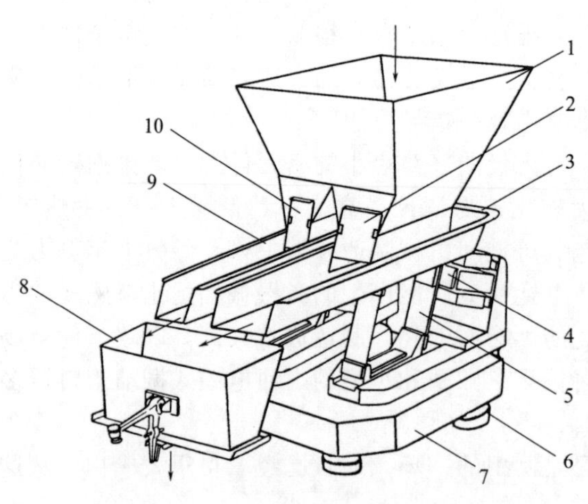

图 2-2-71　双支槽式电磁振动给料器

1—加料斗；2,10—闸门；3,9—料槽；4—电磁激振器；5—主振板弹簧；6—隔振弹簧；7—底座；8—称斗

矩形铸铁底座的下部对称分布 4 个或更多个橡胶弹簧，起隔振作用。

衔铁和激振电磁铁分别安装在料槽、底座之上，其工作间隙能够无级微调，以保证在振动过程中不相撞，又不因调隙过大而严重削弱吸力。

这种电磁激振器有多种供电方式。微型和小型的常用交流励磁（频率为 100Hz），中型的常用半波整流励磁（频率为 50Hz），再借助改变供电电压足以在较宽的范围内调节料槽的振幅（0.5～2mm）。

图 2-2-71 所示，为中小型双支槽式电磁振动给料器，可供一种散体称重或多

种散体混合称重之用。所需料槽一宽一窄，并行排列，轮流工作。为提高计量精度，每一循环周期，宽槽给料器先进行快速粗加料，当秤斗内物重达到设定值的90%左右时，便终止粗加料而开始窄槽给料器的细加料，直至达到规定的称重值。故对此二料槽供送的速度和时间都应做到有节奏而又精确的自动控制。当最大称重为2kg时，每分钟循环20～30次。

槽式振动给料器体形大小差异悬殊，中小型的多用结构简单的橡胶隔振弹簧，如图2-2-72所示。

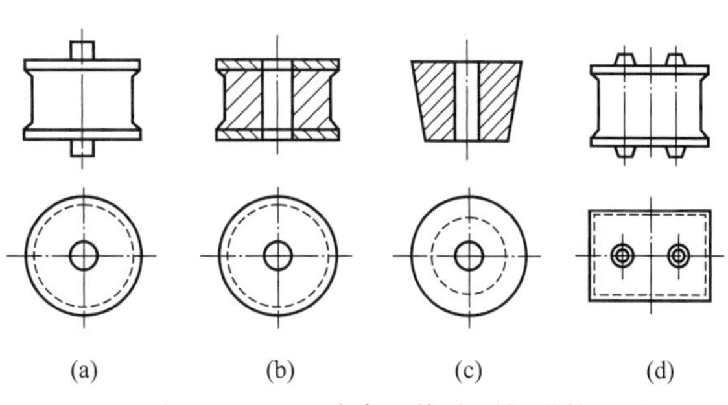

图2-2-72　几种常用橡胶隔振弹簧

另有复合材料弹簧、橡胶空气弹簧问世，体现新的发展方向。

图2-2-73为吊槽式电磁振动给料器。整个装置借助4根带有隔振压缩螺旋弹簧的平行吊杆朝上安装定位。这样，可与其他相关设备（如存仓排料口）协调配合，并节约占地面积。此电磁激振器具有独特的结构形式，衔铁6通过连接叉4与料槽1固定在一起，而铁芯线圈7则通过激振器壳体8、主振板弹簧5与连接叉相结合。加上双振动体分别用弹簧吊杆3悬挂起来，从而构成双自由度的强迫振动系统。实用中，只要增减激振器壳体上的配重就能调节系统的固有频率和振幅比。

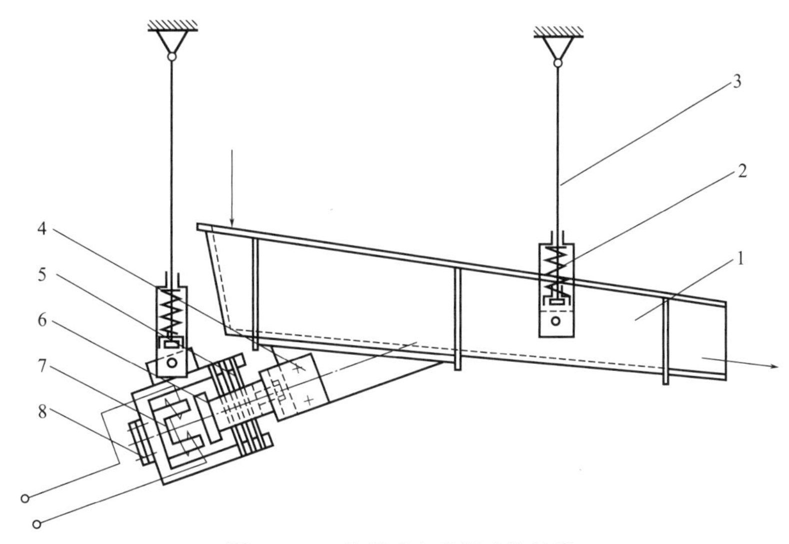

图2-2-73　吊槽式电磁振动给料器

1—料槽；2—隔振弹簧；3—吊杆；4—连接叉；5—主振板弹簧；6—衔铁；7—铁芯线圈；8—激振器壳体

2. 斗式电磁振动给料器

迄今，斗式电磁振动给料器类型繁多，在食品、医药、轻工、日化、电子、仪表和机械制造等领域都有广泛的应用。图2-2-74所示的小型瓶灌装-插塞-旋盖的包装系统就是颇有代表性的实例。

关于整个系统的概貌做扼要阐述。

采用4台斗式电磁振动给料器在不同工位经过定向整列，分成两路分别供送空瓶、瓶塞和瓶盖。

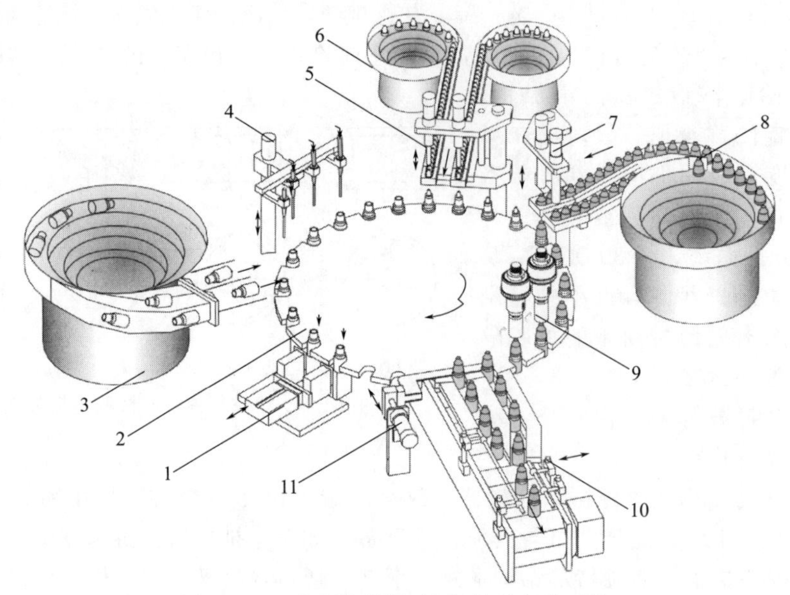

图 2-2-74　小型瓶灌装-插塞-旋盖包装系统

1,11—推瓶机构；2—间歇式瓶子转位盘；3,6,8—斗式电磁振动给料器；4—灌装机构；5,7,9—插塞、套盖、旋盖机构；10—成品合流机构

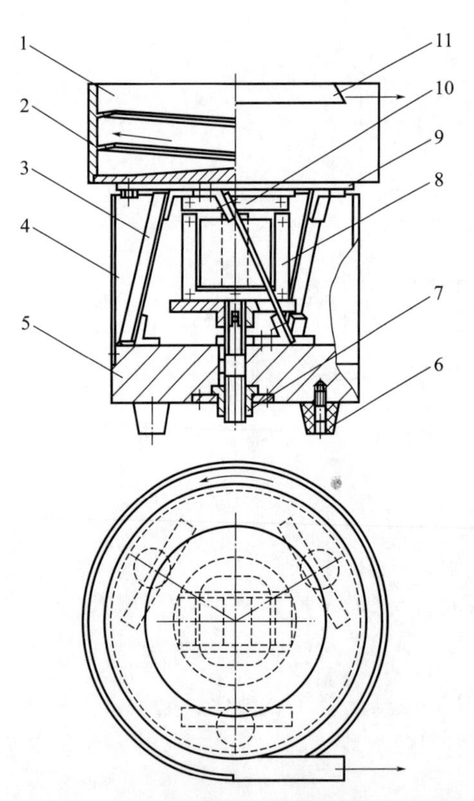

图 2-2-75　通用型斗式电磁振动给料器

1—料斗；2—螺旋滑道；3—主振板弹簧；4—罩壳；5—底盘；6—隔振弹簧；7—磁极气隙调节螺母；8—铁芯线圈；9—托盘；10—衔铁；11—排料口

采用周边均布半长圆形开口的转盘，带动瓶子沿圆弧形工艺路线间歇转位，依次完成灌装、插塞、套盖和旋盖等操作。

采用往复平移式推瓶机构，在转盘的入出口执行对成双瓶子的输入定位和输出移位。另设置成品输送带，借助推杆使双列瓶子合流，成为等距的单列。

从中认识到不同类型和不同规格的斗式电磁振动给料器的适用场合及其实用价值。

为此有必要结合图 2-2-75 深入考察通用型斗式电磁振动给料器的结构特征。

将图 2-2-70、图 2-2-75 相对照，斗式电磁振动给料器犹同将单支槽式电磁振动给料器（假想料槽、底盘可变形）绕中心线围成一圈而成。因此断定，二者之间必有共性又各有特性。

对斗式电磁振动给料器来说，其料斗直径可在较宽的范围（φ200～φ800mm，或更大些）内选取，小型的多用铸铝切削件，大中型的多用不锈钢板（厚 1.2mm 以上）焊接件，也有采用工程塑料注射成型件。

为便于拆装更换，料斗用螺钉与铝合金托盘紧固相连。在托盘和铸铁底盘之间均布 3 根或 3 组金属板弹簧。位于底盘下方的隔振弹簧，

中小型的以采用橡胶弹簧为主，而大型的大都采用压缩螺旋弹簧，并附设轴心定位装置。

斗式电磁振动给料器所用的激振电磁铁，包括衔铁和铁芯线圈，分别安装在托盘和底盘的对心位置。为确保磁极工作面上下平行、气隙均一，可借专用螺母调整铁芯线圈与衔铁的间距。调好之后加以定位，使垂向激振维持稳定。

当料斗直径偏大时，宜将激振装置化整为零。换言之，将衔铁改装在托盘下方板弹簧的上支座处，而将铁芯线圈改装在底盘上方板弹簧的下支座处，使之能产生与板弹簧宽面垂直的斜向激振。

在此强调指出，振动料斗是斗式电磁振动给料器的重要构件，随着应用日益广泛，其结构形式也有所更新。下面着重说明图 2-2-76 中所示四种类型振动料斗的特点。

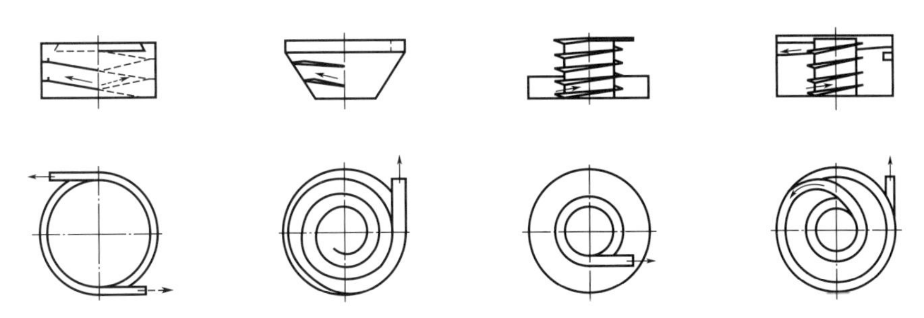

(a) 圆柱形内螺旋滑道 (b) 截圆锥形内螺旋滑道 (c) 圆柱形外螺旋滑道 (d) 圆柱形内外组合螺旋滑道

图 2-2-76 几种典型的振动料斗

① 圆柱形内螺旋滑道料斗［见图 2-2-76(a)］——可配置单头或双头螺旋滑道，便于集中加料和集中回流。对常用的自动排列与定向方法有较好的适应性，应用广泛，容易制造。

② 截圆锥形内螺旋滑道料斗［见图 2-2-76(b)］——底小口大，斗内等螺距螺旋滑道的水平面投影形成一条阿基米德螺旋线，以便适当减小螺距和降低料斗高度。这样，较大的物件可沿滑道逐渐扩大轨迹半径和运动间距，有利于提高自动定向，特别是积极定向的成功率，并减少底部回流量。

③ 圆柱形外螺旋滑道料斗［见图 2-2-76(c)］——配有外螺旋滑道的主振体置于料槽之内，而且高度较大，主要用来对块粒状物料的无定向垂直供送。

④ 圆柱形内外组合螺旋滑道料斗［见图 2-2-76(d)］——工作时，先让加入槽内的物件沿外螺旋滑道盘旋整列上升，然后进入内螺旋滑道的自动定向区。由于增大了物件的流速和间距，不仅会提高供送效果，也充分利用了斗内空间。

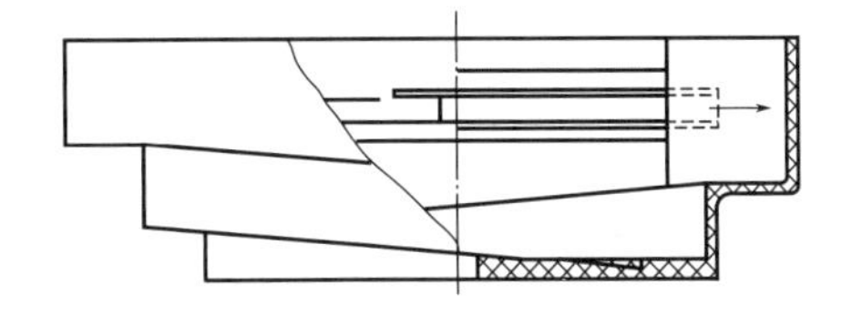

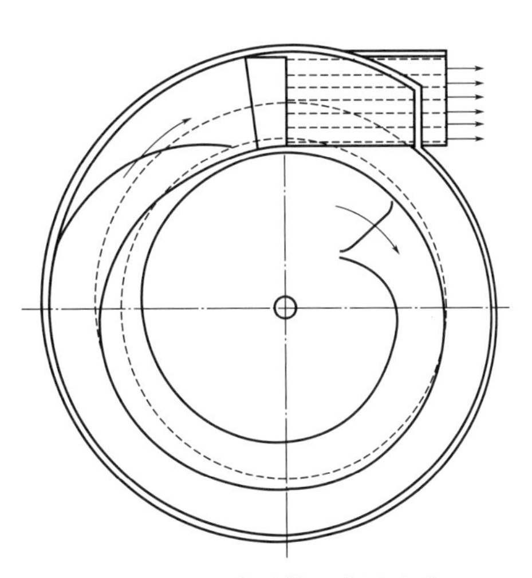

图 2-2-77 多列供送截圆锥形内螺旋滑道料斗

此外，图 2-2-77 所示的多列供送截圆锥形内螺旋滑道料斗，形状复杂，采用工程塑料注射成型件，厚实质轻，工作时能减轻壳体自身的附加抖振。不过开模成本较高，多用于定型设备的批量生产。它同上图 2-2-76(b) 所示类型在机理上颇有共性，但功能不尽相同，本料斗不在于定向而在于多列供送。所以，随着蜗形螺旋滑道矢径的逐渐增加，其宽度也相应适当放大，并在出口部位安置一块分流导板。这种供送方式常见于片剂、胶囊等颗粒物料的泡罩包装机。

（二）供送物件自动定向

处于散乱集聚状态的被包装物件或包装容器，在进入包装工位之前，往往需要借助专用的设备、装置进行自动整列和定向。大型的如理饼干机、理瓶机等，中小型的如前面介绍过的那些装备。在此仅以斗式电磁振动给料器为主进一步探讨物件自动定向的准则及方法。这是个较复杂的技术问题，不仅要求摸索、积累丰富的实践经验，还要求研究、建立一套理论加以有效指导。

1. 物件自动定向准则

面对体形大小、物理性质等千差万别的散体，要善于了解和区分其个体属性，如旋转型体和非旋转型体，规则形体和非规则形体，进而考察和分析其对称轴、对称面的个数，以及外廓基本尺寸的比例关系，以便粗略估计某一物件自动定向的难易程度和应初步采取的定向措施。

一般说来，物件的对称轴和对称面越多，所需定向次数就越少；外廓的基本尺寸比例相差越大，实现自动定向就越容易。

后面还会论证，当料盘和底盘受电磁激振力作用时，能强迫主振板弹簧和隔振弹簧产生复杂的弹性变形，随之使上下两盘绕中心轴线作相向高频微幅扭振。相应的，料斗螺旋滑道上的物件，由于存在接触摩擦和运动惯性，就能紧靠着圆弧形斗壁向前激烈跳动。这样，便为物件的自动整列定向提供一个稳定的基准面，值得很好利用，也是斗式电磁振动给料器的独特之处。

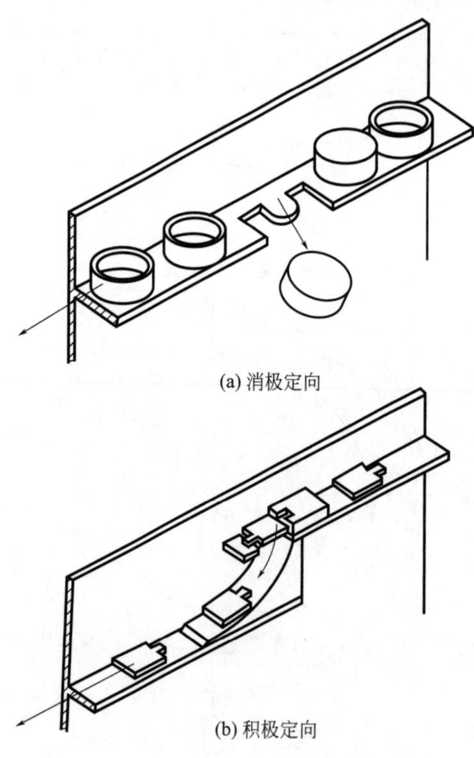

(a) 消极定向

(b) 积极定向

图 2-2-78　消极定向与积极定向的基本特征

在这种条件下，凡形状尺寸比较复杂的物件，在螺旋滑道上相对运动的过程中，自然会呈现多种多样的姿态。根据其接触部位、重心高度、首尾方向、摩擦状况等因素的变化与差别，可以采取适当措施让符合定向要求的物件继续保持其运动的稳定性，同时对于不符合定向要求的物件，尽量破坏其运动的稳定性，或者设法剔除回流，或者改变基准方向。对这两种迥然不同的处置方式，前者特称为“消极定向”，成功率不足 100%，而后者特称为“积极定向”，成功率达到 100%。对此，要因地制宜选用，当然也能联合应用。图 2-2-78 清楚地反映了消极定向与积极定向的基本特征，可资借鉴。

2. 物件自动定向方法

实用中，为了简化料斗结构、减少定向次数、提高工作效率，要善于根据设计要求适当地创新、优选、组合有关消极定向和积极定向的具体方法。例如，图 2-2-79 中所列举的斜面剔除法［见图 2-2-79(b)、图 2-2-79(e)］，缺口剔除法［见图 2-2-79(d)、图 2-2-79(f)］、挡板剔除法［见图 2-2-79(c)、图 2-2-79(g)］、射流剔除法［见图 2-2-79(j)］及联合剔除法［见图 2-2-79(k)］等。另外，对缺口剔除法［见图 2-2-79(m)］提出两种设计方案，第一方案只在螺旋滑道上切开一个缺口，而第二方案却开出两个较大的封闭式仿形通孔。对比之下，显然前者较好。

至于积极定向，大都利用导板换向法［见图 2-2-79(a)、图 2-2-79 (h)］、缺口反转法［见图 2-2-79 (i)、图 2-2-79 (l)］及其联合法来实现。

以上提出的自动整列与定向措施都可安排在振动料斗之内，如果空间不足，有的也可考虑外延到斗外，主要适用于积极定向。

值得发人深思的是，要想根治物件自动定向难的问题，最好从源头做起。也就是说，当初对被包装物件、包装容器以及包装辅助件着手进行结构设计之际，就该全面联想到包装过程所涉及的有关自动排列与定向供送的技术细节，力求做到科学、合理、可行。

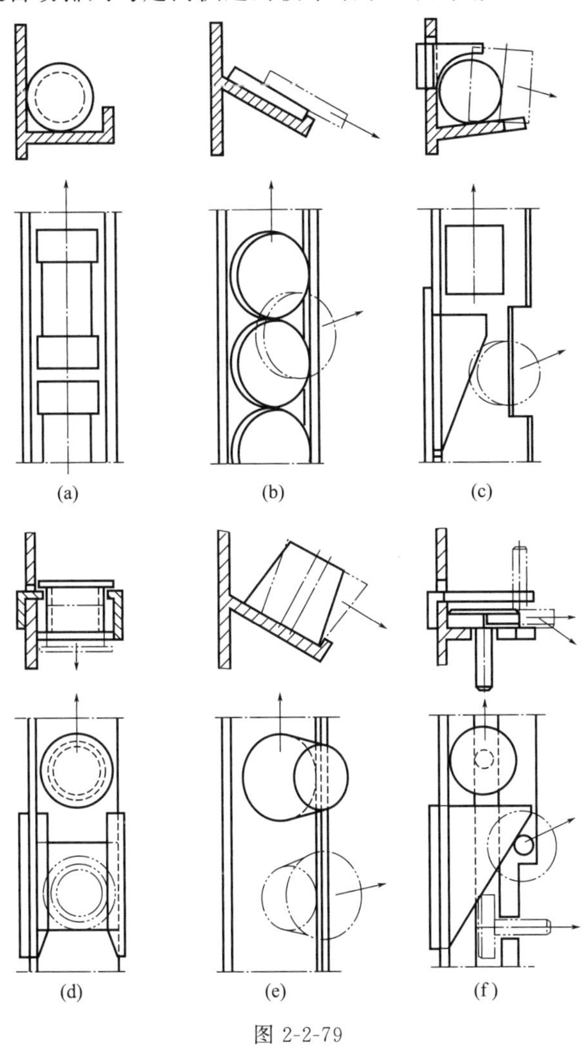

图 2-2-79

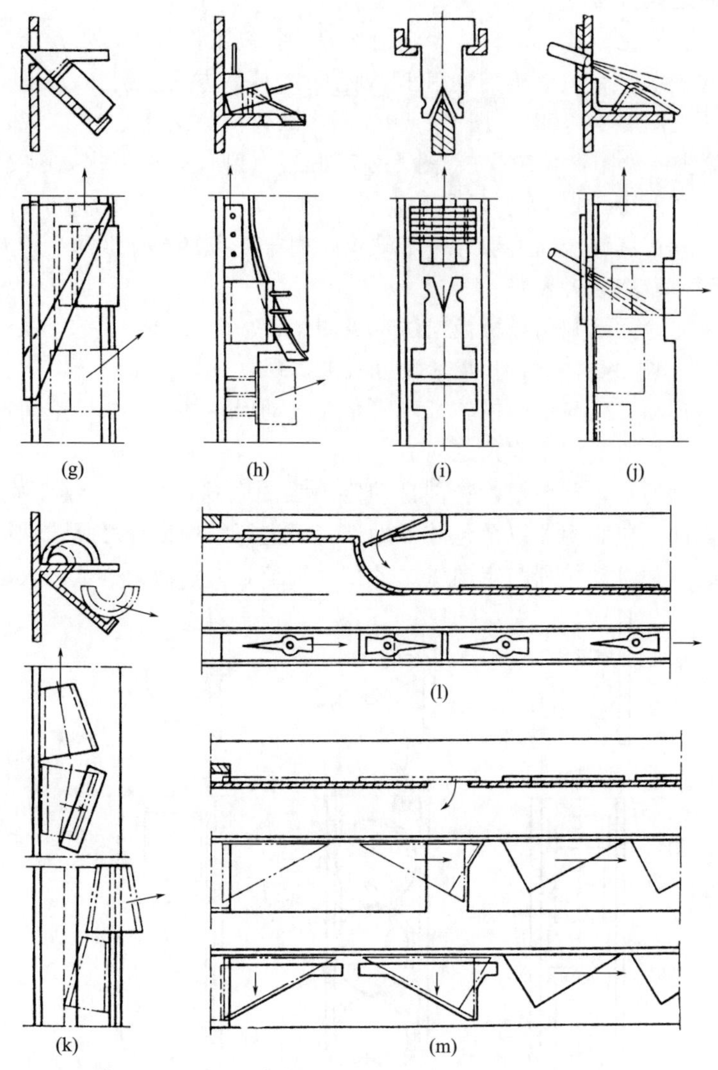

图 2-2-79　振动料斗滑道上物件自动定向方法示意图

（三）料斗电磁振动原理

在深入了解斗式电磁振动给料器的料斗振动原理和物件运动规律的基础上，合理确定主要的结构参数及工作参数，进而找出提高生产能力、稳定供送、隔振消声、降低能耗的有效途径，为更好设计、制造、调试和使用掌握必要的理论与实践之本领。

1. 建立机构数学模型

根据图 2-2-75 简化的斗式电磁振动给料器的实体模型如图 2-2-80 所示。

在料盘和底盘之间均布固连三根倾斜的主振板弹簧。中央对心配置由衔铁和铁芯线圈组成的电磁激振装置。另有三只隔振压缩螺旋弹簧对应分布于底盘的下方。

从现代机构学的观点来看，这是一个典型的空间柔顺机构。其主要特征是，利用机构中柔性构件的受力弹性变形来实现运动、能量、动力的传递与转换。由于没有传统意义的运动副，使得整个装置的构件无隙连接，轻巧简单，既不需要润滑也不存在磨损，有助于

提高机构运动的精确性和可靠性，所以非常适用于高频微幅的电磁振动、压电振动等工作系统。

但是，针对这样的空间振动系统，要想找出内在各种因素之间复杂的互动变化关系，的确深感棘手。根据前述的建模理论，最好采用图解-解析法解决此一广义机构的分析与综合问题。鉴于本课题的实用价值，笔者曾为此做了多年的理论研究和设计实验，已获得公认的创新成果。

因此，按照质心不变定理再深入探讨一下，当图 2-2-80 中的料盘和底盘受骤然增大的交变电磁吸力作用偏离静平衡位置而相向移近时，能强迫主振弹簧和隔振弹簧均产生复杂的弹性变形，随之两盘又绕其中心轴线相向扭转。及至交变电磁吸力骤然减小时，由于主振弹簧和隔振弹簧已经潜有足够的弹性变形能，遂通过能量释放使两盘克服各种阻抗而改变各自运动方向，超越原来的静平衡位置达到某一上下限。如此循环不已，即形成两盘对主振板弹簧中间静止截面所体现的振动中心作相向的高频微幅扭振。关于其空间位移与板弹簧形状尺寸的变化关系，大体上如图 2-2-81 所示，由此建立机构的数学模型。

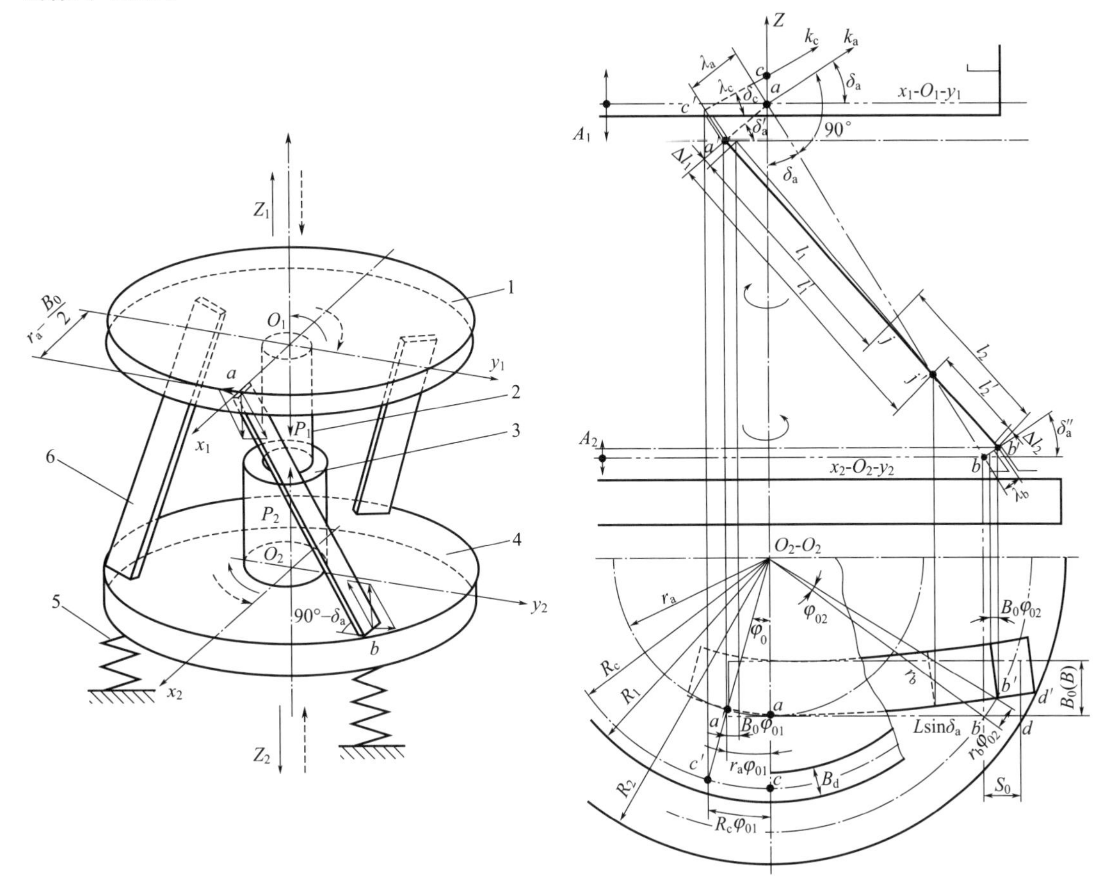

图 2-2-80　斗式电磁振动给料器的实体模型

1—反凹形托盘（料斗未画）；2—衔铁；3—铁芯线圈；4—底盘；5—隔振弹簧；6—主振板弹簧

图 2-2-81　斗式电磁振动给料器的机构数学模型

2. 设定系统工作条件

基于设计要求及机构数学模型，为求解振动系统建立相应的数学表达式，必须设定一系列工作条件并加以简化。

① 料盘（包括斗身、托盘、衔铁、板弹簧上支座等）和底盘（包括铁芯线圈、板弹簧下支座、罩壳等）均为刚体，质量各为 m_1、m_2（单位为 kg），对中心轴线 Z 的转动惯量各为 J_{z1}、J_{z2}($kg \cdot m^2$)。主振板弹簧的质量可粗略地均分给上下弹簧支座。

如果被供送物件在料斗内的存放量较少而且重量较轻，那么可不考虑它对振动系统的影响，或将物重计入料盘。

② 主振板弹簧的有效长度为 L，宽度为 B，其支座宽度 $B_0 \geqslant B$。当振动系统处于静平衡状态时，板弹簧的斜置角为 δ_a。令水平坐标面 x_1 轴与一板弹簧上支座下沿重合，依此设置空间直角坐标系 $x_1y_1zO_1$。由于该支座下沿外侧一点 a 的振动轨迹大体上对原平衡位置呈点对称，因此其振动角 $\delta'_a \approx \delta_a$。

又令直角坐标系 $x_2y_2zO_2$ 的水平坐标面与板弹簧下支座上沿的水平面相重合，同理确认，该支座上沿外侧一点 b 的振动角 $\delta''_a \approx \delta_a$。

③ 主振板弹簧和隔振弹簧各匀布 i 组，每组共有 n 片。在稳定振动过程中，其垂向总动刚度分别为 K_{z1}、K_{z2}(N/mm)。此含义是，使该二弹性系统相对于其静平衡位置（即指板弹簧横截面 j、j'，详见后面分析）沿 z 轴方向产生单位动压缩或动伸长所需的作用力值。考虑到两盘的振幅都很小，下盘比上盘的更小，所以可将弹簧的作用力与位移的变化关系加以线性化处理。

④ 对于有阻尼的实际振动系统，上下两盘从各自平衡位置起算的垂向位移各为 Z_1，Z_2（其符号规定向下为正），相应的，绕 Z 轴的扭转角各为 φ_1、φ_2。参照图 2-2-81，可近似求出振幅 A_1、A_2（单位为 mm）与最大扭转角 φ_{01}、φ_{02}（单位为 rad）的互依变化关系，亦即

$$\varphi_{01}=\frac{A_1}{r_a \tan\delta_a}, \quad \varphi_{02}=\frac{A_2}{r_b \tan\delta_a} \tag{2-2-153}$$

同理

$$\varphi_1=\frac{Z_1}{r_a \tan\delta_a}, \quad \varphi_2=\frac{Z_2}{r_b \tan\delta_a} \tag{2-2-154}$$

式中，r_a、r_b 为板弹簧上下支座外侧点 a、b 对 z 轴的半径。

显然

$$r_b=\sqrt{r_a^2+L^2\sin^2\delta_a} \tag{2-2-155}$$

这说明 Z_1 与 φ_1、Z_2 与 φ_2 是相互制约的，亦即该振动系统只需两个独立坐标，或者说两个自由度便可确定其运动规律。

⑤ 工作中，此振动系统所施的激振力除与各弹簧的弹性恢复力相互作用以外，同时还要用来克服由各弹簧的内摩擦、被供送物件同料斗工作表面的外摩擦以及其他摩擦所形成的阻尼力。由于电磁振动给料器是利用近共振原理工作的，所以建立振动基本方程就不该忽略有关阻尼的影响。为简化分析计算，可用当量黏性阻尼力 F(N) 代替系统所受的实际阻尼力。对主振动系统而言，若取该值同振盘的运动速度成正比，待定的当量阻尼系数为 μ(kg/s)，则

$$F=\mu \frac{dZ}{dt}, \quad Z=Z_1-Z_2 \tag{2-2-156}$$

⑥ 激振电磁铁铁芯线圈的输入电压和感应磁通均以交变频率 ν_j(Hz) 或角频率 ω_j(rad/s) 随时间 t 按正弦函数规律发生周期性变化。依电磁学原理导出的脉动电磁吸力，即瞬时激振力 P_z(N) 的计算式为

$$P_z=P_0\sin\omega_z t \tag{2-2-157}$$

$$\omega_z = c\omega_j$$

式中，P_0 为激振力的力幅；ω_z 为激振角频率；c 为工况系数，对单相交流励磁取为 2，对单相半波整流励磁取为 1。

总之，上述机电振动系统，严格讲是非线性的，但根据实际工作条件加以适当简化，仍可近似地当成线性双自由度有阻尼的强迫振动系统。

3. 推导振动基本方程

参阅图 2-2-81、图 2-2-82(a) 及设定的工作条件，以料盘和底盘为示力体，首先研究系统的无阻尼强迫振动，求出其固有角频率，为简化推导双自由度有阻尼强迫振动基本方程提供充分必要的依据。

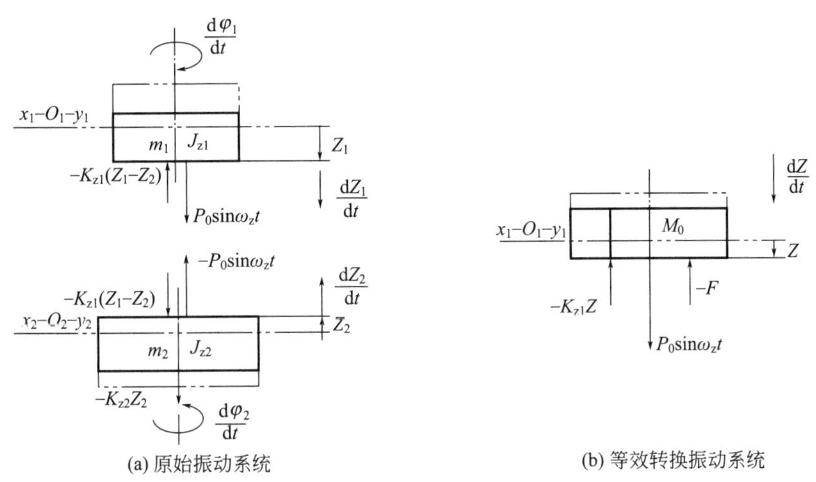

图 2-2-82　振动系统受力分析简图

在任何瞬时，此振动系统皆处于变速运动状态之中。为克服料盘和底盘沿 z 轴相向平移、并绕 z 轴相向扭转的惯性所需的垂向作用力，应各为

$$m_1 \frac{\mathrm{d}^2 Z_1}{\mathrm{d}t^2} + \frac{J_{z1}}{\left(r_a - \frac{B_0}{2}\right)\tan\delta_a} \frac{\mathrm{d}^2 \varphi_1}{\mathrm{d}t^2}$$

$$m_2 \frac{\mathrm{d}^2 Z_2}{\mathrm{d}t^2} + \frac{J_{z2}}{\left(r_a - \frac{B_0}{2}\right)\tan\delta_a} \frac{\mathrm{d}^2 \varphi_2}{\mathrm{d}t^2}$$

根据牛顿第二定律建立双自由度无阻尼强迫振动微分方程

$$\left[m_1 + \frac{J_{z1}}{\left(r_a - \frac{B_0}{2}\right) r_a \tan^2\delta_a}\right] \frac{\mathrm{d}^2 Z_1}{\mathrm{d}t^2} = -K_{z1}(Z_1 - Z_2) + P_0 \sin\omega_z t$$

$$\left[m_2 + \frac{J_{z2}}{\left(r_a - \frac{B_0}{2}\right) r_b \tan^2\delta_a}\right] \frac{\mathrm{d}^2 Z_2}{\mathrm{d}t^2} = K_{z1}(Z_1 - Z_2) - K_{z2} - P_0 \sin\omega_z t$$

取料盘和底盘的等效质量

$$M_1 = m_1 + \frac{J_{z1}}{\left(r_a - \frac{B_0}{2}\right) r_a \tan^2\delta_a} \tag{2-2-158}$$

$$M_2=m_2+\frac{J_{z2}}{\left(r_a-\frac{B_0}{2}\right)r_b\tan^2\delta_a} \tag{2-2-159}$$

因此将前面建立的振动微分方程改写为

$$M_1\frac{d^2Z_1}{dt^2}=-K_{z1}(Z_1-Z_2)+P_0\sin\omega_z t \tag{2-2-160}$$

$$M_2\frac{d^2Z_2}{dt^2}=K_{z1}(Z_1-Z_2)-K_{z2}-P_0\sin\omega_z t \tag{2-2-161}$$

其特解

$$Z_1=A_{01}\sin\omega_z t$$

$$Z_2=-A_{02}\sin\omega_z t$$

经推导求出无阻尼强迫振动系统料盘和底盘的振幅

$$A_{01}=\frac{P_0}{(K_{z2}-M_2\omega_z^2)\left(1-\frac{K_{z1}}{M_1\omega_z^2}\right)+K_{z1}}\frac{M_2\omega_z^2-K_{z2}}{M_1\omega_z^2} \tag{2-2-162}$$

$$A_{02}=\frac{P_0}{(K_{z2}-M_2\omega_z^2)\left(1-\frac{K_{z1}}{M_1\omega_z^2}\right)+K_{z1}} \tag{2-2-163}$$

令式(2-2-160) 和式(2-2-161) 中的 $P_0=0$，且以系统的固有角频率 ω_0 代替原来的 ω_z，求得

$$\omega_0^2=\frac{M_1(K_{z1}+K_{z2})+M_2K_{z1}}{2M_1M_2}\pm\sqrt{\left[\frac{M_1(K_{z1}+K_{z2})+M_2K_{z1}}{2M_1M_2}\right]^2-\frac{K_{z1}K_{z2}}{M_1M_2}} \tag{2-2-164}$$

为提高隔振效果，一般取 $K_{z1}\gg K_{z2}$，相形之下可忽略上式中的 K_{z2} 及相关项。

令料盘与底盘的振幅比

$$\xi_0=\frac{A_{01}}{A_{02}}\approx\frac{M_2}{M_1} \tag{2-2-165}$$

解出 ω_0 的两个根

$$\omega_{01}\approx\sqrt{\frac{(M_1+M_2)K_{z1}}{M_1M_2}}=\sqrt{\frac{(1+\xi_0)K_{z1}}{\xi_0M_1}} \tag{2-2-166}$$

$$\omega_{02}\approx 0$$

第二个根没有实用意义。

基于这种情况，为简化求解和便于应用起见，不妨将原来的振动系统等效地转换为单自由度有阻尼强迫振动系统，即取系统的固有角频率 $\omega_0=\omega_{01}$，并改写成

$$\omega_0=\sqrt{\frac{K_{z1}}{M_0}} \tag{2-2-167}$$

$$M_0=\frac{M_1M_2}{M_1+M_2}=\frac{\xi_0M_1}{1+\xi_0} \tag{2-2-168}$$

M_0 称为主振动系统的转化质量，若 ξ_0 不变，其值随 M_1 的增大而增大。

在此基础上，引用已设的有关工作条件，参阅图 2-2-82(b)，建立等效转换振动系统的振动微分方程

$$M_0\frac{d^2Z}{dt^2}=-\mu\frac{dZ}{dt}-K_{z1}Z+P_0\sin\omega_z t \tag{2-2-169}$$

式中
$$\mu=\frac{2M_0}{T_{13}}\ln\frac{A_1'}{A_3'},\quad T_{13}\approx\frac{1}{\nu_z}$$

当量阻尼系数 μ 为一实测值，应用时需测出骤然停机过程中承载料斗的振动衰减曲线上初始阶段两相邻的振幅值 A_1'、A_3'，以及相对应的振动周期 T_{13} 或激振频率 ν_z。根据有关技术资料，中小型斗式电磁振动给料器一般取$\frac{A'_1}{A'_3}=1.5$左右，仅供参考。

关于上述等效转换振动系统的振动微分方程，其特解应取

$$Z=A\sin(\omega_z t+\beta)$$

式中两个待定常数 A、β 分别代表主振动系统的相对振幅及激振力与位移的相位角。经推导求出

$$A=A_1+A_2=\frac{P_0}{\sqrt{(K_{z1}-M_0\omega_z^2)^2+\mu^2\omega_z^2}} \tag{2-2-170}$$

$$\tan\beta=-\frac{\mu\omega_z}{K_{z1}-M_0\omega_z^2} \tag{2-2-171}$$

预先设定 A_1、ξ_0，并近似取 $\frac{A_1}{A_2}=\frac{A_{01}}{A_{02}}=\xi_0$，可求

$$A\approx\frac{1+\xi_0}{\xi_0}A_1 \tag{2-2-172}$$

$$P_0=A\sqrt{(K_{z1}-M_0\omega_z^2)^2+\mu^2\omega_z^2} \tag{2-2-173}$$

最后写出斗式电磁振动给料器这一双自由度有阻尼强迫振动系统振动基本方程的实用形式

$$Z=\frac{P_0\sin(\omega_z t+\beta)}{\sqrt{(K_{z1}-M_0\omega_z^2)^2+\mu^2\omega_z^2}} \tag{2-2-174}$$

附带指出，对以上推导的数学表达式，只要把有关扭振的因子全部去掉，便转化为适用于槽式电磁振动给料器的相关公式，建议读者求解。

4. 确定系统基本参数

1）料盘底盘振幅比及磁极气隙量

在料斗上，随着螺旋滑道平均半径 R_c 的增大，相应圆周各点的振动轨迹亦愈近似于斜直线。令其振动角为 δ_c，振幅为 λ_c，可粗略确定

$$\lambda_c=\frac{A_1}{\sin\delta_c} \tag{2-2-175}$$

由于
$$A_1=r_a\varphi_{01}\tan\delta_a,\quad R_c=R_1-\frac{B_d}{2}$$

求出
$$\tan\delta_c=\frac{A_1}{R_c\varphi_{01}}=\frac{r_a}{R_c}\tan\delta_a \tag{2-2-176}$$

式中　R_1——料斗内沿半径；

B_d——料斗螺旋滑道的有效宽度。

可见，若 R_c、r_a、δ_a 保持定值，则 λ_c 与 A_1 纯属线性关系。因此，料盘的垂向振幅可以作为控制和估量料斗工作状况的一个基本参数。另一方面，随着 R_c 增大，相应的，δ_c 趋小而 λ_c 趋大。

已述

$$\xi_0=\frac{A_1}{A_2}=\frac{M_2\omega_z^2-K_{z2}}{M_1\omega_z^2}$$

实用中，为满足供送与隔振的要求，应使料盘的振幅适当偏大而底盘的振幅适当偏小，务必保证

$$M_2\omega_z^2-K_{z2}>M_1\omega_z^2>0$$

或改写为

$$(M_2-M_1)\omega_z^2>K_{z2}>0$$

这表明

$$M_2>M_1,\ M_2\omega_z^2\gg K_{z2}$$

通常取上下振盘的振幅比 $\xi_0\approx\dfrac{M_2}{M_1}=3\sim5$，中小型电磁振动给料器宜选较大值。为达到此目的，应设法减小 m_1、J_{z1}，适当增大 m_2、J_{z2}。鉴于圆盘及薄壁圆筒的转动惯量均与其质量和外半径平方的乘积成正比，所以合理安排料斗、托盘以及底盘的结构尺寸（特别是直径）、材料密度，都是十分重要的。当然还要兼顾其他方面，如板弹簧布局、激振电磁铁配置、总体造型设计等问题。

在稳定工作状态下，衔铁与铁芯的磁极气隙大小主要取决于两振盘作相向平移运动的振幅，并留有足够的余量。一般的磁极气隙总量为

$$\Delta\delta=A+\Delta A=\frac{1+\xi_0}{\xi_0}A_1+\Delta A \tag{2-2-177}$$

对中小型斗式电磁振动给料器，可取垂向振幅 $A_1=0.5\sim1$mm（实际振幅 $\lambda_c=1.5\sim3$mm），安全余量 $\Delta A=1\sim1.5$mm。据此只要设计使用合理，不应产生磁极相撞。

2）主振弹簧刚度及调谐值

考察式(2-2-170)，在激振力 P_0 一定时，若取

$$K_{z1}=M_0\omega_z^2=\frac{\xi_0}{1+\xi_0}M_1\omega_z^2 \tag{2-2-178}$$

不管系统有无阻尼存在，料盘的振幅都会出现一个高峰值（或称共振峰），图 2-2-83 示意表示 A-K_{z1} 的变化曲线。

将式(2-2-167) 和式(2-2-178) 联立，得出 $\omega_z=\omega_0$，说明欲使斗式电磁振动给料器产生共振，其激振频率与固有频率必须完全相等。

所以，对机械系统进行调谐的实际意义就是，调整其激振频率 ν_z 与固有频率 ν_0 的比值 Z_t，写成关系式为

$$Z_t=\frac{\nu_z}{\nu_0}=\frac{\omega_z}{\omega_0}=2\pi\nu_z\sqrt{\frac{\xi_0M_1}{(1+\xi_0)K_{z1}}} \tag{2-2-179}$$

由此可见，当 ξ_0 为定值时，减小 ν_z、M_1 而增大 K_{z1}，结果 Z_t 会有所减小。对料斗的 M_1 值而言，如果没有多大潜力可挖，一般主要通过另外两种途径来调谐：一是，先选好 ν_z，再有级地调整板弹簧 K_{z1}，工作麻烦也欠精确，需要配备若干构件；二是，先选好 K_{z1}，再无级调整 ν_z，工作方便也很精确，需要配备调频装置。

实际上，确定调谐值还同系统所受阻尼的程度及所选的调谐区段有着密切关系。

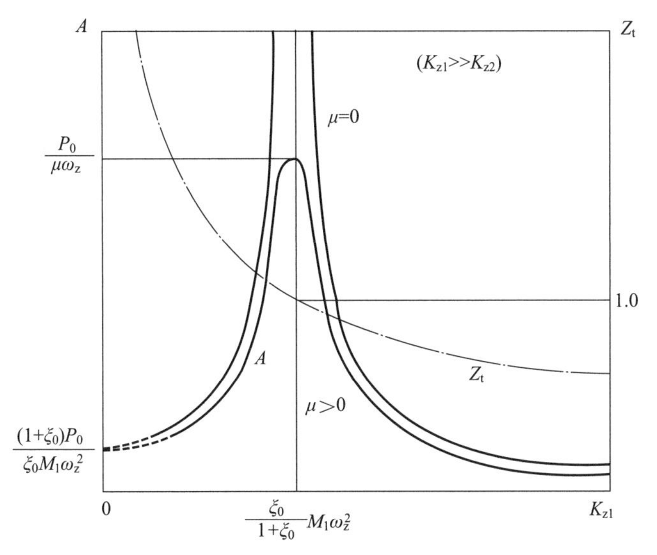

图 2-2-83 A-K_{z1} 及 Z_t-K_{z1} 的变化曲线

若将工作点选在振幅曲线最突出的部位，显然由于整个振动系统对外界阻尼变化（例如突然增多加料量）的敏感性最强而会引起工作的不稳定。因此忌用 Z_t-1 左右的共振区。

其次，参阅图 2-2-83 所示共振峰的右侧，得知

$$K_{z1}>M_0\omega_z^2 \text{ 或 } \omega_z<\sqrt{\frac{K_{z1}}{M_0}}$$

亦即

$$Z_t=\frac{\omega_z}{\omega_0}<1$$

在此条件下，只要所选区段的振幅曲线偏陡一些，即使有外加负载的影响而使 M_1、μ 值发生一定程度的变化，从式(2-2-170）看出，这对 A（或 A_1）值往往能保持应有的稳定性，符合正常工作的要求。

与此相反，在共振峰的左侧就不能选点，这是因为 $K_{z1}<M_0\omega_z^2$，$Z_t>1$，外加负载引起的 M_1、μ 值的变化会按同一方向导致 A（或 A_1）值的衰减，后果是停机。

总之，K_{z1} 与 $M_0\omega_z^2$ 的定量关系，实际上反映了调谐值的变化状况，所以具有实践的指导意义。例如，当选取几种（至少三种）不同厚度的板弹簧做调谐实验，应该希望测定出来的料盘振幅是随着板弹簧厚度的依次减薄而相应增大的，亦即证明该振动系统恰好处于 $Z_t<1$ 的工作区段。然后以此为基点便不难实现预期的近共振状态。

根据多方面的实际资料，斗式电磁振动给料器所选的调谐值，一般说来 $Z_t=0.9\sim0.95$，相应的主振弹簧刚度可取

$$\frac{\xi_0}{1+\xi_0}M_1\omega_z^2<K_{z1}<M_1\omega_z^2 \tag{2-2-180}$$

建议按此要求进行斗式电磁振动给料器的设计和调试，不单保证工作性能稳定可靠，而且还可用较小的激振力、较少的能量消耗来获得理想的料盘振幅和供送效果。

3）隔振弹簧刚度及激振力传递率

关于斗式电磁振动给料器的隔振问题，关键在于为减缓底盘的振动应选配适当的隔振弹簧，以免激振力过强地传递到支座上去。参阅式(2-2-170)，振动系统的阻尼愈大，相

对振幅就愈小，由此确认 $A_1 < A_{01}$，$A_2 < A_{02}$。通过隔振弹簧传给支座的最大作用力幅可取

$$P_d = K_{z2} A_{02} = \frac{K_{z2} P_0}{K_{z1} - (M_2 \omega_z^2 - K_{z2}) \left(1 - \frac{K_{z1}}{M_1 \omega_z^2}\right)} \tag{2-2-181}$$

鉴于 $M_2 \omega_2^2 \gg K_{z2}$，则激振力传递率

$$\eta = \frac{P_d}{P_0} \approx \frac{K_{z2}}{K_{z1} \left[1 + \xi_0 \left(1 - \frac{M_1 \omega_z^2}{K_{z1}}\right)\right]} \tag{2-2-182}$$

实际上，要求 $0 < \eta < 1$，故知

$$K_{z2} < K_{z1} \left[1 + \xi_0 \left(1 - \frac{M_1 \omega_z^2}{K_{z1}}\right)\right] \tag{2-2-183}$$

又因 $0 < K_{z1} < M_1 \omega_z^2$，断定

$$-1 < \xi_0 \left(1 - \frac{M_1 \omega_2^2}{K_{z1}}\right) < 0$$

亦即 $K_{z2} < K_{z1}$。

设计时，当 M_1、M_2、K_{z1}、ω_z 确定之后，便可选择 K_{z2}。此值要适当偏小一些，以利于提高隔振效果，但勿过小，防止隔振弹簧受力变形严重而失效。

（四）物件相对运动规律

1. 拟定理想运动过程

基于料斗的振动原理，接着要研究盘面上物料的相对运动规律问题。

现截取料斗上一小段螺旋滑道加以分析，不妨将它近似看成是作斜向振动的直槽。如果沿水平和垂直两个方向分解此运动，不难理解，只要该工作面的垂向加速度

$$w_{z1} = \frac{d^2 Z_1}{dt^2} = A_1 \omega_z^2 \sin\omega_z t$$

的最大值 $w_{z1\max}$ 比物件的重力加速度 g 大得很多，那么再利用物件同滑道的接触摩擦以及其自身的惯性等作用，便足以使之产生斜向跳动，实现较好的物件供送效果。

图 2-2-84 所示的几条曲线，横坐标代表料盘振动的相位角 $\theta = \omega_z t$，纵坐标代表料盘和物件的瞬时垂向位移 z_1、z_w，借此反映两者相对运动的变化关系。

参阅图 2-2-81，当料盘从下限位置的点 c' 沿振动线 K_c 向斜上方加速运动时，由于振动加速度的垂直分量与重力加速度反向，遂使物件紧压滑道工作面，加之存在接触摩擦作用，结果物件被带动起来不打滑后退。及至静平衡位置的点 c，两者具有同一的最大线速度。一旦越过 c 点，料盘开始减速，于是上述两个加速度转换为同向，待出现 $w_{z1} > g$，物件即以某一速度脱离滑道工作面产生微抛物线状的跳跃运动。至于何时能重落至滑道上，视具体条件而定。以激振一次跳动一次来说，通常只有当料盘再次越过平衡位置之后物件才有可能复现与滑道的接触。

为延长物件每一次的跳动时间并缓和着落时的冲击，要求按以下条件控制好着落相位角 θ_h，即

$$\pi < \theta_h < 2\pi,\quad \theta_h = \theta_0 + \theta_s \tag{2-2-184}$$

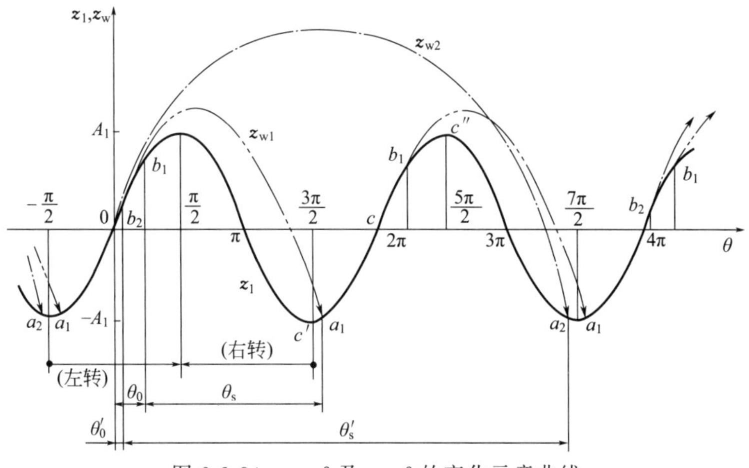

图 2-2-84　z_1-θ 及 z_w-θ 的变化示意曲线

另外，也可能出现激振两次跳动一次的现象，此时应控制

$$3\pi<\theta'_h<4\pi,\ \theta'_h=\theta'_0+\theta'_s \tag{2-2-185}$$

总之，在料斗的每一激振周期内，物件的供送过程大体上由复合运动阶段和跳跃运动阶段组合而成，如此循环不已，就形成宏观的连续平稳快速运动。

1）复合运动阶段分析

图 2-2-85 为转化振动机构及物件受力分析简图。假想在料槽和底盘之间连接两根相互平行的板弹簧，令其斜置角为 δ_c，其实就是振动线 k_c 与振盘水平面的夹角，或称为振动角。

$$\delta_c=\alpha_c+\beta_c \tag{2-2-186}$$

式中，α_c 为工作面与水平面的夹角，即供送滑道的平均螺旋角；β_c 为振动线与工作面的夹角，即激振力对供送滑道的作用角。

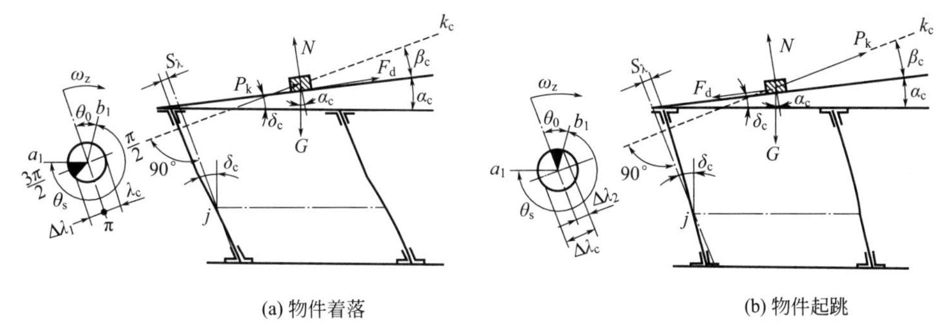

图 2-2-85　转化振动机构及物件受力分析简图

首先对物件在复合运动阶段的受力状况加以分析。

假定物件在理想区间［相当于图 2-2-85(a) 中位移矢量圆的阴影部位］着落。令 m 为单个物件的质量，$S_\lambda(=\Delta\lambda_1)$ 为螺旋滑道中径圆周上某点的瞬时位移，由

$$S_\lambda=\lambda_c\sin\theta$$

求出相应的速度和加速度

$$v_\lambda=\frac{\mathrm{d}S_\lambda}{\mathrm{d}t}=\lambda_c\omega_s\cos\theta$$

$$w_\lambda=\frac{d^2 S_\lambda}{dt^2}=-\lambda_c \omega_z^2 \sin\theta$$

因此，加于物件上的瞬时运动惯性力的绝对值

$$P_k=m\frac{d^2 S_\lambda}{dt^2}=m\lambda_c\omega_z^2|\sin\theta|$$

在高频激振状态下，物件与工作面之间所产生的冲击性滑动摩擦力按下式近似求算

$$F_d=f_d N$$

式中，N 为正压力，$N=mg\cos\alpha_c+P_k\sin\beta_c$；$f_d$ 为当量滑动摩擦因数，为一般滑动摩擦因数的 5～10 倍。

取被供送物件为示力体，为使着落的物件不沿振动工作面打滑后退，必须保证

$$F_d-mg\sin\alpha_c \geqslant P_k\cos\beta_c$$

代入以上有关值，且令 $\theta=\theta_h$，求得

$$\lambda_c \leqslant \frac{g(f_d\cos\alpha_c-\sin\alpha_c)}{\omega_z^2(\cos\beta_c-f_d\sin\beta_c)|\sin\theta_h|} \tag{2-2-187}$$

2）跳跃运动阶段分析

另外，从图 2-2-85(b) 看出，为使物件越过静平衡位置及早起跳，必须保证

$$mg\cos\alpha_c-N\leqslant P_k\sin\beta_c$$

当起跳相位角为 θ_0 时，$N=0$，代入有关值求得

$$\lambda_c \geqslant \frac{g\cos\alpha_c}{\omega_z^2\sin\beta_c\sin\theta_0} \tag{2-2-188}$$

可见，$\theta_0 \neq 0$，否则 $\lambda_c \to \infty$，这没有实用意义；再者，$\theta_0 \neq \frac{\pi}{2}$，否则 $v_\lambda=0$，这无法实现起跳。因此断定 $0<\theta_0<\frac{\pi}{2}$。

综合上述，就每一振动周期而言，为使物件在滑道上实现预期的两个阶段运动，应将式(2-2-187) 和式(2-2-188) 联立，以求解所需的基本控制条件，即

$$\cot\beta_c \leqslant f_d+(f_d-\tan\alpha_c)\frac{\sin\theta_0}{|\sin\theta_h|} \tag{2-2-189}$$

为便于分析起见，令振动角校核准数

$$\beta_{c0}=\operatorname{arccot}\left[f_d+(f_d-\tan\alpha_c)\frac{\sin\theta_0}{|\sin\theta_h|}\right] \tag{2-2-190}$$

设计时要求 $\beta_c>\beta_{c0}$。但是，要更好地解决这个问题，务必找出上式中两个振动相位角 θ_0 与 θ_h 的函数关系。为此，要借图 2-2-86 进一步探讨物件在工作面上产生的整个运动过程。

设物件在振动滑道上的起跳速度为 v_0，跳跃时间为 t_s，相应的振动相位角为 θ_s。关于 t_s，显然等于物件沿抛物线轨迹上升高度 h_1 所需时间 t_1 及下降高度 h_2 所需时间 t_2 之总和，写为

$$t_s=t_1+t_2 \text{ 或 } t_2=t_s-t_1$$

式中

$$t_s=\frac{\theta_s}{\omega_s}$$

$$t_1=\frac{v_0\sin\delta_c}{g},\quad v_0=\lambda_c\omega_z\cos\theta_0$$

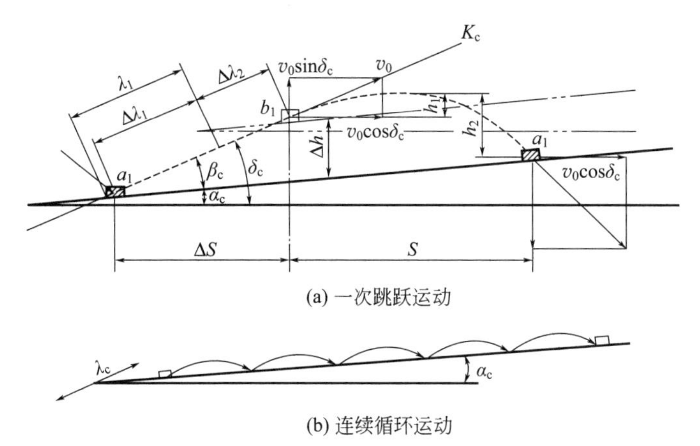

图 2-2-86　物件在振动滑道上运动过程分析示意图

求出

$$h_2=\frac{1}{2}gt_2^2=\frac{1}{2}g(t_s-t_1)^2 \tag{2-2-191}$$

另由图中位移关系求出

$$h_2=h_1+\Delta h-S\tan\alpha_c \tag{2-2-192}$$

式中

$$h_1=\frac{1}{2}gt_1^2$$

$$\Delta h=\frac{\Delta\lambda_c\sin\beta_c}{\sin\left(\frac{\pi}{2}+\alpha_c\right)},\quad \Delta\lambda_c=\Delta\lambda_1+\Delta\lambda_2=\lambda_c(\sin\theta_0-\sin\theta_h)$$

$$S=(v_0\cos\delta_c)t_s$$

联立式(2-2-191)、式(2-2-192)，并取式(2-2-188)的 λ_c，经置换解出

$$\tan\theta_0=\frac{\theta_s-\sin\theta_s}{0.5\theta_s^2+\cos\theta_s-1} \tag{2-2-193}$$

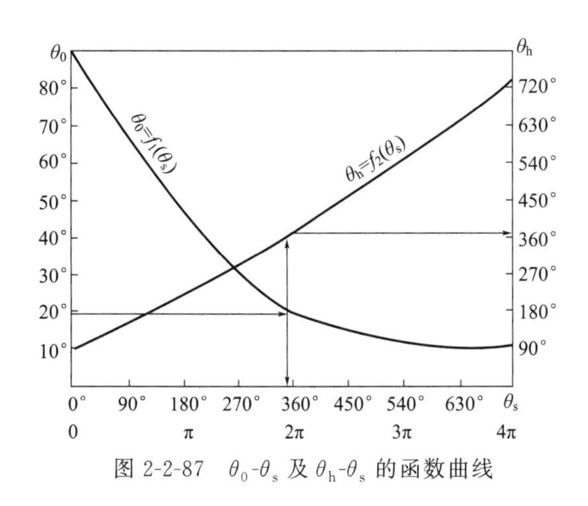

图 2-2-87　θ_0-θ_s 及 θ_h-θ_s 的函数曲线

据此，绘出如图 2-2-87 所示的 θ_0-θ_s 和 θ_h-θ_s 的函数曲线。这有助于采用简捷方法近似查得 θ_0 相对应的 θ_s 和 θ_h。不过，设计时最好借式(2-2-193)加以校核。

2. 求解物件供送速度

将式(2-2-188)变换为

$$\theta_0=\arcsin\left[\frac{g}{4\pi^2\nu_z^2A_1(1-\tan\alpha_c\cot\delta_c)}\right] \tag{2-2-194}$$

由已知的 A_1、ν_z、α_c、δ_c、f_d 可求 θ_0、θ_s、θ_h、β_{c0}，进而校核 β_c。若都符合要求，再参照图 2-2-86 所示的物件与工作面的相对运动关系，便可推导物件供送速度和设备生产能力的计算式。

假定料盘每振动 ζ 次物件只跳动一次，则单位时间内物件相对工作面的位移量，即理

论平均供送速度

$$v_{\mathrm{p}}=\frac{S+\Delta S}{\cos\alpha_{\mathrm{c}}}\frac{\nu_{\mathrm{z}}}{\zeta}\ (\mathrm{m/s})$$

式中

$$\Delta S=\Delta\lambda_{\mathrm{c}}\cos\delta_{\mathrm{c}}=\lambda_{\mathrm{c}}(\sin\theta_0-\sin\theta_{\mathrm{h}})\cos\delta_{\mathrm{c}}$$

$$\zeta=\frac{\theta_{\mathrm{h}}}{2\pi}$$

若此振动次数算出了小数，则应向增大方向加以圆整。

取式(2-2-188）中的 λ_{c} 及其他相关值，代入上式得

$$v_{\mathrm{p}}=\frac{g\theta_{\mathrm{s}}^2\cos\delta_{\mathrm{c}}}{8\pi^2\zeta\nu_{\mathrm{z}}\sin\beta_{\mathrm{c}}}=\frac{g\theta_{\mathrm{s}}^2}{8\pi^2\zeta\nu_{\mathrm{z}}(\cos\alpha_{\mathrm{c}}\tan\delta_{\mathrm{c}}-\sin\alpha_{\mathrm{c}})} \tag{2-2-195}$$

及斗式电磁振动给料器的实际生产能力

$$Q=\frac{kxv_{\mathrm{p}}}{l_{\mathrm{w}}} \tag{2-2-196}$$

式中，l_{w} 为物件沿供送方向的长度；x 为料斗（或料盘）分流通道的个数；k 为有效工作系数，这是对供送速度的计算误差以及供送滑道上产生断流等复杂影响因素所作的总修正，应按具体条件经实验测定。设计时粗略取 $k=0.5\sim0.7$。

（五）主要影响因素分析

1. 滑道螺旋角和螺距

以上二式表明，物件的供送速度对提高斗式电磁振动给料器的生产能力起着决定性作用。这之中，滑道平均螺旋角也是个重要影响因素。分析式(2-2-193)～式(2-2-196)确认，随着 α_{c}、θ_0 的减小，使 θ_{s}、v_{p} 相应增大。因而设计时尽量选用适当小的滑道螺旋角，有时出自某种特殊需要不妨改用多道短螺旋滑道，或者放弃螺旋滑道。一般说来，对用于自动定向排列的螺旋滑道，可取 $\alpha_{\mathrm{c}}\leqslant3°$；对用于垂直输送的螺旋滑道，可取 $\alpha_{\mathrm{c}}\leqslant10°$。

为使斗壁螺旋滑道导流顺畅，防止物件产生堆叠、卡塞等弊病，通常取其螺距

$$h_{\mathrm{d}}=(1.5\sim1.8)h_{\mathrm{w}}+\delta \tag{2-2-197}$$

式中，δ 为滑道板材厚度；h_{w} 为物件按定向供送要求量得的最大高度。

2. 料斗直径和高度

由已知的滑道平均螺旋角 α_{c}、螺距 h_{d} 及滑道头数 x'，可求螺旋滑道的平均半径

$$R_{\mathrm{c}}=\frac{x'h_{\mathrm{d}}}{2\pi\tan\alpha_c} \tag{2-2-198}$$

令螺旋滑道的宽度为 B_{d}，可求料斗的内直径

$$D_1=2R_1=2R_{\mathrm{c}}+B_{\mathrm{d}} \tag{2-2-199}$$

选择适宜的料斗直径和料盘面积应该充分考虑到：要便于快速散开加料并将物件顺利引导到供送滑道上去；要在斗内留存少量储备以缓和进料的波动来提高工作效率；要给安装激振电磁铁和主振板弹簧提供足够的支撑位置，等等。对此，作为设计者有必要积累一些经验数据。

关于确定圆柱形振动料斗的高度，仅从完成自动定向排列的角度来说，应先初步估计一下实际所需螺旋滑道平均展开长度 L_{c}，再求算滑道的总圈数

$$n_{\mathrm{d}}=\frac{L_{\mathrm{c}}\cos\alpha_{\mathrm{c}}}{2\pi R_{\mathrm{c}}} \tag{2-2-200}$$

此值尽量圆整为整数。令出料槽的高度为 h_0，遂求得料斗总高度

$$H_1=n_d x' h_d+h_0 \tag{2-2-201}$$

3. 料盘振动角和板弹簧斜置角

为简化分析，取 $\alpha_c=0$，$\varepsilon=\dfrac{R_c}{r_a}$，将式(2-2-176)、式(2-2-186) 改写成

$$\beta_c=\delta_c=\arctan\left(\frac{1}{\varepsilon}\tan\delta_a\right)$$

相应的

$$\theta_0=\arcsin\frac{g}{4\pi^2\nu_z^2A_1}$$

$$v_p=\frac{g\theta_s^2\cot\delta_c}{8\pi^2\zeta\nu_z}$$

令 $\delta_a=25°$，$A_1=0.5\text{mm}$，$\nu_z=50\text{Hz}$，代入上式并绘出如图 2-2-88 所示的 δ_c-ε 及 v_p-ε 的变化曲线。从中可见，在一定范围内增大 ε，会引起 δ_c 减小，v_p 增大。

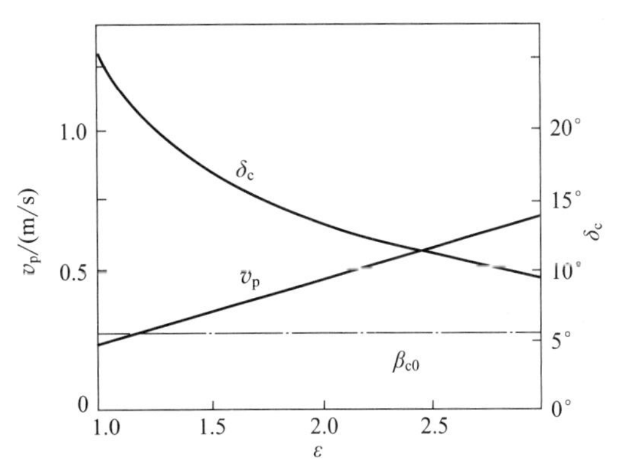

图 2-2-88　δ_c-ε 及 v_p-ε 的变化曲线

实用中，ε 值不允许过小，否则因 δ_c 过大容易使被供送物件产生较强烈的跳跃现象，有碍自动定向排列、缓和冲击噪声。过大也不行，装电磁铁更要求有个适当的空间。通常 ε 取 1.5 左右。

由实验得知，料盘振动角的可选范围是 $\delta_c=15°\sim30°$，一般常用 $\delta_c=20°$。对于质地脆弱、需加强保护的被供送物件宜取偏低值，而当滑道螺旋角较大时宜取偏高值。据此，一经选定 δ_c 及 ε，即可按前式求算板弹簧斜置角

$$\delta_a=\arctan(\varepsilon\tan\delta_c) \tag{2-2-202}$$

4. 垂向振幅和激振频率

在其他条件一定时，只调节垂向振幅，考察对供送速度和生产能力的影响。对此，再温习一下前面做过的类似分析，一旦减小 A_1 必引起 θ_0 增大和 θ_s、θ_h 减小，结果使 v_p、Q 下降；反之，增大了 A_1，若能保证 $\beta_0>\beta_{c0}$，则 v_p、Q 都随之提高。实际上，通过改变励磁线圈的输入电压和激振力，便能很方便地达到调节工作振幅的目的，这是一种行之有效的方法。至于调谐值，只要原先的基本符合要求就不必再变动了，因为单独调节激振频率往往会破坏近共振的工作状态。

（六）弹簧元件刚度计算

1. 主振弹簧

按其功能又称共振弹簧或蓄能弹簧，现多采用经热处理和喷丸处理的优质板弹簧钢制作。其优点是，装配方便，定向振动效果好，工作稳定可靠，适当改变并联数量或者搭配不同性能的板材便可有级调整主振弹簧刚度。另外也有采用有机合成材料如玻璃钢、酚醛层压板等来制作的，虽然取材便宜，但容易老化失效。

为计算主振板弹簧的垂向动刚度，首先应分析其变形状况，包括横向弯曲变形、扭转

变形及纵向偏压变形，再求出相应的变形能加以综合，就会取得结果。

1）横向弯曲变形

设斜置板弹簧的厚度为 h，宽度为 B，有效长度为 L，弹性模量为 E（N/mm^2 或 MPa），切变模量为 G_0（N/mm^2 或 MPa）。参阅图 2-2-81，在板弹簧与上下支座的紧固连接处，受来自电磁激振力而转换为垂直其主板面的作用力 P_λ，使之沿振动线方向相向移位了 λ_1、λ_2。此刻板弹簧相应的静止截面位于 j，将有效全长分为两振动段 l_1、l_2。根据材料力学有关原理并参照式(2-2-175) 写出

$$\lambda_1=\frac{P_\lambda l_1^3}{12E\sum I_x}=\frac{A_1}{\sin\delta_a}$$

$$\lambda_2=\frac{P_\lambda l_2^3}{12E\sum I_x}=\frac{A_2}{\sin\delta_a}$$

式中，$\sum I_x$ 为 n 片叠成的主振板弹簧各个横截面对宽向中性轴的惯矩之总和，亦即

$$\sum I_x=\frac{nBh^3}{12}$$

故得

$$\frac{l_1}{l_2}=\sqrt[3]{\frac{\lambda_1}{\lambda_2}}=\sqrt[3]{\frac{A_1}{A_2}}=\sqrt[3]{\xi_0}$$

取比例系数

$$p_1=\frac{L_1}{L}=\frac{\sqrt[3]{\xi_0}}{1+\sqrt[3]{\xi_0}}$$

求出横向弯曲刚度

$$K_{\lambda1}=\frac{P_\lambda}{\lambda_1}=\frac{12E\sum I_x}{l_1^3}=\frac{EnBh^3}{l_1^3}\quad (N/mm)$$

$$K_{\lambda2}=\frac{P_\lambda}{\lambda_2}=\frac{12E\sum I_x}{l_2^3}=\frac{EnBh^3}{l_2^3}\quad (N/mm)$$

及 i 组板弹簧横向弯曲总变形能

$$U_\lambda=\frac{i}{2}(K_{\lambda1}\lambda_1^2+K_{\lambda2}\lambda_2^2)=\frac{1+\xi_0}{\xi_0}\frac{EinBh^3A_1^2}{2p_1^3L^3\sin^2\delta_a}\quad (N\cdot mm) \tag{2-2-203}$$

2）扭转变形

参阅图 2-2-81，设斜置板弹簧与上下支座固定连接的两端，受扭矩 M_k（N·mm）作用在水平投影面上相向扭转了角度 φ_{01}、φ_{02}，其实这相当于各绕自身轴线相向扭转了角度 ψ_{01}、ψ_{02}。此刻板弹簧相应的静止截面位于 j'，将有效全长分为两振动段 l'_1、l'_2。根据材料力学有关原理写出

$$\psi_{01}=\varphi_{01}\cos\delta_a=\frac{M_k l'_1}{G_0\sum I_k}$$

$$\psi_{02}=\varphi_{02}\cos\delta_a=\frac{M_k l'_2}{G_0\sum I_k}$$

式中，$\sum I_k$ 为 n 片叠成的主振板弹簧各个横截面极惯矩之总和，亦即

$$\sum I_k=\beta nBh^3$$

其中，β 为校正系数，一般取 $\beta=0.3$。

由式(2-2-153) 得

$$\frac{l_1'}{l_2'}=\frac{\varphi_{01}}{\varphi_{02}}=\frac{A_1 r_b}{A_2 r_a}=\frac{\xi_0 r_b}{r_a}$$

取比例系数

$$q_1=\frac{l_1'}{L}=\frac{\xi_0 r_b}{r_a+\xi_0 r_b}$$

求出扭转刚度

$$K_{\psi 1}=\frac{M_k}{\psi_{01}}=\frac{G_0 \sum I_k}{l_1'}=\frac{G_0 \beta n B h^3}{l_1'} \quad (\mathrm{N \cdot mm/rad})$$

$$K_{\psi 2}=\frac{M_k}{\psi_{02}}=\frac{G_0 \sum I_k}{l_2'}=\frac{G_0 \beta n B h^3}{l_2'} \quad (\mathrm{N \cdot mm/rad})$$

及 i 组板弹簧扭转总变形能

$$U_\psi=\frac{i}{2}(K_{\psi 1}\psi_{01}^2+K_{\psi 2}\psi_{02}^2)=\left(1+\frac{r_a}{\xi_0 r_b}\right)\frac{G_0 \beta i n B h^3 \cos^2\delta_a}{2q_1 L r_a^2 \tan^2\delta_a}A_1^2 \quad (\mathrm{N \cdot mm}) \tag{2-2-204}$$

3）纵向偏压变形

参阅图 2-2-81，为简化计算，设斜置板弹簧与上下支座固定连接的两端，受纵向偏压作用在其内侧产生的压缩量

$$\Delta l_1=B\varphi_{01}\sin\delta_a=\frac{A_1 B\cos\delta_a}{r_a}$$

$$\Delta l_2=B\varphi_{02}\sin\delta_a=\frac{A_2 B\cos\delta_a}{r_b}$$

并认为此变形沿板的全宽呈线性规律分布，及至外侧 a' 变化为零。这样，距外侧任一点 x 的纵向位移量

$$y_1=\frac{\Delta l_1}{B}x=\frac{A_1\cos\delta_a}{r_a}x$$

$$y_2=\frac{\Delta l_2}{B}x=\frac{A_2\cos\delta_a}{r_b}x$$

相应的压应力 $\qquad \sigma_{yx}=E\dfrac{y_1}{l_1''}=E\dfrac{y_2}{l_2''} \quad (\mathrm{N/mm^2}$ 或 $\mathrm{MPa})$

式中，l_1''、l_2'' 为每一板弹簧两伸缩振动段的长度，其比值

$$\frac{l_1''}{l_2''}=\frac{y_1}{y_2}=\xi_0\frac{r_b}{r_a}$$

确认

$$\frac{l_1''}{l_2''}=\frac{l_1'}{l_2'}$$

这表明，在稳态振动过程中，主振板弹簧伸缩变形与扭转变形的静止截面是完全一致的。进而可求在 x 点一微段 $\mathrm{d}x$ 的压缩刚度

$$K_{Lx1}=\frac{nh\sigma_{yx}\mathrm{d}x}{y_1}=\frac{Enh\,\mathrm{d}x}{l_1'} \quad (\mathrm{N/mm})$$

$$K_{Lx2}=\frac{nh\sigma_{yx}\mathrm{d}x}{y_2}=\frac{Enh\,\mathrm{d}x}{l_2'} \quad (\mathrm{N/mm})$$

及 i 组板弹簧压缩总变形能

$$U_{\mathrm{L}}=\frac{i}{2}\left(\int_0^B K_{\mathrm{Lx1}} y_1^2+\int_0^B K_{\mathrm{Lx2}} y_2^2\right)=\left(1+\frac{r_{\mathrm{a}}}{\xi_0 r_{\mathrm{b}}}\right)\frac{EinB^3 h\cos^2\delta_{\mathrm{a}}}{6q_1 L r_{\mathrm{a}}^2}A_1^2 \quad (\mathrm{N\cdot mm}) \tag{2-2-205}$$

由于主振板弹簧总变形能

$$U_\lambda+U_\psi+U_{\mathrm{L}}=\frac{1}{2}K_{\mathrm{z1}}(A_1^2+A_2^2) \tag{2-2-206}$$

若 r_{a} 与 r_{b} 相差不多，代入有关各值，近似求得主振板弹簧的垂向总动刚度

$$K_{\mathrm{z1}}=\frac{C_0\xi_0(1+\xi_0)}{1+\xi_0^2}\frac{EinBh}{L\sin^2\delta_{\mathrm{a}}}\left[\frac{h^2}{p_1^3 L^2}+\frac{(3\alpha\beta h^2\cos^2\delta_{\mathrm{a}}+B^2\sin^2\delta_{\mathrm{a}})\cos^2\delta_{\mathrm{a}}}{3q_1 r_{\mathrm{a}}^2}\right] \quad (\mathrm{N/mm}) \tag{2-2-207}$$

式中，$\alpha=\dfrac{C_0}{E}$，C_0 为板弹簧与支座连接的紧固系数，一般取 $C_0=0.8\sim0.95$。

由上式看出，若板弹簧的厚度 h、宽度 B、片数 n、组数 i 及弹性模量 E 增大，而有效长度 L、斜置角 δ_{a}、支座外半径 r_{a} 及振幅比 ξ_0 减小，则其总动刚度 K_{z1} 随之增大。

为便于实用起见，将式(2-2-207) 转换为

$$\frac{(1+\xi_0^2)K_{\mathrm{z1}}\sin^2\delta_{\mathrm{a}}}{(1+\xi_0)\xi_0 C_0 EinBh}L^3-\frac{(3\alpha\beta h^2\cos^2\delta_{\mathrm{a}}+B^2\sin^2\delta_{\mathrm{a}})\cos^2\delta_{a}}{3q_1 r_{\mathrm{a}}^2}L^2-\frac{h^2}{p_1^3}=0 \tag{2-2-208}$$

并将式(2-2-179) 转换为

$$K_{\mathrm{z1}}=\frac{\xi_0 M_1}{1+\xi_0}\left(\frac{2\pi\nu_{\mathrm{z}}}{z_{\mathrm{t}}}\right)^2 \tag{2-2-209}$$

再将此 K_{z1} 值代入式(2-2-208) 之中，由此求解出来的 L，可以保证系统能够实现理想的近共振工作状态。

然而面对如此复杂的方程，最好寻找捷径，采用图解解析法处理。令 a、b 各代表该方程中 L^3、L^2 前的系数项，便简化成下式

$$aL^3-bL^2-\frac{h^2}{p_1^3}=0$$

显而易见，其解必有一实数根，即图 2-2-89 所示二抛物线的合成曲线 aL^3-bL^2 同一条水平线 $\dfrac{h^2}{p_1^3}$ 的交点所对应的横坐标 L 值。

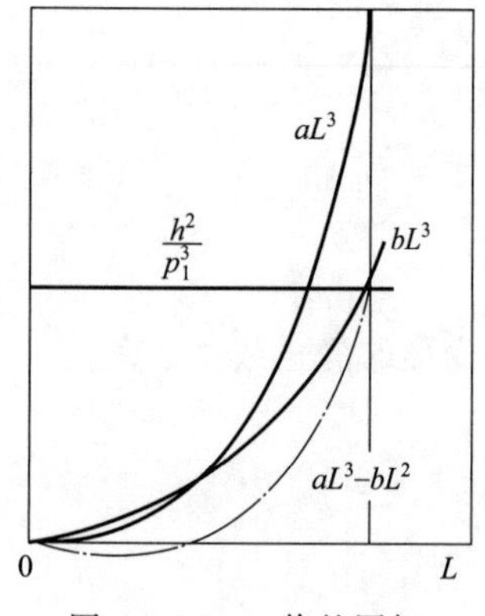

图 2-2-89　L 值的图解解析法求解

设计时，也可根据前述理论及公式，先预选主振板弹簧的有效长度 L 等参数，经求算垂向总动刚度 K_{z1} 之后，校核调谐值 Z_{t}，调整到满意为止。

2. 隔振弹簧

电磁振动给料器多选用橡胶弹簧和圆柱螺旋弹簧来隔振，各有特点和适用场合。

图 2-2-90 所示的圆柱压缩螺旋弹簧，其结构简单、容易制作，承载能力强、隔振性能好、使用寿命长，在弹性极限范围内应力与应变大体保持线性关系。但横向稳定性

较差，得采用适当的纵横尺寸比及支承方式，而且调节弹簧刚度也欠方便准确，主要用于大型电磁振动给抖器。

除此之外，为克服上述一般圆柱压缩螺旋弹簧的某些缺点，现今还有采用金属截圆锥压缩螺旋弹簧和金属螺旋柱外裹胶复合弹簧等。

斗式振动给料器常用的橡胶隔振弹簧为图 2-2-72 (b)、(c) 所示的两种类型，选用时应注意以下几点：

① 它是具有多种形状、尺寸和硬度的橡胶成型件。适当改变结构要素（如增添中心圆孔）及组合方式(如不同硬度叠加)，能取得不同的弹簧刚度，经济实用。

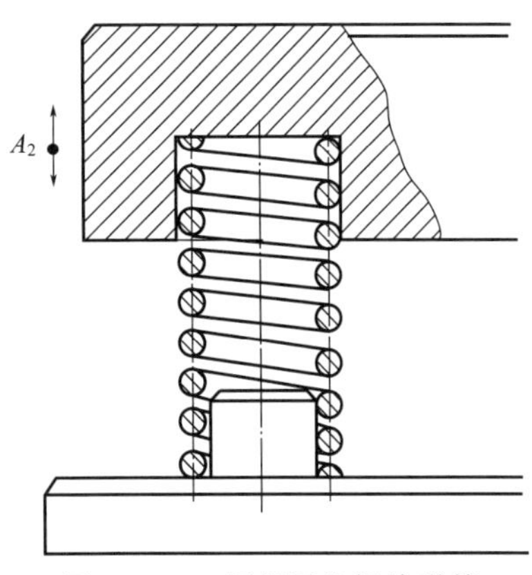

图 2-2-90　隔振圆柱螺旋弹簧

② 同一个元件可承受多向载荷，弹性模量又偏小，有利于提高隔振效果。另外，内阻较大，适合在近共振状态下工作，几无噪声。

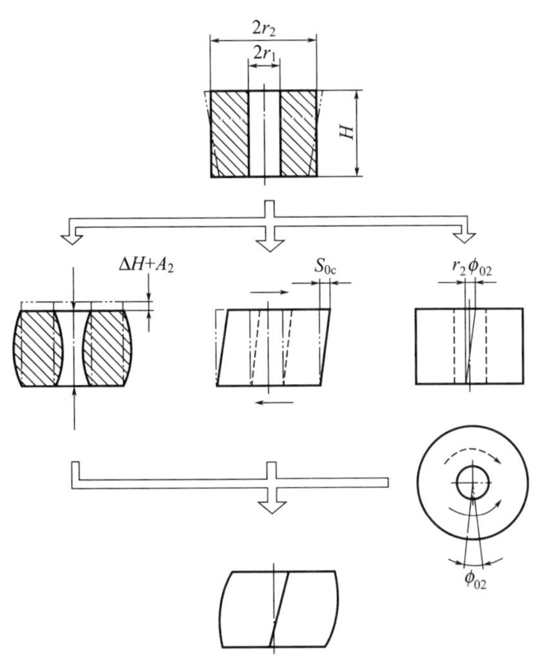

图 2-2-91　隔振橡胶弹簧综合变形分析简图

③ 这种弹簧对湿度变化的敏感性较强，高度过大还会产生坐屈现象。为延长使用寿命，要求在最大载荷作用下所产生的应变量尽量不超过规定：静态时，压缩为 15%，剪切为 20%；动态时，压缩为 5%，剪切为 8%。

总之，隔振橡胶弹簧属于规格化产品，主要用于负载较轻的中小型各种振动给料器。在一般情况下，应按所给定的工作条件进行选型和校核。

参阅图 2-2-91，隔振橡胶弹簧犹同主振板弹簧一样，在强迫振动过程中也会产生复杂的变形，除压缩、扭转之外，还有剪切，不过静止截面却在弹簧与支座紧相接触的部位。

设带中心孔的圆柱橡胶弹簧共有 i 个，按其轴心线均布在底盘下方以 r_c（$\geqslant r_b$）为半径的圆周上，并借销子定位；该弹簧的初始内外半径各为 r_1、r_2，高度为 H，横截面积为 F_0，极惯性矩为 I_k，静态弹性模量和切变模量各为 E、G_0，应力与应变保持线性关系。

仿求解主振板弹簧垂向总动刚度的思路，首先列出橡胶弹簧的压缩刚度

$$k_H=\frac{d\mu_0 EF_0}{H},\quad F_0=\pi(r_2^2-r_1^2)$$

及其剪切刚度和扭转刚度

$$k_s=\frac{dG_0F_0}{H}$$

$$k_\varphi = \frac{dG_0 I_k}{H}, \quad I_k = \frac{\pi}{2}(r_2^4 - r_1^4)$$

式中，d 为弹簧动载系数，这是考虑橡胶弹簧对激振力具有阻滞作用所作的修正，一般取 $d=1.1\sim1.4$，硬度偏高时对应较大值；μ_0 为弹簧形状系数，这是考虑实际弹簧与标准试件存在一定的形状尺寸误差所作的修正，一般取 $\mu_0=1.2(1+1.65m_0^2)$，$m_0=\dfrac{r_2-r_1}{H}$。

由于橡胶弹簧上端的最大振动移距

$$S_{0c} = r_c \varphi_{02} = \frac{r_c A_2}{r_b \tan\delta_a}$$

及该系统的总变形能为

$$\frac{1}{2}K_{z2}A_2^2 = \frac{i}{2}(k_H A_2^2 + k_s S_{0c}^2 + k_\varphi \varphi_{02}^2)$$

将以上有关值代入上式，解出隔振橡胶弹簧垂向总动刚度

$$K_{z2} = \frac{i}{A_2^2}(k_H A_2^2 + k_s S_{0c}^2 + k_\varphi \varphi_{02}^2)$$

$$= \frac{idF_0}{H}\left[\mu_0 E + \frac{G_0}{2r_b^2 \tan^2\delta_a}(r_1^2 + r_2^2 + 2r_c^2)\right] \text{(N/mm)} \quad (2\text{-}2\text{-}210)$$

由此可见，K_{z2} 是随 r_2、r_c、E、G_0、i 的增大和 r_1、H、r_b、δ_a 的减小而增大的。

当处于静态之际，$d=1$，$k_s=k_\varphi=0$，故知相应的垂向总静刚度

$$K'_{z2} = \frac{i\mu_0 EF_0}{H}$$

经对比确认 $K_{z2}>K'_{z2}$，说明橡胶弹簧的动刚度大于静刚度，与金属板弹簧的结论一致。这是一个重要概念，必须牢记。

设斗式电磁振动给料器的总重量为 G_t，可分别按下式求算橡胶弹簧的预压缩量和最大动压缩应变量

$$\Delta H = \frac{G_t}{K'_{z2}} = \frac{HG_t}{i\mu_0 EF_0}$$

$$\Delta\varepsilon = \frac{\Delta H + A_2}{H} = \frac{1}{H}\left(\Delta H + \frac{A_1}{\xi_0}\right) \quad (2\text{-}2\text{-}211)$$

（七）激振装置选型设计

激振电磁铁及其控制电路作为电磁振动给料器的能量输入和能量转换装置乃是一个重要的组成部分。按照工艺要求在合理确定了振动系统的基本参数之后，所设计或选用的电磁激振器必须保证实现预期的振动频率、振幅大小、线圈温升、隔振消声和供送效果，而且有的参数还要便于调节。其实这同电磁铁的激磁方式和结构形式极为相关。

1. 激振电磁铁励磁方式

激振电磁铁的励磁方式有多种，如交流励磁、单相半波整流励磁、可控单相半波整流励磁、交直流联合励磁和变频器调频励磁等。当前，包装工业领域被大量采用的电磁振动给料器以中小型为主，相应的，可控单相半波整流励磁方式占据主导地位，其次是交流励磁方式，至于大型的，则多采用交直流联合励磁方式。

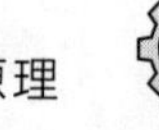

1）*交流励磁*

在控制电路上，将激振电磁铁的铁芯线圈通过并联一个调压器直接与供电电源相连，所以这是一种最简单又最容易获得的励磁方式。其主要特点在于，激振频率较高，工作振幅较小，供送速度较慢，与自动排列定向供送微小型物件（或某些颗粒物料）采用不太强的激振力大体上相称。

该励磁线圈直接通交流电，产生大小方向周期变化的电磁激振力呈连续的正弦波形。

设供电电压的有效值为U(V)，交变频率为ν_j(Hz)，交变角频率为ω_j(rad/s)。由于供电电压随时间t(s)依正弦函数规律变化，对于铁芯线圈的匝数为W来说，其感应的磁通量瞬时值和最大值分别为

$$\Phi=\Phi_m \cos\omega_j t \quad (W_b)$$

$$\Phi_m=\frac{U}{4.44\nu_j W} \tag{2-2-212}$$

再设磁极个数为j_c（通常取1或2，视电磁铁具体结构形式而定），主磁极端面积为S_1(m^2)，可求铁芯线圈的最大磁感应强度

$$B_m=\frac{\Phi_m}{\sigma S_1} \quad (T) \tag{2-2-213}$$

式中，σ为漏磁系数，一般取$\sigma=1.3$。

激振电磁铁通常选硅钢片制作，振动过程为使磁铁不饱和，一般取$B_m=0.4\sim0.6$T。

按电磁学有关公式直接写出激振电磁铁的吸力瞬时值

$$P=\frac{J_c S_1 B^2}{2\mu_1}=\frac{j_c S_1 B_m^2}{2\mu_1}\cos^2\omega_j t \tag{2-2-214}$$

令电磁力幅

$$P_o=\frac{j_c S_1 B_m^2}{4\mu_1} \tag{2-2-215}$$

式中，μ_1为空气磁导率，一般取$\mu_1=4\pi\times10^{-7}$H/m。

将式(2-2-214)改写为

$$P=P_0(1+\cos2\omega_j t)$$

这表明交流励磁的激振电磁力是由一恒定分量P_0和一交变分量$P_0\cos2\omega_j t$叠加而成的；前者使主振体产生静位移，而后者使主振体产生激振频率2倍于电源频率的振动。为取得同式(2-2-157)一致的表达形式，将交流电磁激振力改成

$$P_z=P_0\sin\omega_z t, \quad \omega_z=2\omega_j$$

至此，联立式(2-2-173)和式(2-2-215)可求交流励磁的主磁极端面积

$$\begin{aligned} S_1 &=\frac{4\mu_1 P_0}{j_c B_m^2} \\ &=\frac{4\mu_1 A}{j_c B_m^2}\sqrt{(K_{z1}-M_0\omega_z^2)^2+(\mu\omega_z)^2} \end{aligned} \tag{2-2-216}$$

根据以上有关公式确认，对交流励磁而言，借简易的调压器调节供电电压来改变激振振幅（一般在1mm以内）和供送速度是行之有效的。

2）可控单相半波整流励磁

事物总是不断由低级向高级发展。实际上，可控单相半波整流激振是在单相半波整流励磁的基础上形成的一种励磁方式，其控制电路如图 2-2-92 所示。

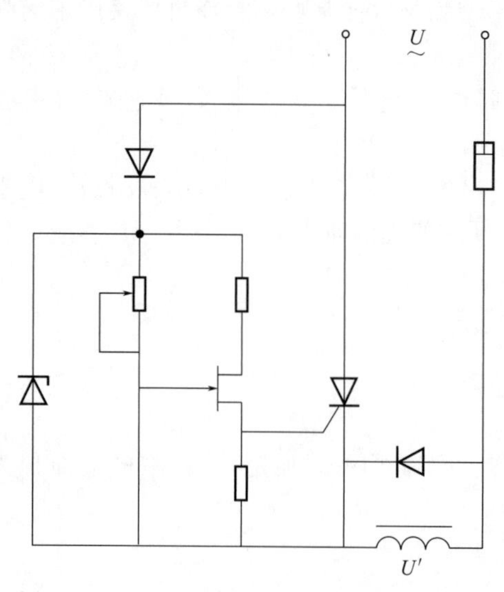

图 2-2-92 可控单相半波整流励磁控制电路

先简单说明单相半波整流励磁，其控制电路比交流励磁只多了一个半导体二极管，激振电磁铁的输入电压是经该管整流的半个正弦波电压，也称为脉动直流电压。

基于交流励磁的工作原理不难判断，半波整流励磁的激振频率必定减少一半，所产生周期变化的电磁力是断续的，这样就便于从增大输入电压和激振力入手来增大工作振幅及其可调范围，从而满足中小型电振给料器的需要。

然而随之而来的问题是，要增大激振力显然意味着要增大励磁电流，在此情况下，由于铁芯线圈属于电感性负载，半正弦波电流愈大，感抗的作用亦愈强，结果会引起磁感应强度的畸变，以致削弱电磁力的脉动性和相应的振动供送效果。所以使用半波整流励磁也受到一定的约制。

从可控单向半波整流励磁电路图了解到，在这些方面曾做了不少的技术改进，除配有半导体二极管以外，还添置一些其他的电器元件。它的主要功能在于，借助可调电位器和单结晶体管以脉冲方式来灵活控制晶闸管（或称可控硅）触发电压的启动时间，以及半正弦波整流电压的导通区间，进而达到有效改变激振电磁铁的输入电压和工作振幅（1～2mm）之目的。

可控单相半波整流励磁所配的专用控制器，结构轻巧、操作方便、调幅灵活、经济实惠，最近二十年来取得很大的发展和广泛的应用。

为了对可控与不可控单相半波整流励磁的基本参数计算采用相同的处理方法，应使可控硅的控制角等于零，同时按前述的交流励磁条件取激振电磁力

$$P=\frac{j_c S_1 B_m^2}{2\mu_1}=\cos^2\omega_j t \qquad 当\left(2n_0-\frac{1}{2}\right)\pi\leqslant\omega_j t\leqslant\left(2n_0+\frac{1}{2}\right)\pi$$

$$P=0 \qquad 当\left(2n_0-\frac{3}{2}\right)\pi<\omega_j t<\left(2n_0-\frac{1}{2}\right)\pi$$

从实用出发，需将此周期性函数展开为傅里叶级数的形式，现直接写出推导结果

$$P=\frac{j_c S_1 B_m^2}{2\mu_1}\left\{\frac{1}{4}+\frac{1}{4}\cos2\omega_j t+\frac{4}{\pi}\left[\frac{1}{3}\cos\omega_j t+\frac{1}{15}\cos3\omega_j t-\frac{1}{105}\cos5\omega_j t+\cdots-\frac{(-1)^{\frac{m-1}{2}}}{m(m^2-4)}\cos m\omega_j t\right]\right\} \tag{2-2-217}$$

式中，$m=1,3,5,7,9,\cdots$。

由此可见，与电源频率一致的谐波分量（即基波）所产生的电磁力最大，所以选系统的固有频率 $\omega_0\approx\omega_z=\omega_j$ 最有利，而其他的谐波分量对主振体振幅的影响均可忽略不计。因此，单相半波整流电磁激振力的瞬时值可取

$$P_z = P_0 \sin\omega_z t, \quad P_0 = \frac{2j_c S_1 B_m^2}{3\pi\mu_1} \tag{2-2-218}$$

根据已知数据（如 U、ν_j、P_0、A_1、$\Delta\delta$、j_c、S_1 等）可确定激振电磁铁的一系列结构尺寸，校核铁芯线圈温升和计算功率。关于这方面的具体设计，请详见有关专著。

2. 激振电磁铁结构形式

激振电磁铁的结构形式也不少，常用的“凵凵”型、螺管型和圆盘型，如图 2-2-93 所示。从分类上看，它们具有一些共同特点，一是均属于吸引式，附加往复直动的衔铁，形成闭路导磁体；二是均采用与电源网并联的励磁铁芯线圈，导线细、匝数多、磁力强，可通交流电或脉动直流电。

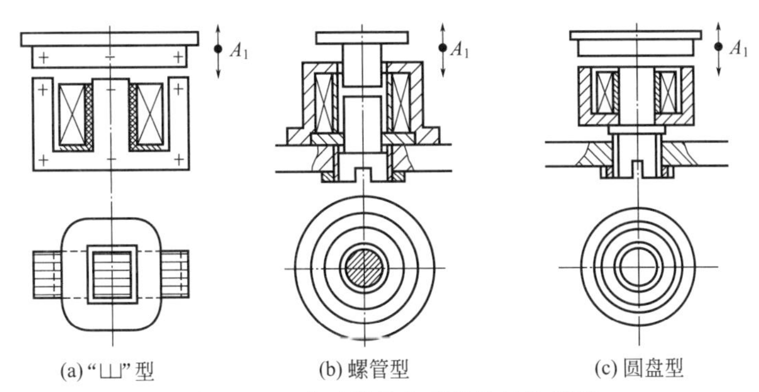

图 2-2-93　典型激振电磁铁的结构简图

“凵凵”型电磁铁采用成型硅钢片借螺栓或铆钉固连而成。结构紧凑，对称性好，通过增减磁钢片片数能适当改变主磁极面积。双极激振，导磁性强，涡流热损失和剩磁漏磁都较少。电磁铁周围大都同空气直接接触，有利降低温升。因此，该电磁铁往往是设计大中型电磁振动给料器优先选择的结构形式。

螺管型和圆盘型电磁铁的铁芯及衔铁均采用工业纯铁制造，加工方便，不受批量限制。由于铁芯是整块结构，线圈又套在其中，涡流损失大，散热性也差，如果导磁材料欠佳，这些弊端会更加突出。

另外，螺管型电磁铁的主磁极及其气隙几乎完全被线圈包围，即使气隙较大，增加振幅，仍会产生相当稳定的电磁吸力。不过，它的有效磁极个数偏少，不如圆盘型的优越。

基于上述原因，后两种激振电磁铁主要适用于微小型电振给料器。

概括而言，设计斗式电磁振动给料器的电磁激振装置应重视以下几点：

① 确定电磁铁的基本尺寸，务必保证磁路各截面的磁感应强度基本相等。力求减少衔铁的重量和转动惯量，设法适当增加铁芯线圈等的转动惯量。

② 振盘上配置的电磁铁，不论个数多少，都应保证电磁吸力的合力作用线与其中心轴线重合，要最大限度地消除偏振现象。而且在其布局方位上，多用竖放而少用斜放、平放，以简化支承结构并增强装配的牢固性和稳定性，消除附加的抖振与噪声。

③ 电磁铁应定位准确，气隙适中均匀，可灵活微调又便于检验。要充分考虑工作环境的变化对铁芯线圈温升的影响，尽量改善防护罩的造型，以利提高通风散热的效果。

（八）综合设计计算实例

1. 设计基本要求

参照前图 2-2-75，设计一斗式电磁振动给料器，主要用来自动定向排列供送塑料盖塞等小圆柱形物件。其最大尺寸，直径 $d_w=22$mm，高度 $h_w=18$mm，生产能力 Q 的可调范围为 300～400 件/分。

2. 结构选型要点

选圆柱形单内螺旋滑道振动料斗，用厚度 $\delta=1.2$mm 的不锈钢板焊制，底部连接铝合金托盘。在上下振盘之间对心安置激振电磁铁，均布三只板弹簧，外加剖分式保护罩。底盘下设隔振橡胶弹簧和磁极气隙调节螺母。供电电压的有效值 $U=220$V，交变频率 $v_j=50$Hz，配备专用控制器（含可控单相半波整流激磁电路），借此可无级微调料斗振幅和供送速度。

3. 振动参数计算

通过以下计算步骤确定各主要参数，为斗式电振给料器的结构设计提供依据。

1）供送速度及生产能力

取供送滑道的有效宽度 $B_d=d_w+2=24$mm，平均螺旋角 $\alpha_c=1.8°$，螺距 $h_d=1.8h_w+\delta=34$mm，总圈数 $n_d=3$，出料槽高度 $h_0=25$mm，供送滑道与弹簧支座的半径比 $\varepsilon=1.4$，板弹簧斜置角 $\delta_a=25°$，算出

滑道平均半径

$$R_c=\frac{h_d}{2\pi\tan\alpha_c}=\frac{34}{2\pi\tan1.8°}=168\text{mm}$$

料斗内直径 $$D_1=2R_c+B_d=2\times168+24=360\text{mm}$$

板弹簧上支座外半径

$$r_a=\frac{R_c}{\varepsilon}=\frac{168}{1.4}=120\text{mm}$$

料斗高度 $$H_1=n_dh_d+h_0=3\times34+25=127\text{mm}$$

滑道振动角

$$\delta_c=\arctan\frac{\tan\delta_a}{\varepsilon}=\arctan\frac{\tan25°}{1.4}=18.4°$$

激振力对滑道作用角 $$\beta_c=\delta_c-\alpha_c=18.4°-1.8°=16.6°$$

取料斗振幅 $A_1=0.5$mm，激振频率 $\nu_z=\nu_j=50$Hz，算出

起跳相位角

$$\begin{aligned}\theta_0&=\arcsin\frac{g}{4\pi^2\nu_z^2A_1(1-\tan\alpha_c\cot\delta_c)}\\&=\arcsin\frac{9.81}{4\pi^2\times50^2\times0.5\times10^{-3}\times(1-\tan1.8°\times\cot18.4°)}=12.6°\end{aligned}$$

进而由式(2-2-193) 求出着落与起跳相位角之差 $\theta_s=480°$（或 8.38rad），着落相位角 $\theta_h=493°$，料斗相对激振次数 $\zeta=\frac{\theta_h}{360°}=1.37$（圆整为 2）。

取当量滑动摩擦因数 $f_d=3$，有效工作系数 $k=0.5$，算出

振动角校核准数

$$\begin{aligned}\beta_{c0}&=\text{arccot}\left[f_d+(f_d-\tan\alpha_c)+\frac{\sin\theta_0}{|\sin\theta_h|}\right]\\&=\text{arccot}\left[3+(3-\tan1.8°)\times\frac{\sin12.6°}{|\sin493°|}\right]=14.5°\quad(\beta_c>\beta_{c0})\end{aligned}$$

平均供送速度

$$v_p=\frac{g\theta_s^2\cos\delta_c}{8\pi^2\xi\nu_z\sin\beta_c}=\frac{9.81\times8.38^2\times\cos18.4°}{8\pi^2\times2\times50\times\sin16.6°}=0.29\text{m/s}$$

生产能力

$$Q=\frac{kv_p}{d_w}=\frac{0.5\times0.29\times60}{22\times10^{-3}}=395\text{ 件/分}\qquad(\text{适用})$$

2）主振弹簧刚度及调谐值

（1）料盘与底盘等效质量　首先，对料盘和底盘的总体加以简化，如图 2-2-94(a) 和图 2-2-94(b) 所示。

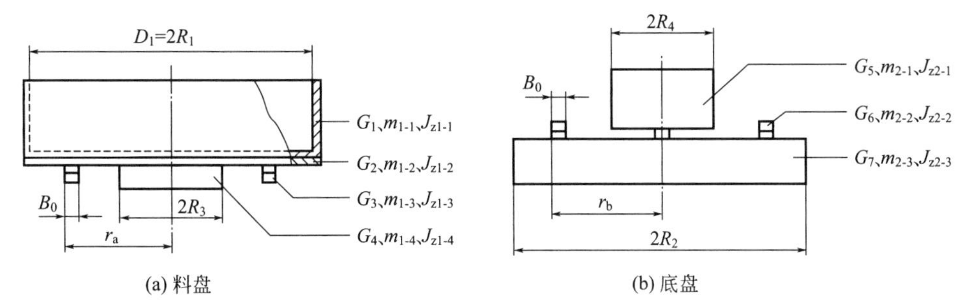

图 2-2-94　料盘及底盘结构简图

① 取料斗内半径 $R_1=180\text{mm}$，衔铁当量半径 $R_3=70\text{mm}$，板弹簧支座宽度 $B_0=20\text{mm}$，料斗重 $G_1=12\text{N}$，托盘重 $G_2=25\text{N}$，板弹簧上支座重（包括半段板弹簧重）$G_3=6\text{N}$，衔铁重 $G_4=12\text{N}$，按前述建模概念算出

料盘质量

$$m_1=\frac{1}{g}(G_1+G_2+G_3+G_4)$$

$$=\frac{1}{9.81}\times(12+25+6+12)=5.6\text{kg}$$

料盘对中心轴转动惯量

$$J_{z1}=\frac{1}{g}\left[\left(G_1+\frac{G_2}{2}\right)R_1^2+G_3\left(r_a-\frac{B_0}{2}\right)^2+\frac{G_4}{2}R_3^2\right]$$

$$=\frac{1}{9.81}\times\left[\left(12+\frac{25}{2}\right)\times0.18^2+6\times\left(0.12-\frac{0.02}{2}\right)^2+\frac{12}{2}\times0.07^2\right]$$

$$=0.0913\text{kg}\cdot\text{m}^2$$

料盘等效质量

$$M_1=m_1+\frac{J_{z1}}{\left(r_a-\frac{B_0}{2}\right)r_a\tan^2\delta_a}$$

$$=5.6+\frac{0.0913}{(0.12-0.01)\times0.12\times\tan^2 25°}=37.4\text{kg}$$

② 取底盘半径 $R_2=150\text{mm}$，铁芯线圈当量半径 $R_4=65\text{mm}$，板弹簧下支座外半径 $r_b=130\text{mm}$，铁芯线圈重 $G_5=50\text{N}$，板弹簧下支座重（包括半段板弹簧重）$G_6=6\text{N}$，底盘重（包括保护罩重）$G_7=330\text{N}$，按前述建模概念算出

底盘质量

$$m_2=\frac{1}{g}(G_5+G_6+G_7)$$
$$=\frac{1}{9.81}\times(50+6+330)=39.4\text{kg}$$

底盘对中心轴转动惯量

$$J_{z2}=\frac{1}{g}\left[\frac{G_5}{2}R_4^2+G_6r_b^2+\frac{G_7}{2}R_2^2\right]$$
$$=\frac{1}{9.81}\times\left[\frac{50}{2}\times0.065^2+6\times0.13^2+\frac{330}{2}\times0.15^2\right]$$
$$=0.414\text{kg}\cdot\text{m}^2$$

底盘等效质量

$$M_2=\text{m}_2+\frac{J_{z2}}{\left(r_a-\frac{B_0}{2}\right)r_b\tan^2\delta_a}$$

$$=39.4+\frac{0.414}{(0.12-0.01)\times0.13\times\tan^2 25°}=172.5\text{kg}$$

料盘与底盘振幅比 $\xi_0=\frac{A_1}{A_2}\approx\frac{M_2}{M_1}=\frac{172.5}{37.4}=4.61$

（2）板弹簧尺寸与主振弹簧刚度　选用硅锰板弹簧钢（60Si2Mn），弹性模量 $E=2\times10^5\text{MPa}$，切变模量与弹性模量之比 $\alpha=0.4$，板弹簧的宽度 $B=20\text{mm}$，厚度 $h=2\text{mm}$，组数 $i=3$，每组片数 $n=1$，弹簧与支座连接紧固系数 $C_0=0.95$，弹簧扭转变形校正系数 $\beta=0.3$。依次算出

板弹簧有效长度

$$L=\frac{\sqrt{r_b^2-r_a^2}}{\sin\delta_a}=\frac{\sqrt{130^2-120^2}}{\sin25°}=118\text{mm}$$

横向弯曲变形比例系数

$$p_1=\frac{\sqrt[3]{\xi_0}}{1+\sqrt[3]{\xi_0}}=\frac{\sqrt[3]{4.61}}{1+\sqrt[3]{4.61}}=0.625$$

扭转-压缩变形比例系数

$$q_1=\frac{\xi_0r_b}{r_a+\xi_0r_b}=\frac{4.61\times130}{120+4.61\times130}=0.833$$

板弹簧垂向总动刚度

$$K_{z1}=\frac{C_0\xi_0(1+\xi_0)}{1+\xi_0^2}\frac{inBhE}{L\sin^2\delta_a}\left[\frac{h^2}{p_1^3L^2}+\frac{(3\alpha\beta h^2\cos^2\delta_a+B^2\sin^2\delta_a)\cos^2\delta_a}{3q_1r_a^2}\right]$$
$$=\frac{0.95\times4.61\times(1+4.61)}{1+4.61^2}\times\frac{3\times1\times20\times2\times2\times10^5}{118\times\sin^2 25°}\times$$
$$\left[\frac{2^2}{0.625^3\times118^2}+\frac{(3\times0.4\times0.3\times2^2\times\cos^2 25°+20^2\times\sin^2 25°)\cos^2 25°}{3\times0.833\times120^2}\right]$$
$$=3570\text{N/mm}$$

（3）系统固有频率与调谐值　根据求出的 M_1、M_2、K_{z1} 之值，算出

系统固有角频率

$$\omega_0=\sqrt{\frac{(M_1+M_2)Kz_1}{M_1M_2}}=\sqrt{\frac{(37.4+172.5)\times3570\times10^3}{37.4\times172.5}}=340\text{rad/s}$$

激振角频率 $$\omega_z=2\pi\nu_z=2\pi\times50=314\text{rad/s}$$

调谐值 $$Z_t=\frac{\omega_z}{\omega_0}=\frac{314}{340}=0.92$$

3）隔振弹簧刚度及激振力传递率

选用橡胶弹簧成型元件（邵氏硬度25），弹性模量 $E=0.73\text{MPa}$，切变模量 $G_0=0.25\text{MPa}$，弹簧动载系数 $d=1.1$，弹簧的内径 $r_1=5\text{mm}$，外径 $r_2=22.5\text{mm}$，高度 $H=37\text{mm}$，个数 $i=3$，弹簧与底盘的中心距 $r_c=r_b=130\text{mm}$，算出

弹簧横截面积 $$F_0=\pi(r_2^2-r_1^2)=\pi\times(22.5^2-5^2)=1512\text{mm}^2$$

弹簧形状系数

$$\mu_0=1.2\times\left[1+16.65\left(\frac{r_2-r_1}{2H}\right)^2\right]=1.2\times\left[1+1.65\times\left(\frac{22.5-5}{2\times37}\right)^2\right]=1.31$$

隔振橡胶弹簧垂向总动刚度

$$\begin{aligned}K_{z2}&=\frac{diF_0}{H}\left[\mu_0E+\frac{G_0}{2r_b^2\tan^2\delta_a}(r_1^2+r_2^2+2r_c^2)\right]\\&=\frac{1.1\times3\times1512}{37}\times\left[1.31\times0.73+\frac{0.25}{2\times130^2\times\tan^2 25°}(5^2+22.5^2+2\times130^2)\right]\\&=290\text{N/mm}\end{aligned}$$

激振力传递率

$$\begin{aligned}\eta&=\frac{K_{z2}}{K_{z1}\left[1+\xi_0\left(1-\frac{M_1\omega_z^2}{K_{z1}}\right)\right]}\\&=\frac{290\times10^3}{3570\times10^3\times\left[1+4.61\times\left(1-\frac{37.4\times314^2}{3570\times10^3}\right)\right]}=0.96(\text{或}\ 9.6\%)\end{aligned}$$

由前面计算的结果得知，斗式电磁振动给料器的总重 $G_t=440\text{N}$，再计入料斗内的物重 $G_w=10\text{N}$，算出

隔振橡胶弹簧垂向总静刚度

$$K'_{z2}=\frac{i\mu_0EF}{H}=\frac{3\times1.31\times0.73\times1512}{37}=117\text{N/mm}$$

弹簧预压缩量

$$\Delta H=\frac{G_t+G_w}{K'_{z2}}=\frac{440+10}{117}=3.8\text{mm}$$

弹簧最大压缩应变量

$$\Delta\varepsilon=\frac{1}{H}\left(\Delta H+\frac{A_1}{\xi_0}\right)=\frac{1}{37}\times\left(3.8+\frac{0.5}{4.61}\right)=0.106(\text{或}\ 10.6\%)$$

4. 电磁参数计算

1）电磁激振力

选用可控单相半波整流激磁，根据已设定和求出的相关值，并取衰减振幅比 $\frac{A'_1}{A'_3}=$

1.4，衰减振动周期 $T_{13}=\frac{1}{\nu_z}=0.02\text{s}$，依次算出

主振体的相对振幅 $$A=\frac{1+\xi_0}{\xi_0}A_1=\frac{1+4.61}{4.61}\times 0.5=0.6\text{mm}$$

及转化质量 $$M_0=\frac{M_1M_2}{M_1+M_2}=\frac{37.4\times 172.5}{37.4+172.5}=30.7\text{kg}$$

当量阻尼系数 $$\mu=\frac{2M_0}{T_{13}}\ln\frac{A_1'}{A_3'}=\frac{2\times 30.7}{0.02}\times \ln 1.4=1033\text{kg/s}$$

电磁激振力

$$\begin{aligned}P_0&=A\sqrt{(K_{z1}-M_0\omega_z^2)^2+\mu^2\omega_z^2}\\&=0.6\times 10^{-3}\times\sqrt{(3570\times 10^3-30.7\times 314^2)^2+(1033\times 314)^2}=384\text{N}\end{aligned}$$

及其与位移的相位角

$$\begin{aligned}\beta&=\arctan\left(-\frac{\mu\omega_z}{K_{z1}-M_0\omega_z^2}\right)\\&=\arctan\left(-\frac{1033\times 314}{3570\times 10^3-30.7\times 314^2}\right)=-30.8°\end{aligned}$$

2）磁极气隙量

取磁极气隙安全余量 $\Delta A=1.5\text{mm}$，算出

磁极气隙量 $$\Delta\delta=A+\Delta A=0.6+1.5=2.1\text{mm}$$

3）主磁极有效端面积

选用“山”型硅钢片制作励磁铁芯，取磁极个数 $j_c=2$，最大磁感应强度 $B_m=0.6\text{T}$，空气磁导率 $\mu_1=4\pi\times 10^{-7}\text{H/m}$，漏磁系数 $\sigma=1.1$，超载系数为1.2，算出

主磁极有效端面积

$$S_1=\frac{1.2\times 3\pi\mu_1 P_0}{2j_cB_m^2}=\frac{1.2\times 3\pi\times 4\pi\times 10^{-7}\times 384}{2\times 2\times 0.6^2}=40\times 10^{-4}\text{m}^2$$

铁芯最大磁通量

$$\Phi_m=\sigma B_m S_1=1.1\times 0.6\times 40\times 10^{-4}=26.4\times 10^{-4}\text{Wb}$$

4）铁芯线圈匝数

考虑供电电压不稳定，取降压系数为0.9，算出

铁芯线圈匝数

$$W=\frac{0.9U}{4.44\nu_z\Phi_m}=\frac{0.9\times 220}{4.44\times 50\times 26.4\times 10^{-4}}=338$$

关于激振电磁铁其他参数的计算，请详见有关专著。

强调指出，按照本实例设计和试制出来的斗式电磁振动给料器，经实验全面验证，效果良好，一举成功；也充分说明，所研究的这全套创新理论成果是实用可靠的。切记，设法控制好磁极气隙对降噪会起重要作用，这并非是电磁振动给料器致命弱点之所在。

三、压电式振动给料器

压电式振动给料器大体上也分为槽式和斗式两大类型。按柔顺机构观点看，它与电磁

振动给料器相比，几乎一脉相承，并无本质差别。关键在于，要研究由于振动源及其配置部位的改变所引发的一系列新问题。因此，应根据上述工作原理及设计要点着重探讨压电的新技术在振动给料领域的具体应用，经对比找出各自特点、内在联系和发展方向。

（一）压电元件特性

当某些晶体沿着确定方向受到外力均匀作用时，内部会产生极化现象，随之在相应两个表面上引发极性相反的电荷，而外力一消除，便立即恢复原状。当作用力方向改变时，其电荷极性也更换。实验表明，电荷的电量 Q 与作用力 F_x 成正比，写成

$$Q=d_iF_x \tag{2-2-219}$$

式中，d_i 为压电系数，C/N。

这种现象称为压电效应。不难看出，切片上产生电荷的多少与其几何尺寸无关。

采用相反的做法，沿该晶体切片的极化方向施加电场作用，会使内部电荷相对位移，导致其厚度有所变化，令变形量为 $\Delta\delta$，相应的电压为 U_x，也可以写成

$$\Delta\delta=d_iU_x \tag{2-2-220}$$

同样，一旦去除电场，也会恢复原状。这种现象称为压电逆效应。注意，此式中 d_i(m/v)与前式中 d_i(C/N)，单位可以互换，完全一致。

凡具有压电效应和压电逆效应的材料，统一命名为压电材料。依此制成的压电元件，在适当的外界条件作用下，能实现机电能量的相互转换。

当前，工业上所用的压电元件分为两种，一是价格昂贵、用得偏少的压电晶体（如石英等）；二是容易制作、大量应用的压电陶瓷（如锆钛酸铝等）。后者的主要特点在于，机械强度和压电系数均较高，可输入的激振频率也较宽，既省电又无磁化和噪声，其缺点是受环境温度以及外力作用的影响会老化，使工作稳定性逐渐减弱。另外压电元件驱动能力偏低也成为瓶颈问题。随着科学技术的发展，关于压电材料及其他相关材料的研究显得越来越重要。

（二）压电振动原理

应用小型片状压电元件作为驱动源，并与柔顺机构相结合可使振动给料器的总体结构更加小型、轻巧、紧凑、精确。对于压电元件来说，有多种支撑方式，其中悬臂梁式，由于自由端容易产生变形位移，现时也用得最多，如图 2-2-95 所示。

压电陶瓷硬而脆，通常将它粘接在线膨胀系数相接近的金属支撑基板上作为压电振子。实用中，此支撑板与主振弹簧板一样大都采用弹簧钢（如 65Mn）制作，只是为了满足不同的使用要求，所取的厚度和宽度有所差别。

每个振子需配两只压电陶瓷晶片，其形体尺寸和极化方向（A 表示由一指向＋）都相反，工作表面镀有金属银作为电极，用环氧树脂胶粘在支撑板的两个侧面，并以并联回路方式接通电源（为便于说明工作原理，暂通直流电源）。

见图 2-2-95(a)，依压电逆效应原理

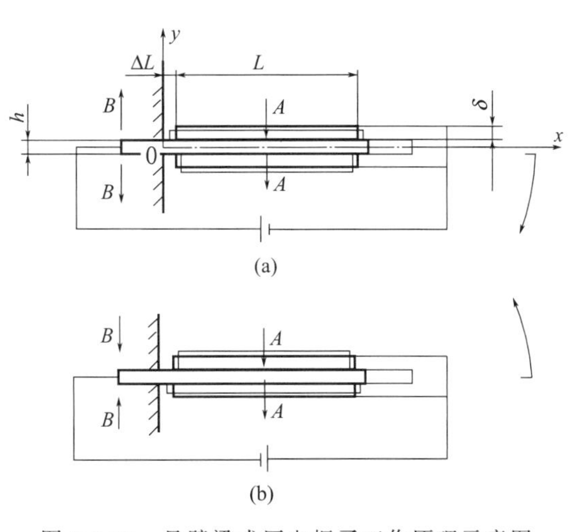

图 2-2-95　悬臂梁式压电振子工作原理示意图

做出判断：当电场方向（B 表示由＋指向－）与极化方向相反时，压电晶片的厚度会减薄，纵向伸长；反之，当电场方向与极化方向相同时，压电晶片的厚度会增厚，纵向缩短，结果压电振子绕顺时针方向弯曲变形。

继见图 2-2-95(b)，反接直流电源的正负极，随之改变电场方向，同理做出判断，压电振子应沿逆时针方向弯曲变形。由此可见，在其他条件不变的前提下，用交流电源取代直流电源，该压电振子必定产生等同于交变频率的横向振动。在限定范围内，外加电压愈高，振幅也愈大。

更值得关注的是，常用的压电晶体本身就具有一定的固有振动频率，当外加电压的交变频率接近于该固有频率时，就会引起近共振现象，这很值得利用。

考虑当前技术水平，将压电振子应用于振动给料器具有如下优点：

① 作为一种驱动器，组成元件少，体扁质轻，便于模块化设计，使整机更加小巧。

② 大量实验表明，主要通过调节电压来改变料盘的振幅和供送速度，并通过调节激振频率来找到近共振点。由于能实现超级的高频（一般在 200Hz 以内）和微幅（一般在 100μm 以内）的振动组合，得以产生适宜的速度使一些精密元件达到预期的自动定向供送效果。

③ 在振动供送过程，响应速度快，运行平稳无声，消除磁化作用，节省能耗，容易操作控制，应用面很广。现正关注和研究为供送大重物件设法提高压电振子驱动能力等问题。

（三）创新设计构思

1. 结构分析

迄今，国内外产业界向市场投放的微小型压电振动给料器，均已形成了系列化产品，在此仅举几个典型实例略加分析。

1）槽式压电振动给料器

将槽式压电振动给料器加以简单化和小型化，增多组合个数，采用一线式布局，并与微机称重控制系统紧密结合，遂研发出如图 2-2-96 所示的新型组合秤。

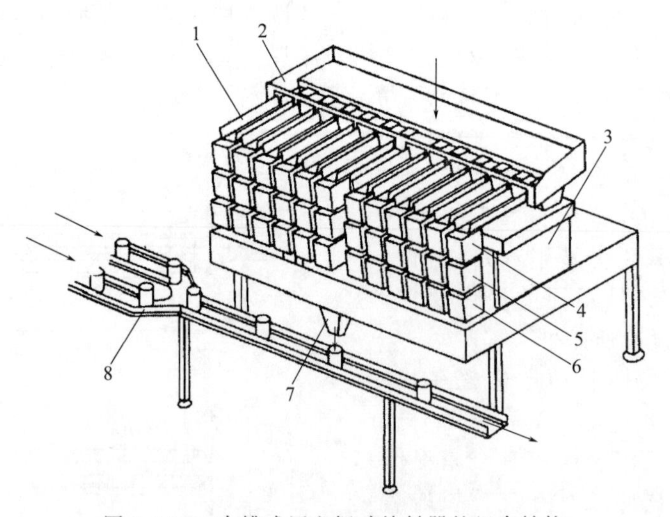

图 2-2-96 支槽式压电振动给料器的组合结构

1—支槽式压电振动给料器；2—加料槽；3—控制柜；4—导料管；5—存料斗；6—称料斗；7—集料槽；8—容器输送带

该设备由12个结构尺寸完全相同的供送与称重套件组成，其工作原理同图1-1-3所示的基本一致，主要用于散落性较好的小颗粒物料。值得强调的是，前述压电振动给料技术的若干优点在此得到充分体现，有助提高称重的精度和速度。

在总体布局上，采用一线式，为扩大组合单元，模块化设计，以及多品种的称重混合包装创造了有利条件。再者，各组件按功能有序排列，还给控制系统提供宽敞的空间，便于操作、维修和管理。美中不足是不便同主机串联，占地面积较多。

2）斗式压电振动给料器

如图2-2-97所示，斗式压电振动给料器的主体结构与槽式类似，包括料斗、托盘、主振板弹簧、压电振子、底盘和隔振弹簧。

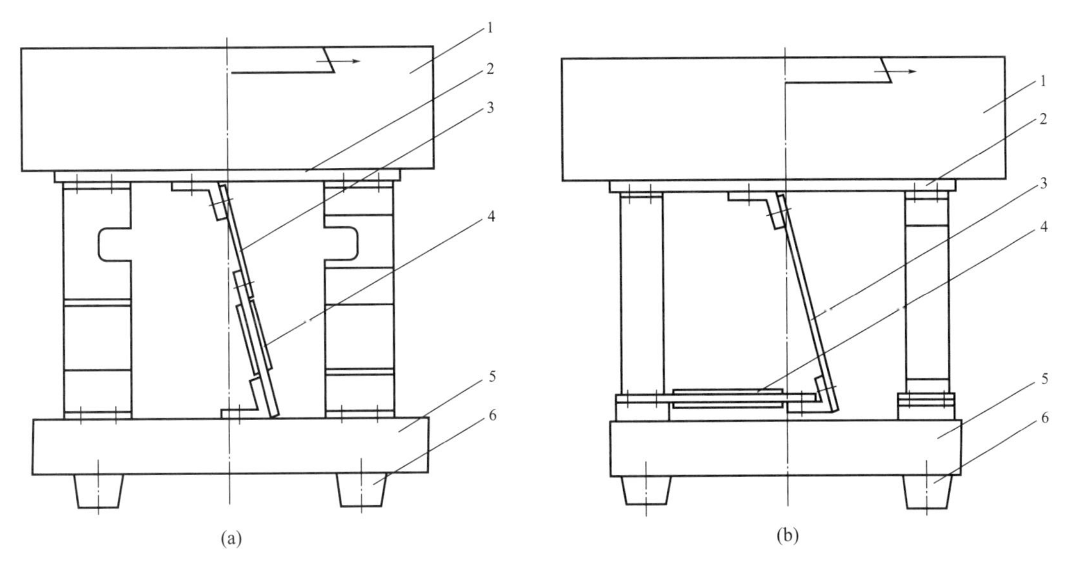

图2-2-97　斗式压电振动给料器

1—料斗；2—托盘；3—主振板弹簧；4—压电振子；5—底盘；6—隔振弹簧

面对这两幅图形，最引人注目的，当然是料斗托盘的主振板弹簧同压电晶片支撑板弹簧的连接配置方式。图2-2-97(a)采用一线式串联斜置于两振盘之间，这能满足料盘振动角的要求，而且将主振板弹簧的一侧开个大口也能更换调整弹簧刚度。所感不足的，是两段板弹簧都偏短，不容易激振，适应性不宽。

图2-2-97(b)则采用“L”形串联，压电振子固定并平行于底盘之上。两段板弹簧都有所加长，克服了一线式的不足。然而又带来一些新问题，压电振子承受料斗托盘的全部重量会产生一定的静压弯曲变形，不单影响晶片本身的工作性能和使用寿命，还容易引起料盘偏斜和物件偏流。再者，压电振子一端的激振方向大体接近于垂直，使板弹簧难以充分发挥其主振作用，而影响料盘的供送效果。

综合上述，为克服现有的某些斗式压电振动给料器存在的若干缺欠，有必要联系斗式电磁振动给料器，在深入了解各自的结构特点及工作原理的基础上，抓住两者的差异点和共同点，取长补短、有效融合、加以改进，为建立统一的机构数学模型创造条件。

据此，结合图2-2-75，笔者提出如图2-2-98所示的创新设计方案。其要点：

① 将斗式电磁振动给料器作为空间柔顺机构移植过来，拆除全部电磁激振构件，保

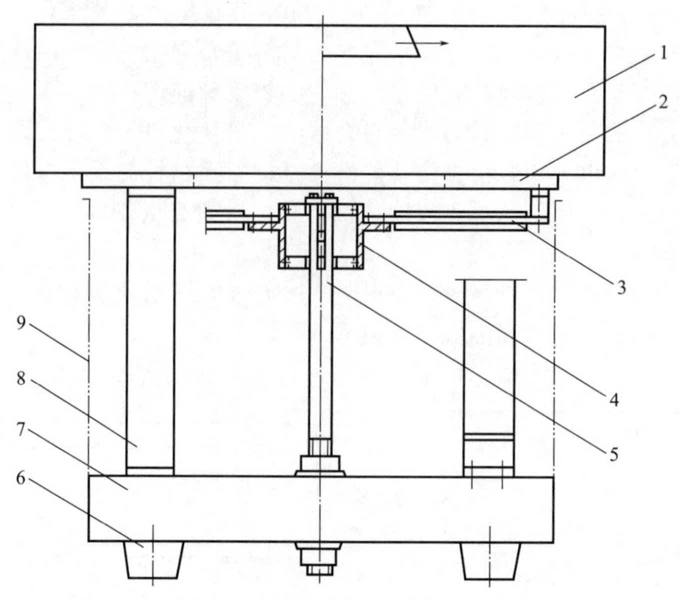

图 2-2-98　斗式压电振动给料器创新设计简图

1—料斗；2—托盘；3—压电振子；4—十字弹簧套筒；5—固定支柱；6—隔振弹簧；7—底盘；8—主振板弹簧；9—外罩

留其余部分。根据压电振动系统的实际需要，重新调整料斗托盘的内径和外径。

② 在底盘中央安装一根支柱，下设可调其高位的螺母，而上端配置内有十字弹簧薄片的套筒，借此与压电振子相连。该压电振子的自由端紧固在料斗托盘的下方，同主振板弹簧上支承座错开分布。这样，便形成一套新的压电式激振装置。

③ 工作过程受外加电压作用的压电振子，犹如一端固定的悬臂梁，通过释放所储存的应变能驱动料盘，并引发主振板弹簧产生相应的复合变形（包括横向弯曲变形、扭转变形及纵向偏压变形），继而通过其释放能量，导致与压电元件的交替互动。同时受制于料盘的压电振子还伴生轻微的水平摆动。如此便形成压电振子对料斗的激振，输入能量用于克服多种运动阻抗的消耗。

因此，为斗式电磁振动给料器所建立的机械振动系统数学模型以及由此推导的函数计算式，基本上都适用于压电式振动给料器。需要补充的，是将压电驱动系统与机械振动系统有机结合起来找出统一的运动规律，解决设计所需处理的特殊问题。

2. 机理探讨

参阅图 2-2-95，设悬臂梁式压电振子共有 n 个，就每一个组合而言，压电元件和支撑基板的厚度各为 δ、h，弹性模量各为 E_p、E_j；初始状态振子的有效长度和宽度各为 L、b，为简化计算取 $\Delta L=0$，并忽略其固定端夹持深度对激振的影响。

如图 2-2-95 所示建立直角坐标系，x 轴与基板中性层重合，y 轴与基板夹持外端截面重合。

据此，按梁的纯弯曲变形理论做静态分析。

当供电电压强度为 E（相应的供电电压 $U=E\delta$）时，由于电场作用于压电元件的整个外表面，使之内部引发纵向的压电应力。若压电振子的中性层形成了曲率半径为 ρ 的挠曲变形，则距该中性层为 y 处的线应变为

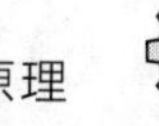

$$\varepsilon = d_i E = \frac{y}{\rho}$$

遵从虎克定律，此内驱动力矩

$$M_n = \int_A y E_p \varepsilon \mathrm{d}A = \int_A y E_p d_i E \mathrm{d}A, \quad \mathrm{d}A = b\mathrm{d}y$$

依此可建立与其自身变形相对应的力矩平衡式

$$\int_{\frac{h}{2}}^{\frac{h}{2}+\delta} y E_p d_i E b \mathrm{d}y + \int_{-\frac{h}{2}}^{-\left(\frac{h}{2}+\delta\right)} y E_p d_i E b \mathrm{d}y =$$

$$\int_{\frac{h}{2}}^{\frac{h}{2}+\delta} y E_p \frac{y}{\rho} b \mathrm{d}y + \int_{-\frac{h}{2}}^{-\left(\frac{h}{2}+\delta\right)} y E_p \frac{y}{\rho} b \mathrm{d}y + \int_{-\frac{h}{2}}^{\frac{h}{2}} y E_j \frac{y}{\rho} b \mathrm{d}y$$

消去各项的公因子 b，解出

$$E_p d_i E \delta (h+\delta) = \frac{1}{\rho} E_p \delta \left(\frac{h^2}{2} + h\delta + \frac{2\delta^2}{3}\right) + \frac{1}{12\rho} E_j h^3$$

代入 $U = E\delta$，求出

$$\frac{1}{\rho} = \frac{12 E_p d_i U (h+\delta)}{E_j h^3 + 2E_p \delta (3h^2 + 6h\delta + 4\delta^2)}$$

另一方面，绘制悬臂梁挠曲变形的简单图形，可近似求出其自由端的最大挠度

$$y_m = \frac{L^2}{2\rho} = \frac{6(h+\delta) L^2 E_p d_i U}{E_j h^3 + 2E_p \delta (3h^2 + 6h\delta + 4\delta^2)} \tag{2-2-221}$$

注意，上式中的 y_m 与 b 无关。事实上，对压电振子来说，要将在外加电压作用所储存的应变能全部释放出来驱动以料斗托盘为主体的机械系统，不仅要求均布足够的振子个数 n，还要求每个振子具有足够的元件宽度 b。为此，根据悬臂梁的力学原理写出

$$y_m = \frac{P_0 L^3}{3n \sum E_1 I_1} \tag{2-2-222}$$

式中，压电振子各组件弹性模量与惯性矩乘积之和

$$\begin{aligned}\sum E_1 I_1 &= E_j I_j + 2E_p I_p \\ &= E_j \frac{bh^3}{12} + 2E_p \left[\frac{bh^3}{12} + b\delta \left(\frac{h+\delta}{2}\right)^2\right] \\ &= \frac{b}{12}\left[E_j h^3 + 2E_p \delta (3h^2 + 6h\delta + 4\delta^2)\right] \\ &= \frac{bE_p}{12}(E_1 I_1) \end{aligned} \tag{2-2-223}$$

$$(E_1 I_1) = \frac{E_j}{E_p} h^3 + 2\delta (3h^2 + 6h\delta + 4\delta^2) \tag{2-2-224}$$

忽略十字弹簧薄片弱弹性力影响，按式(2-2-173) 确定激振力

$$\begin{aligned} P_0 &= \frac{1+\xi_0}{\xi_0} A_1 \sqrt{(K_{z1} - M_0 \omega_z^2)^2 + (\mu \omega_z)^2} \\ &= \frac{1+\xi_0}{\xi_0} C A_1 \end{aligned} \tag{2-2-225}$$

$$C=\sqrt{(K_{z1}-M_0\omega^2\omega_z^2)^2+(\mu\omega_z)^2}$$

$$\omega_z \leqslant \omega_0=\sqrt{\frac{K_{z1}}{M_0}}$$

取式(2-2-222) 中 $y_m=A_1$，求出

$$b=\frac{4P_0L^3}{A_1nE_p(E_1I_1)}=\frac{4(1+\xi_0)CL^3}{\xi_0 nE_p(E_1I_1)} \tag{2-2-226}$$

以上表明，在机械振动系统保持不变的条件下，b 随 L 增大，E_p、E_j、n 的减小而增大。由此确定 b 之后，对均布 n 个压电振子来说，只要施加一定的电压使之发生压电逆效应，其自由端变形的挠度达到了 $A_1=\frac{\xi_0 P_0}{(1+\xi_0)\ C}$，那么所产生的总驱动力的力幅就能达到 P_0，当然这必须满足料盘的振动要求。在概念上突破了此一关键环节，便可为压电驱动系统与机械振动系统建立直接联系，找到内在运动的因果关系。

据此，取式(2-2-221) 中 $y_m=A_1$，写成

$$A_1=\frac{6(h+\delta)L^2d_iU}{(E_1I_1)} \tag{2-2-227}$$

这说明当其他条件一定时，改变供电电压可以调节料盘的振幅，而且互成正比关系。同理，还能将上式改写成

$$P_0=\frac{6(1+\xi_0)(h+\delta)L^2Cd_iU}{\xi_0(E_1I_1)} \tag{2-2-228}$$

这说明当其他条件一定时，改变供电电压可以调节机械振动系统的驱动力，而且也互成正比关系。

3. 小结

① 为达到良好的压电振动效果，处理好机械系统的调谐至关重要，其有关原理已在斗式电磁振动给料器部分进行了深入研究。

② 在此前提下，借改变供电电压（一般取 120～360V）来调节料盘的振幅，供送速度和生产能力，是压电式振动给料的一大特点，相当实用。

③ 压电元件的性能好坏，对提高压电振子的驱动能力起着决定性作用，现多采用锆钛酸铅压电陶瓷（PZT 系列）。此外，适当增加压电振子中压电元件的叠置片数，也是一种可行的途径。

④ 压电振动力学涉及压电材料，同样属理论与实验并重的学科。实际上，不论输入电压和驱动力都是按简谐规律变化的，考虑问题的复杂性，在整个推导过程做了一些简化和假设，由此造成的计算误差有待通过相关实验加以校正和补偿。

（四）设计计算实例

1. 题意

参阅图 2-2-98，此斗式压电振动给料器主要用于自动定向供送微小轻薄的金属或非金属成型物件，取料斗振幅 $A_1=30\mu m$，试确定压电振子尺寸及供电电压。

2. 求解

根据前述斗式电磁振动给料器综合设计计算实例求出一系列参数，包括 $A_1=0.5mm$，$P_0=384N$，$\nu_z=50Hz$，$Z_t=0.92$。鉴于这两种给料器只是部分结构（如驱动构

件、料斗托盘）略有差异，所以可以借用这些数据进行近似设计和研究。

对本机械振动系统，已知激振力与料盘垂向振幅成正比，因此与 $A_1=30\mu m$ 对应的 $P_0=23N$，考虑安全系数取 $P_0=25N$。

选用 PZT4 压电陶瓷晶片和 65Mn 弹簧钢支撑基板组成 3 只压电振子。其中，$\delta=1.5mm$，$h=2.0mm$，$L=90mm$，$d_{31}=200\times10^{-12}C/N$，$E_p=6.2\times10^{10}Pa$，$E_j=20.6\times10^{10}Pa$。

将以上各相关值代入式(2-2-224)、式(2-2-226)，得

$$
\begin{aligned}
(E_1I_1)&=\frac{E_j}{E_p}h^3+2\delta(3h^2+6h\delta+4\delta^2)\\
&=\frac{20.6}{6.2}\times2.0^3+2\times1.5\times(3\times2.0^2+6\times2.0\times1.5+4\times1.5^2)\\
&=144mm^3
\end{aligned}
$$

$$
\begin{aligned}
b&=\frac{4P_0L^3}{A_1nE_p(E_1I_1)}\\
&=\frac{4\times25\times90^3}{30\times10^{-6}\times3\times6.2\times10^{10}\times144}=90.7\times10^{-3}m
\end{aligned}
$$

确定 $b=90mm$。

其次，将式(2-2-227) 改写为

$$U=\frac{A_1(E_1I_1)}{6(h+\delta)L^2d_{31}}$$

代入各已知值，得

$$U=\frac{30\times10^{-6}\times144}{6\times(2.0+1.5)\times90^2\times200\times10^{-12}}=127V$$

确定 $U=130V$

重要启示：若将振幅增加到 $A_1=60\mu m$，因 b 以及 P_0 与 A_1 之比为定值，故输入电压应提高 1 倍，可取 $U=260V$。依此类推，要适可而止。

附带说明，在调谐值 Z_t 设定的前提下，欲提高激振频率 ν_2，不妨采用这样的捷径：保持主振板弹簧刚度 K_{z1} 不变，仅适当降低主振动系统转化质量 M_0。

总之，通过验证，这基本符合现有设备的使用情况。

第三节　板片及卷带供送机构

一、主要类型及结构特征

（一）板片供送机构

包装所用的板片材料品种繁多，有硬纸片、纸盒片、纸箱片、金属板等。由于其质

地、厚薄、大小和包装要求不尽相同，以致出现多种类型的板片供送组合机构，现仅举数例略加说明。

1. 多向夹取式

多向夹取式中小型纸片供送机构如图 2-2-99 所示。它多用于供送比较挺括的中小型纸片。从包装工艺路线的角度来看，能够很好地满足多方向夹取换位的要求。当夹钳受控前移时，仅下钳张开一定角度，到达终点稍有停顿，待夹紧纸片后便往后退，在设定的包装工位下放。整个夹钳动作由凸轮控制一组并联杆机构完成。

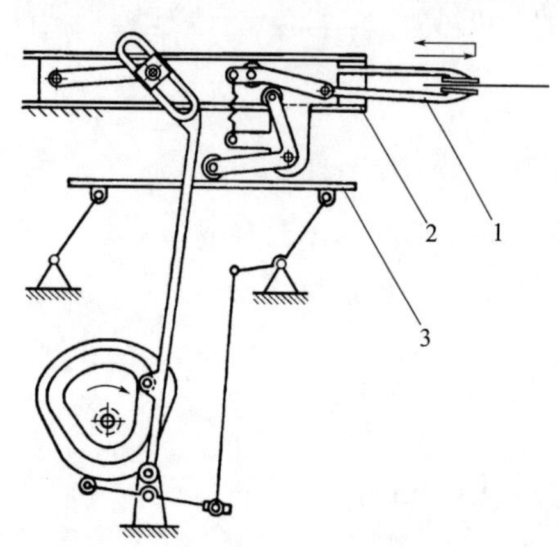

图 2-2-99　多向夹取式中小型纸片供送机构
1—纸片夹钳；2—固定导轨；3—开闭钳控制滑板

2. 侧向吸出式

侧向吸出式纸盒片供送机构如图 2-2-100 所示。竖直叠合在一起的纸盒片整齐地排列在存槽之内。在该槽的后端装有纸盒片的滑动压板，借助蜗卷弹簧使之产生一定的推动作用。

真空吸盘只有一个，其侧向吸出的执行机构是由曲柄连杆和双摇杆串联组合而成。对该机构的动作要求是，当吸取纸盒片之际，吸盘连杆应保持水平，而当释放之际，吸盘连杆应处于垂直状态，以便纸盒片自然平稳地下落到成型工位。此机构的工作频率一般为 60 次/分左右。

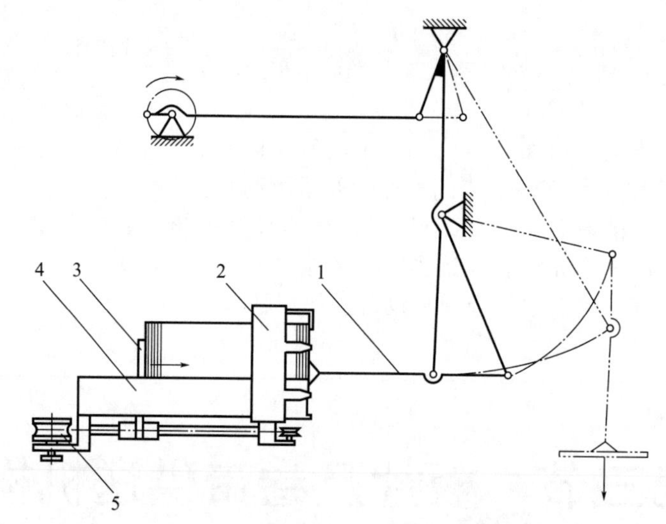

图 2-2-100　侧向吸出式纸盒片供送机构
1—真空吸盘连杆；2—限位卡头；3—滑动压板；4—纸盒片存槽；5—涡卷弹簧滑轮

3. 下部吸出式

下部吸出式马口铁片供送机构如图 2-2-101 所示。在工作过程中，凭借喷嘴和吸盘的共同作用可将存库最底层的马口铁片逐个吸出，待降至规定距离即改变为水平方向移动，直至输送辊的工作区间。吸盘所以能产生近似于“⌋”形的往复运动轨迹，是借一组并联凸轮-连杆滑块机构实现的。

此一装置能够根据马口铁片的大小适当调整存库构架和复式吸盘的相对位置及空间尺

寸，多用在制罐生产线上，其供送能力可达 200 片/分左右。

4. 上部吸出式

上部吸出式大型纸片供送机构如图 2-2-102 所示。较大型厚纸片被叠放在存库内装有四对滑轮的托板上。其顶部由多列平行滚筒限位，以保持纸面平整，加上配置空气喷嘴，得以减轻纸片之间的吸附力和摩擦力，为单张顺畅抽出创造有利条件。

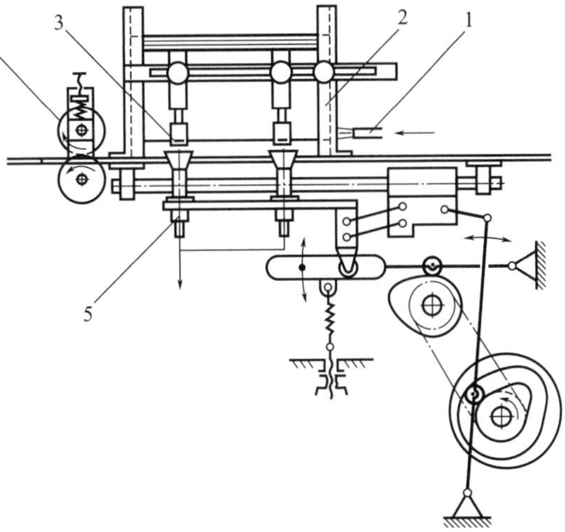

图 2-2-101　下部吸出式马口铁片供送机构
1—空气喷嘴；2—铁片存库支承座；3—支撑卡头；
4—输送辊；5—真空组合吸嘴

在工作过程中，纸片不断被抽出，依靠重铊牵引使托板沿着边框随之逐渐升起。纸片一旦接近用完，由于托板触动微动开关而停机。在存库外侧安放一对弧形导轨，有助于重铊的有效牵引力与托板负载的变化紧相适应。

真空吸纸转鼓固连在齿轮连杆组合机构的输出轴上，作谐性的回转运动。当处于停歇的瞬间，整个存库受双偏心轮控制恰巧升至最高点，有助于真空转鼓吸住最上层的一张纸片，然后转移到输送辊被快速送出。

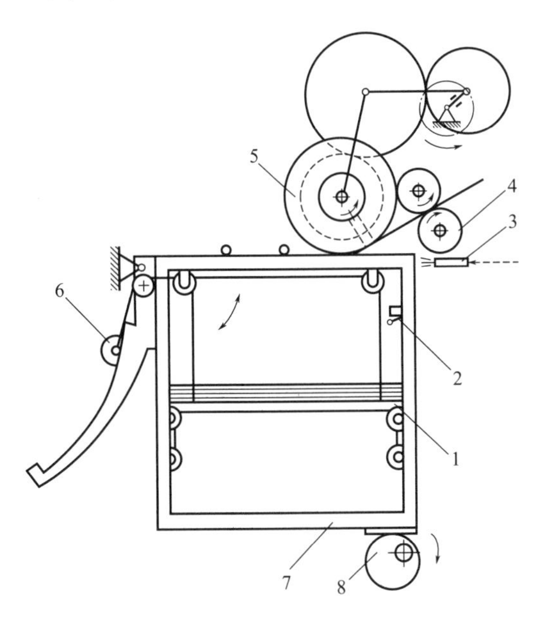

图 2-2-102　上部吸出式大型纸片供送机构
1—纸片托板；2—微动开关；3—喷嘴；4—输送辊；
5—真空转鼓及齿轮连杆组合机构；
6—重铊；7—纸片存库；8—偏心轮

（二）卷带供送机构

包装机械的高速化和自动化，导致使用卷筒式包装材料日益增多。与主传送紧相呼应，卷带的供送一般设有间歇式和连续式两大类。另外，按照卷带上有无商标图案并考虑其独立完整性，往往又可采用不同的切割方式，即定位切割和定长切割。

定长切割比较容易处理，只要切断长度不超过许用值便行了。然而定位切割能否达到所需的精确度，不单同卷带上各商标图案间距的印刷误差有关，更主要的干扰因素乃是在牵引过程中较长的卷带会产生不同程度的拉伸变形和同接触的转辊表面打滑，从而给相关的执行机构以及控制系统的设计使用带来诸多麻烦。

实际上，现今多借助光电传感器来跟踪检测卷带上的等距离色标进行多种形式的自动控制。究其基本工作原理，对间歇供送为“利用偏差，纠正偏差”，而对连续供送则为

“检测偏差，纠正偏差”。下面通过实例分别阐述有关机理。

1. 有标卷带连续供送定位切割系统

按检测偏差、纠正偏差的自动补偿工作原理可分为随机补偿式和制动补偿式两种类型，但前者用得面广量大。现结合图 2-2-103 所示接缝式裹包机的卷带供送系统具体制订设计技术方案。

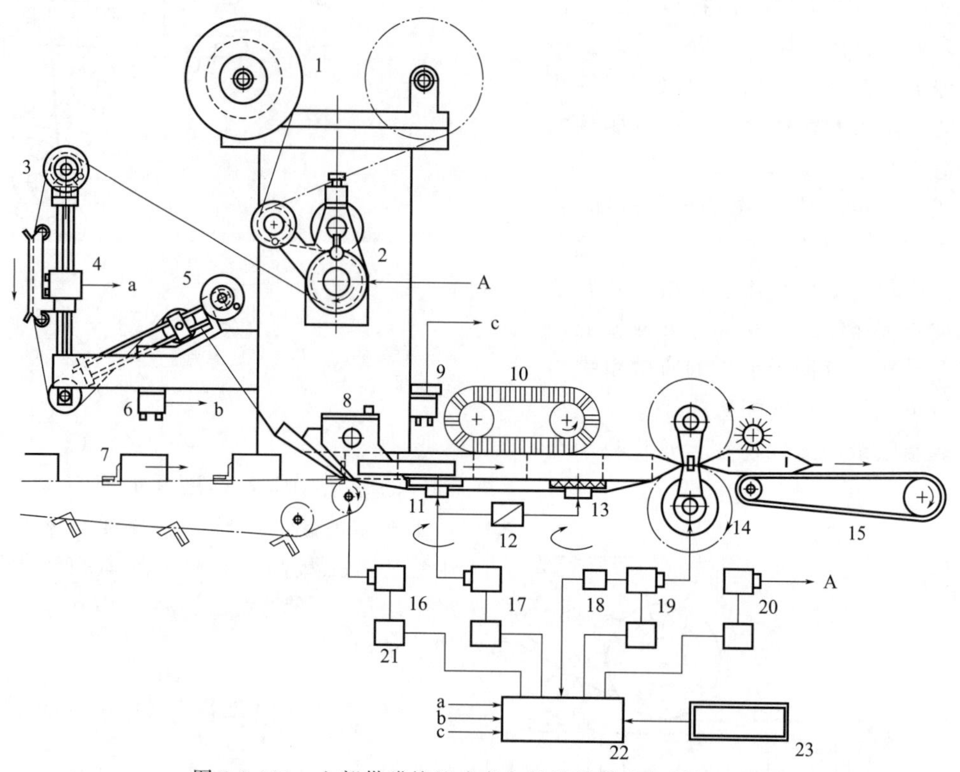

图 2-2-103　上部供膜接缝式裹包机卷带供送与封切系统

1—卷筒薄膜；2—牵引辊；3—薄膜导板调位手轮；4,6,9—反射式光电传感器；5—导向辊调位手轮；7—内装物供送链带；8—袋筒成型器；10—整形毛刷；11—袋筒接缝牵引辊；12—微调无级变速器；13—纵封辊；14—横封切割器；15—成品输送带；16,17,19,20—交流伺服电机；18—编码器；21—伺服驱动器；22—可编程控制器；23—操作控制箱

首先概括说明该机的包装工艺过程。卷筒薄膜 1 借卷带牵引辊 2、导向辊 3、5 及接缝牵引辊 11 被连续供送到袋筒成型器 8。由水平链带 7 输送过来的内装物按推头间距逐个裹包在袋筒之中。接着，通过整形毛刷 10 使袋筒排气压平，同时借纵封辊 13 对其底部接缝进行热封和折平。及至横封切割器 14 完成色标定位切割。最后，在回转毛刷和输送带 15 的共同作用下，将枕形包装袋快速拉开排出机外。

当然，根据实践经验，要想切实搞好此一既复杂又有难度的课题，必须从包装工艺要求出发，综合研究并统筹制订以卷带连续供送色标定位切割为重点的总体传动与控制方案。为使机电专业双方相互配合、有效协作，作为机械设计人员，应率先对此创新技术方案提出基本的构思、准则和依据。建议不妨从以下三个方面深入思考。

1）关于执行机构动作协调问题

参阅图 2-2-103 中有关控制回路部分，交流伺服电机有多台（至少配备 4 台），由可编程控制器及伺服驱动器控制，直接或以较短传动链驱动各包装执行机构。其间的运动关

系都是相互制约、协调一致的。特别是，为满足多品种、多规格、多批量产品包装的实际需要，应能适应生产能力和包装尺寸的改变，在合理范围内可灵活调整有关伺服电机的转速。

其中，就各主要执行机构的动作协调来说，务必抓好三个同步关系：

① 时间同步　每包装一袋产品，供送链带应运行一个推头间距，同样，卷筒薄膜应运行一个色标间距，横封刀头应运行一个回转圆周。

再有，采用伺服电机直接驱动横封切割器还有着更特殊的要求，模拟传统的转动导杆机构的运动规律，通过可编程控制器的控制得以产生理想的变圆周速运动。在封切点，相向回转的双横封头应同袋筒上的色标相吻合，而且其瞬时线速度恰好是最低值，以保证袋筒的内装物及商标图案都完整无损。

② 速度同步　根据设计要求确定的生产能力和包装尺寸可以计算卷带运行速度的变化范围。但对某一特定值而言，要达到的速度同步，就意味着在链带供送的物品与牵引袋膜的汇合点（即袋筒成型器的入口端）应取得运动速度的一致；同理，在一对相向回转的横封头与牵引袋筒的汇合点（即横封头切割处）也要取得运动速度的一致。这样，才足以保证整个包装过程都能井然有序地进行。

为切实达到此一目的，供送链带上的推头间距必须等同于卷带上的色标间距。因此，要采取相应措施设计推头间距无级可调的新型供送链带及其传动装置。而若采用多个有级固定间距的推头链带作为首用，那只能做到近似的速度同步。

③ 相位同步　鉴于各主要执行机构均采用分立的驱动源，为确保其间的运动连锁关系，在开机前必须做好各结合点相对位置的正确配合。

先让袋筒上的某一色标同一对横封刀头准确对位，并调好与其同轴相连的伺服电机和编码器的基准相位。接着再分别确定与检测袋膜色标相关的各个光电传感器的位置。然后点动供送链带，使先头的内装物靠近袋筒成型器的开口部位，使之同袋膜上的商标图案相互对应。做完了这一切，就给正常的横封切割创造必要的条件。

2）关于随机补偿定位切割问题

在实际生产过程中，往往存在许多的干扰因素，会程度不同地影响着卷带牵引速度的变化和袋筒封切点的错位。针对这些情况，要求伺服控制系统应能充分发挥自动检测与自动纠偏的功能。

① 当袋膜快速连续运行时，处于不同工作点的光电传感器 4、9 能自动检测到各自对应色标的当前位置。

② 同时，光电传感器 9 和光电编码器 18 也能自动检测到横封刀头的回转位置。

③ 随之，将这些检测信息反馈给可编程控制器 22，通过一系列运算比较，可确定袋膜色标与横封刀头彼此超前或滞后运行的偏移量。

④ 据此，由可编程控制器分别向有关伺服电机 17、19、20 下达相应的增速或减速的指令，经过如此反复多次的调整，终会实现预期的目标。

强调指出，随机补偿式自动定位切割系统乃是由检测放大、反馈比较、调节执行三个主要环节所组成的一种闭环控制系统。它是根据检测偏差、纠正偏差的自动调节原理而工作的，可使被调量能够维持在限定的误差范围之内，从而达到较高的定位切割精度。因此，现代的高速自动包装机已经广泛采用这种自动控制系统。

3）关于反常工作情况处理问题

生产中，不时会发生一些不正常的工作情况，应给予足够重视并研究相应对策。

图 2-2-103 中设一光电传感器 6，就是专门用来自动检测供送链带运行时推头空位状态的。如果推头前的空位（表示没有物品）连续超过规定的数额，即由控制中心发出指令让供送链带改为慢速运行。待到出现满位，又会自动恢复正常运行。否则，如果一直出现空缺而且超过规定时间，便下令停机。与此同时，纵封辊也被快速打开，以免辊面同袋膜黏结和有损于内装物的安全。

此外，不合格品的自动检测与剔除，也是需要考虑的专项措施。

2. 有标卷带间歇供送定位切割系统

按此系统自动补偿偏差所采取的方式，大体上分为后移补偿式、前移补偿式、直接补偿式多种。

直接补偿式的最大缺点在于，牵引机构必须紧跟着卷带上每一个色标频繁的动作，工作性能差，又难提高生产能力，现在用得不多。

至于后移补偿式和前移补偿式均同属于单向间歇补偿，其传动与控制系统的技术水平大体上与一般间歇式自动包装机相匹配。

1）*后移补偿式*

应用实例如图 2-2-104 所示。间歇牵引辊 6 由扇形金属辊和圆柱形橡胶辊组成。前者的工作弧长 S 略大于卷带色标的初始间距 l，令 $\delta_1=S-l$。实际上，此扇形辊的 S 值也决定了被牵引卷带的动停比。

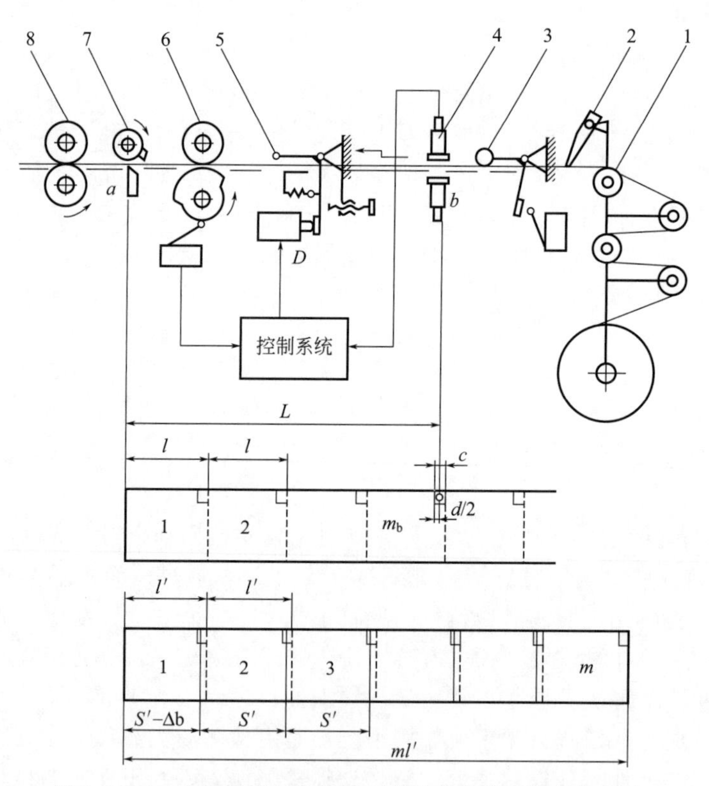

图 2-2-104　有标卷带间歇供送后移补偿定位切割机构组合

1—卷筒支架；2—反向制动板；3—供送中断传感器；4—直射式光电传感器；5—后移补偿压杆；6—间歇牵引辊；7—切刀；8—输送辊

由于采用了直射式光电传感器 4，允许色标既可是透明的，也可在不透明的卷带上冲

圆孔（直径约 4mm）。

开机前，牵引辊应处于松轧状态。然后调整有标卷带左侧的初始位置，使之某一切割部位（图中所画虚线）与切刀 7 对齐，再使第 m_b 个色标的左侧与导板上透光小孔的右边对齐。对准光电管和透光小孔的上下中心之后，便可正式开机。

在此前提下，二校正点 a、b 的距离为

$$L=ab=m_b l-\left(c-\frac{d}{2}\right) \tag{2-2-229}$$

式中，c 为卷带色标的边长；d 为导板透光小孔的直径。

工作时，光电传感器一旦捕捉到那个已经对位的色标就会发出检测放大信号，随之直流电磁铁 D 推动水平压杆 5，将它下面一小段卷带压进导板下的长槽内，结果前面的卷带往后倒退相应的距离 Δb，一般要求 $\Delta b \geqslant d$。为了保证有标卷带的定位切割误差周期性地变动在限定范围之内，这样的后移式补偿只能经过若干次间歇牵引才能重复一次。为此，需要求解有关的数学计算。

首先，考虑牵引辊与卷带打滑。设牵引辊每启动一次，卷带的平均滑移量为 ΔS，显然实际的供送长度 $S'=S-\Delta S$。不过应该明确一点，如果在一个补偿周期内共计产生 m_1 次牵引动作，那么第一次切割长度最短，为 $S'-\Delta b$，而其余的 m_1-1 次切割长度均相等，为 S'。

其次，考虑卷带的牵引拉伸变形。设有标卷带单元长度的平均拉伸量为 Δl，以致卷带被牵引时各色标的实际间距改变为 $l'=l+\Delta l$。

综合考虑的结果，无疑应该保证

$$S'-l'=S-l-(\Delta S+\Delta l)>0$$

前已设定

$$\delta_1=S-l>0$$

因此确认

$$\delta_1>\Delta S+\Delta l>0 \tag{2-2-230}$$

$$\Delta b=m_1(S'-l')=m_1(\delta_1-\Delta S-\Delta l)\geqslant d \tag{2-2-231}$$

解出

$$m_1=\frac{\Delta b}{\delta_1-\Delta S-\Delta l} \tag{2-2-232}$$

假定 $\Delta S=0$，$\Delta l=0$，并取

$$m_0=\frac{\Delta b}{\delta_1}$$

若 δ_1、Δb 保持不变，则 $m_1>m_0$。这表明当 $\Delta S>0$，$\Delta l>0$ 时，选用后移补偿式的控制方法，可以适当延长纠偏的循环周期。从上式还看出，虽然增大 Δb 得以增大 m_1、m_0，然而有标卷带切割的非均一性却更加突出。为实用起见，应采取措施在一定范围内能微调 Δb。

在这种情况下，电磁铁的工作频率按下式求出

$$\nu_d=\frac{Q}{m_1}\leqslant[\nu] \tag{2-2-233}$$

式中，Q 为有标卷带每分钟切割的张数；$[\nu]$ 为电磁铁的许用工作频率（一般取 30～40 次/分）。

总之，此一控制系统结构简单、工作可靠、操作方便、成本不高，但有个缺点，所用扇形牵引辊无法调节卷带的切割长度，而且切割精度偏低，使其应用大受限制。

2）前移补偿式

应用实例如图 2-2-105 所示。从此间歇牵引机构的组合看，别具特色。可调式曲柄连杆机构 11 的摇杆与单向超越离合器 8 的主轴相连，改变曲柄半径得以调节牵引辊 5 对卷带的间歇供送长度 S，对前移补偿式应取 $\delta_2 = l - S > 0$。另一方面，齿轮 6、棘轮 9 与该离合器的外圈合为一体，借电磁铁 D 吸动衔铁滑杆 10 一端的棘爪，可使与其啮合的相关构件驱动牵引辊转过一定的角度；这样一来，改变电磁铁同衔铁的间距就可调整卷带的前移补偿量 Δb，一般取 $\Delta b \geqslant d$。另外，为缓解连续牵引和间歇牵引对卷带运行带来的干扰，特设浮动导向辊 12。

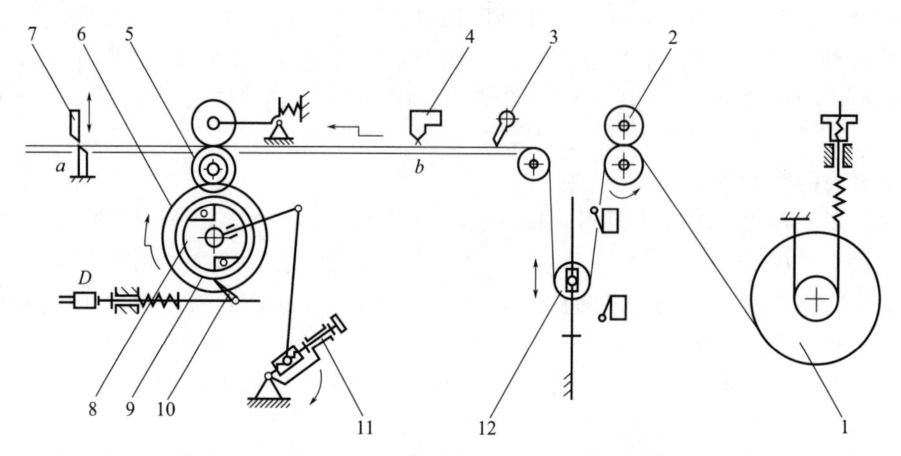

图 2-2-105　有标卷带间歇供送前移补偿定位切割机构组合

1—卷筒薄膜；2—连续牵引辊；3—反向制动板；4—反射式光电传感器；5—间歇牵引辊；6—齿轮；7—切刀；8—单向超越离合器；9—棘轮；10—衔铁滑杆；11—曲柄连杆机构；12—浮动导向辊

可见，在机构设计上，前移补偿式比后移补偿式确实有不少改进之处，可是二者的基本工作原理几乎相同。

开机前，切刀 7 受曲柄主轴上联运机构（图中未画出）的控制而张开。然后将卷带的某一切割部位与切刀对齐，再移动光电管使发射的光束集于第 m_b 个色标上，并取

$$L = ab = m_b l - \frac{d}{2} \tag{2-2-234}$$

开机时，先导通电磁铁的控制回路吸动衔铁滑杆的棘爪，实施首次前移补偿，切得最长，为 $S' + \Delta b$。仍沿用后移补偿所设定的工作条件，取 $S' = S - \Delta S$，$l' = l + \Delta l$，另外补充一点，在前移补偿的一个周期内共计产生 m_2 次牵引动作，在此种情况下，为保证正常工作应要求

$$l' - S' = l - S + (\Delta l + \Delta S) > 0$$

已知

$$\delta_2 = l - S > 0 \tag{2-2-235}$$

可求

$$\Delta b = m_2 (l' - S') = m_2 (\delta_2 + \Delta l + \Delta S) \geqslant d \tag{2-2-236}$$

解出

$$m_2 = \frac{\Delta b}{\delta_2 + \Delta l + \Delta S} \tag{2-2-237}$$

鉴于 Δl、ΔS、δ_2 均大于零，所以确认 $m_2 < m_1$，再者，δ_2 愈大而 m_2 愈小，更要引起注意，不宜让电磁铁过于频繁动作。从这一点上来看，前移补偿式不如后移补偿式。

3. 无标卷带瞬歇供送定长切割系统

无标卷带（包括全幅印有图案的卷带）的供送系统主要用于大宽度、大直径卷筒式纸

张或多种复合材料的定长切割。这多见于大中型自动包装机及包装线。

实用中，为减轻牵引辊筒的负载、辊面打滑和卷带的变形、横向走偏，以提高工作的稳定性及切割的精确度，必须解决两项关键技术问题：一是，由于包材卷筒偏重，转动惯量偏大，加之运行中直径又不断变化，往往需要增添辅助的驱动装置，并采取有效的控制措施；二是，设备的生产能力一经设定，卷带的展开速度也随之要求稳定，尤其当带速较高时要实现顺利切割，应使之处于连续运动的瞬歇状态，为此必须配备相适应的牵引切割机构。

据此，提出两套设计方案，分别由图 2-2-106 和图 2-2-107 表示。从整体结构看，二者存在一些共同之处，均设有包装材料卷筒支架 2、齿轮连杆组合机构 3、瞬歇牵引辊 4 和切刀 5。而有所差别的，主要是驱动调控部分，方案 1 选用交流伺服电机和伺服驱动器，方案 2 选用调速电机和脉动式无级变速器（含摆动重铊导辊）。

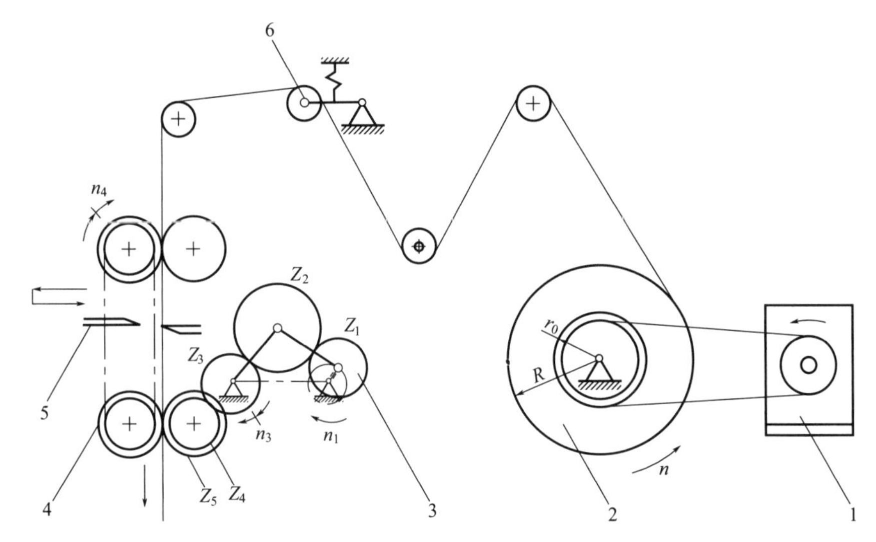

图 2-2-106　无标卷带瞬歇供送随动控制定长切割系统（方案 1）

1—伺服电机；2—卷筒支架；3—齿轮连杆组合机构；4—瞬歇牵引辊；5—切刀；6—摆动拉簧导向辊

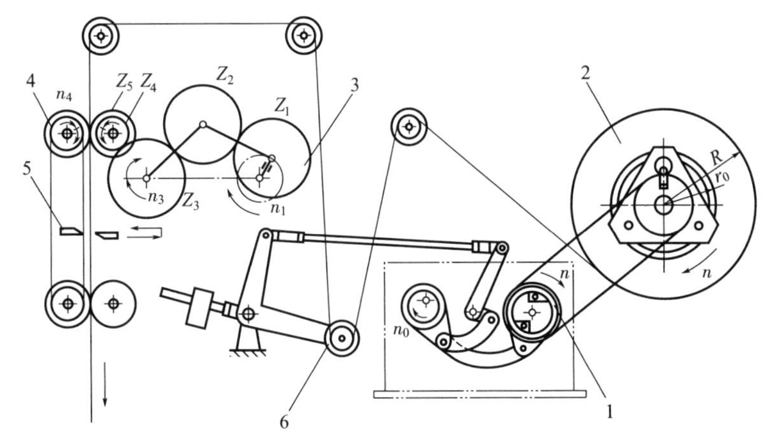

图 2-2-107　无标卷带瞬歇供送随动控制定长切割系统（方案 2）

1—脉动式无级变速器；2—卷筒支架；3—齿轮连杆组合机构；4—瞬歇牵引辊；5—切刀；6—摆动重铊导向辊

从工作机理看，两套方案各有特点。考虑到脉动式无级变速器具有一定的典型性和特殊性，在此多做一些分析。参阅图 2-2-108，该装置属基础件，主要由两个串联的四杆机构和一个单向超越离合器组成。主动轴为 O_1，从动轴为 O_4，中间摆动轴为 O_2，它分别与内外调控杆相连。

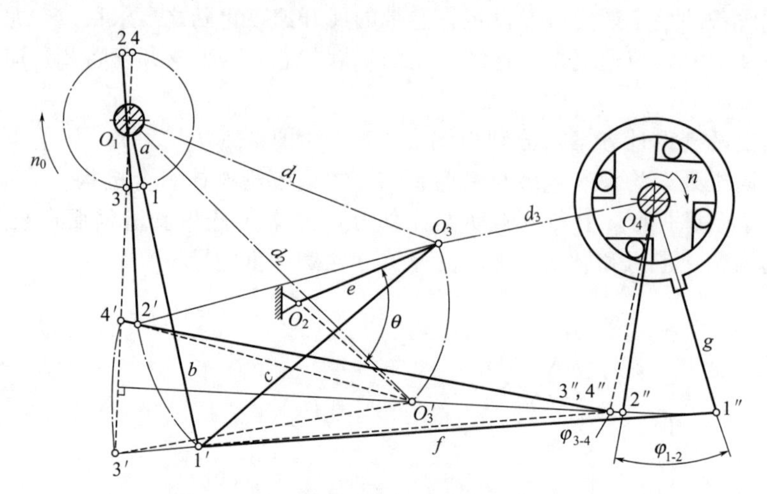

图 2-2-108　脉动式无级变速器工作原理图

当内部调控杆 e 处于图中实线位置时，由变频调速电机以某一设定转速驱动主动轴上偏心轮 a 每回转一圈，各杆铰接点的极限位置分别为 1-2、1′-2′、1″-2″，结果从动杆 g 转过 $\varphi_{1\text{-}2}$ 角度（一般最大为 50°）。而当杆 e 处于虚线位置时，各杆铰接点的极限位置分别为 3-4、3′-4′、3″-4″，结果从动杆的转位角 $\varphi_{3\text{-}4} \approx 0$。可见，这种变速器能在有限范围内起无级调速作用。如果将上述若干组同样机构均布于主从动轴上，不仅有助于提高输出转速，还能缓和输出速度的脉动性。在结构性能上，它具有简单紧凑、安置方便、反应灵敏、工作可靠等优点，现今已实现了小型化和系列化，可为中小功率、中低速度的传动控制系统配套。

其次，结合图 2-2-107 扼要说明该机械式随动控制系统的工作原理。在整个卷筒材料正随着齿轮连杆组合机构和牵引辊加速运行之际，为克服有关构件的惯性及摩擦等阻抗，势必要增大牵引作用力。于是被张紧的卷带能快速提升重铊导向辊，促使同它相连的外内调控杆沿逆时针方向摆动；由于摆角 θ 相应减小，随之通过从动轴的带传动将卷筒和卷带都加快起来。反之，卷筒和卷带都减慢。这样，就能始终基本保持牵引速度与供送速度的同步，卷带也得以平稳运行。

另一方面，在确定的生产能力和卷带平均供送速度的前提下，鉴于运行过程卷筒直径不断缩小，相应的卷筒转速必然会逐渐加快，对脉动式无级变速器而言，就得分步扩大摆动导向辊连杆上重铊的力臂。显然，这种手动式随动控制方法不仅操作麻烦，也欠精确。

所以，第一方案应运而生。它借助交流伺服电机直接驱动卷筒并控制转速实现如前所述的多方面协调变化。同时体现无标卷带瞬歇供送随动控制定长切割的自动化技术水平更提高一步。但是，从经济观点来评价，切不可只看到表面的一台伺服电机，因为它的背后还有一套控制设备（如可编程控制器等）来支持。从这一意义讲，最好将卷带供送与其他包装环节有机联系在一起设法统一安排自动控制系统。

通过两个生动实例的对比分析，足以让我们体会到创新思维的形成基础和创新设计的

内在关系，进而明确应该结合客观具体条件各尽其所能。

二、齿轮连杆瞬歇供送组合机构

根据板片及卷带供送机构主要类型的初步分析认识到，齿轮连杆组合机构在包装及其他领域都有所应用。广义而言，它所能适用的卷带可以延伸到各种材质的类似之物。况且其功能也不局限于卷带切割，还可在瞬歇供送过程完成如冲孔、成型、吸取、压合、打印、贴标等作业。图 2-2-109 所示的是糖果包装机糖条成型瞬歇供送定长切割的专用装置，其中两对牵引辊就是由齿轮连杆组合机构驱动的。

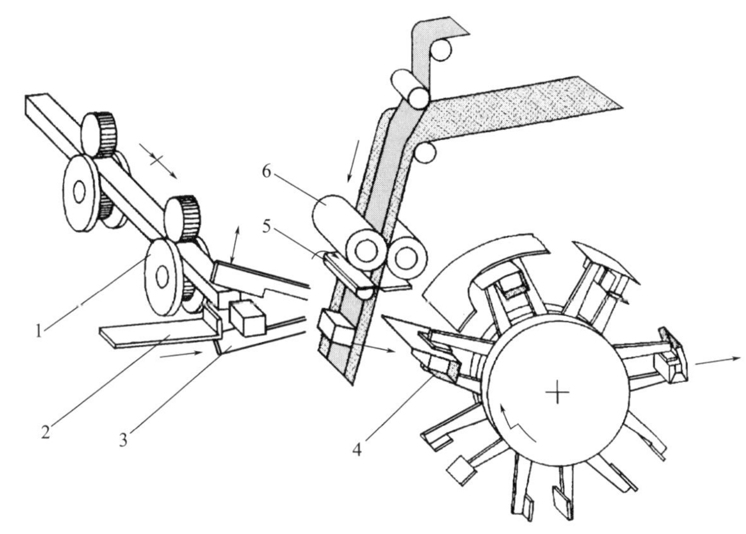

图 2-2-109　糖条成型瞬歇供送定长切割系统工作示意图

1—糖条成型牵引辊；2—推板；3—剪刀；4—间歇转位盘夹钳；5—滚刀；6—卷带牵引辊

本节拟对该机构的设计原理做深入探讨，除根据包装要求解决自身的机构综合问题之外，也为前述卷带的瞬歇供送和随动控制提供确切的运动规律及编程依据。

（一）机构基本组成

从机构学观点考察，齿轮连杆组合机构的结构与机理都相当独特。深言之，按元件构成状况，有不同的轮杆个数和组合形式之分；按轮齿啮合关系，有内啮合和外啮合之分；按主从动轴布局，有回归式和非回归式之分；按输出运动变化，有单向运动停歇和双向运动停歇之分，等等，可谓不拘一格。但是最常见的，莫过于如图 2-2-110 所示的三轮四杆、外啮合、非回归式组合机构。至于输出的运动变化，主要取决于基本构件的尺寸配

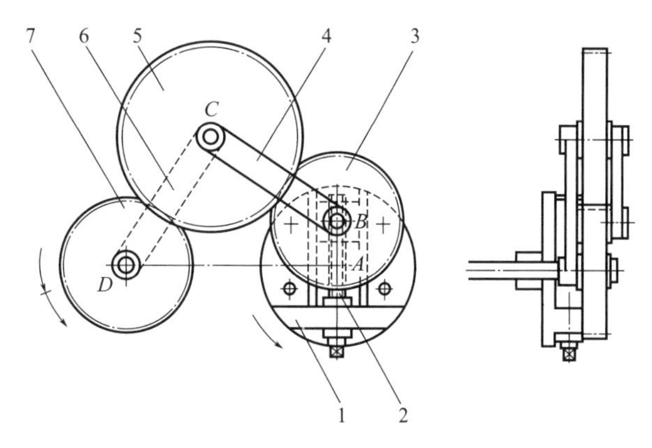

图 2-2-110　齿轮连杆组合机构（三轮四杆、外啮合、非回归式）的结构简图

1—主动转盘；2—调位螺杆；3—偏心齿轮；4—连杆；5—中间齿轮；6—摇杆；7—从动齿轮

合关系。实践证明，它具有构件不多、小巧紧凑、运动平稳、工作可靠、功用广泛以及制造方便等优点。

从图 2-2-110 清楚看出，在与主动轴固连的转盘 1 上，开有一燕尾槽，内装调位螺杆 2，借此可微调齿轮 3 的偏心距（相当于曲柄回转半径），以便调节从动齿轮 7 输出轴的变速运动。连杆 4、摇杆 6 与中间齿轮 5 组成复合铰链 C，摇杆 6、齿轮 7 与机架组成复合铰链 D，故此组合机构的自由度数为

$$\begin{aligned} W &= 3n - 2P_d - P_h \\ &= 3\times5 - 2\times6 - 1\times2 = 1 \end{aligned} \tag{2-2-238}$$

式中　n——机构中活动构件数；

P_d——机构中低副数；

P_h——机构中高副数。

确认这是自由度为 1 的封闭式组合机构。

（二）机构尺度综合

参阅图 2-2-111 所示齿轮连杆组合机构运动分析简图。设曲柄 $AB=a$，连杆 $BC=b$，摇杆 $CD=c$，机架 $AD=d$；三个外啮合齿轮的齿数依次为 Z_1、Z_2、Z_3；节圆半径相应为 r_1、r_2、r_3。将主动的曲柄同一齿轮固定连接，其端点 B 即为该齿轮的圆心。当曲柄绕机架的 A 点沿逆时针方向以等角速度 ω_1 转动到某瞬时 t，它对机架的位置角 $\alpha=\omega_1 t$。此刻，令摇杆对机架的位置角为 β，连杆与摇杆之间的传动角为 γ，从动齿轮输出轴的瞬时角速度为 ω_3。

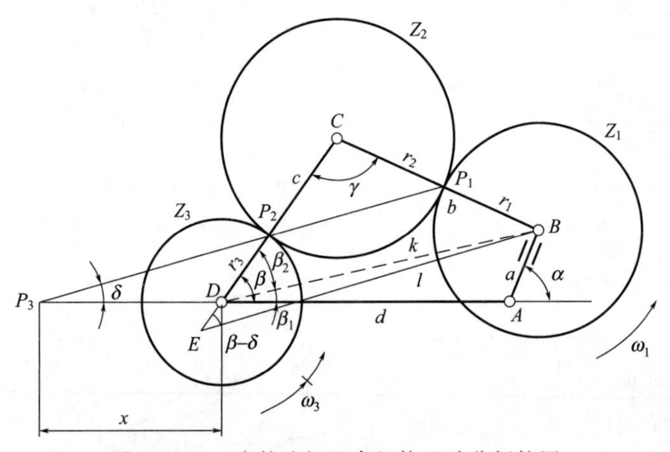

图 2-2-111　齿轮连杆组合机构运动分析简图

遵照上述设定条件，采用速度瞬心法找出机构中各构件的速度瞬心位置，以便导出主从动齿轮瞬时角速度的互依变化关系。这是求解机构尺度综合必须迈出的第一步，继而按设计要求确定机构各主要参数。

由机构学“三心定理”得知，任何三个互作平面相对运动的构件，都只存在三个瞬时速度中心，并且必定位于同一条直线上。

为此，作机架铰接点 A、D 及三齿轮节圆切点 P_1、P_2 的各自连线之延长线，使该二直线汇交于 P_3，确认此点即为所求的主从动齿轮的相对速度瞬心。

接着，经 B 点引出一条 P_1P_2 的平行线而同 CD 的延长线相交于 E 点，得等腰三角形$\triangle BCE$，故知 $CD+DE=CE=CB=r_1+r_2$。取$\angle P_1P_3A=\delta$，$BD=k$，$BE=l$，$DP_3=x$，按图示几何关系直接写出

$$\frac{\omega_3}{\omega_1}=\frac{x+d}{x}=1+\frac{d}{x} \tag{2-2-239}$$

由$\triangle DP_2P_3$ 得

$$x=\frac{r_3\sin(\beta-\delta)}{\sin\delta}$$

由 $ABDE$ 所联系的线段及投影关系得

$$l\sin\delta=a\sin\alpha+(r_1-r_3)\sin\beta$$

或写作

$$\sin\delta=\frac{1}{l}[a\sin\alpha+(r_1-r_3)\sin\beta]$$

由$\triangle BCE$ 得

$$\sin(\beta-\delta)==\frac{\sqrt{b^2-\left(\frac{l}{2}\right)^2}}{b}=\sqrt{1-\left(\frac{l}{2b}\right)^2}$$

$$l^2=2b^2(1-\cos\gamma) \qquad 或\ l=b\sqrt{2(1-\cos\gamma)}$$

由$\triangle ABD$ 和$\triangle BCD$ 得

$$k^2=a^2+d^2+2ad\cos\alpha=b^2+c^2-2bc\cos\gamma$$

或写作

$$\cos\gamma=\frac{b^2+c^2-a^2-d^2-2ad\cos\alpha}{2bc} \tag{2-2-240}$$

令 $\alpha=0°$

$$\cos\gamma_{max}=\frac{b^2+c^2-(a+d)^2}{2bc}$$

令 $\alpha=180°$

$$\cos\gamma_{min}=\frac{b^2+c^2-(a-d)^2}{2bc}$$

为满足曲柄连杆机构在每一次工作循环中能够出现等同的最大压力角，即取

$$\gamma_{max}-90°=90°-\gamma_{min}$$

因此

$$\sin(\gamma_{max}-90°)=\sin(90°-\gamma_{min})$$

$$-\cos\gamma_{max}=\cos\gamma_{min}$$

求出

$$a^2+d^2=b^2+c^2 \tag{2-2-241}$$

若 a 为最短杆，d 为最长杆，不难证明

$$ad<bc, \qquad a+d<b+c \tag{2-2-242}$$

这体现了曲柄连杆机构存在的充分必要条件。由式(2-2-240) 解出

$$\cos\gamma=-\frac{ad}{bc}\cos\alpha \tag{2-2-243}$$

再联立其他相关式子，由式(2-2-239) 解出

$$\frac{\omega_3}{\omega_1}=1+\frac{cd[a\sin\alpha+(r_1-r_3)\sin\beta]}{r_3\sqrt{b^2c^2-a^2d^2\cos^2\alpha}}$$

式中，$\beta=\beta_1+\beta_2$，可借图中$\triangle ABD$ 和$\triangle BCD$ 的几何关系求出。为便于设计、制造、使用，选 $Z_1=Z_3=Z$，$r_1=r_3=r$，$b=c$，从而将上式简化为

$$\omega_3=\left(1+\frac{acd\sin\alpha}{r\sqrt{c^4-a^2d^2\cos^2\alpha}}\right)\omega_1 \tag{2-2-244}$$

已知 $\alpha=\omega_1 t$，视 t 为自变量对 ω_3 求导，解出输出轴的角加速度

$$\varepsilon_3=\frac{\mathrm{d}\omega_3}{\mathrm{d}t}=\frac{acd(c^4-a^2d^2)\cos\alpha}{r\sqrt{(c^4-a^2d^2\cos^2\alpha)^3}}\omega_1^2 \tag{2-2-245}$$

对输出轴的角速度略加分析

$\alpha=0°，180°，360°$ $\qquad\qquad$ $\omega_3=\omega_1$

$\alpha=90°$ $\qquad\qquad$ $\omega_{3\max}=\left(1+\dfrac{ad}{cr}\right)\omega_1>\omega_1$

$\alpha=270°$ $\qquad\qquad$ $\omega_{3\min}=\left(1-\dfrac{ad}{cr}\right)\omega_1<\omega_1$

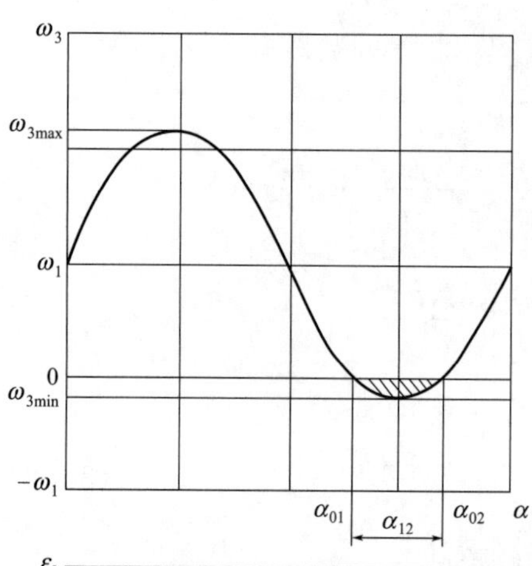

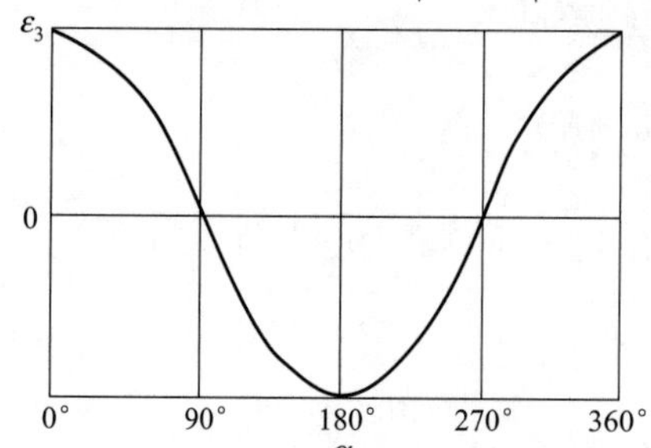

图 2-2-112　从动齿轮输出轴角速度和角加速度变化曲线

因此，当 $ad<cr$，$\omega_{3\min}>0$，输出轴表现为无零速点的单向非匀速运动；当 $ad=cr$，$\omega_{3\min}=0$，输出轴表现为只有一个零速点的单向非匀速运动；当 $ad>cr$，$\omega_{3\min}<0$，输出轴表现为有两个零速点的正反向非匀速运动。现仅就后一种情况用图 2-2-112 表示齿轮连杆组合机构输出轴的角速度和角加速度同主动轴角位移之间的变化关系。

由图可见，该二条曲线都是按照谐性规律变化的，即使发生逆向回转，在理论上也不存在任何冲击现象。所以，这种能够实现瞬歇的高变速运动的组合机构的确是难能可贵的。

设定与两次零速状态相对应的主从动轴转位角分别以 α_{01}、α_{02} 和 φ_{01}、φ_{02} 来表示，由式(2-2-244) 得知，欲使 $\omega_3=0$，应保证

$$acd\sin\alpha_0=-r\sqrt{c^4-a^2d^2\cos^2\alpha_0}$$

经置换得

$$\cos\alpha_0=\pm\sqrt{\frac{c^2(a^2d^2-c^2r^2)}{a^2d^2(c^2-r^2)}}$$

令 $A=\dfrac{c^2(a^2d^2-c^2r^2)}{a^2d^2(c^2-r^2)}=\dfrac{(adc)^2-(c^2r)^2}{(adc)^2-(adr)^2}$

已知 $b=c$，$c>r$，$bc>ad>cr$，故判定 $0<A<1$。参阅图 2-2-112，鉴于 $\alpha=180°$、$360°$ 时，$\omega_3>0$，$\alpha=270°$时，$\omega_3<0$，遂写出

$$\cos\alpha_{01}=-\sqrt{A},\quad \cos\alpha_{02}=\sqrt{A} \tag{2-2-246}$$

令 $\alpha_{12}=\alpha_{02}-\alpha_{01}$，则

$$\begin{aligned}\cos\alpha_{12}&=\cos(\alpha_{02}-\alpha_{01})\\&=\frac{2c^4r^2-a^2d^2(c^2+r^2)}{a^2d^2(c^2-r^2)}\end{aligned} \tag{2-2-247}$$

置换上式并代入 $a^2+d^2=2c^2$，解出

$$r=acd\sqrt{\frac{1+\cos\alpha_{12}}{2c^4-a^2d^2(1-\cos\alpha_{12})}} \tag{2-2-248}$$

其次，推导输出轴角位移的函数式

$$\begin{aligned}\varphi&=\int_0^t\omega_3\mathrm{d}t\\&=\int_0^\alpha\left(1+\frac{acd\sin\alpha}{r\sqrt{c^4-a^2d^2\cos^2\alpha}}\right)\mathrm{d}\alpha\\&=\alpha-\frac{c}{r}\left[\arcsin\left(\frac{ad}{c^2}\cos\alpha\right)-\arcsin\frac{ad}{c^2}\right]\end{aligned}\tag{2-2-249}$$

因 $\alpha_{01}=\frac{3\pi}{2}-\frac{\alpha_{12}}{2}$，$\alpha_{02}=\frac{3\pi}{2}+\frac{\alpha_{12}}{2}$，可求输出轴的逆转角

$$\begin{aligned}\varphi_{12}&=\varphi_{02}-\varphi_{01}\\&=\alpha_{02}-\alpha_{01}-\frac{c}{r}\left[\arcsin\left(\frac{ad}{c^2}\cos\alpha_{02}\right)-\arcsin\left(\frac{ad}{c^2}\cos\alpha_{01}\right)\right]\\&=\alpha_{12}-\frac{2c}{r}\arcsin\left(\frac{ad}{c^2}\sin\frac{\alpha_{12}}{2}\right)\end{aligned}\tag{2-2-250}$$

选齿轮连杆组合机构的一组数据：$a=40\text{mm}$，$b=c=144\text{mm}$，$d=200\text{mm}$，$r=50\text{mm}$、80mm，按式(2-2-249）计算并绘出如图 2-2-113 所示的 $\varphi-\alpha$ 变化曲线，其中 α_d、α_j 分别代表输出轴处于运转和停歇状态时主动轴所对应的角位移量。

与此相配合，绘制机构运动简图 2-2-114，能更形象地反映主从动齿轮在相位上彼此对应关系及其速度瞬心的变动情况。另外，通过测量 x 值还可按有关公式粗略计算 ω_3 值，并初步校核主从动齿轮是否存在干涉。总之，通过机构图解解析法的巧妙运用，当会加深对齿轮连杆组合机构运动特性的理解，从而有助于创新设计。

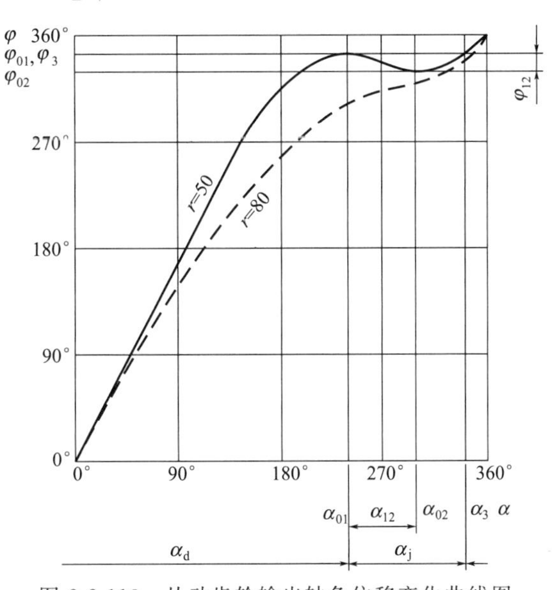

图 2-2-113 从动齿轮输出轴角位移变化曲线图

在概念上有待进一步解决的问题是，参阅图 2-2-113 中 $r=50\text{mm}$ 的 $\varphi-\alpha$ 曲线，根据理论计算求出 $\varphi_{12}=-4.02°$，可是在实验时却几乎觉察不出从动齿轮有明显的逆转现象。究其原因不外是，组成本机构的所有运动副都有或大或小的配合间隙以及制造装配误差，而且各构件在变速运动过程会产生惯性作用，结果使 φ_{12} 的实际值趋于减小，犹如出现短暂停歇一样。

实际上，待输出轴逆向转过 φ_{12} 角度之后，只有经过同等大小的回程角 φ'_{12} 才得以恢复到原先的相位状态。紧接着，再继续正转下去才能完成一次工作循环。据此确定

$$\varphi'_{12}=-\varphi_{12},\qquad \text{或 }\varphi'_{12}=\varphi_3-\varphi_{02}$$

仿式(2-2-250）导出

$$\varphi'_{12}=\alpha_3-\alpha_{02}-\frac{c}{r}\left[\arcsin\left(\frac{ad}{c^2}\cos\alpha_3\right)-\arcsin\left(\frac{ad}{c^2}\cos\alpha_{02}\right)\right]\tag{2-2-251}$$

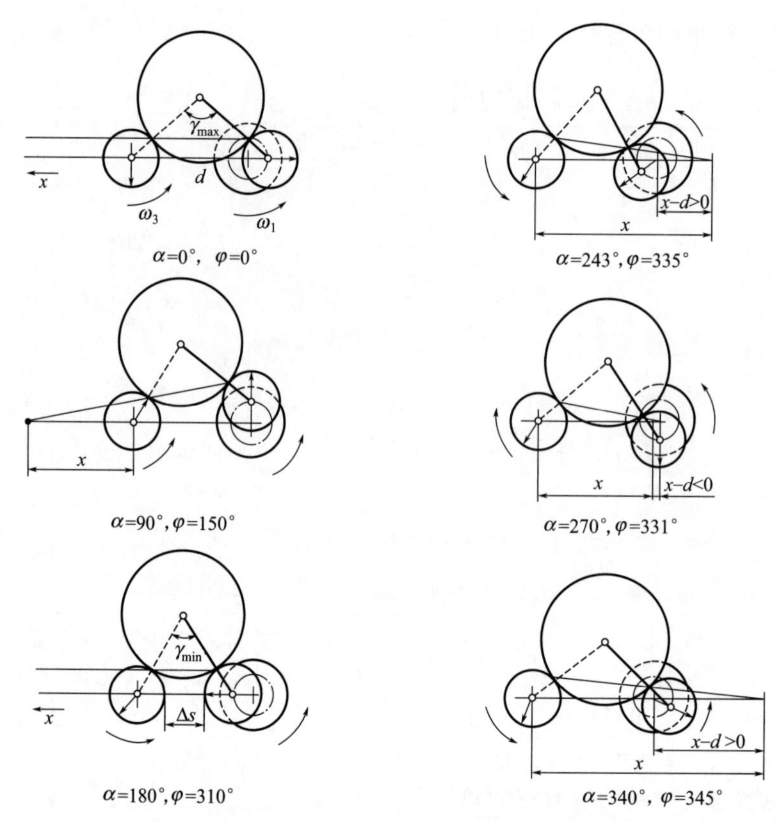

图 2-2-114　齿轮连杆组合机构运动特性的图解分析

若改写成　$$\alpha_3-\frac{c}{r}\arcsin\left(\frac{ad}{c^2}\cos\alpha_3\right)-\left[\varphi'_{12}+\alpha_{02}-\frac{c}{r}\arcsin\left(\frac{ad}{c^2}\cos\alpha_{02}\right)\right]=0 \qquad (2\text{-}2\text{-}252)$$

则由已知的 a、c、d、r、α_{02}（α_{12}）、φ'_{12}（φ_{12}），借图解解析法便可近似求得 α_3，并按下式计算

$$\alpha_j=\alpha_3-\alpha_{01} \qquad (2\text{-}2\text{-}253)$$

然而此法毕竟烦琐费时，应寻求简化途径，经过对大量数据的分析归纳，一般可粗略取

$$\alpha_j=\frac{3}{2}\alpha_{12} \qquad (2\text{-}2\text{-}254)$$

继而算出齿轮连杆组合机构输出轴的动停比

$$k=\frac{360°-\alpha_j}{\alpha_j}=\frac{240°}{\alpha_{12}}-1 \qquad (2\text{-}2\text{-}255)$$

或
$$\alpha_j=\frac{360°}{1+k},\quad \alpha_{12}=\frac{240°}{1+k} \qquad (2\text{-}2\text{-}256)$$

若已知主动轴的转速 n_1(r/min) 和每一工作循环的停歇时间 t_j(s)，则上式的动停比又可改写为

$$k=\frac{1}{t_j}\left(\frac{60}{n_1}-t_j\right)=\frac{60}{n_1t_j}-1 \qquad (2\text{-}2\text{-}257)$$

或
$$t_j=\frac{60}{(1+k)n_1},\quad n_1=\frac{60}{(1+k)t_j} \qquad (2\text{-}2\text{-}258)$$

基于前述的设定条件，为对齿轮连杆组合机构取得更深入的规律性认识，有助于提高研究设计效率，特引进以下的比例参数

$$a'=\frac{a}{a}=1 \tag{2-2-259}$$

$$d'=\frac{d}{a} \tag{2-2-260}$$

$$b'=c'=\frac{c}{a}=\sqrt{\frac{1}{2}(1+d'^2)} \tag{2-2-261}$$

$$r'=\frac{r}{a}=d'\sqrt{\frac{(1+d'^2)(1+\cos\alpha_{12})}{1+d'^2(d'^2+2\cos\alpha_{12})}} \tag{2-2-262}$$

$$r_2'=\frac{r_2}{a}=c'-r' \tag{2-2-263}$$

$$\frac{Z}{Z_2}=\frac{r'}{r_2'}=\frac{c'}{r_2'}-1 \tag{2-2-264}$$

$$\gamma_{\min}=\arccos\left(\frac{\mathrm{d}'}{\mathrm{c}'^2}\right) \tag{2-2-265}$$

$$\varphi_{12}=\alpha_{12}-\frac{2c'}{r'}\arcsin\left(\frac{d'}{c'^2}\sin\frac{\alpha_{12}}{2}\right) \tag{2-2-266}$$

$$\varphi_{12}'=\alpha_3-\arccos\left(\sin\frac{\alpha_{12}}{2}\right)-\frac{c'}{r'}\left[\arcsin\left(\frac{d'}{c'^2}\cos\alpha_3\right)-\arcsin\left(\frac{d'}{\mathrm{c}'^2}\sin\frac{\alpha_{12}}{z}\right)\right] \tag{2-2-267}$$

纵观各式发现，d'、α_{12} 是决定本齿轮连杆组合机构形状与性能的最基本参数。设计计算时，对这两个参数先确定适宜的数值序列，依次求算对应的 c'、γ_{min} 及 r'、r_2'、φ_{12}、Z/Z_2 之值，汇总列表如表 2-2-5 所示（仅提供 $d'=4.5$mm、5.0mm，参考）。然后借此绘制各主要参数变化关系曲线图 2-2-115，使之成为便于设计优选分析的一种有力工具。

表 2-2-5　齿轮连杆组合机构主要参数列表值

a'	d'	$b'=c'$	$\gamma_{\min}$	$90°-\gamma_{\min}$
1	4.5	3.260	64°51′	25°91′

α_{12}	$-\varphi_{12}$	r'	r'_2	Z/Z_2
0°	0.000°	1.380	1.882	0.733
5°	0.002°	1.379	1.883	0.732
10°	0.020°	1.376	1.886	0.730
15°	0.070°	1.370	1.892	0.725
20°	0.169°	1.363	1.899	0.718
25°	0.332°	1.353	1.909	0.709
30°	0.581°	1.341	1.921	0.698
35°	0.933°	1.327	1.935	0.686

a'	d'	$b'=c'$	$\gamma_{\min}$	$90°-\gamma_{\min}$
1	5.0	3.605	67°21′	22°39′

α_{12}	$-\varphi_{12}$	r'	r'_2	Z/Z_2
0°	0.000°	1.386	2.219	0.625
5°	0.002°	1.385	2.220	0.624
10°	0.021°	1.382	2.223	0.622
15°	0.073°	1.376	2.229	0.617
20°	0.175°	1.368	2.237	0.612
25°	0.345°	1.358	2.247	0.604
30°	0.602°	1.346	2.259	0.596
35°	0.968°	1.331	2.274	0.585

续表

a_{12}	$-\varphi_{12}$	r'	r'_2	Z/Z_2
40°	1.413°	1.311	1.951	0.672
45°	2.045°	1.292	1.970	0.656
50°	2.856°	1.271	1.991	0.638
55°	3.880°	1.248	2.014	0.620
60°	5.152°	1.223	2.039	0.600
65°	6.715°	1.195	2.067	0.578
70°	8.620°	1.165	2.097	0.556
75°	10.926°	1.133	2.129	0.532
80°	13.704°	1.099	2.163	0.508
85°	17.039°	1.062	2.200	0.483
90°	21.036°	1.023	2.239	0.457

续表

a_{12}	$-\varphi_{12}$	r'	r'_2	Z/Z_2
40°	1.465°	1.314	2.291	0.574
45°	2.119°	1.295	2.310	0.560
50°	2.959°	1.273	2.332	0.546
55°	4.017°	1.249	2.356	0.530
60°	5.331°	1.223	2.382	0.513
65°	6.945°	1.195	2.410	0.496
70°	8.910°	1.164	2.441	0.477
75°	11.286°	1.131	2.474	0.457
80°	14.145°	1.096	2.509	0.437
85°	17.574°	1.058	2.547	0.415
90°	21.679°	1.018	2.587	0.394

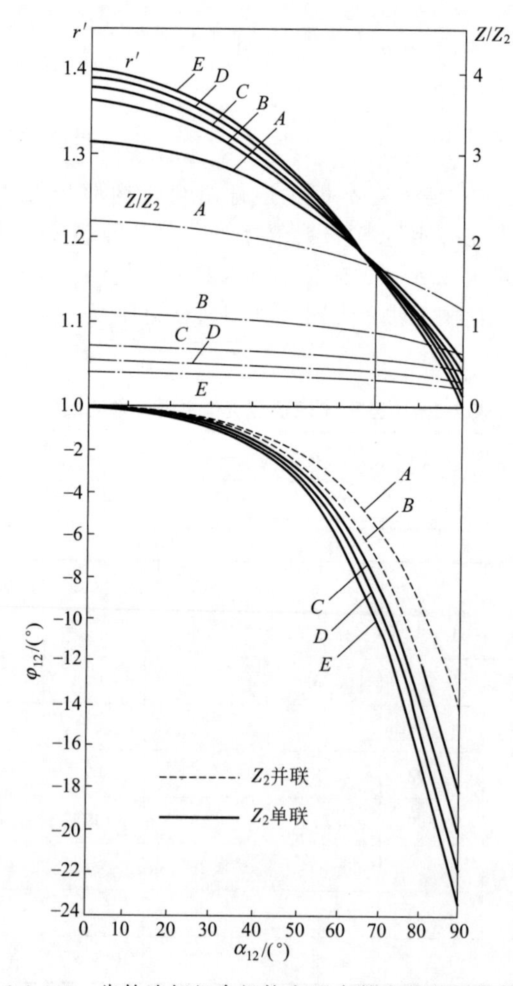

图 2-2-115　齿轮连杆组合机构主要参数变化关系曲线图

图 2-2-115 中各曲线标注的英文符号，其含义如下。

参数	A	B	C	D	E
d'	2.5	3.5	4.5	5.5	6.5
c'	1.90	2.57	3.26	3.95	4.65
γ_{min}	46.0°	58.0°	64.9°	69.4°	72.5°

在设计中，需要判断当传动角为最小值时，两侧主从动齿轮的齿顶有无互相干涉的可能。必须设法防止碰撞，一旦出现这种情况，不妨将中间齿轮改为并联形式。而这所感不足之处，由于增加一只中间齿轮有损于机构的轻巧紧凑，另在高速运转中会加剧动不平衡。

参阅图 2-2-114，对于采用模数为 m 的单联标准直齿轮组来说，应保证主从动齿轮齿顶圆的最小间距 ΔS 大于许用值，写成通式为

$$\Delta S=d-a-2(r+m)>0 \tag{2-2-268}$$

令

$$m'=\frac{m}{a}=\frac{2r}{aZ}=\frac{2r'}{Z}$$

求出

$$a=\frac{mZ}{2r'} \tag{2-2-269}$$

（三）机构分析要点

（1）为简化和优化齿轮连杆组合机构的设计，设定 a 为最短杆，d 为最长杆，$Z_1=Z_3$，$r_1=r_3$，$b=c$，$a^2+d^2=2c^2$。根据机构学有关基本原理认定，这充分体现了正置曲柄连杆机构的主要特征：

① 满足曲柄连杆机构存在的条件。

② 满足摇杆无急回特性的条件。

③ 满足每一工作循环能出现两次等同压力角的条件。

（2）理论推导与计算表明，凡符合 $d'>c'r'$ 的条件，总能满足 $|\varphi_{12}|>0$ 的要求，从动齿轮输出轴会实现瞬歇的谐性变速度运动。

从图 2-2-115 查知，在 $d'=2.5\sim6.5$，$\alpha_{12}=60°\sim70°$范围内，$|\varphi_{12}|=4°\sim10°$，但一般多取 $|\varphi_{12}|=5°$，保证输出轴没有明显的逆转现象。

（3）当 $\alpha_{12}<68°$且保持某一确定值时，随着 d'、c'、r'增大，γ_{min}、$|\varphi_{12}|$亦相应增大，而 Z/Z_2 却有所减小。

另一方面，当 d'、c'为定值时，r'、Z/Z_2 一减小，相应的，α_{12}、$|\varphi_{12}|$会明显增大。

（4）取 $d'\geqslant4.0$，$\alpha_{12}\geqslant20°$，$Z\geqslant20$，算出 $r'<1.40$，$\Delta S>0$，说明主从动齿轮互不干涉，可以采用三齿轮单联的配置方式。在 φ_{12}-α_{12} 曲线图中，A、B 用虚线（Z_2 并联），C、D、E 用实线（Z_2 单联）就明确地表达这一点。

（5）若 d'不变，则 γ_{min} 也不变，若 d'减小，则 γ_{min} 也减小；直至 $d'=2.0$mm 时，因 $\gamma_{min}=36.9°$，压力角过大，致使机构的传动状况欠佳而不便采用。

（6）曲柄每回转一周，其他从动杆均自动回复原位，而铰接在各运动副上的齿轮组受相互啮合的约束而沿一定方向转过同一齿数 Z_1。显然，$Z_3=Z_1$，$n_3=n_1$。

（四）机构调整验算

对齿轮连杆组合机构而言，往往出于多种原因需要适当改变主传动轴上齿轮盘的偏心

距，以便灵活调整从动齿轮输出轴的变速与瞬歇状况。

现以图 2-2-106 所示的卷带供送系统为例，按包装工艺要求确定：切割长度 $S=200\text{mm}$，每一循环的瞬歇时间 $t_j=0.05\text{s}$，转动时间 $t_d=0.22\text{s}$，生产能力 $Q=200$ 个/分，求解机构主要参数及曲柄可调范围。

1. 机构主要参数计算

依题意，首先算出

$$k=\frac{t_d}{t_j}=\frac{0.22}{0.05}=4.4$$

$$\alpha_{12}=\frac{240^\circ}{1+k}=\frac{240^\circ}{1+4.4}=44.5^\circ,\quad 取 45^\circ$$

$$n_1=\frac{60}{(1+k)t_j}=\frac{60}{(1+4.4)\times 0.05}=222.2\text{r/min}$$

$$v_p=\frac{Sn_1}{60}=\frac{200\times 10^{-3}\times 222.2}{60}=0.74\text{m/s}$$

为使该机构具有适宜的压力角、逆转角和尺寸比，并尽量采用单联的齿轮组合又互无干涉，经查表 2-2-5，选取 $d'=4.5$，$b'=c'=3.26$，$\gamma_{\min}=64.9^\circ$，再根据已求得 α_{12} 值，确定 $|\varphi_{12}|=2.1^\circ$，$r'=1.29$，$r_2'=1.97$，$Z/Z_2=0.66$。

取 $Z_1=Z_3=Z=27$，$Z_2=41$（互为质数），$m=2$，算出

$$a=\frac{mZ}{2r'}=\frac{2\times 27}{2\times 1.29}=20.93\text{mm}$$

$$b=c=ac'=20.93\times 3.26=68.23\text{mm}$$

$$d=cd'=20.93\times 4.50=94.19\text{mm}$$

$$r_1=r_3=ar'=20.93\times 1.29=27.00\text{mm}$$

$$r_2=c-r_1=68.23-27.00=41.23\text{mm}$$

$$\begin{aligned}\Delta S&=d-a-2(r+m)\\&=94.19-20.93-2\times(27.00+2)=15.26\text{mm}\end{aligned}$$

选牵引辊输入端传动齿轮的齿数 $Z_4=34$，算出其外圆直径

$$D_4=m(Z_4+2)=2\times(34+2)=72\text{mm}$$

由于中间传动比

$$i_{34}=\frac{Z_4}{Z_3}=\frac{n_3}{n_4}=\frac{(1-\varepsilon)\pi D}{S}$$

式中 D——牵引辊工作直径；

ε——牵引辊与卷带的相对滑动系数，通常取 0.02。

算出

$$D=\frac{i_{34}S}{(1-\varepsilon)\pi}=\frac{34}{27}\times\frac{200}{(1-0.02)\times\pi}=81.80\text{mm}$$

圆整为 $D=82\text{mm}$，可求牵引辊之间传动齿轮的齿数

$$Z_5=\frac{D}{m}=\frac{82}{2}=41$$

以上计算结果，为无标卷带瞬歇供送定长切割系统牵引机构的结构设计奠定了基础。至于卷筒驱动控制部分的设计，还涉及最大驱动力矩和最大驱动功率等问题，有关计算公式不难推导，此处从略。

2. 曲柄可调范围验算

援引上例的数据，以 $a=20.93\text{mm}$ 作为基准值，给出主动轴上齿轮盘偏心距的可调

范围，即取 $a_t=19.9\sim23.0\text{mm}$，或 $a_t'=\dfrac{a_t}{a}=0.95\sim1.10$，按下式

$$\cos\gamma_{max}=\frac{2c'^2-(a_t'+d')^2}{2c'^2}=1-\frac{1}{2}\left(\frac{a_t'+d'}{c'}\right)^2$$

$$\cos\gamma_{min}=\frac{2c'^2-(a_t'-d')^2}{2c'^2}=1-\frac{1}{2}\left(\frac{a_t'-d'}{c'}\right)^2$$

及

$$\Delta S=d-a_t-2(r+m)$$

分别求出其一组对应值

$$\gamma_{max}=113.4^\circ\sim118.4^\circ$$

$$\gamma_{min}=66.0^\circ\sim62.9^\circ$$

及

$$\Delta S=16.1\sim12.9\text{mm}$$

由此可见，在所调范围内压力角的变化不大，基本符合 $a_t^2+d^2\approx2c^2$。这样，借式(2-2-247) 和式(2-2-250) 可粗略地算得 a_t 的另一组对应值

$$\alpha_{12}=21.6^\circ\sim69.8^\circ,\quad |\varphi_{12}|=0.19^\circ\sim8.1^\circ$$

图 2-2-116 大体上反映了这些参数在调整时的相互变化关系，可供参考。

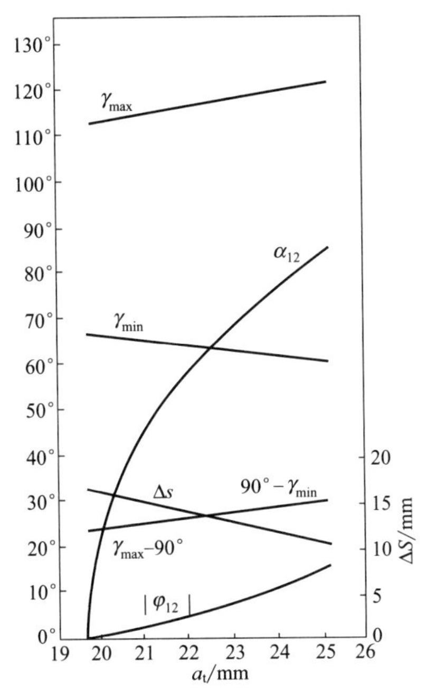

图 2-2-116　调整齿轮偏心距与其他参数变化关系曲线图

$d'=4.5\text{mm},b'=c'=3.26\text{mm},r'=1.29\text{mm}$

第三章

主传送系统间歇运动机构

第一节　概述

一、技术发展现状

主传送系统是多工位包装机的基本组成部分，主要用来将内装物和包装材料按确定的工艺路线和运动要求由一个工位传送至另一个工位，以完成某种包装作业。

从结构上看，主传送系统有的是单一功能的，也有的是多功能的，而且它往往同供送、计量、输出装置以及有关的执行机构紧密联系在一起，共同建立协调互动的关系。

从分类上看，大体上有以下几种：

① 按传送结构的类型，分为链带式、转盘式、动梁式、螺杆式和组合式等。通常其上多配备如托座、推板、夹钳、吊杆之类的专用附件，个别的则利用卷筒式包装材料作为内装物的传送工具。

② 按工艺路线的形式，分为直线式、折线式、圆弧式和组合式等，并形成平面布局或空间布局。

③ 按机构运动的特征，分为连续式、间歇式和组合式等。连续式一般只由传动及传送机构完成所需的动作，而间歇式大都由传动、转位、定位、传送机构完成所需的动作。所以，连续式主传送比较适用于包装品种单调、包装计量不多、包装形式简易、包装动作便捷的单机或联合机的场合。与此相反，间歇式或组合式主传送常用于流体、半流体的大容量灌装，散体的多品种计量混合充填，块体的复杂形式裹包，以及大重型箱袋的集合包装，等等。

鉴于间歇式主传送系统的转位机构具有一定的特殊性和复杂性，有必要着重对其设计概念和设计理论加以深入探讨（除本章外，另见第六章装盒的主传送机构）。

当今，自动包装机和包装线主传送系统的动力源，除能够直接产生间歇运动的伺服电机及液压气动装置有所应用以外，限于种种原因，使得输出连续回转运动的普通电动机一直占据主导地位。但是要用后者来作间歇式主传送的动力源尚需在中间添置适

应性较强的运动转换机构。面对此一类型繁多、变化多端的机构系统，再考虑诸种因素的协调配合，如输出的运动规律、动停比值、定位精度、运行速度、承载能力、可靠性能、操作维护、制造成本等，经调查，业界人士大都认为，即使处于数字计算技术迅猛发展的今天，从科学、实用、经济观点出发，对包装机械主传送系统继续研究创新机械式间歇运动机构依然有着广阔的活动空间。同时也应非常重视机电一体化新型间歇运动机构的探索开发。归根结底，以生产不同档次的包装机械产品来满足广大企业用户各取所需的愿望。

二、机构类型探讨

迄今，包装机械主传送系统的间歇运动机构，大体上包括以下两大类型。

步进移位式间歇运动机构——借驱动与执行机构使被包装物或容器产生沿直线移位的步进运动。

分度转位式间歇运动机构——借驱动与执行机构使被包装物或容器产生绕定轴转位的分度运动。

广义而言，这两大类型间歇运动机构，既有相对独立性也有一定互补性，特别是第二类经适当安排传动与传送机构（如链带），也可能变为直线及其他形式的步进运动。

（一）步进移位式间歇运动机构

1. 平行双曲柄式动梁步进机构

如图 2-3-1 所示，均布三角槽的动梁 4 对称配置在两条平行定梁之间。由等速回转的平行双曲柄 3 驱动动梁产生正圆轨迹的平动，从而使管形、杆形之类的物件有节奏地被托起并沿着定梁的凹槽逐步向前移动。当用于小型玻璃安瓶时，应将定梁和动梁的工作面改成近于 45°的倾斜布局，以便安瓶沿水平直线方向移动和停歇时能依次完成烘干、灌装、封口等作业。

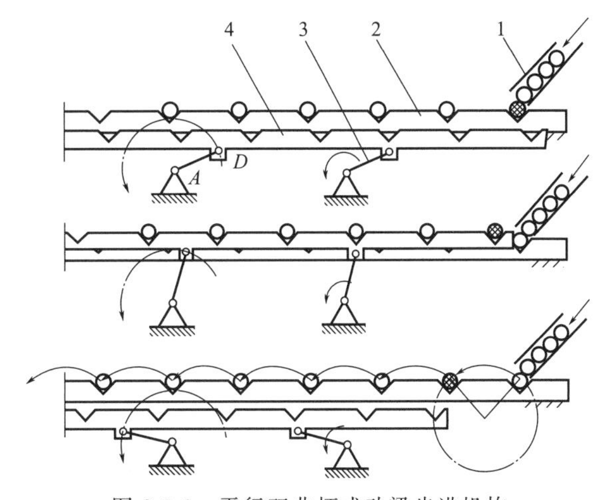

图 2-3-1　平行双曲柄式动梁步进机构

1—输入槽；2—定梁；3—平行双曲柄；4—动梁

必要时要考虑两点注意事项：

① 若双曲柄只用一个主动的，为消除该机构经死点可能产生不确定的运动状态，最好在动梁添置第三个平行曲柄。

② 若定梁和动梁的凹槽间距保持一定，而仅改变被传送物件的动停比，应适当调整平行曲柄的回转半径和定梁的上下位置。

2. 平行双曲柄连杆式动梁步进机构

如图 2-3-2 所示，其总体布局与上例相仿，由两套结构尺寸完全相同的曲柄连杆机构 3 驱动同它铰接的动梁 4，使之沿着 D 点连杆曲线产生平动。动梁上均布短齿，其运动轨迹近似于卵形，便于推动定梁 2 上一列物件 1 逐步向前作等距离移位。明显看出物件的停歇时间大于运动时间，这有助于适当安排包装工艺操作。

对此步进机构来说，如果仅要求作为输送工具来使用，那么就应该设法加快急回运动以提高工作效率。这可通过改变连杆上 D 点的铰接位置，从而调整动梁的平动轨迹和动停比来达到目的。

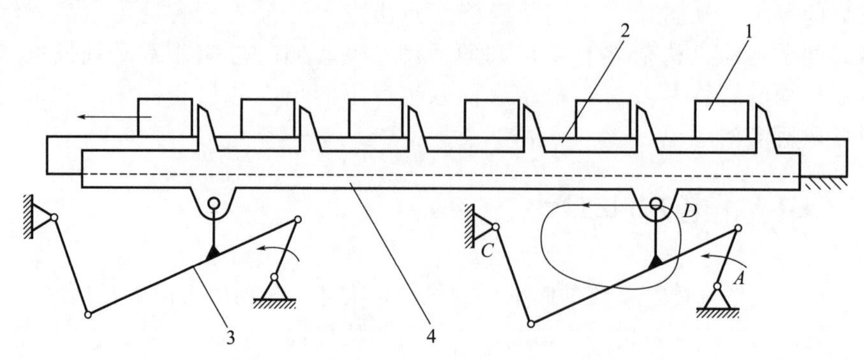

图 2-3-2　平行双曲柄连杆式动梁步进机构

1—物件；2—定梁；3—曲柄连杆机构；4—动梁

3. 行星齿轮平行双曲柄式动梁步进机构

如图 2-3-3 所示，此动梁机构的双行星齿轮 3 有内啮合与外啮合之分，并借它同动梁 4 铰接所形成的平行双曲柄机构，使动梁上各个拨杆的任一点均产生完全相同而且多种形式的封闭曲线轨迹，例如带小圆角的正方形、长方形、三角形以及规整的长圆形等。可见其主传送运动的适应性能很强。另外，因行星齿轮结构紧凑，传动性能优越，既可平放也可竖放，尤其是能发挥别具一格的拨动物件的作用，更加扩大其应用范围。

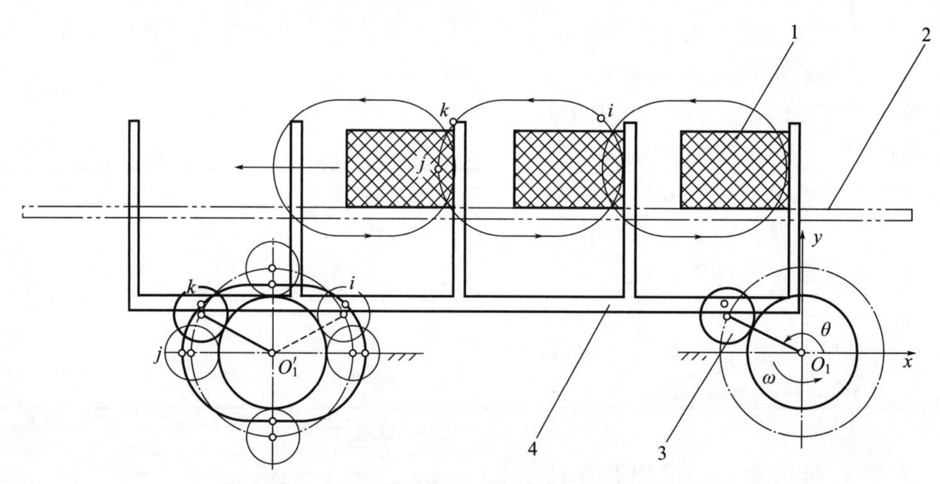

图 2-3-3　行星齿轮平行双曲柄式动梁步进机构

1—物件；2—定梁；3—外啮合行星齿轮机构；4—动梁

总之，步进移位式间歇运动机构的共同特点是，机构结构简单容易制造，基本工作原理接近一致，执行构件均以平动方式沿封闭曲线轨迹起着长行程步进式推移作用。其颇具特色的功能很适合传送中小型、体形规则偏长、质地硬实光洁、放置稳定性好的物件或容器，以有效实现某些包装工艺过程和一线式分件供送。

就设计而言，对动梁要求较高，力求做到轻巧、刚性好、运行稳定、减缓同物件冲击，只有这样才能提高传送速度。

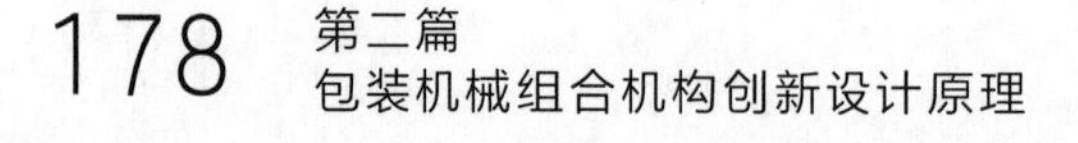

（二）分度转位式间歇运动机构

此一类型转位机构已有较长的演进历史。机构多种多样，主要有分度凸轮机构、槽轮机构、棘轮机构、不完全齿轮机构以及液压气动机构等。如今，随着包装机构日益向高速化、自动化方向发展和电子数字计算技术的普及，使得分度转位式间歇运动机构出现了显著的变化，可以概括为两大类型。

1. 输出确定运动动力特性的间歇转位机构

常用的槽轮机构、棘轮机构、不完全齿轮机构之类，虽然都具有机构结构简单、便于设计制造、工作稳定可靠、加工成本低的优点，但其输出的运动动力特性却受到本身结构以及固有参数的限制而无法随意改变。尤其是，普遍存在着速度和加速度不连续，动停比只能有级调节且可调范围较窄，运动副传动间隙难以控制等弊病，结果便容易引发惯性阻抗大、冲击振动强、传动构件磨损快等副作用。所以这些机构多适用于慢速、重载、定位精度不高的场合。

2. 输出可选运动动力特性的间歇转位机构

1） 主流机构的确立

在包装、印刷、机械制造等领域，现已广泛应用如图 2-3-4 所示的空间和平面分度凸轮机构，并且公认大都成为当今世界间歇精密分度机构的发展主流，其优势地位主要取决于诸多方面的技术成就。

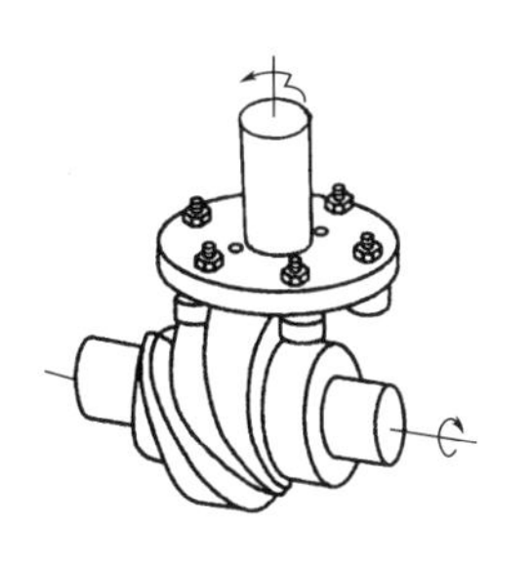
(a) 圆柱分度凸轮机构

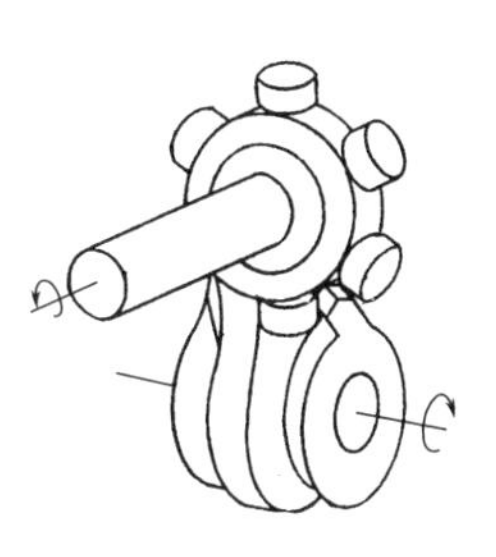
(b) 弧面分度凸轮机构

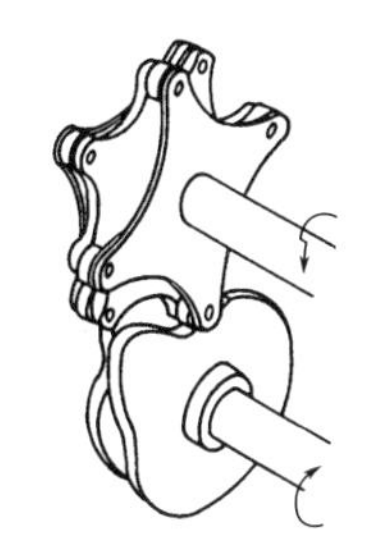
(c) 共轭平行分度凸轮机构

图 2-3-4　分度转位式凸轮机构简图

① 为使该机构在高速度、多分度条件下稳定又有效地工作，现已研究出数十种反映不同运动规律的分度凸轮曲线。其中常用的，如高次多项式运动规律、改进正弦加速度运动规律等。实用中应按需从优选择，保证在高速运行过程不受外界干扰而改变原来的运动动力特性。正因这一点，伺服电机不可能完全取代它的地位。

② 根据主传送各工位的操作工艺要求，通过所选凸轮曲线，可在较宽范围内无级确定从动转盘分度阶段（进程）和静止阶段（停程）的时间比。

③ 间歇转位机构一经进入停程，从动转盘均布的滚子受制于凸轮特定接触表面形状的约束得以实现形封闭，从而达到较高的定位精度。即使由于制造装配或者长期磨损引起啮合误差，有的也能借助调整凸轮与转盘的中心距而程度不同地改善配合间隙，延长使用寿命。

④ 国内外都能采用 CAD/CAM 一体化技术和专用数控机床从事设计和制造，形成系列化产品推广应用。在这种情况下，也给一般的设计制造单位及技术工作者带来福音，可将凸轮分度器视为机械基础件来选型设计，以便缩短专业机械的研发周期，提高产品质

量，符合时代发展方向。

不过有必要指出，图 2-3-4 所示三种分度凸轮机构也是各有长处和短处的。相比之下，最适合高速分度和高精定位的，当属弧面分度凸轮机构，当然其制造成本最高；而最能满足宽分度范围和宽动停比的，当属共轭平行分度凸轮机构，然而它的承载能力却略逊一筹；至于圆柱分度凸轮机构大体上属于中间档次，这同它难以采用预压紧方法适当调整凸轮同从动盘端面滚子的啮合间隙有关，以致经过长期工作磨损容易引起冲击振动。尽管如此，鉴于该机构开发应用较早，后来又引入现代制造技术，使得此产品仍拥有可观数量的用户，例如用于一般的卷边封口机。

2）实际应用的体验

在凸轮分度器的研制上，美国、德国、日本一直处于领先地位，中国正在迎头赶上。从有关资料获悉，此产品问世之后，最先应用于机械制造部门。在图 2-3-5 中，标注 A 的，即表示回转型凸轮分度器在自动生产线上的具体应用（如剪切供送、装配检测及其他）。

另见图 2-3-6 所示的回转拾放型凸轮分度器。它的设计构思颇为巧妙，在同一根主动轴上装有弧面分度凸轮 3 和端面槽凸轮 4，相应的从动件分别是多个均布的从动滚子 2 和从动摆杆 5。将两者的运动适当组合，就能使输出心轴及其相连的悬臂式气动机械手 6 作单向间歇回转和同步上下移动的空间运动，以便生产线上被传送的物件或容器在设定范围内实现有节奏的间歇转位及拾放操作。整个装置结构紧凑、配置方便、悬臂能调、个数可选、定位准确、运行平稳。

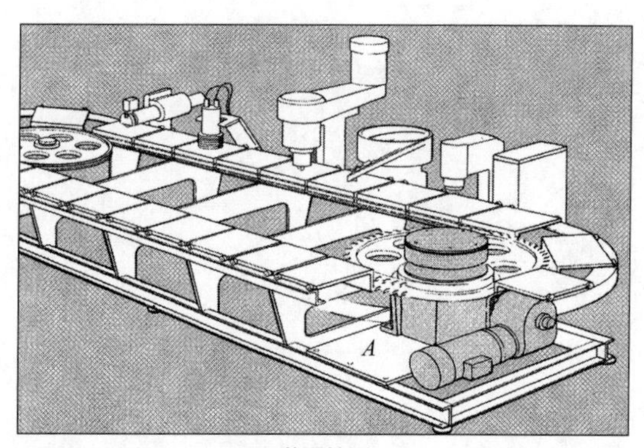

(a) 装配检测

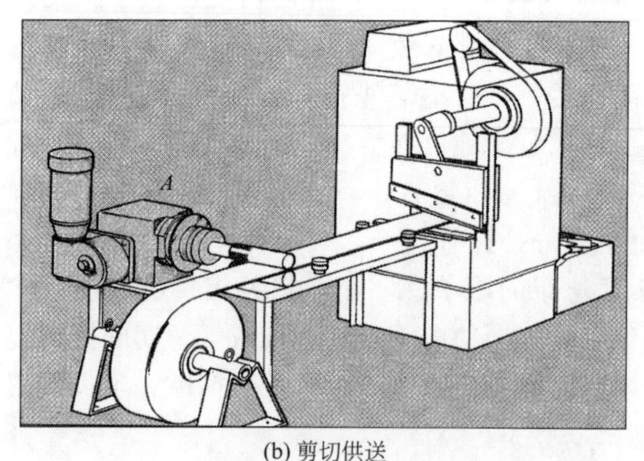

(b) 剪切供送

图 2-3-5　回转型凸轮分度器在机械制造业应用范例

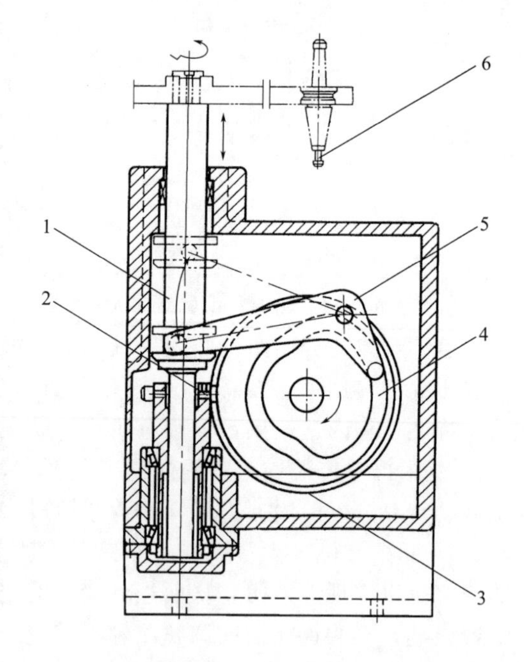

图 2-3-6　回转拾放型凸轮分度器结构简图

1—往复运动轴套；2—从动滚子；3—弧面分度凸轮；4—端面槽凸轮；5—从动摆杆；6—气动机械手

从以上数例看出，凸轮分度器所驱动的转位执行构件，作为间歇转位系统的重要组成部分，在结构形式上也有多种类型，如圆盘式、链带式、辊筒式、吊杆式(机械手）等，配套相当机动灵活。下面，联系自动包装机及包装线，仅举二例着重说明凸轮分度器与间歇转位盘、间歇步进带的组合应用。

（1）凸轮分度器与转位盘的组合　在此，以胶囊充填机为例加以分析。它是医药包装界应用很广又很有特色的机种之一。在初始发展阶段，由于胶囊的品种及规格比较单一，曾有过连续式和间歇式两大机型一度并存的局面。后来，随着医药学的进步，胶囊不单大小容量分成级别，内容物更有多种组合。如图 2-3-7 所示，图(a) 为粉剂，图(b)、图(d) 为粉剂＋丸剂，图(c) 为粉剂＋片剂，图(e) 为粉剂＋丸剂＋片剂。另外，有的还充入液剂。

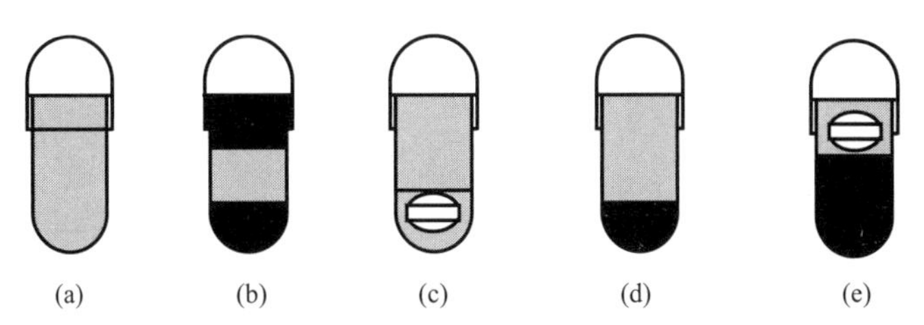

图 2-3-7　胶囊内容物多种组合充填方式示意图

针对这种情况，必然导致胶囊充填机结构的变革。就连续式来说，要想还用原来的机型结构来高速度且高精度地包装小又轻、薄又软的多品种胶囊，便难以胜任。所以，现今总的发展趋势是进一步改造和创新间歇式胶囊充填机，一个有代表性的主传送系统如图 2-3-8 所示。

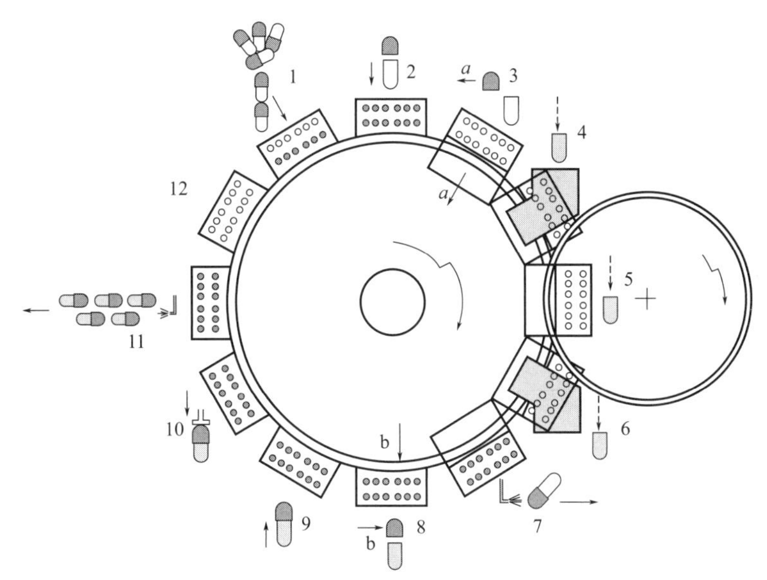

图 2-3-8　间歇式胶囊充填机包装工艺路线及工位布局

1～12—工位（说明见正文）

根据包装的实际需要，总共安排 12 个工位，均布一圈构成圆弧形包装工艺路线。相应地，沿主传送转位盘的边缘配置 12 套分为两层的带孔模具，上层模板受控能做径向向内的往复位移。至于其他执行构件均固定于该盘周边的工作台面上，便于观察操作。再有，改变胶囊品种也能灵活更换配件。总体造型显得紧凑、美观、实用。

概括说明，在主传送盘间歇转位过程中，每次循环都能按工位顺序依次完成如下操作：

工位 1——斗内空胶囊供给，自动排列定向，见图 2-3-9。

工位 2、3——将空胶囊二次插入模孔，分开平移上模，见图 2-3-10。

工位 4～8——药物充填囊体，上模恢复原位，见图 2-3-11。

工位 9～12——胶囊封合压紧，推出成品清理模具，见图 2-3-12。

图 2-3-9～图 2-3-12 可为确定主传送系统设计方案，包括合理选择间歇转位机构提供切实的论证。

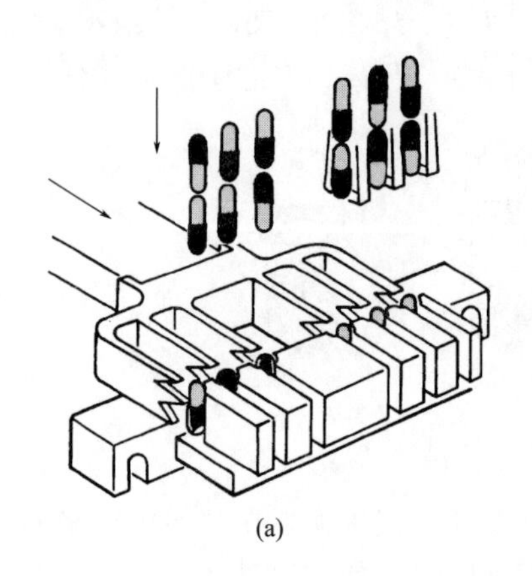

(a) (b)

图 2-3-9 工位 1 装置

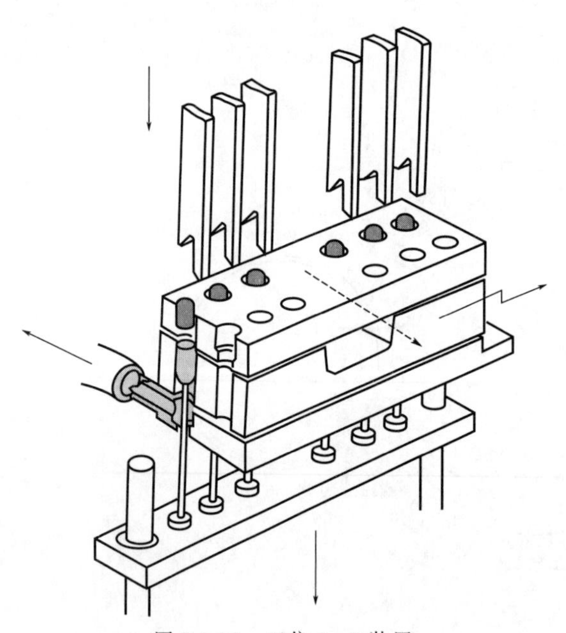

图 2-3-10 工位 2、3 装置

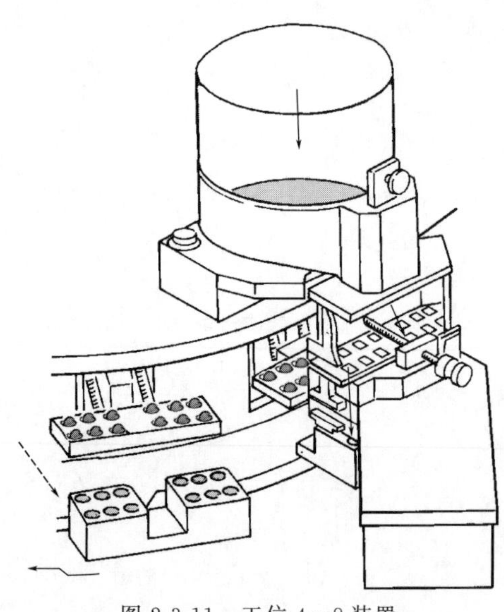

图 2-3-11 工位 4～8 装置

此间歇转位系统，特别是由工位 2、3（将已自动定向的空胶囊分两次插入模板 2×6 个小孔，接着抽气一分为二），工位 4～6（将不同品种药物按规定剂量分三次充入囊体），以及工位 9～11（将分开的胶囊壳体重新对齐、封合压紧、排出机外）所完成的一系列快速精细操作，都要求转盘上的上下两层模板和有关执行机构必须具备高定位精度的特性。这对正确选配转位盘的分度与驱动机构有着重要的指导意义。

实际上，当前能为这种类型胶囊充填机配套的首选间歇转位机构非弧面凸轮分度器莫属。如图 2-2-13 所示，关键在于它能满足快速平稳转位、高精度定位、适宜动停比和较强承载能力的主要工作条件。

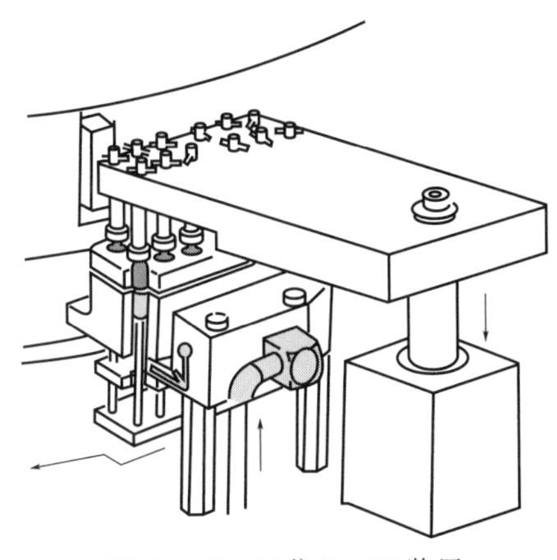

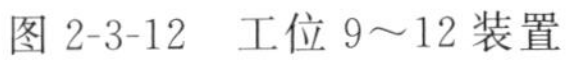

图 2-3-12　工位 9～12 装置

图 2-3-13　双头弧面凸轮分度器外形图

经查，该机双头弧面凸轮分度器主动轴的正常工作转速可达 150～200r/min，这相当于每秒间歇转位 3 次之多，显示了现代机械设计制造的高水平。

(2) 凸轮分度器与步进带的组合　在此，以软管灌装封口机为例加以分析。它是日化、医药、食品等包装界应用很广也很有特色的机种之一。该机所用的软管，其主体部分多用塑料及其复合材料制成，一端带盖，另一端开口。内装物以黏度较高的半流体为主。如今不论软管尺寸、灌装容量、物料品种和封尾形式都日益多样化，极大提升了整机的多用化和自动化的水平。

参阅图 2-3-14，此类机种的包装工艺过程几乎一样。

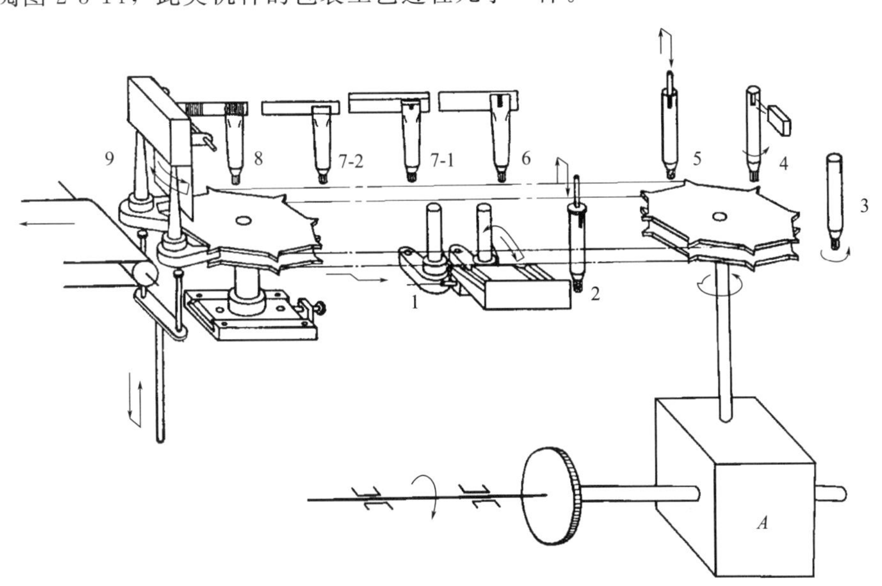

图 2-3-14　间歇式软管灌装封口机包装工艺路线及工位布局

1—空管插入；2—轻拍定位；3—管盖旋紧；4—光标定向；5—计量灌装；6—管尾压扁；7—折边叠封；8—打字压痕；9—成品推出

为此共设置 20 个工位，再考虑到软管尺寸的改变、包装工位的调整、执行机构的更换、操作维修的便利，以及尽量减轻间歇转位过程的惯性阻抗，所以采用长圆形的工艺路线。

见图 2-3-15，为提高生产能力而取软管的步进头数为 2，显然整个链带应安排 40 个软管插座。这些插座均为工程塑料成型件，用套筒滚子链相间搭配铰接成为一条封闭的主传送带。主从动链轮呈正八角形，其轴承座安装在工作台面上，主动侧固定，从动侧可以微调，使链带保持适宜的张紧程度。在链带两直线段的上下方配置塑料导轨，起着支撑引导软管插座、减缓振动的作用。

软管插座主要由托座和插环构成，当改变软管直径时，只需调换相配合的插环。

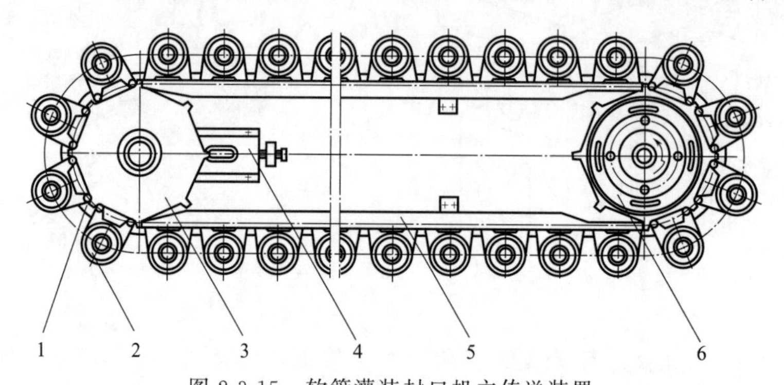

图 2-3-15　软管灌装封口机主传送装置

1—主传送链带；2—软管插座；3—从动链轮；4—链带张紧螺栓；5—导轨；6—主动链轮

在间歇转位过程中，对空管插入、管盖旋紧、计量灌装等工位都要求有较高的定位精度和稍长的停歇时间，再有，主传送链带长而又重（包括软管负荷），要提高运行速度，惯性阻抗势必较强，所有这些因素也就成为选择弧面凸轮分度器作为间歇转位驱动机构的主要依据。但是，分度数偏小，仅为 4，而转位角偏大，达到 90°，可以说是另一个特点。

附带指出，本机的最高生产能力约为 200 个/分，若工位数不变，将软管的步进头数由 2 改为 1，那么机身长度和生产能力都会随之被大幅度压缩，同时主传送链带可改用轻型内含钢丝芯的塑胶同步齿形带，依此来满足另外一些工业用户的需求。

已述，长圆形的包装工艺路线确有不少优点，不过美中不足的是，当主传送链带水平布局时，在供送部位只好将空管沿着垂直方向插入管座，这增加了操作麻烦又影响了工作效率。现在，国外有的提出创新设计，将管座改为 90°翻转的结构形式，并增添导轨的引导作用，从而实现平放推入插环和竖立灌装封口的综合效果。看过图 2-3-16 定会有所

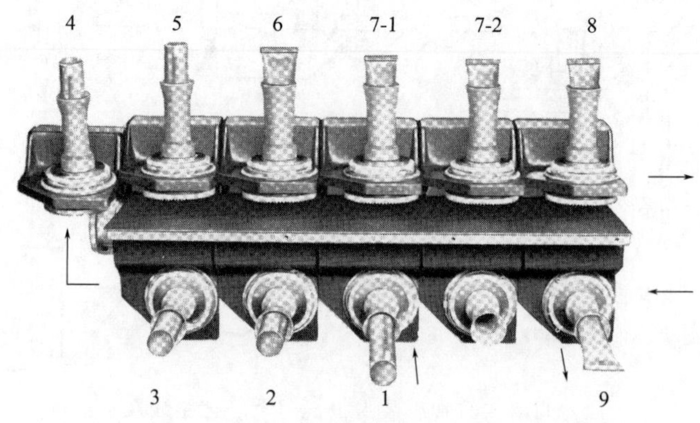

图 2-3-16　配有翻转式管座主传送链带局部外形图

1～9—工位

理解。图中各工位的编号，其含义与图 2-3-14 完全一致。

此类包装机械的自动控制系统日臻完善，软管的光标定位和灌装封口统由分立的伺服电机控制，总的动力源采用变频无级调速。在自动检测功能方面，能够做到缺管不灌装、不封口，不合格品一概剔除机外。

第二节　典型间歇运动组合机构

一、分度凸轮间歇转位机构

在前节从包装机械主传送系统的角度阐明分度凸轮转位机构应用价值的基础上，进一步探讨有关机构结构、工作原理、主要参数等方面问题，为更好完成选型设计寻求简化和统一处理的途径。

（一）机构结构特征

1. 空间分度凸轮机构

从结构看，弧面分度凸轮机构和圆柱分度凸轮机构除从动转盘的滚子分布形式存在明显差异之外，其他方面都有许多相同点和相似点。

弧面分度凸轮机构的啮合类型如图 2-3-17 所示。

该机构的两传动轴呈垂直交错布局，主动轴等速回转，从动轴按给定的运动规律实现周期性间歇运动。

从动转位盘上均布的滚子有多种结构形式，如圆柱形、圆锥台形、圆鼓形等。空间凸轮同滚子相互啮合的螺旋滑道，有左旋和右旋之分。按每一次分度凸轮所拨过的滚子数，又有单头和多头之分。

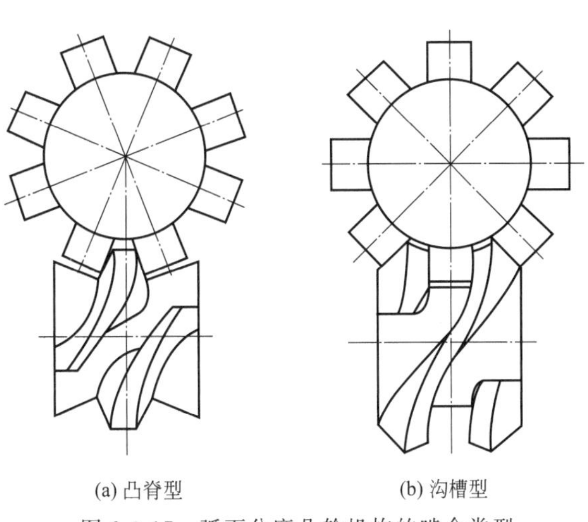

(a) 凸脊型　　(b) 沟槽型

图 2-3-17　弧面分度凸轮机构的啮合类型

转盘滚子与凸轮轮廓的啮合形式一般分为两种：凸脊型和沟槽型，如图 2-3-17 所示，二者各有特点。对凸脊型来说，当处于间歇转位的静止段，盘上有两个相邻滚子同凸轮一条凸脊的两侧面接触，来约束从动盘的运动，分度数较少时多用此种结构形式。而对沟槽型来说，当处于间歇转位的静止段，盘上居中一个滚子同凸轮一条沟槽的两侧面接触，构成形封闭，这适合分度数较多的场合，并且承载能力也强。

弧面分度凸轮机构的基本工作原理如图 2-3-18 所示。

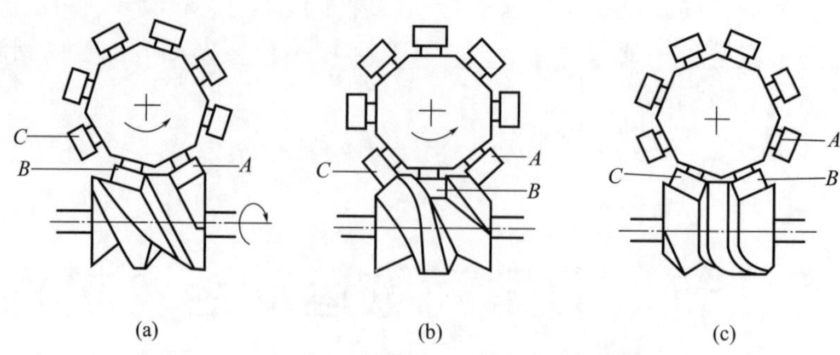

图 2-3-18 弧面分度凸轮机构基本工作原理示意图

在从动盘处于转位过程，是借助凸轮的凸脊状轮廓曲面依次推动滚子 A、B 按给定运动规律实现回转的，当盘上两个相邻滚子跨夹在凸轮凸脊的两侧，便停止转位，以确定的动停比完成一次工作循环。

此工作原理虽然简单，不过设计原理却相当繁杂，根本原因在于，由凸轮与滚子相互啮合面形成的空间轮廓曲面无法展开成为平面图形，只有运用现代数学和计算机技术相结合的方法才能精确地建立相关的数学模型以及可旋转的三维视图，从而了解该凸轮轮廓的全貌，是否存在过切的薄弱环节。此外，还需考察压力角的分布状况，确保传动性能可靠，将隐患消除在投产之前。结果，通过 CAD-CAPP-CAM 一体化操作获得优质产品。实际上，只有充分了解这一切，才能深切理解对一般设计人员积极推行空间分度凸轮机构选型设计的必要性和重要性。

2. 平面分度凸轮机构

这种新型的间歇运动机构，是由一个分层均布多个滚子的从动圆盘，与两片或多片平面共轭凸轮相啮合，从而实现分度转位，另外，由于主从轴相互平行，所以合称为共轭平行分度凸轮机构。

典型外接式共轭平行分度凸轮的机构如图 2-3-19 所示。

根据共轭凸轮与转盘滚子的相对位置关系，有外接式(分度数偏少）和内接式(分度数偏多）两种类型。另外还有一种直动式，用得有限。

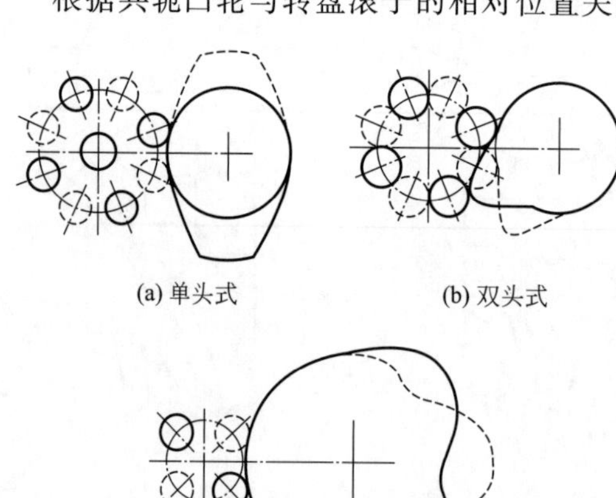

图 2-3-19 外接式共轭平行分度凸轮机构典型示例

根据凸轮片数和滚子层数的不同，有双片/层和多片/层之分，通常多采用双片/层结构。

根据每分度一次凸轮拨过的滚子数，有单头和多头之别。鉴于情况复杂，现结合图例做具体说明。

① 单头式［见图 2-3-19(a)］——两凸轮错开 180°，滚子总数为 8，凸轮每转半圈，从动滚盘分度一次，相应的转位角为 1×45°（拨过 1 个滚子)。通常采用单一式凸轮曲线。

② 双头式［见图 2-3-19(b)］——两凸

轮错开 30°，滚子总数为 8，凸轮每转一圈，从动滚盘分度一次，相应的转位角为 2×45°（拨过 2 个滚子）。通常采用组合式凸轮曲线。

③ 四头式［见图 2-3-19(c)］——两凸轮错开 60°，滚子总数为 4，凸轮每转一圈，从动滚盘分度一次，相应的转位角为 4×90°（拨过 4 个滚子）。通常采用更加复杂的组合式凸轮曲线。

关于从动转盘滚子的总个数，主要取决于分度数和头数。这些概念，后面将做系统介绍。

要想了解这方面更多的资料，请查阅共轭平行分度凸轮机构的图谱。深入研究此类图谱，对搞好选型设计乃是一项重要的基本功。

综合上述，现结合双片/层共轭平行分度凸轮的机构简图 2-2-20，扼要说明其基本工作原理。

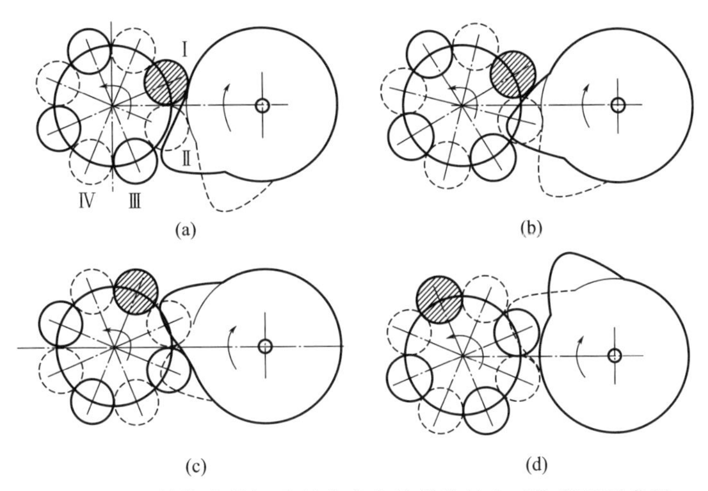

图 2-3-20　外接式共轭平行分度凸轮机构基本工作原理示意图

在每次间歇转位的分度段，各片/层的凸轮和滚子都是沿着周向排列的顺序来轮换进行啮合传动，并使从动转盘得以实现预期的间歇运动规律。实际上，每个滚子均有一段对应的可展开凸轮轮廓曲面，而且前后之间能够光滑衔接。另外，为了提高间歇转位的定位精度，还应设法依靠凸轮轮廓曲面对所接触的滚子构成形封闭。

鉴于诸多因素制约，使得设计制造这种共轭凸轮比一般的盘形凸轮复杂且困难得多。所以，这同样是主张推行平行凸轮分度器选型设计的理由之一。

（二）主要参数关系

对分度凸轮机构着手选型设计时，应按给定要求和限定条件合理选定一系列主要参数。

1. 分度数（N_p）

表示从动盘每回转一周所分度的次数（正整数）。设 Z 为该盘匀布的滚子总数，H 为凸轮的头数，可求

$$N_p=\frac{Z}{H}\quad 或\quad Z=HN_p \tag{2-3-1}$$

通常，N_p 取 2，3，4，5，6，8，10，12，15，16，20，24，30，32，36，40，48；

H 取1，2，3，4，6。

分度数是由主传送工位数决定的，要为提高承载能力而增加凸轮头数，显然从动盘的滚子数必随之大幅度增多，会使整个机构的外形轮廓变大。

再有，凸轮头数也不宜过多，否则凸轮结构变得很复杂，同时会增大凸轮的压力角恶化传动性能，这对共轭平行分度凸轮机构的影响尤为突出。

总之，N_p、Z、H 之间的关系都有个适度问题，需综合考虑和评估。

2. 转位角（φ_p）

表示从动盘每分度一次所转过的角度。

$$\varphi_p=\frac{2\pi}{N_p}\quad(\text{rad})\quad 或\quad \varphi_p'=\frac{360}{N_p}\quad(°)\tag{2-3-2}$$

将此值与从动工作台面直径相联系，在很大程度上便成为合理确定工位间距、空间布局和机构配置的重要因素。另外，这也是设计制造不可缺少的计算数据。

3. 动停比（k）

表示从动盘每分度一次，转位时间 t_d 与停歇时间 t_j 的比值。

$$k=\frac{t_d}{t_j}\tag{2-3-3}$$

实际上，这是一个给定值，取决于在主传送间歇转位过程各工位包装工艺操作所需的动停时间，大都从长期生产实践摸索出来的，有的也可通过计算或实验求出。

4. 动程角（θ_t）

表示从动盘每分度一次，凸轮转过的角度。从实用出发可借动停比直接推导出来，即取

$$k=\frac{\theta_t}{\theta_0-\theta_t},\quad \theta_0=\frac{2\pi}{m}\quad(\text{rad})\tag{2-3-4}$$

式中，m 为凸轮每转一周，从动盘分度的次数，一般取为1。

求得

$$\theta_t=\frac{k\theta_0}{1+k}\quad(\text{rad})\tag{2-3-5}$$

或改为

$$\theta_t'=\frac{k\theta_0'}{1+k},\quad \theta_0'=\frac{360}{m}\quad(°)\tag{2-3-6}$$

往后，θ_t，θ_t'可为计算其他参数如负载转矩等提供依据。

5. 中心距（C）

表示凸轮与从动盘两中心轴线的间距。它既是该机构的主要装配和调整尺寸，还能大体反映整体轮廓的大小，因此，常作为凸轮分度器型号的重要标记。

6. 动转矩（M_d）

表示在从动盘转位过程主动凸轮为克服传送与传动系统的各种阻抗（包括工作阻抗、惯性阻抗、摩擦阻抗等）所需的输出转矩，或称负载转矩，为选型最基本参数。

7. 其他

在选型设计中，通常涉及分度凸轮机构的啮合类型（A或B）、凸轮的旋向、从动盘的运动规律和定位精度等级，以及输入轴和输出轴的结构形式。值得注意，有的分度器，其凸轮输入轴形成两端外延式布局，一端连接动力源，另一端连接传动系统的分配轴，此时，务必提出相应的负载转矩数值。

（三）选型设计要点

针对凸轮分度器这一特种专用装置，可以将三种类型分度凸轮机构的选型设计统一加以处理。总的指导思想是，按照设计要求综合研究该装置的机构结构特征、主要参数关系、从动盘运动规律以及同主传送系统配套条件等，进而通过计算分析、对比优化，借有关选项确定适用的产品型号及规格。为此，做出以下具体安排。

1. 无量纲运动表达式的求解

现今，研究凸轮机构的运动，通常以主动凸轮的角位移或角速度作为自变量，并用无量纲参数来表达从动件的运动规律，即机构学常指的凸轮轮廓曲线。特别是，对所选的高速凸轮曲线应满足这些要求：能精确、平稳、可靠地驱动从动件，有助于减振动、减磨损和减能耗。

1）无量纲时间（T）

沿用前述一些符号写成

$$T=\frac{t}{t_{d}}=\frac{\theta}{\theta_{t}} \tag{2-3-7}$$

式中，t 为从动盘从 0 计起的回转时间，s；θ 为凸轮从 0 计起的角位移，rad。

2）无量纲位移（S）

$$S=\frac{\varphi}{\varphi_{p}} \tag{2-3-8}$$

式中，φ 为从动盘从 0 计起的角位移，rad。

3）无量纲速度（V）

$$V=\frac{\mathrm{d}S}{\mathrm{d}T}=\frac{\mathrm{d}\varphi}{\varphi_{p}\mathrm{d}T}$$

令凸轮的等角速度为 $\omega_{1}=\frac{\theta}{t}$，从动盘的瞬时角速度为 $\omega_{2}=\frac{\mathrm{d}\varphi}{\mathrm{d}t}$，解出

$$\mathrm{d}T=\frac{\omega_{1}\mathrm{d}t}{\theta_{t}}$$

$$V=\frac{\theta_{t}\omega_{2}}{\varphi_{p}\omega_{1}} \quad （取正值） \tag{2-3-9}$$

4）无量纲加速度（A）

$$A=\frac{\mathrm{d}V}{\mathrm{d}T}$$

令从动盘的瞬时角加速度为 $\varepsilon_{2}=\frac{\mathrm{d}\omega_{2}}{\mathrm{d}t}$，解出

$$\mathrm{d}V=\frac{\theta_{t}\mathrm{d}\omega_{2}}{\varphi_{p}\omega_{1}}$$

$$A=\frac{\theta_{t}^{2}\varepsilon_{2}}{\varphi_{p}\omega_{1}^{2}} \tag{2-3-10}$$

注意，若 A 为正值表示 A 与 V 同向，若 A 为负值表示 A 与 V 异向。

5）无量纲跃度（J）

$$J=\frac{\mathrm{d}A}{\mathrm{d}T}$$

令从动盘的瞬时跃度为 $j_2=\dfrac{\mathrm{d}\varepsilon_2}{\mathrm{d}t}$，解出

$$\mathrm{d}A=\frac{\theta_t^2\mathrm{d}\varepsilon_2}{\varphi_p\omega_1^2}$$

$$J=\frac{\theta_t^3 j_2}{\varphi_p\omega_1^3} \tag{2-3-11}$$

注意，若 J 为正值表示 J 与 A 同向，若 J 为负值表示 J 与 A 异向。

为计算输出轴的动转矩，必须求解从动件的最大瞬时角加速度 $\varepsilon_{2\max}$，将式(2-3-10)改写为

$$\varepsilon_2=\frac{\varphi_p\omega_1^2}{\theta_t^2}A$$

或

$$\varepsilon_{2\max}=\frac{\varphi_p\omega_1^2}{\theta_t^2}A_{\max}$$

令凸轮的分转速为 n_1（r/min），$\omega_1=\dfrac{\pi n_1}{30}$，已知 $\varphi_p=\dfrac{2\pi}{N_p}$，解出

$$\varepsilon_{2\max}=\frac{\pi^3}{450N_p}\left(\frac{n_1}{\theta_t}\right)^2 A_{\max} \tag{2-3-12}$$

若将上式中 θ_t（rad）置换为 θ_t'(°)，代入 $\theta_t=\dfrac{2\pi}{360}\theta_t'$，则

$$\varepsilon_{2\max}'=\frac{72\pi}{N_p}\left(\frac{n_1}{\theta_t'}\right)^2 A_{\max} \tag{2-3-13}$$

在此，$A_{\max}$ 连同 $V_{\max}$、$J_{\max}$ 统称为分度凸轮曲线的特征值。其数值大小大体上能反映从动件的工作平稳性和定位精确性。在高速重载的场合，应选取适当偏低的 $V_{\max}$、$A_{\max}$ 和 $J_{\max}$。通过选择分度凸轮机构的运动规律可以求解具体的计算数据。

2. 从动盘运动规律的选择

现今，生产的凸轮分度器可供用户选择的从动盘运动规律，主要有：改进等速运动规律，改进梯形加速度运动规律，改进正弦加速度运动规律。

下面仅就最常用的改进正弦加速度运动规律加以研究。

它的整个运动规律是由三段光滑衔接的组合曲线来体现的，如图 2-3-21 所示。对每一次分度过程而言，在行程的始末两段为周期较短的正弦加速度变化曲线，而在中间一段为周期较长的正弦加速度变化曲线。这样，不仅能消除任何的速度和加速度的突变，而且全部变化都比较和缓，说明具有良好的动力学性能。现将其计算公式列出。

1）行程开始段$\left(0\leqslant T\leqslant\dfrac{1}{8}\right)$

$$S=\frac{1}{4+\pi}\left(\pi T-\frac{1}{4}\sin 4\pi T\right) \tag{2-3-14}$$

$$V=\frac{\pi}{4+\pi}(1-\cos 4\pi T) \tag{2-3-15}$$

$$A=\frac{4\pi^2}{4+\pi}\sin 4\pi T \tag{2-3-16}$$

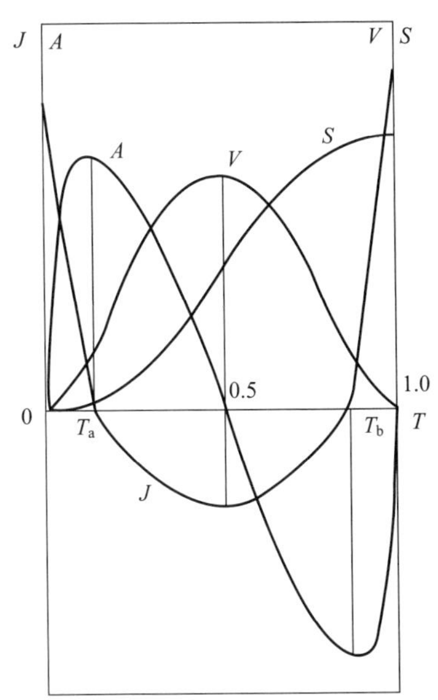

图 2-3-21 分度凸轮改进正弦加速度运动规律的组合曲线

$$J=\frac{16\pi^3}{4+\pi}\cos 4\pi T \tag{2-3-17}$$

取 $T=0$，算出 $S_0=0$，$V_0=0$，$A_0=0$，$J_0=J_{\max}=69.47$

取 $T=\frac{1}{8}$，算出 $S_a=0.02$，$V_a=0.44$，$A_a=A_{\max}=5.53$，$J_a=0$

2）行程中间段$\left(\frac{1}{8}\leqslant T\leqslant\frac{7}{8}\right)$

$$S=\frac{1}{4+\pi}\left(2+\pi T-\frac{9}{4}\sin\frac{\pi+4\pi T}{3}\right) \tag{2-3-18}$$

$$V=\frac{\pi}{4+\pi}\left(1-3\cos\frac{\pi+4\pi T}{3}\right) \tag{2-3-19}$$

$$A=\frac{4\pi^2}{4+\pi}\sin\frac{\pi+4\pi T}{3} \tag{2-3-20}$$

$$J=\frac{16\pi^3}{3(4+\pi)}\cos\frac{\pi+4\pi T}{3} \tag{2-3-21}$$

取 $T=\frac{1}{2}$，算出 $S=0.5$，$V=V_{\max}=1.76$，$A=0$，

$$J=-J_{\max}=-23.16$$

取 $T=\frac{7}{8}$，算出 $S_b=0.98$，$V_b=0.44$，$A_b=-A_{\max}=-5.53$，$J_b=0$

3）行程结束段$\left(\frac{7}{8}\leqslant T\leqslant 1\right)$

$$S=\frac{1}{4+\pi}\left(4+\pi T-\frac{1}{4}\sin 4\pi T\right) \tag{2-3-22}$$

$$V=\frac{1}{4+\pi}(1-\cos 4\pi T) \tag{2-3-23}$$

$$A=\frac{4\pi^2}{4+\pi}\sin 4\pi T \tag{2-3-24}$$

$$J=\frac{16\pi^3}{4+\pi}\cos 4\pi T \tag{2-3-25}$$

取 $T=1$，算出 $S=S_{\max}=1$，$V=0$，$A=0$，$J=J_{\max}=69.47$

至此求得明确答案，当选择改进正弦加速度运动规律，按式(2-3-12) 计算 $\varepsilon_{2\max}$ 时，应取 $A_{\max}=5.53$。

以上计算还表明，当分度开始和终了时，从动盘无量纲的速度、加速度和跃度分别为 $V=0$，$A=0$，$J=J_{\max}=69.47$，这符合高速凸轮的设计要求。

关于凸轮分度器其他两种常用的凸轮曲线特征值，可仿同样思路求解，特列于表 2-3-1 中，供对比分析参考。

表 2-3-1 从动盘三种运动规律特征值

凸轮曲线名称	$V_{\max}$	$A_{\max}$	$J_{\max}$
改进等速	1.28	±8.01	+201.38，−67.13

续表

凸轮曲线名称	V_{max}	A_{max}	J_{max}
改进梯形加速度	2.00	±4.89	±61.43
改进正弦加速度	1.76	±5.53	+69.47，−23.16

经对比分析和实际应用认为，改进等速运动规律适用于中低速和重载的场合；改进梯形加速度运动规律适用于高速和轻载的场合；改进正弦加速度运动规律适用于高中速和重中载的场合，可见其综合性能较好、适用面也较宽，往往是选型设计首选的凸轮曲线。

3. 主传送系统负载转矩的计算

对凸轮分度器的选型所需提供的主要数据为分度数、头数、动程角和负载转矩。其中的负载转矩，必须根据设计的给定条件通过一系列分析与计算才能求解出来。

1）设计条件

现以预制盒片无菌充填封口机间歇主传送系统作为选型设计的一个实例。

整个包装工艺过程比较复杂，大体上由前后衔接的两个部分组成。详见图 2-3-22 及其标注说明，当完成前五道工序制成上端开口的包装容器之后，再将其输入无菌室内，借助主传送链带沿着一线式工艺路线依次进行后六道工序，以制成屋顶型包装成品。

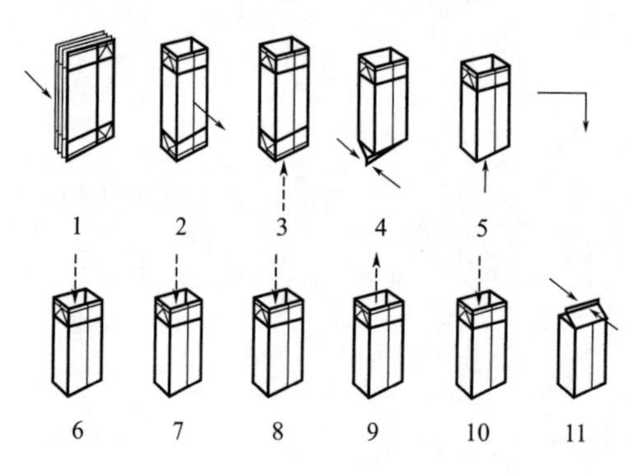

图 2-3-22　预制盒片无菌充填封口机包装工艺过程图解

1—盒片供送；2—开盒成型；3—底部加热；4—周边折叠；5—封合压平；6—喷药杀菌；7—盒内烘干；8—物料充填；9—泡沫吸出；10—蒸汽注入；11—顶部密封

该机拥有两种型号，一种包装容量偏低，为 200～500mL；另一种包装容量偏高，为 500～1000mL。前者的生产能力最高可达 100 件/分，而后者相应有所降低。

其次，参阅图 2-3-23，对已确定的主传送系统设计方案来说，各组成要素的个数、体形、尺寸、材料、重量以及配置关系，分别采用相适应的表达方式，除机构简图之外，还附给定数据和替代符号。

① 主从动链轮：共 4 件，节圆半径为 R_3，轴孔半径为 r_0，单件重量为 G_3。

② 链轮传动轴：共 2 件，外圆半径为 r_0，单件重量为 G_0。

③ 主传送链条：共 2 件，单件重量为 G_4。

④ 链槽形夹板：共 p 件，单件重量为 G_5。

⑤ 充填包装盒：共 q 件，单件重量为 G_6。

以上各参数的长度单位均为毫米（mm），重量单位均为牛顿（N）。

另外设定主动链轮的分度数为 $N_1=9$，间歇步距为 $S_t=\dfrac{2\pi R_3}{N_1}$，停歇时间为 t_j（s），最高生产能力为 Q（件/分）。

2）选型论证

根据设计条件经初步评估认为，这应属于中速、中载的主传送系统，但对间歇转位的定位精度要求较高，为同整机的传动布局相适应，故以选用凸轮曲线具有改进正弦加速度运动规律的外接式共轭平行凸轮分度器为上策。

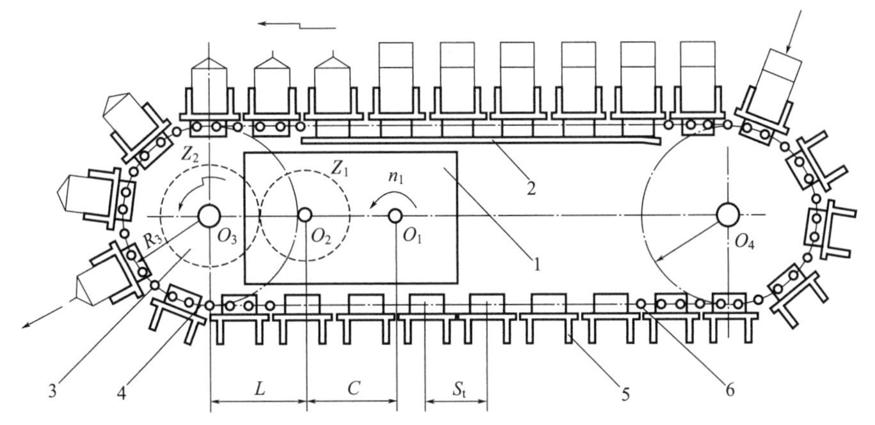

图 2-3-23　预制盒片无菌充填封口机主传送系统示意图

1—共轭平行凸轮分度器；2—固定滑板；3—中间外接齿轮传动机构；4—链轮；5—槽形承载夹板；6—主传送链条

已给定主动链轮的分度数为 9，再考虑到该共轭平行凸轮分度器有关标准的规定，决定取 $N_p=6$。为使两分度数匹配，必须在分度器输出轴 O_2 与主动链轮传动轴 O_3 之间配置一对外接式齿轮副，令齿数为 Z_1、Z_2，相应的节圆半径和重量分别为 R_1、G_1，R_2、G_2。

据此，为改善分度器的传动性能，决定选其头数 $Z=2$，保证与动力源相连的传动轴 O_1 每回转一周，相应的，与传动轴 O_3 相连的链轮能完成一次分度。因此在数值上，凸轮的转速 $n_1=Q$（r/min）。

附带提出，所选的共轭平行凸轮分度器，其输入轴采用双端式结构，以便外延的一端同该机传动系统的分配轴联系起来驱动某些执行机构。

3）求解步骤

根据前节推导的主要参数关系式，依次求出

（1）从动盘动停比

$$k=\frac{T_0-t_j}{t_j},\quad T_0=\frac{60}{n_1}\quad (\mathrm{s})$$

（2）凸轮动程角

$$\theta_t=\frac{k\theta_0}{1+k}\quad (\mathrm{rad})$$

（3）齿轮传动比

$$i_{12}=\frac{Z_2}{Z_1}=\frac{N_1}{N_p}=\frac{9}{6}=1.5 \tag{2-3-26}$$

（4）分度器负载转矩

对多轴传动系统建立运动方程，以求解共轭平行凸轮分度器输出轴的负载转矩，应将各相关运动构件的转矩、转动惯量和直线运动部分质量都等效地折算到该轴之上。根据动能守恒原理，折算的基本原则在于，折算之前的多轴系统同之后的单轴系统，在能量关系上必须保持不变。

① 惯性转矩　在间歇转位过程，整个主传送系统都处于忽快忽停又忽停忽快的循环运动状态，惯性阻抗较大。令 g 代表物体的重力加速度（$\mathrm{m/s^2}$），遵照前述设定条件可近似求出各相关构件对各自传动轴的转动惯量

主动侧齿轮　$$I_1=\frac{G_1}{2g}R_1^2\times10^{-6}\quad (\mathrm{kg\cdot m^2})$$

从动侧齿轮 $$I_2=\frac{G_2}{2g}(R_2^2+r_0^2)\times10^{-6}$$

主从动链轮 $$\mathrm{I}_3=\frac{4G_3}{2g}(R_3^2+r_0^2)\times10^{-6}$$

$$=\frac{2G_3}{g}(R_3^2+r_0^2)\times10^{-6}$$

链轮传动轴 $$I_4=\frac{2G_0}{2g}r_0^2\times10^{-6}$$

$$=\frac{G_0}{g}r_0^2\times10^{-6}$$

主传送链条 $$I_5=\frac{2G_4}{g}R_3^2\times10^{-6}$$

链槽形夹板 $$I_6=\frac{pG_5}{g}R_3^2\times10^{-6}$$

充填包装盒 $$I_7=\frac{\mathrm{q}G_6}{g}R_3^2\times10^{-6}$$

令 $$\Sigma I=I_2+I_3+I_4+I_5+I_6+I_7$$

因此折算到主动侧齿轮轴 O_2 的等效转动惯量

$$I_e=I_1+\frac{1}{i_{12}^2}\Sigma I \tag{2-3-27}$$

已知轴 O_2 的最大角加速度

$$\varepsilon_{2\max}=\frac{\pi^3A_{\max}}{450N_p}\left(\frac{n_1}{\theta_t}\right)^2\quad(\mathrm{rad/s^2})$$

选定具有改进正弦加速度运动规律的凸轮曲线，取 $A_{\max}=5.53$。相应的等效惯性转矩

$$M_{ei}=I_e\varepsilon_{2\max}\quad(\mathrm{N\cdot m}) \tag{2-3-28}$$

② 摩擦转矩 设主传送链带同水平固定滑板之间的滑动摩擦因数为 f，其他摩擦损失统以传动效率 η_m 加以补偿，可近似求出主传送系统的摩擦转矩

$$M_f=\frac{R_3f}{\eta_m}\left(G_4+\frac{pG_5}{2}+qG_6\right)$$

折算到主动侧齿轮轴 O_2 的等效摩擦转矩

$$M_{fi}=\frac{M_f}{i_{12}}\quad(\mathrm{N\cdot m}) \tag{2-3-29}$$

③ 负载转矩 若主传送系统工作转矩 $M_0=0$，则凸轮分度器输出轴的负载转矩

$$M_d=\xi(M_{ei}+M_{fi}) \tag{2-2-30}$$

式中，ξ 为安全系数，一般取 1.5～2。

若与凸轮主动轴相连的分配轴，其工作转矩 $M_1>0$，则凸轮分度器的驱动转矩

$$M_{do}=\frac{\varphi_p}{\eta_t\theta_t}M_d+M_1 \tag{2-3-31}$$

式中，η_t 为共轭平行分度凸轮机构的传动效率。

求出凸轮分度器的驱动功率

$$P_{do}=\zeta M_{do}\omega_1=\frac{\zeta n_i M_{do}}{9549}\quad(\mathrm{kW})\tag{2-3-32}$$

式中，ζ 为峰值修正系数，一般取 0.5 左右。

概括指出，按照求解出来的主要参数以及提出的相关选项，便可通过查阅产品目录和规定文件，选择共轭平行凸轮分度器的型号规格。对此，既要保证安全可靠，又不过分浪费资源。

如今，包装机械的生产能力大都确定在一个适度的无级可调范围，相应的以采用变频调速电机居多数。

对间歇转位的圆盘式主传送系统，也可参照上述的方法步骤来选型设计所需的凸轮分度器，此处从略。

（四）分度凸轮加工

随着数控技术的迅速发展，分度凸轮的加工技术也取得显著进步，目前主要采用专用数控铣床或数控加工中心来制造。由于使用要求的差异，切削和磨削的方法也不尽相同。图 2-3-24 示意说明加工弧面分度凸轮的基本原理，扩大一点知识面对全面理解前述的设计理论会有一定帮助。

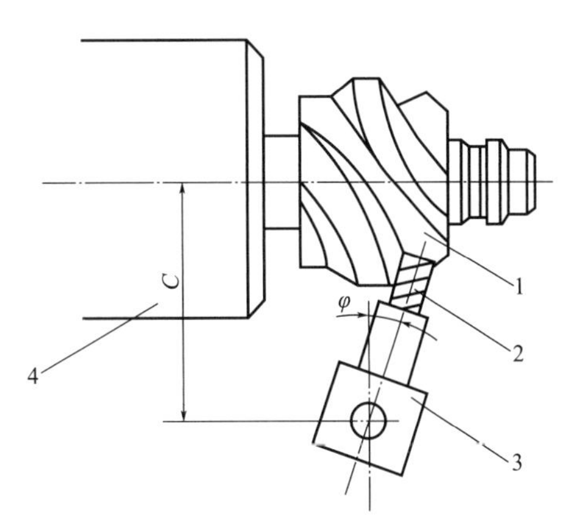

图 2-3-24　弧面分度凸轮数控加工方法示意图
1—凸轮毛坯；2—铣刀；3—数控刀架；4—数控分度头

若采用定尺寸刀具的模拟加工，就意味着刀具的形状尺寸同从动盘滚子完全一样，而且刀具的运动轨迹也同所选滚子的运动规律相吻合。因此，对机床需要联动两个旋转坐标，一是毛坯（凸轮）的等角速位移（θ）；二是摆动铣刀（从动盘滚子）的变角速位移（φ）。联系改进正弦加速度运动规律的相关公式，在分度段可改写为

$$0\leqslant\frac{\theta}{\theta_t}\leqslant\frac{1}{8},\quad \varphi=\frac{\varphi_p}{4+\pi}\left(\frac{\pi\theta}{\theta_t}-\frac{1}{4}\sin\frac{4\pi\theta}{\theta_t}\right)$$

$$\frac{1}{8}\leqslant\frac{\theta}{\theta_t}\leqslant\frac{7}{8},\quad \varphi=\frac{\varphi_p}{4+\pi}\left(2+\frac{\pi\theta}{\theta_t}-\frac{9}{4}\sin\frac{\pi\theta_t+4\pi\theta}{3\theta_t}\right)$$

$$\frac{7}{8}\leqslant\frac{\theta}{\theta_t}\leqslant 1,\quad \varphi=\frac{\varphi_p}{4+\pi}\left(4+\frac{\pi\theta}{\theta_t}-\frac{1}{4}\sin\frac{4\pi\theta}{\theta_t}\right)$$

及至停歇段（$2\pi-\theta_t$），$\varphi=0$。这表明，在确定两主轴中心距（C）的前提下，每一次工作循环，铣刀与毛坯的相对运动关系仅依从于 $\varphi=f(\theta)$。可见，此法对数控的编程和加工都较简便，但必须配备专用的数控机床。

二、端面槽轮-曲柄摇块间歇转位机构

（一）机构实用意义

参阅图 2-3-25，该间歇转位机构主要由偏心销盘 1、一端开有滑槽的导杆 2 及其侧面的拨块 3、主轴上端面槽轮 4 和摇块 5 等构件组成。

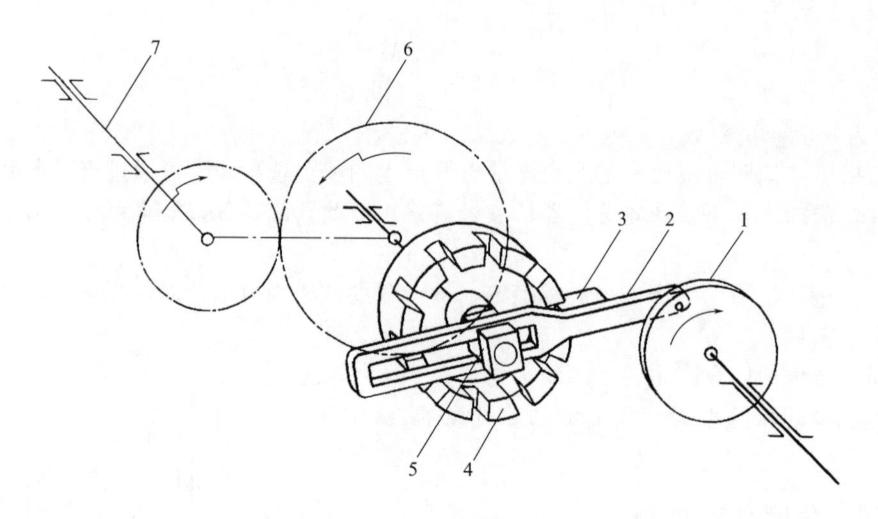

图 2-3-25　外啮合式端面槽轮-曲柄摇块间歇转位机构

1—偏心销盘；2—导杆；3—拨块；4—端面槽轮；5—摇块；6—齿轮；7—链轮传动轴

根据导杆拨块对槽轮插动方向的不同，分为外啮合和内啮合两种作用方式。经后面分析确认，此输出轴的运动动力特性与同样槽数的单拨销槽轮机构（俗称马氏机构）完全一致。而有所差别的，只是前者是借助导杆上拨块推动槽轮间歇回转的，况且导杆犹如一只简支梁，使之对槽轮的接触作用面大，受力状况好，承载能力强，所以将它用于一般档次、慢速重载的包装机，例如大容量瓶桶灌装机、大中型塑料周转箱清洗烘干机，大都具有良好的选择意义与经济价值。

现结合图 2-3-26 所示的塑料周转箱清洗烘干机做进一步分析。

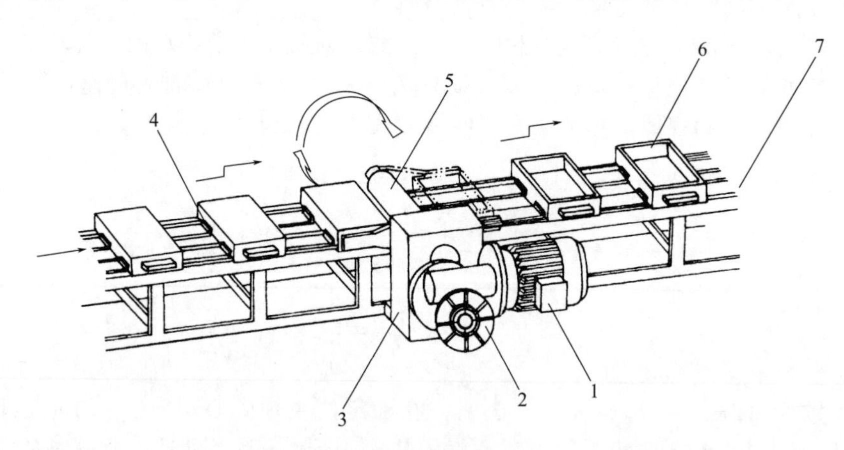

图 2-3-26　塑料周转箱清洗烘干机主传送系统

1—电动机；2—减速器；3—共轭平行凸轮分度器；4—主传送链带推头；5—周转箱翻身机械手；6—周转箱；7—端面槽轮-曲柄摇块间歇转位机构（见前）

以共轭平行凸轮分度器 3 所驱动的周转箱翻身机械手 5 为分界线，左侧属于多道喷水清洗部分，而右侧属于多道吹风烘干部分。一连串大而又重的塑料周转箱 6 均匀分布于主传送链带推头 4 的前方。容易想象，间歇转位的运行速度不宜过快和变化过快，以免骤然停止会产生严重的惯性滑移，影响可靠定位。另一方面，为了在转位停歇时有效利用时间进行冲洗烘干和箱体翻身等操作，所选的主传送动停比最好略小于 1，相应的，凸轮分度器输出轴的分度动停比最好接近等于1，以便箱体翻身机械手得以获取同主传送间歇运动完全协调一致的动作配合及工作循环。由此可见，本机选用外啮合式端面槽轮-曲柄摇块机构和外接式共轭平行分度凸轮机构的组合是比较适宜的。

（二）机构基本尺寸

图2-3-27所示为外啮合式端面槽轮-曲柄摇块机构运动分析简图。设槽轮与销盘的中心距为L；槽轮的内外半径各为R_{1u}、R_{2u}，共均布Z_1个凹槽；销盘的销轴偏心距为r，以等角速度ω回转，经时间t转过角度θ，相应的导杆摆过φ。

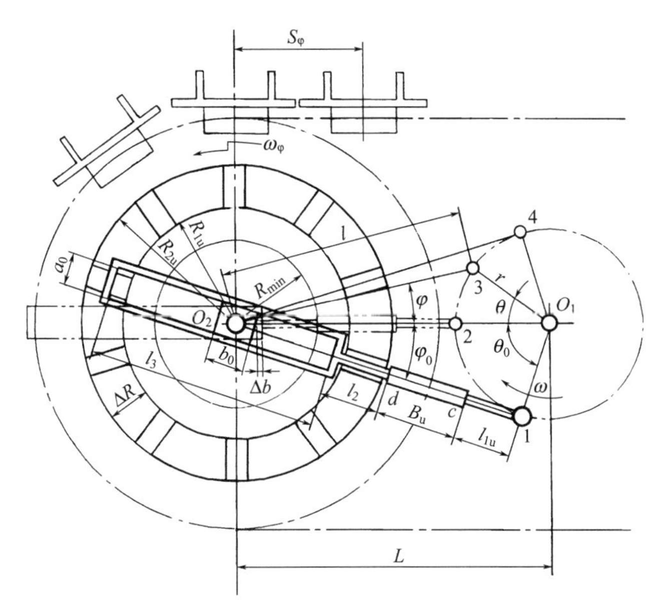

图2-3-27　外啮合式端面槽轮-曲柄摇块机构运动分析简图

据此，首先求出槽轮转位角之半及曲柄动程角之半

$$\varphi_0=\frac{\pi}{Z_1},\quad \theta_0=\frac{\pi}{2}-\varphi_0 \tag{2-3-33}$$

进而求出

$$r=L\sin\varphi_0 \tag{2-3-34}$$

令导杆拨块外端c与销盘销轴中心的距离为l_{1u}，从结构合理性考虑，应取$l_{1u}>0$，当$\varphi=0$时，由

$$r+l_{1u}+R_{2u}=L$$

得

$$R_{2u}=L(1-\sin\varphi_0)-l_{1u} \tag{2-3-35}$$

通过试选L、l_{1u}，可调整R_{2u}、r。

令导杆拨块的有效长度为B_u，当$\varphi=\varphi_0$时，由

$$l_{1u}+B_u+R_{2u}=L\cos\varphi_0$$

得

$$B_u=L(\sin\varphi_0+\cos\varphi_0-1) \tag{2-3-36}$$

令导杆拨块内端d与滑槽内沿的距离为l_2，当$\varphi=0$时，由

$$B_u+l_2+\Delta b+\frac{b_0}{2}=R_{2u}$$

得
$$l_2=L(2-2\sin\varphi_0-\cos\varphi_0)-l_{1u}-\Delta b-\frac{b_0}{2} \tag{2-3-37}$$

式中　Δb——摇块与滑槽相对运动的最小间距；

　　b_0——摇块长度，其值略大于摇块宽度 a_0。

若槽轮的轮毂及其紧固件的安全回转半径为 R_{min}，则要求

$$l_2+\Delta b+\frac{b_0}{2}\geqslant R_{min} \tag{2-3-38}$$

接着直接写出导杆滑槽的内沿长度

$$\begin{aligned} l_3&=2r+2\Delta b+b_0\\ &=2(L\sin\varphi_0+\Delta b)+b_0 \end{aligned} \tag{2-3-39}$$

导杆的有效全长

$$\begin{aligned} l_u&=r+L+\frac{b_0}{2}+\Delta b\\ &=L(1+\sin\varphi_0)+\Delta b+\frac{b_0}{2} \end{aligned} \tag{2-3-40}$$

槽轮凹槽的径向宽度

$$\Delta R=R_{2u}-R_{1u} \tag{2-3-41}$$

通常要求 $\Delta R<B_u$，故应控制

$$R_{2u}-B_u<R_{1u}<R_{2u}$$

综合分析以上各式确认，外啮合式端面槽轮-曲柄摇块机构的基本尺寸都同主从动轴的中心距有关。现取 $Z_1=10$，$l_{1u}=60$mm，$\Delta b=10$mm，$b_0=60$mm，绘出如图 2-3-28 所示的基本尺寸列线图，这为设计提供一些方便。

从图看出 $l_2>0$，$L>L_r$。若取 $L=L_r$，显然 $l_2=0$，借式(2-3-37) 可求在给定条件下槽轮的最少槽数 Z_{1min}。

由
$$L(2-2\sin\varphi_0-\cos\varphi_0)-\left(l_{1u}+\Delta b+\frac{b_0}{2}\right)=0$$

将上式改写成

$$\sin\varphi_0+\frac{1}{2}\cos\varphi_0=1-\frac{l_{1u}+\Delta b+\frac{b_0}{2}}{2L} \tag{2-3-42}$$

代入上述 l_{1u}、Δb、b_0 各值，并取 $L=300$mm，算出 $\varphi_0=21.64°$，$Z_1=8.32$，因此确定 $Z_{1min}=9$。

强调指出，当 L、φ_0、Δb、b_0 为定值时，增大 l_{1u}，可以减小 R_{2u}、l_2，而 r、B_u、l_3、l_u 都保持不变。

同理，参阅图 2-3-29 可求内啮合式端面槽轮-曲柄摇块机构的基本尺寸关系式

$$R_{1n}=L\cos\varphi_0-l_{1n} \tag{2-3-43}$$

$$B_n=L(1+\sin\varphi_0-\cos\varphi_0) \tag{2-3-44}$$

$$l_2=l(\cos\varphi_0-2\sin\varphi_0)-l_{1n}-\Delta b-\frac{b_0}{2} \tag{2-3-45}$$

$$\Delta R=R_{2n}-R_{1n} \tag{2-3-46}$$

至于 r、l_3、l_n 的各关系式均与外啮合式的相同，从略。

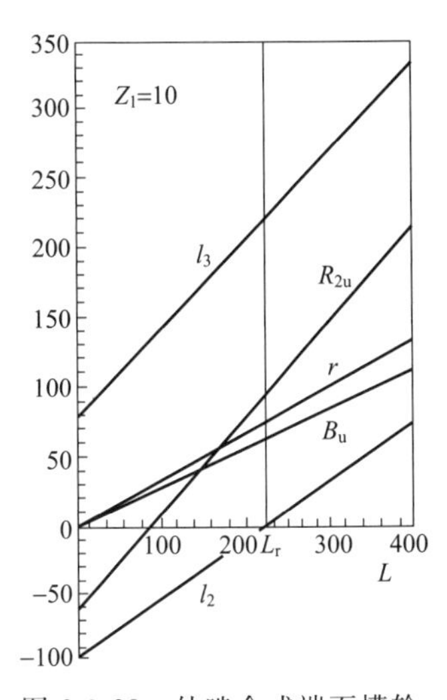

图 2-3-28　外啮合式端面槽轮-曲柄摇块机构基本尺寸列线图

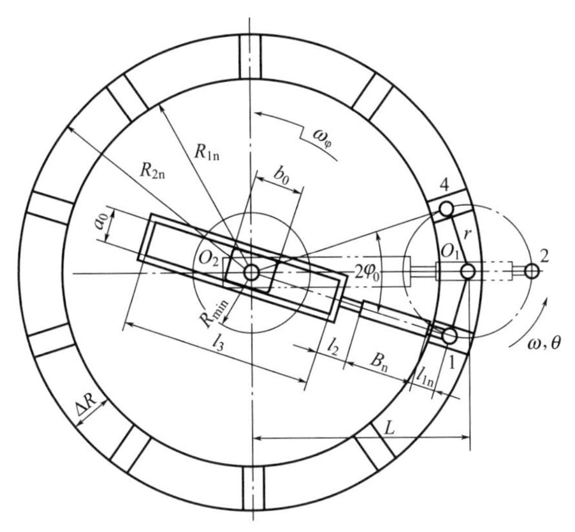

图 2-3-29　内啮合式端面槽轮-曲柄摇块机构运动分析简图

（三）机构运动特性

参阅图 2-3-27 和图 2-3-29，写出内外啮合端面槽轮-曲柄摇块机构共用的几何关系式

$$\frac{\sin\varphi}{\sin[\pi-(\varphi+\theta)]}=\frac{r}{L}$$

令

$$\lambda=\frac{r}{L}=\sin\varphi_0,\quad \varphi_0=\frac{\pi}{Z_1} \tag{2-3-47}$$

上式改为

$$\varphi=\arctan\frac{\lambda\sin\theta}{1-\lambda\cos\theta} \tag{2-3-48}$$

式中，$\theta=-\theta_0+\omega t$，当 λ 或 Z_1 为定值时，将式(2-3-48) 对时间 t 求导，得槽轮输出轴的瞬时角速度和角加速度

$$\omega_\varphi=\frac{\lambda(\cos\theta-\lambda)}{1+\lambda^2-2\lambda\cos\theta}\omega \tag{2-3-49}$$

$$\varepsilon_\varphi=\frac{\lambda(\lambda^2-1)\sin\theta}{(1+\lambda^2-2\lambda\cos\theta)^2}\omega^2 \tag{2-3-50}$$

由极值存在条件

$$\frac{\mathrm{d}\varepsilon_\varphi}{\mathrm{d}t}=0,\quad \frac{d^2\varepsilon_\varphi}{\mathrm{d}t^2}<0$$

解出，当 $\theta=\theta_r$ 时，槽轮输出轴的最大角加速度

$$\varepsilon_{\varphi\max}=\pm\frac{\lambda(1-\lambda^2)\sin\theta_r}{(1-2\lambda\cos\theta_r+\lambda^2)^2}\omega^2 \tag{2-3-51}$$

式中

$$\theta_r=\arccos\left[\sqrt{2+\frac{(1+\lambda^2)^2}{16\lambda^2}}-\frac{1+\lambda^2}{4\lambda}\right] \tag{2-3-52}$$

总之，式(2-3-49) 和式(2-3-50) 综合反映了内外啮合端面槽轮-曲柄摇块机构的输出运动规律，其角速度和角加速度的变化曲线如图 2-3-30 所示。设计中运用这些函数关系可以对有关的主传送系统进行动力学的分析计算。

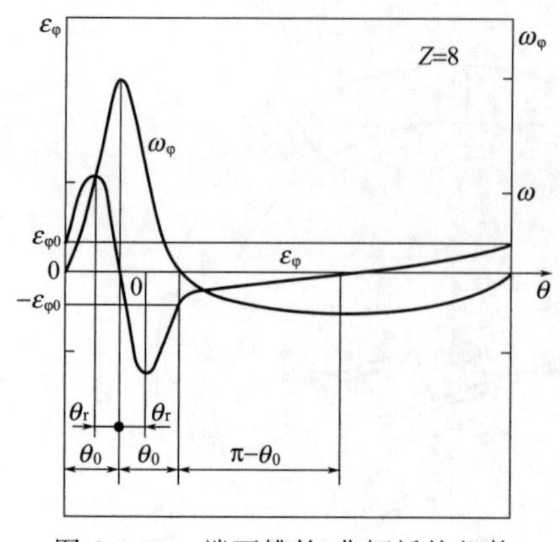

图 2-3-30　端面槽轮-曲柄摇块机构输出运动变化曲线

从中了解到，该二槽轮输出运动曲线的形状仅与槽数有关，但内槽轮的变化比外槽轮趋于缓和，而且当销盘转向不变时，内外槽轮的转向却恰好相反。更值得重视的，在槽轮转位初始和终止的瞬间，其输出的角加速度都大于零，说明存在柔性冲击。此种状况会随着 Z_1 减少、ω 增快而有所加剧，因此该机构不适于高速间歇转位。

令主传送系统间歇转位所需的动程时间为 t_d(s)，对外槽轮来说，当主动轴转速为 n (r/min) 时，其动停比

$$k=\frac{t_d}{\frac{60}{n}-t_d}$$

另一表达式

$$k=\frac{\theta_0}{\pi-\theta_0}=\frac{Z_1-2}{Z_1+2} \tag{2-3-53}$$

解出

$$n=\frac{60k}{(1+k)t_d}=\frac{30(Z_1-2)}{Z_1 t_d} \tag{2-3-54}$$

对内槽轮来说，同理求得

$$k'=\frac{Z_1+2}{Z_1-2} \tag{2-3-55}$$

$$n'=\frac{60k'}{(1+k')t_d}=\frac{30(Z_1+2)}{Z_1 t_d} \tag{2-3-56}$$

由此可见，$k<1$，$k'>1$。这给该机构选型提供一个重要依据。

（四）机构定位设计

关于端面槽轮-曲柄摇块机构的自动定位问题，应视主传送系统的具体情况而定。实际上，只有当系统的惯性阻抗较大而摩擦阻抗较小或要求自动定位精度较高时，才有必要设置这种辅助控制机构。图 2-3-31 所示的机械式自动定位机构乃是其中一个范例。它具有结构简单、工作可靠、适合间歇转位机构主从动轴布局较远等特点。在工作过程中，主动的销盘与盘形凸轮合为一体，每当停止转位时，摆销受控立即插入槽轮的定位槽内，使主传送链带停止不动，以完成规定的工艺操作。相反，当槽轮快要启动时，摆销受控又能迅速地退出定位槽，使工作循环顺利进行下去。

在确定了端面槽轮-曲柄摇块机构主体部分的基本尺寸之后，首先要安排好摆销对槽轮的定位点及其摆杆转轴 O_3 的位置，保证摆销受凸轮和拉簧的作用得以顺畅地插入、锁紧和退出。因此，最好将固定轴心 O_3 布置在槽轮定位点的切线之上。一经选定，令 $j_1O_3=l_1$，$O_1O_3=\mathrm{e}$，其值也成定局。

摆销顶端的移距 h_1 应略大于槽轮定位槽的深度，并与其杆长 l_1 适当配合，以免凸轮升程 h_2 过大，随之确定摆角 $\delta=\frac{h_1}{l_1}$。

另外，还要预选盘形凸轮工作轮廓的最小半径 r_0'、最大半径 R'和从动摆杆的滚子半

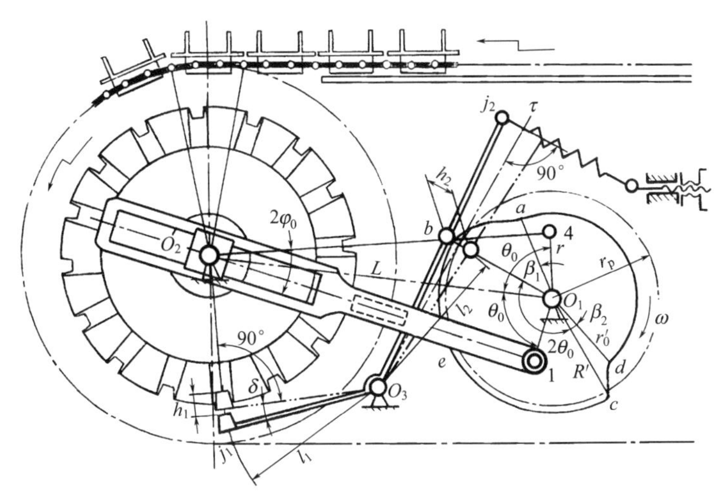

图 2-3-31　外啮合式端面槽轮-曲柄摇块机构自动定位机理

径 r_k。这样，依次算出

凸轮的基圆半径　　$r_0=r'_0+r_k\quad(r'_0>r)$

凸轮理论轮廓的最大半径　　$R=R'+r_k=r_0+h_2$

凸轮理论轮廓的平均半径　　$r_p=\dfrac{1}{2}(r_0+R)=r_0+\dfrac{h_2}{2}$

继而以销盘主轴 O_1 为中心，r_p 为半径画圆，再通过点 O_3 作此圆的切线 τ 得切点 b，令 $bO_3=l_2$，这就是从动杆滚子中心及其摆动中线所在的位置，遂算出

$$h_2=\delta l_2,\quad l_2=\sqrt{e^2-r_p^2}\tag{2-3-57}$$

待求得 r_0、R、r_p、δ、l_2、h_2 之后，再加上其他已知值，便可参照下列各式并运用摆动从动杆盘形凸轮的设计基础知识，绘制自动定位控制凸轮的理论/工作轮廓曲线。为此，写出

大圆弧中心角　　$\angle bO_1C=2\theta_o$

升程中心角　　$$\angle aO_1b=\beta_1=\frac{h_2C_1}{r_p}\tag{2-3-58}$$

回程中心角　　$$\angle cO_1d=\beta_2=\frac{h_2C_2}{r_p}\tag{2-3-59}$$

式中，凸轮尺寸系数 C_1、C_2 取决于摆动从动杆的运动规律，在要求作正弦加速度运动的条件下，应取

$$C_1=2\cot\alpha_{1\max},\quad C_2=2\cot\alpha_{2\max}$$

相应的最大压力角 $\alpha_{1\max}=40°$，$\alpha_{2\max}=70°$。

将凸轮从动杆 O_3b 外延一定长度，并在其端部铰接一只可调的拉伸弹簧，使滚子与凸轮的接触面始终保持适宜的工作压力。

对初次设计，为今后搞好装配调试，尚需按照机构的自动定位准则考虑如何调整凸轮盘上导杆相位角（$\angle 1O_1b$）的问题。

（五）机构动力分析

多工位自动包装机在稳定运动状况下所需的驱动功率，主要取决于负载、执行机构、传动系统的惯性阻抗与摩擦阻抗的总和。实际上，这些阻抗有时会随着机构的位移、速度的变化而变化，设计时应视具体条件而采取相应的求解方法。

当机械系统的功率很难准确计算时，一般可用实验测定、类比分析或经验公式等方法近似求解。不过尽量设法寻求解析计算的途径加以解决，这样做容易找到规律性认识，从而精确了解各种影响因素的互依变化关系。

鉴于间歇转位主传送系统的驱动功率在整机所占比重较大，而且求解思路颇有典型性，所以仍以图 2-3-32 所示的外啮合端面槽轮-曲柄摇块机构驱动的灌装主传送系统为例深入研究这方面问题，为合理选用电机和校核传动构件的结构强度提供可靠依据。

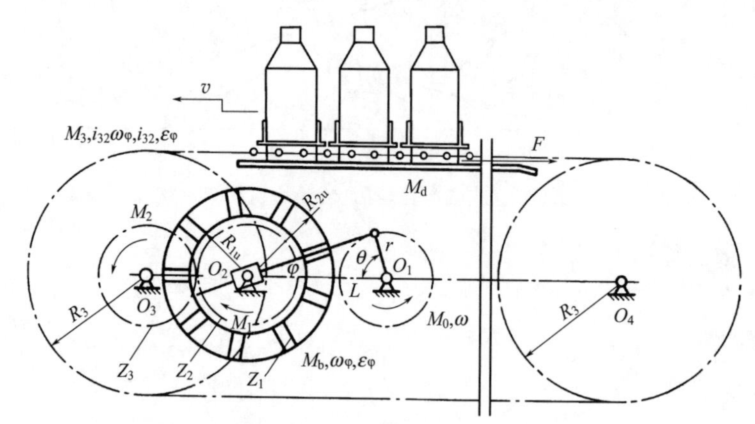

图 2-3-32　大型瓶直线式灌装机间歇主传送系统动力分析

设 N_0、η_{0-d} 分别代表主传送链带和间歇转位机构所需的驱动功率以及销盘转轴 O_1 至电机转轴 O_d 的传动效率；N_i、η_{i-d} 分别代表 m 个执行机构中第 i 个所需的驱动功率及其输入轴 O_j 至电机转轴 O_d 的传动效率。

实用中，用间歇转位机构驱动主传送链带必会产生周期性变速运动，并引起作用力矩的波动。为保证整个系统能够可靠的工作，应按下式粗略地确定电机的输出功率

$$N_e=\frac{1}{k}\left(\frac{N_0}{\eta_{0-d}}+\sum_{i=1}^{m}\frac{N_i}{\eta_{i-d}}\right) \tag{2-3-60}$$

式中，k 为负载特性影响系数，一般取为 1～1.2。

在此只着重推导 N_0 的计算公式，其他可以举一反三。

前已设定，槽轮的内外半径各为 R_{1u}、R_{2u}，槽数为 Z_1；销盘的销轴偏心距为 r，销盘与槽轮的中心距为 L，令 $\lambda=\frac{r}{L}$；主从动链轮的节圆半径均为 R_3；中间传动齿轮的齿数各为 Z_2、Z_3，齿数比 $i_{32}=\frac{Z_2}{Z_3}$；当销盘以等角速度 ω 转过角度 θ 而相应的导杆摆角为 φ 时，由式(2-3-49) 和式(2-3-50) 确认槽轮输出轴的角速度和角加速度

$$\omega_\varphi=\frac{\lambda(\cos\theta-\lambda)}{1+\lambda^2-2\lambda\cos\theta}\omega$$

$$\varepsilon_\varphi=\frac{\lambda(\lambda^2-1)\sin\theta}{(1+\lambda^2-2\lambda\cos\theta)^2}\omega^2$$

相应的，导杆拨块对槽轮的瞬时作用力矩

$$M_b=\frac{1}{\eta_3}(M_{k1}+M_1) \tag{2-3-61}$$

参阅图示各构件的作用力矩代号，依次写出

$$M_1=\frac{1}{\eta_4}i_{32}M_2$$

$$M_2=\frac{1}{\eta_5}(M_{k2}+M_3)$$

$$M_3=\frac{1}{\eta_6}(M_{k3}+M_d)$$

式中 M_{k1}——克服轴 O_2 及其连接构件（槽轮、主动齿轮）的回转惯性所需的作用力矩，若该部分转动惯量之和为 $\sum J_1$，则

$$M_{k1}=\sum J_1\varepsilon_\varphi$$

M_{k2}——克服轴 O_3 及其连接构件（从动齿轮、链轮）的回转惯性所需的作用力矩，若该部分转动惯量之和为 $\sum J_2$，则

$$M_{k2}=\sum J_2 i_{32}\varepsilon_\varphi$$

M_{k3}——克服轴 O_4 及其连接构件（链带、链轮）、负载等的运动惯性所需的作用力矩，若该部分转动惯量之和为 $\sum J_3$，链带及其承载物件的总重量为 $\sum G_1$，重力加速度为 g，且不考虑链传动可能产生的种种不稳定因素，则

$$M_{k3}=\left(\sum J_3+\frac{\sum G_1}{g}R_3^2\right)i_{32}\varepsilon_\varphi$$

M_d——克服固定导轨对上面一段传送链带的滑动摩擦阻抗所需的作用力矩，若该部分（包括承载物件）的总重力为 $\sum G_2$，滑动摩擦力和摩擦因数各为 F、f_d，则

$$M_d=FR_3,F=f_d\sum G_2$$

η_3——轴承 O_2 传动效率；

η_4——齿轮传动效率；

η_5——轴承 O_3 传动效率；

η_6——轴承 O_4 及链传动效率。

将以上各相关值逐层代入式(2-3-61）中，经整理得

$$M_b=\frac{1}{\eta_3}\left\{\left[\sum J_1+\frac{i_{32}^2}{\eta_{4-5}}\left(\sum J_2+\frac{1}{\eta_6}\sum J_3+\frac{R_3^2}{\eta_6 g}\sum G_1\right)\right]\varepsilon_\varphi+\frac{i_{32}f_d R_3}{\eta_{4-6}}\sum G_2\right\}$$

$$=\frac{1}{\eta_3}(A\varepsilon_\varphi+B) \tag{2-3-62}$$

式中

$$A=\sum J_1+\frac{i_{32}^2}{\eta_{4-5}}\left[\sum J_2+\frac{1}{\eta_6}\left(\sum J_3+\frac{R_3^2}{g}\sum G_1\right)\right] \tag{2-3-63}$$

$$B=\frac{i_{32}f_d R_3}{\eta_{4-6}}\sum G_2 \tag{2-3-64}$$

显然，系数 A、B 分别反映了主传送系统惯性阻抗和摩擦阻抗的基本特征。

在式(2-3-62）中，若以 $\varepsilon_{\varphi max}$ 取代 ε_φ，即可求出导杆拨块对槽轮的最大作用力矩和作用力，如图 2-3-33 所示。

$$M_{bmax}=\frac{1}{\eta_3}(A\varepsilon_{\varphi max}+B) \tag{2-3-65}$$

$$P_{bmax}=\frac{1}{\eta_3 R_p}(A\varepsilon_{\varphi max}+B) \tag{2-3-66}$$

式中
$$R_p=\frac{1}{2}(R_{1u}+R_{2u})$$

至于 $\varepsilon_{\varphi max}$ 已由式(2-3-51) 和式(2-3-52) 导出

$$\varepsilon_{\varphi max}=\frac{\lambda(1-\lambda^2)\sin\theta_r}{(1-2\lambda\cos\theta_r+\lambda^2)^2}\omega^2$$

$$\theta_r=\arccos\left[\sqrt{2+\frac{(1+\lambda^2)^2}{16\lambda^2}}-\frac{1+\lambda^2}{4\lambda}\right]$$

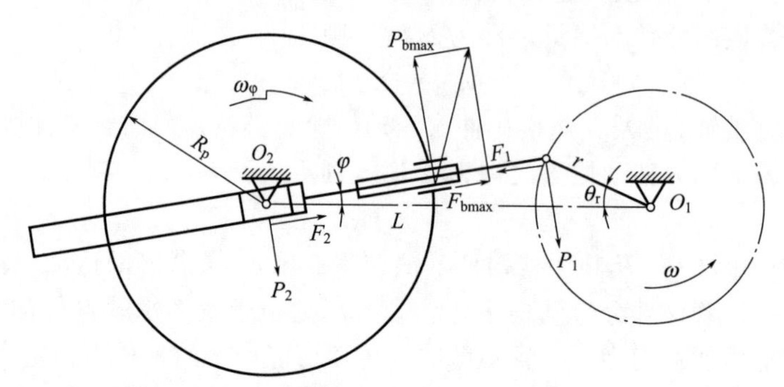

图 2-3-33　外啮合式端面槽轮-曲柄摇块机构受力分析简图

分析以上各式得知，设法减小$\sum j_1$、$\sum j_2$、$\sum j_3$、$\sum G_1$、$\sum G_2$、R_3、i_{32}、f_d，而尽量增大各运动副的传动效率，必定有利于降低 M_{bmax} 和 P_{bmax}。唯有 R_{1u}、R_{2u} 牵涉的因素较多，其尺寸大小不仅直接影响$\sum j_1$、P_{bmax}，还同整个机构的结构强度和空间布局密切相关，必须全面妥善安排。

从机构受力分析简图看出，导杆上各运动副的受力情况相当繁杂而又多变，为简化功率求解，不妨将此部分摩擦阻抗转化为传动效率的表达形式。若不计销盘及其主轴的启动惯性，可将总的驱动力矩写成

$$M_0=\frac{M_b\omega_\varphi}{\eta_1\eta_2\omega}=\frac{\omega_\varphi}{\eta_{1-3}\omega}(A\varepsilon_\varphi+B) \tag{2-3-67}$$

式中　η_1——销盘主轴的传动效率；

η_2——导杆各运动副滑动摩擦转化的传动效率。

接着，通过求解其最大作用力矩

$$M_{0max}=\frac{B}{\eta_{1\text{-}3}\omega}\left[\left(\frac{A}{B}\varepsilon_\varphi+1\right)\omega_\varphi\right]_{max} \tag{2-3-68}$$

及平均作用力矩

$$\begin{aligned}M_{op}&=\frac{1}{\theta_0}\int_{\theta_0}^{0}M_0\,d\theta\\&=\frac{B}{\eta_{1\text{-}3}(Z_1-2)}\left[\frac{Z_1\lambda^2\omega^2A}{\pi(1-\lambda)^2B}+2\right]\end{aligned} \tag{2-3-69}$$

再设定过载系数

$$\xi=\frac{M_{0max}}{M_{0p}}=\frac{\left[\left(\frac{A}{B}\varepsilon_\varphi+1\right)\omega_\varphi\right]_{max}}{\frac{\omega}{Z_1-2}\left[\frac{Z_1\lambda^2\omega^2A}{\pi(1-\lambda)^2B}+2\right]} \tag{2-3-70}$$

便可借助对主传送系统惯性阻抗和摩擦阻抗的进一步研究来合理选取 ξ 值，从而为最后确定驱动功率提供依据。

具体而言，假定系统的惯性阻抗远大于摩擦阻抗，亦即 $A \gg B$，或$\frac{A}{B} \to \infty$，由式(2-3-70)求得

$$\xi_\infty = \frac{(\omega_\varphi \varepsilon_\varphi)\max}{\frac{\omega}{Z_1-2} \frac{Z_1 \lambda_2 \omega^2}{\pi(1-\lambda)^2}} = C\left[\frac{(\cos\theta-\lambda)\sin\theta}{(1+\lambda^2-2\lambda\cos\theta)^3}\right]_{\max} \tag{2-3-71}$$

式中
$$C = \pi(1+\lambda)(1-\lambda)^3\left(1-\frac{2}{Z_1}\right)$$

对式(2-3-71) 建立满足最大极限值的条件，并以 θ_m 置换其中的 θ，写出

$$\cos^3\theta_m + \frac{1-\lambda^2}{\lambda}\cos^2\theta_m - \frac{5+\lambda^2}{2}\cos\theta_m - \frac{1-5\lambda^2}{2\lambda} = 0 \tag{2-3-72}$$

这样，将求解的 θ_m 返回原式就能算出 ξ_∞ 之值。

反之，假定系统的摩擦阻抗远大于惯性阻抗，亦即 $B \gg A$，或$\frac{A}{B} \to 0$，当 $\theta=0$ 时，由式(2-3-49) 和式(2-3-70) 求得

$$\omega_{\varphi\max} = \frac{\lambda}{1-\lambda}\omega \tag{2-3-73}$$

$$\xi_0 = \frac{\omega_{\varphi\max}}{\frac{2\omega}{Z_1-2}} = \frac{\lambda(Z_1-2)}{2(1-\lambda)} \tag{2-3-74}$$

至此，根据式(2-3-71)、式(2-3-72) 和式(2-3-74) 选取一系列公值，依次算出 θ_m、ξ_∞、ξ_0，将结果列于表 2-3-2，供研究设计参考。

表 2-3-2　外啮合式端面槽轮-曲柄摇块机构过载系数列表值

Z_1	8	10	12	14	16	18	20
θ_m	21.5°	25.0°	27.5°	29.4°	31.1°	32.6°	33.7°
ξ_∞	1.83	1.77	1.73	1.70	1.68	1.66	1.65
ξ_0	1.86	1.79	1.75	1.72	1.70	1.68	1.67

从中看出，当取 $Z_1=8\sim20$（双数）时，所对应的 ξ_∞ 和 ξ_0 值均相差不多，实用中不妨近似取过载系数

$$\xi = \frac{1}{2}(\xi_\infty + \xi_0) \tag{2-3-75}$$

强调指出，为使所选用的电机在每一工作循环中能够克服多种阻抗的高峰实现稳定可靠的运转，就应以销盘主轴的最大工作转矩 $M_{0\max}$ 作为计算主传送系统所需驱动功率的基础。因此，参照式(2-3-60) 写出

$$N_0 = \xi M_{0p}\omega \tag{2-3-76}$$

用内啮合式端面槽轮-曲柄摇块机构作为主传送系统的间歇转位机构，同理求出

$$N_0' = \xi' M_{0p}' \omega \tag{2-3-77}$$

式中
$$M_{0p}' = \frac{B}{\eta_{1-3}(Z_1+2)}\left[\frac{Z_1\lambda^2\omega^2 A}{\pi(1+\lambda)^2 B}+2\right] \tag{2-3-78}$$

取 $Z_1 \geqslant 8$，$\xi' \approx 1.52$。

三、不完全圆锥齿轮间歇转位机构

（一）机构特点

在包装的生产线和单机上，不完全圆锥齿轮作为间歇转位、摆动换向等机构，比通常的不完全圆柱齿轮机构和不完全圆柱齿轮-齿条机构有着更为独特的结构与作用。当然，它们之间既有特性，也有共性。在此，当着重研究不完全圆锥齿轮机构的理论和应用时，务必加强这方面认识。

图 2-3-34 所示为不完全圆锥齿轮摆动换向机构。在与主动不完全圆锥齿轮的轴线垂直相交的从动轴上，相向配置两个同样结构尺寸的完全圆锥齿轮。当主动轮的末齿同一个从动轮完全脱离啮合后，稍隔片刻，其首齿就同另一个从动轮开始接触，结果在确定的角度范围内驱动从动轴周而复始地摆动。适当选择有齿段的齿数，能够使从动轴换向之际产生停歇或者没有停歇。

将这种机构安置在自动包装线上，可配套成为大中型块状物件或盒箱之类的摆动换向与拾放转位装置。参阅图 2-3-35，装有真空吸头 3 的转臂 4，其另一端同不完全圆锥齿轮机构从动轴的上端紧固连接，并使机械手的悬臂摆动一个直角。真空吸头内设压缩弹簧，抽真空时拾取被包装物，待达到换向位置解除真空时，借助弹簧复位就将物件投放至另一条输送带上面。

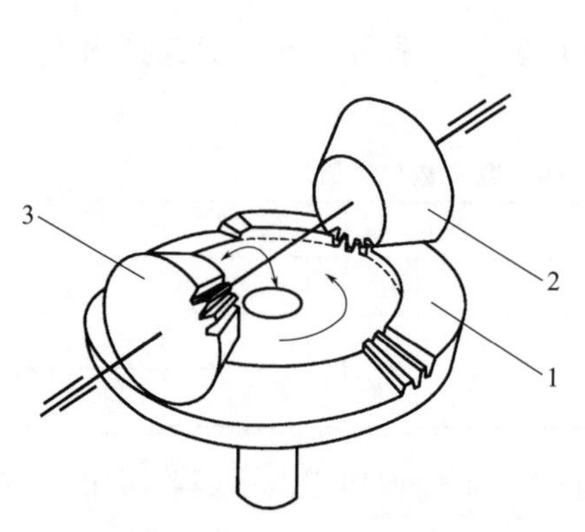

图 2-3-34 不完全圆锥齿轮摆动换向机构示意图

1—不完全圆锥齿轮；2,3—完全圆锥齿轮

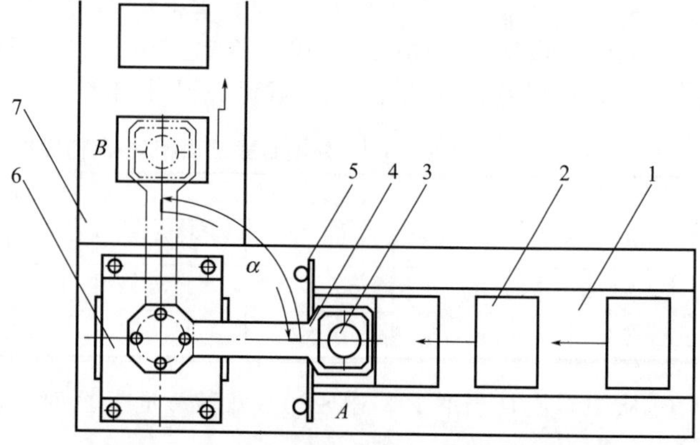

图 2-3-35 自动包装线摆动换向与拾放转位装置

1—连续输送带；2—物件；3—真空吸头；4—机械手转臂；5—挡板；6—不完全圆锥齿轮摆动换向机构；7—间歇主传送链带

图 2-3-36 所示为不完全圆锥齿轮间歇转位机构。从动的完全圆锥齿轮只有一件，还附加一个定位转块。与此相对应，主动的不完全圆锥齿轮则附加了一个制锁弧盘。

现今，在包装机的主传送系统以及计数、控制等领域都程度不同地应用着这种机构。图 2-3-37 所示的缝纫机钢针之类覆盖式裹包机主传送系统所用的不完全圆锥齿轮间歇转位机构就是一个典型实例。

在该机机身的前后两侧，各安置一固定导向盘 4，外绕由长方体形磁盒铰接而成的磁盒传送链带 5，盒内装有可控的直流电磁铁，当运行至包装工位时能吸住成组（每组 10

支）的钢针，以便覆盖裹包。

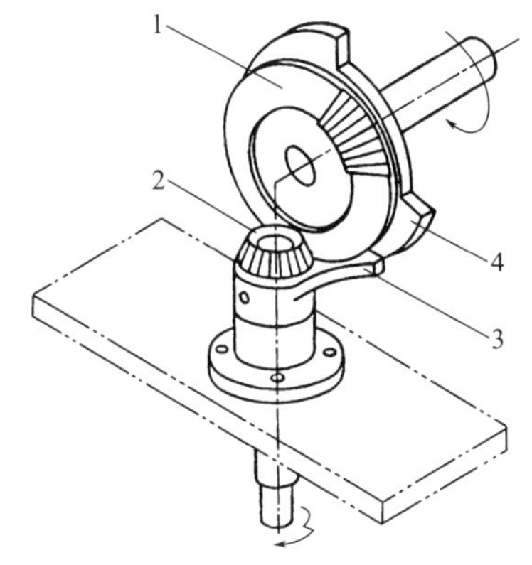

图 2-3-36 不完全圆锥齿轮间歇转位机构示意图

1—不完全圆锥齿轮；2—完全圆锥齿轮；3—定位块；4—制锁弧盘

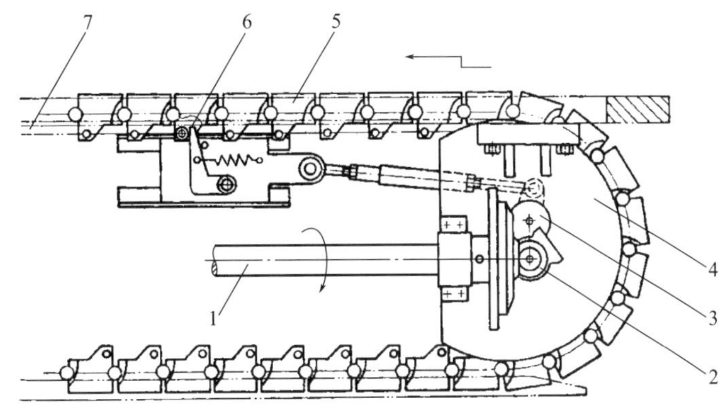

图 2-3-37 缝纫机针覆盖式裹包机间歇主传送系统

1—主分配轴；2—不完全圆锥齿轮机构；3—圆柱齿轮及曲柄滑块机构；4—固定导向盘；5—磁盒主传送链带；6—推头；7—链带导轨

由于主传送系统设有不完全圆锥齿轮间歇转位及定位机构 2，可将主分配轴 1 的匀速回转直接转换为另一垂直相交轴的间歇运动（动停比约为 0.5），再经圆柱齿轮及曲柄滑块机构 3 转换为推头 6 对磁盒链带的间歇移动，移距略大于链节距。相应地，在分配轴上联动一系列包装执行机构，使整个传动系统大为简化。

总之，不完全圆锥齿轮间歇转位及定位机构在设计制造方面并不复杂，但机理巧妙，特别是确定输出轴的转位角和动停比都较灵活，选择范围也宽，只是动作频率不宜过高，以免推头同链带产生强烈冲击。正因如此，此机构大都适用于轻载低速的工作场合。

（二）设计原理

不完全圆锥齿轮机构其实是由普通圆锥齿轮机构演变而成的一种垂直相交轴间歇运动机构。为便于设计制造，可借背锥扇形展开面的渐开线齿形来近似地代替实际的球面渐开线齿形。另外，将该扇形平面补足而形成完整的正圆，则得到当量圆柱齿轮（简称当量齿轮）。这样，圆锥齿轮的啮合传动就相当于当量齿轮的啮合传动。虽然分度圆的压力角不变，但传动比却有所不同。

本书着重研究不完全直齿圆锥齿轮机构的设计，限于篇幅不拟过多解释有关直齿圆锥齿轮的基础知识。

为更好阐明此一机构的设计原理，应先建立相关的数学模型。参阅图 2-3-38 和图 2-3-39，令 r、R、L、δ 分别代表圆锥齿轮的分度圆半径、齿顶圆半径、锥距和锥角；r_{t0}、r_t、R_t、β_t'、β_t 分别代表当量齿轮的基圆半径、分度圆半径、齿顶圆半径、啮入中心角和啮出中心角；而其角码 1、2 分别代表主动和从动的圆锥齿轮。

根据直角圆锥齿轮的啮合基本原理得知，标准齿和等移距修正齿的节圆锥即为分度圆锥，且两个大端的分度圆必皆位于以 O 为中心、L 为半径所画的球面上。故借作图法能够很方便地确定一对圆锥齿轮的节点 P 以及齿顶圆 I_1、I_2（或其旋转视图 I_1'、I_2'）的交点 a 和 e。实际上，这也大体反映了两个当量齿轮齿顶圆 j_1、j_2 的啮合极限范围。

以上述基本概念为基础可以深入探讨几个设计的关键问题。

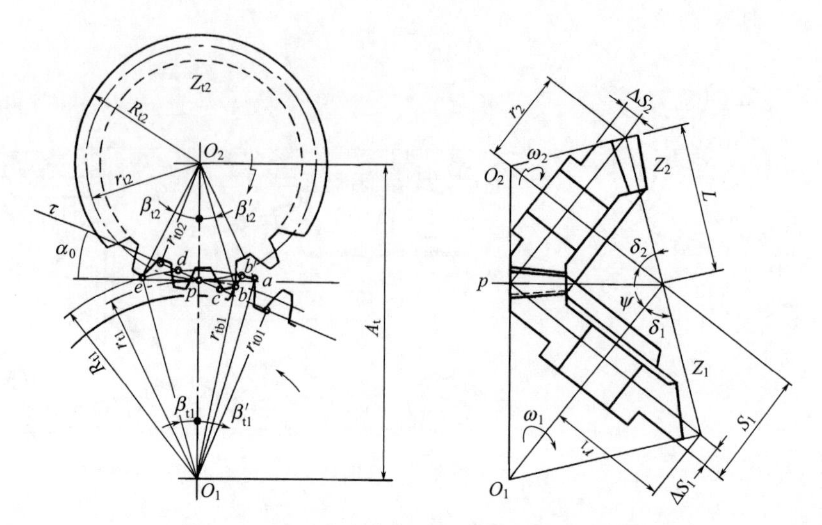

图 2-3-38　不完全直齿圆锥齿轮及其当量齿轮

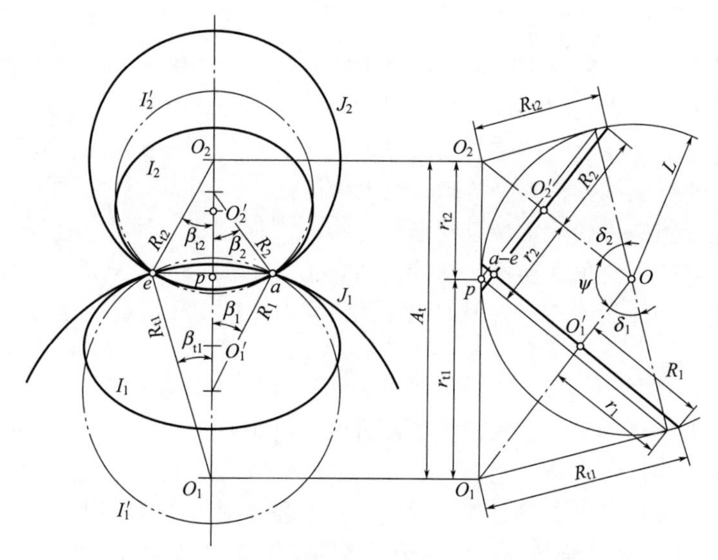

图 2-3-39　不完全圆锥齿轮及当量齿轮的齿顶圆

1. 齿根不相切条件

若将主动圆锥齿轮的不完全齿数 Z_1 补足成假想的完全齿数 Z_{j1}，相应的当量齿数为 Z_{t1}，而从动圆锥齿轮的完全齿数和当量齿数各为 Z_2、Z_{t2}，则必须满足下列条件才能防止两轮齿的根切。

$$Z_{t1}=\frac{Z_{j1}}{\cos\delta_1}\geqslant Z_{t\min} \quad 或 \quad Z_{j1}\geqslant Z_{t\min}\cos\delta_1 \tag{2-3-79}$$

$$Z_{t2}=\frac{Z_2}{\cos\delta_2}\geqslant Z_{t\min} \quad 或 \quad Z_2\geqslant Z_{t\min}\cos\delta_2 \tag{2-3-80}$$

若两个圆锥齿轮的轴间角 $\psi=90°$，分度圆的锥角各为 δ_1、δ_2，则

$$\tan\delta_1=\frac{Z_{j1}}{Z_2},\quad \tan\delta_2=\frac{Z_2}{Z_{j1}} \tag{2-3-81}$$

通常一对圆锥齿轮的齿数比小于 3，最少当量齿数 $Z_{tmin}=17$。此外，为提高齿轮副的传动平稳性，应使当量齿轮的重叠系数大于 1。

根据以上各式可以求得

$$\frac{Z_2}{Z_{j1}}=\sqrt{\frac{Z_{t2}}{Z_{t1}}} \tag{2-3-82}$$

这证明圆锥齿轮的实际传动比并不等于当量齿轮的传动比。

2. 齿顶不干涉条件

不完全圆锥齿轮机构同普通圆锥齿轮机构有着本质的差别，最突出的一点是，由图 2-3-38 可看出，当主动当量齿轮匀速回转时，其末齿在啮合线的 d 点并未结束啮合，其顶部一侧仍会沿着从动当量齿轮的齿廓继续滑移，直至齿顶圆交点 e 才完全脱离接触。这样，便可确定在每次工作循环之初从动齿轮第一个啮合齿的位置，即啮合点 b。然而欲避免主动轮齿的齿顶 a 点与从动轮齿相撞，就应保证 $\widehat{eb}+w_2-\widehat{ea}\geqslant 0$（式中 w_2 为从动当量齿轮的顶圆弧齿距）。基于这一认识，令从动当量齿轮的顶圆 $\widehat{ae}$ 内共包含 k_2 个整数齿，顶圆弧齿厚为 S_2，齿距角为 ν_{t2}，啮出中心角为 β_{t2}，遂确定齿顶不干涉条件

$$k_2\nu_{t2}+\nu_{t2}-\frac{S_2}{R_{t2}}-2\beta_{t2}\geqslant 0$$

改写为

$$(k_2+1)\nu_{t2}-2\beta_{t2}\geqslant\frac{S_2}{R_{t2}} \tag{2-3-83}$$

式中

$$\nu_{t2}=\frac{2\pi}{Z_{t2}} \tag{2-3-84}$$

鉴于 $k_2\nu_{t2}\leqslant 2\beta_{t2}$，$(k_2+1)\ \nu_{t2}>2\beta_{t2}$，得知

$$\frac{2\beta_{t2}}{\nu_{t2}}-1<k_2\leqslant\frac{2\beta_{t2}}{\nu_{t2}} \tag{2-3-85}$$

由 ΔO_1eO_2 求出

$$\cos\beta_{t2}=\frac{A_t^2+R_{t2}^2-R_{t1}^2}{2A_tR_{t2}} \tag{2-3-86}$$

令齿轮大端模数为 m，齿顶高系数为 x_d，求出当量齿轮的中心距

$$A_t=r_{t1}+r_{t2}=\frac{m}{2}(Z_{t1}+Z_{t2}) \tag{2-3-87}$$

$$R_{t1}=\frac{m}{2}(Z_{t1}+2x_d),\quad R_{t2}=\frac{m}{2}(Z_{t2}+2x_d) \tag{2-3-88}$$

经整理，将式(2-3-86) 简化为

$$\beta_{t2}=\arccos\left[1-\frac{4x_dZ_{t1}}{(Z_{t1}+Z_{t2})(Z_{t2}+2x_d)}\right] \tag{2-3-89}$$

设当量齿轮分度圆和齿顶圆的压力角各为 α_0、α_{td}，相应的渐开线函数

$$\mathrm{inv}\alpha_0=\tan\alpha_0-\alpha_0,\quad \mathrm{inv}\alpha_{td}=\tan\alpha_{td}-\alpha_{td}$$

式中

$$\alpha_{td}=\arccos\frac{r_{t0}}{R_t},\quad r_{t0}=r_t\cos\alpha_0 \tag{2-3-90}$$

求出

$$S_2=R_{t2}\left[\frac{\pi m}{2r_{t2}}-2(\mathrm{inv}\alpha_{td2}-\mathrm{inv}\alpha_0)\right] \tag{2-3-91}$$

至此，将所求的 ν_{t2}、k_2、R_{t2}、β_{t2}、S_2 代入式(2-3-83)，便可按该齿顶不干涉条件

加以校核。

3. 特征参数选定条件

这里所提的特征参数是指对不完全圆锥齿轮机构的结构与功能起着决定性作用的几个参数，如主动轮的不完全齿数（Z_1）和动程角（θ_0），从动轮的动停比（k）和转位角（φ_0）。

通常，依设计要求的不同，可先预选 Z_{j1}、Z_2、m、x_d、α_0、k 等值，然后校核最少齿数、齿顶不干涉条件，再求解 Z_1、θ_0、φ_0 及其他参数；或者，先预选 Z_{j1}、Z_2、m、x_d、α_0、φ_0 等值，经校核之后，再求解 Z_1、θ_0、k 及其他参数。显然，这之中有个摸索、优选的过程。下面，仅就第一种设计程序加以推导和分析。打好此一基础，再处理第二种设计程序就会运用自如。

1）求解 θ_0

若预先给定 k，由于

$$k=\frac{\theta_0}{2\pi-\theta_0} \tag{2-3-92}$$

可求

$$\theta_0=\frac{2\pi k}{1+k} \quad 或 \quad \theta_0'=\frac{360^\circ k}{1+k} \tag{2-3-93}$$

2）求解 Z_1

参阅图 2-3-38，关于 θ_0 还可建立另一表达式

$$\begin{aligned}\theta_0 &=(Z_1-1)\nu_1+\angle b'O_1'e \\ &=(Z_1-1)\nu_1+(\mathrm{inv}\alpha_{td1}-\mathrm{inv}\alpha_{tb1}+\beta_{t1}'+\beta_{t1})\frac{R_{t1}}{R_1}\end{aligned} \tag{2-3-94}$$

由于

$$\sec\delta_1=\frac{R_{t1}}{R_1} \tag{2-3-95}$$

上式改写为

$$Z_1=1+\frac{1}{\nu_1}[\theta_0-(\mathrm{inv}\alpha_{td1}-\mathrm{inv}\alpha_{tb1}+\beta_{t1}'+\beta_{t1})\sec\delta_1] \tag{2-3-96}$$

式中，主从动当量齿轮的齿距角

$$\nu_1=\frac{2\pi}{Z_{j1}},\quad \nu_2=\frac{2\pi}{Z_2} \tag{2-3-97}$$

主动当量齿轮啮合点 b 的渐开线函数

$$\mathrm{inv}\alpha_{tb1}=\tan\alpha_{tb1}-\alpha_{tb1}$$

$$\alpha_{tb1}=\arccos\frac{r_{to1}}{r_{tb1}} \tag{2-3-98}$$

$$r_{tb1}=\sqrt{A_t^2+R_{t2}^2-2A_tR_{t2}\cos\beta_{t2}'} \tag{2-3-99}$$

$$\beta_{t2}'=k_2\nu_{t2}-\beta_{t2} \tag{2-3-100}$$

主动当量齿轮的啮入和啮出中心角

$$\beta_{t1}'=\arcsin\left(\frac{R_{t2}}{r_{tb1}}\sin\beta_{t2}'\right) \tag{2-3-101}$$

$$\beta_{t1}=\arcsin\left(\frac{R_{t2}}{R_{t1}}\sin\beta_{t2}\right) \tag{2-3-102}$$

至于 $\mathrm{inv}\alpha_{td1}$、ν_{t2}、β_{t2}，均已导出，查阅前式。

3）求解 φ_0

参阅图 2-3-39，在工作循环过程中，应以圆锥齿轮齿顶圆 I_1、I_2 的回转中心 O_1'、O_2'来

求算从动轮的转位角 φ_0，遂写出

$$\begin{aligned}\varphi_0 &=(z_1-1)\nu_2+(\beta'_{t2}+\beta_{t2})\frac{R_{t2}}{R_2}\\ &=(z_1+k_2-1)\nu_2\end{aligned} \tag{2-3-103}$$

（三）定位准则

根据导出的有关参数关系式，绘出如图 2-3-40 所示的不完全圆锥齿轮机构从动轴的角位移和角速度变化曲线。

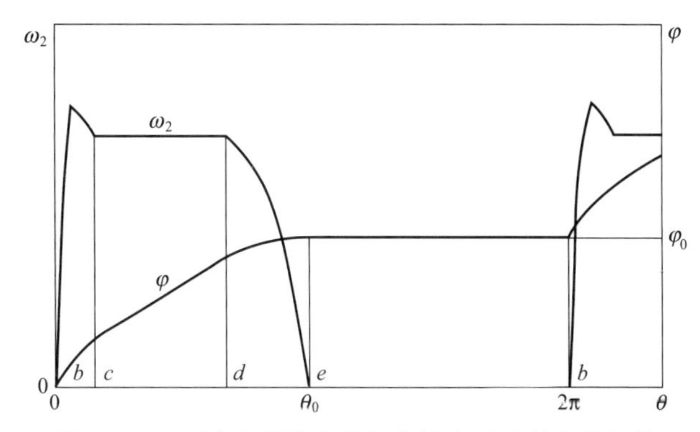

图 2-3-40　不完全圆锥齿轮机构输出运动的变化规律

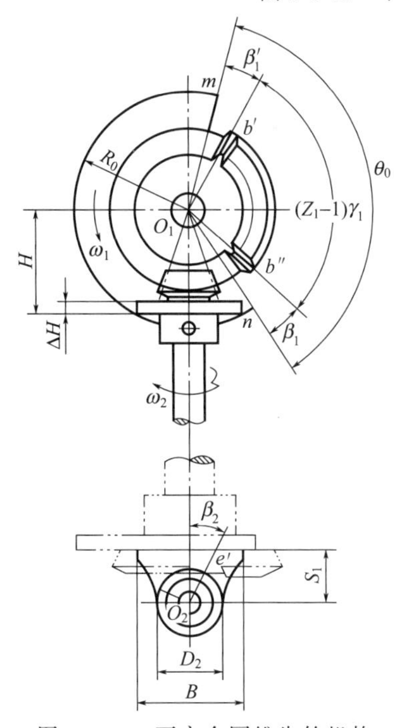

图 2-3-41　不完全圆锥齿轮机构自动定位组件及工作机理

从中大体了解到，对每一次工作循环来说，进入啮合区段 bc 和脱离啮合区段 de 都存在着齿面滑动及速度突变现象，而且随着主动轮不完全齿数的减少和转速的增加，这种冲击作用必会有所加剧。为保证准确啮合和可靠工作起见，要求从动轮一停止转位应立即实现较高精度的自动定位。图 2-3-41 表示一种常见的自动定位组件及其工作机理。

设从动圆锥齿轮轴上安装的定位块共匀布 x 个工作面，并已确定每次循环输出的转位角为 φ_0，如果要求主动圆锥齿轮轴上安装的制锁弧盘回转一周应使定位块转过 a 个工作面，则其关系式为

$$x=\frac{360^\circ a}{\varphi_0}\quad 或\quad a=\frac{x\varphi_0}{360^\circ} \tag{2-3-104}$$

设计时，x、a 均为（不是圆整为）正整数，鉴于圆锥齿轮受空间结构条件的限制，一般取 $a=1$，$x=1\sim3$。

按前述要求，当主动轮的首齿刚进入啮合或者末齿刚脱离啮合之际，制锁孤盘的两凹边 mO_1 和 nO_1 必须先后同两轴 O_1-O_2 平面重合，同时应保证该二边缘各与其相邻齿顶点 b'、b''的矢径所形成的中心角为

$$\begin{aligned}\beta'_1=\angle mO_1b' &=(\beta'_{t1}+\mathrm{inv}\alpha_{td1}-\mathrm{inv}\alpha_{tb1})\frac{R_{t1}}{R_1}\\ &=(\beta'_{t1}+\mathrm{inv}\alpha_{td1}-\mathrm{inv}\alpha_{tb1})\sec\delta_1\end{aligned} \tag{2-3-105}$$

$$\beta_1=\angle nO_1b''=\frac{\beta_{t1}R_{t1}}{R_1}=\beta_{t1}\sec\delta_1 \tag{2-3-106}$$

借此能够简化式(2-3-94)和式(2-3-96)的表达形式

$$\theta_0=(Z_1-1)\nu_1+\beta_1'+\beta_1 \tag{2-3-107}$$

$$Z_1=1+\frac{1}{\nu_1}(\theta_0-\beta_1'-\beta_1) \tag{2-3-108}$$

若给定主动轮逆时针回转，为使机构正常啮合运行，如图所示，装配时应保证定位块的对称面同从动轮某齿顶点 e' 的矢径所形成的偏右中心角为

$$\beta_2=\frac{\beta_{t2}R_{t2}}{R_2}=\frac{\beta_{t2}}{\cos\delta_2} \tag{2-3-109}$$

最后，确定制锁弧盘及定位块的其余尺寸：

$$R_0=\sqrt{H^2+\left(\frac{B}{2}\right)^2} \tag{2-3-110}$$

$$B\geqslant D_2=m(Z_2+2x_d\cos\delta_2) \tag{2-3-111}$$

$$H=L\cos\delta_2+\Delta S_2+\Delta H \tag{2-3-112}$$

$$S_1=L\cos\delta_1+\Delta S_1 \tag{2-3-113}$$

$$L=\sqrt{r_1^2+r_2^2}=\frac{m}{2}\sqrt{Z_{j1}^2+Z_2^2} \tag{2-3-114}$$

附带指出，对以上导出的不完全圆锥齿轮机构的计算公式，若不引用当量齿轮的概念及其有关因素，即取 $\delta_1=\delta_2=0$，$Z_{t1}=Z_{j1}$，$Z_{t2}=Z_2$，$R_{t1}=R_1$，$R_{t2}=R_2$，那么可直接求解不完全直齿圆柱齿轮机构的计算公式。不过，自动定位组件会有相应的改变，对此请查阅有关专著。

（四）应用实例

对图 2-3-37 所示的缝纫机针覆盖式裹包机不完全圆锥齿轮转位机构进行实测得知：主动圆锥齿轮的不完全齿数和假想全齿数各为 $Z_1=18$，$Z_{j1}=60$；从动圆锥齿轮的全齿数 $Z_2=20$；圆锥齿轮的大端模数 $m=3\text{mm}$，齿顶系数 $x_d=1$，分度圆压力角 $\alpha_0=20°$，轴间角 $\psi=90°$。试校核齿顶不干涉，求出机构动停比和转位角。

依题意拟分两步走，先校核后求解。

1. 校核齿顶不干涉

参阅式(2-3-83)，确定齿顶不干涉的基本条件是

$$(k_2+1)\nu_{t2}-2\beta_{t2}\geqslant\frac{S_2}{R_{t2}}$$

为此，必须求出有关各参数，首先计算左部分。

按式(2-3-81)分别算出主从动圆锥齿轮分度圆锥角

$$\delta_1=\arctan\frac{Z_{j1}}{Z_2}=\arctan\frac{60}{20}=71.57°$$

$$\delta_2=\psi-\delta_1=90°-71.57°=18.43°$$

按式(2-3-79)和式(2-3-80)分别算出主从动圆锥齿轮当量齿数

$$Z_{t1}=\frac{Z_{j1}}{\cos\delta_1}=\frac{60}{\cos71.57°}=189.7$$

$$Z_{t2}=\frac{Z_2}{\cos\delta_2}=\frac{20}{\cos 8.43°}=21.1$$

按式(2-3-84) 算出从动当量齿轮齿距角

$$\nu_{t2}=\frac{360°}{Z_{t2}}=\frac{360°}{21.1}=17.06°(\text{或 } 0.298\text{rad})$$

按式(2-3-89) 算出从动当量齿轮啮出中心角

$$\begin{aligned}\beta_{t2}&=\arccos\left[1-\frac{4x_d Z_{t1}}{(Z_{t1}+Z_{t2})(Z_{t2}+2x_d)}\right]\\&=\arccos\left[1-\frac{4\times1\times189.7}{(189.7+21.1)\times(21.1+2\times1)}\right]\\&=32.42°(\text{或 } 0.566\text{rad})\end{aligned}$$

由于 $$\frac{2\beta_{t2}}{\nu_{t2}}=\frac{2\times32.42°}{17.06°}=3.8,\quad \frac{2\beta_{t2}}{\nu_{t2}}-1=3.8-1=2.8$$

要求 $$\frac{2\beta_{t2}}{\nu_{t2}}-1<k_2\leqslant\frac{2\beta_{t2}}{\nu_{t2}}$$

决定取啮合弧所含整数齿 $k_2=3$。

其次计算右部分。

按式(2-3-88) 及齿轮传动基本公式分别算出从动当量齿轮的齿顶圆半径、分度圆半径和齿根圆半径

$$R_{t2}=\frac{m}{2}(Z_{t2}+2x_d)=\frac{3}{2}\times(21.1+2\times1)=34.7\text{mm}$$

$$r_{t2}=\frac{1}{2}mZ_{t2}=\frac{3\times21.1}{2}=31.7\text{mm}$$

$$r_{t02}=r_{t2}\cos\alpha_0=31.7\times\cos20°=29.8\text{mm}$$

解出齿顶圆压力角

$$\alpha_{td2}=\arccos\frac{r_{t02}}{R_{t2}}=\arccos\frac{29.8}{34.7}=30.82°$$

并由式(2-3-91) 解出齿顶圆弧齿厚

$$\begin{aligned}S_2&=R_{t2}\left[\frac{\pi m}{2r_{t2}}-2(\text{inv}\alpha_{td2}-\text{inv}\alpha_0)\right]\\&=34.7\times\left[\frac{3\pi}{2\times31.7}-2\times(\text{inv}30.82°-\text{inv}20°)\right]=2.1\text{mm}\end{aligned}$$

将以上求得的 ν_{t2}、β_{t2}、k_2、R_{t2}、S_2 值代入式(2-3-83)，再对比以下二式之计算结果

$$(k_2+1)\nu_{t2}-2\beta_{t2}=(3+1)\times0.298-2\times0.566=0.068$$

$$\frac{S_2}{R_{t2}}=\frac{2.1}{34.7}=0.061$$

证明齿顶互不干涉。

2. 求解输出轴动停比及转位角

由式(2-3-92) 确定的输出轴动停比

$$k=\frac{\theta_0}{360°-\theta_0}\quad \text{或}\quad k=\frac{\theta_0}{2\pi-\theta_0}$$

确认，关键在于求解主动轴的动程角。为此，按式(2-3-88) 及齿轮传动基本公式分别算出主动当量齿轮的齿顶圆半径、分度圆半径和齿根圆半径

$$R_{t1}=\frac{m}{2}(Z_{t1}+2x_{d})=\frac{3}{2}\times(189.7+2\times1)=287.6\text{mm}$$

$$r_{t1}=\frac{mZ_{t1}}{2}=\frac{3\times189.7}{2}=284.6\text{mm}$$

$$r_{t01}=r_{t1}\cos\alpha_{0}=284.6\times\cos20^{\circ}=267.4\text{mm}$$

齿顶圆压力角和当量齿轮中心距

$$\alpha_{td1}=\arccos\frac{r_{t01}}{R_{t1}}=\arccos\frac{267.4}{287.6}=21.60^{\circ}$$

$$A_{t}=r_{t1}+r_{t2}=284.6+31.7=316.3\text{mm}$$

其次，按式(2-3-100) 算出从动当量齿轮啮入中心角

$$\beta'_{t2}=k_{2}\nu_{t2}-\beta_{t2}=3\times17.06^{\circ}-32.42^{\circ}=18.76^{\circ}$$

按式(2-3-98) 和式(2-3-99) 算出主动当量齿轮的啮入点半径和压力角

$$\begin{aligned}r_{tb1}&=\sqrt{A_{t}^{2}+R_{t2}^{2}-2A_{t}R_{t2}\cos\beta'_{t2}}\\&=\sqrt{316.3^{2}+34.7^{2}-2\times316.3\times34.7\times\cos18.76^{\circ}}=283.7\text{mm}\end{aligned}$$

$$\alpha_{tb1}=\arccos\frac{r_{t01}}{r_{tb1}}=\arccos\frac{267.4}{283.7}=19.52^{\circ}$$

按式(2-3-101) 和式(2-3-102) 算出主动当量齿轮的啮入和啮出中心角

$$\begin{aligned}\beta'_{t1}&=\arcsin\left(\frac{R_{t2}}{r_{tb1}}\sin\beta'_{t2}\right)\\&=\arcsin\left(\frac{34.7}{283.7}\times\sin18.76^{\circ}\right)=2.25^{\circ}\end{aligned}$$

$$\begin{aligned}\beta_{t1}&=\arcsin\left(\frac{R_{t2}}{R_{t1}}\sin\beta_{t2}\right)\\&=\arcsin\left(\frac{34.7}{287.6}\times\sin32.42^{\circ}\right)=3.71^{\circ}\end{aligned}$$

按式(2-3-105) 和式(2-3-106) 算出主动圆锥齿轮的啮入和啮出中心角

$$\begin{aligned}\beta'&=(\beta'_{t1}+\text{inv}\alpha_{ta1}-\text{inv}\alpha_{tb1})\sec\delta_{1}\\&=\left[2.25^{\circ}+(\text{inv}21.60^{\circ}-\text{inv}19.52^{\circ})\times\frac{180^{\circ}}{\pi}\right]\times\sec71.57^{\circ}=8.01^{\circ}\end{aligned}$$

$$\beta_{1}=\beta_{t1}\sec\delta_{1}=3.71^{\circ}\times\sec71.57^{\circ}=11.74^{\circ}$$

将已知的主动圆锥齿轮不完全齿数 $Z_{1}=18$，齿距角 $\nu_{1}=\frac{360^{\circ}}{Z_{j1}}=6^{\circ}$，以及求出的 β'_{1}、β_{1} 之值，代入式(2-3-107)，算出主动轴的动程角

$$\begin{aligned}\theta_{0}&=(Z_{1}-1)\nu_{1}+\beta'_{1}+\beta_{1}\\&=(18-1)\times6^{\circ}+8.01^{\circ}+11.74^{\circ}=121.8^{\circ}\end{aligned}$$

最后，算出输出轴动停比

$$k=\frac{\theta_{0}}{360^{\circ}-\theta_{0}}=\frac{121.8^{\circ}}{360^{\circ}-121.8^{\circ}}=0.511$$

及转位角

$$\varphi_0=(Z_1-1+k_2)\nu_2=(18-1+3)\times\frac{360^\circ}{20}=360^\circ$$

总之，缝纫机针覆盖式裹包机所配套的不完全圆锥齿轮间歇转位机构，不存在齿顶干涉问题，主动轴每转一转，从动轴也随之转一转，继而借助曲柄滑块机构将主传送链带向前推进一个磁盘节距，其动停比约为 0.511。可见，主要参数之间的配合比较理想。

四、齿式棘轮-摆动液压缸间歇转位机构

（一）机构选用依据

酒类、饮料、酱醋、药液等的生产在进入最后一道灌装工序之前，必须对所用包装容器实行一次由里及外的多样化清洗，以达到规定的清洁度标准。

如今，清洗机械设备的类型很多，不过在包装工业领域用得较多的，大体上可分两种：一是，新制作的或污染较轻的塑料瓶和薄壁玻璃瓶，大都采用以冲洗为主的连续回转圆盘式清洗机或超声波式清洗机；二是，对有较大程度污染的重型玻璃瓶和带有商标的回收瓶，并为适应大规模生产线的实际需要，大都采用以组合清洗为主的履带式清洗机。

仅就后一种情况来说，涉及因素颇多，按清洗方式可分为喷射式、浸泡喷射式和浸泡刷洗式；按进出瓶方式可分为单端式(或称来回式）和双端式(或称直通式)；按瓶笼主传送方式可为间歇式和连续式。

联系图 2-3-42 所示的洗瓶机，可以更具体地说明该机的选用依据。被清洗的回收玻璃瓶是用来灌装啤酒的，瓶内污染较重，瓶外又贴商标纸，生产能力中等，所以，采用了间歇式链带主传送系统，单端式结构布局和浸泡-喷射组合式清洗工艺流程。

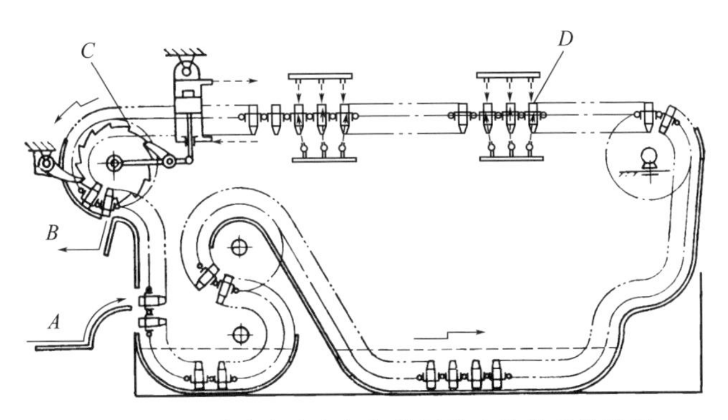

图 2-3-42　单端式洗瓶机瓶笼间歇主传送系统简图

A—脏瓶供送机构；B—净瓶排出机构；C—齿式棘轮-摆动油缸间歇转位机构；D—瓶笼主传送并行链带

将图 2-3-43 与图 2-3-42 相对照，有助于了解该机洗瓶过程的概貌，依次是，供送脏瓶、热水浸泡、洗剂浸泡、标纸去除、瓶内冲洗、瓶身冲洗和排出净瓶。可见，此一清洗工艺流程在很大程度上决定了瓶笼主传送系统的总体布局，而且显得相当协调和紧凑。

两条大型滚子链并行绕过两侧的链轮，承载一排排瓶笼金属框架沿着导轨等速移动。为了减轻工作负载和延长使用寿命，新型的瓶笼多采用耐腐蚀的工程塑料成型件。

在主动链轮的外侧，对称配置两组由棘轮、棘爪和摆动式单杆活塞缸等所构成的间歇转位及定位机构，并利用电器进行程序控制。

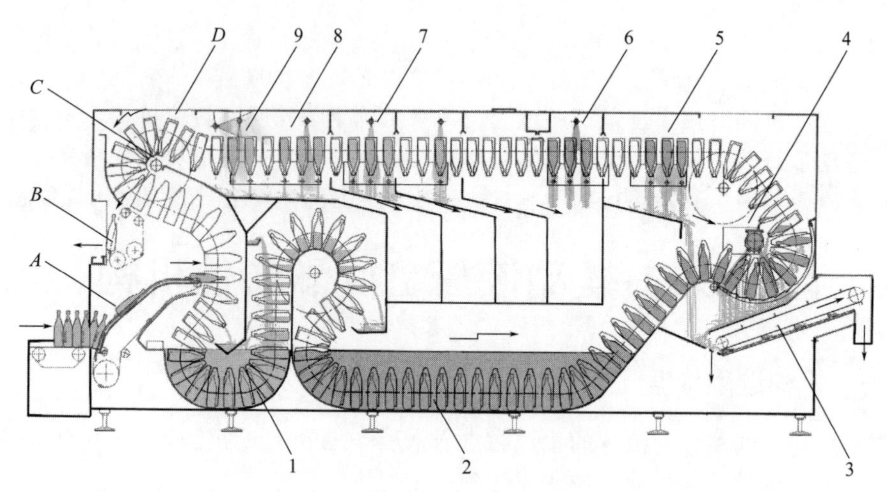

图 2-3-43　单端式洗瓶机组合清洗过程示意图

1—热水浸泡；2—洗剂浸泡；3—碎标排除；4—瓶标分离；5,6—洗剂喷射冲洗（瓶内）；
7—热水喷射冲洗；8,9—温水冷水喷射冲洗

借此使这种重载慢速、间歇转位的主传送系统，足以克服较强的摩擦阻抗和惯性阻抗，通过调节运行速度及动停比，保证双轨链带能够同步平稳的运行又准确可靠的定位，并对所承受的负载起着一定的吸振保险等作用。

另外，为了防止瓶笼主传送链带因负载不平衡（例如，当空车时供瓶，停车前排瓶）可能产生的倒转，应配置止回棘爪。

实际上，在转位停歇期间，要同时协调进行供瓶、排瓶和喷射、冲洗等操作，以致提出较高的对笼口，瓶口的自动定位要求。请仔细参阅图 2-3-44 和图 2-3-45 所示的多列式供瓶与排瓶机构的工作机理就会理解这一点。

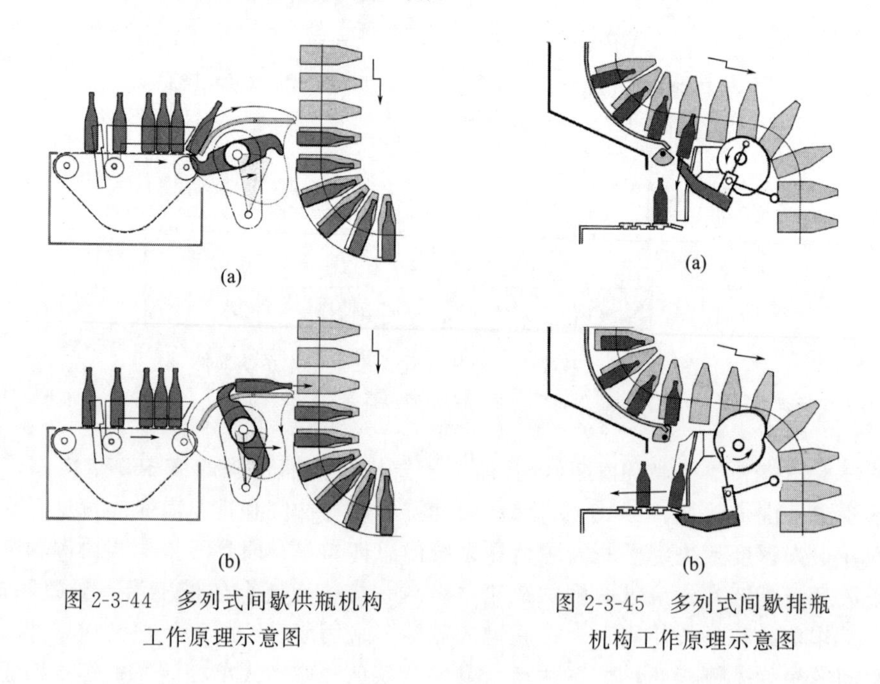

图 2-3-44　多列式间歇供瓶机构工作原理示意图

图 2-3-45　多列式间歇排瓶机构工作原理示意图

现今，供瓶和排瓶机构各有多种类型，仅就图中所示的，其特点是：该供瓶机构双工

作头的中轴绕摆杆上端轴孔作等速回转，其头部的合成运动轨迹则是一条近似扇形的封闭曲线；至于排瓶机构的单工作头，对依靠重力从瓶笼下落的瓶子，主要起着托动和导引作用，其运动轨迹是由四连杆机构所形成的一条封闭的长腰果形连杆曲线。总之，设计的难度都不大。

另一方面，为扩大创新设计的思路，有必要考察适用于瓶子轻污染、高生产能力的双端式洗瓶机连续主传送系统。参阅图 2-3-46，对提供的四种总体布局方案略加分析。

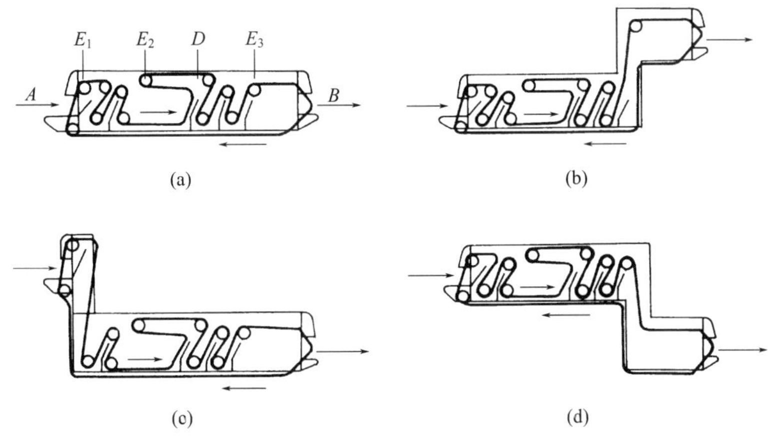

图 2-3-46　双端式洗瓶机瓶笼连续主传送系统的布局方案

① 第一种为通用的标准布局。其他三种供瓶与排瓶的相对位置均有一定的高差，这取决于灌装生产线工作空间的总体安排，相应的，洗瓶机也需要特殊设计。

② 由于瓶笼主传送链带是连续等速运行的，所以，喷射冲洗机构既要在限定的行程范围内作水平同步与急回运动，同时喷头又要作相应的垂直往复运动。可见这部分执行机构比较复杂，占用机内空间也大。

③ 多列式供瓶和排瓶分布在机身前后的两端，完全符合生产线的走向。然而瓶笼从排瓶处返回供瓶处纯属空载运行，使机内空间未能得到充分利用，还造成能量的浪费，相对缩短主传送链带的使用寿命。

④ 对大型洗瓶机而言，在正常运行过程中，瓶笼主传送链带基本上消除了惯性阻抗，此乃连续式机型的最大优点。但是装有瓶笼的链带长而又重，为防止链轮脱链，一般多采取分段同步驱动方式。图中标注的 E_1、E_2、E_3 大体上表示调速电机分立传动链轮的所在位置，显然，这给传动系统的设计提出很高的要求。

（二）机构控制系统

在正常运转过程中，针对瓶笼主传送链带的工作特性，特采用如图 2-3-47 所示含动力油缸的液电系统进行驱动与控制。整个装置由定量泵 B、溢流阀 Y、换向阀 D、调速阀 Q、单向阀 I、液压缸 YG 以及电气控制单元有机连接而成。

对此工作系统着重说明：

① 要求液压泵的输出流量适当大于推动液压缸所需用量，而将多余部分形成溢流。这样，足以保证系统内部的工作压力趋于稳定，同时为实现并联液压缸的同步驱动创造必要条件。

② 当二位四通电磁滑阀换向使液压缸活塞空程回摆时，单向调速阀不仅起着控制运

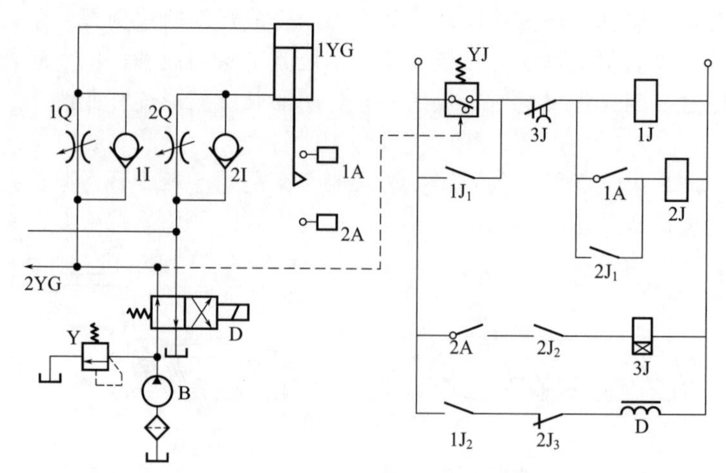

图 2-3-47　瓶笼间歇主传送链带驱动液压缸的液电控制系统

动速度、停位时间的作用，而且一旦发生停机情况，还能减缓活塞及其联动件因受自重下降引起的冲击。

③ 压力继电器 YJ 对连接液电控制回路具有安全开关的作用。由于它并联继电器一触点 $1J_1$，能够帮助“记忆”，即使液压泵突然停止供油，仍不至于扰乱工作程序。

④ 延时继电器 $3J$ 专用于调整摆杆棘爪下限位置的停歇时间，除更好地满足生产操作条件外，也有助于棘爪对棘轮的稳定啮合与启动。

⑤ 行程开关 $1A$、$2A$ 可发出电切换信号，以及时改变液压缸活塞的往复运动方向，确保主传送链带有节奏地实现间歇转位。

（三）机构设计要点

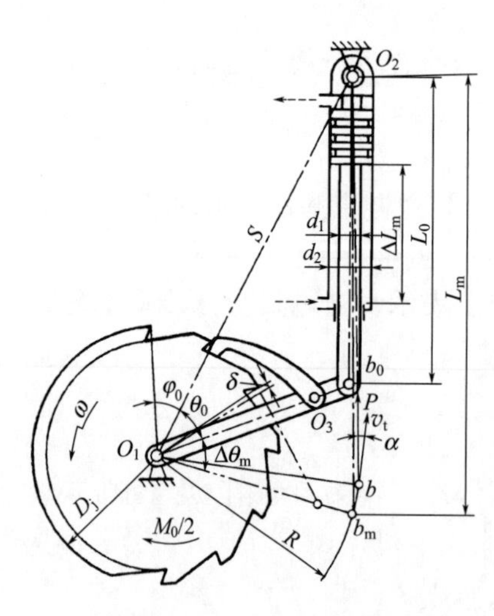

图 2-3-48　齿式棘轮-摆动液压缸间歇转位机构运动分析

以图 2-3-48 所示齿式棘轮-摆动液压缸间歇转位机构为例，阐明其设计计算要点。

根据已经算出的传动力矩借强度计算法或经验类比法可以确定棘轮、棘爪的结构形式及其主要尺寸。

棘轮顶圆直径　$D_j = mZ$　(2-3-115)

在重载条件下，常取棘轮齿数 $Z=8\sim30$，顶圆模数 $m=6\sim26\text{mm}$（等差数列，公差为 2）。

为使棘爪与棘轮自动啮紧，无论是摆动棘爪或止回棘爪，其回转轴心均应位于棘轮顶圆的切线上，并使摆动棘爪与棘齿接触作用面的公法线通过两回转轴心 O_1、O_3 之间。考虑到摆杆强度和油缸活塞行程，应尽量缩短摆杆的有效长度，取该值为

$$R=\frac{D_j}{2}+\Delta R \tag{2-3-116}$$

式中，ΔR 为摆杆长度补偿量，按照结构设计主要从合理安排棘爪、活塞连杆同摆杆的铰接位置来确定。

为了同液电控制系统取得工作上的协调，达到正确转位，通常要求活塞每往复一次，

摆杆棘爪对棘轮只能拨过一个齿，亦即棘轮的转位角

$$\varphi_0=\frac{360°}{Z} \quad 或 \quad Z=\frac{360°}{\varphi_0} \tag{2-3-117}$$

实际上，这也是瓶笼链带绕主动链轮运行时，其节距所对应的中心角。

在此前提下，可求棘爪摆杆的最大运动角

$$\Delta\theta_m=\varphi_0+\delta \tag{2-3-118}$$

与 δ 相应的弧长

$$\Delta u=\frac{D_j}{2}\delta \tag{2-3-119}$$

要尽量减小摆动棘爪对棘齿的后退角 δ，以及棘齿对止回棘爪的超前角 δ'（图中未画），从而减缓冲击，提高定位精度。

令 L_0、L_m 分别代表活塞连杆的铰接点与液压缸摆动中心的最小和最大间距；ΔL_m 代表液压缸活塞的最大行程；θ_0、θ_m 分别代表 L_0、L_m 对应的摆杆相位角；S 代表棘轮同摆动油缸之间的中心距，由图示几何关系可知

$$L_m=L_0+\Delta L_m \tag{2-3-120}$$

$$L_m^2=R^2+S^2-2RS\cos\theta_m \tag{2-3-121}$$

$$L_0^2=R^2+S^2-2RS\cos\theta_0$$

取

$$l_m=\frac{L_m}{S}, \quad l_0=\frac{L_0}{S}, \quad k=\frac{R}{S}$$

得

$$l_m^2=1+k^2-2k\cos\theta_m$$

$$l_0^2=1+k^2-2k\cos\theta_0$$

$$\theta_0=\arccos\frac{1+k^2-l_0^2}{2k} \tag{2-3-122}$$

$$\theta_m=\theta_0+\Delta\theta_m \tag{2-3-123}$$

设计时应预选棘轮棘爪、液压缸活塞的基本尺寸及安装位置，包括初步确定 φ_0、Z、D_j、$\Delta\theta_m$、R、S、L_0，进而可求 k、θ_0、θ_m、L_m、ΔL_m 各值。注意，这有一定灵活性。

另外，还需全面校核当棘爪摆杆的相位角由 θ_m 改变为 θ_0 过程中，活塞连杆拖动棘爪摆杆在铰接点 b 处（b_0 与 b_m 之间取任意值）工作压力角 α 的对应值。

令 $bO_2=L$，$\angle bO_1O_2=\theta$，$\angle O_1bO_2=90°-\alpha$，由于

$$\sin(90°-\alpha)=\frac{S}{L}\sin\theta, \quad L=\sqrt{R^2+S^2-2RS\cos\theta}$$

解出

$$\cos\alpha=\frac{1}{\sqrt{1+\left(\frac{k-\cos\theta}{\sin\theta}\right)^2}} \tag{2-3-124}$$

为便于分析，将上式改写成

$$\cos\alpha=\frac{1}{A}, \quad A=\sqrt{1+\left(\frac{k-\cos\theta}{\sin\theta}\right)^2} \tag{2-3-125}$$

接着要研究，α 为最小值时所对应的 $\theta=\theta_r$。对此，不妨从两个方面加以分析。

① 若 $0<k\leqslant1$ $(R\leqslant S)$

当 $\cos\theta_r=k$ 时，显然

$$A_{min}=1, \quad \cos\alpha_{min}=1, \quad \alpha_{min}=0 \tag{2-3-126}$$

确认
$$\theta_r=\arccos\frac{R}{S} \tag{2-3-127}$$

② 若 $k>1$　$(R>S)$

由式(2-3-125)，令 $y=\dfrac{k-\cos\theta}{\sin\theta}$，求导

$$\frac{dy}{d\theta}=\frac{1-k\cos\theta}{\sin^2\theta}$$

根据求最小极值条件，当 $1-k\cos\theta=0$ 时

$$\frac{dy}{d\theta}=0,\quad \frac{d^2y}{d\theta^2}=\frac{k^2}{\sqrt{k^2-1}}>0$$

确认
$$\cos\theta_r=\frac{1}{k}\quad 或\quad \theta_r=\arccos\frac{S}{R} \tag{2-3-128}$$

$$y_{min}=\frac{k-\cos\theta_r}{\sin\theta_r}=\sqrt{k^2-1},\quad A_{min}=k$$

$$\cos\alpha_{min}=\frac{1}{A_{min}}=\frac{1}{k},\quad \alpha_{min}=\theta_r \tag{2-3-129}$$

设铰接杆机构的许用压力角为 $[\alpha]$，将上式改写为

$$k=\frac{1}{\cos\alpha_{min}}\leqslant\frac{1}{\cos[\alpha]} \tag{2-3-130}$$

通常取 $[\alpha]=40°$，算出 $k\leqslant1.3$。概括而言，在 $0<k\leqslant1.3$ 的范围内对 k 取系列值，代入式(2-3-125) 绘出如图 2-3-49 所示$\dfrac{1}{A}$与 θ 的函数曲线。凡交在横坐标线$\left(\dfrac{1}{A}\right)_r=\cos[\alpha]$以上的部分，就意味着

$$\frac{1}{A}=\cos\alpha\geqslant\cos[\alpha]$$

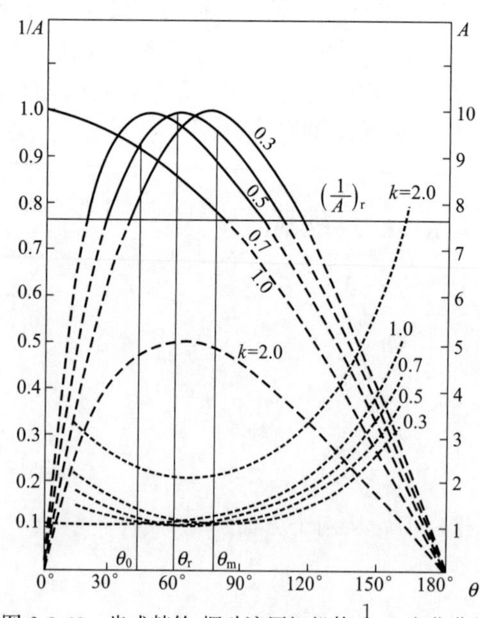

图 2-3-49　齿式棘轮-摆动液压缸机构$\dfrac{1}{A}$-θ 变化曲线

能保证 $\alpha\leqslant[\alpha]$，是适用的。从该图还看出，凡与各条曲线最高点相对应的 θ 即为上述所求的 θ_r，由式(2-3-125) 可算出 α_{min}，同理，也可算出与 θ_0、θ_m 相对应的 α_0、α_m。

现提供一应用实例，供设计参考。

参阅图 2-3-48，由给定要求预选 $\varphi_0=30°$，$Z=12$，$m=24mm$，$D_j=288mm$，$\Delta u=5mm$，$R=250mm$，$S=500mm$。求出 $k=0.5$，$\theta_r=60°$，$\alpha_{min}=0°$，$\Delta\theta_m=32°$。参阅图 2-3-49 的$\dfrac{1}{A}-\theta$ 曲线，选取 $\theta_0=46°$，$\theta_m=78°$，求出 $\alpha_0\approx\alpha_m=18.2°$，可见压力角的变化比较理想。进而求出 $L_0=372mm$，$L_m=510mm$，$\Delta L_m=138mm$。

必要时，根据液压缸的选型尺寸，可对 L_0、ΔL_m 以及 θ_0、θ_m 作适当调整。总之，

选 $k<1$ 的设计方案较优越。

深言之，该列线图中 A-θ 坐标曲线还另有用途，它间接反映了液压缸活塞的牵引力 P、棘轮转位角速度 ω 同 A 之间的互依关系。由图 2-3-48 不难看出

$$P=\frac{M_0}{2R\cos\alpha}=\frac{AM_0}{2R}\quad(\mathrm{N})\tag{2-3-131}$$

$$\omega=\frac{v_t}{R}=\frac{v\cos\alpha}{R}=\frac{v}{AR}\tag{2-3-132}$$

式中　M_0——一对主动棘轮的总承载力矩；

v——液压缸活塞连杆的牵引速度。

由此可见，只要 M_0、v 基本保持不变，而且在给定转位区间内 A 值的变化也较平缓（或取其平均值 A_P），那么 P、ω 也都会保持稳定。以此为前提，可求液压缸活塞推程的油液压强

$$P_t=\frac{P+\frac{\pi}{4}d_2^2P_b}{\frac{\pi}{4}(d_2^2-d_1^2)\eta}\quad(\mathrm{Pa})\tag{2-3-133}$$

及输入流量

$$Q=\frac{\pi}{4\sigma}(d_2^2-d_1^2)v\quad(\mathrm{m^3/s})\tag{2-3-134}$$

$$v=A_pR\omega=\frac{2A_pRv_0}{D_0}\quad(\mathrm{m/s})\tag{2-3-135}$$

式中　P_b——在推程时液压缸活塞的背压，若有调速阀一般取（1～3）$\times10^5$Pa；

d_1，d_2——活塞连杆直径和液压缸内腔直径；

D_0，v_0——链轮节圆直径和链带转位速度；

η，σ——液压缸活塞的运动阻力系数和油液泄漏系数，一般取 0.8～0.9。

对于重载的瓶笼主传送链带，必须选择适宜的转位速度，力求防止产生过大的惯性阻抗，通常取 $v_0=0.05$m/s 左右。在这种情况下，求算 M。应着重考虑系统所受的各种摩擦阻抗，再乘以安全系数。

为求设备的生产能力 Q_p，设每一框架的瓶笼总数为 m_p（有的多达 30 只以上），瓶笼框架排距为 B，转位周期为 T（5～10min），动停时间各为 t_d、t_j，遂写出

$$Q_p=\frac{m_p}{T}\tag{2-3-136}$$

式中
$$T=t_d+t_j,\quad t_d=\frac{B}{v_0}$$

从改善洗瓶机主传送系统的运动动力特性和提高设备生产能力的角度来看，选用连续式要比间歇式为好。但是，后者却能灵活调整循环周期的动停时间，以利于简化某些执行机构并有效清洗不同类型的瓶子，很适合中小型生产线配套使用。

五、行星齿轮-平行双曲柄动梁间歇移位机构

（一）引言

行星齿轮-平行双曲柄式动梁作为主传送系统的一种步进式间歇移位机构，虽然应用

不广，但却有其独特功用。如图 2-3-50 所示，将其配置于异形物件的自动定向检测控制装置，供水平主传送之用，就是一个典型实例。此外在食品包装领域，也常用于诸如巧克力排的短距离供送。

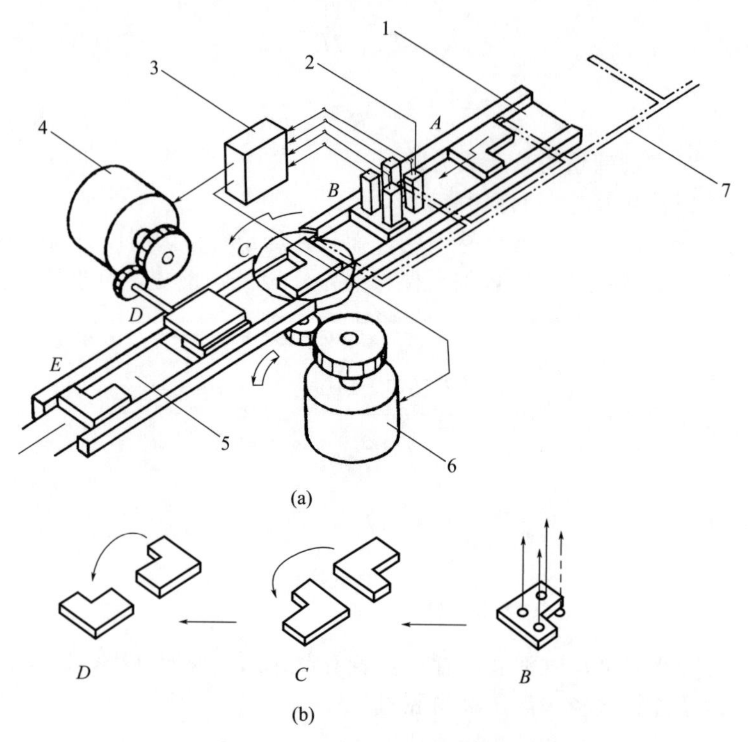

图 2-3-50　异形物件自动定向检测控制及动梁主传送系统

1—浅槽式主传送通道；2,3—检测传感器及控制器；4—真空吸盘翻摆换向机构及驱动电机；5—输送带；6—圆盘间歇换向机构及驱动电机；7—动梁步进机构

关于它的工作过程，在输入之前，应按物件宽度实现第一次自动定向。接着，借助行星齿轮机构驱动水平动梁上等距推板拨动物件逐个、逐次地转移到检测工位（B）、换向工位（C）和翻摆工位（D）。结果使物件完成由初始方位（A）到给定方位（E）的转变，然后经输送带有序输出。

鉴于有关检测元件及执行机构大都布置在主传送通道的上方或下方，最适合采用水平动梁机构让多个等距推板发挥分步拨动作用，以便通过狭窄的垂向空间进行间歇移位和换向定向。

实用中，动梁机构的布局，除水平式之外还有垂直式和倾斜式，各有适用场合。

已述，该组合机构是由一根均布推板的动梁同一对行星齿轮机构的两个行星轮，以同一偏心距和相位角互相铰接而成。其中的系杆为主动件，绕中心轮等速回转，而从动的连杆（即动梁本身）则随铰接点沿某种形式的封闭曲线作平动运动。深言之，此轨迹形式和运动特性不仅同行星轮与中心轮的啮合类型有关，还同该二齿轮的节圆半径比以及铰接点对行星轮的偏心距等因素有关。对此，要联系被传送物件的体形大小及工作要求（如步进行程，动停比值、布局方式等）加以综合研究。

（二）工作原理

首先参阅图 2-3-51 所示的行星齿轮机构阐明行星轮上某迹点 P 的运动轨迹。由几何学得知，在各主参数给定条件下，这乃是一条旋轮线。

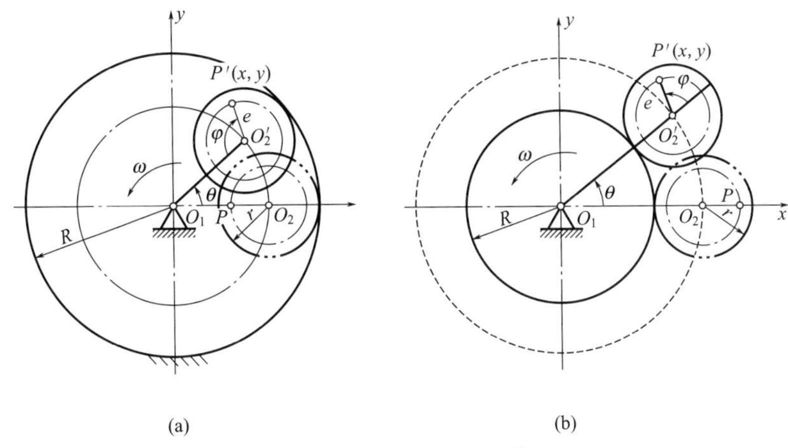

图 2-3-51　行星齿轮机构简图

为建立该机构的数学模型，令中心轮、行星轮的节圆半径各为 R、r，点 P 的偏心距为 e，当系杆 O_1O_2 以等角速度 ω 经时间 t 转过角度 θ 时，该点的坐标即改变为 P'（x，y），对内啮合型应取

$$x=(R-r)\cos\theta-e\cos(\varphi-\theta)$$
$$y=(R-r)\sin\theta+e\sin(\varphi-\theta)$$

式中
$$\theta=\omega t=\frac{r\varphi}{R}\quad 或\quad \varphi=\frac{R\theta}{r}$$

将 φ 值代入上式得

$$x=(R-r)\cos\theta-e\cos\left(\frac{R}{r}-1\right)\theta \tag{2-3-137}$$

$$y=(R-r)\sin\theta+e\sin\left(\frac{R}{r}-1\right)\theta \tag{2-3-138}$$

同理，对外啮合型应取

$$x=(R+r)\cos\theta+e\cos\left(\frac{R}{r}+1\right)\theta \tag{2-3-139}$$

$$y=(R+r)\sin\theta+e\sin\left(\frac{R}{r}+1\right)\theta \tag{2-3-140}$$

将以上四式中的 x、y 分别对 t 求导

$$\frac{\mathrm{d}x}{\mathrm{d}t}=-(R\mp r)\omega\sin\theta\pm\left(\frac{R}{r}\mp 1\right)e\omega\sin\left(\frac{R}{r}\mp 1\right)\theta \tag{2-3-141}$$

$$\frac{\mathrm{d}y}{\mathrm{d}t}=(R\mp r)\omega\cos\theta+\left(\frac{R}{r}\mp 1\right)e\omega\cos\left(\frac{R}{r}\mp 1\right)\theta \tag{2-3-142}$$

$$\frac{\mathrm{d}^2x}{\mathrm{d}t^2}=-(R\mp r)\omega^2\cos\theta\pm\left(\frac{R}{r}\mp 1\right)^2 e\omega^2\cos\left(\frac{R}{r}\mp 1\right)\theta \tag{2-3-143}$$

$$\frac{\mathrm{d}^2y}{\mathrm{d}t^2}=-(R\mp r)\omega^2\sin\theta-\left(\frac{R}{r}\mp 1\right)^2 e\omega^2\sin\left(\frac{R}{r}\mp 1\right)\theta \tag{2-3-144}$$

式中的“∓”、“±”符号，上者属于内啮合，下者属于外啮合。

显然，动点 P 的速度和加速度均按叠加的三角函数规律变化的。从理论上说，该机构不会发生速度、加速度突变以及由此引起的任何冲击现象。只要并置两个完全相同的行星轮机构，二系杆借滚子链联动，再在行星轮上选两个同相位、同偏心距的铰接点与动梁相连，此动梁上各个推板就可以获得运行一致的平动，现分述三种典型的运动轨迹形式。

（1）近似正方形运动轨迹　取内啮合行星轮动梁机构的基本参数$\frac{R}{r}=4$，$\frac{e}{r}=\frac{1}{3}$，代入式(2-3-137)和式(2-3-138)，求得

$$x=3r\cos\theta-\frac{r}{3}\cos3\theta \tag{2-3-145}$$

$$y=3r\sin\theta+\frac{r}{3}\sin3\theta \tag{2-3-146}$$

依此绘出的P点运动轨迹，如图2-3-52所示，为近似的正方形封闭曲线。

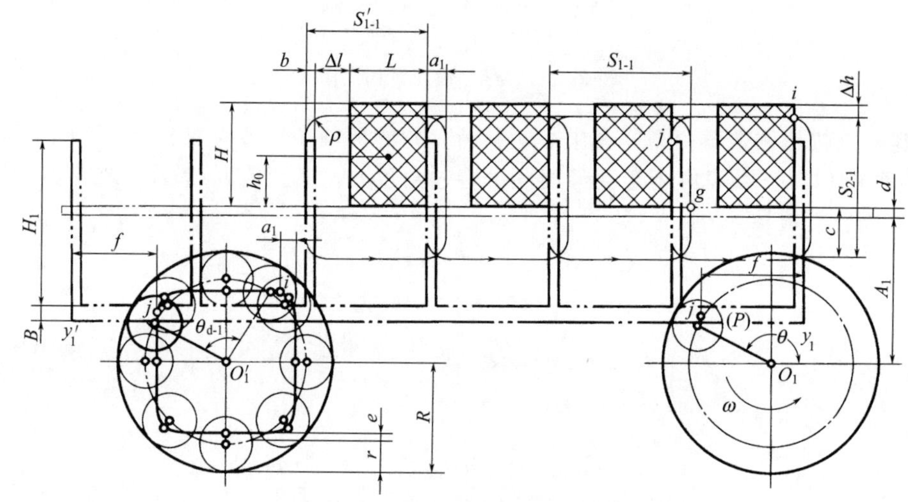

图2-3-52　内啮合行星齿轮-平行双曲柄式动梁机构

（P点近似正方形旋轮线运动轨迹）

（2）近似正三角形轨迹　取内啮合行星轮动梁机构的基本参数$\frac{R}{r}=3$，$\frac{e}{r}=\frac{1}{2}$，仿上法求得

$$x=2r\cos\theta-\frac{r}{2}\cos2\theta \tag{2-3-147}$$

$$y=2r\sin\theta+\frac{r}{2}\sin2\theta \tag{2-3-148}$$

依此绘出的P点运动轨迹如图2-3-53所示，为近似的正三角形封闭曲线。

（3）近似长圆形轨迹　取外啮合行星轮动梁机构的基本参数$\frac{R}{r}=2$，$\frac{e}{r}=\frac{1}{2}$，代入式(2-3-139)和式(2-3-140)，求得

$$x=3r\cos\theta+\frac{r}{2}\cos3\theta \tag{2-3-149}$$

$$y=3r\sin\theta+\frac{r}{2}\sin3\theta \tag{2-3-150}$$

依此绘出的P点运动轨迹，如图2-3-54所示，为近似的长圆形封闭曲线。

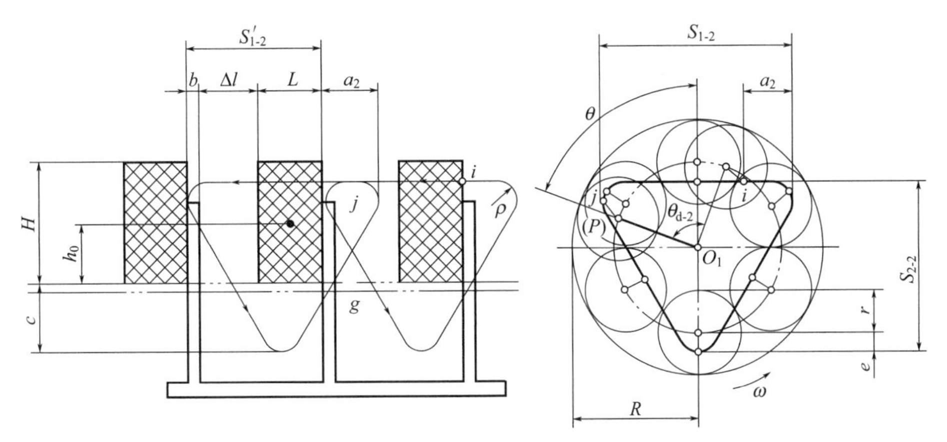

图 2-3-53　内啮合行星齿轮-平行双曲柄式动梁机构

（P 点近似正三角形旋轮线运动轨迹）

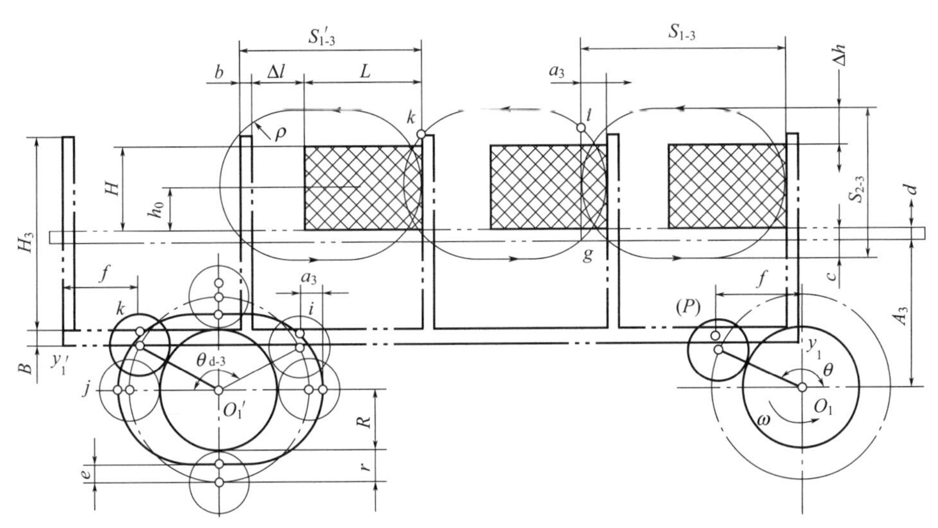

图 2-3-54　外啮合行星齿轮-平行双曲柄式动梁机构

（P 点近似长圆形旋轮线运动轨迹）

（三）参数分析

1. 步进行程

为便于对比分析，对上述三种特定行星轮机构的近似于正方形、正三角形和长圆形运动轨迹的有关参数，按顺序分别附加角码 1、2、3；另外，对内啮合和外啮合的传动分别附加角码 n、w。如果这些机构所占空间大小相同，可取

$$R_n=(R+2r)_w=2R_w$$

式中，R_n、R_w 分别代表内啮合、外啮合中心轮节圆半径。

根据相关的图例和公式求出各机构的最大步进行程

$$S_{1-1}=2(R-r-e)_n=2\left(R-\frac{R}{4}-\frac{R}{12}\right)_n=1.33R_n \tag{2-3-151}$$

$$S_{1\text{-}2}=2[(R-r)\csc 60°]_{\mathrm{n}}=2.31\left(R-\frac{R}{3}\right)_{\mathrm{n}}=1.54R_{\mathrm{n}} \tag{2-3-152}$$

$$S_{1\text{-}3}=2(R+r-e)_{\mathrm{w}}=2\left(R+\frac{R}{2}+\frac{R}{4}\right)_{\mathrm{w}}=1.75R_{\mathrm{n}} \tag{2-3-153}$$

及最大垂向（或横向）移距

$$S_{2\text{-}1}=S_{1\text{-}1}=1.33R_{\mathrm{n}} \tag{2-3-154}$$

$$S_{2\text{-}2}=2(R-r)_{\mathrm{n}}=2\left(R-\frac{R}{3}\right)_{\mathrm{n}}=1.33R_{\mathrm{n}} \tag{2-3-155}$$

$$S_{2\text{-}3}=2(R+r-e)_{\mathrm{w}}=2\left(R+\frac{R}{2}-\frac{R}{4}\right)_{\mathrm{w}}=1.25R_{\mathrm{n}} \tag{2-3-156}$$

可见，$S_{1\text{-}1}<S_{1\text{-}2}<S_{1\text{-}3}$，$S_{2\text{-}1}=S_{2\text{-}2}>S_{2\text{-}3}$。

实际上，确定动梁的步进行程还要考虑二相邻推板的运动轨迹叠合量 a 的影响。若被传送物件的尺寸适中，为可靠推移起见，大体上应选 $a_1<a_3<a_2$。所以，步进行程（即推板间距）可取 $S'_{1\text{-}1}\approx S'_{1\text{-}2}<S'_{1\text{-}3}$。

一般说来，长圆形轨迹适合传送长度 L 与高度（或宽度）H 的比值偏大一些的块状物件，而近似于三角形或正方形的轨迹则适合传送该比值偏小一些的块状物件。值得强调，当采用水平式动梁布局时，这三种轨迹都特别适合传送比较扁平的块状物件，而且后两种轨迹每至步进的终点还均有动梁推板往后速退的优点。

2. 动停比值

设计多工位的间歇主传送系统，若采用行星齿轮-平行双曲柄式动梁机构，同样必须合理确定其每一工作循环的动停比。

作动梁推板端部的运动轨迹，以推移物件的起点为 i，终点为 j，其间系杆所对应的转位角为 θ_{d}，则动停比

$$k=\frac{\theta_{\mathrm{d}}}{360°-\theta_{\mathrm{d}}} \tag{2-3-157}$$

此 θ_{d} 之值可借作图法直接求出，经对比得知

$$\theta_{\mathrm{d-1}}\approx\theta_{\mathrm{d-2}}<\theta_{\mathrm{d-3}}$$

相应的

$$k_1\approx k_2<k_3$$

3. 结构尺寸

参阅图 2-3-52，以内啮合行星齿轮-平行双曲柄式动梁机构为例说明。当采用垂直布局时，令物件的长度和高度各为 L、H，推板的高度和厚度各为 H_1、b。为防止推板同物件相撞，应使其内间距 Δl 大于相邻两推板的运动轨迹重叠量 a_1，亦即取 $\Delta l>a_1$。因实际步进行程

$$S'_{1\text{-}1}=b+\Delta l+L \tag{2-3-158}$$

则理论的最大步进行程

$$S_{1\text{-}1}=S'_{1\text{-}1}+a_1>2a_1+b+L \tag{2-3-159}$$

这表明

$$L<S_{1\text{-}1}-2a_1-b \tag{2-3-160}$$

另外，令物件重心与固定滑板的间距为 h_0，推板顶端返回的直线轨迹对滑板上沿的偏距为 c，借解析作图法求得该轨迹的拐角半径为 ρ，为防止物件被推动而向后倾斜，推板的最大垂向移距应满足如下条件

$$S_{2\text{-}1}\geqslant c+h_0+\rho \tag{2-3-161}$$

取 $h_0=\alpha H$（物件重心偏位系数 $\alpha<1$），可将上式改写成

$$H\leqslant\frac{1}{\alpha}(S_{2\text{-}1}-c-\rho) \tag{2-3-162}$$

从另一角度看，当 $\theta=90°$时，推板顶端同物件顶面的间距为

$$\Delta h=S_{2\text{-}1}-c-H \tag{2-3-163}$$

如果 $\Delta h>0$，表示物件顶面低于推板顶端的位移上限，必定有助于提高间歇移位的稳定性。

只要满足了这些条件，就为进一步研究该机构系统的结构尺寸关系奠定必要的基础。

令动梁、固定滑板的厚度各为 B、d，两中心轮水平轴线与滑板下沿的间距为 A_1。在一般情况下，考虑布局的合理性，其值应大于中心轮的齿圈外半径 R'，取余隙为 ΔA，应写成

$$A_1=R'+\Delta A$$

由于动梁推板处于最高位置时存在如下的结构尺寸关系

$$R-r-e+\frac{B}{2}+H_1=A_1+d-c+S_{2\text{-}1}$$

得以求出

$$H_1=A_1+d-c+S_{2\text{-}1}-R+r+e-\frac{B}{2} \tag{2-3-164}$$

实用中，为增加适应性，不妨将推板改成可伸缩的结构形式。

其次，设动梁均布的推板个数为 m，其上二铰接点同前后两端推板的间距 $jy_1=jy_1'=f$，系杆的转速为 n，求得

动梁总长 $$y_1y_1'=S_{1\text{-}1}'(m-1)+b \tag{2-3-165}$$

极限位移 $$(O_1y_1)_{\max}=(O_1'y_1')_{\max}=\frac{S_{1\text{-}1}}{2}+f \tag{2-3-166}$$

两轮间距 $$O_1O_1'=y_1y_1'-2f=S_{1\text{-}1}'(m-1)+b-2f \tag{2-3-167}$$

供送全程 $$x_0=S_{1\text{-}1}'m \tag{2-3-168}$$

步进速度 $$v_p=S_{1\text{-}1}'n \tag{2-3-169}$$

（四）配置方式

行星齿轮-平行双曲柄式动梁机构的配置方式有多种，常用垂直式和水平式，而倾斜式用得不多。这主要根据物件体形大小、包装工艺要求以及设备总体布局等因素来合理选定。

将动梁推板垂直放置有很多优点：工作台所占面积较少，执行机构可安排在它的两侧，既美观又便于防护，整个机构运行平稳。

相形之下，将动梁推板水平放置，有利于在主传送区间上下方布置执行与检测元件，从而可以采用水平拨动方式使物件顺利通过并完成相关操作。除此以外，对传送某些扁平的物件也能发挥其独特功用。不过，动梁推板不宜悬臂过长，以免给机构传动带来不利影响。当然，推板也不宜过薄过短，要保证物件沿固定滑板被间歇移位时不产生绕其重心的偏转。

总之，不管动梁采用哪种配置方式，都要求动梁本身轻巧牢靠、稳定移位，具有良好的动平衡效果。

（五）应用实例

参阅图 2-3-54，以外啮合行星齿轮-平行双曲柄式动梁机构为例说明。给定条件包括：依总体布局将整个动梁机构竖放，供送全程 $x_0=780\text{mm}$，物件长度和高度各为 $L=$

100mm、$H=70$mm（宽度从略），重心偏位系数 $\alpha=0.5$。试计算机构的主要参数。

1. 选取组成构件参数

从各构件的配置状况及结构强度等因素考虑，选取中心轮和行星轮的节圆半径各为 $R=50$mm，$r=25$mm；动梁的宽度 $B=32$mm，动梁与行星轮铰接点的偏心距 $e=12.5$mm；推板和滑板的厚度各为 $b=18$mm，$d=10$mm。

2. 计算迹点轨迹参数

按给定条件确定推板的最大理论步进行程

$$S_{1\text{-}3}=2(R+r+e)=2\times(50+25+12.5)=175\text{mm}$$

及其最大垂向移距、拐角半径

$$S_{2\text{-}3}=2(R+r-e)=2\times(50+25-12.5)=125\text{mm}$$

$$\rho=0.5S_{2\text{-}3}=0.5\times125=62.5\text{mm}$$

选两相邻推板顶端长圆形轨迹的重叠量 $a_3=20$mm，其返回的直线轨迹对固定滑板的偏距 $c=25$mm，求出物件与推板的内间距

$$\Delta l=S_{1\text{-}3}-a_3-b-L=175-20-18-100=37\text{mm}$$

及推板顶端移至上限位置与物件顶面的间距

$$\Delta h=S_{2\text{-}3}-c-H=125-25-70=30\text{mm}$$

经作图得知，以 ρ 为半径的长圆形轨迹同工作台面的交点 g 恰好位于 a_3 区段之内，加之，$\Delta l>a_3$，确认推板回升时不会碰撞物件。再者，由于 $\Delta h\gg0$，也足以说明物件的间歇推移过程是稳定可靠的。

3. 求解结构尺寸参数

基于前述先决条件，确定中心轮轴线与滑板的间距

$$A_3\geqslant R+2r=50+2\times25=100\text{mm}\quad(\text{选取 }115\text{mm})$$

当 $\theta=90°$时，借助该机构的相关尺寸关系

$$R+r-e+\frac{B}{2}+H_3=A_3+d-c+S_{2\text{-}3}$$

求出推板高度

$$H_3=A_3+d-c+S_{2\text{-}3}-R-r+e-\frac{B}{2}$$

$$=115+10-25+125-50-25+12.5-\frac{32}{2}=146.5\text{mm}$$

继选动梁的推板个数 $m=5$，其上二铰接点与前后推板的间距 $f=65$mm，并由给定生产能力转换为系杆的转速 $n=120$r/min，依次求出

推板间距 $$S'_{1\text{-}3}=S_{1\text{-}3}-a_3=175-20=155\text{mm}$$

动梁总长 $$y_1y'_1=S'_{1\text{-}3}(m-1)+b=155\times(5-1)+18=638\text{mm}$$

两轮间距 $$O_1O'_1=y_1y'_1-2f=638-2\times65=508\text{mm}$$

极限位置 $$(O_1y_1)_{\max}=(O'_1y'_1)_{\max}$$

$$=\frac{S_{1\text{-}3}}{2}+f=\frac{175}{2}+65=152.5\text{mm}$$

供送全程 $$x_0=S'_{1\text{-}3}m=155\times5=775\text{mm}$$

步进速度 $$v_{\text{p}}=S'_{1\text{-}3}n=0.155\times\frac{120}{60}=0.31\text{m/s}$$

以上计算结果，可为本主传送系统的总体设计和结构设计提供基本数据。

第四章

充填机构

第一节　概述

广义而言，将一种或多种内装物，按规定的个数、容积或重量装入相适应的容器，并加以封口（有的伴生抽气、充气）等操作，统称为充填包装。

进一步讲，作为充填的物料和物品极其广泛，如各种各样的液体、半流体、粉体、散粒体，大小程度不等的块、片、条状物，以及不同比例的固液相混合物。

另一方面，针对形状、体廓、材质各异的包装容器，充填的形式又可细分为袋装、泡罩装、浅盘装、瓶装、筒装、罐装、桶装、盒装、箱装等。

在实际生产中，包装容器的成型主要采取三种途径：

预制成型——制成容器后保持原状，经过处理再直接使用，以完成相应的包装作业，如某些瓶装、罐装、盒装。

撑开成型——制成容器呈折叠开口片状，经过撑开再使用，以完成相应的包装作业，如某些盒装、箱装、袋装。

现场成型——作为多功能包装机的一道工序参与容器制作，并完成成型-充填-封口一体化包装作业，如某些袋装、泡罩装、浅盘装。

总之，这些成型方法各有特点及适用范围，而且都有广阔的发展远景。

环顾一下现代包装领域，由于包装材料、包装容器、包装技术的快速革新，商品市场需求的激剧变化，以及约定俗成的社会习惯影响，使得客观情况错综复杂，尚需做深入分析才能正确控制全局的协调发展。

一个令人醒目的事实是，虽说液体、半流体的瓶装、罐装、桶装等，实质上均属于充填包装，但长年以来却一直将它们划归于独立的灌装体系之中，包括真空灌装、常压灌装、等压灌装和压力灌装。

至于盒装、箱装也存在一些特殊情况，论其包装方式既可以充填也可以裹包来完成，形成一种相辅相成的崭新格局。因此也应另建体系来研究，同样具有一定的科学性和实用性，本书的编写结构就是这样安排的。

从此一角度出发，通常所涉的充填范畴已带有某种程度的狭义性，往往仅局限于多种内装物的袋装、泡罩装、浅盘装和以散体为主的瓶装、筒装。

提及袋装、泡罩装之类所以具有强大的生命力，不单在于此种包装结构形式简洁明快、造型变化多端，还同它所用的主要包装材料（塑料薄膜、铝箔及其复合材料）的优越性能密切相关，大都能够全面满足包装三大功能的实际要求，受到诸多行业特别是食品、医药、日化、电子等行业的青睐。图 2-4-1 和图 2-4-2 即其中小型销售包装成品常用的外观式样。

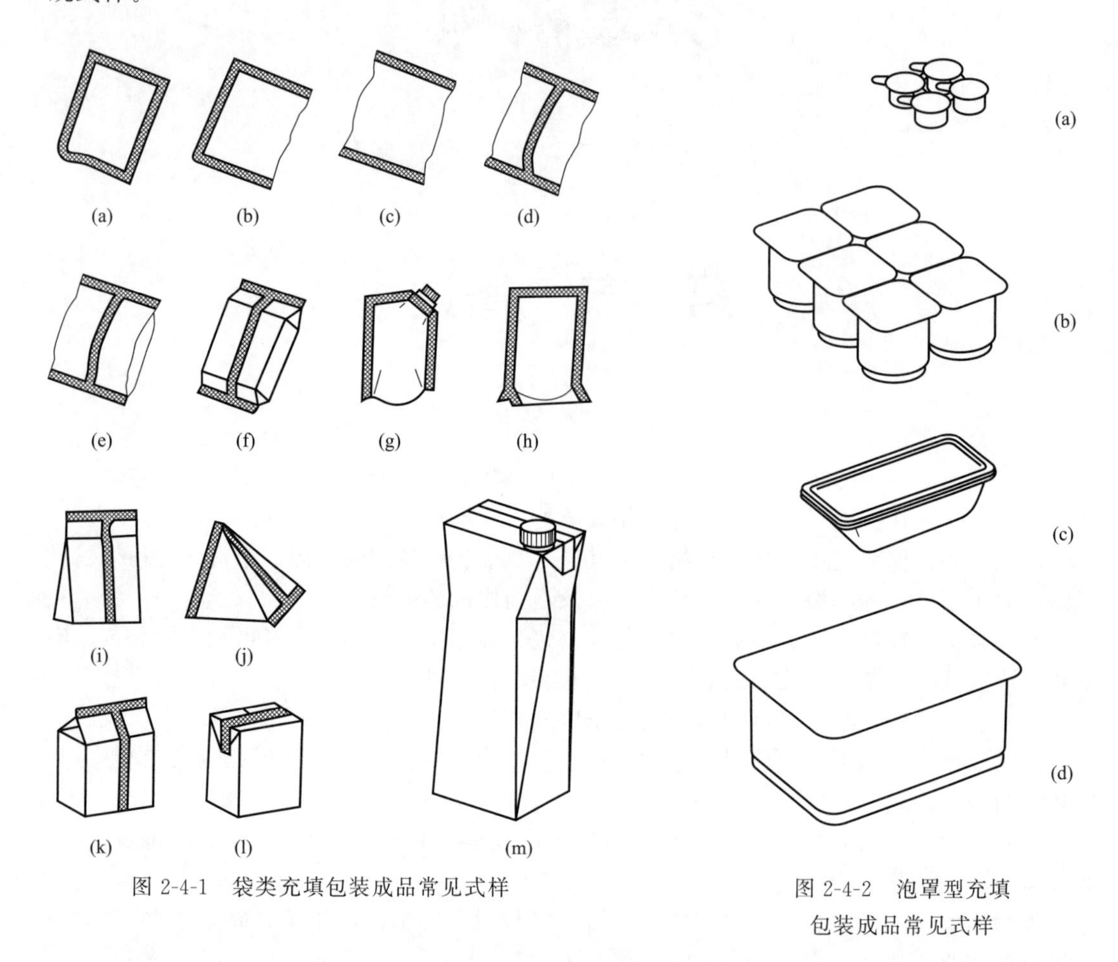

图 2-4-1　袋类充填包装成品常见式样

图 2-4-2　泡罩型充填包装成品常见式样

值得注意，现今在袋装、泡罩装的内部之间，及其与灌装、盒装、裹包的外部之间，都明显地形成了交叉渗透、界限模糊或取而代之的局面，从而极大地促进了相关的包装技术和包装机械的更新换代，并使之面貌不断改观。例如，有些立式软包装已分不清袋与盒；还有的如图 2-4-1(g)、(m)，在柔性复合材料制成的袋，装上硬塑料螺旋盖，以适应某些液态食用和非食用物料的充填包装，便于多次重复使用，来替代笨重易碎的玻璃瓶和价位偏高的金属罐等。

在这些充填类型的多功能包装机主体结构上，大都有卧式、斜式、立式之分，也有连续传送与间歇传送之别。尤其是根据共同的基本工作原理设计出来的工作部件，除计量给料、袋筒成型之外，其他工序（如包材供送、纵横热封、牵引切割等）则大体相同或相近，为产品模块化创造有利条件。关于这方面的许多特点，下面将结合实际要求做深入剖析，并围绕若干关键问题建立设计理论体系。

第二节　典型机型结构性能分析

一、单机种常规式设计机型

（一）枕形袋成型充填封口机

此装袋机的代表性机型如图 2-4-3 所示。全机主要组成部分自上而下呈直线式布局，连续运行，协调工作。整个伺服驱动与控制系统保证充填封口过程按规定程序有序完成，并可在适当范围内调整袋长、包装量和生产能力。

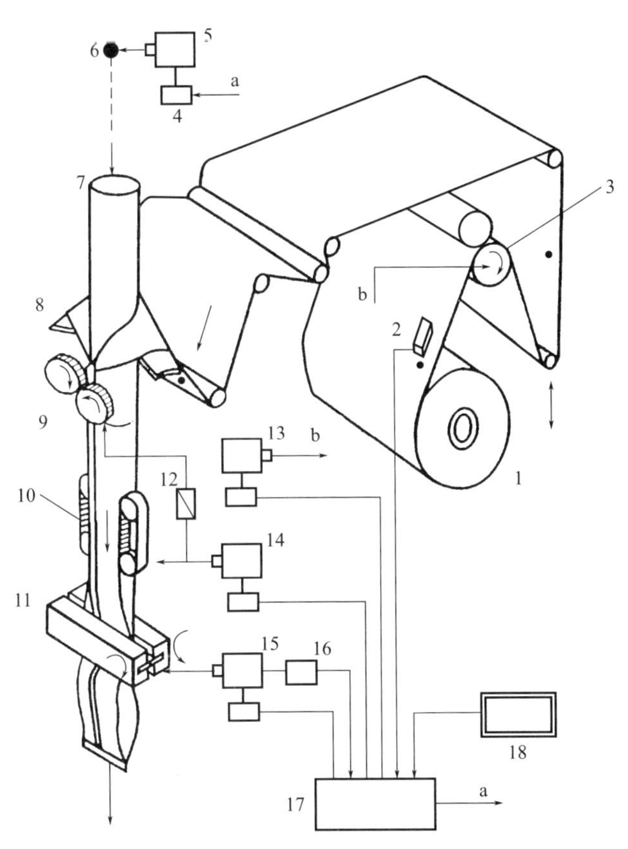

图 2-4-3　立式连续牵引枕形袋成型充填封口机

1—卷筒薄膜；2—光电传感器；3—薄膜牵引辊；4—伺服驱动器；5,13～15—交流伺服电机；6—计量给料装置；7—加料筒；8—翻领式袋筒成型器；9—袋筒接缝纵封辊；10—同步齿形牵引带；11—袋筒横封切割器；12—微调无级变速器；16—旋转式编码器；17—可编程控制器；18—操作控制箱

对照前面曾介绍过的上部供膜接缝式裹包机（参阅图 2-2-103）可以认为，这两者在组成结构、工作原理和控制系统诸多方面确实存在许多相同和相似之处，只不过，总体布局、内装物性、包装方式及个别机构有所差别。

1. 组合式称重计量装置

根据内装物性质和使用要求，通常选用称重计量、容积计量或计数计量等装置与充填主机相配套。类型繁多，各有特色，现仅举两个实例略加说明。

1）机械式组合称重计量装置

如图 2-2-4 的布局，用两台或多台计量装置的目的有二。对单一品种物料的称重充填包装来说，通常增加间歇同步称重的单元个数，并相应增多传送带料斗的步进个数，来设法提高设备的生产能力；而对多品种物料的分立称重混合充填包装来说，称重单元与物料品种在数量关系上应大体保持一致，但传送带料斗的步进个数却总是一个。

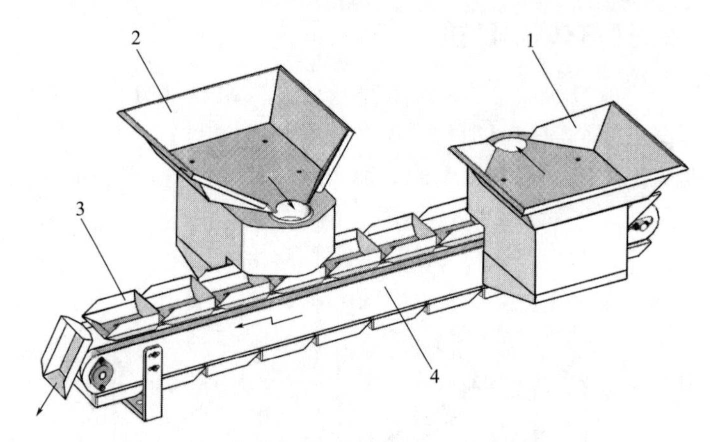

图 2-4-4　称重计量与链斗给料组合装置示意图

1,2—称重装置；3—链斗；4—机座

上述的称重组合与料斗投放的互配操作方式，大都适用于散落性较好的一般农副产品、化工产品、五金产品等较大计量幅度的称重包装场合。

2）电子式组合称重计量装置

如图 2-4-5 所示的结构，其主要组成部分包括：顶部的加料器和底部的集料仓各有 1 个，中间的槽式振动给料器、存料斗和悬臂式电子秤共有 10 套，按中心辐射状态均匀分布。依靠微机控制系统对散体物料实行高精度、高速度的称重计量过程。下面再结合图 1-1-3 对其基本工作原理略做补充说明。

每一次工作循环，大体上按三步完成。

第一步——物料受控经加料器、槽式压电振动给料器和导流管间歇投放存料斗内。

第二步——物料受控继由存料斗流入称料斗。微机系统通过传感器感知各斗内的称重值。按排列组合原理，10 个称料斗以 3 个为一分组可以取得上千个称重组合。从中选择等于或略微大于标定值的最佳组合作为可供包装的一袋物重。接着给相对应的那 3 个称料斗下达排料指令。

第三步——物料受控从被选中的称料斗同步快速排出，由集料仓流至装袋机。

这种电子组合秤常用于散落性较好的某些高档食品、干果、药材之类偏大计量称重包装的场合。

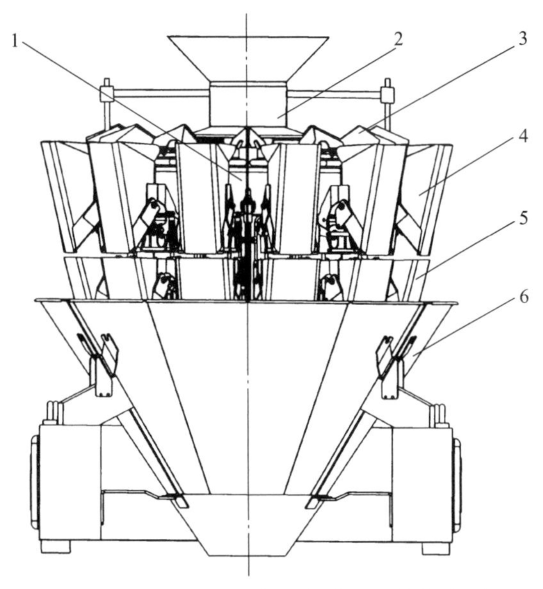

图 2-4-5　微机控制高精度计量组合秤简图

1—控制柜；2—加料器；3—槽式压电振动给料器；4—存料斗；5—悬臂式电子秤；6—集料仓

2. 翻领式袋筒成型器

从图 2-4-3 看出，它的整个工作表面是由翻领状外表面和圆筒状（或其他筒状）内表面光滑衔接而成。借此将被牵引的平展薄膜卷曲成与成型筒完全相适应的体形，并形成一道纵向接缝（简称中缝），为最后制作包装袋创造必要条件。

翻领式成型器多为不锈薄钢板制件，造型奇特，结构紧凑。实用中，平展的薄膜沿着空间对称的领口截交曲线产生弯折，向下滑移。由于所受局部阻力较大，容易引起过度变形而起皱断裂。为适当提高牵引速度，一般都采用柔韧的复合材料。值得引人注意，这些正是设计的一大难点。

在成型器的筒体内部，需安插一段上下外延的固定加料管。它既是内装物的输入通道，又对袋筒的外部牵引构件起着支撑平衡的作用，并且还有助于减轻粉尘污染袋筒内壁，以免影响横向热封效果。

该包装基础件是个本身几无可调功能的刚性构件，或者说专用性很强，一种袋筒成型器基本上只适用一种袋宽。

3. 袋筒纵封器

图 2-4-3 所示的纵封辊是作相向等速回转的一对短型辊筒，借助伺服电机驱动控制，得以实现无级调速。它对成型袋筒的中缝兼有施压牵引及加热封合的作用。辊筒工作表面开有直纹、斜纹或网纹，以加强接缝的封合牢度和外形美观。考虑到袋装的内装物大都是液体、粉体之类，对中缝的封合质量也相应提出较高的要求，通常采用三种纵封结构形式，以便各取所需。

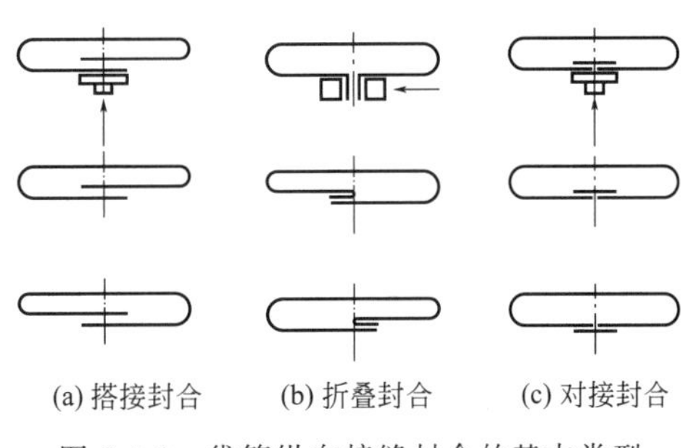

(a) 搭接封合　(b) 折叠封合　(c) 对接封合

图 2-4-6　袋筒纵向接缝封合的基本类型

在图 2-4-6 中，若用统一的袋筒成型器，相同的包装材料和袋子宽长，经对比分析可知：

搭接封合——中缝的封合宽度较大，外观也较平整，有利于袋筒的横向封合，适合板式纵封器，常用于间歇牵引的一般包装场合。

折叠封合——中缝的封合宽度较小（恰为搭接缝合的一半），但封合效果可以增强，外观欠平整，不利于袋筒的横向封合，适合辊式纵封器，多用于连续牵引的一般包装场合。

对接封合——相对而言，平展袋膜宽度有所减小，但需另外增添内贴封条或外贴封条，其突出优点是，可根据实际需要灵活选择纵向封合的材质及宽厚。适合板式纵封器，多用于间歇牵引的无菌包装场合。

在此基础上，不妨进一步概括论证，如果前提条件依然不变，同时要求中缝封合宽度也都相同，显然折叠封合每袋所用的包装材料，一般来说，比其他两种封合都会多一些。不过它能很好解决中等计量的散体物料袋装所涉连续牵引纵向封合以及间歇（逐份）投料横向封合的问题。

4. 同步齿形牵引带

图 2-4-7 表示袋筒同步齿形牵引带及其驱动控制机构的示意图。

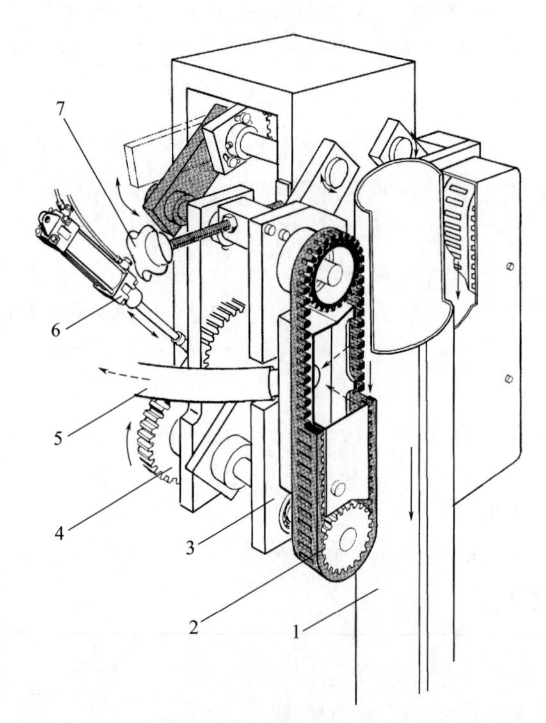

图 2-4-7　袋筒同步齿形牵引带结构示意图

1—加料筒；2—同步齿形牵引带；3—带轮支承平动板；4—行星齿轮；5—真空吸气管；6—齿形带快速调位控制气缸；7—齿形带调压手轮

两套齿形带在袋筒中缝两侧对称布置，同步连续运行，线速可调。

齿形带的工作面层附加一定厚度的坚韧抗拉、粗糙耐磨的特种柔性材料，加上借助手轮可以精细调位，使之对成型袋筒产生适宜的接触压力和牵引摩擦力，保证沿加料筒的外壁表面向下平稳滑动。

现今，大型装袋机多采用真空式穿孔齿形带，通过抽气吸附成型袋筒来提高其牵引能

力，并减轻袋筒与加料筒之间的滑动摩擦阻抗，随之设备的工作性能会大有改善。

配备齿形带快速调位控制气缸，可为袋筒成型器放置调整包装薄膜、紧急排除故障提供方便。

5. 袋筒横封切割器

图 2-4-3 所示的旋转式横封切割辊，主要由一对带切刀的热封头组成，借伺服电机驱动控制，作相向不等速的连续回转运动。当封头的运行速度接近最低时，即对准快速运行的袋筒色标加以横封切割，完成一袋包装成品。对此，在裹包机构一章还有更深入的研究。

（二）扁平形袋成型充填封口机

这是专为粉体、颗粒体物料容积/称重计量包装四边封扁平形袋而设计的一种机型，如图 2-4-8 所示。

袋筒成型器由两只长槽形板片对合而成，对合间距可调。由于结构简单，成型阻力小，对包装材料有着良好的适应性，操作也很方便。

平展薄膜借对中分割器分切之后，在双边纵封辊连续牵引下，分成两路绕过直角缺口导板、左右导辊沿着四棱柱形加料筒、槽式袋筒成型器向下等速运行，并形成对合状态。紧接着，经纵向封合、横向封切、逐份投料，以及再次横向封切，遂成为单一的四边封袋装成品。

实用中，要改变包装产品的袋宽，只需更换某些构件（如加料筒、成型器）。基于这一措施，可将基本型进一步扩大包装产品的规格范围而设计成为模块化、系列化的机种。

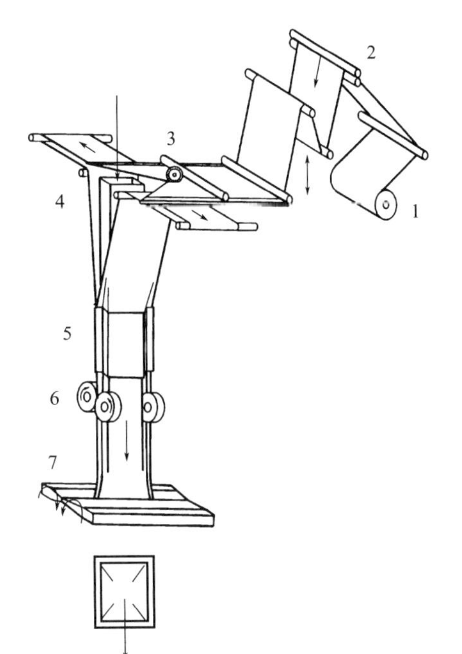

图 2-4-8　立式连续牵引扁平形袋成型充填封口机

1—卷筒薄膜；2—牵引辊；3—对中分割器；4—四棱柱形加料筒；5—对合槽式袋筒成型器；6—双边纵封辊；7—旋转式横封切割器

（三）斜顶四棱柱形袋成型充填封口机

采用翻领式袋筒成型器将平展薄膜制成斜顶四棱柱形袋，其主要控制环节在于选好成型筒和加料筒结构形式的组合与衔接。实践表明，正如图 2-4-9 所示，现时可提供两种可行的方案。

过渡式——即成型筒为圆柱形，而加料筒则由圆柱形（直径稍小）、过渡形和四棱柱形三段拼接而成。总的来看，袋筒的成型变化比较缓和，以致局部阻力可以减轻，牵引速度也可以增快，尤其是借此辅助配件能够提升翻领式袋筒成型器基本型的通用功能。当然美中不足之处是会加大机体的高度。

一体式——即成型筒和加料筒均为四棱柱形（截面尺寸相似，大小略有差异），有其突出优点，紧密衔接，相互配合，压缩高度，造型紧凑。但薄膜的成型阻力明显增强，对包装材料的要求更高。

总之，此袋装成品的外观奇特、结构复杂，应安排多个工位分别同时进行中缝纵向封合、两侧折角收口、横向封合切割以及底部折边烫平等操作。与此相适应，对整个袋筒要

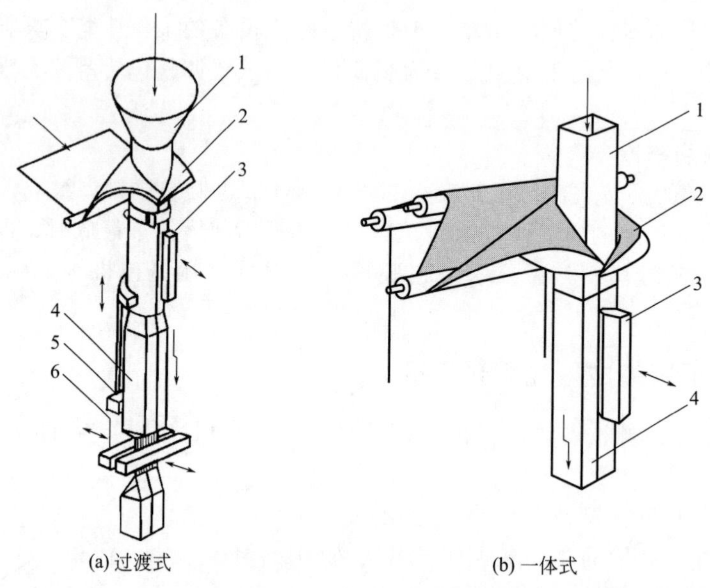

图 2-4-9　立式间歇牵引斜顶四棱柱形袋成型充填封口机

1—加料斗/筒；2—翻领式袋筒成型器；3—板式纵向热封器；4—中缝封合成型袋筒；5—真空吸气式袋筒牵引器；6—板式横向热封切割器

采取间歇转位的措施。以过渡式为例，所选的牵引器乃是由上部弧面与下部平面所组成的真空吸气头，并借专用机构完成带有急回特性的垂直往复运动。

另外，还分别采用如图 2-4-10 和图 2-4-11 所示以气缸为驱动源作平面往复运动的板式纵向热封头及板式横向热封切割头。

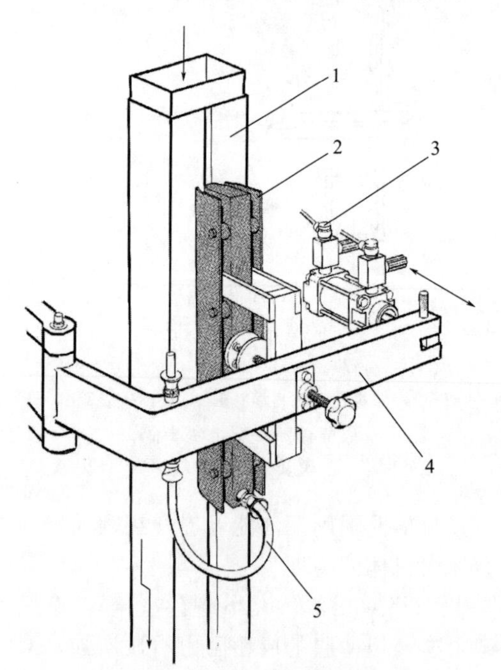

图 2-4-10　气动板式纵向热封器

1—加料筒（外套袋筒）；2—板式纵向热封头；3—摆动气缸；4—支撑转臂；5—加热导线

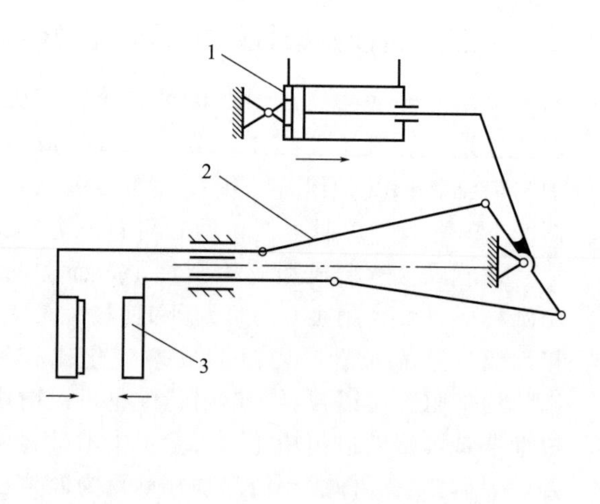

图 2-4-11　气动板式横向热封切割器机构简图

1—摆动气缸；2—并联摇杆滑块机构；3—板式横向热封切割头

实际上，板式纵封器和横封器的类型很多，图 2-4-10、图 2-4-11 中显示的两种都是间歇牵引比较常见的。由于在此机中只起热封或热封切割作用，机构结构既简单又紧凑，加上采用气动驱动与控制，使之执行动作的速度大为提高。

安置在机身内部的摆动气缸，通过多杆机构拉动热封头。若封头过长，容易引起偏压和冲击现象，有损于工作性能。再有，为了满足封头的最大开合距离，必须合理确定机构各杆尺寸以及气缸活塞行程，并能做到微调。

（四）四棱柱形袋成型充填封口机

作为液体物料无菌包装的一种典型机型，如图 2-4-12 所示，其成型、充填、封口过程另具特色。

包装所用复合材料较厚实，需预先按袋型压痕。从卷筒展开之后，先经杀菌槽杀菌烘干，再拉进两道圆环式成型器卷曲成为圆筒形。待袋筒停歇时，借加热板纵封其搭接或对接（内贴封条）的中缝。

在无菌工作区对充满无菌液料的袋筒，采用作垂直往复运动的牵引模具（图中未画出），以相对开合方式施压使之转变为四棱柱形，同时完成横封与切割。一旦开模包装件落到水平主传送带上，便依次进行底部和顶部的折边折角及烫平操作，逐个送至下道工序继续处理。

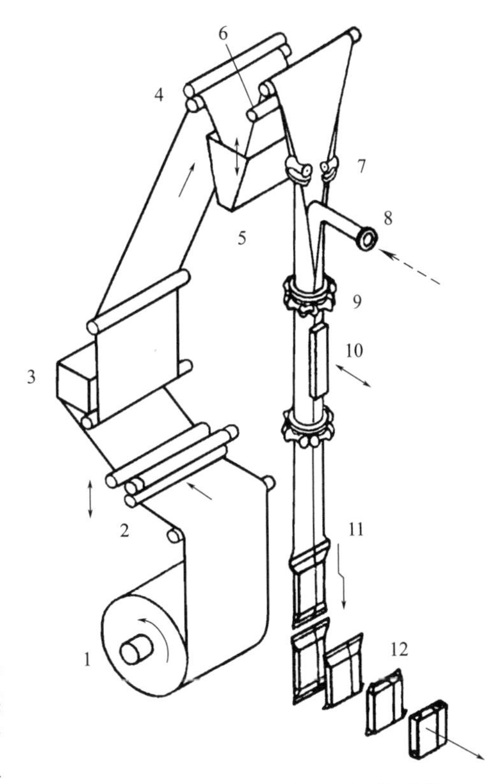

图 2-4-12　立式间歇牵引四棱柱形袋成型充填封口机

1—卷筒复合薄膜；2,4—牵引辊；3—打码装置；5—双氧水杀菌槽；6—喷气烘干装置；7,9—圆环式袋筒成型器；8—加料管；10—纵封板；11—袋成型横封切割模具及牵引机构；12—封口整形装置

（五）自立型袋开袋充填真空封口机

参阅图 2-4-13，此种机型乃属于回转型真空包装机。它对较宽尺寸规格范围的撑开成型袋，包括如图 2-4-1(a)、(c)、(d)、(h)、(i) 所示的扁平形袋和自立型袋（袋口未封合），均有良好的适应性。特别是，该包装袋采用可热封的铝塑复合薄膜制作，整个包装过程开口朝上的袋子始终处于悬置状态，因此非常有利于液体、散粒体、小块体及其混合体物料定容或称重计量的真空包装。加之，自动化程度较高、生产能力较大，更突显其优越地位。

早在 20 世纪中叶，国外就已研发出这种真空包装机，现今主要用于食品加工行业。

整机共设两个同高度的水平转台，相向间歇同步转位。第一台均布八对钳手，其包装工艺过程已在图注说明。另一台则均布八个真空室，如图 2-4-14 所示。其内外装有料袋夹钳、热封压板和通气管道、测压仪表，借此主要完成料袋的抽气和封口。其实，各工位的用法并非一成不变，还有个别调换的余地。根据内装物性质和包装要求来确定该机的工作循环周期，一般情况每分钟可包装 30 袋左右。

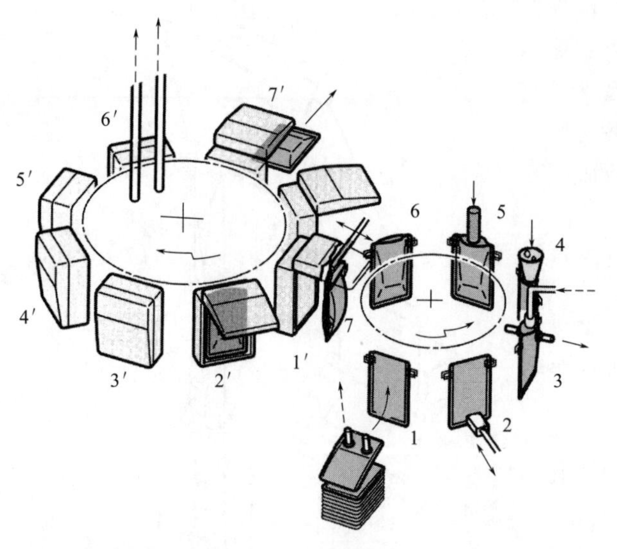

图 2-4-13 卧式间歇转位自立型袋开袋充填真空封口机

1—吸取空袋夹钳闭合；2—打印；3—吹开袋口；4,5—充填固液相物料；6—袋口拉开闭合；7—卸料袋转入真空室；1′—接料袋夹钳闭合；2′—关闭盖门；3′,4′—抽气（低真空）；5′,6′—抽气（高真空）；7′—封口输出成品

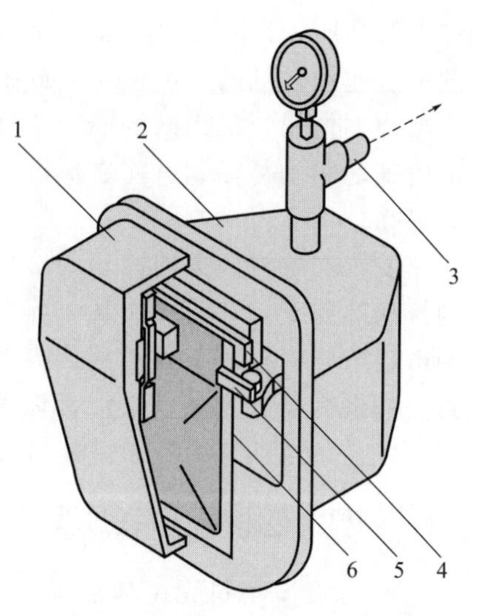

图 2-4-14 转台真空室结构简图

1—盖门；2—真空室内腔；3—吸气管；4—热封压板；5—夹钳；6—料袋

从主要执行构件的动作看，大都依靠凸轮连杆机构控制，操作程序则统由 PLC 自动控制。

附带说明，有的真空包装机，在总体结构上与前者大同小异，惟两转台的转向完全相同，给袋充填转台依然是间歇工作，真空封口转台却改为连续运行。这对改善机械性能、提高生产能力和降低能量消耗都有积极意义。

（六）自立型袋成型充填封口机

迄今，此类机型大同小异者不少，比较典型的如图 2-4-15 所示。概括起来有这样一些特点。

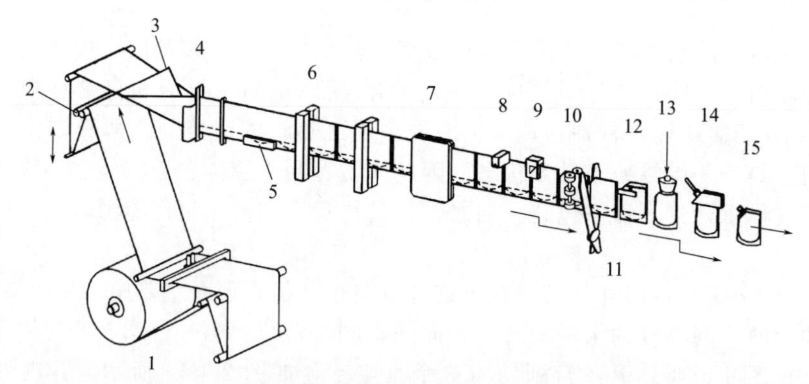

图 2-4-15 卧式间歇转位自立型袋成型充填封口机

1—卷筒薄膜；2—连续牵引辊；3—三角板式成型器；4—U 形导杆；5—袋底热封器；6—袋边热封器；7—冷却器；8—袋标光电传感器；9—切角器；10—间歇牵引辊；11—切割器；12—真空式开袋器；13—加料器；14—加盖封口装置；15—包装成品

制袋成型器由结构非常简单的等腰三角板和U形导杆组成。平展薄膜被牵引通过成型器即形成开口朝上的对折状态。理论计算表明，该成型器对薄膜的运动阻力在很大程度上取决于三角板的安装角，即其顶角的大小；换言之，将这个角度控制得当就能有效减轻薄膜的变形和破损，从而有助于增强选用包装材料和制袋尺寸的适应能力。实际上，借此足以制成多种式样和规格的包装袋，如图中展示的加盖自立型袋等。

全机采用直线式间歇主传送，当停歇时协调进行多工位操作，包括封底封边、冷却切角、抽气充氮、计量充填和加盖封口。整个包装工艺流程的可扩展性及可选换性都很强，调整包装规格也很容易。

机身较长，以组合结构的方式拼为一体，便于制造、运输和安装，也有利于操作维护。尽管这套设备能够满足一般食品或非食品以液体、散体物料为主的中等计量袋装，不过当具体选择确定某一机型时，必须突出重点要求，力求减少辅助配件，正确处理好功能结构与经济实用的关系。

（七）泡罩热成型充填封口机

泡罩包装与袋装有所不同，其主要含义是，将内装物计量充填于用塑料薄片形成的泡罩之内，再敷以盖片而制作出来的一种包装产品。时代在发展，泡罩包装已经广义化。

常用的透明塑料薄片有聚氯乙烯、聚苯乙烯等单质片材和聚乙烯/聚氯乙烯、聚乙烯/聚丙烯等复合片材，除有良好的保护功能，还能突显内装物的外观。

常用的盖片大都是不透明的铝箔、纸板、塑料薄膜及其复合材料，可在其外表面印刷说明性的图像文字。

泡罩成型属于热成型的一种，实质上就是借助模具通过加热将塑料薄片成型为中小型呈多种多样空腔的敞口容器，来包容与其形体相适应的食品、药物、电池、玩具、文化用品、医疗器材、电子元件、机械零件等固态或液态物品。然后采用平展盖片加热密封或者活插覆盖，使之成为包装产品。迄今，这已获得巨大成功，广为应用。

至于所用的泡罩包装机，机型同样繁多，其典型结构如图2-4-16所示，体现出以直线型间歇主传送为主体的包装工作系统，而这同前后配置两套平板式成型与封合的模具装置密切相关。

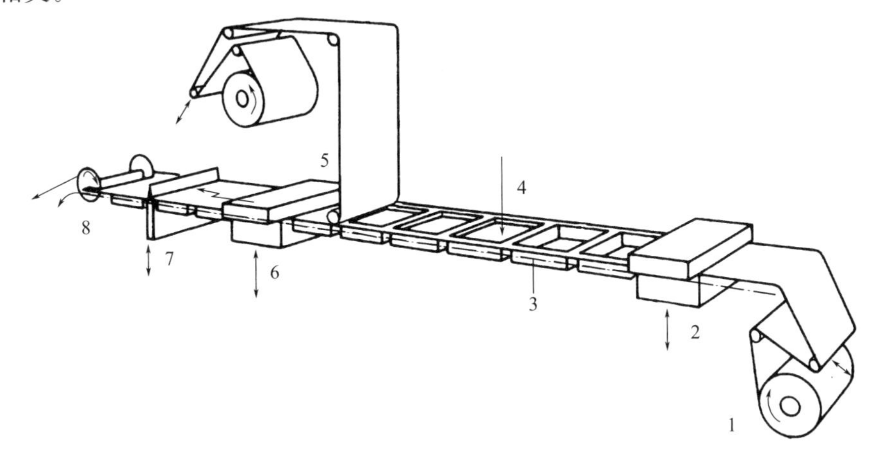

图2-4-16 卧式间歇转位泡罩热成型充填封口机

1—卷筒塑料底膜；2—热成型模具及合模机构；3—夹钳式主传送带；4—计量充填装置；5—卷筒塑料盖膜；6—热封模具及合模机构；7—合膜横向分切装置；8—合膜纵向分切及边料回收装置

图 2-4-16 中的注释，清晰地反映该机的包装工艺流程。只补充一点，在热封模具处，可根据实际需要附加抽气充气措施，以提高对某些被包装物品或物料的保护功能。

本机在机械结构方面，比较有特色的，一是主传送机构，二是合模机构。后者将在后面设专题加以研究。

对于宽幅的成型底膜（包括充填的内装物），要在工作行程内实现舒展平整的间歇牵引，必须配置装有夹钳的专用传送链带。参阅图 2-4-17 所示的局部结构简图，在两侧链条沿导轨同步运行过程中，每当链上夹钳绕过从动链轮之际，由于它所配的活动夹片柱销受到同链轮相固连的圆锥光盘的强制推动作用而被逐个打开。随之，底膜两边也引进夹内。待柱销同锥盘脱离接触，夹钳便将底膜紧紧夹住。继续前移依次完成成型、充填、盖膜、热封、切割等操作。之后，夹钳又被打开，收卷已切成条状的废边，同时包装成品排出机外。

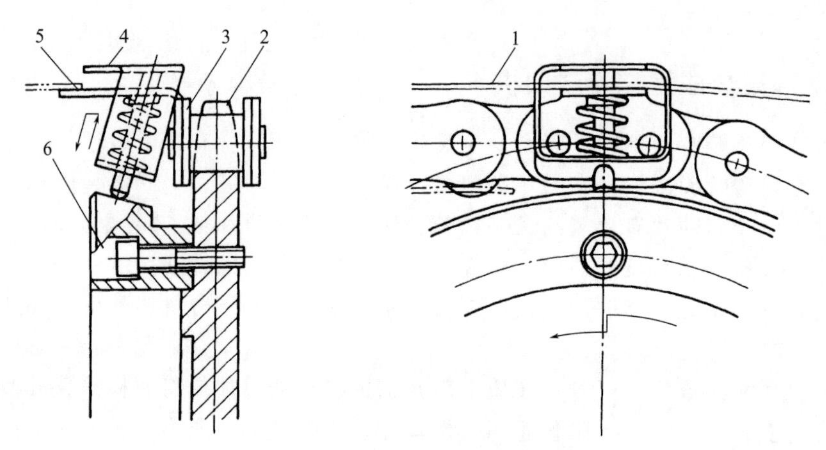

图 2-4-17　夹钳式主传送带工作原理图

1—卷筒塑料底膜（成型膜）；2—从动链轮；3—传送链条；4—活动夹片及柱销；5—夹钳支承夹片；6—圆锥光盘

全机各主要执行机构及主传送带统由分立的伺服电机、伺服驱动器和可编程控制器协调控制，达到较高的自动化水平。

二、多机种模块式设计机型

（一）模块化设计的形成

模块及模块系统的概念起源于“积木”玩具。大体上一套积木由形状、大小、颜色相同或不尽相同的有限数量木块组成，采用巧妙的搭配方法可以构成外观纷呈的造型。

直至 20 世纪中期，在一些国家的机械制造行业，才开始提出模块化设计的概念，并先后涌现出组合夹具、组合机床等一系列新产品。尔后，包装机械领域也开发出模块化袋成型充填封口机和接缝式裹包机。从此，模块化设计思想越来越被广大科技界所认识，形成蓬勃发展的局面。

现代科技与工业的飞速进步，推动科研、设计、制造部门不断增强创新意识，缩短研制周期，降低开发成本，以满足国内外市场对多品种、多规格、高性能、高质量机械产品的迫切需要。针对正确处理当代社会这方面供求之间的矛盾，模块化设计的理论与方法也

随之应运而生，为机械系统向组合化和系列化方向发展奠定可靠基础。

在上述背景下，新兴的“大批量定制”（简称 MC），已成为 21 世纪机械制造业的主流生产模式。

大批量定制是指，以传统大批量生产方式所取得的产品质量、加工成本和交货时间的等效效益，来安排不同批量的定制产品生产。当然要搞好大批量定制必须依靠多种新技术的支撑。

实践表明，模块化产品的设计与制造，乃是贯彻实行大批量定制的关键技术手段和重要发展方向。这是因为，此种产品的巨大潜在柔性，可通过适当组合现有和新开发的模块，足以快速生产出适应社会所期待的新技术产品。

（二）模块化设计的内涵

1. 设计含义

根据机械产品的开发目标，在调查研究、功能分析的基础上，提出基本工作原理、操作工艺路线及执行机构动作，建立相应的产品主体基型。借此创新、引用一系列功能模块，再经优选、变异、设计而组合成为不同类型、不同规格的多种定制产品，以其物美、实用、价廉更好地满足社会日益增长的需求。

2. 设计特点

1）层次性

模块是模块化产品的基本组成要素，其集合体称为模块族。模块的接口是各相关模块的结合部，如联轴器、管路、变速箱、插头、传感器之类的构件。

机电产品具有层次性，一般分为成套装置、整机、部件和零件等。

成套装置可以是一条生产线，主要由为数不多、关系明确的整机模块组成。相应地，模块之间的接口容易安排。

整机是一种独立使用的产品，其模块化是建立在部件模块化基础之上的，通过部件模块化达到整机多样化的目的。

部件的结构比较复杂，有的还可细分为若干级，其基本单元是零件。部件的模块化更要强调功能的独立性，借此便于模块的互换。零件模块的性质也大体如此。

实际上，一套完整机械设备都是由按统一规律运动的零部件组成的有机体。因此所构建的各个层次的功能模块，既有相对独立性，又相互联系制约，必须从这个全局出发来研制模块及其控制、接口和组合，才能具有良好柔性。在这方面，作为机电光磁液气一体化的产品，如何协调各子系统的互动关系尤其重要。

2）效益性

产品的模块化设计主要由客户需求来驱动。其开发对象并不仅仅面向传统的单一产品，而主要面向一群群客户需求的产品系列或产品系统。这样一来，产品的设计范围必随之不断扩大并充满活力。已述，解决的根本途径就在于，根据实际需求设计出一系列的功能模块，再通过模块的选择与组合来构成多类型、多系列的产品。

更具体地说，当用户要购置某新产品时，只需侧重研制相关的专用模块，然后用现有的通用模块、辅助模块及外购标准件，快速组合在一起，成为用户满意的定制产品，体现较强的竞争力。

对模块化机械产品的加工制造，可以做到分工明确、齐头并进。另外还能以模块为单元进行装拆、检测、更换，以致极大改变传统的装配、调试、修理的格局，结果是提高了工作效率和产品质量，降低了生产周期和研制成本，真是一举数得的效益，采用大量的通用模块时，优势会更加明显。

3）创新性

像其他事物一样，产品模块化也始终处于动态发展过程，尤其在它的生命周期结束以前，产品模块一直被修改、更新、完善，并及时应用于各类产品之中。因此，对模块化设计必须增强与时俱进、不断创新的意识，积极推出受人欢迎的新技术产品。

在一般情况下，新产品的创新与改进，往往从局部着手突破。所以将先进技术引入模块，就会加快促进产品的更新换代，获取更大的成就。

3. 设计准则

在模块化设计中，切记功能和结构的分析乃是产品设计的基础。通常要借鉴传统设计的理念，以主要执行部件作为划分基本功能模块的依据。再有，对某种功能的模块尽量设法为其功能扩展及更新换代留有余地。

产品模块化的主要目的之一，就在于提高产品通用化的水平。当划分产品模块时，应力求增加通用模块，减少专用模块，并以较少模块组成较多不同类型的机械产品。

对设计机械产品而言，往往涉及许多辅助模块。在此种情况下，要因地制宜多采用“三化”的机电光磁液气等新型元件，为基本功能模块的组合提供雄厚的技术支持。显然这有助于伺服驱动控制系统更广泛应用于自动机和自动线，从而给相关模块的可靠连接、协调工作、简化结构和美化造型创造良好条件。

（三）模块化设计的过程

参阅图 1-2-4 和图 1-2-5，关于包装机械的设计过程，通过对常规化设计和模块化设计的对比分析，可以明显地觉察到，在前后两个区段的确存在很多的相同点及相似点。现仅围绕模块化设计区段略做说明。

① 从产品的总功能要求入手，按简化原则配置一系列模块。除此之外，往往也要超前预测，统筹规划后续的发展空间，以便于变异、更换、扩展，使开发的新产品保持旺盛的生命力。

② 将精选的模块族加以适当组合。其实，这就是构建模块化产品总体运动设计方案的骨架。考虑到相应某种功能的模块可能不止一个，以致有可能产生多个设计方案，要从中优选最佳方案。

③ 为使不同模块便于组合和更换，必须借助模块接口来实现。只有这样，才能将彼此独立的模块形成一个多样化、柔性化的产品系列。

模块接口的选型主要关注模块的合理匹配问题，尤其是模块的外部接口会直接影响到与其相关的内部模块和外部设备的互连效果。

由此可见，模块化产品的性能并非仅仅是全部模块性能的简单叠加，也同模块接口的设计质量密切相关。

④ 在完成产品总体技术设计方案和求解机构尺度综合之后，便进入模块化产品不同层次模块及其接口的结构设计阶段。在这之中，要尽可能参照和引用其他产品的现成模块（包括传统式设计机型比较成熟的零部件及控制系统），更要发扬创新精神充实提高整个机械结构的设计水平，经得起实践的检验。

（四）模块化设计的类型

机械产品的模块化设计，一般分为三种类型。

1. 横向系列模块化设计

这是针对某一定规格的基型产品，借增减、更换一些特定功能模块而组合成为多种变型产品所做的模块化设计。

保持产品的规格不变，即指所组合的那几种产品的主要参数（例如，袋型尺寸、计量范围、生产能力、传动功率等）没有或基本没有改变。至于有所变化的，大都反映在局部功能、构件配置、总体布局、包装式样等方面。所以，横向系列模块化设计一般容易处理，模块通用程度较高，应用也很广泛。

图 2-4-18 示意表示立/斜式连续牵引袋成型充填封口机五种不同类型的横向系列模块化设计的典型实例。

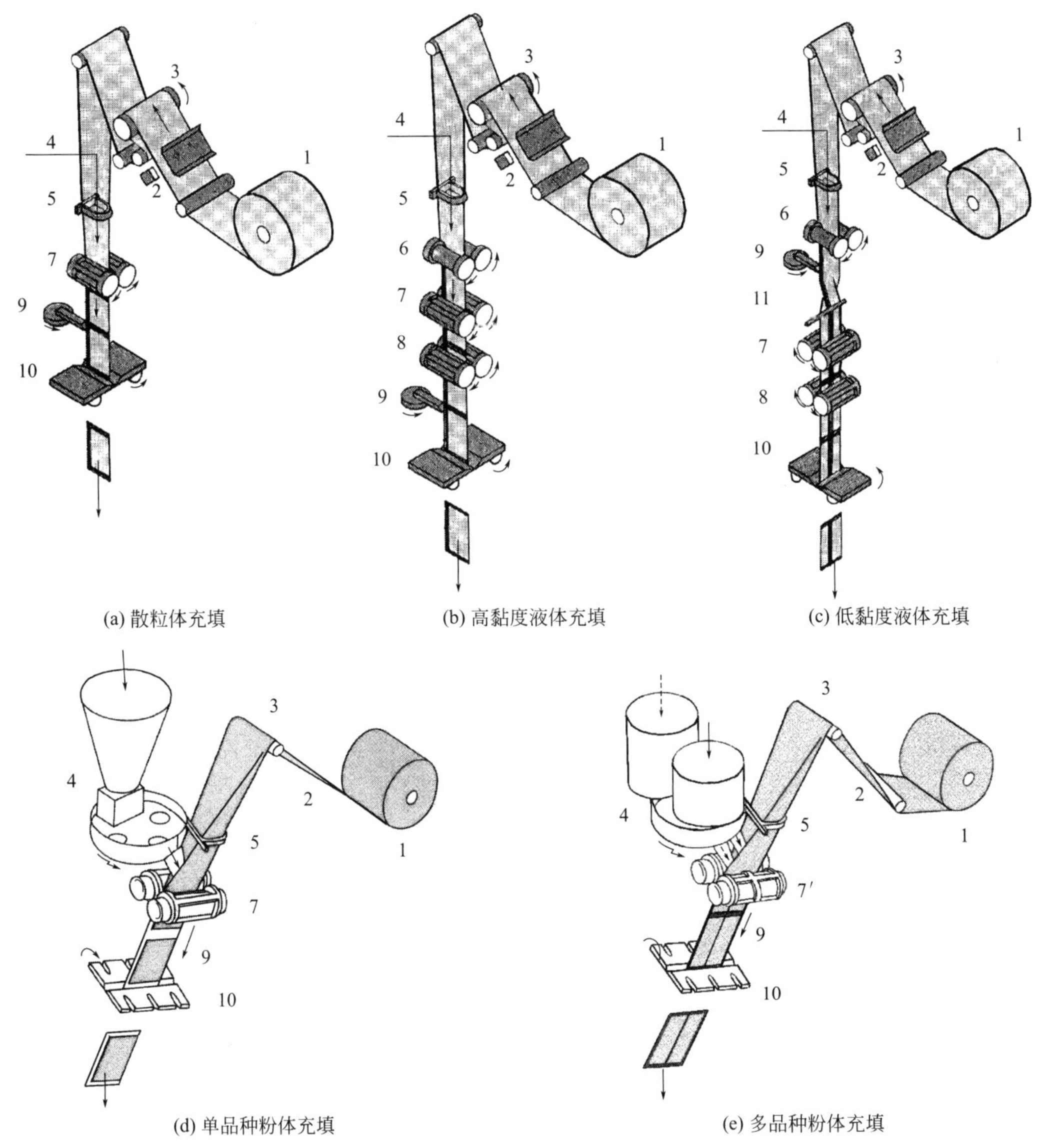

图 2-4-18 立/斜式连续牵引袋成型充填封口机模块化设计

1—卷筒薄膜供送装置；2—薄膜色标光电传感器；3—薄膜牵引辊；4—计量给料装置；5—U 形成型器；6—纵封牵引辊；7—纵横封牵引辊；7′—多纵横封牵引辊；8—冷却辊；9—切口器；10—切割器；11—袋筒转向器

实用中，这几种中小型机分别用于粉体、散粒体、高黏度和低黏度液体的容积式充填包装，所完成的包装成品分别为二边封（带折叠中缝）、三边封和四边封（带压合中缝）的中型袋。

按照已述的设计准则和步骤，将主要执行部件作为划分基本功能模块的依据，经适当组合之后布局如下：

图 2-4-18(a)～(e) 所示五种机型的通用模块，编号分别为 1、2、3、5、9、10；专用模块为 4、7′、11。

图 2-4-18(a)～(d) 所示四种机型的通用模块为 7。

图 2-4-18(b)、(c) 所示二种机型的通用模块为 6、8。

统计确认，共有功能模块 16 种（专用模块占 7 种），形成 5 大类型模块化产品的基本骨架（见前面示意图，未计入传动与控制系统），为进一步完善其总体技术设计方案奠定基础。

补充说明，图 2-4-18(d)、(e) 所示的两种机型不妨认为是由图 2-4-18 所示机型 (a) 派生出来的横向系列模块化设计的产物。采用 U 形成型器和适度倾斜的槽形薄膜袋筒布局，有助于减轻粉末之类物料充填入袋时伴生的冲击和喷粉等弊病，从而提高加热封合的效果。

2. 纵向系列模块化设计

这是针对某一种类型的基型产品，借改变不同规格而组合成为多种变型产品所做的模块化设计。

采用一系列规格即意味着各个变型产品的主要参数互有一些差别，这往往导致总体或局部的结构尺寸发生相应改变。为合理设计和简化处理，凡与主要参数密切相关的模块，最好划分区间、分段通用，而与主要参数毫无关系的模块，应在最大允许范围内通用。

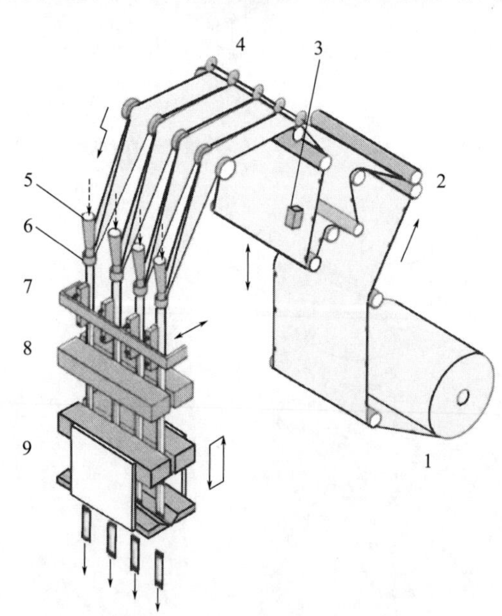

图 2-4-19　立式间歇牵引多列袋成型充填封口机模块化设计

1—卷筒薄膜供送装置；2—薄膜牵引辊；3—薄膜色标光电传感器；4—多列分割器；5—多列计量给料装置；6—多列环形袋筒成型器；7—多列中缝热封器；8—加热器；9—横封切割牵引器

在纵系列模块系统中，各产品的总体功能及工作原理都是一致的，但主体结构或多或少会有所变化。

参阅图 2-4-19 所示的立式间歇牵引多列袋成型充填封口机。在每一间歇循环周期内，宽幅的卷筒薄膜被展平之后，即等分切割成为多列（一般取 2～12 列）。各列沿同一包装工艺路线同步进行薄膜卷曲成型、中缝搭接热封、物料计量充填和加热横封切割。最后制成可充填粉体、散粒体、液体的长条枕形或三边封包装袋，使得生产能力随同列数不同而有很大改变，以适应多方面用户的需要。

从表面上看，此机是多列独立包装的，但各列的功能、结构、运行、控制都完全一致，给开发纵向系列模块化产品创造极为有利的条件。许多功能模块得到合理组合，专用模块的数量已降至最低限度。对此，以表 2-4-1 中的包装列数 4 作为纵向系列模块化基型产品加以分析。

表 2-4-1　多列袋成型充填封口机纵向系列模块化设计参数

包装列数	4	6	8	10
薄膜宽度/mm	480			
制袋长度/mm	70～200			
制袋宽度/mm	16～50	16～35	16～25	16～20
生产能力/(件/分)	120～180	180～270	240～360	400～500

① 该系列的薄膜宽度均为同一尺寸，再从加热器和横封切割器的整体结构看，这些部件完全可以设计成通用模块。至于多列的分割器和加料管，只要排列的间距可调，同样可以设计成通用模块。

② 表 2-4-1 规定，袋宽和袋长均有一定的调节范围，对多列的环形袋筒成型器和中缝热封板最好采取分段的通用模块。鉴于与其对应的计量给料装置，涉及问题较多，情况复杂，若统以容积式计量，不妨考虑两种方案：按包装列数设计为专用模块或者设计为分段通用模块。

③ 已述，各机型的袋长调节范围为一给定值，因此横封切割部件的间歇牵引机构及其传动控制系统，应设计成通用模块。

总之，这套纵向系列模块化多列袋成型充填封口机的通用程度很高，值得吸取创新设计的宝贵经验。

3. 全系列模块化设计

经上述分析得以理解，横向系列模块化设计和纵向系列模块化设计确实各有其特点及适用场合，值得深入研究。然而在产品开发的现实活动中，经常还会遇到两者并存兼顾的局面。这种名为全系列模块化设计，无疑会增加求解的难度。突破的关键在于，掌握好横纵两系列模块化的基本功夫及巧妙运用，同时对产品系列（规格）范围取之得当。

包装机械的模块化设计正方兴未艾，有待在不断探索、继承、改进、创新的过程中发展壮大。

第三节　翻领式袋筒成型器

一、选型论证

（一）问题提出

翻领式袋筒成型器简称翻领式成型器，是成型充填封口机的重要配套装置，结构和功能都很独特。它的开发设计制造涉及许多实际问题，只有树立全局与系统的观念才能达到预期的目的。

① 翻领式成型器的特殊构造适合作为某些立式机型的配套装置，以便充填散落性好

的颗粒体和流动性好的液体等物料，而对过细的粉体却不大适应，因为落差一大，容易引起冲击、喷粉、黏结等现象。通常，尘杂是难免的，自然要求加料筒的内壁必须圆滑光洁，没有死角。

② 翻领式成型器主要用于充填量较大的袋装产品。这与制作小剂量的扁形袋有所不同，应该重视包装材料的合理使用问题。权衡的准则不妨如此选择，对设计的多种成型筒，取其横截面的有效周长为同一值，根据几何原理，彼此之间的横截面积却不尽相同，该值的相对大小能直接反映出各包装产品材料利用率的高低。

③ 翻领式成型器的工作表面在领口存在较大的弯折度，如果成型筒横截面又存在角度偏小的棱角，那么，这些部位对牵引的薄膜所产生的局部阻力和应力集中亦愈严重，甚至导致薄膜起皱破损。即使采用性能优良的复合包装材料也难以提高牵引速度。这表明成型筒的造型和选型是个至关重要的研究课题。

④ 翻领式成型器的通用性较差，这给模块化设计带来不少麻烦。所以，不论涉及结构设计、产品制造和使用调试，都要设法简化所用方法，力求实用、高效、经济。例如，在圆柱形成型筒的下方，内套一个辅助的蝶翼柱形成型/加料筒（另附加一对滚轮），可制成两边打折的枕形包装成品袋；而改换为正四棱柱形辅助成型/加料筒（另附加一对折角器），也可制成体形相近的包装成品袋。对比之下，后者较好，会给设计那些成型局部阻力偏大的翻领式成型器找到扩展应用的途径。诸如此类的实例不少，值得探索。

⑤ 翻领式成型器的主要功能在于，为袋装产品制出某一种筒状的初始包装容器形态。至于最后能否完全兑现预期的定型，还取决于各种相关因素（包括包装材料、充填物料、工艺操作、封口方式及辅助措施）的综合制约作用结果。实际上往往会发生，采用某种体形的成型筒，并不一定能造出同样体形的包装成品，其中的瓶颈问题多属于封口的结构形式是否合理可行。由此得到启示，创新开发翻领式成型器绝不该只孤立地研究其自身的结构形状问题，以免徒劳无益。在这方面，最典型的例子就是具有不同边数的棱柱形成型筒，体现在，不仅所需的封口措施难度各异，而且包装出来的塑料成品袋也会出现很大差别的外观变形。权衡利弊值得采纳的，不外乎是四棱柱形（底面为正方形或矩形）的成型筒。

（二）示例分析

根据上述各项准则，结合图 2-4-20 所示翻领式成型器的 8 种类型成型筒做具体的综合分析。

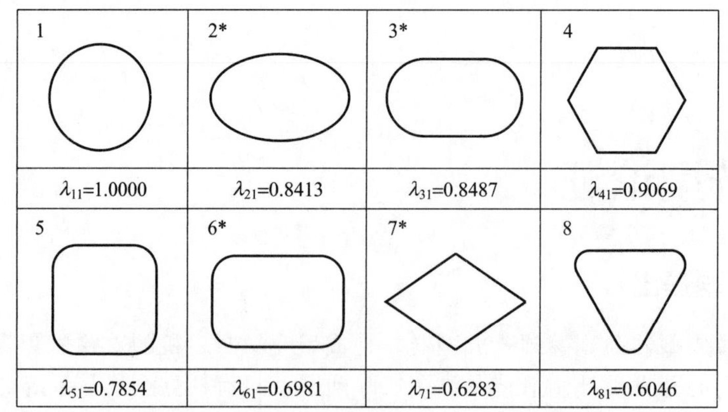

图 2-4-20　翻领式袋筒成型器成型筒横截面形状示例

注：序号附加“*”，表示成型筒横截面的长度（或长轴）与宽度（或短轴）之比为 2∶1

1. 按成型筒横截面积比值对比

仅以圆柱形和长圆柱形成型筒为例做定量分析。取此二筒横截面的有效周长为同一值，且令圆柱形成型筒横截面的直径、周长、面积各为 d、L_1、S_1；长圆柱形的半径、中心距、周长、面积各为 r、c、L_3、S_3，遵照已设定条件写出

$$\frac{2r+c}{2r}=2$$

得

$$c=2r$$

又

$$L_1=L_3,\ L_1=\pi d,\ L_3=2(\pi r+c)=2r(\pi+2)$$

得

$$d=\frac{2r}{\pi}(\pi+2)$$

由

$$S_1=\frac{\pi d^2}{4}=\frac{r^2}{\pi}(\pi+2)^2$$

$$S_3=\pi r^2+2cr=r^2(\pi+4)$$

求出该面积比例系数

$$\lambda_{31}=\frac{S_3}{S_1}=\frac{\pi(\pi+4)}{(\pi+2)^2}=0.8487 \qquad (2\text{-}4\text{-}1)$$

此计算结果表明，在相同的包装条件下，采用长圆柱形袋所需的包装材料，比圆柱形袋偏多。其他依此类推，图中所列各值的排序是 $\lambda_{11}>\lambda_{41}>\lambda_{31}>\lambda_{21}>\lambda_{51}>\lambda_{61}>\lambda_{71}>\lambda_{81}$。设计选型时，对此应有深刻的认识。

2. 按成型器领口截交曲线形态对比

成型筒 1、2、3 均呈圆滑曲线，有利于缓和牵引薄膜的局部阻力，其次是 5、6。

3. 按袋筒中缝热封器配置对比

成型筒 1、2、3、4、5、6 对辊筒式、平板式热封器均有较好的适应性，而 7、8 仅适合辊筒式。

4. 按袋筒横向封合方式对比

成型筒 1、4 适合结扎式或对边压合式，2、3、7 适合宽型对边压合式，5、6 适合对边折角压合式，8 仅适合结扎式。

5. 按袋筒牵引器类型对比

成型筒 1、2、3、5、6 对同步齿形带或某些间歇牵引机构均有较好的适应性，4、7、8 可另外酌情选型。

（三）优选规划

概括各项对比分析得到启示，为深入提示翻领式成型器创新设计的理论与方法，应从以下三个方面入手寻找突破口。

1. 选型要点

首先必须明确，不是任何几何形体都适合构成翻领式成型器的成型筒，据此做出最基本的优选规划。

一是，以圆柱形作为基准成型筒，一般可以制成圆柱形、枕形（包括两边打折）的包装成品袋；而同正四棱柱形的辅助成型/加料筒相组合，还可制成与后者体形相近的包装成品袋。

二是，以椭圆柱形、长圆柱形作为次基准成型筒，一般可以制成比较宽大的枕形（包

括两边打折）的包装成品袋；而同四棱柱形（底面为矩形）的辅助成型/加料筒相组合，还可制成与后者体形相近的包装成品袋。

总之，如此规划的结果，也为提升某些成型充填封口机模块化设计的水平创造有利条件。

2. 成型思路

根据翻领式成型器的主要结构特征，要增强其成型的适应性和精确性，同时缩短制造周期，降低生产成本，业界人士普遍认为，不宜采用整体浇铸、切削加工、分片焊接等方法。参照“快速成型”现代制造技术的有益经验，不妨提出另一套思路：借助计算机辅助设计与制造，首先对该成型器主体部分建立三维数学模型和二维展示图形，继而通过编程控制专用自动机床对所选适宜厚度的不锈钢板进行外廓切割，并对需要弯折的线段开出浅槽，最后采用专用的模具挤压成型。必要时予以局部加固和修整毛边。

深言之，这一些构思乃是给翻领式成型器设计理论的研究，如何切实做到紧密联系生产实际，指明了主攻方向。

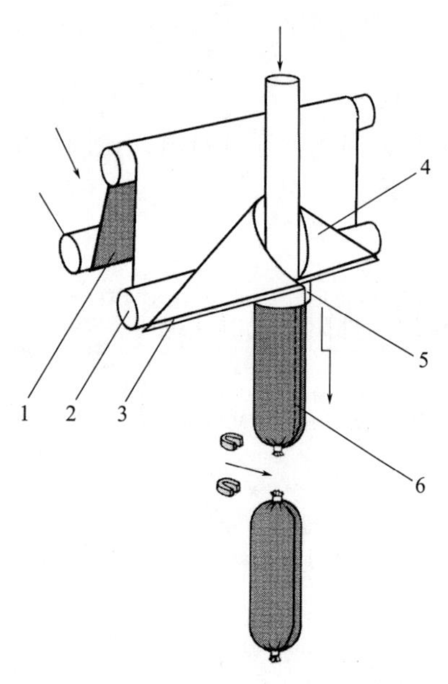

图 2-4-21 翻领式圆柱形袋筒成型器基本组成示意图

1—平展薄膜；2—导向辊；3—背部三角板；4—肩部曲面板；5—圆柱形成型筒；6—结扎香肠

3. 模型实体

从包装工艺角度提出要求，平展的薄膜被牵引滑移、等速通过翻领式成型器时，二者应始终保持互相贴合的状态。具体体现在，薄膜的厚度不变，面积不变，各点距离也不变。事实上，欲达到此理想境地，依微分几何原理推知，该成型器的整个工作表面，只要如同柱面、锥面等直纹体那样，也才有可能展开成为一个平面。

现以图 2-4-21 所示用来包装香肠的翻领式成型器作为研究的实体模型。

图中显示，该成型器的空间工作表面是由一个起分导平衡作用的背平面、两个对称起舒展弯折作用的肩曲面和一个起成型对接（或搭接）作用的圆柱面所组成的整体。

再者，此四个组成部分相互截交形成的两直一曲的空间线段，其中的领口截交曲线，对薄膜成型质量的影响至关重要。面对一系列有待求解的关键问题，至此不难找到突破口，这就是，首先设定肩曲面为锥面，进而通过反求创建相应的可控条件使之完全成立，便可将该曲面展开为一个平面，而且能将领口截交曲线和整个边界线全部确定下来。

二、翻领式成型器的建模与设计

关于建立翻领式圆柱形袋筒成型器的基本数学模型，参考文献［43］做出了奠基性贡献。在这方面本书所完成的大量研究成果，主要是从广度、深度以及方法上加以创新完善，从而更好地适应时代发展的需要。现扼要说明以下几点：

① 按照科学技术的系统观点，对翻领式成型器及多种类型成型筒的特性与共性展开综合研究，找到一些规律性认识。进而着重选择圆柱形、椭圆柱形、长圆柱形成型筒建立

别有一格的三维数学模型，并确定其主要参数关系，使之更加实用。另外，以此还可作为扩大开发设计其他翻领式成型器的参照依据。

② 运用计算机语言 MATLAB，对若干典型的领口截交曲线做出更加简化、实用的数学处理，特别是对翻领边界曲线、领口曲面弯折度及袋筒中缝搭接等问题还提出了全新的计算公式，直观易懂，便于普及，能大大提高工作效率，给改进有关的设计制造工作提供了有力支撑。

③ 借助 3DROTATE 的可视化技术，实现了从多方位观察分析翻领式成型器主体轮廓的状况与变化，为配合仿真实验合理设计验证总体造型打开方便之门，有助于加快设计技术方案的优选过程。

（一）圆柱形成型筒

提示：圆柱形成型筒的形状最为简单实用，相应的求解过程也相当便捷精确，所建立的数学模型及计算公式可供设计其他类型成型筒参照和引用。由于能内套正四棱柱形成型/加料筒等辅助配件，功能也有所扩大。所以，此翻领式成型器的基准类型应成为研究的重点。

1. 领口截交曲线函数方程

机械设计的一般习惯，多倾向于几何形体的对称性，既便于设计制造，又能体现匀称美观的造型。据此，对翻领式圆柱形袋筒成型器所要建立的三维数学模型，如图 2-4-22 所示，可取被对称面分割的一半实体进行分析研究。

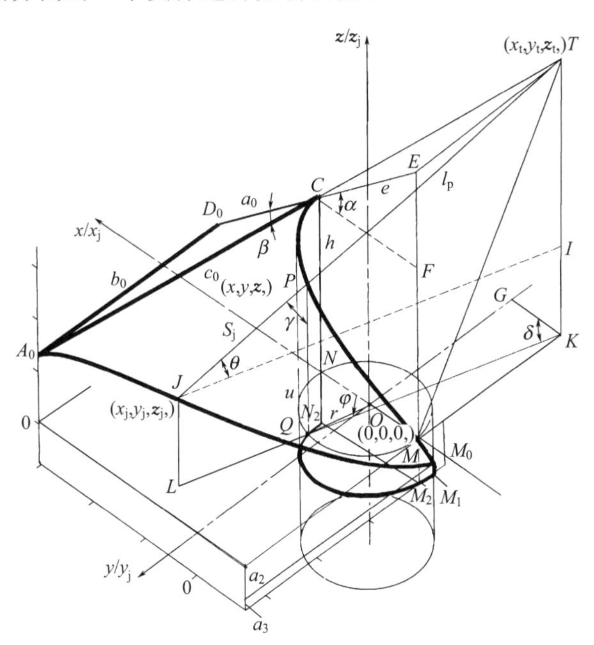

图 2-4-22　翻领式圆柱形袋筒成型器三维数学模型

强调指出，首先必须对该成型器的实体模型所涉各要素的内在关系取得全面正确的理解，从而为建立科学实用的三维数学模型提供可靠的保证。

鉴于整个成型器的工作面由对称的四个部分组成，若截取一半，则背平面为 A_0CD_0、肩曲平为 A_0CM_0、成型筒圆柱面为 CMM_2N_2。

为便于计算，暂不考虑制袋薄膜和成型板的厚度。实用中多采用搭接或折叠的纵封方式，薄膜的展开宽度应大于 2 倍的包装袋实际宽度 b。另外还应计入薄膜的尺寸误差及横向走偏，所以设计背平面应取其宽度 $B_0=2b_0=2(b+\Delta b)$，Δb 为给定的补偿量。

鉴于半个背平面为直角三角形，令 $CD_0=a_0$，$A_0D_0=b_0$，$A_0C=c_0$，$\angle A_0CD_0=\beta$，求得

$$\tan\beta=\frac{b_0}{a_0}$$

取圆柱形成型筒的半径 $r=\frac{b}{\pi}$，通过其中心线建立空间直角坐标系 $Oxyz$。由领口截交线下端交叉点 M 向 z 轴引一 x 轴线，所得交点即为原点 O，并与圆柱表面交于点 N。在该点垂直线上可确定领口截交线的最高点 C，$CN=h$。将 CD_0 线延长，与 M 点垂直线交于点 E。再由点 C 作一 x 轴的平行线，交 EM 于点 F。令背平面对水平面的倾角 $\angle ECF=\alpha$，$CE=e$，确认 $e\cos\alpha=2r$。

按定义，锥面是由通过一已知点（顶点）且沿一固定曲线（导线）移动的直线（母线）所形成的曲面。为使肩曲面成为可展开的锥面，经点 E 作 y 轴平行线同 A_0C 延长线相交于点 $T(x_t,y_t,z_t)$。考虑到$\triangle A_0CD_0$ 与$\triangle TCE$ 共一平面，故可选肩锥面的顶点为定点 T，相应的导线为边界线 A_0M_0。在导线上任取一点 $J(x_j,y_j,z_j)$，TJ 即为该锥面的母线，它同成型筒的圆柱面贯穿于点 $P(x,y,z)$，由此形成领口截交线 CM_0。显然，它在坐标面 xOy 上的投影，是以 O 为圆心、r 为半径的圆弧，弧上的 Q 即为 P 的投影点。令 $\overset{\frown}{NQ}=u$，对应的中心角为 φ，确定 $u=r\varphi$。

进一步考察肩锥面母线 TJ，设该直线同水平面的交角为$\angle TJI=\theta$，其补角 $\gamma=\angle JPQ=90°-\theta$，此角度的大小大体上能反映出在领口边沿某一点 P 的弯折度。由于 γ 是个变量，可以用来粗略估量牵引薄膜所受局部运动阻抗的分布与变化状况。

综合以上设定和分析，为推导领口截交线的函数方程提供充分依据。

根据空间几何关系，已知 $0\leqslant\varphi\leqslant\varphi_0$，$\varphi_0=\pi+\frac{\Delta b}{r}$，列出 T、P 两点的三维坐标值

$$\begin{aligned} x_t&=r-e\cos\alpha \\ y_t&=-e\tan\beta \\ z_t&=h+e\sin\alpha \end{aligned} \tag{2-4-2}$$

及

$$\begin{aligned} x&=r\cos\varphi \\ y&=r\sin\varphi \\ z&=f(\varphi) \end{aligned} \tag{2-4-3}$$

关于函数 $f(\varphi)$，需找出相关因素的内在联系才能求解。令 $TP=l_p$，由于

$$l_p^2=(x_t-x)^2+(y_t-y)^2+(z_t-z)^2$$

代入各坐标值，写出

$$l_p^2=(r-e\cos\alpha-r\cos\varphi)^2+(-e\tan\beta-r\sin\varphi)^2+[h+e\sin\alpha-f(\varphi)]^2 \tag{2-4-4}$$

参阅图 2-4-23，设定翻领式圆柱形袋筒成型器实体模型的展示图形为一矩形，并确认其宽度

$$B_0=2b_0,\ b_0=r\varphi_0$$

鉴于肩锥面的母线 $TJ=TP+PJ=l_p+S_j$，展开后各段长度不变，由$\triangle TPE_1$ 得知

$$l_p^2=(e\tan\beta+u)^2+[f(\varphi)-(h-e)]^2 \tag{2-4-5}$$

联立式(2-4-4) 和式(2-4-5)，代入 $u=r\varphi$，求出领口截交曲线的函数方程

$$f(\varphi)=h-r\frac{(e\cos\alpha-r)(1-\cos\varphi)+e(\varphi-\sin\varphi)\tan\beta+0.5r\varphi^2}{e(1+\sin\alpha)} \tag{2-4-6}$$

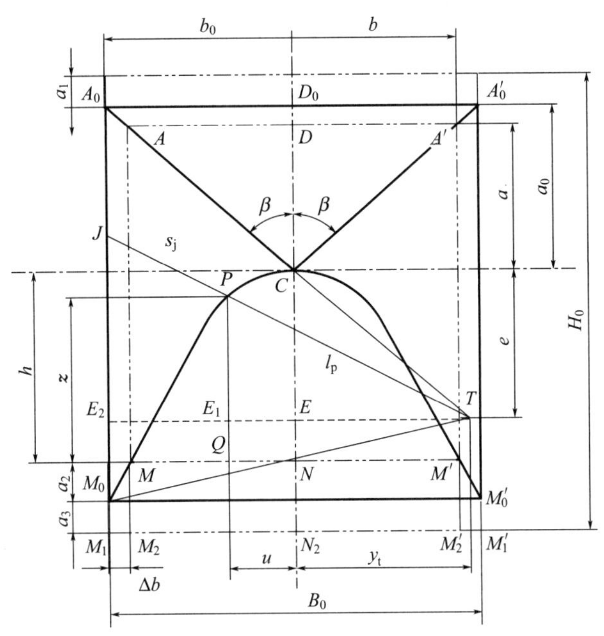

图 2-4-23　翻领式圆柱形袋筒成型器实体模型展开图

在点 M，$\varphi=\pi$，$f(\varphi)=0$，并已确认 $e\cos\alpha=2r$，由上式解出

$$e=\frac{0.5r^2(\pi^2-4)}{h(1+\sin\alpha)-r(2\cos\alpha+\pi\tan\beta)} \tag{2-4-7}$$

$$h=r\frac{\left(1+\dfrac{\pi^2}{4}\right)\cos\alpha+\pi\tan\beta}{1+\sin\alpha} \tag{2-4-8}$$

$$\beta=\arctan\frac{1}{\pi}\left[\frac{h}{r}(1+\sin\alpha)-\left(1+\frac{\pi^2}{4}\right)\cos\alpha\right] \tag{2-4-9}$$

2. 翻领边界曲线函数方程

研究的目的在于，通过调整相关参数深入考察总体造型以及领口弯折度的变化状况，从而合理确定翻领式圆柱形袋筒成型器的设计方案，并为绘制其外观轮廓图形提供必要的依据。这部分内容也是运用 MATLAB 语言所取得的创新成果。

继见图 2-4-22 和图 2-4-23，已设 $TJ=l_j=l_p+S_j$，由前式(2-4-5) 求知

$$l_p=\sqrt{(e\tan\beta+r\varphi)^2+[f(\varphi)-(h-e)]^2}$$

借两个相似三角形$\triangle TPE_1$ 和$\triangle TPE_2$ 写出

$$\frac{l_p}{e\tan\beta+u}=\frac{l_j}{e\tan\beta+b_0}$$

求得

$$l_j=l_p\frac{e\tan\beta+b_0}{e\tan\beta+r\phi}$$

$$S_j=l_p\frac{r(\varphi_0-\varphi)}{e\tan\beta+r\varphi} \tag{2-4-10}$$

另外，从直角三角形$\triangle TJI$ 求得

$$\sin\theta=\frac{z_t-z}{l_p}$$

或改写为 $$\theta=\arcsin\frac{h+e\sin\alpha-f(\varphi)}{l_p} \tag{2-4-11}$$

其次，经点 M 引一条与 y 轴平行的直线，同点 T 的垂线相交于点 K，再经点 K 向 y 轴作垂线相交于点 G。令 $\angle QKG=\delta$，可求

$$\tan\delta=\frac{y-y_t}{x-x_t}$$

或改写为 $$\delta=\arctan\frac{2\tan\beta+\cos\alpha\sin\varphi}{(1+\cos\varphi)\cos\alpha} \tag{2-4-12}$$

至此，按肩曲面的空间几何关系，列出该边界线上 $0\leqslant\varphi\leqslant\varphi_0$ 区间内任一点 J 的三维坐标值

$$\begin{aligned} x_j&=x+S_j\cos\theta\cos\delta=r\cos\varphi+S_j\cos\theta\cos\delta \\ y_j&=y+S_j\cos\theta\sin\delta=r\sin\varphi+S_j\cos\theta\sin\delta \\ z_j&=z-S_j\sin\theta=f(\varphi)-S_j\sin\theta \end{aligned} \tag{2-4-13}$$

为便于对翻领式成型器的总体设计和编程绘图做出全面安排，还需要求出半个背平面及其他相关点的空间坐标值，例如，A_0、C、D_0、M_2、N_2。

$x_a=r+a_0\cos\alpha$，　$y_a=b_0$，　$z_a=h-a_0\sin\alpha$

$x_c=r$，　$y_c=0$，　$z_c=h$

$x_d=x_a$，　$y_d=0$，　$z_d=z_a$

$x_m=-r$，　$y_m=0$，　$z_m=f(\varphi_0)-a_3$

$x_n=r$，　$y_n=0$，　$z_n=z_m$

3. 主要参数组合研究

鉴于翻领式成型器的总体造型主要由领口的截交曲线和边界曲线所确定，因此必须深入了解建立这些函数表达式所涉及的全部影响因素，并从中找出主导因素，以便各个击破，形成最佳方案，为有效解决整个设计问题铺平道路。下面着重研究两个方面的问题。

1）总体造型可控条件

已述，袋宽尺寸是设计翻领式成型器的最基本参数。尤其引人注目的，一种袋宽大体上只能有一种成型器与之相匹配。现时，中小型成型充填封口机常用的袋宽为 100～300mm，在此特选两种袋宽（150mm、200mm）并以三个主要参数（b、h、α）的不同组合，对翻领式圆柱形袋筒成型器的总体造型加以对比研究。现直接引用前面推导的有关公式，借 MATLAB 编程（见 255 页，FLCXQ _ Y3d. m），绘出相应的实体模型左视图，如图 2-4-24 和图 2-4-25 所示。据此，发现一些共同变化规律。

当 b、h 一定时，$\alpha\uparrow\longrightarrow a_0\downarrow$，$|a_2|_-$；

当 b、α 一定时，$h\uparrow\longrightarrow a_0\downarrow$，$|a_2|\uparrow$；

当 h、α 一定时，$b\uparrow\longrightarrow a_0\uparrow$，$|a_2|\downarrow$。

另一方面，从图形直观判断，对图 2-4-24(a)、(d) 和图 2-4-25(a)、(d) 而言，a_0 值全部偏大，意味着三角形背面面积较大，牵引薄膜所受滑动摩擦阻力也较大，而且外观欠紧凑美观。究其原因，主要同 α、h 取值小有关。与此相反，体现在图 2-4-24(f) 和图 2-4-25(f)，由于 h 取值过大，不仅使 a_0 减小，还引起领口截交线明显增长，薄膜的牵引阻力随之加剧，再者总体布局向上扩展也不便操作。结果，可供选择的设计方案则是图 2-4-24(b)、(c)、(e) 和图 2-4-25(b)、(c)、(e)。几经调研得知，现时生产的翻领式成型器，以选用 $\alpha=45°\sim50°$，$h\approx b$，$a_0\approx b$ 居多数，同理论计算值大致吻合，值得推荐。

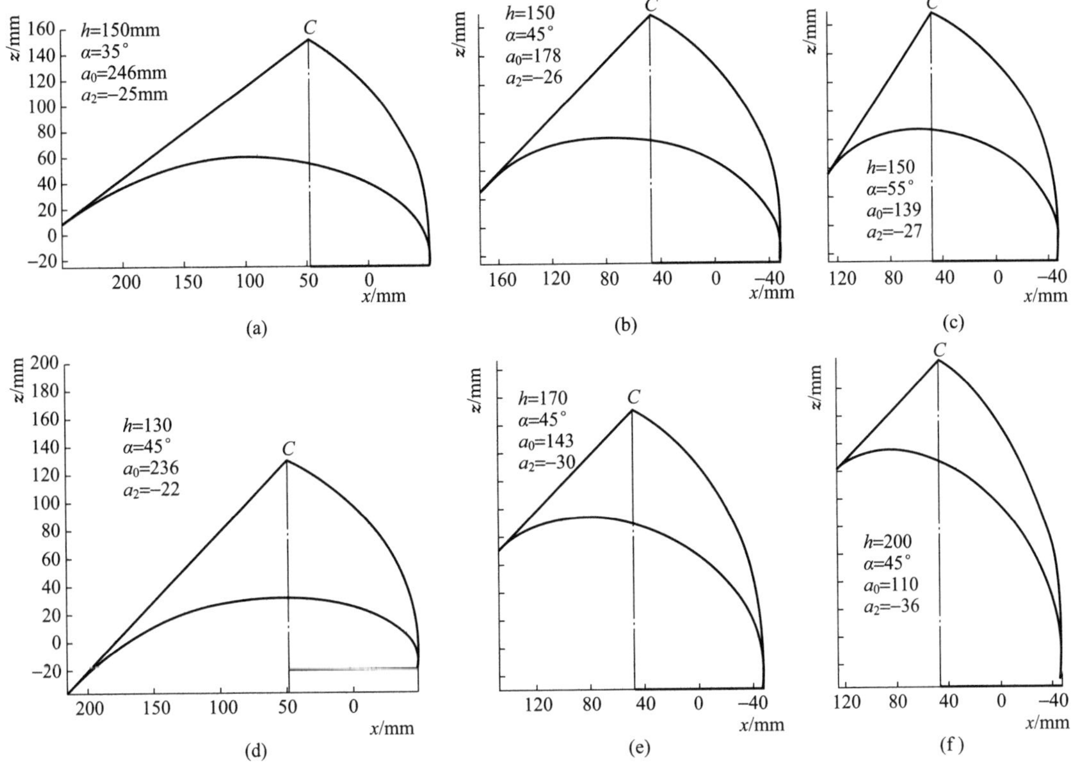

图 2-4-24　翻领式圆柱形袋筒成型器实体模型左视图

（$b=150$mm，$b_0=165$mm，$r=47.8$mm）

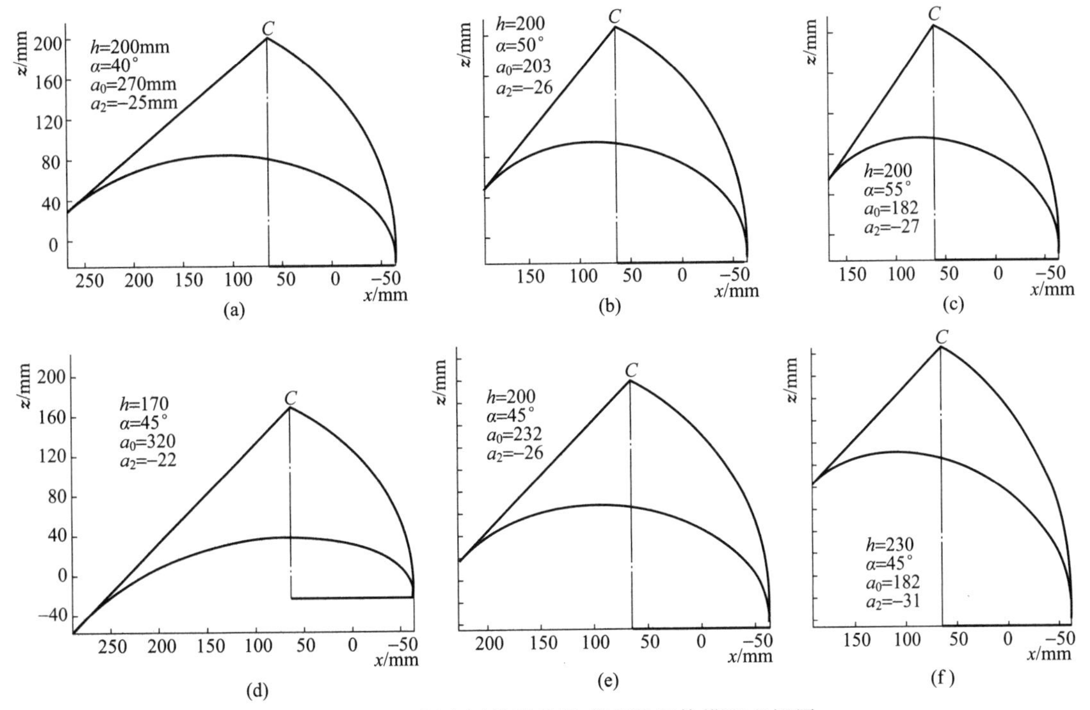

图 2-4-25　翻领式圆柱形袋筒成型器实体模型左视图

（$b=200$mm，$b_0=215$mm，$r=63.7$mm）

2）领口曲面可控条件

领口肩曲面的弯折度是个反映翻领式成型器工作性能的重要参数，大体上可借 θ 值（包括 α 值）间接体现出来。换言之，θ 值越小，γ 值就越大，说明被牵引的薄膜在领口肩曲面某一弯折位置所受运动阻抗有所降低。

根据式(2-4-11) 编程（见 257 页，FLCXQ _ Yu _ f. m)，取三个主要参数（b、h、α）的四种不同组合绘制的领口肩曲面 θ-φ 函数曲线，其特征如图 2-4-26 所示。

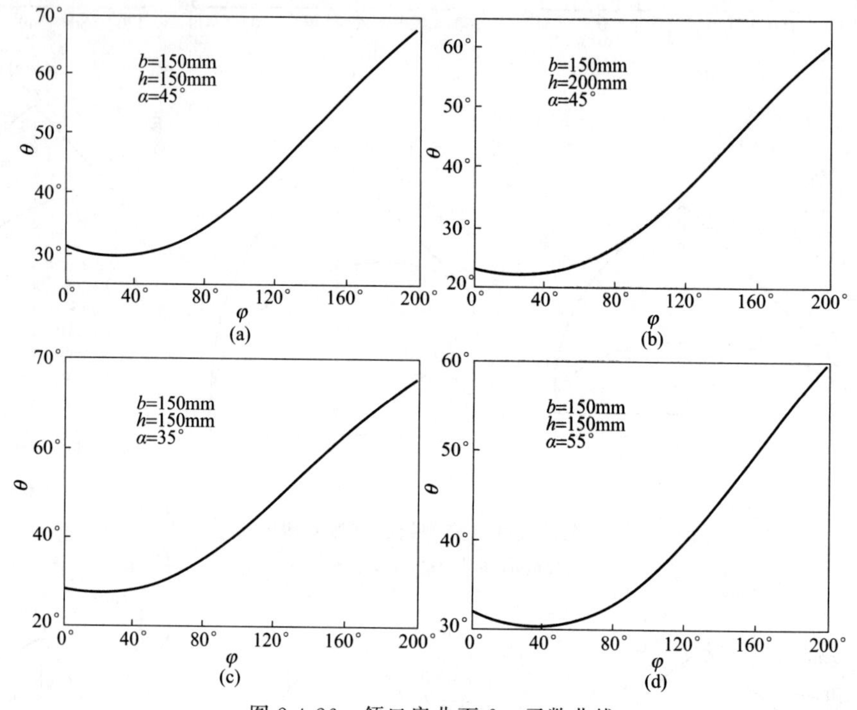

图 2-4-26　领口肩曲面 θ-φ 函数曲线

① 当 $\varphi=0°\sim60°$时，相对应的 θ 变化比较平缓，而当 $\varphi=60°\sim200°$时，相对应的 θ 呈线性上升趋势。总的来说，从领口截交线的最高点到最低点，牵引薄膜所受的局部阻抗先由小（约占 1/3 区段）而后急剧增大。可见，领口截交线过长是不适宜的。

② 当 b、h 一定，α 增大时，会使 θ_{min} 偏大（或 γ_{max} 偏小）而 θ_{max} 偏小（或 γ_{min} 偏大）。参阅图 2-4-24 和图 2-4-25，在这种情况下，领口截交线的长度基本保持平稳。

③ 当 b、α 一定，h 增大时，会使 θ_{min}、θ_{max} 都偏小（或 γ_{max}、γ_{min} 都偏大）；至于领口截交线的长度则显著增加。

4. 总体设计一般步骤

翻领式圆柱形袋筒成型器纯属钣金结构，面对这种复杂的曲面，要完成整体设计，满足包装工艺要求，并非轻而易举之事。

因此创新设计的基本要求是，力求造型匀称，便于快速制作，提高牵引速度，确保成型质量。欲达到预期目的，必须切实贯彻执行理论与实验的有机结合。

基于所建立的数学模型、推导的计算公式以及概括的分析论证，再借助 MATLAB 语言以计算机辅助设计为主导，选好主参数，按内在制约关系求解其他，最终得以优化全部设计成果。

在此，安排如下的一般设计计算步骤，供参考。

第一步——根据给定的袋宽 b，求算成型筒的半径 r。

第二步——根据有关准则，初选背平面的倾角 α 和成型筒的高度 h。

第三步——根据领口的截交曲线和边界曲线的函数方程，以及其他相关公式，依次做好三方面工作：

① 编写程序文件 FLCXQ _ Y3d. m，绘制实体模型投影图（参阅图 2-4-27）。

```
% FLCXQ_Y3d.m
clear
% syms b b_0 h alpd r e bet a a_0 phi thet delt x y z x_j y_j z_j

b=input('b=');
h=input('h=');
alpd=input('alpd=');
alp=alpd*pi/180;
r=b/pi
e=2*b/(pi*cos(alp))
bet=atan(h*(1+sin(alp))/b-(1/pi+pi/4)*cos(alp));
betd=bet*180/pi

x_t=r-e*cos(alp);
y_t=-e*tan(bet);
z_t=h+e*sin(alp);

Db=15
phi_0=pi+Db/r;
phi_0d=phi_0*180/pi
phi=[0:0.1:phi_0];

x=r*cos(phi);
y=r*sin(phi);
% z=f(phi)
z=h-r*((e*cos(alp)-r)*(1-cos(phi))+e*(phi-sin(phi))*tan(bet)...
                    +0.5*r*phi.^2)/(e*(1+sin(alp)));

a_2=h-r*((e*cos(alp)-r)*(1-cos(phi_0))+e*(phi_0-sin(phi_0))*tan(bet)...
                    +0.5*r*phi_0.^2)/(e*(1+sin(alp)))
b_0=b+Db
u=r*phi;
l_p=sqrt((e*tan(bet)+u).^2+(z-(h-e)).^2);
l_j=l_p.*((e*tan(bet)+b_0)./(e*tan(bet)+u));
s_j=l_j-l_p;
thet=asin((z_t-z)./l_p);
thetd=thet*180/pi;
delt=atan((y-y_t)./(x-x_t));
```

```
x_j=r*cos(phi)+s_j.*cos(thet).*cos(delt);
y_j=r*sin(phi)+s_j.*cos(thet).*sin(delt);
z_j=z-s_j.*sin(thet);
x_1=x;
y_1=y;
z_1=a_2+0*phi;

plot3(x,y,z,x_j,y_j,z_j,x_1,y_1,z_1,'-','linewidth',3)
view([-30 15])
% view([0 -90])
% view([-90 0])
% view([180 0])
% view([270 0])

xlabel('x / x_j')
ylabel('y / y_j')
zlabel('z / z_j')
axis image
box on
rotate3d

a=b/tan(bet)
a_0=b_0/tan(bet)
x_a=r+a_0*cos(alp);
x_c=r;
x_d=x_a;
y_a=b_0;
y_c=0;
y_d=0;
z_a=h-a_0*sin(alp);
z_c=h;
z_d=z_a;

x_n=r;
y_n=0;
z_n=a_2;
x_m=-r;
y_m=0;
z_m=a_2;

x1=[x_c,x_a,x_d]; y1=[y_c,y_a,y_d]; z1=[z_c,z_a,z_d];
line(x1,y1,z1,'linewidth',3)
x2=[x_d,x_c,x_n,x_m]; y2=[y_d,y_c,y_n,y_m]; z2=[z_d,z_c,z_n,z_m];
line(x2,y2,z2,'linestyle','-.','linewidth',1.5)
```

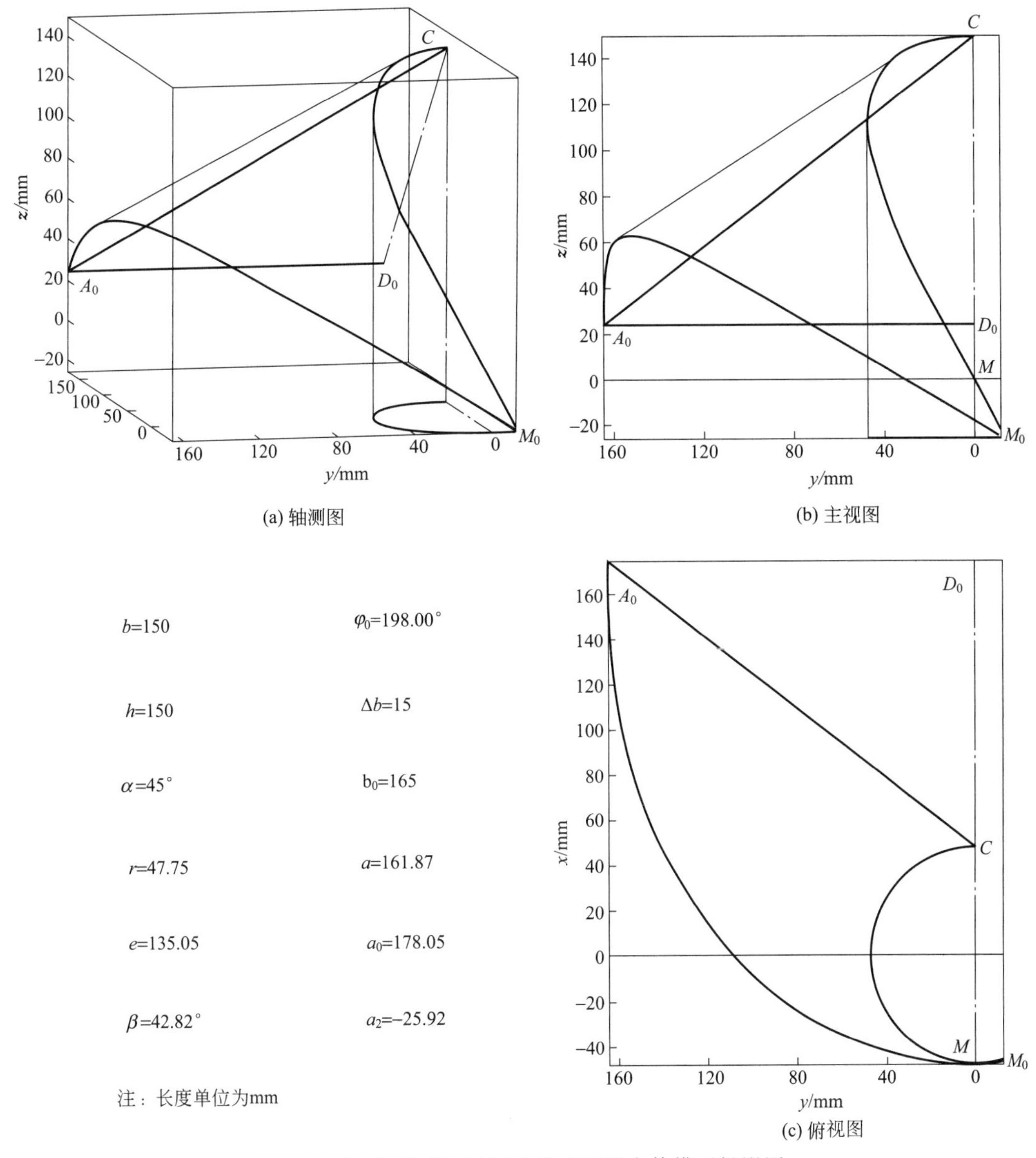

图 2-4-27　翻领式圆柱形袋筒成型器实体模型投影图

附带说明，此轴测图可以多方位旋转变换，还能转化为三视图（包括左视图，如图 2-4-24 和图 2-4-25 所示）。

② 编写程序文件 FLCXQ _ Yu _ f. m 绘制领口肩曲面 θ-φ 函数曲线图（参阅图 2-4-26）。

```
% FLCXQ_Yu_f.m
clear
% syms b b_0 h alpd r e bet a a_0 phi thet delt x y z x_j y_j z_j

b=input('b=');
h=input('h=');
```

```
alpd=input('alpd=');
alp=alpd*pi/180;
r=b/pi
e=2*b/(pi*cos(alp))
bet=atan(h*(1+sin(alp))/b-(1/pi+pi/4)*cos(alp));
betd=bet*180/pi

z_t=h+e*sin(alp);
Db=15
phi_0=pi+Db/r;
phi_0d=phi_0*180/pi
phid=[0:0.1:phi_0d];

% z=f(phi)
z=h-r*((e*cos(alp)-r)*(1-cos(phid*pi/180))+e*(phid*pi/180-sin(phid*
pi/180))*tan(bet)...+0.5*r*(phid*pi/180).^2)/(e*(1+sin(alp)));

b_0=b+Db;
u=r*phid*pi/180;
l_p=sqrt((e*tan(bet)+u).^2+(z-(h-e)).^2);
% l_j=l_p.*((e*tan(bet)+b_0)./(e*tan(bet)+u));
% s_j=l_j-l_p;
thet=asin((z_t-z)./l_p);
thetd=thet*180/pi;

plot(phid,thetd,'-','linewidth',3)
xlabel('\phi')
ylabel('\theta')
box on
```

③ 编写M文件FLCXQ _ Yz _ u.m，绘制领口截交曲线展开图（参阅图2-4-23中M_0CM_0'曲线）。

```
% FLCXQ_Yz_u.m
clear
% syms b h alpd r e bet a Db phi f u

b=input('b=');
h=input('h=');
alpd=input('alpd=');
alp=alpd*pi/180;
r=b/pi
e=2*b/(pi*cos(alp))
bet=atan(h*(1+sin(alp))/b-(1/pi+pi/4)*cos(alp));
betd=bet*180/pi
```

```
Db=15
b_0=b+Db
a_0=b_0/tan(bet)
a=b/tan(bet)

% z=f(phi)
% a_2=f(phi_0)
phi_0=pi+Db/r;
phi_0d=phi_0*180/pi
a_2=h-r*((e*cos(alp)-r)*(1-cos(phi_0))+e*(phi_0-sin(phi_0))*tan(bet)...
                +0.5*r*phi_0.^2)/(e*(1+sin(alp)));

phi=[0:0.02:phi_0];
z=h-r*((e*cos(alp)-r)*(1-cos(phi))+e*(phi-sin(phi))*tan(bet)...
                +0.5*r*phi.^2)/(e*(1+sin(alp)));
u=r*phi;
plot(u,z,'-','linewidth',3)
xlabel('u')
ylabel('z')
axis image
box on
```

第四步——根据对上述文件及图形的综合分析，再通过三个主参数（b、h、α）的调整修改，应使总体设计方案不断完善，并提供主体参数（尺寸）计算值。

至此，尚需补充钣金展开图形总宽及总长的计算式

$$B_0=2b_0$$

$$H_0=h+a_0+a_1+a_2+a_3$$

式中

$$b_0=b+\Delta b$$

$$a_0=b_0\cot\beta$$

$$a_2=|f(\varphi_0)|$$

a_1、a_3 为加长段，自定。

结果完成一幅完整的翻领式圆柱形袋筒成型器实体模型的平面展开图形，作为安排制造的基本依据。

（二）椭圆柱形成型筒

提示：椭圆很能体现形与数的辩证关系。将它推广为超椭圆时，在不同条件下，可以转化为圆形、近似的长圆形或带圆角的长方形、甚至是菱形。

对该翻领式成型器设计，要根据袋宽来确定椭圆的周长，进而确定其短半轴和长半轴。但是，对求解标准椭圆方程，每一种袋宽只能形成唯一的几何形状。

为了摆脱此一局限性，笔者在早期研究异形瓶罐分件供送螺杆时曾深入思考过，若将一个完整的椭圆分解为两两相对的大小圆弧，就会发现，每一种袋宽大都能形成多种几何形状，这样必使椭圆柱形成型筒的应用范围大为扩展，从而能更好地满足包装工艺的要求。

在这种情况下，对翻领式椭圆柱形袋筒成型器提出两种设计方法：一是标准椭圆转换数值计算的近似解法，别有新意；二是非标准椭圆转化分段圆弧的精确解法，实质上这是圆柱形成型筒研究成果的继承发展。可见两者各有特点及适用场合。

1. 标准椭圆转换数值计算的近似解法

1）*探索解题思路*

在推导圆柱形成型筒领口截交曲线函数方程的过程中深切体会到，如何解决成型筒横截面的周边轨迹方程和周长方程问题，至关重要。这对圆形的比较容易处理，而对借助椭圆参数方程建立的周长计算公式，却难以找到适用的初等函数得以精确求解被积函数。出路还是有的，在于应用数值计算的近似方法。

参阅图 2-4-28，经椭圆中心 O 建立空间直角坐标系 $Oxyz$，令椭圆的短半轴和长半轴之长各为 b_x、a_y，并使短半轴与 x 轴重合。在椭圆上任取一点 $Q(x,y)$，$\angle QON=\varphi$，相应的弧长 $\widehat{QN}=u$。其他符号的含义同前。

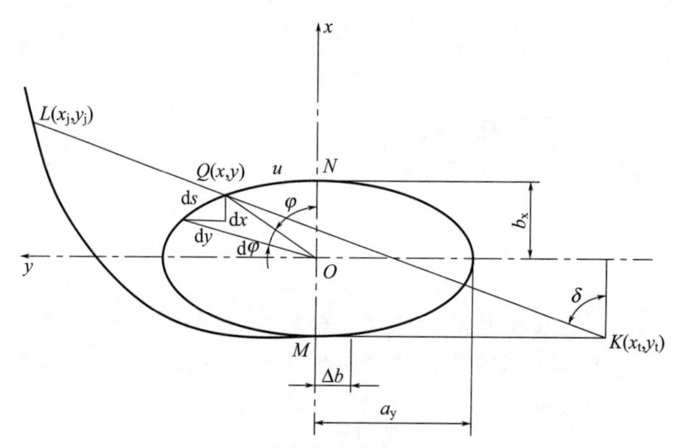

图 2-4-28　标准椭圆柱形袋筒成型器数学模型

依数学原理分别写出椭圆的标准方程和参数方程

$$\left(\frac{x}{b_x}\right)^2+\left(\frac{y}{a_y}\right)^2=1$$

$$x=b_x\cos\varphi,\quad y=a_y\sin\varphi \tag{2-4-14}$$

对上式求导，得

$$dx=-b_x\sin\varphi d\varphi,\quad dy=a_y\cos\varphi d\varphi$$

从图中看出

$$(ds)^2=(dx)^2+(dy)^2$$

$$=a_y^2\left[1-\left(1-\frac{b_x^2}{a_y^2}\right)\sin^2\varphi\right](d\varphi)^2$$

$$ds=a_y\sqrt{(1-K^2\sin^2\varphi)d\varphi}$$

$$K=1-j^2,\quad j=\frac{b_x}{a_y} \tag{2-4-15}$$

鉴于该椭圆对 x 轴和 y 轴存在对称性，可求其周长

$$u=a_y\int_0^{\varphi}(1-K\sin^2\varphi)^{\frac{1}{2}}d\varphi\qquad(0\leqslant\varphi\leqslant\varphi_0) \tag{2-4-16}$$

$$\varphi_0=\pi+\frac{\Delta b}{0.5(R+b_x)}, \quad R=\frac{a_y^2}{b_x} \tag{2-4-17}$$

式中　Δb——成型袋筒中缝的扩边宽度；

R——椭圆在 x 轴交点的曲率半径。

通过实践了解到，对 φ_0 取值是否得当，直接影响领口截交曲线与翻领边界曲线能否汇交于最低点，有待试探解决。

2）应用数值算法

数值求积的基本思路是，设法寻求几个或一系列代数多项式，从中优选一个，以其近似值替代被积函数。由于构造数值积分的计算公式有多种，此处只采用等距节点插值型求积算法，即牛顿-柯特斯公式。

首先确认上述椭圆积分在给定区间内是个连续函数，并将式(2-4-16) 改写为

$$u=a_y\int_0^{\varphi}F(\varphi)\mathrm{d}\varphi$$

$$F(\varphi)=(1-K\sin^2\varphi)^{\frac{1}{2}} \tag{2-4-18}$$

实际上，对此数值求积的精确度，同推导过程将积分区间 $[0,\varphi]$ 等分的个数有关。考虑到截断误差，通常取五点式（整个区间被四等分），经推导求得的数值积分计算式为

$$u\approx\frac{a_y\varphi}{90}\left[7F(0)+32F\left(\frac{\varphi}{4}\right)+12F\left(\frac{\varphi}{2}\right)+32F\left(\frac{3\varphi}{4}\right)+7F(\varphi)\right] \tag{2-4-19}$$

式中

$$F(0)=1$$

$$F\left(\frac{\varphi}{4}\right)=\left[1-K\sin^2\left(\frac{\varphi}{4}\right)\right]^{\frac{1}{2}}$$

$$F\left(\frac{\varphi}{2}\right)=\left[1-K\sin^2\left(\frac{\varphi}{2}\right)\right]^{\frac{1}{2}}$$

$$F\left(\frac{3\varphi}{4}\right)=\left[1-K\sin^2\left(\frac{3\varphi}{4}\right)\right]^{\frac{1}{2}}$$

从而为求翻领式标准椭圆柱形袋筒成型器的领口截交曲线及翻领边界曲线的函数方程奠定了必要基础。

3）构建曲线方程

（1）领口截交曲线函数方程　翻领式成型器的圆柱形成型筒和椭圆柱形成型筒虽有不同的结构特征，但在解题方法上却是一脉相通的。所以，可以直接参照图 2-4-22 和图 2-4-23 做相应转换。

① 将 xOy 坐标面上的圆形，改为椭圆形。

② 将 $Q(x,y)$ 的 $x=r\cos\varphi$ 及 $y=r\sin\varphi$，改为 $x=b_x\cos\varphi$ 及 $y=a_y\sin\varphi$。

③ 将 $u=r\varphi$，改为 $u=a_y\int_0^{\varphi}F(\varphi)\mathrm{d}\varphi$ 的数值积分计算式。

另外，直接引用

$$\begin{aligned}x_t&=-b_x\\y_t&=-e\tan\beta\\z_t&=h+e\sin\alpha\\l_p^2&=(x_t-x)^2+(y_t-y)^2+(z_t-z)^2\end{aligned} \tag{2-4-20}$$

$$l_p^2=(u+e\tan\beta)^2+[z-(h-e)]^2$$

解出领口截交曲线的函数方程

$$z=h+\frac{A+B-u(u+2e\tan\beta)}{2e(1+\sin\alpha)} \tag{2-4-21}$$

式中

$$A=a_y(a_y\sin\varphi+2e\tan\beta)\sin\varphi$$

$$B=b_x^2(\cos^2\varphi+2\cos\varphi-3)$$

$$e=\frac{2b_x}{\cos\alpha} \tag{2-4-22}$$

当 $\varphi=\pi$ 时，$z_0=0$，$A_0=0$，$B_0=-4b_x^2$，$u_0=b$，代入式(2-4-21) 中，得

$$h=\frac{4b_x^2+u_0(u_0+2e\tan\beta)}{2e(1+\sin\alpha)} \tag{2-4-23}$$

或改写为

$$\beta=\arctan\frac{1}{eu_0}\left[eh(1+\sin\alpha)-2b_x^2-\frac{u_0^2}{2}\right] \tag{2-4-24}$$

预选 j、K 之值，按式(2-4-19) 求出椭圆袋筒两半轴

$$a_y\approx\frac{90u_0}{\pi\left[7F(0)+32F\left(\frac{\pi}{4}\right)+12F\left(\frac{\pi}{2}\right)+32F\left(\frac{3\pi}{4}\right)+7F(\pi)\right]} \tag{2-4-25}$$

及

$$b_x=ja_y \tag{2-4-26}$$

当 $\varphi=\varphi_0$ 时，取

$$A_m=a_y(a_y\sin\varphi_0+2e\tan\beta)\sin\varphi_0$$

$$B_m=b_x^2(\cos^2\varphi_0+2\cos\varphi_0-3)$$

$$u_m\approx\frac{a_y\varphi_0}{90}\left[7F(0)+32F\left(\frac{\varphi_0}{4}\right)+12F\left(\frac{\varphi_0}{2}\right)+32F\left(\frac{3\varphi_0}{4}\right)+7F(\varphi_0)\right]$$

然后代入式(2-4-21) 得袋筒下沿长度（MM_0 段）

$$a_2=h+\frac{A_m+B_m-u_m(u_m+2e\tan\beta)}{2e(1+\sin\alpha)} \tag{2-4-27}$$

据此，仿前例，为绘制翻领式标准椭圆柱形袋筒成型器的领口截交曲线展开图形(图 2-4-29)，特编写程序文件 FLCXQ _ BTz _ u. m。

```
% FLCXQ_BTz_u.m
clear
% syms a_y b—x u_0 h alpd e bet phi

b=input('b=');
u_0=b;
j=input('j=');
k=1-j^2;
E0=1;
E1=sqrt(1-k*sin(pi/4)^2);
E2=sqrt(1-k);
E3=sqrt(1-k*sin(3*pi/4)^2);
```

```
E4=1;
a_y=90*u_0/(pi*(7*E0+32*E1+12*E2+32*E3+7*E4))
b_x=j*a_y
h=input('h=');
alpd=input('alpd=');
alp=alpd*pi/180;
e=2*b_x/cos(alp);
bet=atan((e*h*(1+sin(alp))-2*b_x^2-0.5*u_0^2)/(e*u_0));
betd=bet*180/pi
Db=12
R=a_y^2/b_x
% phi_0=pi+Db/R;
phi_0=pi+Db/((R +b_x)/2);
phi_0d=phi_0*180/pi

% z=f(phi)
phi=[0:0.001:phi_0];
F0=1;
F1=sqrt(1-k*sin(phi/4).^2);
F2=sqrt(1-k*sin(phi/2).^2);
F3=sqrt(1-k*sin(3*phi/4).^2);
F4=sqrt(1-k*sin(phi).^2);
u=a_y*phi.*(7*F0+32*F1+12*F2+32*F3+7*F4)/90;
A=a_y*(a_y*sin(phi)+2*e*tan(bet)).*sin(phi);
B=b_x^2*(2*cos(phi)+cos(phi).^2-3);
z=h+(A+B-u.*(u+2*e*tan(bet)))/(2*e*(1+sin(alp)));

plot(u,z,'-','linewidth',3)
xlabel('u')
ylabel('z')
axis image
box on

b_0=b+Db
a_0=b_0/tan(bet)
a=b/tan(bet)
G0=1;
G1=sqrt(1-k*sin(phi_0/4)^2);
G2=sqrt(1-k*sin(phi_0/2)^2);
G3=sqrt(1-k*sin(3*phi_0/4)^2);
G4=sqrt(1-k*sin(phi_0)^2);
u_m=a_y*phi_0*(7*G0+32*G1+12*G2+32*G3+7*G4)/90
A_m=a_y*(a_y*sin(phi_0)+2*e*tan(bet))*sin(phi_0);
B_m=b_x^2*(2*cos(phi_0)+cos(phi_0)^2-3);
a_2=h+(A_m+B_m-u_m*(u_m+2*e*tan(bet)))/(2*e*(1+sin(alp)))
```

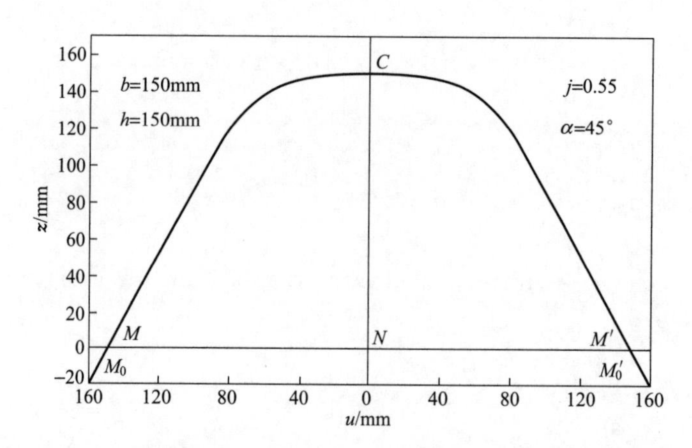

图 2-4-29 翻领式标准椭圆柱形袋筒成型器领口截交曲线展开图

(2) 翻领边界曲线函数方程 根据翻领式标准椭圆柱形袋筒成型器所推导出来的一系列公式，得以解出翻领边界曲线函数方程

$$
\begin{aligned}
x_j &= x + S_j \cos\theta \cos\delta \\
y_j &= y + S_j \cos\theta \sin\delta \\
z_j &= z - S_j \sin\theta
\end{aligned}
\tag{2-4-28}
$$

式中

$$S_j = l_p \frac{b_0 - u}{e\tan\beta + u}$$

$$l_p = [(u + e\tan\beta)^2 + (z + e - h)^2]^{\frac{1}{2}}$$

$$\theta = \arcsin \frac{z_t - z}{l_p}$$

$$\delta = \arctan \frac{y - y_t}{x - x_t}$$

2. 非标准椭圆转化分段圆弧的精确解法

1) 求解诀窍

对椭圆来说，采用四段对称的大小圆弧组成一条光滑封闭的曲线，必须保证各衔接点具有公切线，而且小圆弧半径 r 应小于椭圆短半轴的长度 b_x，大圆弧半径 R 也不能转化为直线。在这之中，必须保证椭圆的半周长 u_0 恰好等于给定的袋宽 b。

基于这些前提条件，现援引前面建立的空间直角坐标系 $Oxyz$ 及相关符号，结合图 2-4-30，确定如下的几何关系。

方法一：由

$$b = u_0 = 2R\varphi_m + r(\pi - 2\varphi_m) \tag{2-4-29}$$

得

$$\varphi_m = \frac{b - \pi r}{2(R - r)} \tag{2-4-30}$$

又由

$$\tan\varphi_m = \frac{a_y - r}{R - b_x}$$

得

$$a_y = r + (R - b_x)\tan\varphi_m \tag{2-4-31}$$

这表明，给定 b，初选 r、R，代入式(2-4-30)，可求 φ_m；再选 b_x，一并代入式(2-4-31)，最后求出 a_y。实用中，强调 r、R 的作用意义，比较适合于成型后对边热压合的横向封口，制作宽枕形包装成品袋。

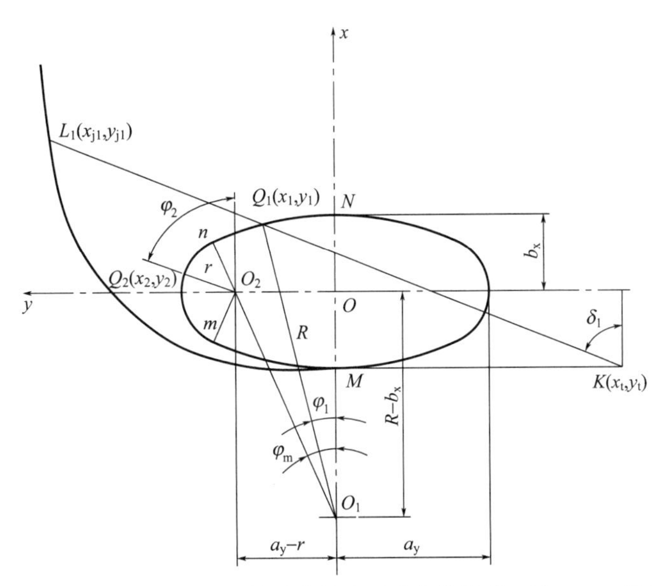

图 2-4-30　非标准椭圆柱形袋筒成型器数学模型（第一、二段）

方法二：由

$$\sin\varphi_m=\frac{a_y-r}{R-r},\quad \cos\varphi_m=\frac{R-b_x}{R-r}$$

得

$$R=\frac{a_y(a_y-2r)+b_x^2}{2(b_x-r)} \tag{2-4-32}$$

这表明，给定 b，初选 r、b_x、a_y，代入式(2-4-32)，可求 R；再代入式(2-4-30)，最后求出 φ_m。实用中，强调 r、b_x、a_y 的作用意义，比较适合于成型后与辅助成型/加料筒相组合，制作四棱柱形包装成品袋。

2）求解步骤

继见图 2-4-30，在 xOy 基面上，对半个椭圆弧按衔接点拟分三段求解各自对应的领口截交曲线函数方程和翻领边界曲线函数方程，最后加以汇总。

（1）第一段　在本段大圆弧上任取一点 $Q_1(x_1,y_1)$，函数定义域为 $0\leqslant\varphi_1\leqslant\varphi_m$，从始点 N 计起的弧长$\widehat{NQ_1}$，即

$$u_1=R\varphi_1 \tag{2-4-33}$$

仿前法写出

$$\begin{aligned}x_1&=b_x-R(1-\cos\varphi_1)\\y_1&=R\sin\varphi_1\\z_1&=f_1(\varphi_1)\end{aligned} \tag{2-4-34}$$

及

$$\begin{aligned}x_t&=-b_x\\y_t&=-e\tan\beta\\z_t&=h+e\sin\alpha\end{aligned} \tag{2-4-35}$$

由于

$$l_{p1}^2=(x_t-x_1)^2+(y_t-y_1)^2+(z_t-z_1)^2$$
$$l_{p2}^2=(e\tan\beta+u_1)^2+(z_1-h+e)^2$$

解出第一段领口截交曲线函数方程

$$z_1=h+\frac{R(R-2b_x)(1-\cos\varphi_1)+eR\tan\beta\sin\varphi_1-u_1(0.5u_1+e\tan\beta)}{e(1+\sin\alpha)} \tag{2-4-36}$$

$$e=\frac{2b_x}{\cos\alpha}$$

式中，h、α 为预选；β 为待求。

其次，在本段翻领边界曲线上任取一点 $J_1(x_{j1},y_{j1},z_{j1})$（与其水平投影线上的一点 L_1 相对应），由于

$$\begin{aligned}l_{j1}&=l_{p1}\frac{e\tan\beta+b_0}{e\tan\beta+u_1}\\S_{j1}&=l_{j1}-l_{p1}\\\sin\theta_1&=\frac{z_t-z_1}{l_{p1}}\\\tan\delta_1&=\frac{y_1-y_t}{x_1-x_t}\end{aligned}\tag{2-4-37}$$

解出第一段翻领边界曲线函数方程

$$\begin{aligned}x_{j1}&=x_1+S_{j1}\cos\theta_1\cos\delta_1\\y_{j1}&=y_1+S_{j1}\cos\theta_1\sin\delta_1\\z_{j1}&=z_1-S_{j1}\sin\theta_1\end{aligned}\tag{2-4-38}$$

（2）第二段　在本段小圆弧上任取一点 $Q_2(x_2,y_2)$，函数定义域为 $\varphi_m\leqslant\varphi_2\leqslant\pi-\varphi_m$。从始点 N 计起的弧长$\widehat{NQ_2}$，即

$$\begin{aligned}u_2&=R\varphi_m+r(\varphi_2-\varphi_m)\\&=(R-r)\varphi_m+r_2\varphi_2\end{aligned}\tag{2-4-39}$$

仿前法写出

$$\begin{aligned}x_2&=r\cos\varphi_2\\y_2&=a_y-r(1-\sin\varphi_2)\\z_2&=f_2(\varphi_2)\end{aligned}\tag{2-4-40}$$

由于

$$l_{p2}^2=(x_t-x_2)^2+(y_t-y_2)^2+(z_t-z_2)^2$$

$$l_{p2}^2=(e\tan\beta+u_2)^2+(z_2-h+e)^2$$

解出第二段领口截交曲线函数方程

$$z_2=h+\frac{A_2-B_2+r(r-e\tan\beta)(1-\sin\varphi_2)-u_2(0.5u_2+e\tan\beta)}{e(1+\sin\alpha)}\tag{2-4-41}$$

式中

$$A_2=a_y\left[\frac{a_y}{2}+e\tan\beta-r(1-\sin\varphi_2)\right]$$

$$B_2=b_x\left(\frac{3b_x}{2}-r\cos\varphi_2\right)$$

其次，在第二段翻领边界曲线上任取一点 $J_2(x_{j2},y_{j2},z_{j2})$，并参照式(2-4-38）将相关符号的下标1统改为下标2，解出相应的翻领边界曲线函数方程

$$\begin{aligned}x_{j2}&=x_2+S_{j2}\cos\theta_2\cos\delta_2\\y_{j2}&=y_2+S_{j2}\cos\theta_2\sin\delta_2\\z_{j2}&=z_2-S_{j2}\sin\theta_2\end{aligned}\tag{2-4-42}$$

（3）第三段　参阅图 2-4-31，在本段大圆弧上任取一点 $Q_3(x_3,y_3)$，函数定义域为 $\pi-\varphi_m \leqslant \varphi_3 \leqslant \varphi_0$，$\varphi_0=\pi+\dfrac{\Delta b}{R}$。从始点 N 计起的弧长 $\widehat{NQ_3}$，即

$$\begin{aligned} u_3 &= R\varphi_m + r(\pi-2\varphi_m) + R[\varphi_3-(\pi-\varphi_m)] \\ &= R(2\varphi_m+\varphi_3-\pi)+r(\pi-2\varphi_m) \end{aligned} \tag{2-4-43}$$

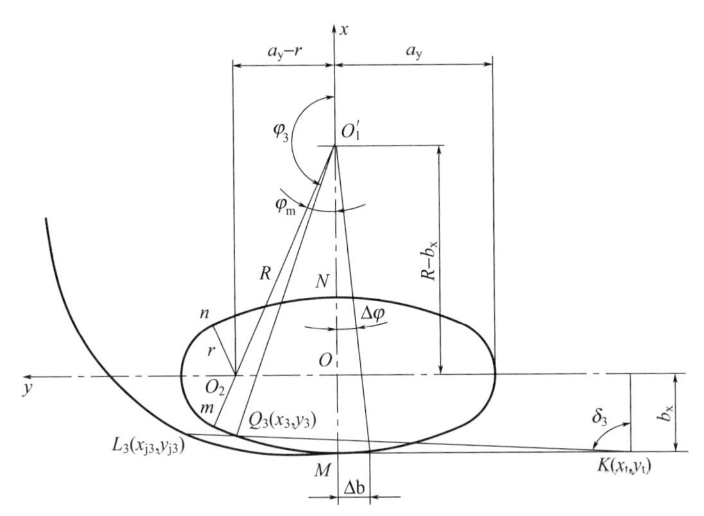

图 2-4-31　非标准椭圆柱形袋筒成型器数学模型（第三段）

仿前法写出

$$\begin{aligned} x_3 &= R\cos\varphi_3 + (R-b_x) = R(1+\cos\varphi_3) - b_x \\ y_3 &= R\sin\varphi_3 \\ z_3 &= f_3(\varphi_3) \end{aligned} \tag{2-4-44}$$

由于

$$l_{p3}^2 = (x_t - x_3)^2 + (y_t - y_3)^2 + (z_t - z_3)^2$$

$$l_{p3}^2 = (e\tan\beta + u_3)^2 + (z_3 - h + e)^2$$

解出第三段领口截交曲线函数方程

$$z_3 = h + \frac{R^2(1+\cos\varphi_3) + eR\tan\beta\sin\varphi_3 - 2b_x^2 - u_3(0.5u_3 + e\tan\beta)}{e(1+\sin\alpha)} \tag{2-4-45}$$

其次，在第三段翻领边界曲线上任取一点 $J_3(x_{j3},y_{j3},z_{j3})$，并参照前式(2-4-38) 将相关符号的下标 1 统改为下标 3，解出相应的翻领边界曲线函数方程

$$\begin{aligned} x_{j3} &= x_3 + S_{j3}\cos\theta_3\cos\delta_3 \\ y_{j3} &= y_3 + S_{j3}\cos\theta_3\sin\delta_3 \\ z_{j3} &= z_3 - S_{j3}\sin\theta_3 \end{aligned} \tag{2-4-46}$$

3）求解整合

为将上述的三段领口截交曲线有机组合在一起，尚需有待解决若干细节问题。

（1）背面顶角的合理确定　从三段领口截交曲线的函数方程看出，其中均涉及翻领式成型器背平面的顶角 β，此参数拟安排在最后一段求解。令 $\varphi_3=\pi$，显然 $z_3=0$，由式(2-4-29) 确认

$$u_3 = u_0 = 2R\varphi_m + r(\pi-2\varphi_m)$$

代入式(2-4-45)，求出

$$\tan\beta=\frac{eh(1+\sin\alpha)-2b_{x}^{2}-0.5u_{0}^{2}}{eu_{0}} \tag{2-4-47}$$

故知，β 主要取决于 b、h、α。

（2）成型袋筒的中缝搭接　考虑袋筒中缝的搭接问题，需要袋宽 b 留有适当余量。若两边各取 Δb，则与 φ_0 对应的椭圆周边之长为 $u_0+\Delta b$。相应的，成型筒要加长 a_2。因此，由式(2-4-45)求出

$$a_{2}=h+\frac{R^{2}(1+\cos\varphi_{0})+eR\tan\beta\sin\varphi_{0}-2b_{x}^{2}-(u_{0}+\Delta b)[0.5(u_{0}+\Delta b)e\tan\beta]}{e(1+\sin\alpha)} \tag{2-4-48}$$

注意，结果是负值，说明此加长部分位于坐标面 xOy 之下。

（3）编写程序的计算精度　在工程技术设计上，面对这么多层次的推导和运算，加上还要辅以调试和修改，不论采用何种软件编写程序都该切记，计算结果总会存在一定误差的。通常，误差多来源于模型误差，截断误差和舍入误差。联系本课题，表面上看，三段曲线函数均被定义在环环相扣的闭区间，理应完全连续成为光滑的线条。但事实也会出现意外，一旦对自变量的采样点取得偏少，或者步长取得偏大，打印出来的图形就容易在各段衔接处产生明显的断点现象。当然，如果将步长降至0.001以下，情况便大为好转。而对标准椭圆而言，则无此类问题发生。

总之，按规定准则编写的程序文件 FLCXQ _ FBT3d. m 以及绘制的实体模型轴测图2-4-32，足以取得良好效果。其中设定主要参数：$b=150$mm，$r=30$mm，$b_x=35$mm，$a_y=57$mm，$h=150$mm，$\alpha=45°$。此外，编写另一程序文件 FLCXQ _ FBTz _ u. m，供绘制翻领式非标准椭圆柱形袋筒成型器领口截交曲线展开图参考。

```
% FLCXQ_FBT3d.m
clear
% syms b a b_0 a_0 b_x a_y r R phi_md h alpd e betd thetd

b=input('b=');
b_x=input('b_x=');
r=input('r=');
a_y=input('a_y=');
R=(a_y.*(a_y-2*r)+b_x^2)/(2*(b_x-r))
phi_m=(b-pi*r)/(2*(R-r));
phi_md=phi_m*180/pi

h=input('h=');
alpd=input('alpd=');
alp=alpd*pi/180;
e=2*b_x/cos(alp)
u_0=r*(pi-2*phi_m)+2*R*phi_m;
bet=atan((e*h*(1+sin(alp))-2*b_x^2-0.5*u_0^2)/(e*u_0));
betd=bet*180/pi

x_t=b_x-e*cos(alp);
```

```
y_t=-e*tan(bet);
z_t=h+e*sin(alp);

Db=12
phi_0=pi+Db/R;
phi_0d=phi_0*180/pi
phi_1=[0:0.001:phi_m];
x_1=b_x-R*(1-cos(phi_1));
y_1=R*sin(phi_1);
% z_1=f_1(phi_1);
u_1=R*phi_1;
z_1=h+(R*(R-2*b_x).*(1-cos(phi_1))+e*R*tan(bet).*sin(phi_1)...
                    -u_1.*(0.5*u_1+e*tan(bet)))/(e*(1+sin(alp)));

phi_2=[phi_m:0.001:pi-phi_m];
x_2=r*cos(phi_2);
y_2=a_y-r*(1-sin(phi_2));
% z_2=f_2(phi_2)
u_2=(R-r)*phi_m+r*phi 2;
A=a_y*(0.5*a_y+e*tan(bet)-r*(1-sin(phi_2)));
B=b_x*(1.5*b_x-r*cos(phi_2));
z_2=h+(A-B+r*(1-sin(phi_2)).*(r-e*tan(bet))-u_2.*(0.5*u_2+e*tan
(bet)))./(e*(1+sin(alp)));

phi_3=[pi-phi_m:0.001:phi_0];
x_3=R*(1+cos(phi_3))-b_x;
y_3=R*sin(phi_3);
% z_3=f_3(phi_3)
u_3=r*(pi-2*phi_m)+R*(2*phi_m+phi_3-pi);
z_3=h+(R^2*(1+cos(phi_3))-2*b_x^2+e*R*tan(bet)*sin(phi_3)...
                    -u_3.*(0.5*u_3+e*tan(bet)))/(e*(1+sin(alp)));
% a_2= f_3(phi_0)
a_2=h+(R^2*(1+cos(phi_0))-2*b_x^2+e*R*tan(bet)*sin(phi_0)...
                    -(u_0+Db)*(0.5*(u_0+Db)+e*tan(bet)))/(e*(1+sin(alp)))

b_0=b+Db
l_p1=sqrt((e*tan(bet)+u_1).^2+(z_1-(h-e)).^2);
l_p2=sqrt((e*tan(bet)+u_2).^2+(z_2-(h-e)).^2);
l_p3=sqrt((e*tan(bet)+u_3).^2+(z_3-(h-e)).^2);

l_j1=l_p1.*((e*tan(bet)+b_0)./(e*tan(bet)+u_1));
l_j2=l_p2.*((e*tan(bet)+b_0)./(e*tan(bet)+u_2));
l_j3=l_p3.*((e*tan(bet)+b_0)./(e*tan(bet)+u_3));

s_j1=l_j1-l_p1;
```

```
s_j2=l_j2-l_p2;
s_j3=l_j3-l_p3;

thet_1=asin((z_t-z_1)./l_p1);
thet_2=asin((z_t-z_2)./l_p2);
thet_3=asin((z_t-z_3)./l_p3);
% thet_1d=thet_1*180/pi
% thet_2d=thet_2*180/pi
thet_3d=thet_3*180/pi;

delt_1=atan((y_1-y_t)./(x_1-x_t));
delt_2=atan((y_2-y_t)./(x_2-x_t));
delt_3=atan((y_3-y_t)./(x_3-x_t));

x_j1=x_1+s_j1.*cos(thet_1).*cos(delt_1);
x_j2=x_2+s_j2.*cos(thet_2).*cos(delt_2);
x_j3=x_3+s_j3.*cos(thet_3).*cos(delt_3);

y_j1=y_1+s_j1.*cos(thet_1).*sin(delt_1);
y_j2=y_2+s_j2.*cos(thet_2).*sin(delt_2);
y_j3=y_3+s_j3.*cos(thet_3).*sin(delt_3);

z_j1=z_1-s_j1.*sin(thet_1);
z_j2=z_2-s_j2.*sin(thet_2);
z_j3=z_3-s_j3.*sin(thet_3);

x1=x_1; x2=x_2; x3=x_3;
y1=y_1; y2=y_2; y3=y_3;
z1=a_2+0*phi_1; z2=a_2+0*phi_2; z3=a_2+0*phi_3;

plot3(x_1,y_1,z_1,x_2,y_2,z_2,x_3,y_3,z_3,'-','linewidth',3)
hold on
plot3(x_j1,y_j1,z_j1,x_j2,y_j2,z_j2,x_j3,y_j3,z_j3,'-','linewidth',3)
hold on
plot3(x1,y1,z1,x2,y2,z2,x3,y3,z3,'-','linewidth',3)

% axis([-50,200,-50,180,-50,180])
view([-30 15])
% view([0 -90])
% view([-90 0])
% view([180 0])
% view([270 0])

xlabel('x / x_j')
ylabel('y / y_j')
```

```
zlabel('z / z_j')
axis image
box on
rotate3d

a=b/tan(bet)
a_0=b_0/tan(bet)
x_a=b_x+a_0*cos(alp);
x_c=b_x;
x_d=x_a;
y_a=b_0;
y_c=0;
y_d=0;
z_a=h-a_0*sin(alp);
z_c=h;
z_d=z_a;

x_n=b_x;
y_n=0;
z_n=a_2;
x_m=-b_x;
y_m=0;
z_m=z_n;

x1=[x_c,x_a,x_d]; y1=[y_c,y_a,y_d]; z1=[z_c,z_a,z_d];
line(x1,y1,z1,'linewidth',3)
x2=[x_d,x_c,x_n,x_m]; y2=[y_d,y_c,y_n,y_m]; z2=[z_d,z_c,z_n,z_m];
line(x2,y2,z2,'linestyle','-.','linewidth',1.5)
```

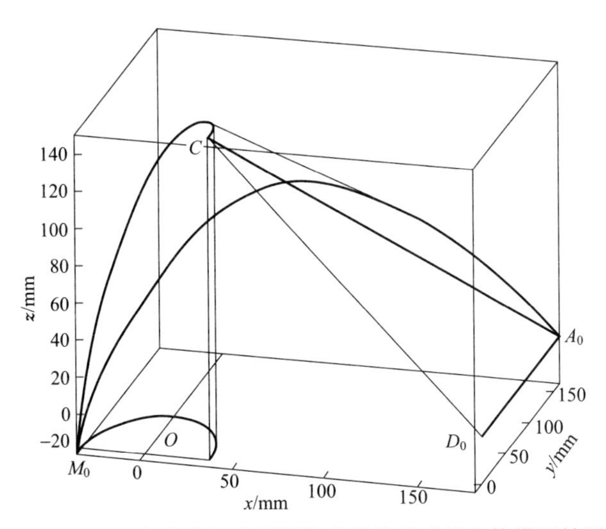

图 2-4-32　翻领式非标准椭圆柱形袋筒成型器实体模型轴测图

```
% FLCXQ_FBTz_u,m
clear

b=input('b=');
b_x=input('b_x=');
r=input('r=');
a_y=input('a_y=');
R=(a_y.*(a_y-2*r)+b_x^2)/(2*(b_x-r))
phi_m=(b-pi*r)/(2*(R-r));
phi_md=phi_m*180/pi

h=input('h=');
alpd=input('alpd=');
alp=alpd*pi/180;
e=2*b_x/cos(alp)
u_0=r*(pi-2*phi_m)+2*R*phi_m;
bet=atan((e*h*(1+sin(alp))-2*b_x^2-0.5*u_0^2)/(e*u_0));
betd=bet*180/pi
Db=12
phi_0=pi+Db/R;
phi_0d=phi_0*180/pi

phi_1=[0:0.001:phi_m];
% z_1=f_1(phi_1);
u_1=R*phi_1;
z_1=h+(R*(R-2*b_x).*(1-cos(phi_1))+e*R*tan(bet).*sin(phi_1)...
                    -u_1.*(0.5*u_1+e*tan(bet)))/(e*(1+sin(alp)));

phi_2=[phi_m:0.001:pi-phi_m];
% z_2=f_2(phi_2)
u_2=(R-r)*phi_m+r*phi_2;
A=a_y*(0.5*a_y+e*tan(bet)-r*(1-sin(phi_2)));
B=b_x*(1.5*b_x-r*cos(phi_2));
z_2=h+(A-B+r*(1-sin(phi_2)).*(r-e*tan(bet))-u_2.*(0.5*u_2+e*tan
(bet))).(e*(1+sin(alp)));

phi_3=[pi-phi_m:0.001:phi_0];
% z_3=f_3(phi_3)
u_3=r*(pi-2*phi_m)+R*(2*phi_m+phi_3-pi);
z_3=h+(R^2*(1+cos(phi_3))-2*b_x^2+e*R*tan(bet)*sin(phi_3)...
                    -u_3.*(0.5*u_3+e*tan(bet)))/(e*(1+sin(alp)));

plot(u_1,z_1,u_2,z_2,u_3,z_3,'-','linewidth',3)
xlabel('u ')
ylabel('z ')
```

```
axis image
box on
rotate3d

b_0=b+Db
a=b/tan(bet)
a_0=b_0/tan(bet)
% a_2= f_3(phi_0)
a_2=h+(R^2*(1+cos(phi_0))-2*b_x^2+e*R*tan(bet)*sin(phi_0)...
                    -(u_0+Db)*(0.5*(u_0+Db)+e*tan(bet)))/(e*(1+sin(alp)))
```

（4）椭圆形状的设计调控　现借图 2-4-33 对翻领式成型器非标准椭圆形袋筒的设计调控问题做概括的分析和论证，以有助于将它确立次基准地位而转变观念，推广使用。

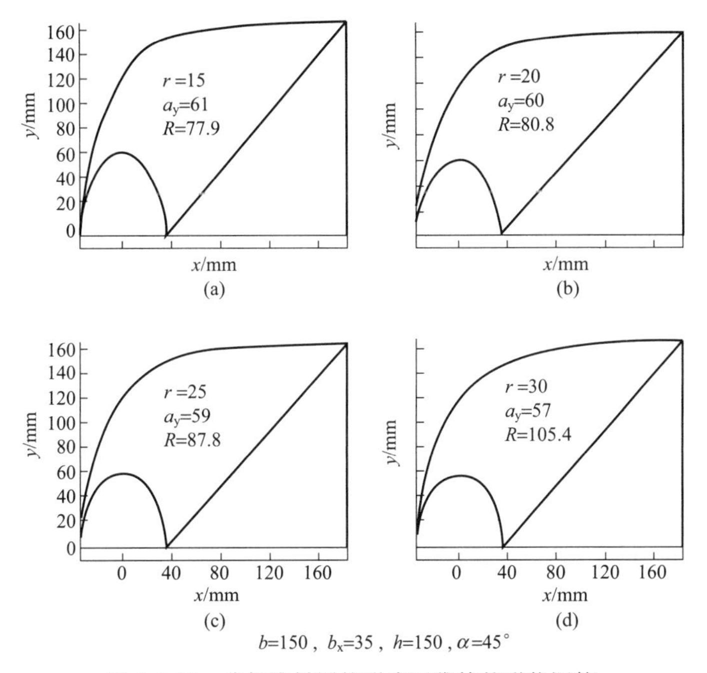

图 2-4-33　非标准椭圆柱形成型袋筒的形状调控

图中各分图的数据显示，取 $b=150$mm，$b_x=35$mm，$h=150$mm，$\alpha=45°$为统一给定值时，根据 r（依次增加）和 a_y（依次略减）的不同组合，可以找出所求 R（依次递增）的变化规律。可见，采用图 2-4-33(d) 所示方案便于搭配带圆角四棱柱形的辅助成型/加料筒。至于其他功用，不必赘述。

尽管如此组合，翻领式成型器的总体外廓尺寸却基本保持稳定。

（三）长圆柱形成型筒

提示：长圆柱的横截面是由两两对称的圆弧和直线连接而成。所以，根据实际需要，在一定范围内调整其两侧的圆弧半径和中间的直线长度，以完成成型筒的造型就显得十分灵活方便和精确可靠。这样，很适合采用对边压合的横向封口方式制作宽枕形包装成品袋，或者搭配相适应的辅助成型/加料筒制作四棱柱形包装成品袋。当然，在总体设计上也会受到某些约制。

1. 解题步骤

仿照前述解题的思路与步骤，对翻领式长圆柱形袋筒成型器的设计计算，侧重于结合图 2-4-34 所示的数学模型列出推导的结果。请注意，在本节前已用过的公式符号，一般不再重复说明。

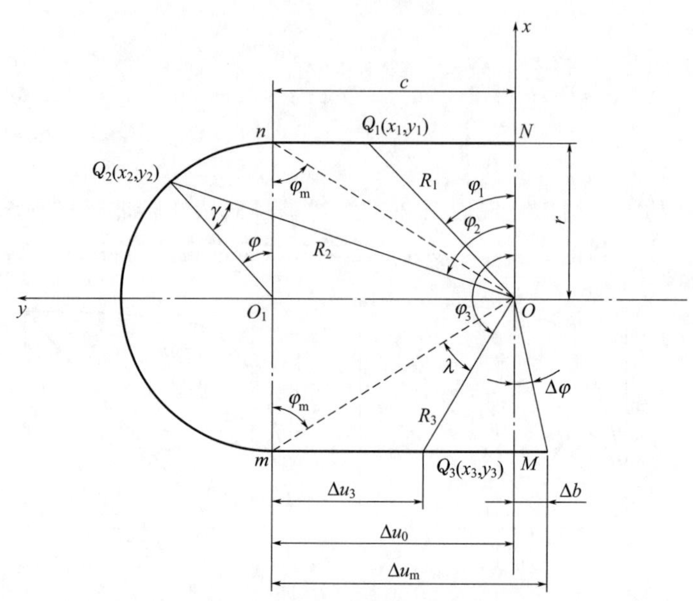

图 2-4-34　翻领式长圆柱形袋筒成型器数学模型

取长圆柱形成型筒横截面坐标轴 x 的左部作为剖析的对象，令圆弧的半径为 r，直线段的长度为 c，确认

$$b=2c+\pi r$$

得
$$c=\frac{1}{2}(b-\pi r) \tag{2-4-49}$$

或
$$r=\frac{1}{\pi}(b-2c) \tag{2-4-50}$$

在 xOy 基面上，按半个长圆的两个衔接点分为三段求解各自对应的领口截交曲线和翻领边界曲线的函数方程。

1）第一段

取函数定义域 $0\leqslant\varphi_1\leqslant\varphi_m$，$\varphi_m=\arctan\dfrac{c}{r}$。从始点 N 计起的弧长 $\widehat{NQ}$，即

$$u_1=r\tan\varphi_1 \tag{2-4-51}$$

由于
$$x_t=-r,\quad y_t=-e\tan\beta,\quad z_t=h+e\sin\alpha \tag{2-4-52}$$

仿前法解出本段的领口截交曲线函数方程

$$x_1=r,\quad y_1=u_1,\quad z_1=h \tag{2-4-53}$$

及翻领边界曲线函数方程

$$x_{j1}=x_1+S_{j1}\cos\theta_1\cos\delta_1$$
$$y_{j1}=y_1+S_{j1}\cos\theta_1\sin\delta_1$$
$$z_{j1}=z_1-S_{j1}\sin\theta_1$$

式中，S_{j1}、θ_1、δ_1 参阅式(2-4-37) 可求得。

2）第二段

取函数定义域 $\varphi_m \leqslant \varphi_2 \leqslant \pi - \varphi_m$。从始点 N 计起的弧长$\overset{\frown}{NQ_2}$，即

$$u_2 = c + r\varphi \tag{2-4-54}$$

在$\triangle OQ_2O_1$，令 $\gamma = \varphi_2 - \varphi$，由

$$\frac{c}{\sin\gamma} = \frac{r}{\sin\left(\dfrac{\pi}{2} - \varphi_2\right)}$$

得

$$\varphi = \varphi_2 - \arcsin\left(\frac{c}{r}\cos\varphi_2\right) \tag{2-4-55}$$

又由

$$R_2^2 = c^2 + r^2 - 2cr\cos\left(\frac{\pi}{2} + \varphi\right)$$

得

$$R_2 = \sqrt{c^2 + r^2 + 2cr\sin\varphi} \tag{2-4-56}$$

仿前法解出第二段领口截交曲线函数方程

$$\begin{aligned} x_2 &= R_2\cos\varphi_2 \\ y_2 &= R_2\sin\varphi_2 \\ z_2 &= h + r\frac{r(1-\cos\varphi_2) + e(\varphi_2 - \sin\varphi_2)\tan\beta + 0.5r\varphi_2^2}{e(1+\sin\alpha)} \end{aligned} \tag{2-4-57}$$

及翻领边界曲线函数方程

$$\begin{aligned} x_{j2} &= x_2 + S_{j2}\cos\theta_2\cos\delta_2 \\ y_{j2} &= y_2 + S_{j2}\cos\theta_2\sin\delta_2 \\ z_{j2} &= z_2 - S_{j2}\sin\theta_2 \end{aligned}$$

3）第三段

取函数定义域 $\pi - \varphi_m \leqslant \varphi_3 \leqslant \varphi_0$，$\varphi_0 = \pi + \Delta\varphi$，$\Delta\varphi = \arctan\dfrac{\Delta b}{\mathrm{r}}$。从始点 N 计起的弧长$\overset{\frown}{NQ_3}$，即

$$u_3 = c + \pi r + \Delta u_3 \tag{2-4-58}$$

在$\triangle mOQ_3$，令 $\lambda = \varphi_3 - \dfrac{\pi}{2} - \left(\dfrac{\pi}{2} - \varphi_m\right) = \varphi_m + \varphi_3 - \pi$，由

$$\frac{\Delta u_3}{\sin\lambda} = \frac{\sqrt{c^2 + r^2}}{\sin\left(\dfrac{3\pi}{2} - \varphi_3\right)}$$

得

$$\Delta u_3 = \sqrt{c^2 + r^2}\frac{\sin(\varphi_m + \varphi_3)}{\cos\varphi_3} \tag{2-4-59}$$

仿前法解出第三段领口截交曲线函数方程

$$\begin{aligned} x_3 &= -r \\ y_3 &= c - \Delta u_3 \\ z_3 &= h + \frac{(c - \Delta u_3)(c - \Delta u_3 + 2e\tan\beta) - 4r^2 - u_3(u_3 + 2e\tan\beta)}{2e(1+\sin\alpha)} \end{aligned} \tag{2-4-60}$$

取 $\varphi_3 = \pi$，$z_3 = 0$，得

$$\Delta u_3=\Delta u_0=c, \quad u_3=u_0=2c+\pi r$$

代入上式(z_3)，解出

$$\tan\beta=\frac{2eh(1+\sin\alpha)-4r^2-u_0^2}{2eu_0} \tag{2-4-61}$$

又，取 $\varphi_3=\varphi_0$，$z_3=a_2$，得

$$\Delta u_3=\Delta u_m=\sqrt{c^2+r^2}\frac{\sin(\varphi_m+\varphi_0)}{\cos\varphi_0}, \quad u_3=u_m=c+\pi r+\Delta u_m$$

同理解出

$$a_2=h+\frac{(c-\Delta u_m)(c-\Delta u_m+2e\tan\beta)-4r^2-u_m(u_m+2e\tan\beta)}{2e(1+\sin\alpha)} \tag{2-4-62}$$

最后，解出第三段翻领边界曲线函数方程

$$x_{j3}=x_3+S_{j3}\cos\theta_3\cos\delta_3$$
$$y_{j3}=y_3+S_{j3}\cos\theta_3\sin\delta_3$$
$$z_{j3}=z_3-S_{j3}\sin\theta_3$$

据此，编写程序文件 FLCXQ _ CY3d. m，并设 $b=150$mm，$r=30$mm，$c=27.88$mm，$\Delta b=12$mm，$h=150$mm，$\alpha=45°$，绘制如图 2-4-35 所示的翻领式长圆柱形袋筒成型器实体模型轴测图。还提供另一程序文件 FLCXQ _ CYz _ u. m，作为绘制该实体模型领口截交曲线展开图的依据。

```
% FLCXQ_CY3d.m
clear
% syms b a b_0 a_0 r c h alpd e betd thetd

b=input('b=');
r=input('r=');
c=(b-pi*r)/2
phi_m=atan(c/r);
phi_md=phi_m*180/pi

h=input('h=');
alpd=input('alpd=');
alp=alpd*pi/180;
e=2*r/cos(alp)
u_0=2*c+pi*r;
bet=atan((2*e*h*(1+sin(alp))-4*r^2-u_0^2)/(2*e*u_0));
betd=bet*180/pi

x_t=-r;
y_t=-e*tan(bet);
z_t=h+e*sin(alp);

Db=12
phi_0=pi+atan(Db/r);
```

```
phi_0d=phi_0*180/pi
phi_1=[0:0.001:phi_m];
u_1=r*tan(phi_1);
x_1=r+0*phi_1;
y_1=u_1;
% z_1=f_1(phi_1);
z_1=h+0*phi_1;

phi_2=[phi_m:0.001:pi-phi_m];
phi=phi_2-asin((c/r)*cos(phi_2));
R_2=sqrt(c^2+r^2+2*c*r*sin(phi));
u_2=c+r*phi;
x_2=R_2.*cos(phi_2);
y_2=R_2.*sin(phi_2);
% z_2=f_2(phi_2)
z_2=h+(R_2.*(R_2+2*r*cos(phi_2)+2*e*tan(bet)*sin(phi_2))-3*r^2-...
                                   u_2.*(u_2+2*e*tan(bet))).Ⅰ/(2*e*(1+sin(alp)));

phi_3=[pi-phi_m:0.001:phi_0];
Du_3=sqrt(c^2+r^2)*sin(phi_m+phi_3)./cos(phi_3);
u_3=c+pi*r+Du_3;
x_3=-r+0*phi_3;
y_3=c-Du_3;
% z_3=f_3(phi_3)
z_3=h+((c-Du_3).*(c-Du_3+2*e*tan(bet))-4*r^2-...
                                   u_3.*(u_3+2*e*tan(bet)))/(2*e*(1+sin(alp)));
% a_2= f_3(phi_0)
Du_m=sqrt(c^2+r^2)*sin(phi_m+phi_0)/cos(phi_0);
u_m=c+pi*r+Du_m;
a_2=h+((c-Du_m)*(c-Du_m+2*e*tan(bet))-4*r^2-...
                                   u_m*(u_m+2*e*tan(bet)))/(2*e*(1+sin(alp)))

b_0=b+Db
l_p1=sqrt((e*tan(bet)+u_1).^2+(z_1-(h-e)).^2);
l_p2=sqrt((e*tan(bet)+u_2).^2+(z_2-(h-e)).^2);
l_p3=sqrt((e*tan(bet)+u_3).^2+(z_3-(h-e)).^2);

l_j1=l_p1.*((e*tan(bet)+b_0)./(e*tan(bet)+u_1));
l_j2=l_p2.*((e*tan(bet)+b_0)./(e*tan(bet)+u_2));
l_j3=l_p3.*((e*tan(bet)+b_0)./(e*tan(bet)+u_3));

s_j1=l_j1-l_p1;
s_j2=l_j2-l_p2;
s_j3=l_j3-l_p3;

thet_1=asin((z_t-z_1)./l_p1);
```

```
thet_2=asin((z_t-z_2)./l_p2);
thet_3=asin((z_t-z_3)./l_p3);
% thet_1d=thet_1*180/pi
% thet_2d=thet_2*180/pi
thet_3d=thet_3*180/pi;

delt_1=atan((y_1-y_t)./(x_1-x_t));
delt_2=atan((y_2-y_t)./(x_2-x_t));
delt_3=atan((y_3-y_t)./(x_3-x_t));

x_j1=x_1+s_j1.*cos(thet_1).*cos(delt_1);
x_j2=x_2+s_j2.*cos(thet_2).*cos(delt_2);
x_j3=x_3+s_j3.*cos(thet_3).*cos(delt_3);

y_j1=y_1+s_j1.*cos(thet_1).*sin(delt_1);
y_j2=y_2+s_j2.*cos(thet_2).*sin(delt_2);
y_j3=y_3+s_j3.*cos(thet_3).*sin(delt_3);

z_j1=z_1-s_j1.*sin(thet_1);
z_j2=z_2-s_j2.*sin(thet_2);
z_j3=z_3-s_j3.*sin(thet_3);

x1=x_1; x2=x_2; x3=x_3;
y1=y_1; y2=y_2; y3=y_3;
z1=a_2+0*phi_1; z2=a_2+0*phi_2; z3=a_2+0*phi_3;

plot3(x_1,y_1,z_1,x_2,y_2,z_2,x_3,y_3,z_3,'-','linewidth',3)
hold on
plot3(x_j1,y_j1,z_j1,x_j2,y_j2,z_j2,x_j3,y_j3,z_j3,'-','linewidth',3)
hold on
plot3(x1,y1,z1,x2,y2,z2,x3,y3,z3,'-','linewidth',3)

% axis([-50,200,-50,180,-50,180])
view([-30 15])
% view([0 -90])
% view([-90 0])
% view([180 0])
% view([270 0])

xlabel('x / x_j')
ylabel('y / y_j')
zlabel('z / z_j')
axis image
box on
rotate3d
```

```
a=b/tan(bet)
a_0=b_0/tan(bet)
x_a=r+a_0*cos(alp);
x_c=r;
x_d=x_a;
y_a=b_0;
y_c=0;
y_d=0;
z_a=h-a_0*sin(alp);
z_c=h;
z_d=z_a;

x_n=r;
y_n=0;
z_n=a_2;
x_m=-r;
y_m=0;
z_m=z_n;

x1=[x_c,x_a,x_d]; y1=[y_c,y_a,y_d]; z1=[z_c,z_a,z_d];
line(x1,y1,z1,'linewidth',3)
x2=[x_d,x_c,x_n,x_m]; y2=[y_d,y_c,y_n,y_m]; z2=[z_d,z_c,z_n,z_m];
line(x2,y2,z2,'linestyle','-.','linewidth',1.5)

% alp_1=thet_a
% alp_1=atan(sin(alp)/sqrt((cos(alp))^2+(tan(bet))^2));
% alp_1d=alp_1*180/pi;
```

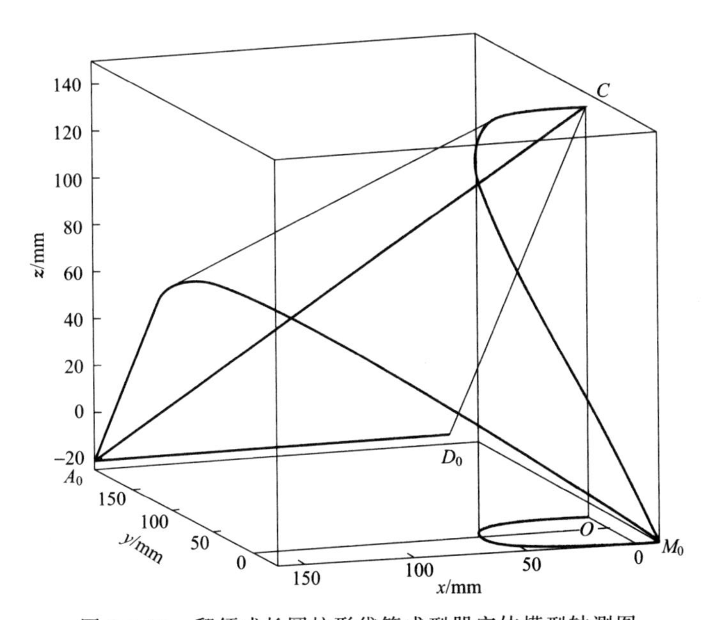

图 2-4-35　翻领式长圆柱形袋筒成型器实体模型轴测图

```
% FLCXQ_CYz_u.m
clear

b=input('b=');
r=input('r=');
c=(b-pi*r)/2
phi_m=atan(c/r);
phi_md=phi_m*180/pi

h=input('h=');
alpd=input('alpd=');
alp=alpd*pi/180;
e=2*r/cos(alp)
u_0=2*c+pi*r;
bet=atan((2*e*h*(1+sin(alp))-4*r^2-u_0^2)/(2*e*u_0));
betd=bet*180/pi
Db=12
phi_0=pi+atan(Db/r);
phi_0d=phi_0*180/pi

phi_1=[0:0.001:phi_m];
% z_1=f_1(phi_1);
u_1=r*tan(phi_1);
z_1=h+0*sin(phi_1);

phi_2=[phi_m:0.001:pi-phi_m];
% z_2=f_2(phi_2)
phi=phi_2-asin((c/r)*cos(phi_2));
R_2=sqrt(c^2+r^2+2*c*r*sin(phi));
u_2=c+r*phi;
z_2=h+(R_2.*(R_2+2*r*cos(phi_2)+2*e*tan(bet)*sin(phi_2))-3*r^2-...
                                    u_2.*(u_2+2*e*tan(bet)))/(2*e*(1+sin(alp)));

phi_3=[pi-phi_m:0.001:phi_0];
% z_3=f_3(phi_3)
Du_3=sqrt(c^2+r^2)*sin(phi_m+phi_3)./cos(phi_3);
u_3=c+pi*r+Du_3;
z_3=h+((c-Du_3).*(c-Du_3+2*e*tan(bet))-4*r^2 -...
                                    u_3.*(u_3+2*e*tan(bet)))/(2*e*(1+sin(alp)));

plot(u_1,z_1,u_2,z_2,u_3,z_3,'-','linewidth',3)
xlabel('u ')
ylabel('z ')
```

```
axis image
box on
rotate3d

b_0=b+Db
a=b/tan(bet)
a_0=b_0/tan(bet)
% a_2= f_3(phi_0)
Du_m=sqrt(c^2+r^2)*sin(phi_m+phi_0)/cos(phi_0);
u_m=c+pi*r+Du_m;
a_2=h+((c-Du_m)*(c-Du_m+2*e*tan(bet))-4*r^2 -u_m*(u_m+2*e*tan
(bet)))/(2*e*(1+sin(alp)))
```

2. 综合研究

针对上述三种典型翻领式成型器设计计算的共性与特性问题，有必要加以综合研究，以深入了解相互转化规律及对比适用条件。

① 圆柱形、非标准椭圆柱形和长圆柱形袋筒成型器各自在水平基面上的投影图形都包含圆弧的基本组成部分。依靠这种内在联系，在建立实体模型及数学模型方面，彼此之间既便于引用，又可以转化，加之运用计算机辅助设计方法，足以使总体设计工作得心应手、精确高效。

② 在纵横观察、全面研究这三类翻领式成型器轴测投影与旋转图形的基础上，将其主要结构参数的计算数据适当整理，列成表 2-4-2。

表 2-4-2 典型翻领式成型器主要结构参数对比分析 mm

项目	圆柱形	椭圆柱形	长圆柱形
b_h_α	150_150_45°		
r	47.75	20～30	20～30
b_x		35	
a_y		60～57	
c			43.58～27.88
β	42.82°	38.11°	16.01°～34.29°
a	161.87	191.20	522.65～220.00
a_2	−25.92	−21.66～−21.67	−22.67～−22.01
φ_0	198.00°	188.59°～186.52°	210.96°～201.80°

在保持主要结构参数 b、h、α 为定值的前提下，经对比分析得出结论：

a. 当采用对边热压合、宽横向封口的枕形大袋包装时，圆柱形袋筒成型器的 r 值远大于其他两种，压合过程容易使袋内引发较强的气力冲击和喷粉现象，降低热封效果。相形之下，椭圆柱形、长圆柱形袋筒成型器的工作性能就会有所改善，而且还能同辅助长方体形成型/加料筒搭配使用。但是这并不否认以圆柱形作为设计的基准成型筒。

b. 对计算值 β 按由大至小排序，或者对计算值 a 按由小至大排序，显然依次为圆柱形、椭圆柱形、长圆柱形。这表明，后者的薄膜导向板随着 r 减小、c 增大而显著加长，甚至失掉使用价值。

c.由前面计算还了解到，长圆柱形袋筒成型器的领口曲面弯折度大体上也是由上至下逐渐增大的，在最低点的 θ 值接近于 80°。可见，该成型筒可适用的工作条件受到很大限制。

推而广之，翻领式四棱柱形袋筒成型器也必定存在类似的缺陷，这是它难以推广应用的重要原因之一。

③ 所幸，这三种翻领式成型器的 a_2、φ_0 值相差不多，而且变化范围也不大。无疑这有利于某些袋成型充填封口机的模块化设计。

④ 通过对典型翻领式成型器实体模型和数学模型的系统研究，特别是借助计算机技术求解出相关的轴测投影图和平面展开图并揭示出不少鲜为人知的技术奥秘，从而更加丰富发展了这方面的理论体系，将为它的创新设计与制造发挥强有力的指导作用。

第四节　多杆式袋成型牵引组合机构

一、机构组合方案

在前一篇，针对包装机械的主导机型，已扼要介绍了立式无菌包装机的基本组成及工作性能。从图 1-1-24 和图 1-1-25 可看到，其中起着核心作用的，是兼有成型、定量、封口、切断等功能的料筒牵引机构。由于它在很大程度上决定了该机的包装形式、产品规格、加工质量及生产能力，以致有关这方面的关键技术和创新设计，历来受到业界人士的高度重视。

研究此类组合机构具有一定的难度，其原因就在于，对每一工作循环而言，必须协调完成两大动作：一是，工作头支座按一定规律作上下往复直线运动（主要用于牵引）；二是，工作头相对支座按一定规律作左右对称摆动（主要用于合模、成型、定量、封口、切割、开模）。因此，从叠加组合机构的角度对设计提出以下基本要求：

① 工作头处于上下极位时要有短暂停歇，以便留有足够时间进行关模和开模。

② 在工作行程的中间区段，工作头应接近于等速运行，并同加速段、减速段实现无缝衔接，防止产生冲击。同理，在返回行程也有同样的运动特性，而且能够急回。

③ 相对曲柄而言，设法提高工作头的行程放大系数，得以简化机构、紧缩布局。

④ 为适应不同的包装材料、充填物料以及计量范围、封口强度，不仅要求循环周期可以灵活调整，工作行程也可以适当改变，以有助于改善包装机的柔性。

实用中，工作头的往复直线运动及其运动规律性，大都选用典型机构来实现。至于两大动作在位移与速度上如何充分协调配合起来，却有多种组合方案可供选择。过去曾盛行的纯机械式方案已被淘汰，而代之自动化程度较高的机电气等一体化组合方案。

（一）机气式组合方案

参阅图 2-4-36，扼要说明机气式组合方案的主要特点。

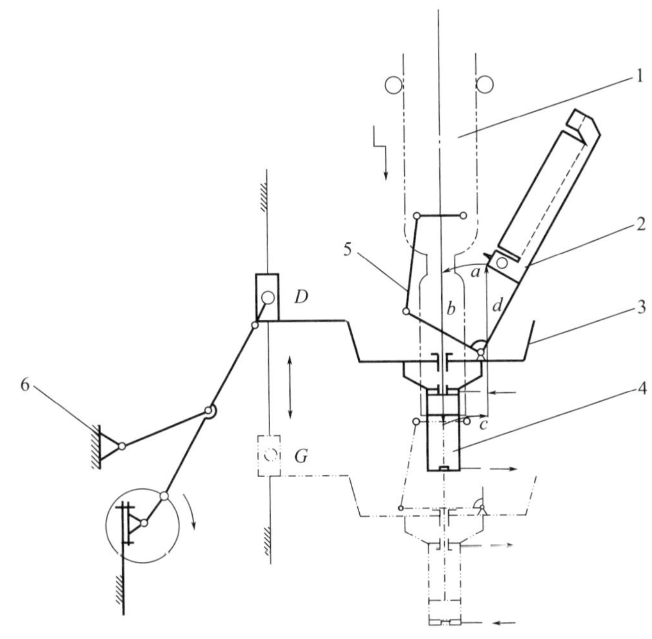

图 2-4-36　立式无菌成型充填封口机机气式组合方案

1—圆筒薄膜；2—摆动模板；3—模板支座；4,5—活塞气缸及连杆机构；6—曲柄连杆与滑块串联组合机构

① 模板支座的垂直往复直线运动采用曲柄连杆与滑块串联的组合机构来驱动。曲柄是主动件，借伺服电机调速。该机构类似于“契贝雪夫近似直线导向机构”。各杆的长度互有确定的比例，即连杆的长度为曲柄的 5 倍；摇杆的长度为曲柄的 2.5 倍，其一端与连杆的中心铰接点相连；初设支架杆的长度为曲柄的 2 倍，其一端可以微调。

由此确认，滑块所连的模板支座在牵引行程的中间区段可以近似实现等速运行，但返回行程是急剧变速的，达到极位呈现短暂停歇。此刻，一对模板被活塞气缸推动能快速开合。开合角度与袋筒直径有关，如果角度过大又速度过快，会对袋筒成型产生不利影响。

② 滑块的行程取决于成型件的切断间距，此值通常可达曲柄长度的 4 倍左右。反过来说，适当调节曲柄长度就能相应改变包装成品的纵向尺寸。

③ 此一组合方案主要适用于有气源供应的包装场合，这对无菌包装机不难解决配套问题。

（二）机电式组合方案

基于对机气式组合方案优缺点的分析，另提出机电式组合方案，如图 2-4-37 所示。从机构学角度看，它只不过是将金属薄板冲压成型机所用的主要工作机构移植过来，并经创新改造而成的。对此，扼要说明以下几点：

① 连接摆动模板支座的滑块改用另一种多杆组合机构驱动。其中，着重改进三角形连杆的连接方式，并将滑块的垂直导杆相对曲柄回转中心向左偏移适当的距离。在此基础

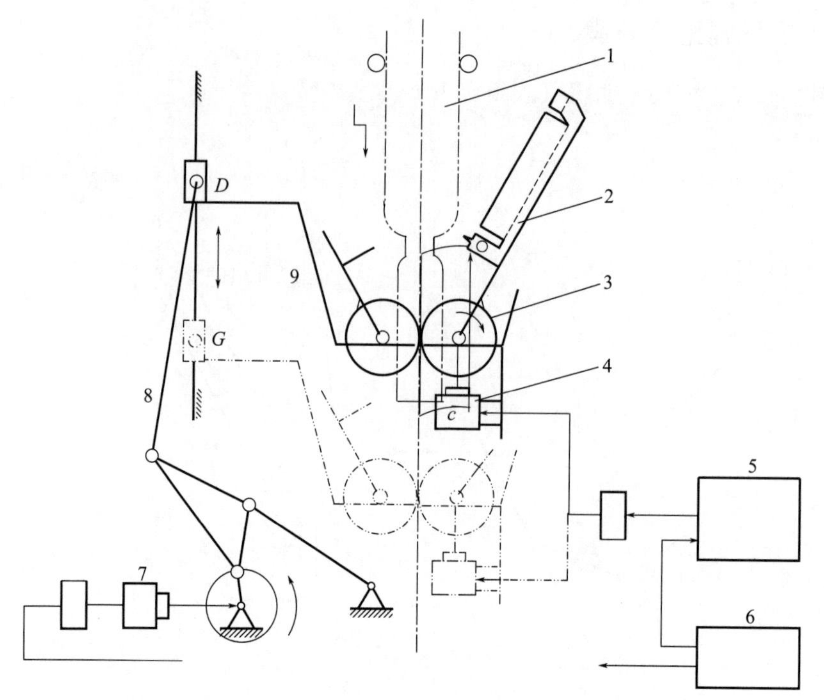

图 2-4-37　立式无菌成型充填封口机机电式组合方案

1—圆筒薄膜；2—摆动模板；3,4—传动齿轮及伺服电机；5—可编程控制器；6—操作控制箱；7—电机及调速装置；8—曲柄连杆与滑块串联组合机构；9—模板支座

上，重新调整相关构件的尺寸，运用新的解题思路及推导程序，使所设计机构的各项运动特性均能达到预期的优化目标，有的甚至超过前面介绍的六杆组合机构。另外，若改变部分元件的结构尺寸及曲柄转向，还适合作为垂直行程较长的块体供送与裹包机构。

② 采用一对等直径的外啮合齿轮机构完成成型模板的开合运动。其摆动的角度、速度和时间均由一组驱动伺服系统（包括可编程控制器、伺服驱动器）进行有效控制。与此相配合，曲柄由调速电机控制，从而全面实现机电一体化。由于整个工作系统不受气源制约，大大增强了其应变能力及可操作性，便于推广应用。

综合上述，结合 TRIZ 理论，受到深刻启示，在现代机械与机构的设计中，通过功能融合、元件融合，足以使所涉系统得到结构简化和性能提升，实现更高层次的集成优化。

二、机构优化设计

现联系前图 2-4-37，侧重对该典型机构加以深入剖析。鉴于其组合形式特殊、组合元件偏多、组合约束复杂，最好采用优化与解析兼顾的创新设计方法求解。

（一）优化设计原理

1. 优化设计主要内涵

设计某一机构，即使功能不变，其结构形式和构件尺寸往往也会有多种不同的组合方案。对此，应根据给定要求多做分析比较，在有限范围内使之获得最佳答案。

在具体实施过程中，应按设计准则选定若干设计变量（有时包括设计常量），将工程

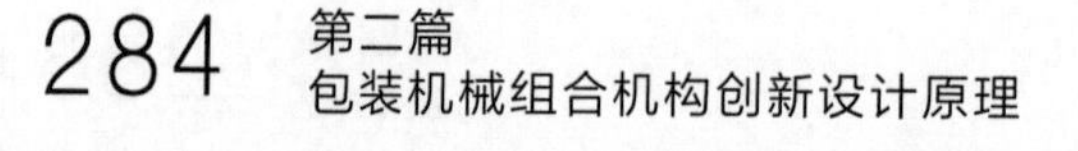

实际问题转化为相应数学模型，进而运用数学规划方法，辅以计算机手段，在规定的约束条件下保证某一项或某几项设计指标取为最优值。

因此，构成优化设计的三要素为设计变量、目标函数和约束条件。深言之，设计变量乃是在设计中有待优选的一组独立参数，其个数（或称维数）增多，虽然结果精确，但会导致求解困难，务必适可而止。目标函数分为单目标和多目标，直接反映出设计所求的技术经济性能及水平，同时它又是设计变量的函数表达式，借此算出其最小值（或将最大值转换为最小值）。约束条件包含线性约束和非线性约束，通常是优化设计必须具备的前提，建立约束函数力求简明确切，减少结构层次。

总之，机械和机构的最优化设计方法，对处理大型、复杂的科技问题自有其独特的功用，受到广泛的关注和应用。

另一方面，优化设计方法也存在一定的局限性，一般只能求出多变量机构的最优数值解，而对问题难以做出全面的定性分析或者不易检查优化结果是否合理可行。不过，传统的解析法却拥有这方面的优势，能弥补不足。这样，将这两种设计方法有机结合起来就会突显成效，值得一试。

2. 优化设计数学模型

随着科学技术的发展，对设计机械与机构已提供多种多样的优化计算方法，要因地制宜选用。这之中，著名的计算机软件 MATLAB 优化工具箱开发出来的一系列优化算法模块，通常用来解决不同类型的数学规划问题。

强调指出，对求解单目标、多变量、有约束、非线性函数的最小化问题，可选用优化工具函数 fmincon。关于其内涵，需着重了解：

① 该优化工具函数的计算功能相当强大。应用时，按规定格式将设计变量、目标函数和约束条件输入系统，并选择相应的算法，便能自动完成整个求解过程，极大减少编程与调试的工作量。

② 试取设计变量的初始值及极限值，几经调试可求不同的优化计算结果，以便从中选定所需的实用值，提高工作效率。

③ 包装机械应用众多的机构，其优化设计大都属于多变量、有约束、非线性函数的求极值问题。除单目标之外，若面对多目标优化设计问题，不妨借助约束条件加以适当转化和简化。

在 MATLAB 中，fmincon 函数所涉的优化设计数学模型，一般表示为

$$\min f(x)=f(x_1,x_2,\cdots,x_n) \quad \text{目标函数表达式}$$

$$\text{s.t.}\quad A\cdot x\leqslant b \quad \text{线性不等式约束矩阵表达式}$$

$$Aeq\cdot x=beq \quad \text{线性等式约束矩阵表达式}$$

$$c(x)\leqslant 0 \quad \text{非线性不等式约束函数表达式}$$

$$ceq(x)=0 \quad \text{非线性等式约束函数表达式}$$

$$lb\leqslant x\leqslant ub \quad \text{边界约束表达式}$$

fmincon 函数的调用格式有多种，其中最常用的是

```
[x,fval,exitflag,output]=fmincon(@fun,x0,A,b,Aeq,beq,lb,ub,@nonlcon,options]
```

式中各项含义：

x——设计变量，由优化函数求得的解。

fval——返回目标函数最优点的函数值。

exitflag——返回优化算法的终止状态，如果其值大于 0 表示目标函数收敛于 x；其值

等于 0 表示超过最大的迭代次数；其值小于 0 表示不收敛。

output——返回优化算法的运行信息，包含多项，例如 algorithm 表示所用算法；iteration 表示迭代次数；funccount 表示函数计算次数。

fun——目标函数名，当以单独的程序文件存放时应写成“@fun”。

x0——迭代初始点的坐标值。

A，b——线性不等式约束的系数矩阵和常数矩阵。

Aeq，beq——线性等式约束的系数矩阵和常数矩阵。

lb，ub——设计变量的下限值和上限值。

nonlcon——非线性约束函数名，当以单独的 M 文件存放时，应写成“@nonlcon”。

options——优化选项控制参数，取值较多，例如算法参数 Algorithm 可选 Interior-point、Active set 或 Trust region reflective；显示参数 display 可选 iter、final 或 off。

优化选项控制参数通过 optimset 函数来设置，调用格式为

```
options=optimset('param 1','value 1','param 2','value 2'…)
```

对 fmincon 函数而言，若在调用格式中缺少某定义项，可用空阵符号［ ］代替。在这些方面，读者要想了解更多的内容，详见有关专著。

3. 优化设计一般步骤

在一般情况下，整个机构的优化设计过程可分三步走：

第一步，根据给定要求，确定优化设计变量及其初始值、边界限制条件，线性等式、不等式约束条件，优化选项控制参数和全局变量，再选择适当的算法，调用优化工具函数，完成机构优化设计主文件的编写与存放。

第二步，依次确定目标函数、非线性函数及其表达式，分别编写与存放相应的目标文件和约束文件。当要求运行整个程序时，只需启用主文件。

第三步，结合解析法全面分析机构优化设计的初步成果，对问题全面求解，加以必要的调整修改，使之更完善。

实践表明，机构优化设计的数学模型越复杂，所需的工作量也越大，同时反映出来的问题也越多。为取得满意的结果，要联系实际，善于抓主导、舍次要，查疑点、补漏洞，重实效、走捷径，以不断提高优化设计的水平。

（二）机构结构分析

通过对本组合机构的机构结构分析，可按给定设计要求选好设计变量、目标函数和约束条件，以建立优化设计的数学模型，并结合解析法探明机构优化结果的合理性及规律性，适当修改相关设计参数，实现系统工作的最优化。

1. 探索设计变量

参阅图 2-4-38 多杆式成型牵引组合机构，在计算机构的自由度时，可将三角形杆视为具有 3 个回转副的单一活动构件，求得的机构自由度数为 1。但在研究该机构的结构与运动特性之际，又得将三角形杆分解成为 3 个元件。这样，包括固定的机架杆在内，整个系统共计 8 个元件。为简化优化设计，若将主动曲柄的实长 L_1 转换为单位长度 1，则其他各杆的相对长度可分别取为 a、b、c、d、e、g，而其实长相应为 $L_2=aL_1$、$L_3=bL_1$、$L_4=cL_1$、$L_5=dL_1$、$L_6=eL_1$、$L_7=gL_1$，如此等等。

默认系统的直角坐标系为 xO_1y。令固定导轨中线对 y 轴的左偏距为 h，摇杆对固定铰接点 O_2 的坐标为 (x_2-h, y_2)，求出

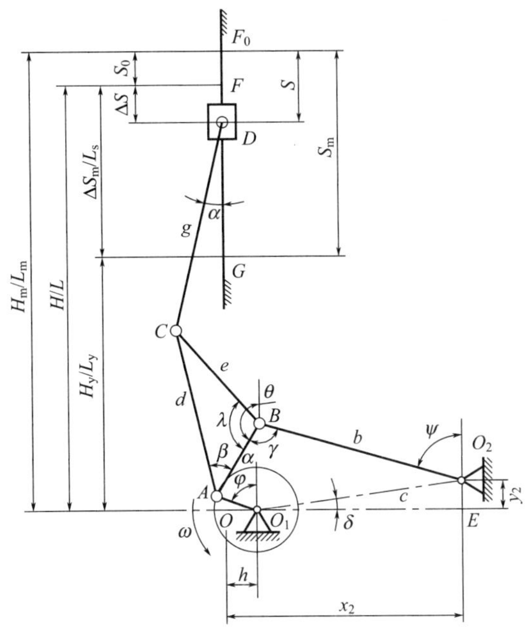

图 2-4-38　多杆式成型牵引组合机构简图（$\alpha>0$）

$$c=\sqrt{(x_2-h)^2+y_2^2} \tag{2-4-63}$$

$$\delta=\arctan\frac{y_2}{x_2-h} \tag{2-4-64}$$

$$\beta=\arccos\frac{a^2+d^2-e^2}{2ad} \tag{2-4-65}$$

$$\lambda=\arccos\frac{a^2+e^2-d^2}{2ae} \tag{2-4-66}$$

考虑到其余杆件的转动位置角都是曲柄角位移 φ 的函数，依次可求

1）传动角 γ

将 A、O_2 两点连线，由$\triangle ABO_2$、$\triangle AO_1O_2$ 写出关系式

$$a^2+b^2-2ab\cos\gamma=1+c^2-2c\cos\left(\frac{\pi}{2}-\delta+\varphi\right)$$

得

$$\gamma=\arccos\frac{a^2+b^2-c^2-1-2c\sin(\varphi-\delta)}{2ab} \tag{2-4-67}$$

2）摇杆摆角 ψ

沿用曲柄摇杆机构的矢量方程法写出关系式

$$\sin\varphi+x_2-h=a\sin\theta+b\sin\psi$$

$$\cos\varphi-a\cos\theta=b\cos\psi+y_2$$

消去 θ，导出

$$A\sin\psi+B\cos\psi=C \tag{2-4-68}$$

式中

$$A=2b(h-x_2-\sin\varphi)$$

$$B=2b(y_2-\cos\varphi)$$

$$C=a^2-b^2-y_2^2-1-(x_2-h)^2-2(x_2-h)\sin\varphi+2y_2\cos\varphi$$

置换上式(2-4-68)

$$\sin\psi+\frac{B}{A}\cos\psi=\frac{C}{A}$$

令

$$\tan\mu=\frac{B}{A}\text{或}\quad \mu=\arctan\frac{B}{A} \tag{2-4-69}$$

得

$$\psi=\arcsin\left(\frac{C}{A}\cos\mu\right)-\mu \tag{2-4-70}$$

3）滑块连杆摆角 α

将整个组合机构联系在一起，写出关系式

$$g\sin\alpha+x_2=d\sin[\beta-(\gamma-\psi)]+a\sin(\gamma-\psi)+b\sin\psi$$

得

$$\alpha=\arcsin\frac{1}{g}[d\sin(\beta-\gamma+\psi)+a\sin(\gamma-\psi)+b\sin\psi-x_2] \tag{2-4-71}$$

综合上述确认，作为本组合机构独立参数的设计变量，可取为 a、b、d、e、g、h、x_2、y_2 和 φ。

2. 探索目标函数

遵循优化设计准则，要尽量设法选取单一的主要优化目标，而将其他的一般优化目标转换成为约束条件，使问题求解得以适当简化。

对本课题不妨这样预选优化目标，在确保组合机构拥有适宜的结构与运动特性的前提下，为达到设计给定的工作行程及放大系数，要将成型牵引机构工作头作垂直往复直线运动的上限位置降至最低，从而取得更加紧凑的全机构总体布局，据此建立目标函数的数学表达式。

如图 2-4-38 所示，设模板-滑块导轨的中线对 y 轴的左偏距为 h；该滑块的铰接中心从工作行程的上限位置 F 向下移位为 ΔS，取 $0\leqslant\Delta S\leqslant\Delta S_m$。因此，$F$ 点的投影高度

$$H=\Delta S+g\cos\alpha+d\cos[\beta-(\gamma-\psi)]+\cos\varphi \tag{2-4-72}$$

式中，α、β、γ、ψ 由前面导出的各关系式算出。

为简化优化设计，可取

$$\Delta H=H-\Delta S=g\cos\alpha+d\cos(\beta-\gamma+\psi)+\cos\varphi \tag{2-4-73}$$

若滑块的额定工作行程 ΔS_m 所对应的 ΔH 及 φ、α、γ、ψ 分别改写为 ΔH_m 及 φ_m、α_m、γ_m、ψ_m，则

$$\Delta H_m=H-\Delta S_m=g\cos\alpha_m+d\cos(\beta-\gamma_m+\psi_m)+\cos\varphi_m \tag{2-4-74}$$

据此，可将 ΔH_m 的最小值 $H_y=f_{val}$ 作为优化的主要目标。

3. 探索约束条件

1）控制曲柄摇杆机构曲柄存在及摇杆急回运动的条件

$$1+c^2\leqslant a^2+b^2$$

或改写为

$$1+c^2-a^2-b^2\leqslant 0 \tag{2-4-75}$$

2）控制曲柄摇杆机构最小传动角的条件

$$\gamma_{min}=\arccos\frac{a^2+b^2-(c-1)^2}{2ab}\geqslant[\gamma] \tag{2-4-76}$$

或改写为

$$2ab\cos[\gamma]+(c-1)^2-a^2-b^2\leqslant 0 \tag{2-4-77}$$

一般情况，许用传动角 $[\gamma]=50°$左右。

3）控制连杆滑块机构最大压力角的条件

参阅图 2-4-39，当 $\varphi=\varphi_r$ 时，b、e 两杆恰好连成一条直线，相应的，$\lambda+\gamma_r=\pi$，$\alpha=\alpha_{max}$，遂推导出连杆对滑块最大压力角的表达式

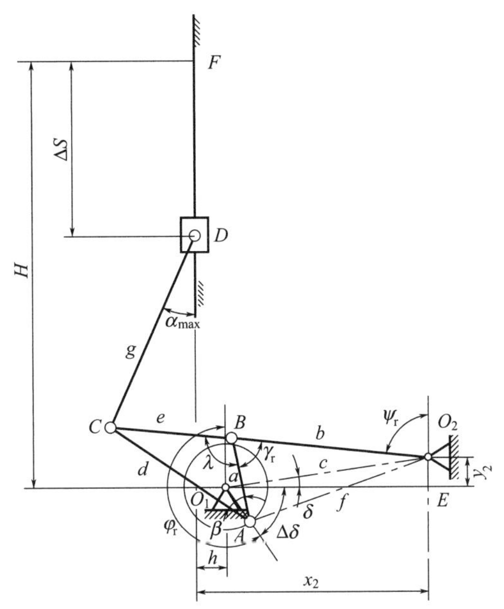

图 2-4-39　多杆式成型牵引组合机构简图（$\alpha=\alpha_{max}$）

$$\alpha_{max}=\arcsin\frac{(b+e)\sin\psi_r-x_2}{g}\leqslant[\alpha] \tag{2-4-78}$$

改写为

$$(b+e)\sin\psi_r-x_2-g\sin[\alpha]\leqslant 0 \tag{2-4-79}$$

式中

$$\psi_r=\arcsin\left(\frac{C_r}{A_r}\cos\mu_r\right)-\mu_r \tag{2-4-80}$$

$$\mu_r=\arctan\frac{Br}{Ar} \tag{2-4-81}$$

$$A_r=2b(h-x_2-\sin\varphi_r)$$

$$B_r=2b(y_2-\cos\varphi_r)$$

$$C_r=a^2-b^2-y_2^2-1-(x_2-h)^2-2(x_2-h)\sin\varphi_r+2y_2\cos\phi_r$$

$$\phi_r=\frac{3\pi}{2}-\Delta\delta \tag{2-4-82}$$

$$\Delta\delta=\arccos\frac{2ab\cos\gamma_r-a^2-b^2+c^2+1}{2c}-\delta \tag{2-4-83}$$

$$\gamma_r=\pi-\lambda \tag{2-4-84}$$

实用中，对式(2-4-79) 所确定的约束条件，当 ψ_r 接近于直角时，可简化为

$$b+e-x_2-g\sin[\alpha]\leqslant 0 \tag{2-4-85}$$

一般情况，许用压力角 $[\alpha]=25°$左右。

4. 探索优化始点

随着计算机技术的发展，数值迭代法已占据主导地位。其基本思路在于，根据目标函数的变化规律，从某一初始点（值）出发，沿着本次迭代方向，以适当的步长向前探索，

寻得一个函数值下降的新点。如此经过有限次的迭代，逐步逼近最小值，就认为达到最佳结果。

可见，在优化设计过程中，人为提出设计变量的极限范围是很重要和必要的，这等于拟定优化设计的初始方案。如果一旦出现挫折，不妨再引入几个差别较大的初始值重新再试，直至成功为止。

（三）编写设计程序

面对比较复杂的单目标、多维、非线性不等式约束的优化设计问题，最好采用MATLAB的优化工具函数fmincon求解，在程序编辑器编写三份符合优化设计要求的程序文件，即　主文件——Link6 _ zhuyao. m

目标文件——Link6 _ mubiao. m

约束文件——Link6 _ yueshu. m

```
% Link6_zhuyao.m
clear

global phi_j
phi_jd=input('phi_jd=');
phi_j=phi_jd*pi/180;
% x(1)=a; x(2)=b; x(3)=d; x(4)=e; x(5)=g; x(6)=h; x(7)=x_2; x(8)=y_2;

x0=[3, 4, 5, 3, 6, 0.6, 5, 0.6];
lb=[2, 3, 4, 2, 5, 0.4, 4, 0.4];
ub=[4, 5, 6, 4, 7, 0.8, 6, 0.8];
A=[];
b=[];
Aeq=[];
beq=[];

options=optimset('algorithm', 'interior-point','display','final');
[x, fval,exitflag,output]=fmincon(@Link6_mubiao, x0, [], [], [], [], lb, ub, @Link6_
yueshu,options)
[c]=Link6_yueshu(x)

% Link6_mubiao.m

function f=Link6_mubio(x)
global phi_j
bet=acos((x(1)^2+x(3)^2-x(4)^2)/(2*x(1)*x(3)));
delt=atan(x(8)/(x(7)-x(6)));
ci=sqrt((x(7)-x(6))^2+x(8)^2);
gam=acos((x(1)^2+x(2)^2-ci^2-1-2*ci*sin(phi_j-delt))/(2*x(1)*x(2)));

A=2*x(2)*(x(6)-x(7)-sin(phi_j));
```

```
B=2 * x(2) * (x(8) - cos(phi_j));
C=x(1)^2-x(2)^2-x(8)^2-1-(x(7)-x(6)) * (x(7)-x(6)+2 * sin(phi_j))+2 * x(8)
* cos(phi_j);
mu=atan(B./A);
psi=asin((C./A) * cos(mu))-mu;
alp=asin((x(1) * sin(gam-psi)+x(2) * sin(psi)+x(3) * sin(bet-gam+psi)-x(7))/x(5));
f=x(5) * cos(alp)+x(3) * cos(bet-gam+psi)+cos(phi_j);

% Link6_yueshu.m

function[c,ceq]=Link6_yueshu(x)

ci=sqrt((x(7)-x(6))^2+x(8)^2);
c(1)=1+ci^2-x(1)^2-x(2)^2;

gam_xd=50;
gam_x=gam_xd * pi/180;
gamin=acos((x(1)^2+x(2)^2-(ci-1)^2)/(2 * x(1) * x(2)));
c(2)=gam_x-gamin;

alp_xd=25;
alp_x=25 * pi/180;
c(3)=x(2)+x(4)-x(7)-x(5) * sin(alp_x);

ceq=[];
```

着重指出，在主文件中应编入设计变量的上下极限值 u_b、l_b，迭代初始点的坐标值 x_0；在目标文件中应编入全局变量 φ_j。后者是个趋近于 φ_m 的试探值，经实践摸索获悉，它大约在直角坐标系第三象限的中间位置（相当于 $\varphi=225°$左右）。

在上机操作之际，通过 MATLAB 当前目录窗口点击运行主文件，并在命令窗口输入确认全局变量，便可完成求解过程。随之显示优化函数求得的解 x 和返回目标函数最优点的函数值 f_{val}，以及其他相关信息。例如，所采用的优化算法（Interior-point 等）和迭代次数，是否满足约束、收敛的条件之类。

（四）揭示内在规律

从设计角度来考虑，若取 $h=0$，此组合机构必然会出现极值

$$H_m=g+d+1,\quad S_0=0 \tag{2-4-86}$$

为全面绘制 S-φ 曲线，不妨将式(2-4-73) 转换为

$$\Delta H=H-\Delta S=H_m-S$$

求得

$$\begin{aligned}S&=g+d+1-g\cos\alpha-d\cos(\beta-\gamma+\psi)-\cos\varphi\\&=1+g(1-\cos\alpha)+d[1-\cos(\beta-\gamma+\psi)]-\cos\varphi\end{aligned} \tag{2-4-87}$$

在这种场合，S 乃表示模板和滑块在往复直线运动过程中，其位移点 D 相对它可能出现最高位置点 F_0 的移距变化状况，这对合理安排组合机构的总体布局会有所帮助。

为此，在编写优化设计程序的基础上，尚需运用解析方法编写另一份程序文件，取名为 Link6. m。其主要内容涵盖如下的几个方面。

```
% Link6.m
clear

a=input('a=');
b=input('b=');
d=input('d=');
e=input('e=');
g=input('g=');
h=input('h=');
x_2=input('x_2=');
y_2=input('y_2=');
H_y=input('H_y=');                    % H_y=fval
c=sqrt((x_2-h)^2+y_2^2)

phi=linspace(0,2*pi,150);
bet=acos((a^2+d^2-e^2)/(2*a*d));
betd=bet*180/pi
delt=atan(y_2/(x_2-h));
deltd=delt*180/pi
gam=acos((a^2+b^2-1-c^2-2*c*sin(phi-delt))/(2*a*b));
gamd=gam*180/pi;

A=2*b*(h-x_2-sin(phi));
B=2*b*(y_2-cos(phi));
C=a^2-b^2-y_2^2-1-(x_2-h)^2-2*(x_2-h)*sin(phi)+2*y_2*cos(phi);
mu=atan(B./A);
psi=asin((C./A).*cos(mu))-mu;
psid=psi*180/pi;

alp=asin((a*sin(gam-psi)+b*sin(psi)+d*sin(bet-gam+psi)-x_2)/g);
alpd=alp*180/pi;
S=1+g*(1-cos(alp))+d*(1-cos(bet-gam+psi))-cos(phi);

phid=phi*180/pi;
plot(phid,S)
xlabel('\phi')
ylabel('S')
grid on
box on

Ds=1+c^2-(a^2+b^2);
if Ds< 0
```

```
    disp('1+c^2< a^2+b^2')
else
    disp('1+c^2> =a^2+b^2')          % incorrect
    pause
end

gamin=acos((a^2+b^2-(c-1)^2)/(2*a*b));
gamind=gamin*180/pi

lam=acos((a^2+e^2-d^2)/(2*a*e));
lamd=lam*180/pi
gam_r=pi-lam;
gam_rd=gam_r*180/pi
D=acos((2*a*b*cos(gam_r)-(a^2+b^2-c^2-1))/(2*c));
Ddelt=D-delt;
Ddeltd=Ddelt*180/pi
phi_r=3*pi/2-Ddelt;
phi_rd=phi_r*180/pi
A_r=2*b*(h-x_2-sin(phi_r));
B_r=2*b*(y_2-cos(phi_r));
C_r=a^2-b^2-y_2^2-1-(x_2-h)^2-2*(x_2-h)*sin(phi_r)+2*y_2*cos(phi_r);
mu_r=atan(B_r/A_r);
psi_r=asin((C_r/A_r)*cos(mu_r))-mu_r;
psi_rd=psi_r*180/pi
alpmax=asin(((b+e)*sin(psi_r)-x_2)/g);
alpmaxd=alpmax*180/pi

phi_md=input('phi-md=');
phi_0d=input('phi-0d=');
Dphi=phi_md-phi_0d;
k=Dphi/(360-Dphi)

Ls=input('Ls=');
S_m=input('S_m=');
S_0=input('S_0=');
DS_m=S_m-S_0
L1=Ls/DS_m
L2=a*L1
L3=b*L1
L4=c*L1
L5=d*L1
L6=e*L1
L7=g*L1
L8=h*L1
X2=x_2*L1
```

```
Y2=y_2*L1

H_m=g+d+1
Lm=H_m*L1
Ly=H_y*L1
L=Ls+Ly
```

① 输入由优化函数求得的解 a、b、d、e、g、h、x_2、y_2，以及该解所对应的目标函数值 $H_y=f_{val}$。按给定条件绘出如图 2-4-40 所示的 S-φ 曲线，体现了模板和滑块的运动规律。从中看出，该滑块在上下极位处均有短暂的停歇；在中间过渡段趋于等速度运动并呈现向上返回的急回特性。总之，完全符合本设计所提出的基本准则。

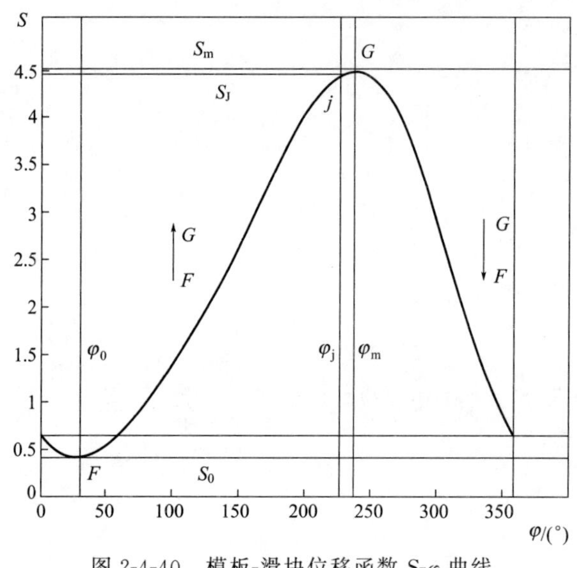

图 2-4-40 模板-滑块位移函数 S-φ 曲线

② 联系图 2-4-38 了解到，当其他条件保持一定的前提下，对滑块导轨偏距的不同取值得以确认，随着 h 的减小，相应的，S_0、ΔS_m 也都趋于减小；与此同时，γ_{min} 呈显著增加之势，而 α_{max} 变化不大。

③ 校核机构的约束条件，依次证实

$$1+c^2-a^2-b^2\leqslant 0,\quad \gamma_{min}\geqslant[\gamma],\alpha_{max}\leqslant[\alpha]$$

④ 参照 S-φ 曲线图对曲柄二极位角 φ_0、φ_m 取值，求算模板和滑块往复直线运动的速度变化系数

$$k=\frac{\Delta\varphi}{360°-\Delta\varphi},\quad \Delta\varphi=\varphi_m-\varphi_0 \tag{2-4-88}$$

⑤ 根据设计要求，在适当范围内，选择模板和滑块额定行程的某一实际值 L_s（长度单位为 mm，下同），并从 S-φ 曲线图取其相对值 $\Delta S_m=S_m-S_0$，求出可调曲柄的相应实际长度

$$L_1=\frac{L_s}{\Delta S_m} \tag{2-4-89}$$

依此类推，参阅图 2-4-38，进而求出其他各杆及相关位置参数的实际长度（或距离）。

至此，答案全部揭晓，特将该机构的参数数据汇成表 2-4-3。

表 2-4-3　多杆式成型牵引组合机构主要参数数据综合

AO_1	a	b	c	d	e	g	h
1	2.00	5.00	5.02	4.00	2.87	5.00	0.80
L_1	L_2	L_3	L_4	L_5	L_6	L_7	L_8
48.78	97.56	243.90	244.78	195.12	139.85	243.90	39.02
S_j	S_0	S_m	ΔS_m	H_y	H	H_m	k
4.40	0.40	4.50	4.10	5.56	9.66	10.00	1.40
			L_s	L_y	L	L_m	
			200	271.42	471.42	487.81	
φ_j	φ_0	φ_m				α_{max}	γ_{min}
225°	30°	240°				25°	50°

总之，结合立式无菌包装机的多杆式成型牵引组合机构所做的优化设计，是个颇具特色的应用范例。尤其是，将优化法与解析法通过计算机技术加以巧妙融合，使此创新成果更富有魅力，值得深切玩味。

第五节　复合传动式合模组合机构

一、机构类型及特点

此组合机构作为整机的主要装置，广泛应用于包装、印刷、塑料制品、冶金铸造等工业部门。通过半个多世纪的持续发展，类型日益增多，机构有简有繁，形体有大有小，技术水平和生产能力有高有低，但是，就其独特的工作原理而言，却是大同小异的。

（一）泡罩热成型合模机构

图 2-4-41 所示为卧式泡罩热成型无菌包装机的总体结构简图。该机在机座内部共配置三套单肘杆-悬挂气缸式合模机构（详见图 2-4-45），分别依次用于热塑性底膜的泡罩热成型、合膜的热压封合及模切分割。模切废边经卷取回收，包装成品由输送带输出。

在合模台面上安置四根垂直平行导杆，其顶部装有固定模板，可借螺母调位。下方活套的移动模板，同单肘杆及气缸支撑杆相连。活塞气缸作为动力源，将活塞杆的水平往复运动转变为移动模板的间歇垂直往复运动。

若将成型模板置换为热封、模切之用，必须对相关结构加以改装，传动部分基本不变。

现结合图 2-4-45 以成型合模机构说明工作机理。当气缸活塞杆及其相连的肘杆受压

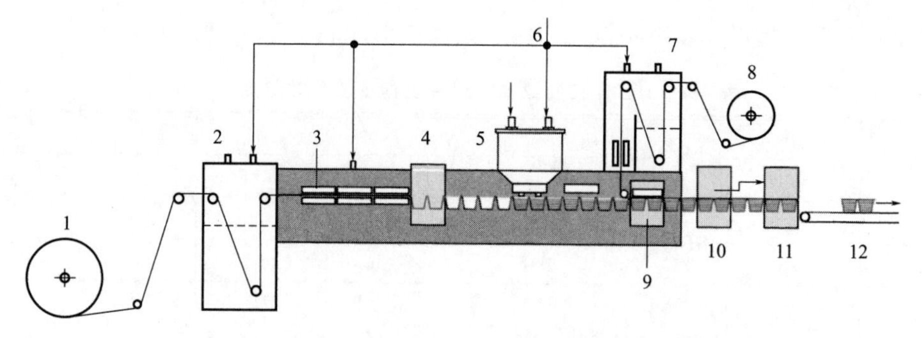

图 2-4-41　泡罩热成型无菌包装机总体结构简图

1—底膜供送装置；2,7—杀菌剂洗涤槽；3—底膜预热装置；4—泡罩热成型合模机构；5—物料计量充填装置；6—无菌空气供送系统；8—盖膜供送装置；9—热封合模机构；10—合膜牵引机构；11—模切合模机构；12—成品输送带

缩空气驱动，克服各种阻力而使动静模板接触之后，参与合模的构件（主要是导杆及肘杆），在适当的拉力、压力作用下能产生相应的弹性变形。及至两肘杆移位近于一直线时，由于肘杆具有较强的增力效应，遂导致上下模板的接触周边相互锁紧，牢牢压住塑料底膜，为借助真空或压缩空气热成型创造良好的条件。一旦模板处于自锁状态，即使气缸受控切断气源，锁模力依然会保持恒定。至于保压时间的长短，则主要取决于热成型的工艺要求。之后，只要气缸活塞杆改变移动方向，便随之开模，完成一次工作循环。

因此，设计此类合模机构应侧重考虑：

① 采用气压及单肘杆一次增压的驱动方式，一般只适用于锁模力、工作行程均不大，而动作频率偏高的合模场合，并要求整个设备有气源系统配套。

② 为提高生产能力，力求动模板的质量轻、刚性强，往复运动速度可以合理调控。

③ 锁模力也能均衡可靠地调整，这主要受制于一组导杆的材料品质、结构尺寸、配置状况及调位精度。

④ 对图 2-4-41 所示的卧式热成型无菌包装机而言，三套合模装置的布局，大体上以水平的塑料片材传送带为分界，其上方安置固定模板，下方安置合模机构。由于选用单肘杆-悬挂气缸式复合传动，使得安装、维修、调试都比较方便灵活，尤其是占用空间不多。

除此以外，在包装、印刷等行业还大量使用如图 2-4-42 所示的中小型模切机，供纸制品的压痕、模切和烫印。

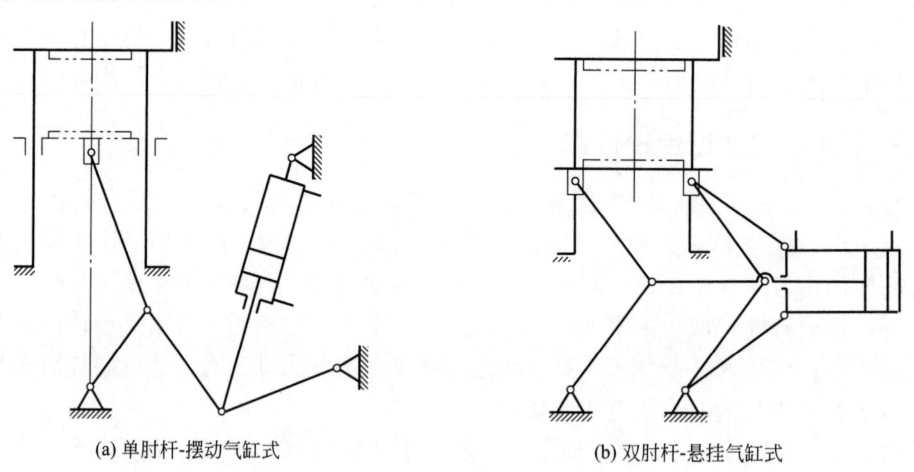

(a) 单肘杆-摆动气缸式　　(b) 双肘杆-悬挂气缸式

图 2-4-42　机械-气压复合传动式模切机

很明显，后一种合模机构不仅活塞杆的受力状况大有改善，而且合模力也有所增强。

（二）注射热成型合模机构

在塑料包装制品（包括各种包装容器）领域内，借液压装置或伺服电机驱动双肘杆合模机构乃是塑料注射成型及注射吹塑成型机械的重要组成部分。现结合图 2-4-43 和图 2-4-44 所示的两种典型机构略做分析。

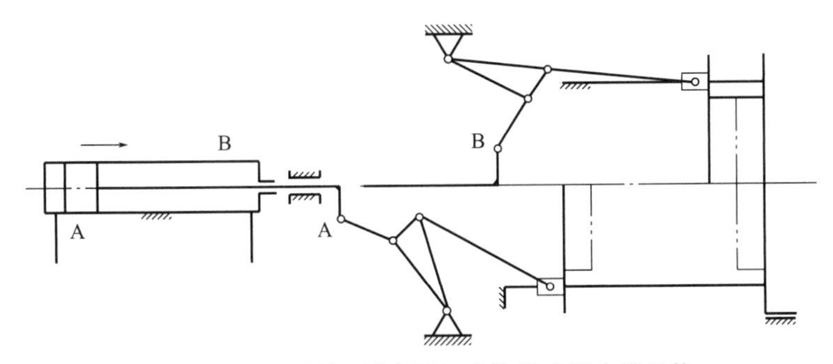

图 2-4-43 双肘杆-固定液缸式注射成型合模机构

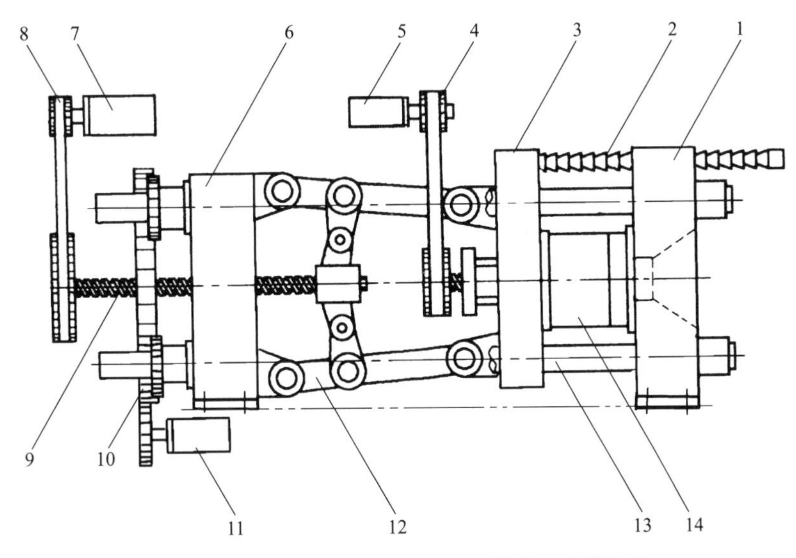

图 2-4-44 双肘杆-伺服电机式注射成型合模机构

1—固定模板；2—机械保险齿杠；3—移动模板；4,8,10—同步齿形带；5—顶杆伺服电机；6—调位固定模板；7—合模伺服电机；9—滚珠丝杠；11—调模伺服电机；12—双肘杆机构；13—平行四导杆；14—注射成型模具

该机构系统比较复杂，主要由合模机构、调模机构、顶杆机构、液压传动控制系统（或伺服电机传动控制系统）等部分组成。其功能相应增多，也提出很高的技术要求。

① 在合模与开模的往复运动中，能控制更为理想的速度变化；合模时要先快后慢再转停，而开模时要先慢后快再转停，以免对既大又重的模具产生强烈的冲击，并有助于制成品被平稳地顶出。

② 在塑料注射成型过程中，为使模具受内腔熔料压力作用不会开缝外溢，务必通过合模机构系统产生强大的锁模力，同时要求模具自身也应具有足够的强度和刚度。

因此，现今的塑料注射成型机的合模机构，大都由两端的固定模板（其中的后模板可适当调位）、中间的平行导杆（或称拉杆）、移动模板及其双肘杆驱动机构等有机组合成为一体。在这方面，有的还别具一格、锦上添花，例如，肘杆上附加了带有3个回转副的三角形结构，以便设计时适当改变各孔间距来调整其增力特性和行程放大比。又例如，为了加强合模系统的安全防护性能，特配置一套机械保险齿杠，开车后一旦发生电气故障而未能关闭安全门，便让一挡块卡住该齿杠，使两块成型模板也无法合上。

另外，更有一项重大的技术突破展现在眼前，则是塑料注射成型机原来起主导作用的液压传动控制系统，竟被一组分立的交流伺服电机所取代。对比之下，尽管两者的合模工作原理和机械结构组成相差并不太大，但是，在甩掉了庞大的以油液为介质的液压传动控制系统之后，竟使整个机械面貌焕然一新，得以进一步简化高效、节约能耗、便于调控、减少污染，从而显著提高加工精度和生产能力。当然也该承认，对特大型塑料注射成型机配置伺服电机和滚珠丝杠尚且存在一定的应用局限性，有待研究改进。在此由于涉及这些问题，也打破了包装机械与塑料机械学科研究的界限，给扩大创新开发思路提供诸多有益的启示。

二、机构原理及设计

（一）结构分析

综合上述，决定选取以图2-4-45所示的单肘杆-悬挂气缸式泡罩热成型合模机构作为深入探索的实体模型。

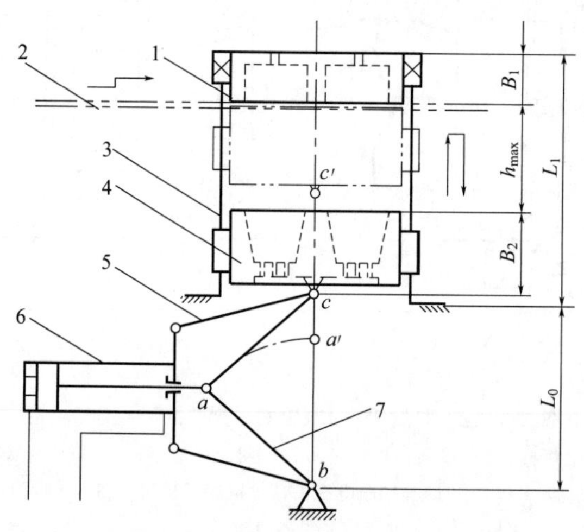

图2-4-45　单肘杆-悬挂气缸式泡罩热成型合模机构

1—调位固定模板；2—热塑性底膜；3—平行四导杆；4—移动模板；5—气缸支杆；6—活塞气缸；7—肘杆

论其操作过程需经三步走，即合模、锁模和开模，前两步是研究设计的重点。

在这之中，只有兼顾运动学与动力学交错运作的思路，才能圆满求解整个机构的综合问题。特别是，为使小型气动肘杆式合模机构的主要构件，按给定要求在一定外力、内力作用下可靠工作，必须满足适宜的强度和刚度，必要时也可进行稳定性校核。

考虑到活塞气缸是唯一的驱动元件，所以这是属于主动件为非连架杆的平面多杆机

构。从图中查知，机构中活动杆件数 $n=7$，低副数（含 3 个复合铰链）$P=10$，求出机构的自由度数

$$W=3n-2P=3\times7-2\times10=1$$

亦即气缸的个数为 1。所以确认，该组合机构具有确定的运动。然而当上下模板处于非自锁状态时，如果活塞气缸切断气源，活动模板就有可能依靠自身的重力，克服有关运动副的摩擦阻抗，实现可逆的运动过程而自动下降，恢复到初始的下限位置。据此，本系统内应增设预防性的缓冲及安全措施。实际上，这种概念在工程技术设计中经常被运用。

（二）机构设计

首先建立相应的机构数学模型，再大体上按以下步骤进行理论推导和机构综合。

1. 合模增力与启动条件

参阅图 2-4-46，以滑块代替移动模板作为示力体。在合模行程的任意位置，设气缸活塞杆对肘杆铰接点 a 的作用力为 $\boldsymbol{P}_s$，经前肘杆传递给移动模板铰接点 c 的作用力为 $\boldsymbol{P}$；另设该模板的重力为 $\boldsymbol{G}$，平行对称分布的四根导杆与移动副接触面之间的滑动摩擦力为 $\boldsymbol{F}$；近似认为，所有力的作用线均通过模板的质心。

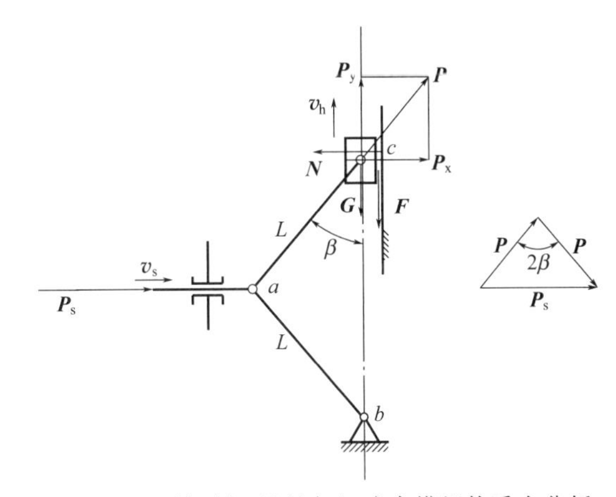

图 2-4-46 单肘杆-悬挂气缸式合模机构受力分析

相对而言，气缸及其相连的支承件都有一定重量，能部分抵消肘杆对移动模板的作用力，为简化计算，将这些影响因素予以忽略。

令前后肘杆的长度均为 L，位置角均为 β，按力矢三角形写出

$$\frac{P_s}{\sin 2\beta}=\frac{P}{\sin\left(\frac{\pi}{2}-\beta\right)}$$

又

$$P_y=P\cos\beta$$

取

$$m=\frac{P_y}{P_s}=\frac{1}{2\tan\beta} \tag{2-4-90}$$

这表明，在整个合模过程中，前肘杆沿中轴线方向对下模板所能产生的作用力 P_y 与气缸活塞杆驱动力 P_s（一般设定为常量）之比值 m，是随肘杆位置角 β 的连续变化而变化的。进一步分析认为：

若 $m=1$，即 $P_s=P_y$，可求肘杆的增力临界位置角

$$\beta_1=\arctan\frac{1}{2}=26.5651° \quad (2\text{-}4\text{-}91)$$

若 $m<1$，即 $\beta>\beta_1$，$P_s>P_y$，表示肘杆机构并不增力，反而减力。

若 $m>1$，即 $\beta<\beta_1$，$P_s<P_y$，表示肘杆机构可以增力，而且随着合模接近于终点，m 值竟趋于无穷大。显然，这种潜在的增力特性，足以为实现短时大负载的锁模创造十分有利的条件。

另一方面，在较强气压驱动情况下，一旦增力大于负载及运动阻抗，就会对相关的构件引起某种程度的加速、冲击、振动，结果适得其反，应该适可而止。

除此之外，对气动肘杆机构选择适当的合模初始位置角 β_0 也很重要，下面要着重探讨这个问题。

当气缸活塞杆启动模板向上推移时，若不计惯性因素而只需克服其重力和摩擦阻力，则移动模板的受力方程式可以写成

$$P_y=G+F,\quad F=kfN,\quad N=P_x=\frac{P_s}{2} \quad (2\text{-}4\text{-}92)$$

式中，f 为模板与导杆运动副的滑动摩擦因数，一般引自在通用条件下测定的实验数据；k 为对该运动副的制造装配精度、受力变形及润滑状况等因素所作的综合补偿，其值结合特定设备选定。

联立式(2-4-90) 和式(2-4-92)，求得

$$P_y=\frac{G}{1-kf\tan\beta} \quad (2\text{-}4\text{-}93)$$

$$P_s=\frac{2G\tan\beta}{1-kf\tan\beta} \quad (2\text{-}4\text{-}94)$$

若取 $1-kf\tan\beta=0$，或令 $\beta=\arctan\frac{1}{kf}=\gamma_s$，显然，$P_y$、$P_s$ 均趋于无穷大。这意味着，移动模板与固定导杆之间发生自锁。为达到启动之目的，应取肘杆的许用初始位置角

$$\beta_0<\gamma_s \quad (2\text{-}4\text{-}95)$$

试取 $f=0.3$，$k=3$，算出 $\gamma_s=48°$，再考虑 $\beta_1\approx27°$，所以一般可取 $\beta_0\approx30°$。这存在一个矛盾，β_0 不宜过小，以免工作行程受到限制难以制得高度尺寸偏大一些的热成型件。

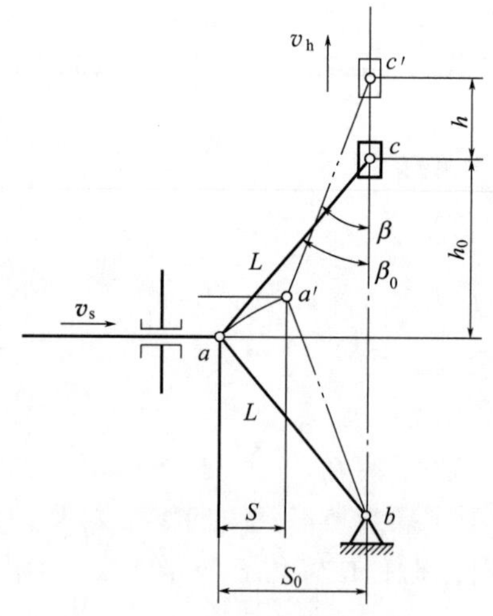

图 2-4-47 单肘杆-悬挂气缸式合模机构运动分析

从上式看出，当 $\beta=0°$时，$P_y=G$，$P_s=0$。在理论上证明，此种场合可以切断活塞气缸的气压源。

2. 肘杆长度与活塞行程

参阅图 2-4-47，设肘杆长度为 L，与其合模初始位置角 β_0 相对应的下模板高度为 h_0；当气缸活塞处于最大工作行程 S_0 之内某一位置 S 时，依各构件的相对运动关系解出

$$L^2=S_0^2+h_0^2$$

$$=(S_0-S)^2+\left(h_0+\frac{h}{2}\right)^2$$

$$h^2+4h_0h-4S(2S_0-S)=0 \quad (2\text{-}4\text{-}96)$$

$$h=2\left[\sqrt{h_0^2+S(2S_0-S)}-h_0\right] \quad (2\text{-}4\text{-}97)$$

可见，下模板位移 h 是气缸活塞位移 S 的函数。只要预先选定 h_{max} 及 β_0，在式(2-4-97)中代入

$$S=S_0,\ h=h_{max},\ h_0=L\cos\beta_0$$

即可求得肘杆长度

$$L=\frac{h_{max}}{2(1-\cos\beta_0)} \tag{2-4-98}$$

气缸活塞最大工作行程

$$S_0=L\sin\beta_0 \tag{2-4-99}$$

及移动模板与气缸活塞的行程比

$$\lambda=\frac{h_{max}}{S_0}=\frac{2(1-\cos\beta_0)}{\sin\beta_0} \tag{2-4-100}$$

试取 $\beta_0=30°\sim40°$，算出 $\lambda=0.536\sim0.728$。这说明此合模机构没有行程放大作用，反而是 β_0 愈小，λ 亦愈小。

3. 移模速度与工作周期

借式(2-4-96) 所建立的下模板位移表达式，经移项得

$$h^2+4h_0h=8S_0S-4S^2$$

将变量 h、S 分别对时间 t 求导

$$(2h+4h_0)\frac{\mathrm{d}h}{\mathrm{d}t}=(8S_0-8S)\frac{\mathrm{d}S}{\mathrm{d}t}$$

令移模速度 $v_h=\frac{\mathrm{d}h}{\mathrm{d}t}$，相应的活塞速度 $v_S=\frac{\mathrm{d}S}{\mathrm{d}t}$，代入式(2-4-97) 中的 h 值，解出

$$v_h=\frac{2v_S(S_0-S)}{\sqrt{h_0^2+S(2S_0-S)}} \tag{2-4-101}$$

可见，移模速度 v_h 也是活塞位移 S 的函数。特别是，当 $S=0$，$v_{hmax}=2v_s\tan\beta_0$；当 $S=S_0$，$v_{hmin}=0$。

通常认为，气缸活塞以接近相同的等速度作往复运动（一般可查到经验数据），这样一来，移模速度的变化规律就类似于余弦曲线，大体上能够满足小型泡罩热成型合模装置的生产工艺要求。

关于移动模板在上下极位的停歇时间 Δt_1、Δt_2，分别取决于泡罩热成型工艺操作以及主传送带间歇转位所需的时间，而气缸活塞往复运动所需的时间 $t_s=\frac{2S_0}{v_s}$，因此合模机构系统的工作周期

$$T=\Delta t_1+\Delta t_2+t_s \tag{2-4-102}$$

这可为求算设备的生产能力提供参考依据。

4. 锁模压力与强度校核

合模结束就意味着上下模板的工作面开始直接接触，此时肘杆的合模位置角为 β_r。接着，系统内相关构件不断增力和变形，直至交叉肘杆合为一条直线完成锁模，以形成最大的锁模力 P_{hmax}。在这种情况下，各相关构件的受力变形关系，如图 2-4-48 所示（绘此简化示意图，改变布局，将中轴线沿逆时针转过 90°）。

两模板处于自锁状态之际，受力变形的构件主要包括导杆（多采用优质碳素钢或普通合金钢）、肝杆（多采用优质碳素钢）和模板（多采用铝合金钢）。由于都是具有一定弹性

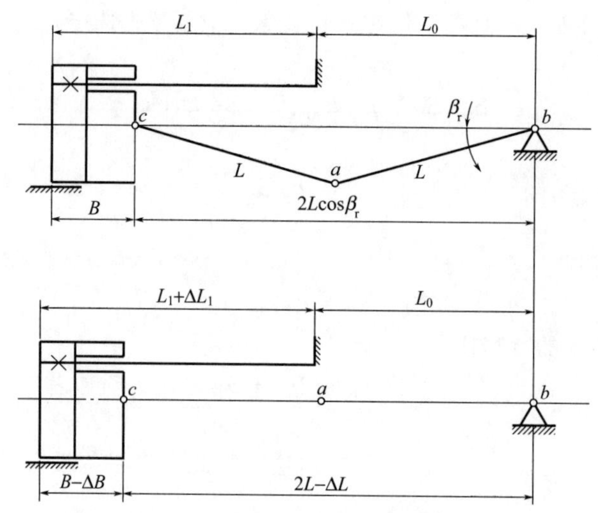

图 2-4-48 单肘杆机构锁模过程受力变形分析

的金属材料，因此可以循环重复使用。值得强调的是，对小型泡罩热成型模板，由于体形厚实、造型复杂、受力有限，为简化设计计算不妨忽略其压缩变形，而引用胡克定律只侧重于求算

肘杆的最大压缩变形

$$\Delta L=\frac{2LP_{\text{hmax}}}{AE} \tag{2-4-103}$$

导杆的最大拉伸变形

$$\Delta L_1=\frac{L_1P_{\text{hmax}}}{iA_1E} \tag{2-4-104}$$

式中，L、L_1 为肘杆、导杆的有效长度；A，A_1 为肘杆、导杆的横截面积；E 为构件材料的弹性模量；i 为平行分布的导杆个数。令 B_1、B_2 分别代表上下模板的厚度，并取 $B=B_1+B_2$，可求肘杆在 $\beta=\beta_r$、$\beta=0$ 时，各相关构件的尺寸关系。

$$L_0+L_1=2L\cos\beta_r+B$$

$$L_0+L_1+\Delta L_1=2L-\Delta L+B-\Delta B$$

联立以上各式并取模板的受压变形量 $\Delta B=0$，遂得知

$$L_1=2iA_1L\left[\frac{E(1-\cos\beta_r)}{P_{\text{hmax}}}-\frac{1}{A}\right] \tag{2-4-105}$$

这表明，只要确定了 L，并预选 A、A_1、E、i、P_{hmax}、β_r，即可求出 L_1。

实用中，大都借助定位螺母改变固定模板的垂向位置，从而调整 L_1 和 P_{hmax}。为此，将式(2-4-105) 改写为

$$P_{\text{hmax}}=\frac{LE(1-\cos\beta_r)}{\dfrac{L}{A}+\dfrac{L_1}{2iA_1}} \tag{2-4-106}$$

显然，当其他条件一定时，减小 L_1，便可增大 P_{hmax}。

鉴于 β_r 对 P_{hmax} 也有直接控制作用，其值不宜大于 6°，以免超出材料的强度极限而使之破坏。据此，对导杆的抗拉强度应按下式校核。

$$\sigma_1=\frac{P_{\text{hmax}}}{iA_1}\leqslant[\sigma] \tag{2-4-107}$$

肘杆却有所不同，在每一工作周期内交替承受压缩和拉伸，有时尚需校验疲劳强度。

最后，根据已确定的 L、β_r、L_1，再选好 B，以求解与导杆、肘杆等密切相关的空间布局尺寸

$$L_0 = 2L\cos\beta_r + B - L_1 \tag{2-4-108}$$

设计中，尽量设法通过 B 值来调整 L_0。

附带指出，当锁模保压时，并不一定严格要求做到 $\beta=0°$，防止由于各种偏差导致 $\beta<0°$，结果反让开模困难。切记，纠正工程技术实际问题往往要采取诸如此类并非寻常的策略。

5. 气缸推力与协调工作

为求解气缸活塞的驱动力，必须全面了解在合模与锁模过程中通过肘杆对移动模板所产生的作用力。前面已求出最大锁模力，接着要做锁模过程的动力分析。

继见图 2-4-48，重新建立本系统各相关构件在 $0°\leqslant\beta\leqslant\beta_r$ 区间内由于受力变形引起的尺寸变化关系。

已知
$$L_0 + L_1 = 2L\cos\beta_r + B$$

另取
$$L_0 + L_1 + \Delta L_1' = 2L\cos\beta - \Delta L' + B - \Delta B$$

式中
$$\Delta L_1' = \frac{L_1 P_h}{iA_1 E},\ \Delta L' = \frac{2LP_h}{AE}$$

令 $\Delta B=0$，解出

$$P_h = \frac{LE(\cos\beta - \cos\beta_r)}{\dfrac{L}{A} + \dfrac{L_1}{2iA_1}} \tag{2-4-109}$$

现将 P_h 与 β 的函数关系反映到图形上来，确认是一条近似的余弦曲线。遂知，$\beta=\beta_r$，$P_h=0$；$\beta=0°$，$P_h=P_{hmax}$。

现沿用前述的规定符号及推导公式，进而在 $0°\leqslant\beta\leqslant\beta_0$ 区间内，绘出如图 2-4-49 所示的气动肘杆式组合机构合模与锁模全过程的动力分析示意图，并加以概括说明。

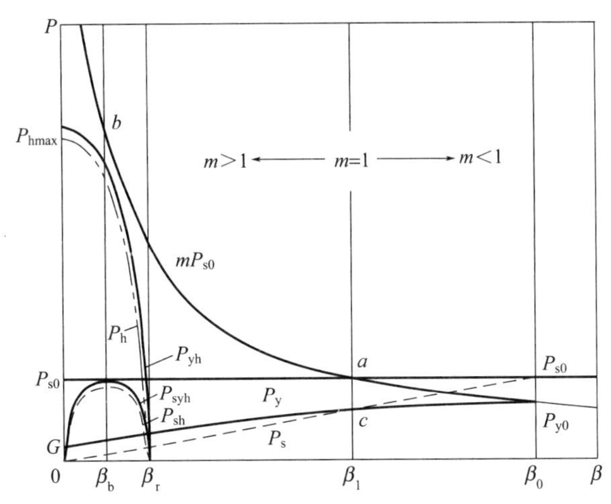

图 2-4-49 气动肘杆式组合机构合模与锁模过程动力分析示意图

① P_y、P_h 分别代表肘杆推动模板对伴生的各种运动阻抗及锁模构件结构变形所需垂直作用力的变化曲线。整个趋势是，P_y 由初始值直减至 G，而 P_h 由零增至最大。合起来可取

$$P_{\mathrm{yhmax}}=P_{\mathrm{ymin}}+P_{\mathrm{hmax}}=G+\frac{LE(1-\cos\beta_{\mathrm{r}})}{\frac{L}{A}+\frac{L_1}{2iA_1}} \tag{2-4-110}$$

在此场合，上下模板形成锁定状态。

② P_{s}、P_{sh} 分别代表气缸活塞杆推动承载肘杆所需水平驱动力的变化曲线。整个趋势是，P_{s} 由初始值直减至零，而 P_{sh} 由零增至最大再减为零。当 $\beta=\beta_{\mathrm{b}}$ 时，合起来可近似取

$$\begin{aligned}P_{\mathrm{syhmax}}&\approx P_{\mathrm{sb}}+P_{\mathrm{shb}}\\&=(P_{yb}+P_{\mathrm{hb}})\frac{1}{m_{\mathrm{b}}}\\&=\left[\frac{G}{1-kf\tan\beta_{\mathrm{b}}}+\frac{LE(\cos\beta_{\mathrm{b}}-\cos\beta_{\mathrm{r}})}{\frac{L}{A}+\frac{L_1}{2iA_1}}\right]\frac{1}{m_{\mathrm{b}}}\end{aligned} \tag{2-4-111}$$

式中
$$m_{\mathrm{b}}=\frac{1}{2\tan\beta_{\mathrm{b}}},\quad \beta_{\mathrm{b}}=\frac{\beta_{\mathrm{r}}}{2}$$

强调指出，如此的驱动力变化规律的确难以借助气缸活塞来仿真实现，故以一条近似梯形曲线来代替。

③ P_{s0} 代表气缸活塞实际驱动力的作用线，其值取决于气缸供气的压强。在推动活塞杆作往复运动过程中，这驱动力基本上趋于定值，因此可粗略地取 $P_{\mathrm{s0}}\geqslant P_{\mathrm{syhmax}}$。至于由此引起驱动力的不稳定问题，自然会直接转化为活塞运动的不均匀性，要使冲击振动降至最低限度。

④ mP_{s0} 代表基于气缸活塞实际驱动力通过肘杆对模板所产生的作用力变化曲线。理论上这是一条反正切曲线，它经过 P_{y0} 点（$m<1$）、a 点（$m=1$）、b 点（$m>1$），要求同 P_{y}、P_{yh} 二曲线适当靠近而不发生任何相交。否则必须相应提高 P_{s0}，保证此复合传动系统协调可靠的工作。

以上的研究成果深刻地揭示了气动肘杆组合机构合模与锁模过程的力学实质及运动规律，为正确指导其创新设计奠定理论基础。不言而喻，在这一领域具有普遍的实用意义。

第五章

裹包机构

第一节　概述

一、裹包常用形式

裹包是一种很常见的包装操作，特别适合采用多种柔性材料和裹封形式来全部或局部包装具有确定外形的块状、条状、环状等物品以及附加托盘的其他集合物品。

现实生活展示一个基本状况，随着内装物种类的增多，包装材料的多样，包装技术的进步和市场需求的变化，裹包形式也更加多样。图 2-5-1 所列举的，只是其中的一些典型实例，而且每一种裹包形式根据内装物的形状、质地、大小、个数及排列，还有形形色色的处理方法。图 2-5-2 所示的双端折叠式裹包，就足以说明这一点。

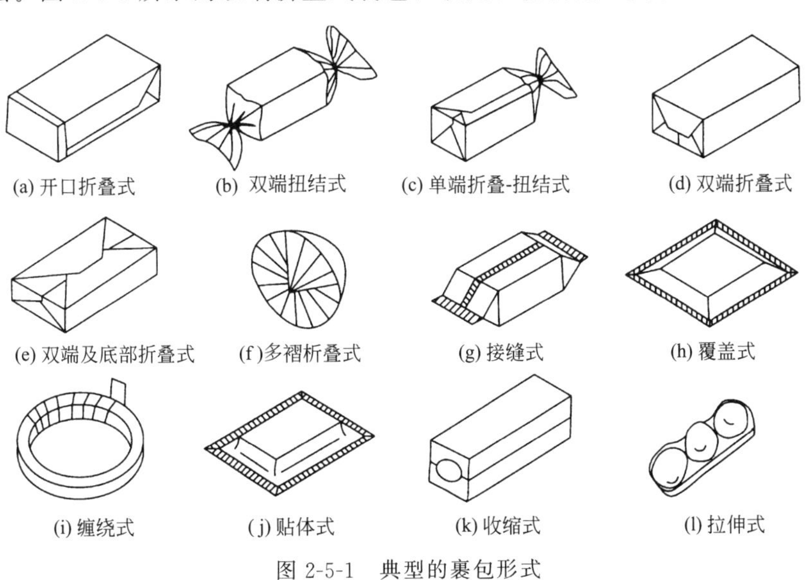

图 2-5-1　典型的裹包形式

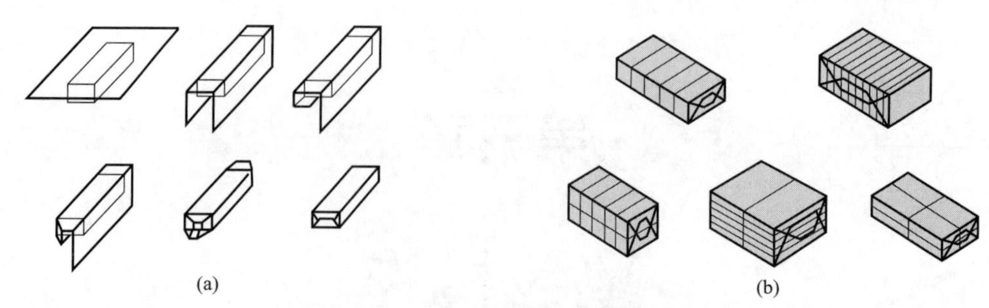

图 2-5-2　双端折叠式裹包的几种形式

实际上，这就决定了裹包机械及其执行机构同样是类型繁多、层出不穷。尤其是，在食品、医药等工业领域，折叠式、接缝式、收缩式裹包机现已占有明显的优势地位，不仅适合大量的中小型物品及其集合物的内包装，而且还能用于某些大型物品的外包装。鉴于所配备的执行机构大部由连杆机构以及凸轮、齿轮等机构组合而成，再加上机电一体化，因而力求提高模块化、多用化、通用化的水平，已成为裹包机械创新设计的关键技术问题。

二、裹包机械主要类型

在此着重考察折叠式、接缝式、收缩式裹包机，适当兼顾其他，其中包括专用机、多用机和通用机。这些机型各有特色及其适用范围。

（一）折叠式裹包机

1. 中小型块状物裹包机

图 2-5-3 所示为中小型块状物折叠式裹包机主体结构示意图。A～F 为主工作区，由

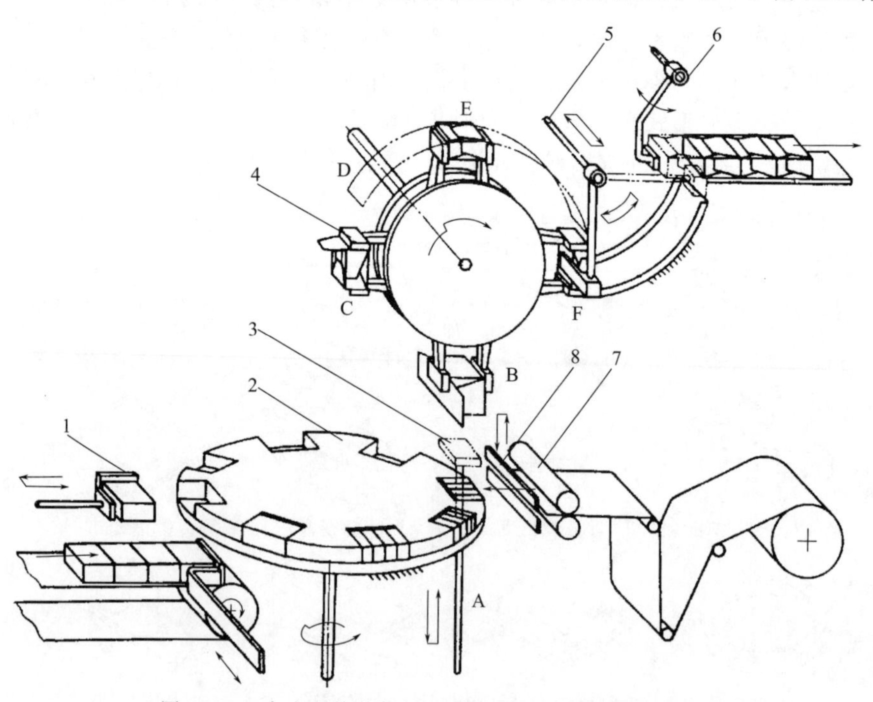

图 2-5-3　中小型块状物折叠式裹包机主体结构示意图

1,3,5,6—推送板；2—间歇转位槽盘；4—间歇转位钳盘；7—牵引辊；8—切刀

升降推送板，间歇转位钳盘和换向推送板组成，其余部分则属于被包装物品、包装材料的供送区以及包装成品的输出区。

整个包装工艺路线依次由水平弧线、垂直线和垂直弧线、水平线衔接而成。操作时先将内装物（有的需分割成若干小块）推送至槽盘上周边均布的凹槽内，待传送到包装材料供送工位，两者便合在一起借升降推送板送入钳盘被钳手夹住。继而沿顺时针方向间歇转位，按某种确定程序进行折叠裹包。包好的成品由换向推送板逐个转移到水平滑板上，经热压定型后输出机外。生产能力可达每分钟100～150块。

该裹包机的钳盘结构如图2-5-4所示。工作中，通过外部连杆机构（图中未画出）使盘形槽凸轮摆动，再借助压缩弹簧的作用强迫滚销滑块产生径向运动，结果钳手便完成所预期的开闭动作。钳盘的驱动部分被全封闭，造型美观，也便于维护。

此类裹包机除专用的以外，多数已制成如图2-5-5所示的多用机。将执行机构设计成一系列模块，经适当组合可以实现多种裹包形式。

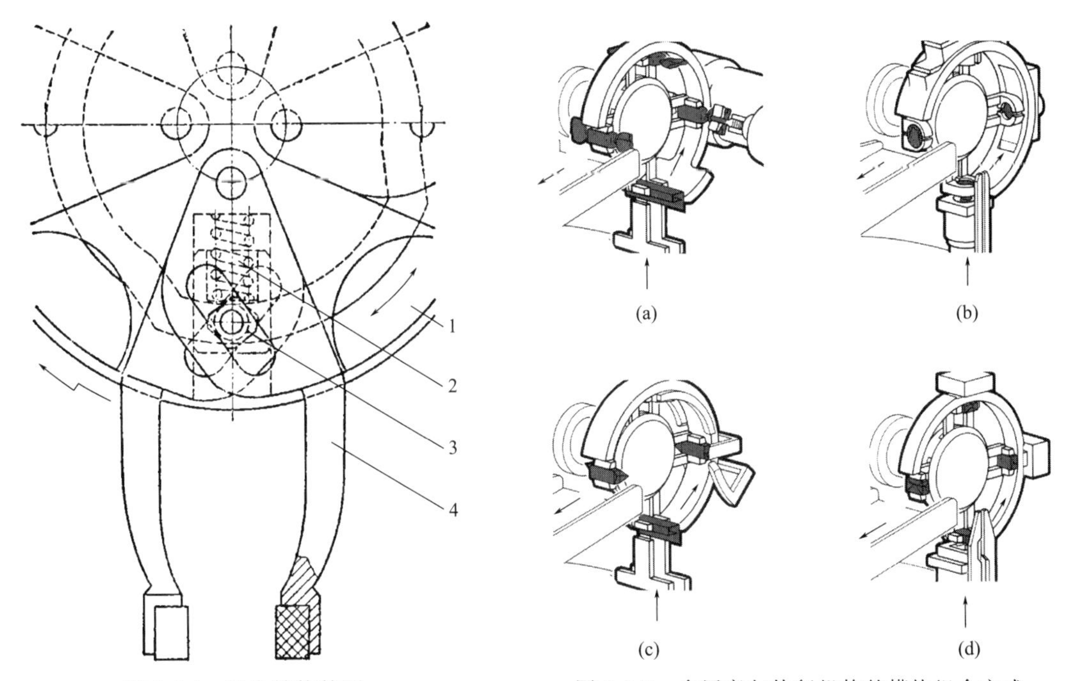

图2-5-4　钳盘结构简图

1—盘形槽凸轮；2—压缩弹簧；3—滚销滑块；4—钳手

图2-5-5　多用裹包执行机构的模块组合方式

2. 大中型块状集合物裹包机

图2-5-6所示为大中型块状集合物折叠式裹包机主体结构示意图。

借助输送带和有关执行机构，可将内装物（单件或集合件）间歇地推送到裹包工位A。与此同时，被牵引、切割的薄膜也间歇地供送到同一工位实现对位会合。

接着，依次启动作垂直和水平往复运动的推送机构进行三侧面的折叠操作。最后由端折器和热封器完成双端折叠与封口，成为包装成品输出机外。

值得一提的是，结构简单、构思巧妙的端折器，在包装机械领域早已被广泛应用。它纯属静止的端部折叠构件，对称配置于工作台面的两侧，要求被裹包物件必须以适宜的速度连续穿过。

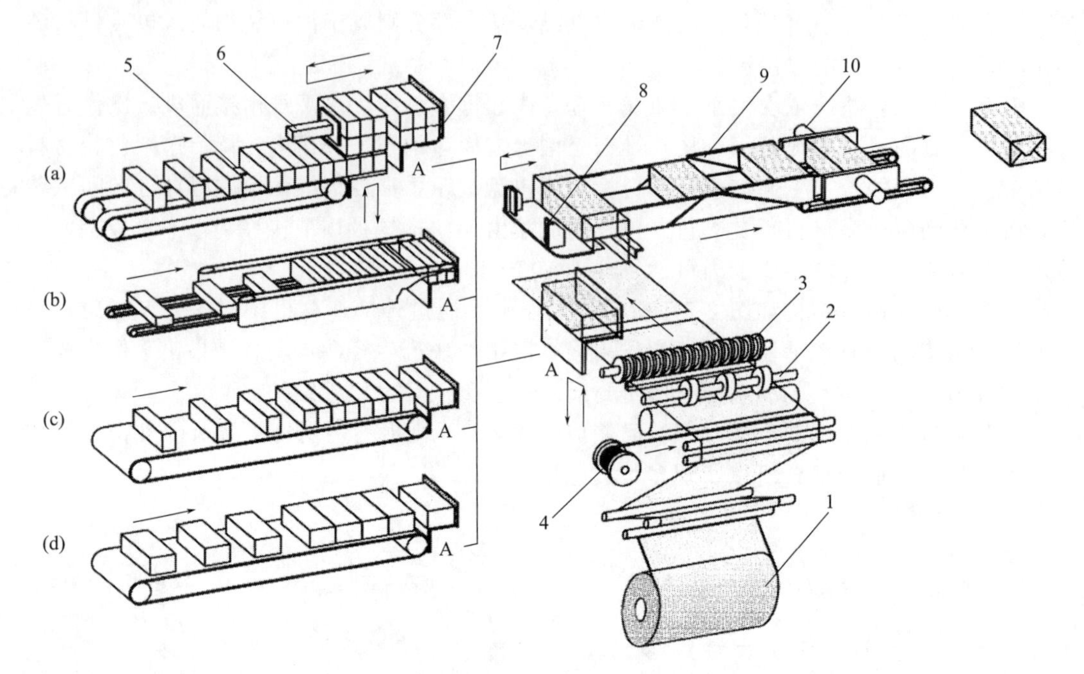

图 2-5-6　大中型块状集合物折叠式裹包机主体结构示意图

1—卷筒薄膜；2—牵引辊；3—切刀；4—卷筒撕开线；5—内装物输送带；

6—推送机构；7,8—推送折叠机构；9—端折器；10—热封装置

从图 2-5-6 中可明显看出，根据对单个内装物的体形大小、集合个数及排列组合的不同要求，可使包装成品在外观和尺寸上产生很大变化。要完成这种包装，不仅需要考虑执行机构的有关调节问题，必要时还得增添配套装置加以完善。总之，集间歇与连续操作于一体的多用折叠式裹包机，在创新思路上已有很大起色。

（二）接缝式裹包机

关于上部供膜接缝式裹包机已在板片及卷带供送机构一节做过较深入的说明。值得补充的是，在某些场合，随着接缝式裹包由小包装向大包装的转变，使得操作这种通用裹包机出现若干不尽人意的情况。

① 在袋筒成型器的工作区，有的内装物（特别是不规则、较松散的集合体）会挤压成型袋筒下方的接缝而难以合拢收紧，不便顺利通过牵引辊和纵封辊，甚至从开缝排出碎屑污染机座和环境。

② 为延长保质期，还有的较大型内装物需要采用稍厚的复合薄膜来裹包，这样一来，必须相应增大纵封辊的工作面及发热量，结果导致机座内部升温，并对靠近工作台面的热敏性内装物产生不利的影响。此外，对横封切割装置也得采取进一步改进措施，适当延长热封头对快速运行袋膜的加热封合时间。

这一切表明，社会对包装需求的变化，同时也不断促进包装机械的变革。正是在这种形势推动下，终于诞生了如图 2-5-7 所示的下部供膜接缝式裹包机。

对比这两种机型不难看出，下部供膜接缝式裹包机主体结构的一些特点。

① 将薄膜卷筒 1 和牵引辊 2 放在工作台下方、靠近机座的一侧，以便倒置袋筒成型器 3，并压低整个机身的高度。

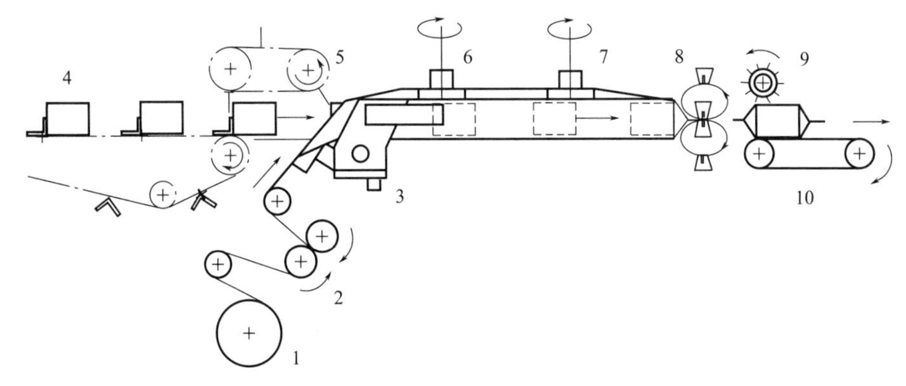

图 2-5-7 下部供膜接缝式裹包机主体结构示意图

1—卷筒薄膜；2—牵引辊；3—袋筒成型器；4—内装物供送链带；5—辅助推送链带；6—袋筒接缝牵引辊；7—纵封辊；8—横封切割器；9—毛刷拨轮；10—成品输送带

② 在内装物供送链带 4 的前端，添置一个辅助推送链带 5，有助于将体形较大的内装物顺利导入袋筒成型器，被薄膜裹成袋筒，并使朝上的接缝部分合拢收紧。

③ 增大袋筒接缝牵引辊 6 和纵封辊 7 的工作面，成对分布在工作台上方，可提高其牵引、热封、散热的效果，还能对相关的操作、监视和管理提供一定的方便。

④ 就横封切割器 8 而言，虽能提出多种实施方案，然而关键在于，最好让热封头实现类似长圆形的平动轨迹，保证在连续运行中适当增加热封时间，又尽快完成分切动作。

⑤ 凭借毛刷拨轮 9 和输送带 10 将包装成品未切割的边膜拉断，逐个排出机外。

鉴于上部和下部供膜接缝式裹包机具有基本相同的结构组成、工作原理、控制装置和包装形式，只是对所选内装物的形态、大小、个数、排列等各有侧重，因此可以组合一个特定的机械设计与制造系统，更好地发挥其模块化、机电一体化的优势作用。

（三）收缩式裹包机

1. 大中型块状物收缩式裹包机

图 2-5-8 所示为大中型块状物覆盖收缩式裹包机主体结构示意图。该机主要由内装物输送带 1、薄膜牵引辊 2、直三角槽式成型器 3、摆动式横封装置 4、牵引纵封辊 5、

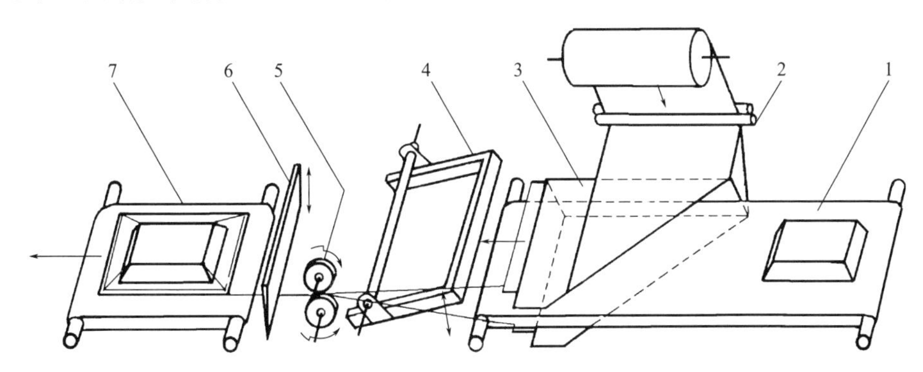

图 2-5-8 大中型块状物覆盖收缩式裹包机主体结构示意图

1—内装物输送带；2—薄膜牵引辊；3—直三角槽式成型器；4—摆动式横封装置；5—牵引纵封辊；6—往复式切刀；7—输送带

往复式切刀 6 及输送带 7 等组成。实用中，最后端需直接连接热风加热器（图中未画）。从总体看，便形成为包括薄膜成型、内装物覆盖和热收缩裹封等功能的通用包装联合机。

它的最大特点是，根据包装执行构件的特殊组合，加上采用对折的宽幅柔性包装材料（如 PVC、PE、PO、POF、OPP 等），很适合对扁、宽、长的块状物（单件或集合件）完成全封闭的热收缩式裹包。如今，在五金、建材、印刷、电器、食品、医药、日化等行业已获得广泛的应用。

再者，为了提高设备的生产能力，若将某些执行构件（图中 4、5、6）加以适当改造，就可将原来的间歇式操作转变为连续式操作，并能扩大内装物的厚度（或称高度）的尺寸，使机械的性能大为提高。

出于增进对全机主体面貌有所了解，特提供如图 2-5-9 所示的外观图，并做一些补充说明。

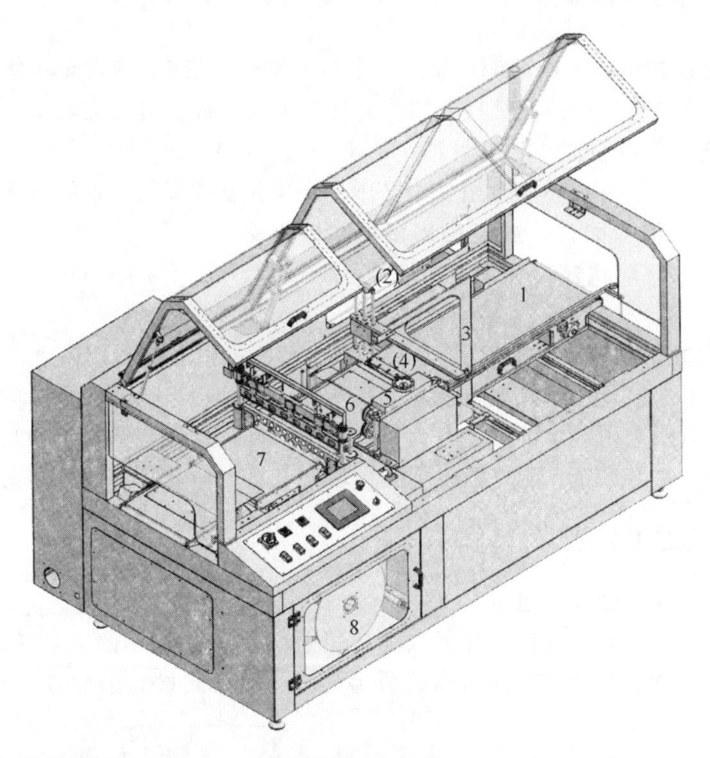

图 2-5-9　覆盖收缩式裹包机主体外观图

① 机座内一角设有被切割薄膜的废边回收装置 8，靠人工定期清理。

② 有的场合需配备薄膜打孔器，以便在热收缩过程充分排除包装件内残留的气体，改善产品的外观。

③ 更换产品时，有关的工作参数（如成型器的板槽间距、内装物三边封的切割尺寸等）均能在给定范围内灵活调节。

④ PLC 是全机自动控制系统的核心，通过人机界面进行操控。

2. 大中型瓶罐集合物收缩式裹包机

图 2-5-10 所示为大中型瓶罐集合物收缩式裹包机主体结构示意图。

该机的主要功能由半折叠式裹包与热收缩式裹包串联组合而成，还兼有供瓶、计数、

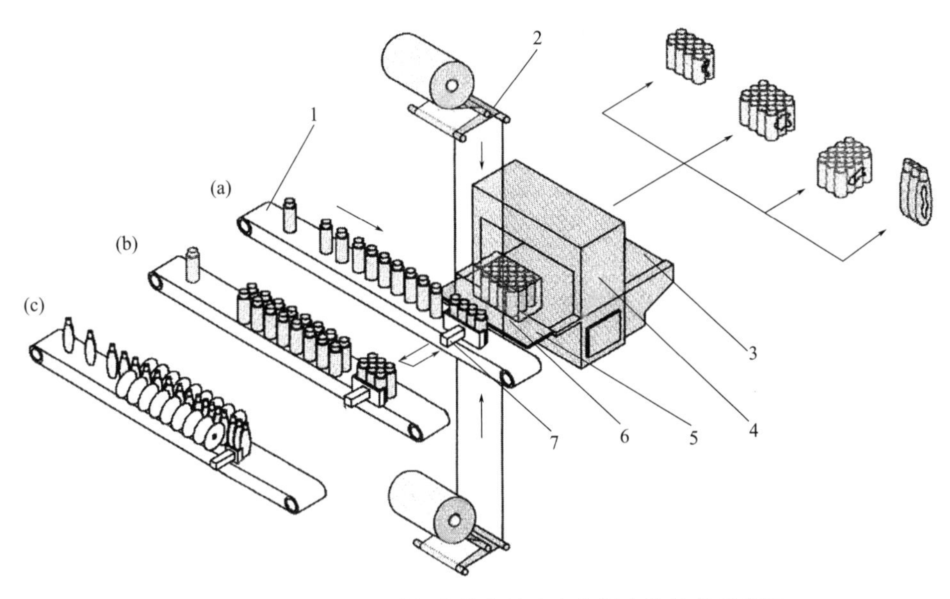

图 2-5-10　大中型瓶罐集合物收缩式裹包机主体结构示意图

1—内装物输送带；2—薄膜牵引辊；3—成品输送带；4—加热室；
5—固定滑板；6—横封切割装置（见图 2-5-11）；7—推送折叠机构

整列、供膜、打印、封切等辅助功能。另外，根据内装物的体形、大小、个数及排列的不同，可以提供多种配套装置，足以体现多用外包装机一体化设计的明显特色。

内装物供送装置的设计思路，与图 2-5-6 颇相类似，而有所差异的，是被集合的内装物，既可选择规则的也可选择不规则的形态。

至于供膜装置也有特点，两套薄膜卷筒及其牵引辊，结构完全相同，上下对应配置。半裹包的横封切割位置即是两条垂直平展薄膜的接合线，应同内装物的半高协调一致。考虑到这些要求，特选用如图 2-5-11 所示的专用装置来间歇地横向封切厚度尺寸较大的包装件。作上下相向往复直线运动的一对热封头由一侧对称配置的齿轮-曲柄滑块机构驱动，曲柄长度以及封头与滑块间距均能适当调节。

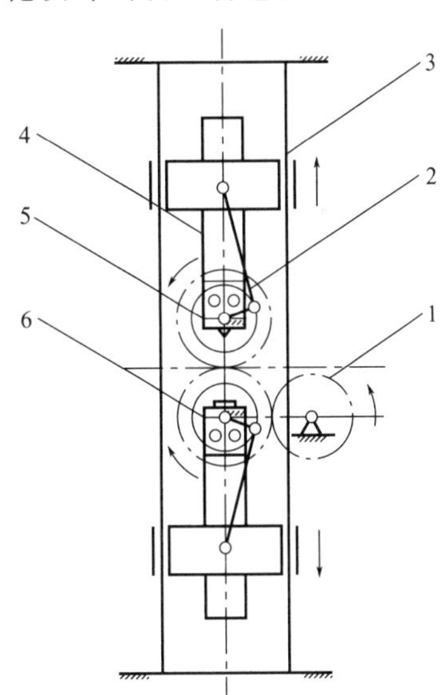

图 2-5-11　往复式横封切割装置机构简图

1—主动齿轮；2—曲柄滑块机构；3—固定双导杆；4—封头支座；5—上热封切割头；6—下热封头

以图 2-5-10 中（a）为例，正常生产时，当上下两膜被封切之后，立即启动推送折叠机构，将内装物按规定计数逐排转移至固定滑板上，并形成半裹包装态。同时将其前方已半裹包的包装件转移至加热室内的输送带上，连续运行完成热收缩操作。待推送折叠板返回原位，又开始另一次工作循环。

同主机配套的加热室，多采用双循环气流加热，使薄膜收缩均匀，达到强度适中与外形美观并重的包装效果。

第二节　裹包执行机构分析

从前述的几种机型认识到，裹包操作方法多样、组合灵活、错综复杂，有的适合复合操作，也有的适合单一操作；而且完成这些操作，不仅要选用适宜的执行机构，还要妥善处理执行机构同包装件及其载体（主传送机构之类）的相对运动关系，设法满足在运动配合诸方面的基本要求。因此，为了搞好创新设计，必须对裹包操作的运动特征以及裹包机构的运动形式有个全面深入的了解。

一、裹包操作运动特征

对此，先通过一个具体例子的分析来加深体会。

在包装机械发展历史上，最早开发的一批机种就包括应用于糖果包装的间歇双端扭结式裹包机，图 2-15-12 所示的便是众所公认的代表。如今，对其主体结构又提出不少的创新和改进，例如，将转位钳盘由六工位减少至四工位；将第一工位的水平夹送改为垂直推送；将双端扭结增添一个辅助的压平封合措施；将包装成品沿水平方向直接排到输送线上；见图 2-5-5，更加突出的，是向多用机方向发展。关于此新型双端扭结式裹包机间歇操作过程的运动特征，现结合图 2-5-13 加以说明。

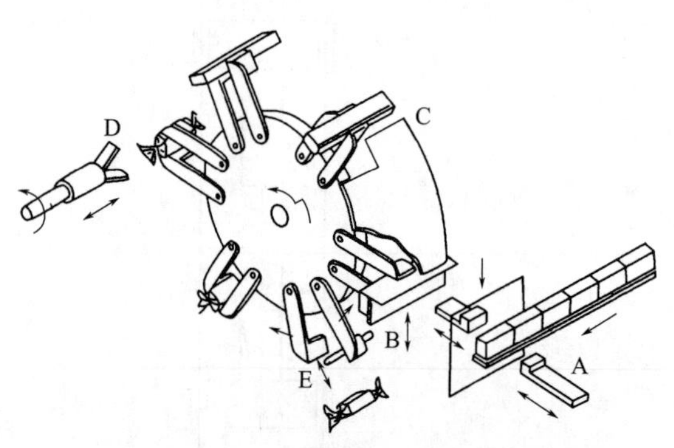

图 2-5-12　早期间歇双端扭结式裹包机主体结构示意图

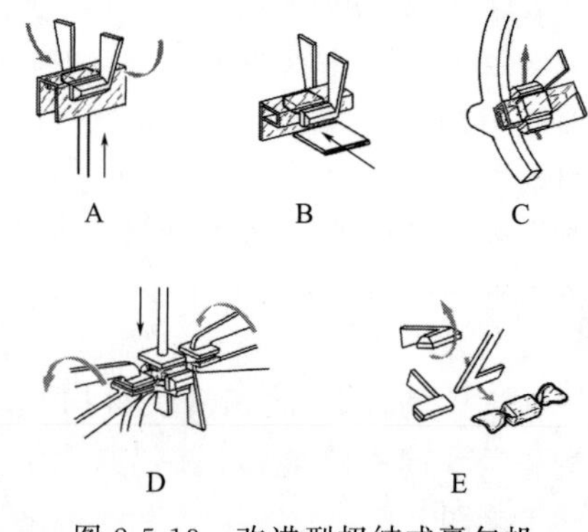

图 2-5-13　改进型扭结式裹包机间歇操作运动特征示意图

图中 A——借垂直推杆将半裹封的包装件移送到上限位置，即被转位盘的钳手夹住，推杆随之快速退回。及至下限位置停歇，等待供送糖块和覆盖其上的薄膜。要着重研究执行机构的运动。

B——趁钳盘暂停之时，启动水平推板插进裹在糖块右侧的薄膜，完成折边，稍停保压退出。也要着重研究执行机构的运动。

C——钳盘沿顺时针方向转位，依靠固定圆弧导板的强制作用使裹在糖块左侧的薄膜

弯折，形成筒状。要着重研究半裹包装件及其载体的运动。

D——转位结束，包装件被压杆压住（有的不用），紧接着一对机械手夹住糖块两端外延的薄膜进行扭结，然后相关动作均恢复原位。要着重研究执行机构的运动。

E——同时，另一工位的钳手张开，并借一摆杆将包装成品击出。要着重研究载体（钳手）和执行机构的运动。

如果将上述扭结式裹包的间歇操作改变为连续操作，则情况会发生一些新变化。仅就扭结操作而言，参阅图 2-5-14 可知，必须要求上下转盘上三对机械手的轴心线，分别与主传送链带上所对应的夹钳作用中心线，在半个公转圆周内相互重合，并保持速度的同步。至于机械手与钳手的相对运动关系，连续式操作与间歇式操作基本相同。

强调指出，对静止的执行构件，只需做结构设计，如袋筒成型器、端折器、弧形导板等；对运动的执行构件，则应根据包装工艺要求选择适当的机构类型，使之达到预期的运动形式、运动规律和运动性能。

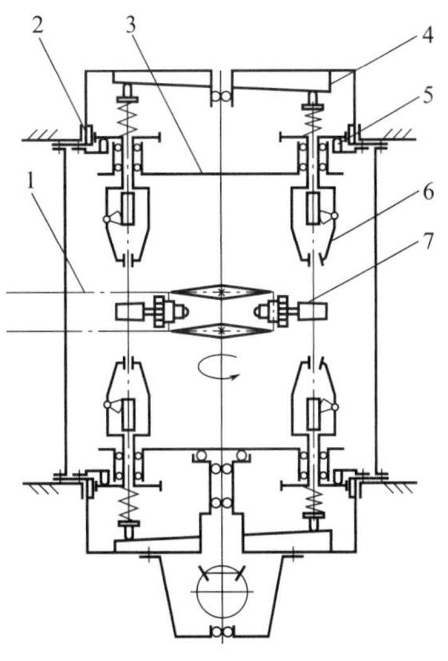

图 2-5-14　连续双端扭结式裹包机主体机构简图

1—主传送链带；2—内齿轮机构；3—主轴支承转盘；4，5—固定盘形凸轮；6—机械手；7—钳手

二、裹包机构运动形式

上例清楚表明，即使一台糖果包装机往往也拥有不少的裹包操作，式样多变、动作灵巧、配合精确、运行快速，给实现机械化和自动化带来一定的难度。经过长年的技术积累，现今裹包执行机构的运动形式日益增多，除一般的匀速转动和非匀速转动之外，还有以下常用的三大类型。

① 无停歇往复运动　其中分为往复移动和摆动，适合中小型物件多方位、短行程、高速度完成推送、折叠、切割等操作。此类机构大都较简单、布局紧凑，例如曲柄摇杆机构、曲柄滑块机构、摆动导杆机构、凸轮机构以及气动的执行构件。

② 有停歇往复运动　其中也分为往复移动和摆动，适合大中型物件多方位、长行程、中高速、按给定停歇要求（位置、时间）完成推送、折叠、封切等操作。此类机构大都较复杂，例如双套四杆串联/并联组合机构、行星齿轮-连杆组合机构、齿轮-导杆组合机构之类。

③ 闭合曲线运动　其中分为平面和空间曲线运动，适合大型或集合物件长行程、中高速、按给定运动轨迹完成推送、折叠、封切等操作。此类机构大都很复杂、占用空间也多，例如平行双曲柄五杆组合机构、固定凸轮一连杆组合机构、齿轮一连杆组合机构、双曲柄滑块一槽凸轮组合机构，等等。

总之，面对层出不穷的裹包操作，单靠有限构件组成的基本机构已难以满足设计要求，而需要通过对基本机构进行串联、并联、封闭、重叠、反馈等组合变换方法来研究开发更多的创新型机构。

特别是，在裹包机构领域，连杆机构及其组合机构已被大量采用。关于这方面的设计理论研究工作，结合计算机辅助设计与分析，也正在向广度和深度方向继续发展。

其实，这乃是本章探索的重点，并以具体应用为出发点对现有典型裹包机构提出一些改进和创新的设计方法。

第三节　裹包推送与折叠机构

一、双套四杆串联组合机构

（一）基本功能及扩展

利用连杆机构可以执行多种多样的运动形式来完成推送、折叠、封切、压合、抽吸等裹包操作，而且在机械性能上也具有显著优点。由于主要构件是杆件，运动副又均为低副（圆柱面或平面），所以结构简单、便于制造、承载能力强、使用寿命长，可在高速中平稳运转；此外还能发挥增力、扩大行程、远距离操控等作用，通过适当组合功能更会有所扩展和加强。

不过，连杆机构难以准确地实现任意的运动规律，加上待定参数较多，与一般凸轮机构相比，其设计显得复杂和困难。尽管如此，现今在计算机技术支撑下，不少场合却有以连杆机构取代凸轮机构的趋势。

一个突出的实例就是，将双套或多套结构尺寸不尽相同的四杆机构串联起来加以适当组合，可使从动执行构件在往复运动极限位置的停歇时间大幅度延长，得以校核调整其动停比，扩展应用范围。

实用中，四杆串联组合机构的终端，根据设计要求既可直接同工作头连接，也可添加附件或中间机构同工作头连接，如图 2-5-15 所示。注意，图中标注的符号 O_c、D、$\Delta\varphi$ 与后面的图 2-5-16、图 2-5-17 完全一致，借此加深理解。

深言之，此中间机构的功用主要在于转换输出运动，达到改变运动形式、动作方向、工作行程、停歇位置及空间布局等目的。强调指出，设计此类中间机构应力求运动链短、传动性好、结构简单、动作准确；不单要着眼裹包操作的实际需要，也要考虑对其他包装操作有用武之地。这样，就打开了创新思路。

（二）设计参数及求解

1. 设计前提条件

借助双套四杆串联组合机构要使终端构件在某一极限位置实现较长时间的近似停歇，以完成规定的工艺操作，在设计上的确是个相当复杂的技术问题。本着优化设计的思路，关键在于必须预先处理好组合机构各主从动杆处于某一极限位置的运动配合以及所附加的制约措施。

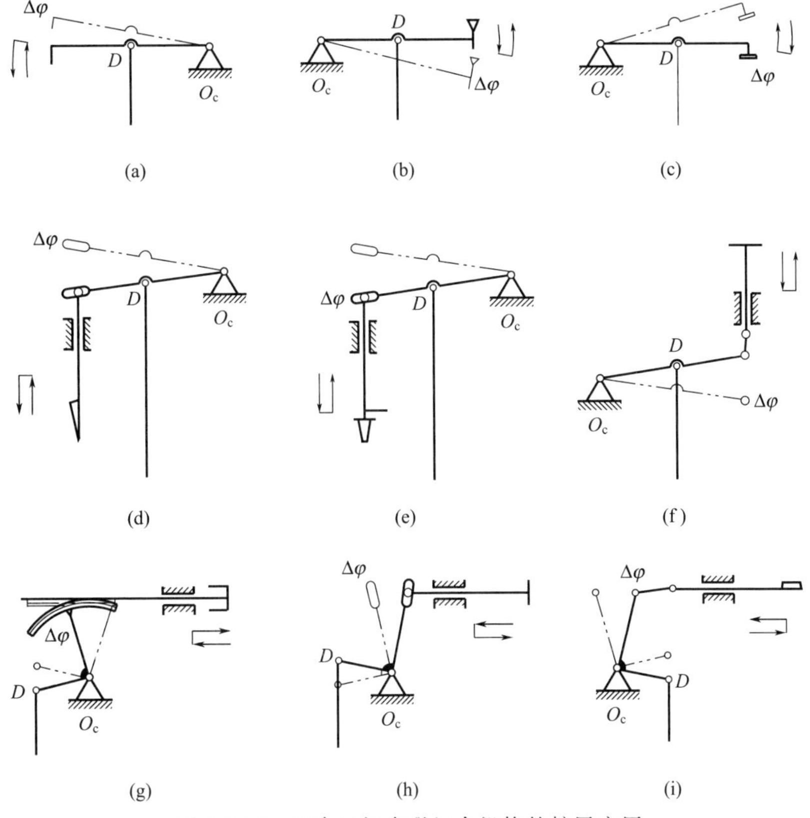

图 2-5-15　双套四杆串联组合机构的扩展应用

选定该机构由曲柄摇杆机构和双摇杆机构组成，并通过中间的两个摇杆串联起来，现结合图 2-5-16 所示的设计计算模型做深入研究。

① 设第一套四杆机构的杆长，曲柄为 l_1，连杆为 l_2，摇杆为 l_3，机架为 l_4，相对杆长相应取 1，$a=\frac{l_2}{l_1}$，$b=\frac{l_3}{l_1}$，$c=\frac{l_4}{l_1}$；第二套四杆机构的杆长，串联摇杆为 l_5，连杆为 l_6，终端摇杆为 l_7，机架为 l_8，相对杆长相应为 1，$e=\frac{l_6}{l_5}$，$f\ \frac{l_7}{l_5}$，$g=\frac{l_8}{l_5}$；中间串联两杆的安装角为 $\Delta\alpha$，实际应用时可调。

② 曲柄沿逆时针方向每转一周，其极位夹角为 θ，中间串联摇杆和终端摇杆的摆动角度各为 δ、φ_c。分析表明，中间串联摇杆在后极限位置附近的运动速度要比在前极限位置附近缓慢，这为探讨终端摇杆的极位停歇问题找到了突破口。

③ 要达到求解的目的，关键在于安排好各杆极限位置的有效配合。具体而言，当曲柄和从动摇杆分别位于后根限位置 A_4O_a、B_4O_b、C_4O_b 时，曲柄与其连杆连成一条直线，若将 A_2、A_6 对称于 A_4B_4 布点，则从动摇杆上相对应的 B_2、B_6 两点和 C_2、C_6 两点必定各自接近重合，同时确认，$\angle B_2O_bB_4=\angle C_2O_bC_4$。作$\angle C_2O_bC_4$ 的等分角线，使 $O_bD_3=O_bC_3+C_3D_3=1+e$，显然，D_3 便是终端摇杆的上极限点，而 C_2、C_4 点对应的 D_2、D_4 点会接近于重合，并同 D_3 点形成很小的位置差距。另外，还要求水平辅助线 PO_c 尽量平分终端摇杆的摆角 φ_c，让整个组合机构的布局更加合理。

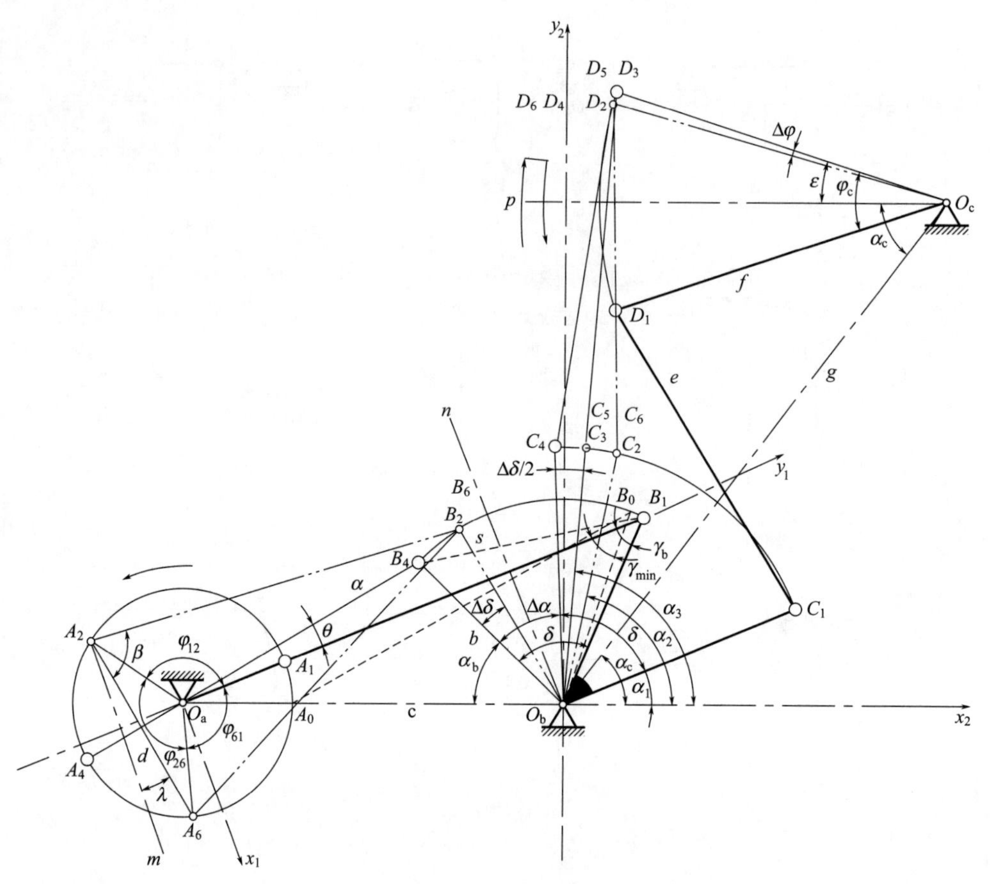

图 2-5-16　双套四杆串联组合机构设计计算模型

接着，需要做进一步设定：当曲柄由 A_2 转移至 A_6 时，$\widehat{A_2A_4}=\widehat{A_4A_6}$，$\angle A_2O_aA_6=\varphi_{26}$；相应的，从动摇杆由 B_2 经 B_4 返回 B_6（与 B_2 重合，往复摆动一次），$\angle B_2O_bB_4=\Delta\delta$；串联摇杆由 C_2 经 C_3、C_4、C_5 返回 C_6（与 C_2 重合，往复摆动一次），$\angle C_2O_bC_3=\angle C_3O_bC_4=\dfrac{\Delta\delta}{2}$；终端摇杆由 D_2 经 D_3、D_4、D_5 返回 D_6（与 D_2 重合，连续摆动二次），$\angle D_2O_cD_3=\angle D_3O_cD_4=\Delta\varphi$。

通过机构综合，如果确定 φ_{26} 之值较大（一般达到 120°～150°），而 $\Delta\varphi$ 之值很小（一般达到 0.5°左右），就表明双套四杆串联组合机构的终端从动件在上极限位置能实现较长时间的近似停歇，具有一定的实用价值。

2. 求解设计参数

对本组合机构而言，按设计要求可采取多种解法。在此仅选用给定 f、φ_c、ε 及 g、α_c，以求解其余参数的方法，并分几个步骤完成。

第一步——建立坐标系

继见图 2-5-16，对两套机构分别建立直角坐标系，曲柄摇杆机构为 $x_1O_ay_1$，经原点 $O_a(O_{ax},O_{ay})$ 取纵轴 y_1 通过从动摇杆前极限位置的端点 B_1；而双摇杆机构为 $x_2O_by_2$，经原点 $O_b(O_{bx},O_{by})$ 取横轴 x_2 与机架 O_aO_b 重合。

另一支座铰接点 O_c，由 g、α_c 确定。

第二步——求 e、α_3、α_1

首先从双摇杆机构着手分析。

当终端摇杆处于上极限位置时，令其位置角 $\angle D_3O_bx_2=\alpha_3$，$\angle D_3O_cP=\varepsilon$，由 $\Delta O_bD_3O_c$ 写出

$$(e+1)^2=f^2+g^2-2fg\cos(\alpha_c+\varepsilon)$$

求得
$$e=\sqrt{f^2+g^2-2fg\cos(\alpha_c+\varepsilon)}-1 \tag{2-5-1}$$

至此，鉴于 e、f、g 均为已知值，应校核双摇杆机构存在的条件及传动角。

又由
$$O_{cx}=g\cos\alpha_c,\quad O_{cy}=g\sin\alpha_c$$
$$\cos\alpha_3=O_{cx}-e\cos\alpha_3-f\cos\varepsilon$$

求得
$$\alpha_3=\arccos\frac{g\cos\alpha_c-f\cos\varepsilon}{e+1} \tag{2-5-2}$$

显然，借 g、α_c 可调整 α_3，使之趋近 90°。

当串联摇杆处于前极限位置时，令其位置角$\angle C_1O_bx_2=\alpha_1$，由坐标点 C_1、D_1 写出

$$C_{1x}=\cos\alpha_1,\quad C_{1y}=\sin\alpha_1$$
$$D_{1x}=O_{cx}-f\cos(\varphi_c-\varepsilon),\quad D_{1y}=O_{cy}-f\sin(\varphi_c-\varepsilon)$$
$$(C_{1x}-D_{1x})^2+(C_{1y}-D_{1y})^2=e^2$$

求得
$$\alpha_1=\arcsin\frac{R\cos k}{D_{1y}}-k \tag{2-5-3}$$

式中
$$R=\frac{1}{2}(D_{1x}^2+D_{1y}^2-e^2+1)$$
$$k=\arctan\frac{D_{1x}}{D_{1y}}$$

第三步——求 δ

从图示几何关系直接写出中间串联两杆的摆角

$$\delta=\frac{\Delta\delta}{2}+\alpha_3-\alpha_1$$

代入以上二式 α_1、α_3 之值，求得

$$\delta=\frac{\Delta\delta}{2}+\arccos\frac{g\cos\alpha_c-f\cos\varepsilon}{e+1}+k-\arcsin\frac{R\cos k}{D_{1y}} \tag{2-5-4}$$

试取 $\Delta\delta$ 的预选值为 $\Delta\delta_0$（取为 13°～15°，供参考），即可初步确定 δ，作为设计曲柄摇杆机构的依据。

第四步——求 b、c、α_b、$\Delta\alpha$

接着，转入对曲柄摇杆机构的分析。

根据从动摇杆所处的两个极限位置，由 $\Delta B_1O_bB_4$ 和 $\Delta B_1O_aB_4$ 依次写出

$$S=B_1B_4=2b\sin\frac{\delta}{2}$$
$$S^2=(a+1)^2+(a-1)^2-2(a+1)(a-1)\cos\theta$$
$$=4\left[a^2-(a^2-1)\cos^2\frac{\theta}{2}\right]$$

将以上二式联立，求得

$$b=\frac{\sqrt{1+(a^2-1)\sin^2\dfrac{\theta}{2}}}{\sin\dfrac{\delta}{2}} \tag{2-5-5}$$

式中
$$\theta=\frac{(k_v-1)\pi}{k_v+1} \tag{2-5-6}$$

一般取行程变化系数 $k_v=1.1\sim1.3$。

从式(2-5-5) 看出，只要选定 a，便可求解 b。

对Ⅰ型曲柄摇杆机构而言，从动摇杆的慢行程转向与曲柄一致。至于最小传动角 γ_{min} 则发生于从动摇杆快行程中曲柄与机架相重合的位置。据此由 $\Delta A_0O_bB_0$ 写出

$$(c-1)^2=a^2+b^2-2ab\cos\gamma_{min}$$

求得
$$c=1+\sqrt{a^2+b^2-2ab\cos\gamma_{min}} \tag{2-5-7}$$

式中　$\gamma_{min}\geqslant[\gamma]$，许用值 $[\gamma]=40°\sim45°$。

至此，鉴于 a、b、c 均为已知值，应校核曲柄摇杆机构存在的条件。

从动摇杆的后极限位置角 α_b，由 $\Delta B_4O_aO_b$ 写出

$$(a-1)^2=b^2+c^2-2bc\cos\alpha_b$$

求得
$$\alpha_b=\arccos\frac{1}{2bc}[b^2+c^2-(a-1)^2] \tag{2-5-8}$$

联立式(2-5-3) 和式(2-5-8) 进而求得中间串联两杆的安装角

$$\Delta\alpha=\angle B_4O_bC_4=\pi-(\alpha_1+\delta+\alpha_b) \tag{2-5-9}$$

或改写成
$$\Delta\alpha=\left(1-\frac{\alpha_1+\delta+\alpha_b}{\pi}\right)\times180°$$

从实用观点出发，为补偿该机构相关构件在设计、制造、装配所积累的误差，通常将这中间串联两杆的夹角做成微调的连接形式。

第五步——求 φ_{26}

求曲柄回转过程的相当停歇角 φ_{26}，必须设法找出它同 $\Delta\delta$ 的互依变化关系。

如图 2-5-16 所示，由点 O_b 引一条辅助线 O_bn，使之与纵轴 y_1 垂直相交，借两个中心角$\angle B_4O_bn$ 和$\angle B_2O_bn$ 写出

$$\begin{aligned}\Delta\delta&=\angle B_4O_bn-\angle B_2O_bn\\&=\arctan\frac{O_{by}-B_{4y}}{O_{bx}-B_{4x}}-\arctan\frac{O_{by}-B_{2y}}{O_{bx}-B_{2x}}\end{aligned} \tag{2-5-10}$$

为求解上式，首先令$\angle O_aB_1O_b=\gamma_b$，写出点 O_b 坐标值

$$O_{bx}=B_{1x}+b\sin\gamma_b,\quad B_{1x}=0$$
$$O_{by}=B_{1y}-b\cos\gamma_b,\quad B_{1y}=a+1$$

式中，由 $\Delta O_aB_1O_b$ 确定

$$\gamma_b=\arccos\frac{1}{2b(a+1)}[(a+1)^2+b^2-c^2]$$

其次，写出点 B_4 坐标值

$$B_{4x}=-(a-1)\sin\theta$$
$$B_{4y}=(a-1)\cos\theta$$

再其次，将 A_2、A_6 两点连线，令 $A_2A_6=d$，另由点 A_2 引一条辅助线 A_2m，使之平行于横轴 x_1，令 $\angle B_2A_2A_6=\beta$，$\angle A_6A_2m=\lambda$，写出点 B_2 坐标值

$$B_{2x}=A_{2x}+a\cos(\beta+\lambda)$$

$$B_{2y}=A_{2y}+a\sin(\beta+\lambda)$$

式中

$$A_{2x}=-\sin\varphi_{12},\quad A_{2y}=\cos\varphi_{12},\quad \varphi_{12}=\pi-\frac{\varphi_{26}}{2}+\theta$$

$$A_{6x}=\sin\varphi_{61},\quad A_{6y}=\cos\varphi_{61},\quad \varphi_{61}=\pi-\frac{\varphi_{26}}{2}-\theta$$

$$\beta=\arccos\frac{d}{2a}$$

$$d=\sqrt{(A_{2x}-A_{6x})^2+(A_{2y}-A_{6y})^2}$$

$$\lambda=\arctan\frac{A_{2y}-A_{6y}}{A_{2x}-A_{6x}}$$

总之，将以上 O_b、B_4、B_2 三点坐标值环环相扣地代入式(2-5-10) 中，则在按式(2-5-4) 初选 δ 的前提下，基本明确了本组合机构各杆的主要尺寸关系以及 φ_{26} 与 $\Delta\delta$ 的互依变化关系。但是，后者不能将 φ_{26} 表示为 $\Delta\delta$ 的显函数形式，给求解带来不便。所以不妨采用图解解析法处理，试取 $\Delta\delta=f(\varphi_{26})$，借此生成直角坐标系的一条 $\Delta\delta-\varphi_{26}$ 曲线，而同 $\Delta\delta_0$ 所代表的另一条直线相交于一点，投影在横坐标轴上，即为要求得的 φ_{26} 之值，也只有这一交点才符合设计计算的唯一正确结果。若需调整 φ_{26}，应参照式(2-5-4) 重新设定预选值 $\Delta\delta_0$。

第六步——求 $\Delta\varphi$

对第二套双摇杆机构而言，当串联摇杆由点 C_3 转至点 C_2 时，其位置角为$\angle C_2O_bx_2=\alpha_2$，相应的，终端摇杆由上极限点 D_3 转至 D_2，其位置角为$\angle D_2O_cP=\varepsilon-\Delta\varphi$。在此情况下，根据 C_2、D_2 两点的坐标值，可求终端摇杆的近似停歇摆角 $\Delta\varphi$。因此写出关系式

$$(C_{2x}-D_{2x})^2+(C_{2y}-D_{2y})^2=e^2 \tag{2-5-11}$$

式中

$$C_{2x}=\cos\alpha_2,\ C_{2y}=\sin\alpha_2,\ \alpha_2=\alpha_1+\delta-\Delta\delta$$

$$D_{2x}=O_{cx}-f\cos(\varepsilon-\Delta\varphi),\ D_{2y}=O_{cy}+f\sin(\varepsilon-\Delta\varphi)$$

已知

$$O_{cx}=g\cos\alpha_c,\ O_{cy}=g\sin\alpha_c$$

将式(2-5-11) 改写成

$$D\cos(\varepsilon-\Delta\varphi)-E\sin(\varepsilon-\Delta\varphi)=F$$

式中

$$D=O_{cx}-C_{2x}$$

$$E=O_{cy}-C_{2y}$$

$$F=\frac{1}{2f}(D^2+E^2+f^2-e^2)$$

且令

$$\mu=\arctan\frac{D}{E}$$

求得

$$\Delta\varphi=\arcsin\left(\frac{F}{E}\cos\mu\right)+\varepsilon-\mu \tag{2-15-12}$$

强调指出，$\Delta\varphi$ 和 φ_{26} 是两个重要的设计参数，绝不能孤立地看待；优选的结果，力

求 $\Delta\varphi$ 偏小而 φ_{26} 偏大，这样才能更好地满足某些给定要求，扩大应用范围。

再有，面对这种貌似复杂、头绪繁多的组合机构设计计算问题，为了事半功倍地达到预期的求解目标，应深入掌握该机构的基本工作原理，并能熟练运用计算机进行编程与操作。

（三）机构变异及应用

机构变异的含义是，选定某个现有机构作为原始机构，对其进行局部结构的变换，而演化成为功能有所不同或性能有所改进的新机构。

机构的结构变换常用的有多种，例如，构件（包括机架）和运动副在形状、尺寸、位置上的变换，以及机构的等效变换（即同性异形变换）等，都带有一定程度的创新性质。

对图 2-5-17 所示的双套四杆串联组合机构而言，其基本组成、工作原理和运动特性，同图 2-5-16 完全一致，只是改变了串联摇杆和终端摇杆的方位和相关构件的尺寸，结果使终端摇杆的近似停歇位置由上方转移到下方，以满足某些包装操作的实际需要。

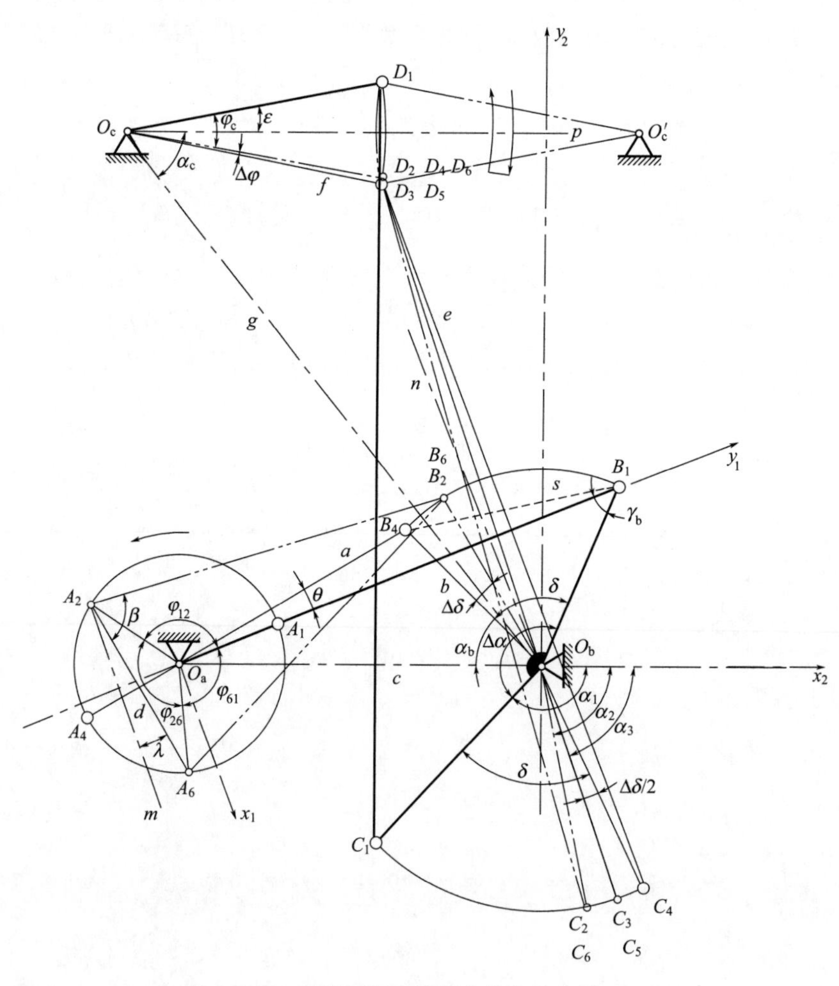

图 2-5-17　双套四杆串联组合机构的变异（一）

至于图 2-5-18 所示的机构，也只是将原来终端摇杆的铰接支座位置改为可调的结构形式，并相应变换该摇杆的长度，以达到增大输出摆角的目的。由于其近似停歇的位置及时间基本未变，所以又可满足另一些包装操作的实际需要。

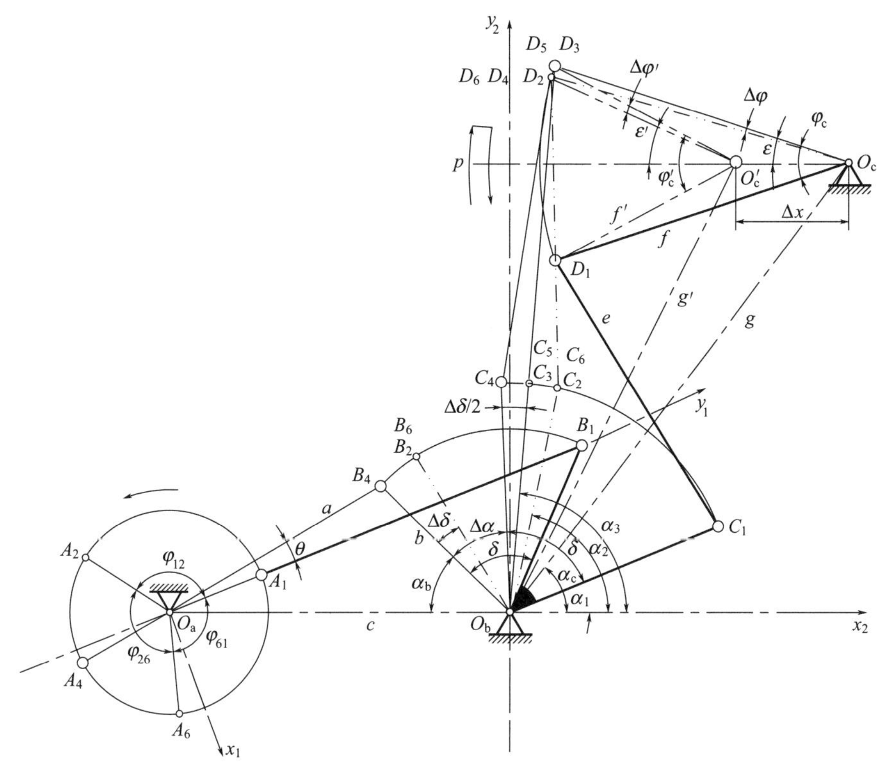

图 2-5-18　双套四杆串联组合机构的变异（二）

在 l_5、α_1、e 保持定值的条件下，将支座 O_c 由 g、α_c 沿水平线 PO_c 向左偏移 Δx 而改变为 g'、α'_c；同时终端摇杆的长度及位置角分别由 f、ε 改变为 f'、ε'。令 $\varepsilon=\dfrac{\varphi_c}{2}$，求得相关的计算式

$$g'=\sqrt{g^2+\Delta x^2-2g\Delta x\cos\alpha_c} \tag{2-5-13}$$

$$\alpha'_c=\operatorname{arccot}\frac{g\cos\alpha_c-\Delta x}{g\sin\alpha_c} \tag{2-5-14}$$

$$f'=\sqrt{f^2+\Delta x^2-2f\Delta x\cos\varepsilon} \tag{2-5-15}$$

$$\varepsilon'=\operatorname{arccot}\left(\cot\varepsilon-\frac{\Delta x}{f\sin\varepsilon}\right) \tag{2-5-16}$$

$$\varphi'_c=2\varepsilon'\geqslant\varphi_c \tag{2-5-17}$$

$$\Delta\varphi'=\frac{f\Delta\varphi}{f'}\geqslant\Delta\varphi \tag{2-5-18}$$

为了反求，将式(2-5-16) 改写为

$$\Delta x=f(\cos\varepsilon-\sin\varepsilon\cot\varepsilon') \tag{2-5-19}$$

这些式子是对前面导出的该组合机构整套设计计算公式的补充，要善于活用。

（四）组成分析及编程

基于前述双套四杆串联组合机构的尺寸综合，继而要研究该机构的组成分析问题。在此结合编程仅着重揭示终端执行构件的输出运动特性，以得出应有结论。

1. 求解方法初探

关于所采用的求解方法，有杆组法、矩阵法、复数矢量法多种。相形之下，杆组法比较简单，容易理解，便于运用，对设计一些复杂机构简化计算机编程尤有突出功效。

杆组法的内涵主要体现在，根据单自由度平面连杆机构的组成原理，对于由机架、主动件以及若干个自由度均为零且不能再分解的基本杆组所构成的机构系统，可通过某种途径和方法逐步进行拆组，以完成整个分析与求解的过程，从而找出规律性认识。

基本杆组又简称杆组，是不能再分解的自由度为零的运动链，对平面连杆机构应满足如下条件

$$3n-2P_{\mathrm{L}}=0 \quad 或\ n=\frac{2P_{\mathrm{L}}}{3} \tag{2-5-20}$$

因机构的活动构件数 n 和低副数 P_{L} 均为整数，故知 n、P_{L} 应分别为 2、3 的倍数，即取

$$n=2,4,6,\cdots$$

$$P_{\mathrm{L}}=3,6,9,\cdots$$

一般规定，由两个构件和三个低副构成的杆组称为Ⅱ级杆组（共有五种类型）；由四个构件和六个低副构成的杆组称为Ⅲ级或Ⅳ级杆组，依次类推。在工程实际中，Ⅱ级杆组用得最广，而Ⅲ级和Ⅲ级以上的高级杆组应用较少。另外指出，平面连杆机构的级别是根据其中各杆组的最高级别来确定的。

选择此法做机构分析，关键在于正确识别和有效分解机构中的各个杆组，在此基础上，运用适宜的数学方法求解每一杆组各构件及其运动副的位置。现结合Ⅱ级机构加以具体说明。

1）分析的途径

通常分为两种途径：一条是从靠近主动件的从动件开始，依次拆组；另一条是从主动件传递运动最远处的从动件开始，依次拆组。

鉴于前一途径同机构传递运动的次序大体吻合，多被采用。切记，在这处理之前务必去除局部自由度和虚约束。

2）分析的准则

对Ⅱ级杆组，要以其中已知的两个外接副作为分析的起点，进而求解两个构件和一个内接副的运动位置。

3）分析的方法

在数学处理上，大都采用矢量封闭多边形法，以各矢量在直角坐标系的投影式来表示杆组各关键点的位置。

为简化分析，应忽略不计有关构件的制造装配误差以及弹性变形等因素的影响。

2. 机构组成分析

现以杆组法的基本理论为指导，结合图 2-5-19 对双套四杆串联组合机构做具体的组成分析。

根据设计要求和前面推导出来的一系列设计计算公式，求得该机构的各杆尺寸 l_1、l_2、l_3、l_4、l_5、l_6、l_7、l_8 和串联两杆的安装角 $\Delta\alpha$，机架的位置角 α_c。

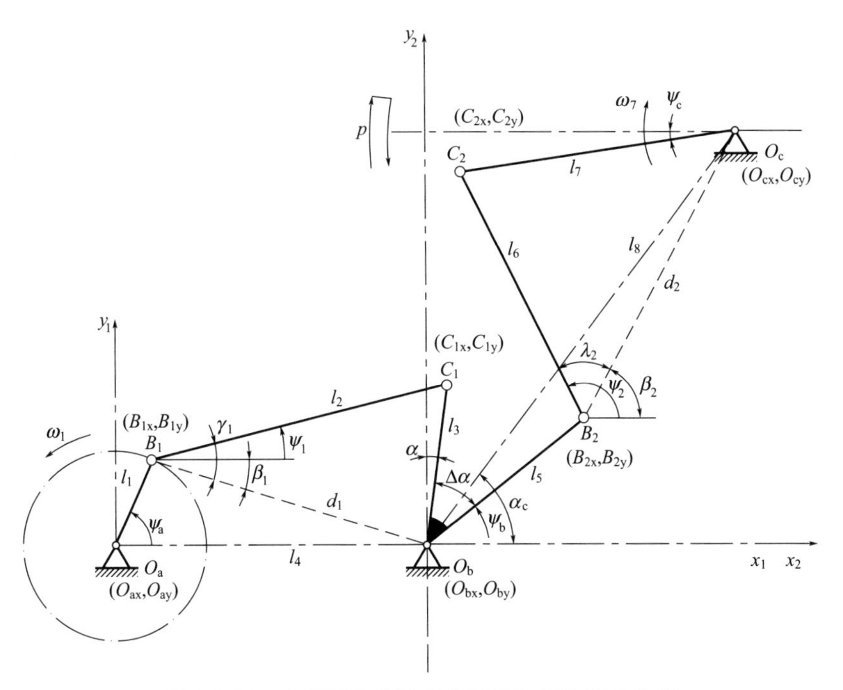

图 2-5-19　双套四杆串联组合机构杆组法组成分析

设主动曲柄以等角速度 ω_1 沿逆时针方向回转，经时间 t 相应的角位移 $\psi_a=\omega_1 t$。试求终端摇杆的摆动方程，并绘出其摆角变化曲线。

依题意，对第一套四杆机构建立直角坐标系 $x_1O_ay_1$，取 $O_{ax}=0$，$O_{ay}=0$，$O_{bx}=l_4$，$O_{by}=0$；并从靠近主动曲柄的连杆 l_2 开始拆组。由于二杆 l_2、l_3 和三副 B_1、C_1、O_b 组成Ⅱ级杆组，直接写出

$$B_{1x}=l_1\cos\psi_a,\quad B_{1y}=l_1\sin\psi_a$$

$$d_1=B_1O_b=\sqrt{(B_{1x}-O_{bx})^2+(B_{1y}-O_{by})^2}$$

验证：若 $d_1<l_2+l_3$，$d_1>|l_2-l_3|$，能保证可靠安装。

令 d_1 与 x_1 的夹角为 β_1，d_1 与 l_2 的夹角为 γ_1，显然

$$\beta_1=\arctan\frac{B_{1y}-O_{by}}{B_{1x}-O_{bx}}$$

$$\gamma_1=\arccos\frac{d_1^2+l_2^2-l_3^2}{2d_1l_2}$$

求得连杆 l_2 的位置角及其与摇杆 l_3 的铰接点位置

$$\psi_1=\beta_1+\gamma_1 \tag{2-5-21}$$

$$C_{1x}=B_{1x}+l_2\cos\psi_1,\quad C_{1y}=B_{1y}+l_2\sin\psi_1$$

则串联二摇杆 l_3、l_5 的位置角分别为

$$\alpha=\arctan\frac{C_{1x}-O_{bx}}{C_{1y}-O_{by}}$$

$$\psi_b=\frac{\pi}{2}-\alpha-\Delta\alpha \tag{2-5-22}$$

其次，对第二套四杆机构建立直角坐标系 $x_2O_by_2$，取 $O_{bx}=0$，$O_{by}=0$，$O_{cx}=l_8\cos\alpha_c$，$O_{cy}=l_8\sin\alpha_c$；并从靠近串联摇杆 l_5 的连杆 l_6 开始拆组，由于二杆 l_6、l_7 和三副 B_2、C_2、O_c 组成Ⅱ级杆组，直接写出

$$B_{2x}=l_5\cos\psi_b,\quad B_{2y}=l_5\sin\psi_b$$

$$d_2=B_2O_c=\sqrt{(B_{2x}-O_{cx})^2+(B_{2y}-O_{cy})^2}$$

验证：若 $d_2<l_6+l_7$，$d_2>|l_6-l_7|$，能保证可靠安装。

鉴于这两套杆组的相关标识符均一一对应，故可利用上列各式进行置换，求得

$$\beta_2=\arctan\frac{B_{2y}-O_{cy}}{B_{2x}-O_{cx}}$$

$$\gamma_2=\arccos\frac{d_2^2+l_b^2-l_7^2}{2d_2l_6}$$

$$\psi_2=\beta_2+\gamma_2 \tag{2-5-23}$$

$$C_{2x}=B_{2x}+l_6\cos\psi_2,\quad C_{2y}=B_{2y}+l_6\sin\psi_2$$

$$\psi_c=\arctan\frac{C_{2y}-O_{cy}}{O_{cx}-C_{2x}} \tag{2-5-24}$$

总之，本组合机构是由主动曲柄、固定机架和两个Ⅱ级基本杆组构成的一个系统，属于Ⅱ级平面连杆机构。

3. 编程求解答案

根据编写程序 STSGCL. m 绘制的双套四杆串联组合机构终端摇杆的摆角变化曲线，如图 2-5-20 所示。在该程序中，首先输入的各杆尺寸，是按前述的机构综合方法求解出来的。在此通过机构的运动分析又得到进一步的验证。

```
% STSGCL.m
clear
syms psi_a psi_1 psi_b psi_2 psi_c

l1=40.0, l2=140.0, l3=71.9, l4=138.3
l5=90.0, l6=124.9, l7=126.0, l8=225.0
Dalpd=43.8, Dalp=Dalpd*pi/180
alp_cd=52, alp_c=alp_cd*pi/180;

psi_a=linspace(0,4*pi,120);
 Obx=l4; Oby=0;
 B1x=l1*cos(psi_a); B1y=l1*sin(psi_a);
 d1=sqrt((B1x-Obx).^2+(B1y-Oby).^2);
 D1=l2+l3-d1; D2=d1-(l2-l3);
if D1>0 D2>0;
   disp('d1<l2+l3')
   disp('d1>l2-l3')
end
 bet_1=atan((B1y-Oby)./(B1x-Obx));
 gam_1=acos((d1.^2+l2^2-l3^2)./(2*d1*l2));
```

```
psi_1=gam_1+bet_1;
 C1x=B1x+l2*cos(psi_1); C1y=B1y+l2*sin(psi_1);
 alp=atan((C1x-Obx)./(C1y-Oby));
psi_b=pi/2-alp-Dalp;


 Ocx=l8*cos(alp_c); Ocy=l8*sin(alp_c);
 B2x=l5*cos(psi_b); B2y=l5*sin(psi_b);
 d2=sqrt((B2x-Ocx).^2+(B2y-Ocy).^2);
 D3=l6+l7-d2; D4=d2-(l7-l6);
if D3>0 D4>0;
   disp('d2<l6+l7')
   disp('d2>l7-l6')
end
 bet_2=atan((B2y-Ocy)./(B2x-Ocx));
 gam_2=acos((d2.^2+l6^2-l7^2)./(2*d2*l6));
psi_2=bet_2+gam_2;
 C2x=B2x+l6*cos(psi_2); C2y=B2y+l6*sin(psi_2);
psi_c=atan((C2y-Ocy)./(Ocx-C2x));
psi_cd=psi_c*180/pi;
psi_ad=linspace(0,720,120);
plot(psi_ad,psi_cd,'linewidth',2)
xlabel('\psi_a(\circ)')
ylabel('\psi_c(\circ)')
grid on
box on
```

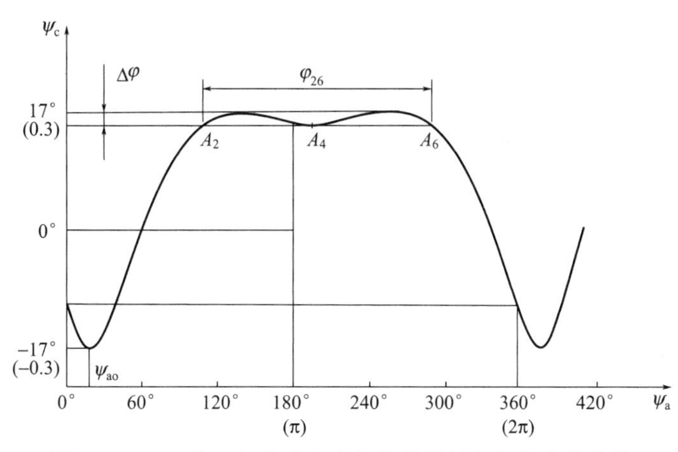

图 2-5-20　双套四杆串联组合机构终端摇杆摆角变化曲线

该图清楚表明，主动曲柄每回转一周，终端摇杆相对水平中线向上下摆动 17°。当接近下极限位置时，会发生加速度变化，呈现瞬时停歇。而当接近上极限位置时，也会发生加速度变化，却呈现较长时间的近似停歇。另外还发现，该摇杆在往复摆动中间，大体上作等角速运动。所以，对设计的总评价是比较理想的，同时确认，整个理论推导和设计计算都完全正确。

二、行星齿轮-连杆串联组合机构

（一）探索相当机构

1. 合理选型

对大中型、较重的块状物品，按垂直向、长行程、中高速和给定停歇要求作往复移动，以完成推送、托送、夹送、折叠、封切等裹包操作的执行机构，除知名度颇高的固定凸轮-连杆组合机构之外，还值得推荐的有行星齿轮-连杆组合机构。

参阅图 2-5-21 和图 2-5-22，固定凸轮-连杆组合机构主要由凸轮机构、曲柄滑块机构组合而成，结构紧凑、运转可靠，能够为从动推杆设计出任何所需的运动规律，可在下极限位置实现较长时间（约占全周期的三分之一）的停歇，凸轮本身的尺寸虽然不算太大，却足以获得较大的工作行程，一般可达 160mm 左右。

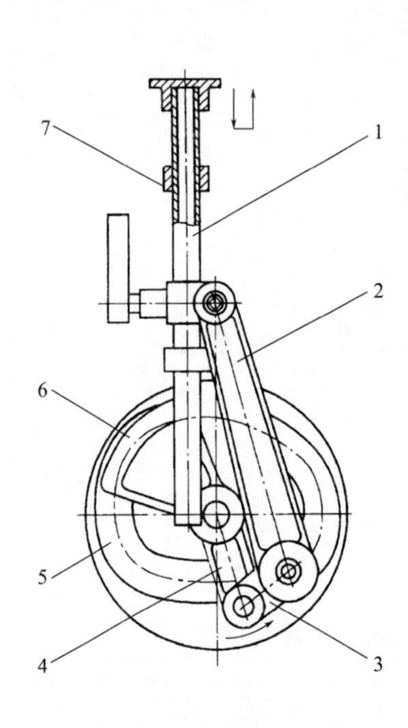

图 2-5-21 固定凸轮-连杆组合机构结构简图

1—推杆；2—长连杆；3—短连杆；4—曲柄；5—固定槽凸轮；6—平衡重；7—双导轨

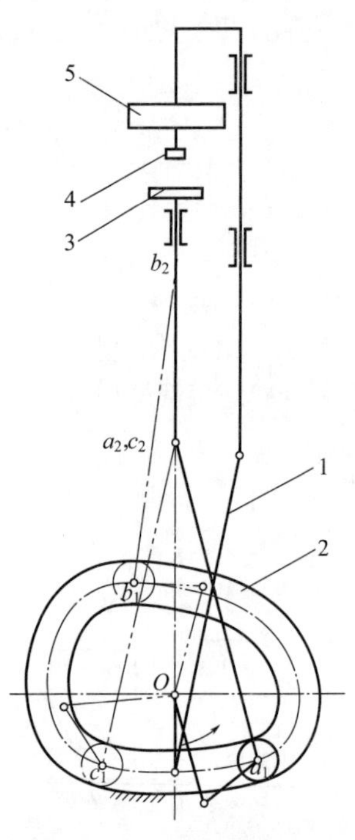

图 2-5-22 夹送裹包固定凸轮-连杆组合机构示意图

1—曲柄滑块机构；2—固定凸轮机构；3—推送板；4—接送板；5—折角器

当然，这种凸轮机构对设计、制造、装配都提出很高的技术要求，而且动平衡的难度偏大，限制了提高生产能力。

再者，从包装工艺的角度来评价也存在一些问题。

这套机构最早用于食品工业包装巧克力排等块状物。当推送板及其并联的接送板都处于下极限位置停歇状态时，要先后将内装物、包装材料供送到位（后者覆盖前者）。启动后被上下两板夹住，穿过折角器（见图 2-5-23）折好四个边角。至上极限位置，两板相互分离，并借助其他执行构件夹持内装物和包装材料，继续从纵横方向折平，完成信封式裹包（见图 2-5-24，实际操作，封底朝下）。

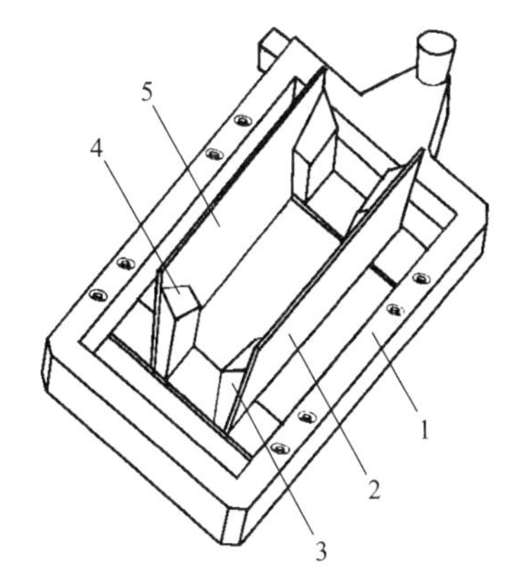

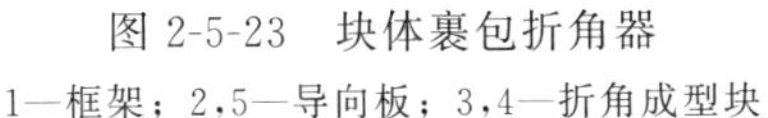
图 2-5-23　块体裹包折角器

1—框架；2,5—导向板；3,4—折角成型块

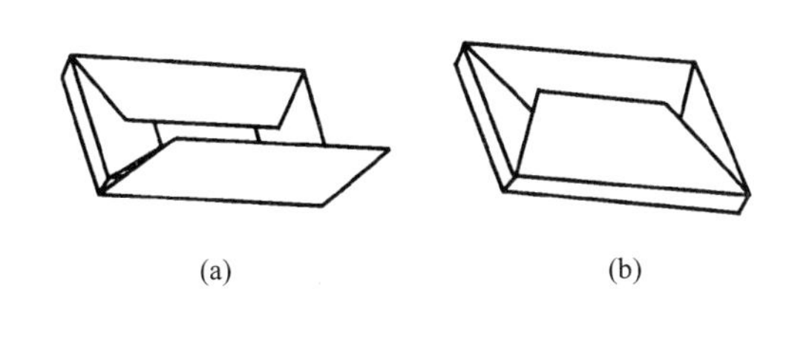

图 2-5-24　块体双端及底部折叠（信封）式裹包

这之中暴露出来的问题，一是在下极限位置将食品供送到推送板上，两者直接接触容易造成破损和污染；二是在上极限位置被折成四个边角的柔性材料，开口朝下增加双向折平的困难，有碍提速。后来，其他类似的包装机提出了改进，竟反其道而行之，将工作头停歇位置改在上极限位置，内装物放在包装材料之上，使之由上向下夹送，穿过折角器（或其他类型成型器），以完成整个折叠裹包过程。这样做，对块状、柱状等集合物的裹包装盒及裹包装箱也完全适用，相应的，原来的推送机构就转化为托送机构。

鉴于固定凸轮-连杆组合机构存在一定的局限性，从创新设计的角度出发，必须打开思路，探索适用的相当机构。

2. 对比分析

一般来说，通过选型对两个或多个机构加以对比分析，并设法找出其运动特性和机构性能的共同点，如果在这些主要方面大体上是相近的，那么就可以把这些机构看成是相当机构。据此，有助于因地制宜、优化选择。实用中，相当机构是比较多的。

参阅图 2-5-25，物色行星齿轮-连杆组合机构作为相当机构，具有许多突出的优点。

1）从运动特性和扩展应用考察

已知，当内齿轮和行星齿轮的节圆半径之比 $k=\dfrac{R}{r}=3$，行星齿轮销轴偏心距与其节圆半径之比 $\lambda=\dfrac{e}{r}=1$ 时，系杆每回转一周，销轴中心 P 的运动轨迹为三条连续匀布的内摆线。该摆线很接近于圆弧曲线，若取滑块上铰接的连杆之长度 L 等于此圆弧半径，显然连杆每逢扫过这段圆弧所对应的 120°扇形区间，就意味着推送杆足以实现较长时间的停歇。

由于三条内摆线沿滑块的中轴线呈对称式布局，使推送杆可以作相同时间谐性变化规律的往复直线运动。

另外从该图中还看出，若将结构布局和 k、λ 两参数加以适当改变调整，则该组合机构的输出运动，不仅能实现上极限或下极限位置的停歇，还能在一周期内实现上下极限位置的轮流停歇，使应用范围更加扩展。

2）从基本组成和结构性能考察

在功能上，行星齿轮机构就相当于固定凸轮机构，至于带曲柄的五杆机构也几乎同

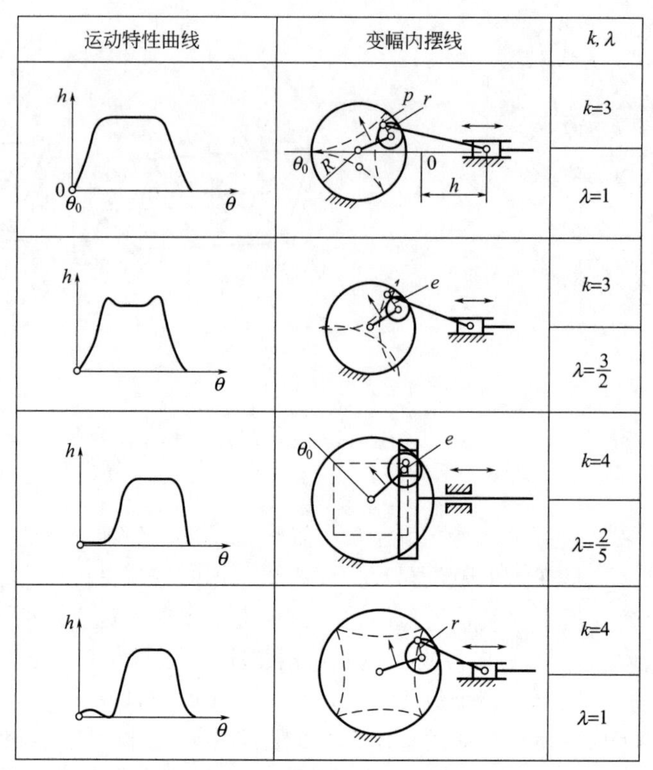

图 2-5-25 行星齿轮-连杆组合机构变异示例

出一辙。况且此固定内齿轮更便于设计、制造、装配、维护，运转中压力角既小又传动效率高。再有，配置一对对称分布的行星齿轮可在很大程度上改善动平衡，延长使用寿命。

3）从组合分类和设计方法考察

暂撇开并联的接送机构不谈，其实行星齿轮-连杆机构系统和固定凸轮-连杆机构系统都属于同一种组合方式，论证的依据概括为：

该机构系统的基础机构是二自由度的五杆机构，附加机构是单自由度的行星齿轮机构（或固定凸轮机构），共用连架杆输入动力，只需将两分机构的浮动件连接在一起，并借助齿轮高副（或凸轮高副）的约束，结果就构成单自由度的Ⅰ型封闭式组合机构。

还可从另一角度看，该机构系统的前置机构是单自由度行星齿轮（或固定凸轮）基本机构，而后置机构是多自由度开式四杆基本机构，只需将前者的输出浮动件和后者的输入浮动件连接在一起，结果就构成单自度的Ⅱ型串联式组合机构。

很是巧合，这两套组合机构计算自由度的公式竟是统一的，由图查知，各机构的构件总数 $n=5$，低副数 $P_L=5$，高副数 $P_H=1$，确认其自由度

$$\begin{aligned} F &= 3(n-1)-2P_L-P_H \\ &= 3\times(5-1)-2\times5-1\times1=1 \end{aligned} \tag{2-5-25}$$

实用中，把这两套机构都当成串联式组合，可直接采用简便的叠加方法求解有关公式。

综合上述三方面的考察与分析得出结论：行星齿轮-连杆组合机构的确是固定凸轮-连杆组合机构的理想相当机构，虽然各有优缺点，而前者在不少方面更略胜一筹，拥有广阔的应用前景，值得郑重推荐。

（二）机构设计要点

1. 确定基准机型

对图 2-5-26 所示的行星齿轮-连杆组合机构认定为设计的基准机型，可输出上极位停歇的往复移动，而其两种变异的下极位停歇的机型，分别输出往复移动（图 2-5-27）和摆动（图 2-5-28）。它们之间的主体结构基本是一致的，只是将输出构件做了局部的改变和调整。

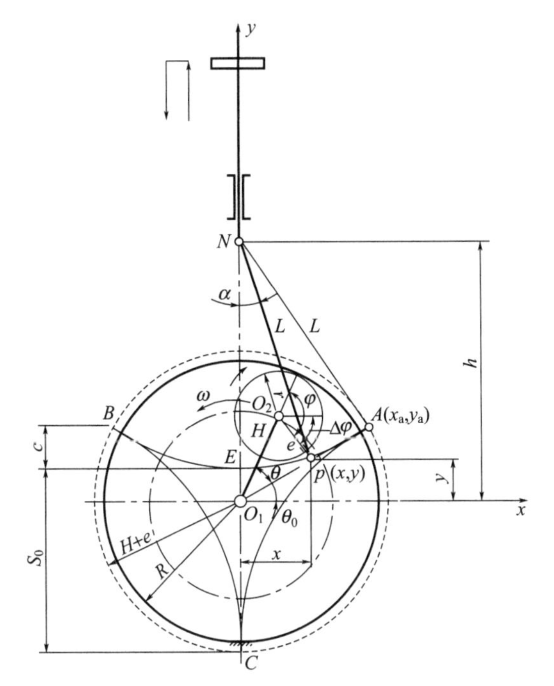

图 2-5-26　行星齿轮-连杆组合机构的基准机型

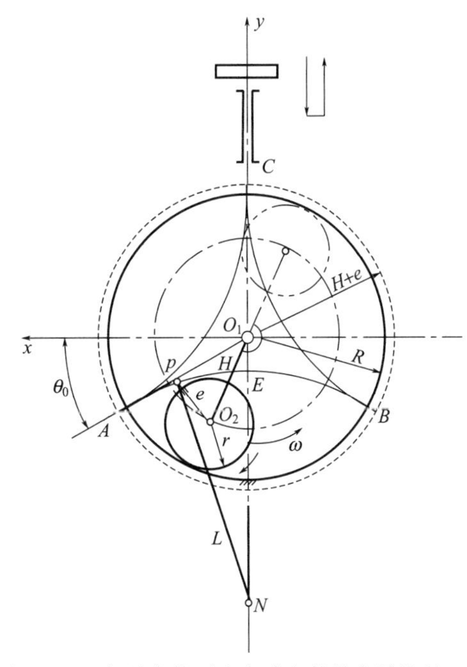

图 2-5-27　行星齿轮-连杆组合机构的变异机型（一）

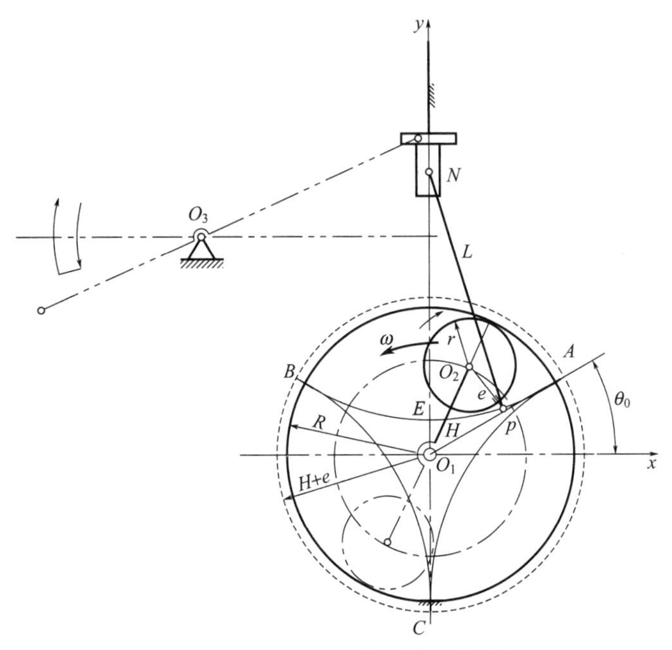

图 2-5-28　行星齿轮-连杆组合机构的变异机型（二）

2. 设计给定条件

设计时应预先给定：执行构件（或工作头）的往复工作行程 S_0；上/下极限位置的停歇时间 T_j。

令行星齿轮转臂的转速为 n，角速度为 ω，根据前述，取 $k=3$，$\lambda=1$，故知

$$T_j=\frac{60}{kn}=\frac{20}{n}$$

$$n=\frac{20}{T_j},\quad \omega=\frac{2\pi}{3T_j} \tag{2-5-26}$$

通过固定内齿轮的原点建立直角坐标系 xO_1y。在内摆线的尖点 A（x_a，y_a）取系杆的初始位置角 $\theta_0=\angle AO_1x=30°$，使连杆与行星齿轮的铰接点 P 同 A 点重合。正常工作时该系杆沿逆时针方向等速回转。

3. 求解主要参数

1）求 r

除前设参数外，另设行星轮和中心轮的齿数各为 Z_a、Z_b，齿轮的模数为 m，系杆的有效长度为 H，由于

$$S_0=CE=R-(r+e)+2r+e=4r$$

$$r=\frac{mZ_a}{2}=\frac{S_0}{4} \tag{2-5-27}$$

求得

$$Z_a=\frac{S_0}{2m},\quad m=\frac{S_0}{2Z_a} \tag{2-5-28}$$

式中，m、Z_a 均取整数，Z_a 要大于最少齿数，调整后往往需重求 r、S_0，据此算出

$$Z_b=3Z_a,\quad R=3r,\quad H=2r \tag{2-5-29}$$

2）求 L

令系杆从初始位置 AO_1 转过 $\theta=\omega t$（t 代表时间），相应的，行星齿轮沿固定内齿轮滚过 $\varphi=\frac{R}{r}\theta=3\theta$，可见

$$\Delta\varphi=\varphi-(\theta_0+\theta)=2\theta-\theta_0$$

进而为行星齿轮上铰接点 $P(x,y)$ 建立运动轨迹方程

$$x=H\cos(\theta_0+\theta)+e\cos\Delta\varphi \tag{2-5-30}$$

$$y=H\sin(\theta_0+\theta)-e\sin\Delta\varphi \tag{2-5-31}$$

当 $\theta=0$ 时，即得 A 点的坐标值

$$x_a=(H+e)\cos\theta_0$$

$$y_a=(H+e)\sin\theta_0$$

因此

$$c=y_a-[R-(r+e)]=r(3\sin\theta_0-1) \tag{2-5-32}$$

已述，当 e 与 r 相等或相差不大时，可将 P 点的内摆线近似认为一条圆弧线，其圆心为 N，半径为 L，遂写出

$$L^2=x_a^2+(L-c)^2$$

求得

$$L=\frac{c^2+x_a^2}{2c} \tag{2-5-33}$$

经计算确认，在给定条件下，$L\approx 7r$。

至此，通常要校核连杆对推送杆的最大压力角，应取

$$\alpha_{max}=\arcsin\frac{x_a}{L}\leqslant[\alpha] \tag{2-5-34}$$

3）求 h_{max}

依图示几何关系写出推送杆（工作头）的位移表达式

$$h=NO_1=y+\sqrt{L^2-x^2} \tag{2-5-35}$$

故知

$$h_{max}=y_a+\sqrt{L^2-x_a^2}=L+H-e \tag{2-5-36}$$

选 $m=3$，$z_a=21$，$r=31.5$mm，分别取 $e=r$ 和 $e>r$，按式(2-5-35) 绘制推送杆的位移变化曲线，如图 2-5-29 所示。

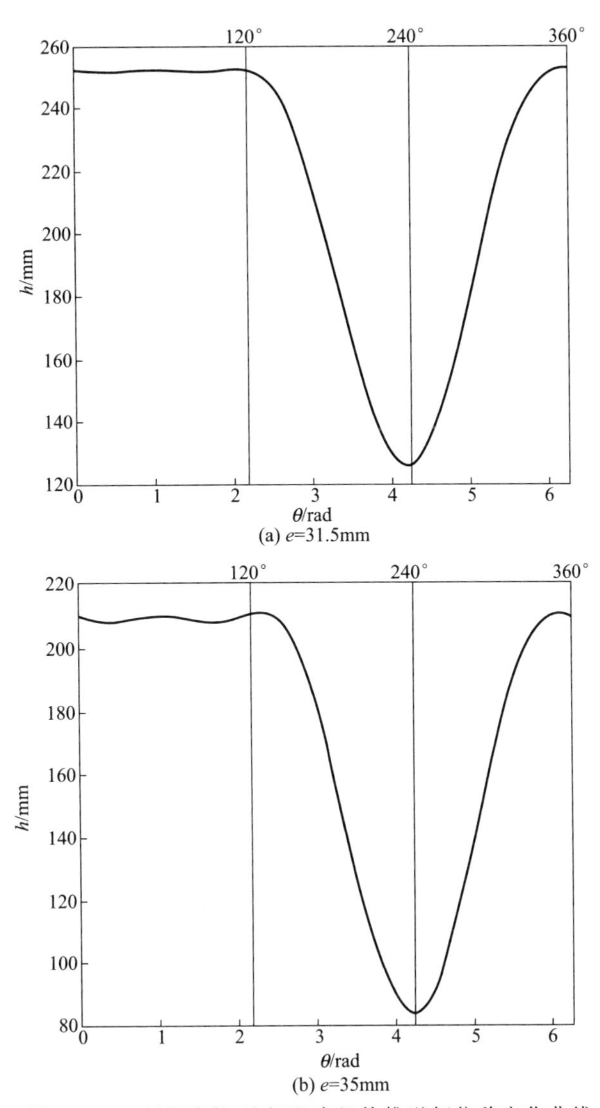

图 2-5-29　行星齿轮-连杆组合机构推送杆位移变化曲线

再联系图 2-6-26、图 2-6-28 可体会到，若 e 过小于 r 或 e 过大于 r，都会引起 P 点内摆线产生畸变；前都趋于平直，要求加长连杆，使机构欠紧凑，而后者变得曲折，使推送构件在极位停歇时跳动，所以都不可取。关于 e、L、h_{max} 及 α_{max} 之间的变化关系，后面的表 2-5-1 给予很多启示。

4. 机构运动分析

在已推导出行星齿轮的内摆线函数式和推送杆的位移函数式的基础上，需要考察其速度和加速度的变化规律，以便探明有关运动学及动力学的一些特性。

根据式(2-5-30) 和式(2-5-31) 导出行星齿轮上 P 点的运动速度

$$v_x=\frac{dx}{dt}=-\omega[H\sin(\theta_0+\theta)+2e\sin\Delta\varphi]$$

$$v_y=\frac{dy}{dt}=\omega[H\cos(\theta_0+\theta)-2e\cos\Delta\varphi]$$

将二分速度合成得

$$v=\sqrt{v_x^2+v_y^2} \tag{2-5-37}$$

继而导出该点的运动加速度

$$a=\frac{dv}{dt}=\frac{1}{v}(v_x a_x+v_y a_y) \tag{2-5-38}$$

式中

$$a_x=\frac{dv_x}{dt}=-\omega^2[H\cos(\theta_0+\theta)+4e\cos\Delta\varphi]$$

$$a_y=\frac{dv_y}{dt}=-\omega^2[H\sin(\theta_0+\theta)-4e\sin\Delta\varphi]$$

推送连杆上 N 点的运动速度，按式(2-5-35) 导出

$$v_h=\frac{dh}{dt}=Av_x+v_y \tag{2-5-39}$$

式中

$$A=-\frac{x}{\sqrt{L^2-x^2}}$$

继而导出该点的运动加速度

$$a_h=\frac{dv_h}{dt}=Aa_x+Bv_x^2+a_y \tag{2-5-40}$$

式中

$$B=-\frac{L^2}{(L^2-x^2)^{\frac{3}{2}}}$$

选 $m=3$，$Z_a=21$，$Z_b=63$，$r=31.5$mm，$R=94.5$mm，$H=63.0$mm，$S_0=126.0$mm，$n=180$r/min，分别取不同的 e 值，按有关公式算出结果，列于表 2-5-1。

表 2-5-1 行星齿轮-连杆组合机构主要参数变化关系

e/mm	L/mm	α_{max}	h_{max}/mm	v_{hmax}/(m/s)	a_{hmax}/(m/s^2)
30.0	247	19.0°	280	1.95	65
31.5	220	21.8°	252	2.00	67
35.0	182	27.8°	210	2.15	70

另外，通过编程分别绘制行星齿轮上 P 点和推送连杆上 N 点的速度及加速度变化曲线，如图 2-5-30、图 2-5-31 所示。

综合上述得出几点认识：

① 每运行一周，行星齿轮上 P 点和推送连杆上 N 点的速度、加速度均产生规律性变化，但是 P 点的运动状况不够完美，在内摆线的三个衔接处竟出现了有限的加速度突变，会引起柔性冲击，对提速要做到心中有数。至于 N 点的运动状况，基本上符合上限位置的工作要求，速度趋于零，加速度也明显减小而且在停歇的始末皆接近于零。值得注意，e 过大于 r，同样会引起此一区段速度的波动，影响内装物和包装材料供送到位的稳定性。

联系前述关于行星齿轮内摆线畸变造成的反常后果，为了保证本组合机构工作性能可

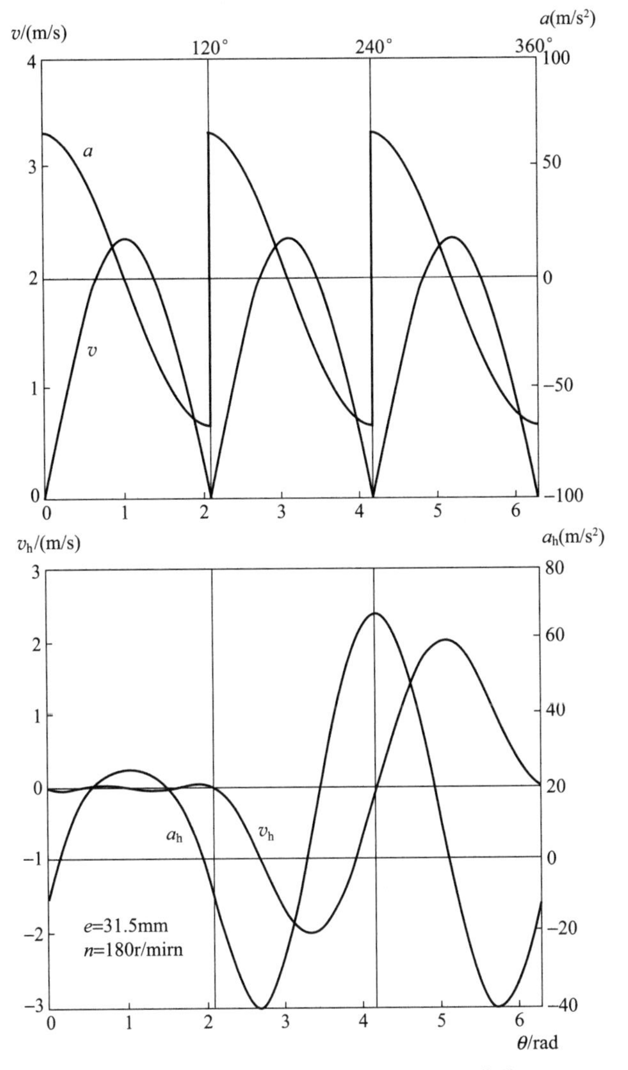

图 2-5-30　行星齿轮-连杆组合机构运动特性曲线（$e=r$）

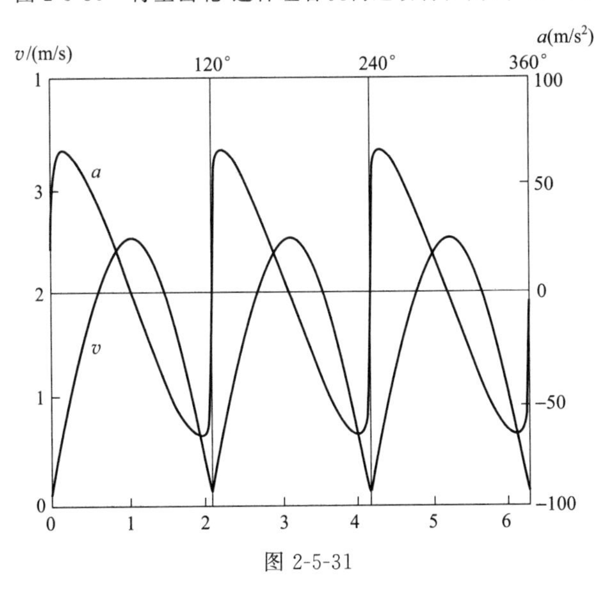

图 2-5-31

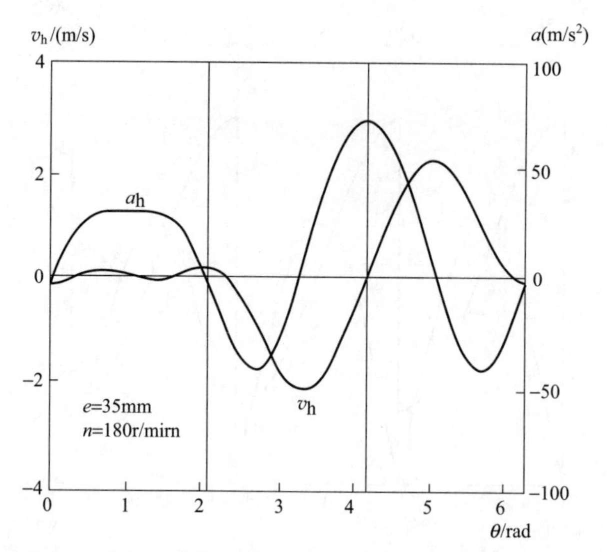

图 2-5-31 行星齿轮-连杆组合机构运动特性曲线（$e>r$）

靠，结构布局紧凑，传动平稳高效，最好选取 e 等于 r 或者相差不大，且可调节该偏距的设计技术方案。以便通过实验加以校正，更好地满足使用要求。

② 要提高周转轮系的动平衡效果，在传动主轴上对称配置双行星齿轮是有益的。再有，固定内齿轮盘装上可回转的封闭式罩板还能起到惯性飞轮的作用，同时对内部润滑系统的安全防护也有所帮助。

三、双套四杆并联组合机构

（一）设计依据

在裹包及其他相关机械中，有一种包装操作，用一对摆动夹头将一个供送过来的中小型块状物和一张刚切割竖向投放的包装材料（纸张或塑料薄膜）一起夹住，然后沿水平方向移动一段距离，经折叠呈半裹封状态，待夹头分开，包装件被转位，又开始下一次工作循环。图 2-5-32 所示的，就是典型的夹送裹包双套四杆并联组合机构。

此组合机构有一些结构特点，一根水平主轴安装两个长短不一且有一定相位角的曲柄，分别驱动两组铰链四杆机构。从动摇杆是执行构件，下端共用一个铰接支座，而上端的一对夹头分别起闭合推送和接送张开的作用。为了缓和夹送冲击和控制适度夹紧，特在接送摇杆上部配置扭转螺旋弹簧。

当推送摇杆和接送摇杆从各自的前极限位置 B_1O_b 和后极限位置 B_4O_b 相向摆动、彼此靠近时，内装物和包装材料必须供送到位，一旦被夹头夹住，两摇杆的瞬时位置 B_nO_b 与 B_3O_b 也相重合，并可视之为夹送转位的共同起始线。据此确定接送摇杆的前极限位置角为 ψ_{w0}，令夹送摆角为 ψ，相应地，确定推送摇杆的后极限位置角为 $\psi_{w0}+\psi$。在这种情况下，对摆角 ψ 所对应的两曲柄的回转角应提出一个重要的同步约束条件 $\varphi_{n1}=\varphi_{w2}$，而且退程要快于进程。

再从该组合机构的合理布局来考虑，要求两摇杆的夹送摆角 ψ 被垂直轴线 yO_b 等分，接送摇杆的总摆角 $\psi_w=\angle B_3O_bB_4$ 略大于 ψ，而推送摇杆的总摆角 $\psi_n=\angle B_1O_bB_2$ 略大

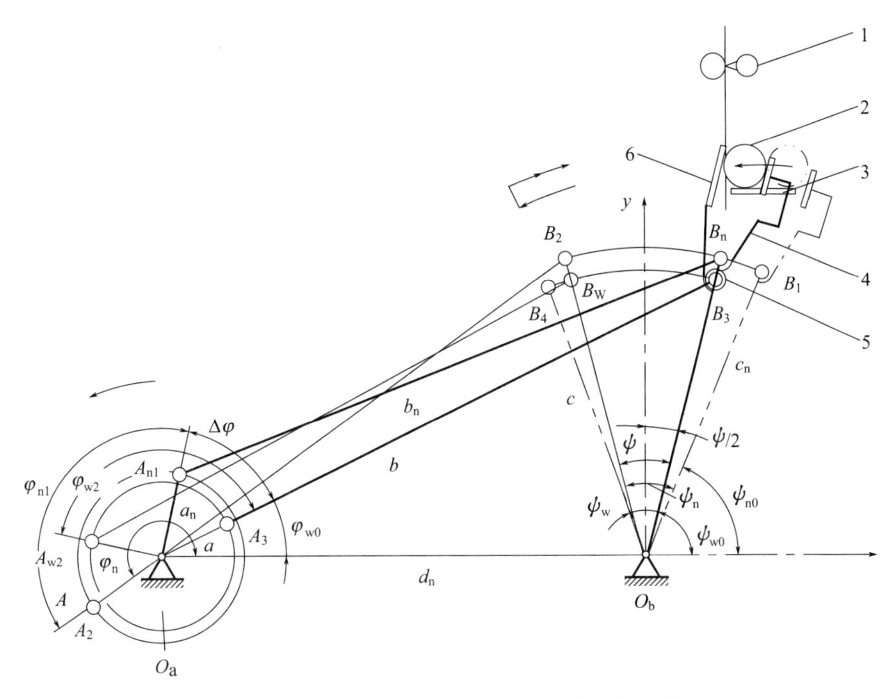

图 2-5-32　夹送裹包双套四杆并联组合机构示意图

1—切刀；2—内装物；3—托板；4—推送摇杆；5—扭簧；6—接送摇杆

于 ψ_w，以便为右夹闭合、左夹张开分别留出适宜的工作空间。这样，可按下式求出

推送摇杆的前极限位置角
$$\psi_{n0}=\frac{1}{2}(\pi+\psi)-\psi_n \tag{2-5-41}$$

及接送摇杆的前极限位置角
$$\psi_{w0}=\frac{1}{2}(\pi-\psi) \tag{2-5-42}$$

（二）机构综合

总的设计思路是，根据给定和约制的诸条件，先研究推送分机构，继而研究接送分机构；在此基础上，通过并联结合点将两者组合为一个整体，使各执行构件实现预期的协调运动。

对本课题而言，现设推送和接送二分机构的曲柄、连杆、摇杆、机架的有效长度分别为 a_n、a，b_n、b，c_n、c，d_n、d；并按设计要求预先选定 c、c_n（$c\leqslant c_n$），$d=d_n$，ψ、ψ_n、ψ_w（$\psi_n>\psi_w>\psi$）。据此，分成以下几步求解。

第一步——求 a_n、b_n、γ_{nmin}

参阅图 2-5-33，由 $\Delta B_1O_aO_b$ 写出

$$(a_n+b_n)^2=c_n^2+d_n^2-2c_nd_n\cos(\pi-\psi_{no})$$

令
$$k_1=c_n^2+d_n^2+2c_nd_n\cos\psi_{n0}$$

得
$$b_n+a_n=\sqrt{k_1} \tag{2-5-43}$$

同理，由 $\Delta B_2O_aO_b$ 写出

$$(b_n-a_n)^2=c_n^2+d_n^2-2c_nd_n\cos\left(\frac{\pi}{2}-\frac{\psi}{2}\right)$$

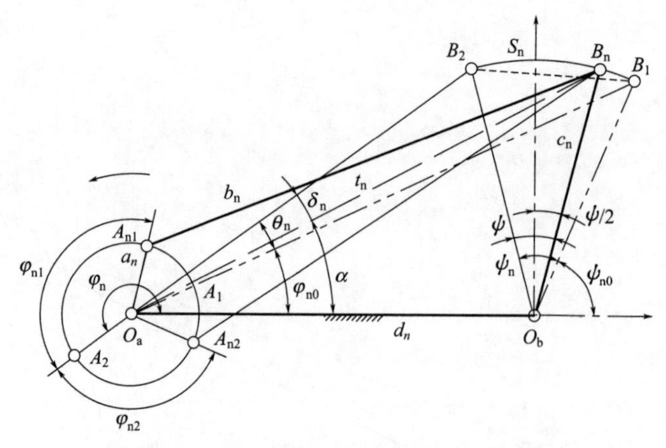

图 2-5-33　推送曲柄摇杆机构设计计算模型

令
$$k_2=c_n^2+d_n^2-2c_nd_n\sin\frac{\psi}{2}$$

得
$$b_n-a_n=\sqrt{k_2} \tag{2-5-44}$$

联立式(2-5-43) 和式(2-5-44)，解出

$$a_n=\frac{1}{2}(\sqrt{k_1}-\sqrt{k_2}) \tag{2-5-45}$$

$$b_n=\frac{1}{2}(\sqrt{k_1}+\sqrt{k_2}) \tag{2-5-46}$$

已知 c_n、ψ、ψ_n，可求 ψ_{n0}，再预选 d_n，便能借以上二式解出 a_n、b_n，进而按下式校核机构的最小传动角

$$\gamma_{nmin}=\arccos\frac{b_n^2+c_n^2-(d_n-a_n)^2}{2b_nc_n}\geqslant[\gamma] \tag{2-5-47}$$

附带说明，为解决这个问题提供一种图解解析法，如图 2-5-34 所示（b_n-d_n 从略），供参考。

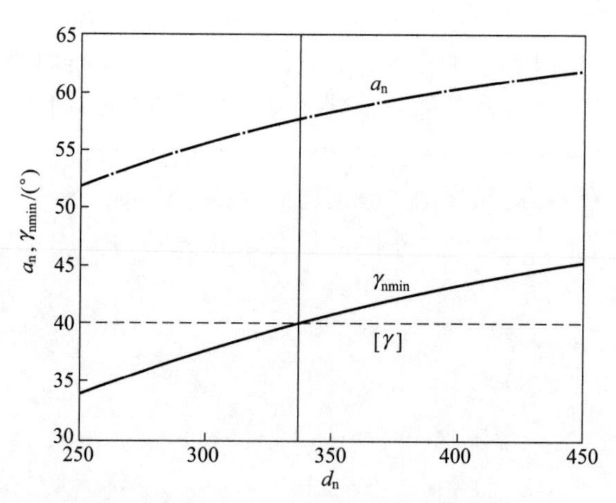

图 2-5-34　a_n-d_n 及 γ_{nmin}-d_n 关系曲线

第二步——求 φ_{n1}、φ_{n2}

此二参数乃是推送分机构的曲柄对从动摇杆在后极限位置 B_2O_b 前后摆动 ψ 角所对应的等速角位移量。

由 $\Delta A_{n1}O_aB_n$ 得出

$$b_n^2=a_n^2+t_n^2-2a_nt_n\cos(\pi-\varphi_{n1}+\delta_n)$$

$$\varphi_{n1}=\arccos\frac{b_n^2-a_n^2-t_n^2}{2a_nt_n}+\delta_n \tag{2-5-48}$$

式中，有待求解 t_n、δ_n，由 $\Delta B_nO_aO_b$ 得出

$$t_n^2=c_n^2+d_n^2-2c_nd_n\cos\left(\frac{\pi}{2}+\frac{\psi}{2}\right)$$

$$t_n=\sqrt{c_n^2+d_n^2+2c_nd_n\sin\frac{\psi}{2}} \tag{2-5-49}$$

又由 $\Delta B_2O_aO_b$ 得出

$$c_n^2=(b_n-a_n)^2+d_n^2-2(b_n-a_n)d_n\cos(\alpha+\delta_n)$$

$$\delta_n=\arccos\frac{(b_n-a_n)^2+d_n^2-c_n^2}{2(b_n-a_n)d_n}-\alpha \tag{2-5-50}$$

式中的 α，由 $\Delta B_nO_aO_b$ 得出

$$\alpha=\arcsin\frac{c_n\cos\dfrac{\psi}{2}}{t_n}$$

将 t_n、δ_n 各相关值代入式(2-5-48)，并通过下式

$$\pi-\varphi_{n1}+\delta_n=\pi-\varphi_{n2}-\delta_n$$

求出

$$\varphi_{n2}=\varphi_{n1}-2\delta_n<\varphi_{n1} \tag{2-5-51}$$

由此可见，在内装物的夹送过程，进程速度比退程速度慢一些，换言之，也有急回特性。所以在论证意义上，这同推导极位夹角 θ_n 取得了基本的一致。

第三步——求 a、b、φ_{w0}

接着，转入对接送分机构的研究，在这之中要多关注它同推送分机构的结合点，包括已经选定和求得的 c、d_n、ψ、ψ_n、ψ_w、φ_{n1}、α、δ_n。参阅图 2-5-35，由 $\Delta B_4O_aO_b$ 得出

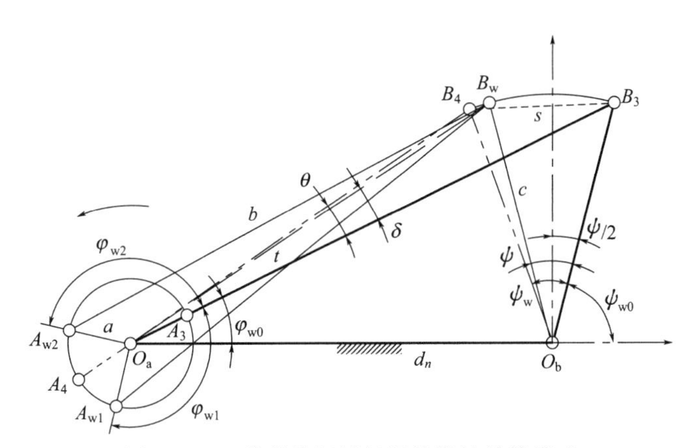

图 2-5-35 接送曲柄摇杆机构设计计算模型

$$(b-a)^2=c^2+d_n^2-2cd_n\cos(\pi-\psi_{w0}-\psi_w)$$

$$b=a+\sqrt{c^2+d_n^2+2cd_n\cos(\psi_{w0}+\psi_w)} \tag{2-5-52}$$

又由 $\Delta A_{w2}O_aB_w$ 得出

$$b^2=a^2+t^2-2at\cos(\varphi_{w2}-\delta)$$

令 $\varphi_{w2}=\varphi_{n1}$，代入上式改写为

$$b=\sqrt{a^2+t^2-2at\cos(\varphi_{n1}-\delta)} \tag{2-5-53}$$

为求解 t、δ，由 $\Delta B_wO_aO_b$ 分别得出

$$t^2=c^2+d_n^2-2cd_n\cos\left(\frac{\pi}{2}-\frac{\psi}{2}\right)$$

$$t=\sqrt{c^2+d_n^2-2cd_n\sin\frac{\psi}{2}} \tag{2-5-54}$$

$$\frac{\sin(\varphi_{w0}+\delta)}{c}=\frac{\sin\left(\frac{\pi}{2}-\frac{\psi}{2}\right)}{t}$$

$$\delta=\arcsin\left(\frac{c}{t}\cos\frac{\psi}{2}\right)-\varphi_{w0} \tag{2-5-55}$$

式中 φ_{w0}，由 $\Delta B_3O_aO_b$ 得出

$$\frac{\sin\varphi_{w0}}{c}=\frac{\sin\left(\frac{\pi}{2}+\frac{\psi}{2}\right)}{\mathrm{a}+\mathrm{b}}$$

$$\varphi_{w0}=\arcsin\left(\frac{c}{L}\cos\frac{\psi}{2}\right) \tag{2-5-56}$$

式中，$L=a+b$。由 $\Delta B_3O_aO_b$ 得出

$$(a+b)^2=c^2+d_n^2-2cd_n\cos\left(\frac{\pi}{2}+\frac{\psi}{2}\right)$$

$$L=\sqrt{c^2+d_n^2+2cd_n\sin\frac{\psi}{2}}$$

综合上述，在已确定 c、d_n、ψ、ψ_w、φ_{n1} 的条件下，将式(2-5-52) 和式(2-5-53) 联立，解出

$$a=\frac{t^2-k^2}{2[k+t\cos(\varphi_{n1}-\delta)]} \tag{2-5-57}$$

$$b=a+k$$

式中
$$k=\sqrt{c^2+d_n^2+2cd_n\cos(\psi_{w0}+\psi_w)}$$

代入一组数据：$c=200\text{mm}$，$d_n=350\text{mm}$，$\psi=30°$，$\psi_w=35°$，$\varphi_{n1}=140°$，算出 $a=52\text{mm}$，$b=392\text{mm}$。

关于接送分机构的曲柄存在条件及最小传动角的校核，从略。

第四步——求 $\Delta\varphi$

参阅图 2-5-32 和图 2-5-33，此双套四杆并联组合机构二主动曲柄的安装角

$$\Delta\varphi=\varphi_n-\varphi_{n1}-\varphi_{w0} \tag{2-5-58}$$

式中
$$\varphi_n=\pi+\alpha+\delta_n$$

根据式(2-5-50) 得知

$$\alpha+\delta_n=\arccos\frac{(b_n-a_n)^2+d_n^2-c_n^2}{2(b_n-a_n)d_n}$$

小结：对此双套四杆并联组合机构，按照机构尺度综合所推导的公式，经编程求算一组设计计算数据（长度单位为 mm），作为验证，并提供运动分析参考。

a_n	58.4	b_n	418.6	c_n	215.0	d_n	350.0
a	52.0	b	392.0	c	200.0	d	350.0
$\Delta\varphi$	49.1°	ψ	30.0°	ψ_n	38.0°	ψ_w	35.0°
γ_{nmin}	40.7°	γ_{min}	47.6°	θ_n	10.7°	θ	8.1°

（三）运动分析

本课题用于夹送裹包的双套四杆并联组合机构乃是常用并联组合机构的三大类型之一。值得强调的是，两个分机构并列配置，有共同的输入构件和各自的输出构件；其功能是实现多个运动输出，互相密切配合，以实现某种预期的工艺动作。

深言之，根据设计要求，通过机构尺度综合，使两个分机构都拥有特定的结构形式、基本尺寸和运动空间；只是由于适当确定了两主动构件的相位差（安装角），才将整个机构应有的相对运动关系完全体现出来。

据此，为了深入研究该机构的输出运动规律及机构传动性能，有必要从运动学角度建立统一的设计计算模型和相关的运动方程，再分别输入已选定的各分机构尺寸、相位等数据（详见前面的小结列表），便可借助绘制运动特性曲线的形式做出全面而又直观的机构运动分析，使设计结果得到更合理的控制。

1. 建立运动方程

参阅图 2-5-36，经曲柄回转中心取一直角坐标系 xO_ay，选该机构各杆长为 a、b、c、d，令曲柄以等角速度 ω_a 沿逆时针方向回转，某瞬时间的角位移为 φ_a，相应的，连杆和摇杆的角位移各为 φ_d、ψ_b。

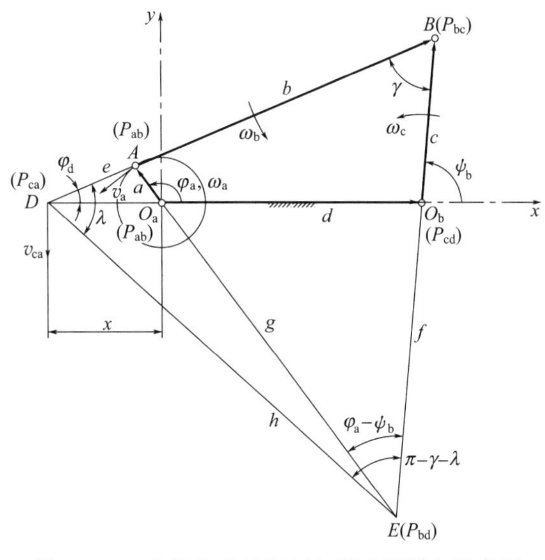

图 2-5-36　分机构的封闭杆矢及速度瞬心示意图

1）执行构件输出运动方程

采用复数矢量法将曲柄摇杆机构看成一个封闭的矢量多边形，并以复数形式表示为

$$a\mathrm{e}^{\mathrm{i}\varphi_a}+b\mathrm{e}^{\mathrm{i}\varphi_d}=c\mathrm{e}^{\mathrm{i}\psi_b}+d$$

式中，i 为虚数单位，引用欧拉公式将以上各单位矢量转换成

$$a(\cos\varphi_a + i\sin\varphi_a) + b(\cos\varphi_d + i\sin\varphi_d) = c(\cos\psi_b + i\sin\psi_b) + d$$

因等式两边的实部和虚部分别相等，得以建立非线性方程组

$$a\cos\varphi_a + b\cos\varphi_d = c\cos\psi_b + d \tag{2-5-59}$$

$$a\sin\varphi_a + b\sin\varphi_d = c\sin\psi_b \tag{2-5-60}$$

经整理取

$$A\sin\psi_b + B\cos\psi_b = D \tag{2-5-61}$$

式中

$$A = 2ac\sin\varphi_a$$

$$B = 2c(a\cos\varphi_a - d)$$

$$D = a^2 - b^2 + c^2 + d^2 - 2ad\cos\varphi_a$$

解出摇杆角位移方程

$$\psi_b = 2\arctan\frac{A - \sqrt{A^2 + B^2 - D^2}}{B + D} \tag{2-5-62}$$

2）*活动构件相对运动方程*

采用速度瞬心法求解。从图 2-5-36 看出，曲柄摇杆机构共有 6 个瞬时速度中心，其中 P_{ad}、P_{bd}、P_{cd} 为绝对瞬心，P_{ab}、P_{bc}、P_{ca} 为相对瞬心。另设循环变量 $x = DO_a$，变动于坐标原点的两侧，规定在左侧为正，在右侧为负。

为求连杆与曲柄的相对角速度 ω_{ba}，取两者转动副中心的绝对速度为 v_a，根据三心定理可知

$$v_a = a\omega_a = (a+g)\omega_b$$

亦即

$$\omega_{ba} = \frac{\omega_b}{\omega_a} = \frac{a}{a+g} \tag{2-5-63}$$

由 ΔABE 得出

$$g = \frac{(c+f)\sin\gamma}{\sin(\varphi_a - \varphi_d)} - a$$

式中，传动角

$$\gamma = \psi_b - \varphi_d \tag{2-5-64}$$

$$\varphi_d = \arcsin\frac{1}{b}(c\sin\psi_b - a\sin\varphi_a)$$

由 ΔEO_aO_b 得出

$$f = \frac{d\sin\varphi_a}{\sin(\varphi_a - \psi_b)}$$

其次，为求摇杆与曲柄的相对角速度 ω_{ca}，取两者相对瞬心 P_{ca} 的绝对速度为 v_{ca}，根据三心定理可知

$$v_{ca} = x\omega_a = (x+d)\omega_c$$

亦即

$$\omega_{ca} = \frac{\omega_c}{\omega_a} = \frac{x}{x+d} \tag{2-5-65}$$

由 ΔADO_a 得出

$$x = \frac{a\sin(\varphi_a - \varphi_d)}{\sin\varphi_d}$$

理论证明，曲柄每一回转周期，当 $\lambda = \angle BDE = \frac{\pi}{2}$ 时，ω_{ca} 会出现极值（先后共两次，参阅后面二图一目了然）。由 ΔBDE 写出相关的表达式

$$\frac{c+f}{\sin\lambda} = \frac{b+e}{\sin(\pi - \gamma - \lambda)}$$

求得 $$\lambda=\operatorname{arccot}\frac{k_0-\cos\gamma}{\sin\gamma} \tag{2-5-66}$$

式中 $$k_0=\frac{b+e}{c+f}$$

由 ΔADO_a 写出

$$e=\frac{a\sin\varphi_a}{\sin\varphi_d}$$

2. 机构分析结果

根据推导的方程，经编程绘制出夹送裹包双套四杆并联组合机构的运动特性曲线，如图 2-5-37 和图 2-5-38 所示。图中，ψ_b-φ_a 曲线上标注的符号，其含义与机构综合相关的图形所采用的保持一致。

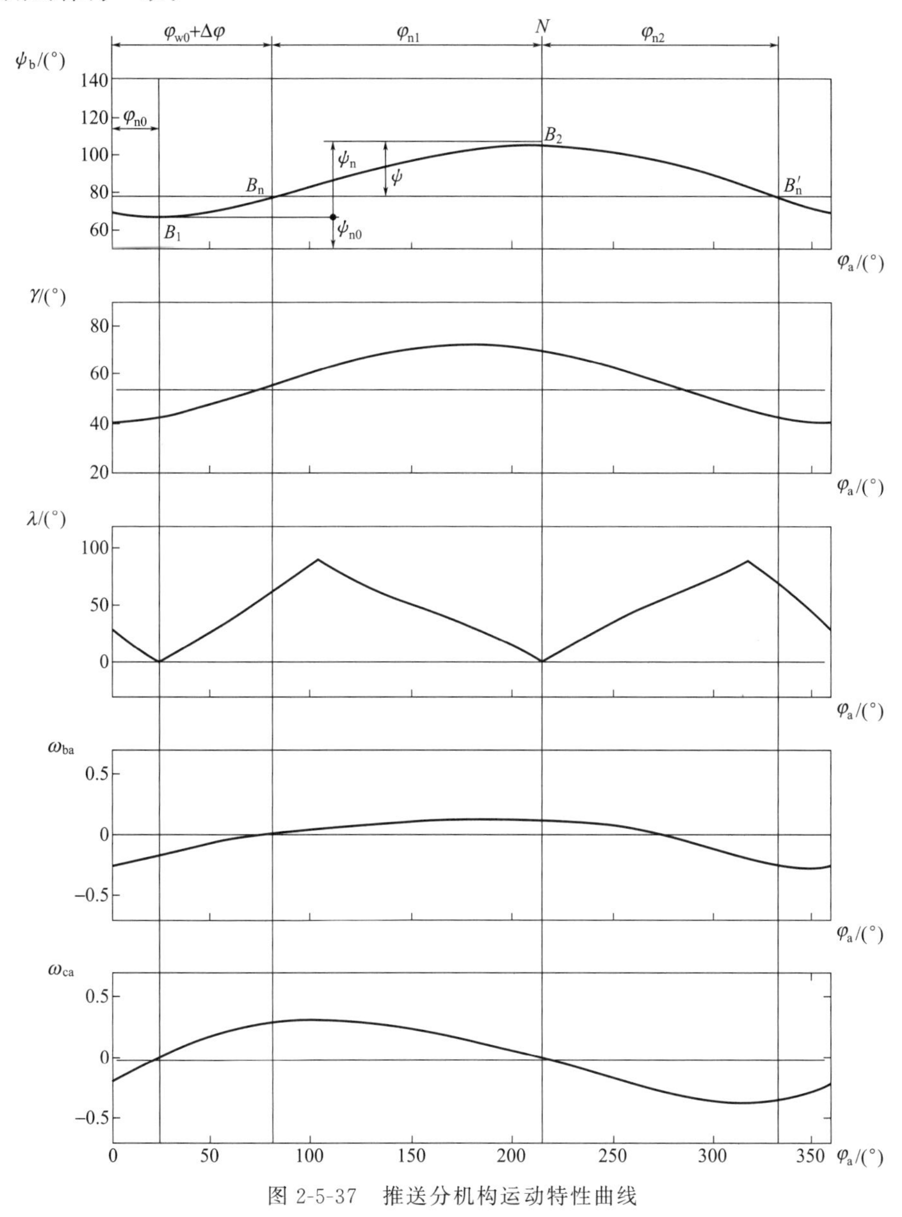

图 2-5-37　推送分机构运动特性曲线

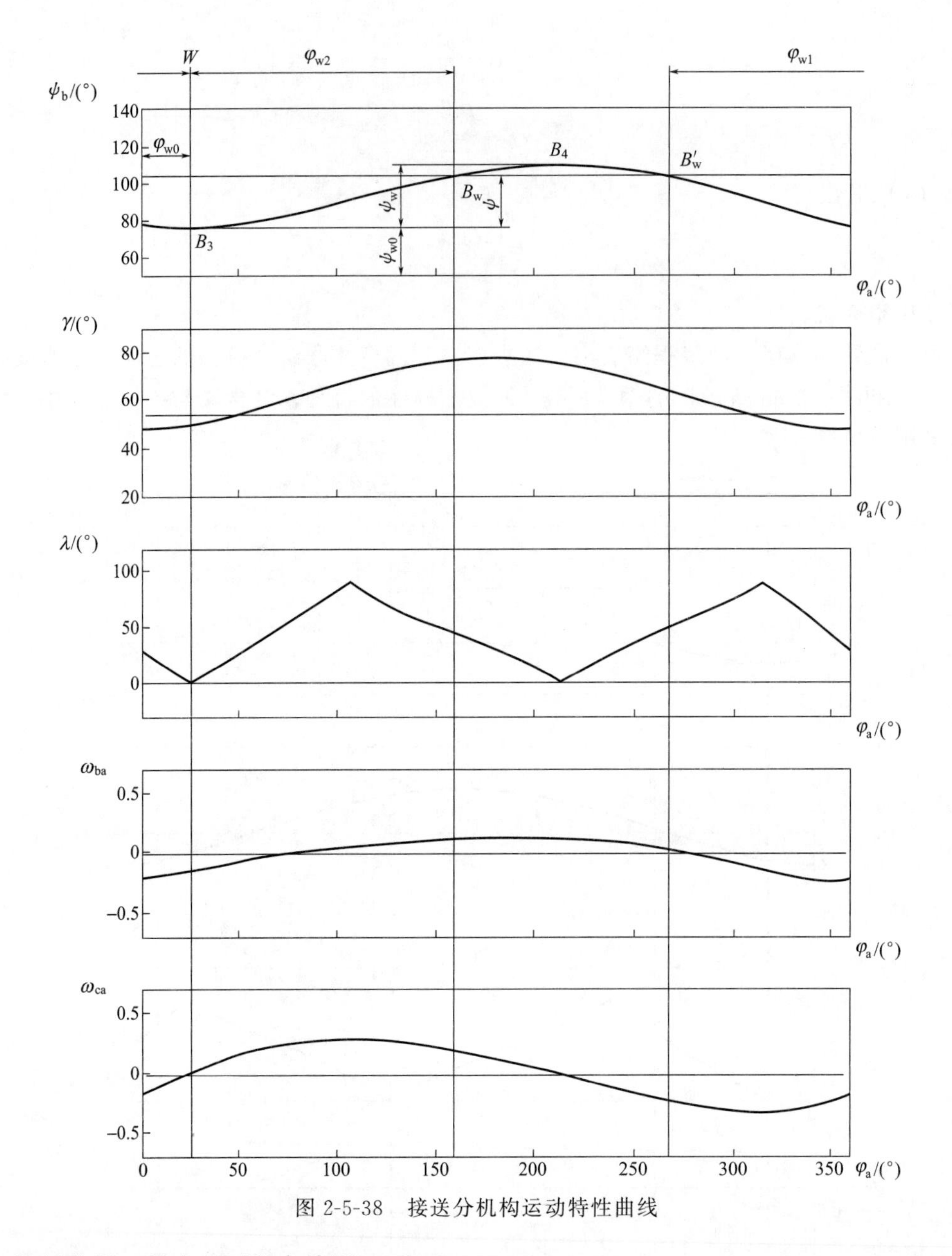

图 2-5-38　接送分机构运动特性曲线

概括分析，得出以下几点认识：

① 各条运动特性曲线以及传动角曲线都是连续的，没有任何突变，整个机构能够以适当高速平稳可靠的运行。

② 在夹送过程中，推送速度的变化由低升高再降零，而接送速度的变化则由零升高再降低，大体上符合使用要求。但是，两夹头闭合之际难免不会发生冲击，要注意设法减缓。

③ 经对照明显看出，$\varphi_{n1} > \varphi_{n2}$，$\varphi_{w2} > \varphi_{w1}$，充分说明两个分机构均有一定程度的急回运动特性，对提高设备的生产能力有利。

④ 正常工作条件之下，推送总会有负载阻抗的，此时传动角之值呈现逐渐增大的趋势，相对而言，由于压力角下降，必然有助于改善机构的传动性能。

另一方面，接送分机构的长连杆竟产生了相对运动方向的改变，这很容易引起振动，因此，应尽量减轻该连杆的重量。

四、双曲柄滑块-凸轮并联组合机构

（一）机构主要特征

参阅图 2-5-39，一种别有特色的块状物品水平推送装置，主要由一套前置的齿轮机构、两套分支的曲柄滑块机构和一套后置的槽凸轮摆杆机构（前端配有工作头）组成。这是典型的Ⅲ型并联组合形式，相当于将一个输入运动分解为两个运动，再合成一个运动输出。对此机构综合的目的，是实现给定的工作头运动轨迹。

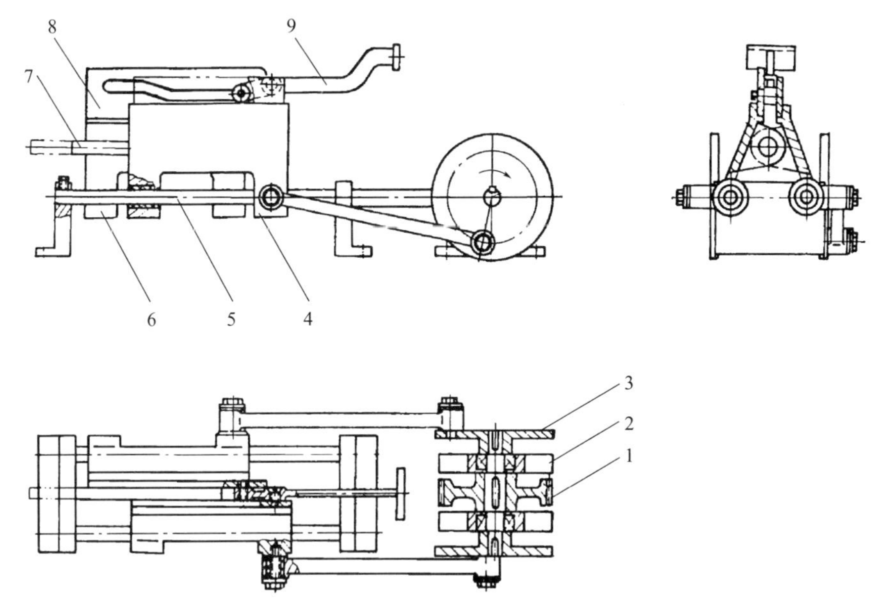

图 2-5-39　推送裹包双曲柄滑块-凸轮组合机构结构简图

1—主动齿轮；2—轴承座；3—曲柄连杆；4,9—推送摆杆及支承滑块；5—固定导轨及支座；6,8—槽凸轮及支承滑块；7—移动导杆

此双曲柄并列安装在一根传动轴上，互成 80°相位角，驱动两只分别装有凸轮滑槽和摆杆滚子的竖立滑块，沿固定的平行导轨产生周期性变化的绝对运动和相对运动，结果使工作头形成“σ”形封闭平面曲线运动轨迹，推动块体完成折叠式裹包。

对设计工作头运动轨迹的基本要求是，其进程应在台面上方作单向直线运动，以适宜速度推送内装物；而退程的初始一段应作反向直线运动，使之不与包装材料张开的上下折边发生干涉；及至退程的后续部分，要在台面下方沿适宜的路线快速顺畅地返回原点。这样，不论是横向或竖向供送内装物，工作头都起到了“让路”作用，既能够缩短工作循环周期，提高生产能力，又能够减少相互之间的接触磨损和碰撞破坏。

图 2-5-40 是在前述机构基础上扩展而成的。由于在两只滑块上分别添置多个等间距串联的槽凸轮和摆杆，就可对垂直方向多个叠置的块状物品完成步进式长行程的间歇传送，在行程终点进行折叠式裹包。

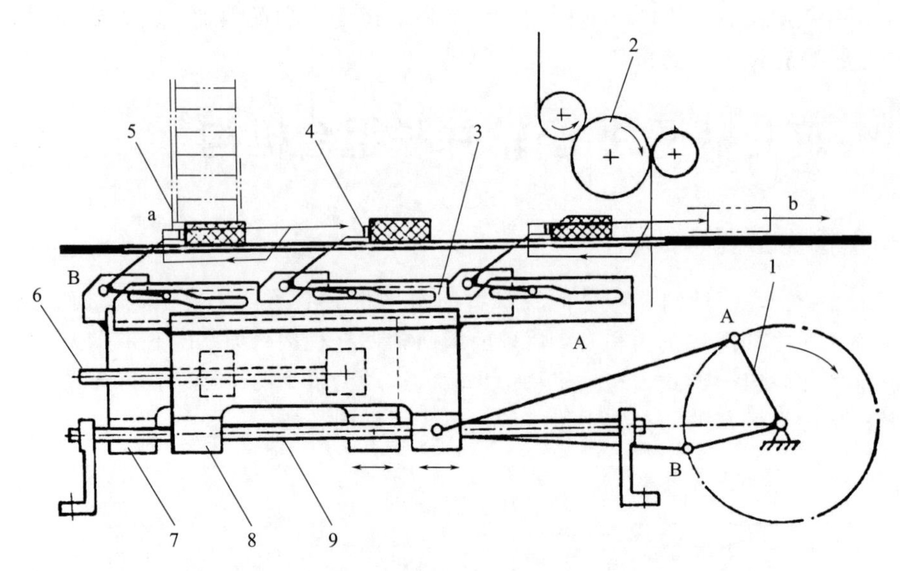

图 2-5-40 步进式推送裹包双曲柄滑块-凸轮组合机构

1—双曲柄连杆；2—包装材料供送切割装置；3,8—槽凸轮及支承滑块；4,7—推送摆杆及支承滑块；5—内装物供送装置；6—移动导杆；9—固定导轨

总之，此组合机构系列，机理相当独特，求解头绪也颇多，尚且存在不少发展空间，为此有必要在设计观念和设计方法上继续做些创新的探索。

（二）机构创新思路

对现有的双曲柄滑块-凸轮组合机构的创新设计，要着重考虑四个方面的问题。

① 改进槽形凸轮结构　将滑块上槽形凸轮的原双折线滑道简化为单折线滑道，用适当大小的圆弧加以光滑衔接。这样做，不仅便于制造，提高加工精度，也为改善同摆杆滚子的相互接触以及工作头的运动轨迹创造良好条件。

② 增大双曲柄相位角　双曲柄相位角的大小直接影响到槽凸轮与摆杆滚子的相对运动状况以及工作头的运动轨迹形状。原来设定为 80°，在此调整为 90°，并将其初始位置安排在第三象限，让摆杆曲柄和凸轮曲柄分别同水平坐标轴和垂直坐标轴重合。基于此条件再配合适当长度的凸轮斜槽，工作头在台面下可形成一条连续的弧形运动轨迹，对比原先的平直折线，理应使相关的执行构件运行得更加顺畅平稳。计算说明，其他轨迹段并未发生多大的变化，这清楚地体现在前面和后面几幅有关的插图之中。

③ 扩展机构通用能力　前面展示的两个机构实例，对内装物体形大小的改变均缺乏包装的适应性。为扭转这一局面，应设法将一些主要构件转变为可调式结构，使其通用能力有所加强，而且力求设计简单、调整方便。通过调查研究，指出初步的改进方向。

④ 创新设计方法初试　面对双曲柄滑块-凸轮组合机构所涉错综复杂的运动状况，要理出头绪求出一条特定的工作头运动轨迹，必须打破常规改进设计方法。

迈出求解的第一步，是要建立切实可行的设计计算模型。关键在于，按给定要求合理设定各基本机构的初始位置以及摆杆滚子与凸轮滑槽之间初始运动的结合点，以此作为受制于各自曲柄滑块运动的位移基准。通过编程并运用图解解析法找出二者绝对运动和相对

运动的互依关系，从而确定所需求解的轨迹点及参数值，再借其他数学表达式便可完成整个机构的尺度综合。关于具体的解题步骤，详见后续部分的论述。

（三）机构分析综合

1. 设定条件

根据包装的特定需要，对双曲柄滑块-凸轮组合机构，初选其工作头的推送直线行程为 L_m，返回直线行程为 Δb，进程与回程的间距为 h_0，由此构成求解整个运动轨迹的基本框架。

继而结合图 2-5-41 建立该机构的设计计算模型，并按前述要求提出一些设定条件。

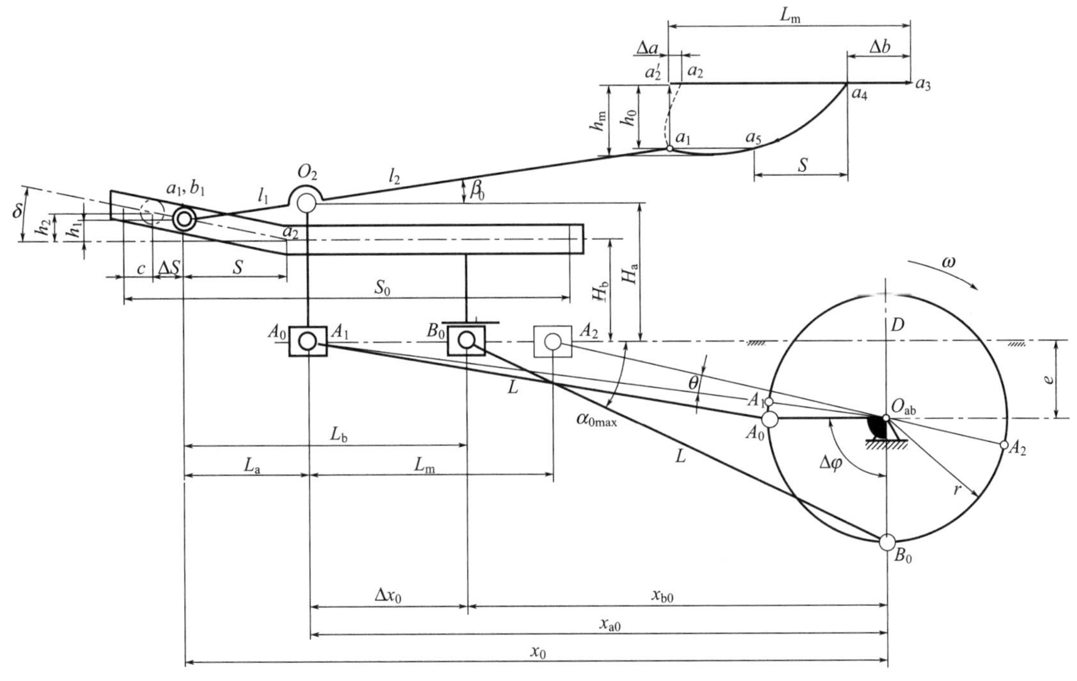

图 2-5-41　双曲柄滑块-凸轮组合机构设计计算模型

① 双套曲柄滑块机构的结构与尺寸大体一致，曲柄和连杆的长度各为 r、L，两曲柄的相位角 $\Delta\varphi=90°$，曲柄轴心同滑块导轨的偏距为 e，滑块往复运动带有急回特性。

② 单折线式移动凸轮的投影总长为 S_0，左段倾斜，倾角为 δ，基准投影长度为 S。右段平直，对所在滑块的高度为 H_b。从动摆杆的转轴将杆长分为两段，各为 l_1、l_2，对所在滑块的高度为 H_a。

③ 当整个机构处于初始静止状态时，曲柄 A、B 恰好分别位于第三象限横纵坐标轴上。标注的尺寸 x_0 特指摆杆滚子中心 a 和凸轮斜槽基点 b 相互重合的初始位置 a_1、b_1 相对曲柄轴心的水平距离。这又是 a、b 两点求算各自移距 S_a、S_b 的定位基准，相应的，同两只滑块 A、B 的间距分别为 L_a、L_b，摆杆的摆角为 β_0。

在此条件下，双曲柄一旦从初始位置启动，沿顺时针方向转过角度 φ，凸轮斜槽和摆杆滚子就随之各向左右方向移动，结果驱动工作头从起始点 a_1 朝上方抬起。借此足以以点带面了解整个运动轨迹的形成原理。基于这样认识，绘制图 2-5-42 进一步反映该机构各构件运动的互依变化关系，为机构分析综合提供重要的依据。

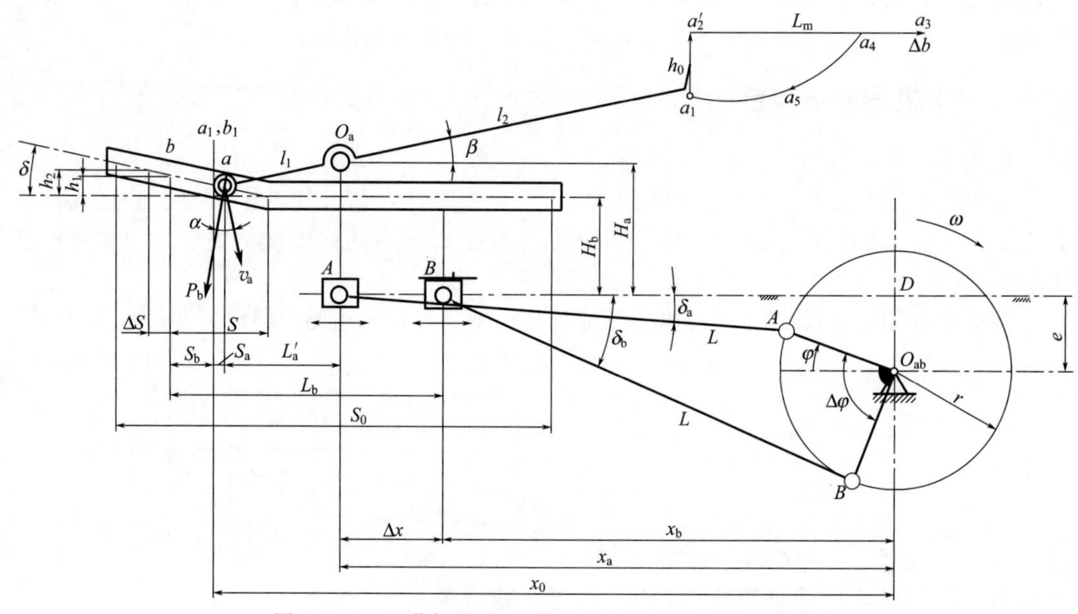

图 2-5-42　双曲柄滑块-凸轮组合机构运行过程示意图

2. 设计步骤

1）求解曲柄滑块机构的主要参数

（1）曲柄尺寸

偏置曲柄滑块机构的最大压力角 $\alpha_{0\max}$ 发生在曲柄销轴离滑块导路最远的位置，参阅图 2-5-41，即取

$$\sin\alpha_{0\max}=\frac{r+e}{L},\quad \alpha_{0\max}\leqslant[\alpha]=40^\circ$$

求得

$$r=L\sin\alpha_{0\max}-e \tag{2-5-67}$$

（2）连杆尺寸

由$\triangle A_1O_{ab}D$ 和$\triangle A_2O_{ab}D$，令 $A_1D=x_1$，$A_2D=x_2$，写出

$$x_1^2=(L+r)^2-e^2$$

$$x_2^2=(L-r)^2-e^2$$

取

$$x_1-x_2=L_m$$

解出

$$(L+r)^2-e^2=\left(\frac{2rL}{L_m}+\frac{L_m}{2}\right)^2 \tag{2-5-68}$$

设定 L_m、e、$\alpha_{0\max}$，联系 r 的函数关系确认，上式中仅含一个未知数 L，可用图解解析法求解。因此将该式等号两边分别改写为

$$L_1=[L(1+\sin\alpha_{0\max})-e]^2-e^2 \tag{2-5-69}$$

$$L_2=\left[\frac{2L(L\sin\alpha_{0\max}-e)}{L_m}+\frac{L_m}{2}\right]^2 \tag{2-5-70}$$

然后编程绘制 L_1、L_2 两条函数曲线，其交点就是所求 L 的近似值。至此，便可按式(2-5-67)计算 r 值，并依 $r+e<L$ 校核曲柄滑块机构的存在条件。

附带指出，由 $\Delta A_1O_{ab}A_2$ 推导极位夹角的表达式

$$\theta=\arccos\frac{2(L^2+r^2)-L_m^2}{2(L^2-r^2)} \tag{2-5-71}$$

不难证明，$\theta>0$，$L_m>2r$。借上式可求行程速度变化系数，从略。

2）求解凸轮摆杆机构的主要参数

（1）凸轮尺寸

参阅图 2-5-42，当双曲柄转过角度 φ 时，令摆杆滑块连杆和凸轮滑块连杆相对水平导轨的夹角分别为 δ_a、δ_b，写出两滑块 A、B 的横坐标值

$$x_a=L\cos\delta_a+r\cos\varphi$$

$$\cos\delta_a=\frac{1}{L}\sqrt{L^2-(e-r\sin\varphi)^2}$$

$$x_b=L\cos\delta_b+r\cos(\Delta\varphi-\varphi)$$

$$\cos\delta_b=\frac{1}{L}\sqrt{L^2-[e+r\sin(\Delta\varphi-\varphi)]^2}$$

已知 $\Delta\varphi=90°$，解出

$$x_a=r\cos\varphi+\sqrt{L^2-(e-r\sin\varphi)^2} \tag{2-5-72}$$

$$x_b=r\sin\varphi+\sqrt{L^2-(e+r\cos\varphi)^2} \tag{2-5-73}$$

确认

$$x_o=x_{ao}+L_a=x_{bo}+L_b \tag{2-5-74}$$

$$x_{ao}=r+\sqrt{L^2-e^2},\quad x_{bo}=\sqrt{L^2-(r+e)^2} \tag{2-5-75}$$

摆杆滚子沿凸轮斜槽移动使摆杆摆动的角度变化不大，可近似取 $L'_a=L_a$。

以上经概括遂建立摆杆滚子和凸轮滑槽两个基准点 a 和 b 的位移方程

$$S_a=x_a+L'_a-x_o=x_a-x_{ao} \tag{2-5-76}$$

$$S_b=x_b+L_b-x_o=x_b-x_{bo} \tag{2-5-77}$$

据此，编写程序文件 Crank－slider－2B. m。在这之中，给定 r、L、e，绘制 S_a-φ 及 S_b-φ 函数曲线，如图 2-5-43 所示，并做补充说明。

```
% Crank_slider_2B.m
clear
syms L_m e gamin

L_m=input('L_m=');
e=input('e=');
alp_0md=input('alp_0md=');
alp_0m=alp_0md*pi/180;

L=[290:0.01:320];
L1=(L.*(1+sin(alp_0m))-e).^2-e^2;
L2=(2*L.*(L.*sin(alp_0m)-e)/L_m+L_m/2).^2;
plot(L,L1,'--',L,L2,'linewidth',2)
xlabel('L','fontsize',12)
ylabel('L1,L2','fontsize',12)
box on
```

```
syms L r thet
L=input('L=');
r=L*sin(alp_0m)-e
% function flag=crank_slinder(r,L,e)
if r+e<L
   flag=1
else
   flag=0
end
DL=L_m-2*r
thet=acos((2*(L^2+r^2)-L_m^2)/(2*(L^2-r^2)));
thetd=thet*180/pi

% Dphid=90
phi=[0:0.01:2*pi];
x_a=r.*cos(phi)+sqrt(L^2-(e-r.*sin(phi)).^2);
x_b=r.*sin(phi)+sqrt(L^2-(e+r.*cos(phi)).^2);
x_a0=sqrt(L^2-e^2)+r
x_b0=sqrt(L^2-(e+r)^2)
S_a=x_a-x_a0;
S_b=x_b-x_b0;
plot(phi,S_a,phi,S_b,'--','linewidth',2)
xlabel('\phi=0 to 2\pi','fontsize',12)
ylabel('S_{a},S_{b}','fontsize',12)
box on
% legend('S_{a}','S_{b}')
gtext('S_{a}','fontsize',14),gtext('S_{b}','fontsize',14)

% syms S l_2 L_a H_a
l_1=80
H_b=70
h_1=input('h_1=');
h_0=input('h_0=');
deltd=12
delt=deltd*pi/180;
bet_0d=5
bet_0=bet_0d*pi/180;
S=h_1/tan(delt)
l_2=l_1*h_0/h_1
L_a=l_1*cos(bet_0)
H_a=H_b+h_1+l_1*sin(bet_0)

% syms S_m S_0 L_b h_2 h_m alp_md
c=20
S_m=input('S_m=');
```

```
DS=input('DS=');
S_0=S_m+DS+2*c
Dx_0=x_a0-x_b0
L_b=L_a+Dx_0

h_2=(S+DS)*tan(delt);
h_m=h_2*l_2/l_1
bet_m=bet_0+h_2/l_1;
bet_md=bet_m*180/pi
alp_md=deltd+bet_md
if alp_md<=30
   flag=1
else
   flag=0
end
```

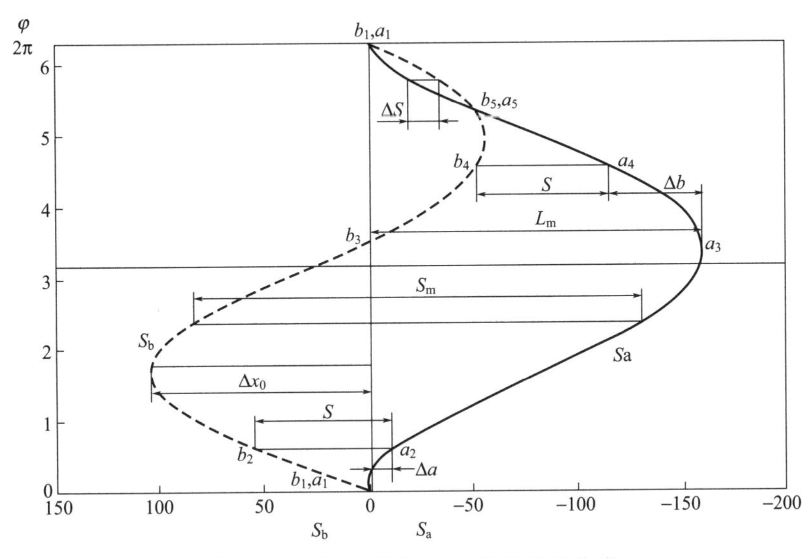

图 2-5-43 摆杆滚子与凸轮滑槽位移曲线

① 坐标原点为摆杆滚子和凸轮滑槽两个基点 a、b 的初始重合位置 a_1、b_1。当其相对移距达到 S 值时，滚子沿凸轮倾斜基面下滑，同时摆杆前端相应完成由 a_1 点至 a_2 点的上升运动。考虑摆杆的偏摆，大体上能抵消 Δa 的影响。

② 滑槽向左的最大移距为 Δx_0，滚子向右的最大移距为 L_m，由此确定工作头推送行程的终点 a_3。至于两者相对运动的最大移距 S_m 可以图上直接测定。

③ 摆杆滑块曲柄转至外极限位置附近应处于瞬歇状态，待滚子退回 Δb 的距离便开始沿凸轮倾斜基面爬坡，经水平移距 S 结束，对应的工作头轨迹即为 a_3-a_4-a_5。

④ 两条曲线通过汇合点 a_5、b_5 又彼此分离，最后返回到初始位置。这段过程滚子超前于滑槽基点的最大距离为 ΔS，工作头摆动的结果，使弧形轨迹 a_5-a_1 下凹，对台面上推送轨迹的最大落差达到 h_m。

前面提及，曲柄和连杆的长度 r、L 是在满足 L_m、e、$\alpha_{0\max}$ 要求的前提下推导出来的，因此按照给定的 r、L、e 绘制 S_a-φ 和 S_b-φ 曲线的主要目的，是在充分揭示整个机构工作机理的基础上，借助图解解析法依次测算出 Δb（符合预选值）、S（取决 a_4-b_4 间距）以及 S_m、Δx_0、ΔS，进而求算凸轮滑槽的投影总长度

$$S_0 = S_m + \Delta S + 2c \tag{2-5-78}$$

式中　c——滑槽单边的调节余量。

待到 S_0、S、ΔS、δ 均已确定，就可设计出移动凸轮的基本形状。

（2）摆杆尺寸

参阅图 2-5-41 所示的几何关系，已确定 S、ΔS、h_0，再初选 l_1、δ、β_0，求得

$$h_1 = S\tan\delta \tag{2-5-79}$$

$$h_2 = (S + \Delta S)\tan\delta \tag{2-5-80}$$

$$l_2 = \frac{l_1 h_0}{h_1} \tag{2-5-81}$$

参阅图 2-5-42，校核摆杆滚子与凸轮斜槽的最大压力角

$$\alpha_{man} = \beta_{max} + \delta < [\alpha] = 40° \tag{2-5-82}$$

式中

$$\beta_{max} = \beta_0 + \frac{h_2}{l_1}$$

若 $\alpha_{max} > [\alpha]$，应适当提高 H_b，以减小 β_0。

（3）滑块尺寸

已知 Δx_0，初选 H_b，求得相关的定位尺寸

$$L_a = l_1\cos\beta_0 \tag{2-5-83}$$

$$L_b = L_a + \Delta x_0 \tag{2-5-84}$$

或代入

$$\Delta x_0 = x_{a0} - x_{b0} \tag{2-5-85}$$

$$H_a = H_b + h_1 + l_1\sin\beta_0 \tag{2-5-86}$$

3）求解工作头运动轨迹的主要参数

根据设计要求已确认了工作头运动轨迹的主要参数 L_m、Δb、S、h_0，尚缺 h_m，可求

$$h_m = \frac{h_2 l_2}{l_1} \tag{2-5-87}$$

下一步将这些相应的位置点连接成为一条封闭曲线，如图 2-5-43 中 a_1-a_2-a_3-a_4-a_5-a_1 所示。

总之，经以上三个步骤的求解，便能完成双曲柄滑块-凸轮组合机构的尺度综合。

（四）机构可调途径

面对种类繁多的被供送裹包的块状物，从简化机构结构、压缩空间布局和便于操作维护等角度出发，有必要深入研究双曲柄滑块-凸轮组合机构的可控主要参数及其调节范围，为该机构的系列化和通用化奠定基础。

根据推导的公式，通过大量计算和整理发现，当选定 S、h_0、$\Delta\varphi$、e、α_{0max}、l_1、l_2、β_0、δ、H_b（也包括 H_a、L_a）的条件下，若以 L_m 作为主参数，并将其值有序增加时，很明显，Δb、L、r、x_0、S_0、L_b、Δx_0 也随之产生不同程度的增大。但是，θ、h_m、Δa、ΔS 却少变化。

经全面分析研究，提出初步的调控对策。

① 选择有代表性的内装物尺寸，将 L_m 划分为适当的有级系列（如取 120～160mm、

140～180mm、160～200mm、180～220mm)，据此求算所对应的 L、r、x_0、S_0、L_b 之值。反映到机构设计上，对曲柄、连杆的长度以及曲柄主轴、凸轮滑槽的位置，需要确定各自的基准尺寸和无级调节范围，并设计成可调式结构；而对凸轮滑槽（平直段）和滑块导轨的长度却需要确定各自的基准尺寸和最大可用裕量，并设计成定型式结构。

② 参照借编程绘制的 S_a-φ 和 S_b-φ 曲线，由给定的 S 反求 L_m 有级系列所对应的 Δb 之值，再联系已知的 h_0 和求得的 h_m，就可绘出多个不尽相同的工作头运动轨迹。其特点是，进程与退程的最大间距基本统一，只是推送距离、退程直线段长度有所区别，正因如此才扩展了该机构的通用能力。而且对相关包装机和包装线推行模块化设计也能创造良好的条件。

③ 鉴于 α_{0max} 保持定值，θ 同样变化甚微，由此断定，这套系列机构的传动性能以及急回特性都会显得一致，计算表明，取 $\alpha_{0max}=25°$，$\theta=6°$左右是可行的。

综合上述，不难看出，创新会给双曲柄滑块-凸轮组合机构增添活力，尽管这是一件繁重的机构与结构的改造，相信有计算机的辅助设计，定能使整个工作进程大大加快，赢得成功。

第四节　裹包横封与切割机构

一、创新设计发展变化

在包装机械的裹包、装袋等领域内，热封与切割机构占有十分重要的地位，已被广泛应用。不过，由于裹包的对象是以形形色色的块状、片状、条状之类固态物为主，加之多采用水平的包装工艺路线和连续的主传送系统，以致所需的技术措施大都比装袋的更具有代表性和示范性。对此，接缝式裹包机的发展历程和创新成果就很有说服力。

前面也已举出不少实例说明，将平展的薄膜卷成筒状完成对内装物的半裹包之后，一般先进行纵封（底顶封或者侧边封），再施以横封。这之中对横封机构提出的设计、制造、使用等要求越来越多，也越来越高。特别是，随着内装物由单个、中小型向集合、大异型方向发展；包装材料由较薄、单层膜向偏厚、复合膜方向发展；包装操作由中低速、一般自动化向高速度、人工智能化方向发展，结果使得原来的一些横向热封切割机构已经难以完全适应和满足当前包装行业的迫切需求。在这样的时代背景下，国际包装界（包括后起之秀的中国）都积极致力于解决这个“瓶颈”问题，并相继研究开发出若干新型机构投入使用。有的资料将它们称为往复式横封机构、双联式横封机构等，而且认为在封合质量、定位切割、提高速度、节约包材诸方面也都获得应有的成效。不过，本书不拟评价这些技术细节，而要另辟蹊径，探索其相当机构及有关的创新设计理论与实践问题，以丰富包装机械学科体系。

二、摆动式横封切割机构

（一）综合求解方案

摆动式袋筒横封切割机构及其工作原理示意图如图 2-5-44 和图 2-5-45 所示。此创新设计方案体现了一些非凡的特征。

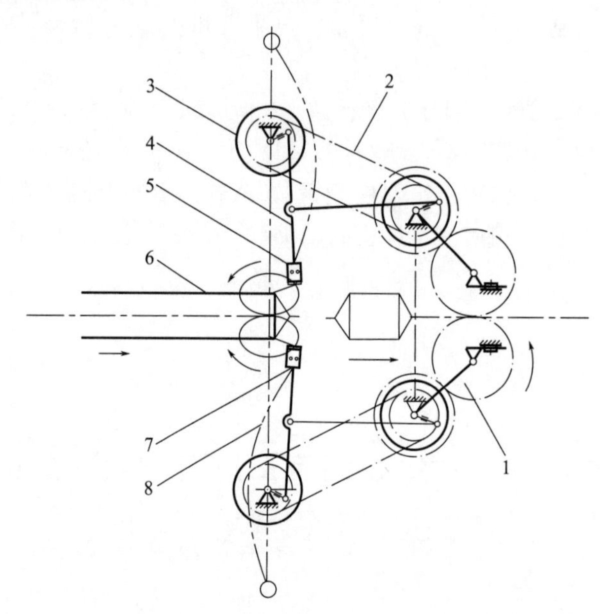

图 2-5-44　摆动式袋筒横封切割机构及传动系统示意图

1—主动齿轮；2—同步齿形带；3—可调曲柄转盘；4—平行双曲柄五杆机构；
5,7—热封切割头；6—内装物袋筒膜；8—电加热管导线

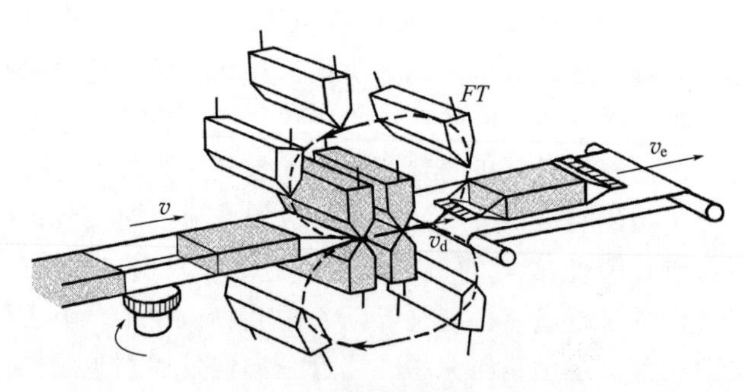

图 2-5-45　摆动式袋筒横封切割机构工作原理示意图

① 若封头的横向长度不大，体重又轻，整个机构可由上下对称配置的两组单元构成。结构并不复杂，容易制造精确。一只主动齿轮通过齿形带驱动两套平行双曲柄五杆机构使一对热封头作时合时离的同步摆动，将袋筒做横向等间距的封合与切割成为包装成品。

② 封头是个关键部件，要满足诸多要求：质轻、坚实、耐用，尽量减小惯性阻抗和振动偏移；能在有限空间插入足够数量的电加热管，充分传导热量，并同相连构件保持良好热绝缘性能；便于准确调整一对封头的封切位置和工作间距，以适应多品种包装。所

以，封头主体多采用高强度铝合金制作，刀头表层涂上特氟龙材料防粘，封头与支座之间夹有绝缘层，连杆同支座采用套合结构可以伸缩调位。凡此种种，在图 2-5-46 所示的封头结构简图中大都有所体现。

在每一工作周期内，封头及其相连的构件只在不大的空间内相对主轴线摆动，这为布置电源接口和通电导线创造有利条件，从而简化电路设计。

③ 当其他条件一定时，在适当范围内分别调节平行双曲柄的回转半径（必要时也需相应调节其主轴所在位置的高度），就能改变封头运行轨迹的形状、方位和尺寸，形成无穷多的椭圆、正圆可供选用，如图 2-5-47 所示。

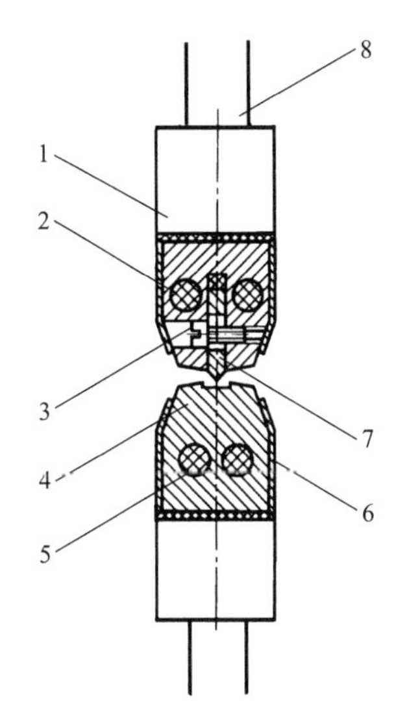

图 2-5-46　横封切割头结构简图

1—支座；2—上封头；3—紧固螺钉；4—下封头；5—电加热管；6—热绝缘板；7—切刀；8—连杆

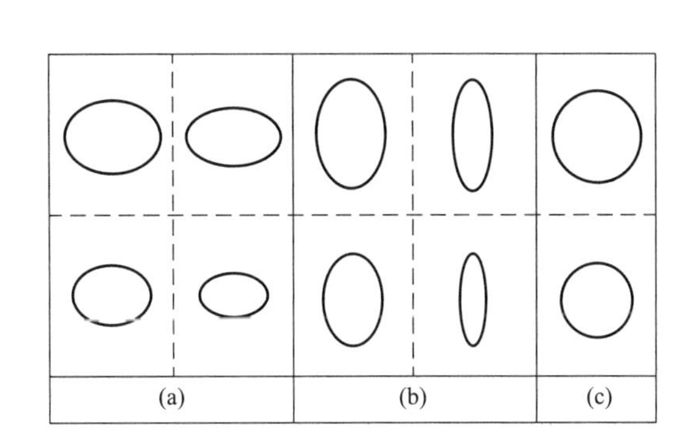

图 2-5-47　摆动式横封头可调运动轨迹示例

深言之，这些可调的轨迹形式能满足广泛的使用要求。

a. 封头椭圆形轨迹的长轴平行于台面上运行的袋筒，有助延长加热、封合、压紧的时间，因此适用较厚复合膜包装厚度偏小的大中型固态内装物。

b. 封头椭圆形轨迹的长轴垂直于台面上运行的袋筒，能以较大的倾斜姿态插进退出而完成横向封切，因此适用柔韧薄膜包装厚度（或称高度）偏大的大中型固态内装物。

c. 封头的运行轨迹为正圆形，可以认为是以上两种方案的折中，当然也有一定的使用价值，详见后述。

（二）创新设计要点

1. 机构布局

参阅图 2-5-48，首先建立摆动式横封切割机构的设计计算模型，这表示机构的初始位置，借此求解各主要构件的尺寸关系和运动关系。

设定封头端点的运动轨迹为一长短半轴各为 a、b 的椭圆（后面论证，可调），通过其中心 O 建立直角坐标系 xOy；两只平行曲柄的半径各为 r_1、r_2，绕各自的轴心 O_1、O_2 同向、同步回转；当以转速 n（等角速度 ω）转至右侧与 x 轴平行时，认定为计算的初始位置，此刻封头的端点也恰同椭圆的右极限点接近重合。

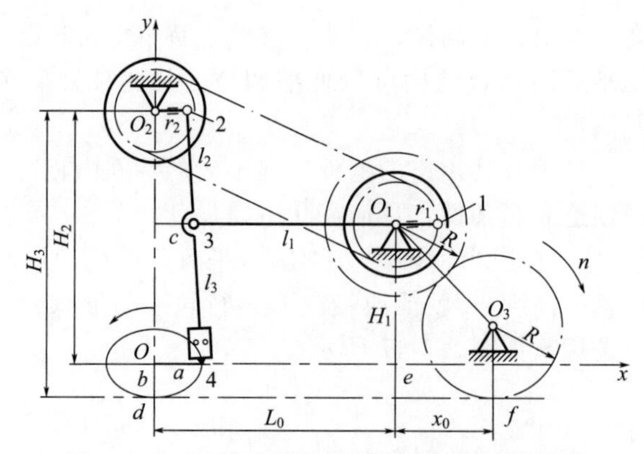

图 2-5-48　摆动式横封切割机构设计计算模型

另外，设定 $Oe=L_0$，$O_1e=H_1$，$OO_2=H_2$，$O_2d=H_3$；选取 $r_1=c$，$r_2=b$，$l_1=L_0$，$l=l_2+l_3=H_2$，$l_3=H_1$，按图示几何关系写出

$$\frac{c-r_2}{a-c}=\frac{H_2-H_1}{H_1}$$

令

$$\lambda=\frac{H_2-H_1}{H_1}=\frac{l_2}{l_3} \tag{2-5-88}$$

求得

$$c=\frac{\lambda a+b}{1+\lambda} \tag{2-5-89}$$

$$l_2=H_2-H_1=\lambda H_1 \tag{2-5-90}$$

$$H_3=H_2+b \tag{2-5-91}$$

可见，保持 H_2 一定时，若改变 b 值，应调节两轴心 O_1 和 O_2 的位置（上升或下降）。

以水平切线 df 为分界，上下各配置一对齿轮，其模数 m、齿数 Z、节圆半径 R 完全相同。为便于安装调试，宜取 $x_0>0$，因此要求啮合齿轮能满足如下的尺寸关系

$$3R>H_1+b_{\max} \text{ 或 } R>\frac{1}{3}(H_1+b_{\max}) \tag{2-5-92}$$

式中

$$R=\frac{1}{2}mZ$$

2. 封头轨迹

参阅图 2-5-49，当平行双曲柄由初始位置沿逆时针方向同步转过角度 $a=\omega t$（t 代表时间）时，该机构各铰接点的位置分别为

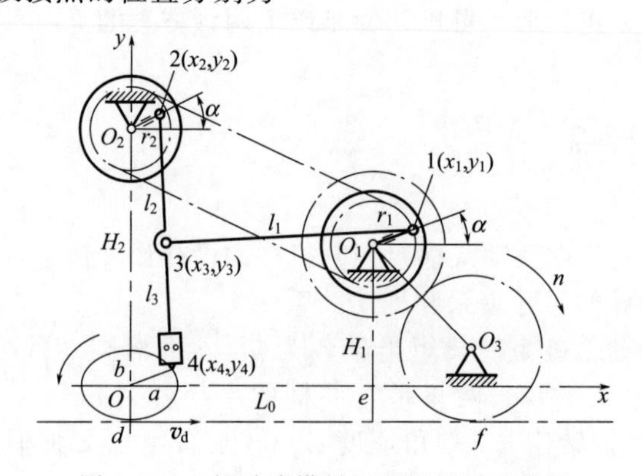

图 2-5-49　摆动式横封切割机构运动简图

$$x_1 = L_0 + r_1\cos\alpha \tag{2-5-93}$$

$$y_1 = H_1 + r_1\sin\alpha \tag{2-5-94}$$

$$x_2 = r_2\cos\alpha \tag{2-5-95}$$

$$y_2 = H_2 + r_2\sin\alpha \tag{2-5-96}$$

由于

$$(x_1 - x_3)^2 + (y_1 - y_3)^2 = l_1^2$$

$$(x_2 - x_3)^2 + (y_2 - y_3)^2 = l_2^2$$

解出

$$x_3 = \frac{-B - \sqrt{B^2 - 4AC}}{2A} \tag{2-5-97}$$

$$y_3 = y_2 - \sqrt{l_2^2 - (x_2 - x_3)^2} \tag{2-5-98}$$

式中

$$A = (x_1 - x_2)^2 + (y_1 - y_2)^2$$

$$B = 2[K(x_1 - x_2) - x_2(y_1 - y_2)^2]$$

$$C = k^2 - (l_2^2 - x_2^2)(y_1 - y_2)^2$$

$$K = \frac{1}{2}[l_1^2 - l_2^2 - x_1^2 + x_2^2 - (y_1 - y_2)^2]$$

据此，写出封头运动轨迹的参数方程

$$\frac{x_3 - x_2}{x_4 - x_3} = \frac{y_3 - y_2}{y_4 - y_3} = \frac{l_2}{l_3} = \lambda$$

求得

$$x_4 = \frac{(1+\lambda)x_3 - x_2}{\lambda} \tag{2-5-99}$$

$$y_4 = \frac{(1+\lambda)y_3 - y_2}{\lambda} \tag{2-5-100}$$

实际上，x_4、y_4 均为参数 r_1、r_2、α 的函数，从工程设计的实用角度来简化分析，可借编程以图解方式直接证明，所描绘的曲线是一个椭圆或正圆，这同图 2-5-47 完全吻合。

3. 运行速度

在给定条件下，考察封头沿着运动轨迹所产生速度 v_4（大小和方向）的变化，对合理控制袋筒的封切条件有着一定的指导意义。

为省掉复杂的数学求导，采用 MATLAB 编程（见程序文件 BDHFQG. m）及其图形处理功能来表示封头的运动速度曲线。设定 $L_0 = 200$mm，$H_1 = 115$mm，$H_2 = 205$mm，$n = 120$r/min，分别取 $a = 40$mm，$b = 28$mm 和 $a = 40$mm，$b = 50$mm，绘制出图 2-5-50(a) 和 (b)。

```
% BDHFQG.m
clear

a=input('a=');
b=input('b=');
L0=input('L0=');
H1=input('H1=');
H2=input('H2=');

% r1=c,r2=b
```

```
lam=(H2-H1)/H1;
c=(lam*a+b)/(1+lam)
l1=L0
l3=sqrt((a-c)^2+H1^2)
l2=lam*l3
syms omg t
x1=L0+c*cos(omg*t);
y1=H1+c*sin(omg*t);
x2=b*cos(omg*t);
y2=H2+b*sin(omg*t);
A=(x1-x2).^2+(y1-y2).^2;
K=(l1^2-l2^2-x1.^2+x2.^2-(y1-y2).^2)/2;
B=2*(K.*(x1-x2)-x2.*(y1-y2).^2);
C=K.^2-(l2^2-x2.^2).*(y1-y2).^2;
x3=(-B-sqrt(B.^2-4*A.*C))./(2*A);
y3=y2-sqrt(l2^2-(x2-x3).^2);
x4=((1+lam)*x3-x2)/lam;
y4=((1+lam)*y3-y2)/lam;

x_4=diff(x4,'t');
y_4=diff(y4,'t');
n=input('n=');
omg=pi*n/30;
t=linspace(0,0.5,120);
v_x4=eval(x_4);
v_y4=eval(y_4);
v4=sqrt(v_x4.^2+v_y4.^2);
plot(t,v4)
box on
xlabel('t')
ylabel('v4')
```

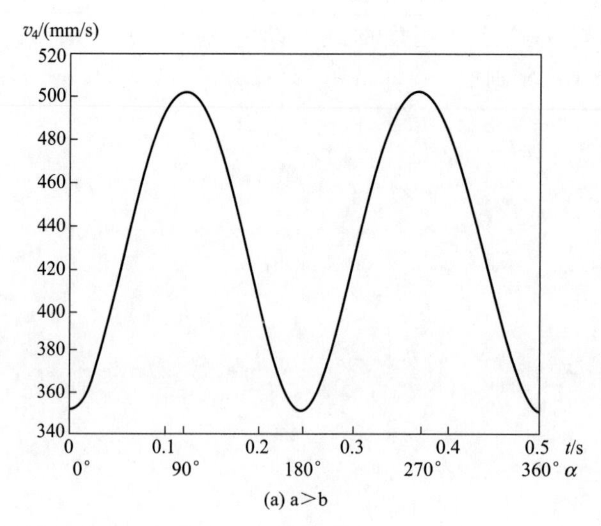

(a) a>b

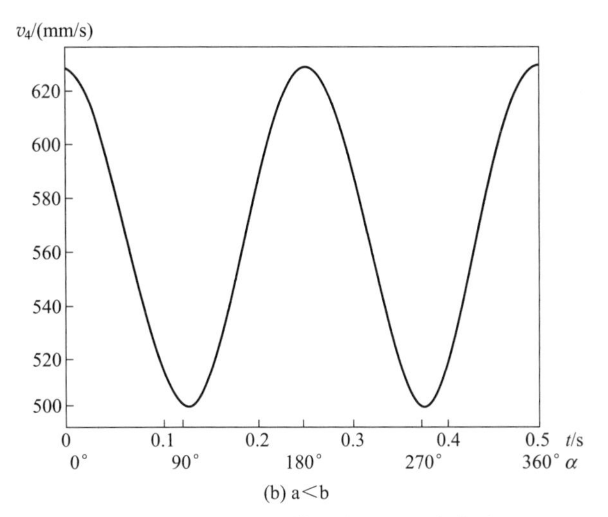

图 2-5-50　摆动式横封头运动速度曲线

从图 2-5-50(a) 看出，在工作过程中，封头以较小的倾角插进（或退出）厚度偏小的袋筒，加之其速度稍小于 d 点的封合速度，所以作用比较缓和，有助于保护包装材料，提高包装效果。

另一方面，从图 2-5-50(b) 看出，在工作过程中，封头以较大的倾角插进（或退出）厚度偏大的袋筒，加之其速度又大于 d 点的封合速度，作用比较强烈，还能在一定程度上拉动被封袋筒，所以要适当控制曲柄转速。

附带指出，若取 $a=b$，显然封头的运动轨迹为一正圆，反映在速度图形上为一条平行于横坐标轴的直线，相当于封头以等角速度周转，对横封的适应性有限，详见后节论述。

4. 横封调控

设袋筒的横封切割长度为 L，双曲柄的转速为 n，因此袋筒的运行速度

$$v=\frac{Ln}{60} \tag{2-5-101}$$

正当双曲柄的转位角度 $\alpha=270°$时，第二连杆恰好处于垂直状态，对杆上三点 2、3、4 的瞬时线速度依次确定为

$$v_2=r_2\omega,\quad v_3\approx r_1\omega,\quad v_4=v_d$$

由于

$$\frac{v_4-v_2}{v_3-v_2}=\frac{l_2+l_3}{l_2}=1+\frac{1}{\lambda}$$

代入

$$r_1=\frac{\lambda a+b}{1+\lambda},\quad r_2=b,\quad \omega=\frac{\pi n}{30}$$

解出

$$v_d=\frac{\pi a n}{30} \tag{2-5-102}$$

为使封头与袋筒在 d 点封切时取得速度同步，$v_d=v$，亦即

$$\frac{\pi a n}{30}=\frac{Ln}{60}$$

求得

$$a=\frac{L}{2\pi} \tag{2-5-103}$$

这是一个重要结论。对摆动式横封切割机构而言，不论封头的运动轨迹是椭圆、正圆，其 a 值仅取决于袋筒的横封切割长度；至于确定 b 值却较为灵活，但不宜与 a 值相差过大。在设计的初设阶段，切勿忘记此一准则。

三、转动式横封切割机构

（一）再论横封切割工艺要求

转动式横封切割机构是早期接缝式裹包机的重要配套装置，已有很长一段发展历史，至今仍制造一定数量的产品供用户使用。

顾名思义，它的基本结构与功能特征就是以一对绕定轴相向同步转动的热封头对连续高速运行的半裹内装物袋筒进行定长的横封及切割。单从这一点看，这是相当简单的执行构件，而关键在于采用何种运动方式，是等速转动还是变速转动。

图 2-5-51 和图 2-5-52 分别表示该机构在包装工艺过程的作用地位及横封切割的工作原理。

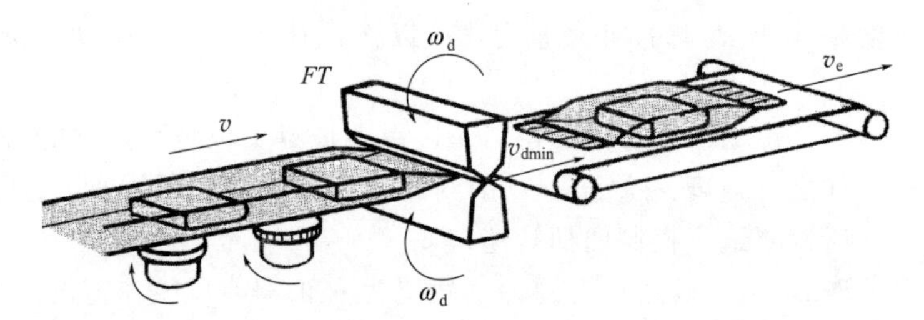

图 2-5-51　转动式袋筒横封切割机构包装工艺过程示意图

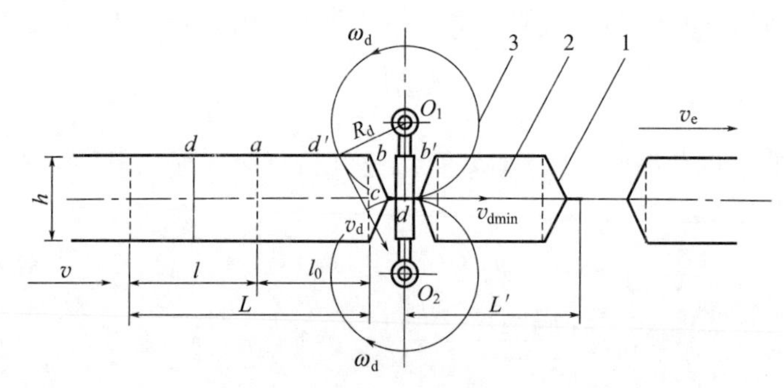

图 2-5-52　转动式热封头横封袋筒工作原理示意图

1—包装袋；2—内装物；3—热封头

通过两图对照很容易直观判断，对裹有固态内装物的袋筒来说，由于接缝的牵引辊和纵封辊均配置在横封切割工位的前段，显然只有热封头与其所接触的袋筒在成型封合过程中始终保持水平方向分速度的同步，而且垂直方向分速度也不过大，才能使该封头既起到间歇的牵引作用，又足以保证袋筒的封合区段不受阻起皱，也不被击破拉断，成为合格的包装产品。

考虑到受机械空间布局的限制，封头的回转半径不宜过大。若采用等速转动方式，一

般只可利用封头的浅弧形轨迹对扁平的内装物进行横封与切割。否则，一旦增加袋筒的厚度，便难以做到速度的同步与协调。所以，为了适当扩大包装的应用范围，必须改变策略，采用不等速转动，并将封切点的线速度调为最低。这样一来，驱动封头的转动导杆机构和起着相当功能的伺服电机也都相继问世。

当前，包装体形趋于高大的固态内装物日益增多，转动式横封切割机构又面临新的矛盾。按常理说，欲节约包装材料应设法尽量缩小袋筒内装物的间距。于是如何正确处理转动封头与平移袋筒内装物的相互干涉等问题就成为制约其发展的一个关键性因素。

应该承认，任何创新都脱离不开继承，前述的摆动式横封切割机构同样是在转动式横封切割机构的基础上开发出来的，从而对当前出现的一系列矛盾提出一套综合解决方案。可见，能继往才能开来。

这些生动的事实还证明了，要想创新包装机构，绝不能孤立地研究机构，必须同包装材料、包装工艺以及社会需求紧密联系在一起才能够真正达到实用的目的，况且后者往往会决定前者的效益和命运。

（二）转动式横封切割机构剖析

参阅图 2-5-53，该机构的主要执行构件是一对平行配置的转辊，下辊的两侧轴承被定位，而上辊的两侧轴承可浮动（附压缩弹簧支撑）。每个辊子通常安排两只对称分布的热封头，也有采用单只的。早期，借转动导杆机构驱动控制得以实现相向、同步、不等速回转，运行速度和袋筒切割长度均可在规定范围内无级调节。

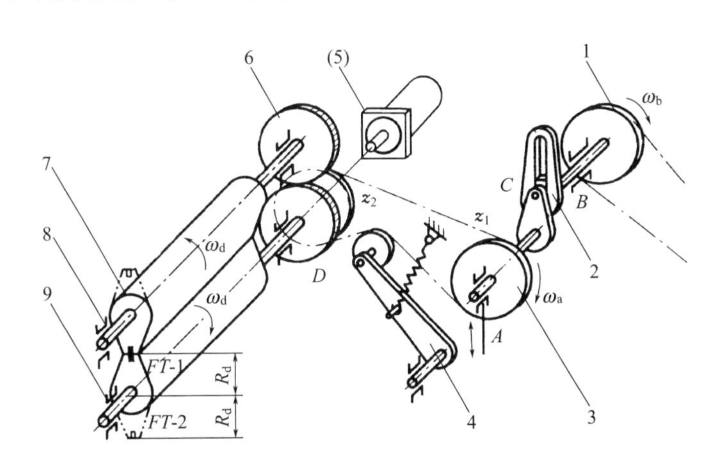

图 2-5-53　转动式袋筒横封切割机构及传动系统示意图

1,3—同步齿形带轮；2—转动导杆机构；4—张紧轮；5—交流伺服减速电机（第二配置方案）；6—传动齿轮；7—单/双热封头；8—浮动摆式辊子轴承；9—定位摆式辊子轴承

整个驱动控制机构只安装在机身的一侧，结构简单紧凑，工作性能稳定，操作调控方便，生产能力较高。自从采用交流伺服电机部分取代原转动导杆机构之后，机构结构更加简化，相应地，控制系统有所加强，自动化水平也进一步提高。

热封头的构造与图 2-5-46 所示的大同小异。不过，加热电源的接口却显得复杂，需要配置导电滑环和电刷，给使用维护带来不少麻烦。图 2-5-54 粗略地反映了这一部分结构状况。作为一种模块式配套装置，主要应用于厚度较小、宽度和长度较大的块片状单件或集合件的连续接缝式裹包，也适合装袋机之类。

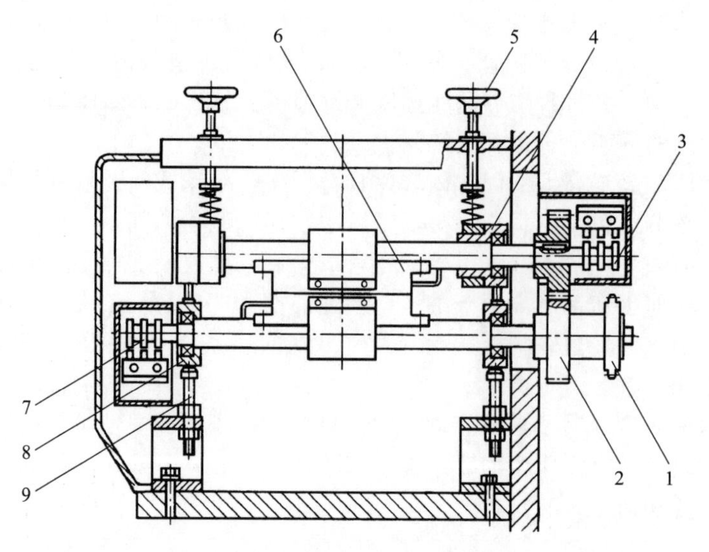

图 2-5-54 转动式袋筒模封切割装置结构简图

1—同步齿形带轮；2—传动齿轮；3,7—导电滑环及电刷；4—浮动摆式辊子轴承；5—上封头调压手轮；6—热封头；8—定位摆式辊子轴承；9—限位螺栓

（三）转动导杆机构设计原理

这部分内容，其实是以转动导杆机构为核心阐述整个转动式横封切割系统的设计原理，并对前面提出的若干问题做进一步论证，体现一个复杂的创新思路由点到面逐步展开的过程。

首先，按图 2-5-55 的转动导杆机构结构简图绘出如图 2-5-56 所示的该机构数学模型。

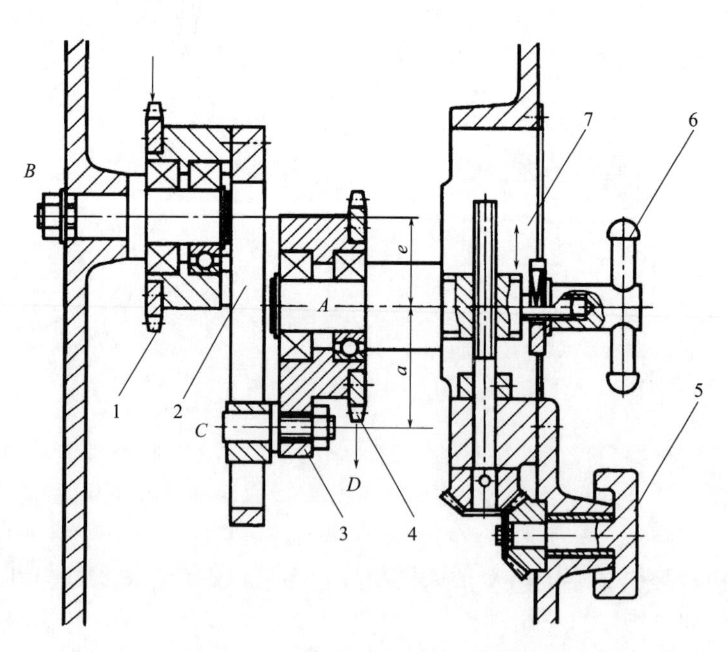

图 2-5-55 转动导杆机构结构简图

1,4—同步齿形带轮；2—导杆；3—曲柄转盘；5—曲柄回转中心调节手轮；6—锁定手柄；7—机架

有必要明确一个概念，转动导杆机构存在的条件是，曲柄长度 a 大于曲柄与导杆两回转中心的间距 e，即 $a>e$；反之，若 $a<e$，便转换为摆动导杆机构。

转动导杆机构有两种存在形式：一是主动导杆作等速回转，而从动曲柄作变速回转；二是主动曲柄作等速回转，而从动导杆作变速回转。实际上，两者都有应用场合，只不过从各自输出的运动动力特性来分析，对比之下，前者占有一定的优势。

如图 2-5-56 所示，令主动导杆的转速、角速度、角位移分别为 n_b、ω_b、θ；相应的，从动曲柄分别为 n_a、ω_a、φ。当 $\theta=\omega_b t$（t 代表时间）时，从图示几何关系写出

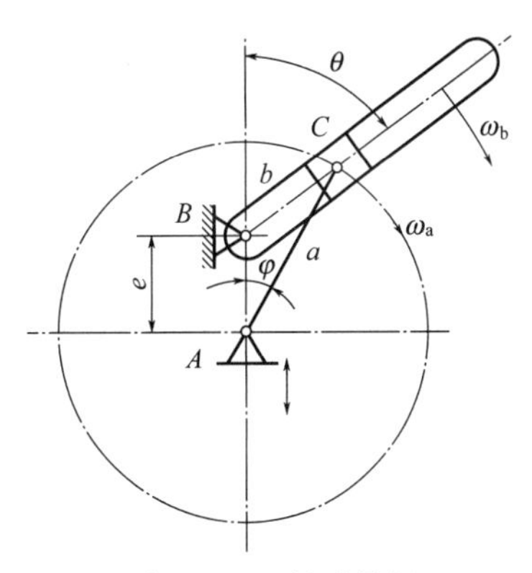

图 2-5-56　转动导杆机构数学模型

$$\frac{\alpha}{\sin(\pi-\theta)}=\frac{e}{\sin(\theta-\varphi)}$$

改写为

$$\frac{e}{a}\sin\theta=\sin(\theta-\varphi) \tag{2-6-104}$$

解出位移方程

$$\varphi=\theta-\arcsin\left(\frac{e}{a}\sin\theta\right) \tag{2-5-105}$$

对式(2-5-104) 求导

$$\frac{e}{a}\cos\theta\frac{\mathrm{d}\theta}{\mathrm{d}t}=\cos(\theta-\varphi)\left(\frac{\mathrm{d}\theta}{\mathrm{d}t}-\frac{\mathrm{d}\varphi}{\mathrm{d}t}\right)$$

令 $\frac{\mathrm{d}\varphi}{\mathrm{d}t}=\omega_a$，$\frac{\mathrm{d}\theta}{\mathrm{d}t}=\omega_b$，解出速度方程

$$\omega_a=\omega_b\left[1-\frac{\frac{e}{a}\cos\theta}{\sqrt{1-\left(\frac{e}{a}\sin\theta\right)^2}}\right] \tag{2-5-106}$$

及加速度方程

$$\varepsilon_a=\omega_b^2\frac{e}{a}\frac{\left[1-\left(\frac{e}{a}\right)^2\right]\sin\theta}{\left[1-\left(\frac{e}{a}\sin\theta\right)^2\right]^{\frac{3}{2}}} \tag{2-5-107}$$

可见，$\theta=0$，2π 时

$$\omega_{amin}=\omega_b\left(1-\frac{e}{a}\right),\quad \varepsilon_a=0 \tag{2-5-108}$$

$\theta=\pi$ 时

$$\omega_{amax}=\omega_b\left(1+\frac{e}{a}\right),\quad \varepsilon_a=0 \tag{2-5-109}$$

$\theta=\frac{\pi}{2}$，$\frac{3\pi}{2}$时

$$\omega_a=\omega_b,\quad \varepsilon_{amin}=\pm\omega_b^2\frac{e}{a}\frac{1}{\sqrt{1-\left(\frac{e}{a}\right)^2}} \tag{2-5-110}$$

根据以上有关各式绘出如图 2-5-57、图 2-5-58 所示转动导杆机构从动曲柄的角速度和角加速度曲线，从图中可清楚地了解到其周期性变化规律以及主要影响因素。

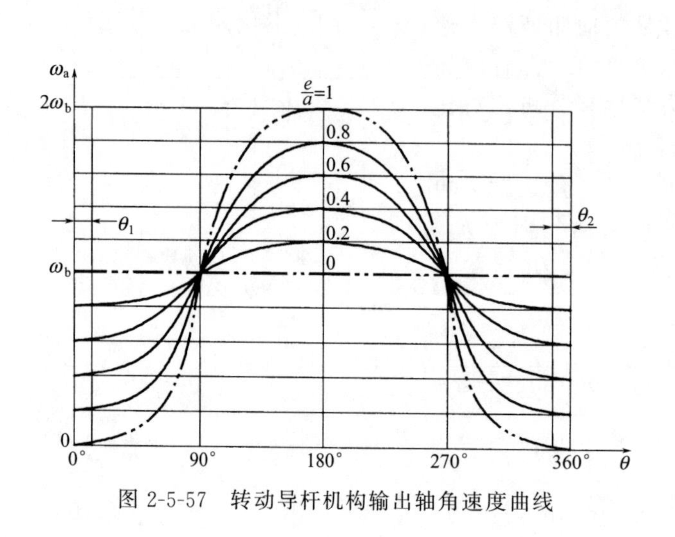

图 2-5-57　转动导杆机构输出轴角速度曲线

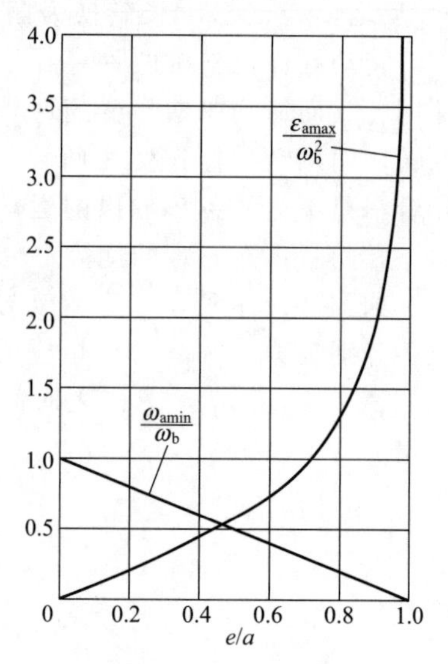

图 2-5-58　转动导杆机构输出轴角加速度曲线

着重指出，对转动导杆机构的输出运动特性而言，e 与 a 的比值乃是关键性影响因素。若$\frac{e}{a}<0.2$，从动曲柄（或封头）就接近于等角速度运动，不符合使用要求；若$\frac{e}{a}>0.7$，其最大的角速度和角加速度均呈急剧上升趋势，也不符合使用要求。所以，一般的推荐值为$\frac{e}{a}=0.4\sim0.6$。曲柄在这样变速度运行条件下驱动封头，使之与实际封切区段（$\theta_1+\theta_2$）相对应的最低角速度 $\omega_{amin}=0.5\omega_b$ 左右。

参阅图 2-5-53，令曲柄和封头的两主轴上同步齿形带轮的齿数各为 Z_1、Z_2，传动比为 i；每只转辊的封头个数为 m_0，其端部的回转半径为 R_d，瞬间角速度和线速度分别为 ω_d、v_d，遂写出

$$i=\frac{Z_2}{Z_1}=\frac{\omega_a}{\omega_d}$$

$$\omega_{dmin}=\frac{1}{i}\omega_{amin}=\frac{\pi n_b}{30i}\left(1-\frac{e}{a}\right)$$

求得

$$v_{dmin}=R_d\omega_{dmin}=\frac{\pi n_b R_d}{30i}\left(1-\frac{e}{a}\right) \tag{2-5-111}$$

令设备生产能力（每分钟包装件数）为 Q，袋筒的传送速度和横封切割长度分别为 v、L，显然

$$Q=\frac{60v}{L}\quad 或 \quad v=\frac{QL}{60} \tag{2-5-112}$$

实用中，要求 $v_{dmin}=v$，代入式(2-5-111) 中，解出

$$\frac{Q}{n_b}=\frac{2\pi R_d}{iL}\left(1-\frac{e}{a}\right) \tag{2-5-113}$$

实际上，上式中带轮传动比 i 就相当于单一转辊的封头个数。换言之，当 $m_0=1$，应取 $i=1$；同理，当 $m_0=2$，应取 $i=2$。所以不管哪一种情况，主动导杆每转一圈，封头都只封切一次，这表明 $n_b=Q$。故取

$$\frac{2\pi R_d}{m_0 L}\left(1-\frac{e}{a}\right)=1$$

求出

$$e=a\left(1-\frac{m_0 L}{2\pi R_d}\right) \tag{2-5-114}$$

此式对该机构的调控具有重要意义，显然，e 是随 a、R_d 的增大和 m_0、L 的减小而相应增大的；若将 a、m_0、R_d 保持一定，那么改变 L 只需调节 e 值，相当方便。已述，要尽量控制 $e=(0.4\sim0.6)a$ 的范围之内。

强调指出，设计中，多取 $m_0=2$，理由很简单，封头每转半圈就可封切一次，所以对称分布的两个封头既能轮换工作，还有助于解决转辊高速运行的动平衡问题。

这样，将 $m_0=2$ 代入式(2-5-114)，则

$$R_d=\frac{L}{\pi\left(1-\frac{e}{a}\right)} \tag{2-5-115}$$

在此特定条件下，只要选择好 L、$\frac{e}{a}$，便能确定 R_d 之值。联系生产实际，通常根据内装物厚度和封切长度的不同，可在 $R_d=60\sim120$mm 之间建立有级序列，以扩大通用性能。

注意，关于热封头的基本尺寸，不单要重视径向，还要考虑横向和纵向。后二者主要取决于包装件的主体尺寸及其封合形式（包括两侧折角折边），容纳电热元件所需空间和对封切袋筒能否产生干涉等因素。

至于式(2-5-115）袋筒横封切割长度 L，可参照图 2-5-52 的图形尺寸关系粗略确定。

令内装物的长度为 l_0，袋筒相邻二内装物的初始间距为 l，d 代表封头对袋筒的切入点，取单封边的宽度为 cd，则

$$l=2(bc+cd)$$

$$L=l_0+l \qquad (L'<L) \tag{2-5-116}$$

就每一包装件而言，其两端各斜边 bc 之长与内装物厚度 h 密切相关。正因如此，在横封之际两相邻内装物的初始间距会随着袋筒中空段的凹下变形和局部封合而有所改变，一旦过度缩小空间，就会导致转动式热封头同厚度偏大的包装件相互干涉。针对这种情况，设法改善横封头的结构形状尺寸和运行轨迹形式应成为主攻的突破口。

四、平动式横封切割机构

（一）构思创新方案

关于行星齿轮动梁机构的基本组成及工作原理已在前两章做过详细阐述。参阅图 2-5-59 和图 2-5-60，现将其应用于横封切割机构，拟从以下几个方面构思创新设计方案。

① 时至今日，接缝式裹包机的包装对象，已明显地朝着厚度（或称高度）偏大的大

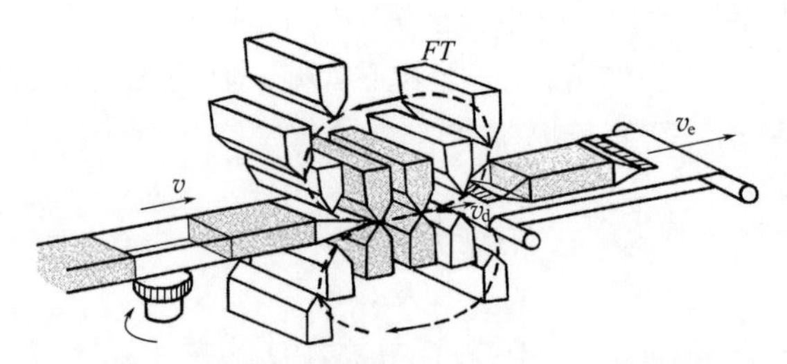

图 2-5-59　平动式袋筒横封切割机构工作原理示意图

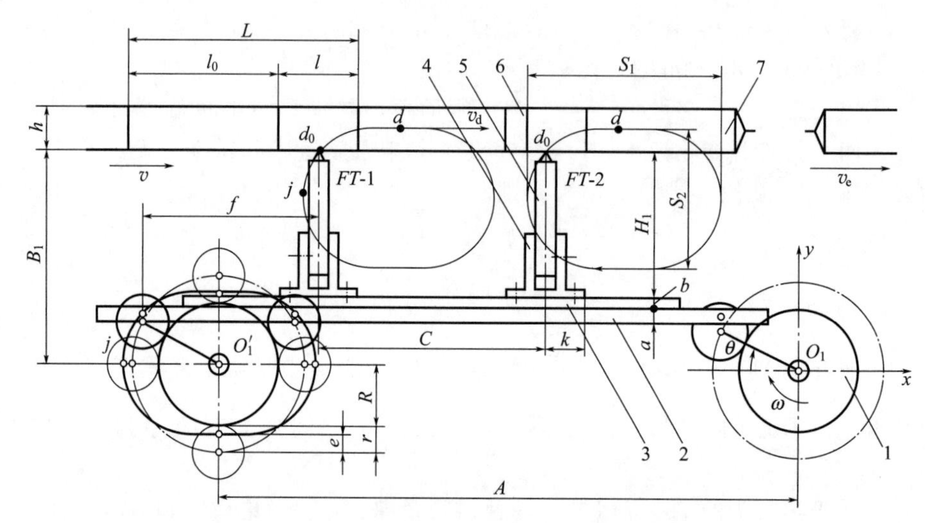

图 2-5-60　平动式双联横封切割机构示意图

1—外啮合行星齿轮机构；2—动梁（平行四杆机构）；3—支承板；4—封头调位支座；5—横向热封切割头；6—袋筒；7—内装物

型或特大型块状物方向发展，例如糕点、药品、肥皂、文具、速煮面、卫生纸以及各种工业元件的单件包装或集合包装。与此相适应，也大都选择厚膜柔性材料，将纵向接缝改在边角部位，力求缩短横封切割长度，使内装物包牢包紧又外观挺括。针对这一系列变化，采用双联平动的热封头（通常附插角装置），作同步的近似长圆形轨迹运动，既可适当延长热封加压时间，对包装件起到托起牵引作用，保证裹包的内外在质量，还能达到较高的生产能力，真是一举数得。所以，推荐外啮合行星齿轮-平行双曲柄作为驱动与承载机构来完成此项工作。

② 两套动梁组合机构分别配置在机身一侧台面板的上下，呈对称布局。双联横向热封头也以对称方式装在动梁及支承板上的中间位置，而且可使该封头沿三维坐标方向调位，保证封切对位灵活准确。

③ 动梁各端的铰接点对每一行星齿轮的偏心距能够做到微调，以实现预期的封头运行轨迹。

④ 机械结构设计的好坏会对整个机构的性能产生重大影响，尤其是要求动梁、支承板及其承载元件都采用轻质、高强度材料制作，以利于平稳运行、减少能耗。

动力由台面下方的主轴输入，由于执行构件均为平动，给热封切头的输电布线带来很大方便，更容易维护。

总之，像这样一种双联横封切割机构，它的配套应用范畴有望会超出一般的接缝式裹包机。

（二）建立运动方程

再参阅图 2-5-60，对平动横封切割机构进行运动分析。设计给定条件是：袋筒的基本尺寸（主要为厚度）h，横封切割长度 L 和每分钟包装件数 Q。设计选定条件是：每一循环周期包装成品 2 袋，故知主轴分转速 $n=\dfrac{Q}{2}$；为保证封头端点的运动轨迹近似于长圆形，应取固定中心齿轮与外啮合行星齿轮的节圆半径比 $\dfrac{R}{r}=2$；至于动梁铰接点对行星轮的偏心距 e 可在 0 与 r 之间适当选取，尽量使之接近 $\dfrac{r}{2}$。

参考图 2-3-51(b)，当系杆从中心轮左侧起始点（对应的封头轨迹点为 j）沿顺时针方向绕主轴 O_1 以等角速度 $\omega=\dfrac{\pi n}{30}$ 回转，并转过角位移 $\theta=\omega t$（t 代表时间）时，写出封头端点的位移及速度方程

$$x=-(R+r)\cos\theta-e\cos\left(\frac{R}{r}+1\right)\theta \tag{2-5-117}$$

$$y=(R+r)\sin\theta+e\sin\left(\frac{R}{r}+1\right)\theta \tag{2-5-118}$$

$$v_{x}=(R+r)\omega\sin\theta+\left(\frac{R}{r}+1\right)e\omega\sin\left(\frac{R}{r}+1\right)\theta \tag{2-5-119}$$

$$v_{y}=(R+r)\omega\cos\theta+\left(\frac{R}{r}+1\right)e\omega\cos\left(\frac{R}{r}+1\right)\theta \tag{2-5-120}$$

取 $R=2r$，$\theta=\dfrac{\pi}{2}$，求出封头在封切点 d 的速度

$$v_{d}=v_{x}=\frac{\pi n}{10}(r-e)\quad (v_{y}=0) \tag{2-5-121}$$

又，为使封头与袋筒在封切点达到速度同步，要求

$$v_{d}=v=\frac{2Ln}{60}=\frac{Ln}{30} \tag{2-5-122}$$

将以上二式联立，解出

$$e=r-\frac{L}{3\pi} \tag{2-5-123}$$

这表明，e 是随着 r 的增大和 L 的减小而增大的。不过，若 $\dfrac{e}{r}<\dfrac{1}{2}$，封头的运行轨迹趋于向椭圆形转变；若 $\dfrac{e}{r}\geqslant\dfrac{1}{2}$，却趋于向长圆形转变。

选特定值 $R=2r$，$e=\dfrac{r}{2}$，代入式(2-5-117) 和式(2-5-118)，求出封头运行轨迹的长轴和短轴表达式

$$S_{1}=2(R+r+e)=7r,\quad S_{2}=2(R+r-e)=5r \tag{2-5-124}$$

继而联系式(2-5-123)，改写为

$$r=\frac{2}{3\pi}L \quad (2\text{-}5\text{-}125)$$

$$S_1=\frac{14}{3\pi}L, \quad S_2=\frac{10}{3\pi}L \quad (2\text{-}5\text{-}126)$$

（三）求解结构尺寸

根据已知条件，求解主要结构尺寸。

1. 双联封头中心距

$$C=L, \quad C_{max}=L_{max} \quad (2\text{-}5\text{-}127)$$

式中的 L 值，按式(2-5-116) 计算。

2. 两中心齿轮中心距

$$A=C_{max}+2f, \quad f>k \quad (2\text{-}5\text{-}128)$$

3. 封头高度调节范围

1）下组封头

就工作台面下方的一组平动式横封切割机构加以分析。设定袋筒的最小和最大厚度各为 h_{min}、h_{max}，工作台面与传动主轴基面的间距为 B_1，封头的可调高度为 H_1（变动于 H_{1min}，H_{1max} 之间）。当 $\theta=90°$，上下封头恰好对位时，按图示几何关系写出

$$B_1+\frac{h_{min}}{2}=H_{1min}+b+\frac{a}{2}+\frac{S_2}{2} \quad (2\text{-}5\text{-}129)$$

$$B_1+\frac{h_{max}}{2}=H_{1max}+b+\frac{a}{2}+\frac{S_2}{2} \quad (2\text{-}5\text{-}130)$$

联立以上二式求出

$$H_{1max}=H_{1min}+\frac{1}{2}(h_{max}-h_{min}) \quad (2\text{-}5\text{-}131)$$

通常，h_{min} 和 h_{max} 是给定的，预选 H_{1min} 的尺寸务必满足热封切割装置结构设计的要求，这样，可求出 H_{1max}。

进而按式(2-5-130) 便能确定

$$B_1=H_{1max}+b+\frac{1}{2}(S_2+a-h_{max}) \quad (2\text{-}5\text{-}132)$$

已述 $S_2=2(R+r-e)$，可借助 e 来调整 S_2，不妨参照上式采取两种应对措施：一是改变 B_1 值，这比较麻烦；二是改变 H_1 值，这比较方便。基于所选条件，若减小 e 而增大 S_2，就该调小 H_1；反之，若增大 e 而减小 S_2，就该调大 H_1。对此，设计中要考虑周到。

实际上，常用的情况是，由于已选定了 B_1、S_2、a、b 各值，只是针对 h 的变化（$h_{min}\leqslant h\leqslant h_{max}$）来适当调整 H_1，其计算式应写成

$$H_1=B_1-b-\frac{1}{2}(S_2+a-h) \quad (2\text{-}5\text{-}133)$$

2）上组封头

就工作台面上方一组倒置的平动式横封切割机构（图未画）加以分析。补充设定工作台面与传动主轴基面的间距为 B_2（不一定等同于 B_1），封头的可调高度为 H_2。当 $\theta=90°$，

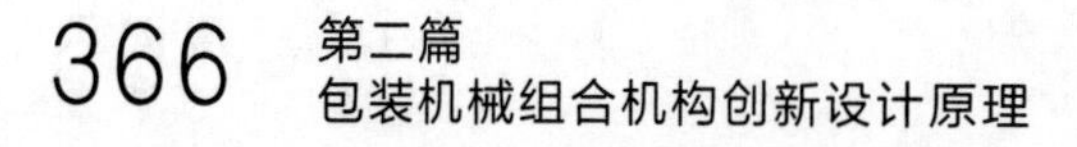

上下封头恰好对位时，写出

$$B_2-\frac{h_{\min}}{2}=H_{2\max}+b+\frac{a}{2}+\frac{S_2}{2} \tag{2-5-134}$$

$$B_2-\frac{h_{\max}}{2}=H_{2\min}+b+\frac{a}{2}+\frac{S_2}{2} \tag{2-5-135}$$

由以上二式求得

$$H_{2\max}=H_{2\min}+\frac{1}{2}(h_{\max}-h_{\min}) \tag{2-5-136}$$

$$B_2=H_{2\max}+b+\frac{1}{2}(S_2+a+h_{\min}) \tag{2-5-137}$$

$$H_2=B_2-b-\frac{1}{2}(S_2+a+h) \tag{2-5-138}$$

其他从略。

（四）探讨应用问题

① 对平动式横封切割机构来说，不言而喻，双联封头比单一封头能大幅度提高生产能力。即使两者的生产能力相差并不悬殊，由于配置双联封头而适当降速，也可为裹包大型或特大型产品增多若干辅助操作（如插角折边、冲切手提孔等）提供有利条件。

② 在高速连续传送袋筒的过程中，为保证双联热封头同步协调工作，不宜将横封部位完全切断。留下两侧的余边供牵引之用，待到输出末端辅以专用措施便可分成为单个包装件。

③ 当袋筒的热封时间有所改变时，针对已确定的行星齿轮机构，应适当调整动梁对行星齿轮的偏心距，使双封头的运行轨迹形式大体上符合包装工艺要求。

④ 内装物的厚度（或高度）一有明显变化，必须重新调整上下封头的工作高度，并做到切入点准确（图中 d_0 点）。至于双封头的中心距，仅取决于袋筒的封切长度。

以上所阐述的基本理论可为创新设计和指导操作奠定可靠的基础。

第六章

装盒机构

第一节　概述

一、盒装特点

盒装是一种传统的包装方式，经长期演变已有很大发展。盒的形状多种多样，大都是用半刚性或刚性、单一材料或复合材料制作的中小型带盖容器。根据实际需要可以包装液体、半流体、粉体、散粒体、块体及多种组合的物品。经封口之后所完成的包装件主要供销售包装使用。

实际上，纸盒比塑料盒、金属盒用得更加广泛，并同纸箱包装有着许多相似之处，特别是纸盒便于加工储运、销售使用、回收利用，而且纸盒包装价廉物美，容易实现大批量生产过程的机械化和自动化，使得装盒机械已成为当今食品、医药、日化、五金、电子、仪表等行业的主导机型和自动包装线的重要组成部分。所以，本章将深入探讨纸盒包装机的创新设计问题，当作全面了解包装机械总体设计的一个窗口。

二、装盒机械发展方向

装盒机属于多功能包装机的范畴。它的发展始终同内装物品、盒体结构和装盒工艺等因素的变化息息相关，要从这一角度来考察研究装盒机械的发展方向。

（一）内装物品的扩展

由于纸盒包装功能日益扩大，被包装物品种类也相应增多，既可以是单个多个、规则不规则的固态物品（有的附加托盘、隔板），也可以是预先充填或现场充填非固态物料的袋、管、瓶等包装件（包括盒中袋）。

当前，多件集合装盒呈现异军突起的局面，如多色糕点包装、一次性注射器材包装等，不胜枚举。对此，通常要根据内装物的类别、形状、大小、排列、组合的不同而选用

不同的盒型及尺寸。但是在大多数场合，采用同一盒型包装迥然相异的多种物品，图 2-6-1 所示的，就是典型实例。从中看出，凡内装物平放稳定性较好的，多适合卧式装盒；另见图 2-6-14 和图 2-6-15，凡内装物的竖放稳定性或流动性较好的，多适合立式装盒。

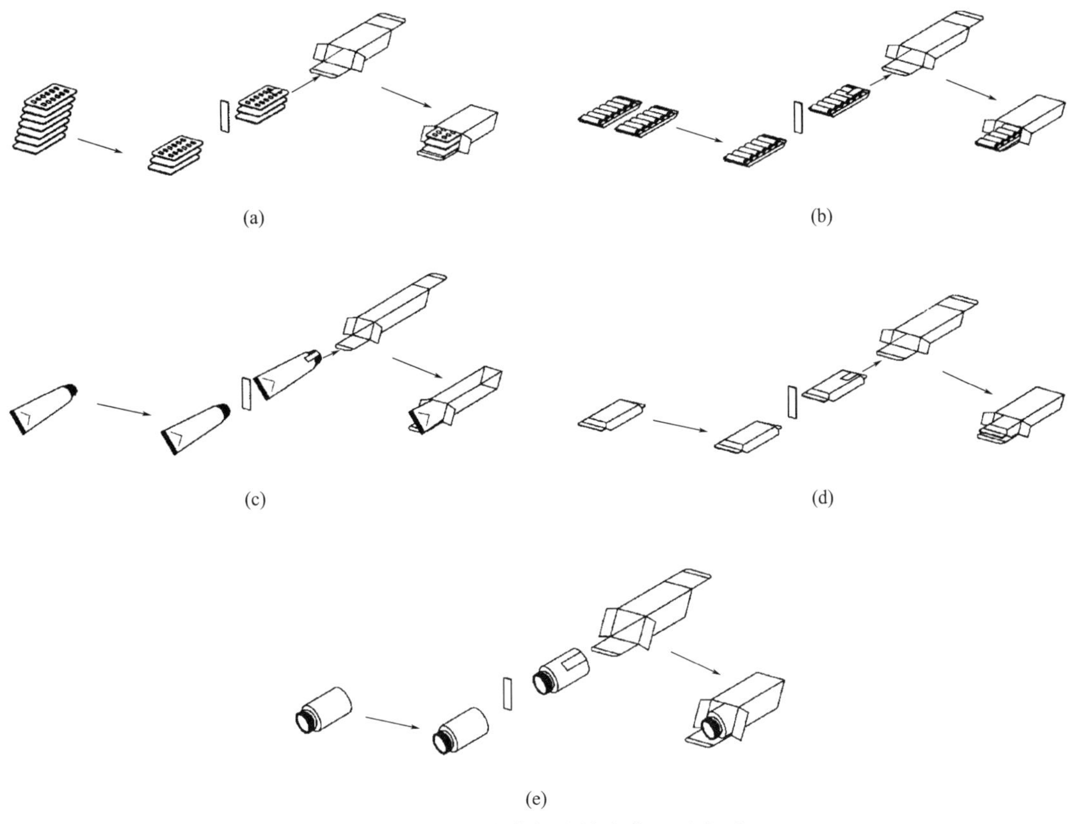

图 2-6-1　多种内装物充填式装盒示意图

（二）配套包装的应用

随着销售包装的兴起，配套包装也不断改变面貌。小型盒多附加卡片、说明书，而大型盒多添置浅托盘、缓冲垫、分隔板、干燥剂等。

在医药及相近行业，为有效宣传和使用产品，在包装盒中放入说明书显得相当重要。已印好的说明材料一般可提供单页、单本、单卷三种形式。对于单页要配备专用的折叠装置，折叠式样又分多种，如图 2-6-2 所示。至于如何将折页插入盒内，图 2-6-3 给以示意说明（假想都在朝前同步运动）。

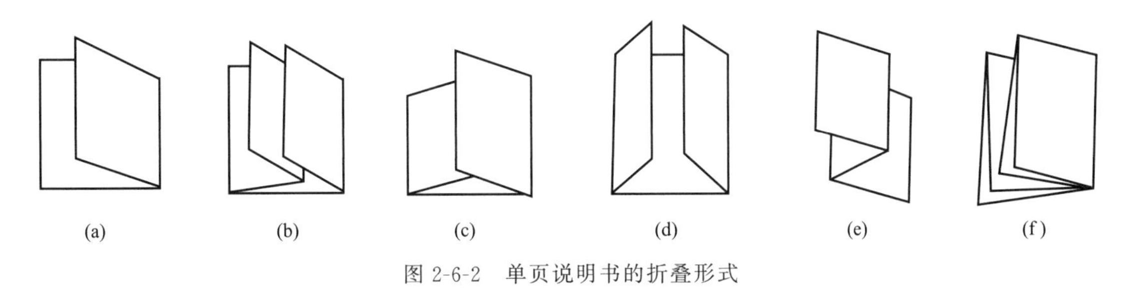

图 2-6-2　单页说明书的折叠形式

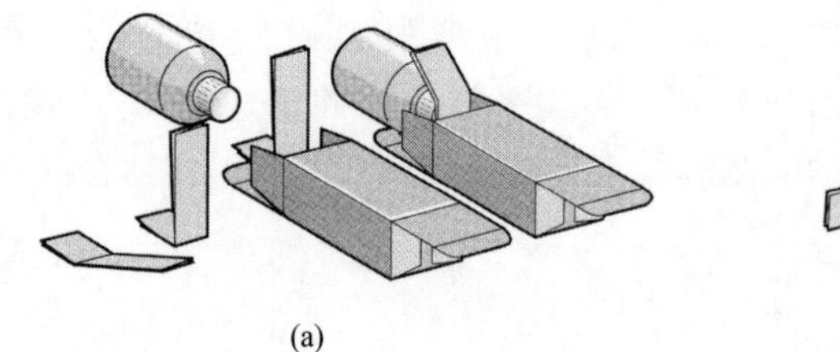

(a)

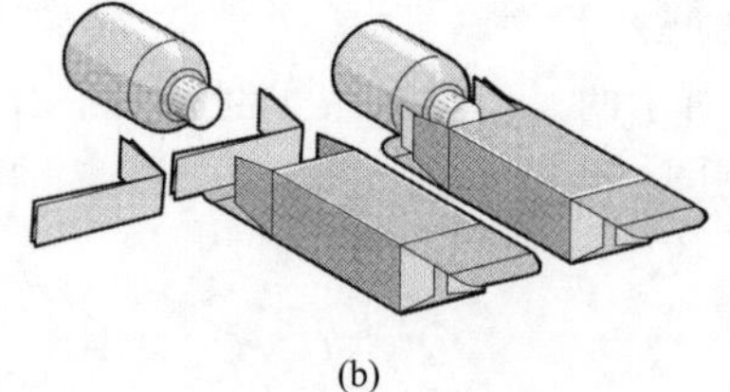

(b)

图 2-6-3　折叠说明书插入盒内的方式

（三）纸盒结构的改进

纸盒结构的改进主要体现在选材造型、尺寸优化、封口方式等诸多方面。

根据盒体大小及承载能力，纸盒大都采用适当厚度的纸板或单层瓦楞纸板制作，大体上分为两种类型。

① 普通盒型　这是采用单张纸板经模切、压痕、折叠、粘接等加工过程而形成带翻转盖的筒形盒，如图 2-6-4 所示。其主体横截面多为正方形或长方形，封口形式包括：有舌插入式，有舌、无舌粘接式和组合式。插入式便于多次启用，而粘接式可增强封口牢度和防伪效果。总之，这类盒型结构简单、冲裁省料、加工便捷、且能预制成折叠的盒坯，有利于储运、供送及装盒过程的机械化作业，应用面广量大，依然是当今发展的主流，与装盒机械的研制开发休戚相关。

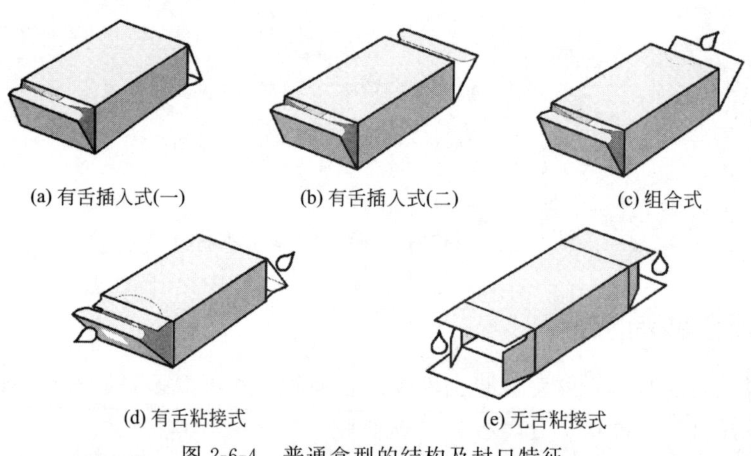

(a) 有舌插入式(一)　(b) 有舌插入式(二)　(c) 组合式

(d) 有舌粘接式　(e) 无舌粘接式

图 2-6-4　普通盒型的结构及封口特征

② 特种盒型　这是普通盒型的外延和补充，如图 2-6-5 所示。它的奇异性主要体现在：粘接成定型的空心盒坯，占有一定的空间；盒腔较浅，犹同盘状，有助提高产品包装的展示效果；主体截面多为四边形，也有三边形、多边形及其他几何形式；盒盖既能制成套合的分立元件，还可同盒身连成一体翻折，以周边叠合、插合等方式封口。

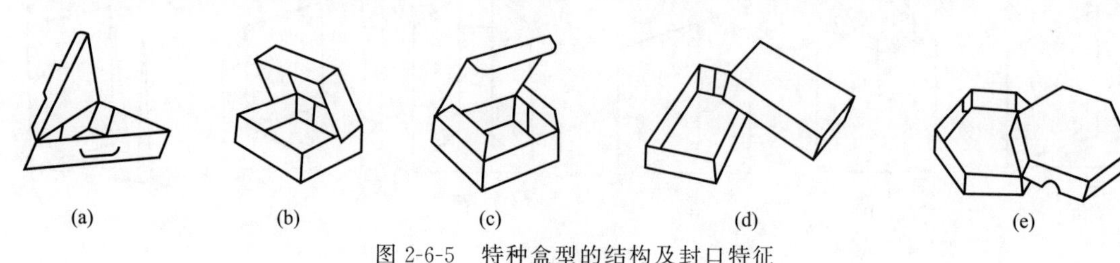

(a)　(b)　(c)　(d)　(e)

图 2-6-5　特种盒型的结构及封口特征

对此，为适应不同批量生产，应采取多用的制盒与装盒机械。如今，一系列并联机器人的推广应用，更加促进了特种盒型多件集合包装的机械化和智能化。

图 2-6-6 所示的 Delta 机器人（图中未画出手部），可称为并联机器人的基本结构。一般采用悬挂式布局，机座在上，均布三台伺服电机，分别通过摇杆和平行四边形连杆同中央可动平台相接。每对平行连杆均以球铰同摇杆、平台构成球面副。这样的三自由度空间连杆机构，在伺服电机组的统一驱动控制下，足以保证动平台沿一定空间范围实现三维平动。如果需要对工作对象进行定向控制，则应在静动两平台的中心部位之间添置由另一台伺服电机驱动控制的可伸缩连杆，并借万向联轴器连接上下两端。

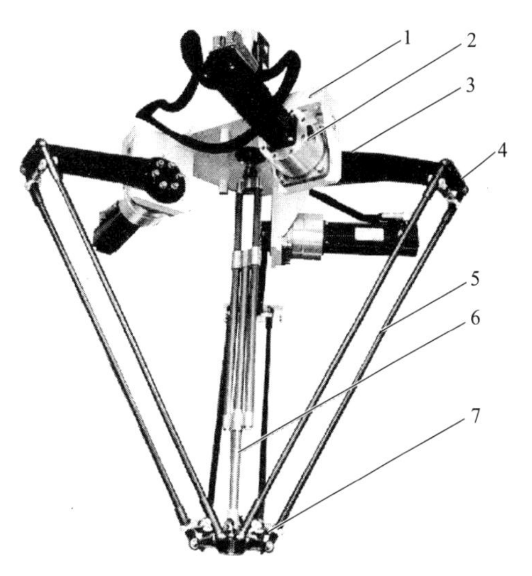

图 2-6-6 Delta 并联机器人的基本构成
1—机座；2—伺服电机；3—摇杆；4—拉力弹簧；5—球铰接平行连杆；6—伸缩轴；7—动平台及手部

并联机器人所有运动零件都用轻质高强度材料（如铝碳合金）制造，以改善其高频高速的运动性能。

该机器人的整个控制系统主要由计算机、运动控制器、内部和外部传感器（含图像识别）等组成，其基本工作原理如图 2-6-7 所示。

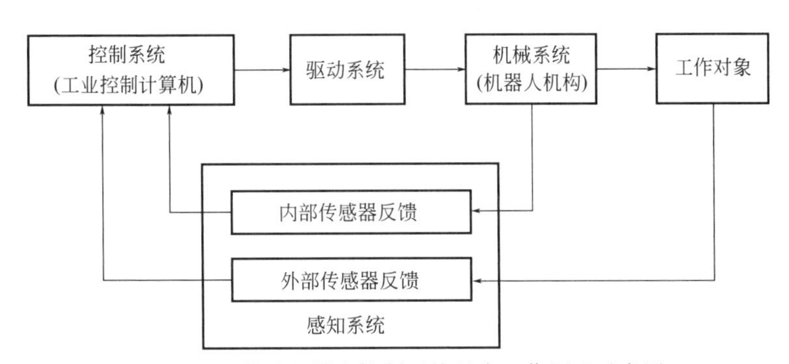

图 2-6-7 并联机器人控制系统基本工作原理示意图

总之，它不仅具有结构简单、体形匀称、安装方便、控制灵活、承载轻少、运行平稳的优点，而且不管工作对象是否运动，均可实现快速启动、随机跟踪、拾放准确、定向自由的人工智能。展望将来，在食品、医药、电子、仪表诸领域，有效使用并联机器人对中小型轻质物件进行特种集合包装以及分拣选别、定向供送等操作必定大有作为。

（四）包装方式的互补

在前述的充填机构和裹包机构二章里，只着重单独研究充填方式和裹包方式在包装机械创新设计的具体应用，而装盒机构却有所不同，面对形形色色的被包装对象和盒片盒型，为提高生产及经济效益，则应兼顾这两种包装方式的综合运用，如图 2-6-1、图 2-6-8 的一些典型实例。

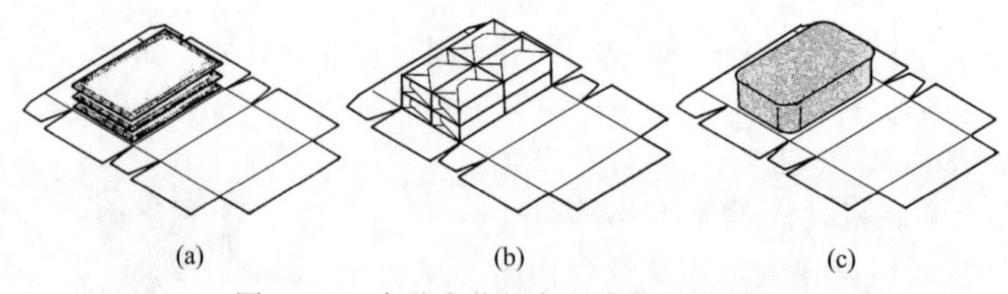

图 2-6-8　多种内装物裹包式装盒示意图

由此可见，本书所选的充填、裹包、装盒三大机构可以组成互补性很强的一个大系统，要进行全面研究，找出内在变化规律，并在某种程度上带动相近包装机构（如灌装、装箱等）的创新与开发。

面对如此丰富多彩的装盒机械，当前占优势地位的，仍首推充填式，亦即包装机械术语国家标准所指的“盒成型-充填-封口机”那一大类。实用中，对便于存放、开盒的纸盒片，以及便于供送、装盒的内装物，自然也就容易组成连续化和自动化程度都较高的装盒机械系统。但是，对某些形状特异的包装对象，需采取特殊的集合包装，往往要求设计间歇式装盒机。

（五）执行机构的可调

现代装盒机应有较强的通用性，已成为本行业界的共识。所以每当研制相关的执行机构，包括纸盒撑开及成型机构、物料供送及充填机构（或物件供送及裹包机构）、封口机构、主传送机构以及自动控制系统，都要密切关注这方面的发展动向。

单就装盒机的主传送系统而言，大小不同的长方体盒型已被广泛应用，为适应其基本尺寸的无级变化，要求主传送带分立隔/夹板的横向间距和纵向间距都必须是无级可调的。另外，同主传送带上盒子顶面相接触的纵向平行导轨也要采取相对应的调位措施。图 2-6-9 示意地说明了有关的创新设计构思，其中，图(a)、图(b) 所示两项技术的难度较大，详见后述。

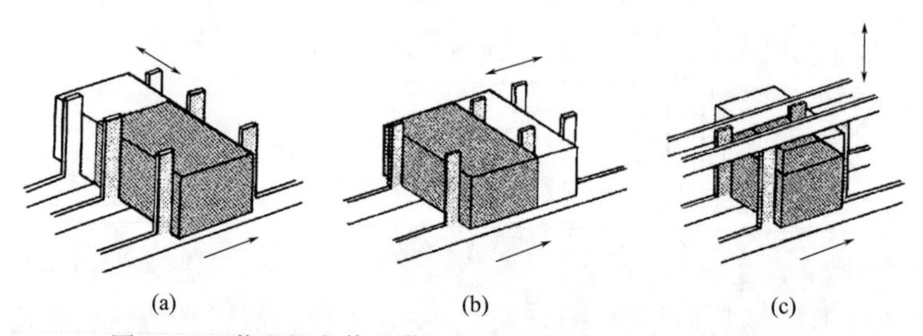

图 2-6-9　装盒机主传送带上纸盒夹板间距无级调节示意图

（六）自动控制的融合

现今，设计性能优越的自动装盒机，必须以机电一体化和人工智能化为先导，切实保证机构与控制系统在执行各项规定动作方面达到充分的融合与协调。

① 采用可编程控制系统进行人工智能控制，使整机按严格程序正常运行，并具备一系列排除机电故障的联锁功能。例如：

a. 在设备运行过程中，断缺内装物，相应的不吸取纸盒、说明书；而断缺纸盒、说明书，相应的自动停止供送内装物。

b. 自动剔除断缺内装物、说明书的纸盒，完成合格品的批号打印。

c. 供料库断料，或供盒库断盒，或供纸（说明书）库断纸达到低限时，发出报警信号并自动停机。

d. 开盒的真空系统发生负压（吸力）不足现象，或机械过载时，也发出报警信号并自动停机。

② 采用触摸式人机界面操作系统能够机动灵活设定工作参数，清晰显示计数、故障、报警等信息。为便于日常操作、调试机器需设置紧急开关、点动开关。

③ 采用变频调速系统根据实际需要无级调控设备的生产能力。一般认为，低速机为30～100盒/分，中速机为100～200盒/分，高速机为200～600盒/分。

（七）组合机型的开发

近数十年来，自动包装线取得突飞猛进的发展，已经遍及各个工业领域。整条生产线主要由包装机、输送存储设备及自动控制系统组成。针对包装品种、生产规模、自动化水平，给广大用户提供了灵活选择的余地。

迄今，制盒机和装盒机在众多中小型自动包装线上占居了不可或缺的地位。另外，还研发不少组合包装机（简称包装机组）。参阅图2-6-10，它是由泡罩包装和纸盒包装两大功能单元有机组合而成，给创新设计提供许多启示。

① 组合的单元功能必须独立完整，相辅相成。

② 组合的工艺路线必须简化衔接，带有柔性。

③ 组合的空间布局必须合理紧凑，便于操作。

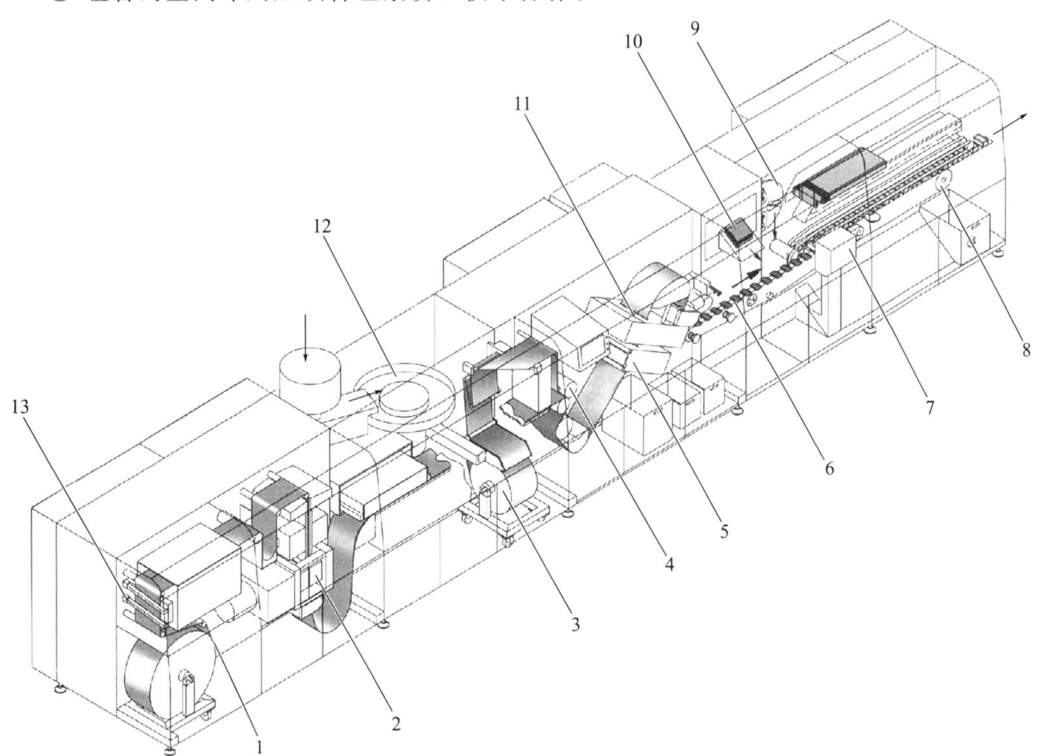

图2-6-10　泡罩-纸盒组合包装机示意图

1—底膜；2—泡罩热成型装置；3—泡罩盖膜；4—辊筒热封装置；5—打印器；6—内装物传送带；7—内装物推送机构；8—纸盒传送带及封口机构；9—开盒机构；10—说明单折叠供送装置；11—冲孔器；12—斗式振动给料器；13—卷膜拼接装置

④ 组合的总体结构必须造型美观，分合自由。

⑤ 组合的监控系统必须统一协调，集中管理。

这样看来，组合包装机实质上不外乎是一种扩大的多功能包装机，其创新设计思路来源于对自动包装线的深刻认识和对组合机械系统的巧妙变异。今后会继续研究开发下去，成为包装工业领域的新增长点。

第二节　装盒机工艺路线

一、充填式装盒工艺路线

（一）推入充填式装盒

图 2-6-11 所示为直线型连续/间歇开盒-推入充填-插舌封口的装盒工艺路线。适用于两端开口的长方体纸盒，可包装平放稳定性较好的固态物品（见图 2-6-1）。加之布局简单，调整方便，有利于提高设备的通用功能和生产能力，应用最为广泛。

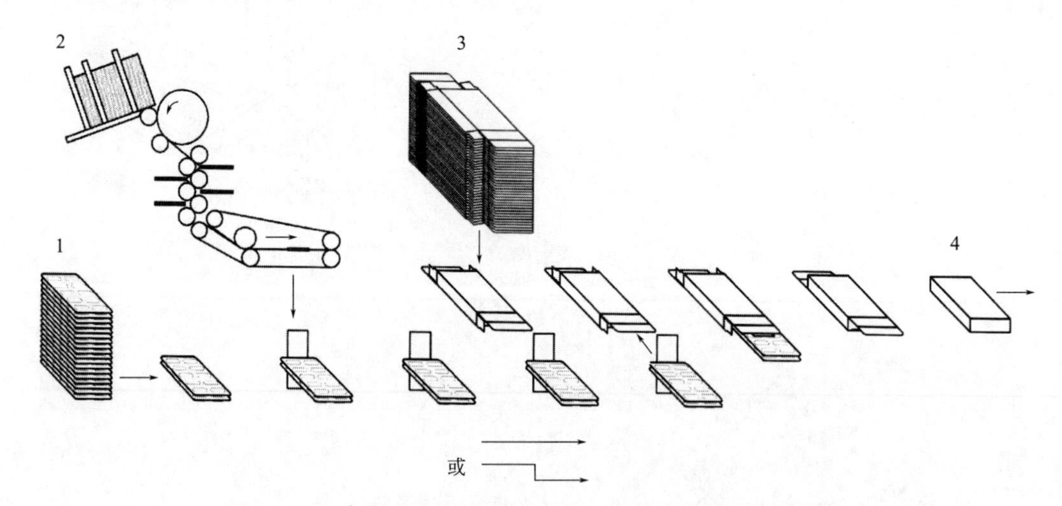

图 2-6-11　直线型连续/间歇开盒推入充填式装盒工艺路线图

1—内装物；2—说明单；3—纸盒片；4—包装成品

参阅图 2-6-12，圆弧型连续开盒-推入充填-插舌封口的装盒工艺路线给人一种强烈的创新视觉。采用同一水平轴心线的平行两圆弧的组合，分别同步传送内装物及盒片。经一系列操作之后，将包装成品输出。

由于布局紧凑向空间发展，能连续装盒加快运行速度，使生产能力高达 600 盒/分。当然，为实现这些功能，对整个包装机械的设计与制造都提出很高的要求。

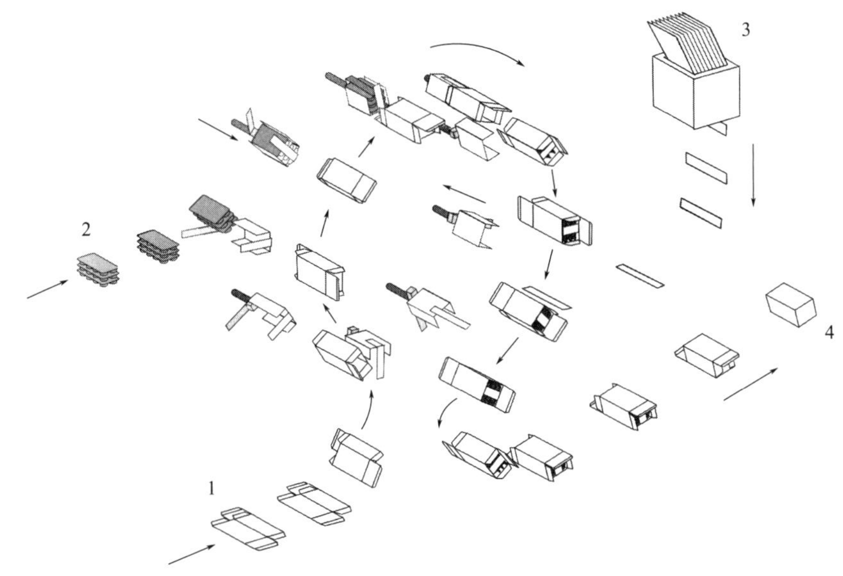

图 2-6-12　并列圆弧型连续开盒推入充填式装盒工艺路线图

1—纸盒片；2—内装物；3—说明单；4—包装成品

图 2-6-13 所示为组合型间歇靠模成型-推入充填-加热封口的装盒工艺路线。转位盘的周边共均布 12 只长方体形的空心靠模。停歇时，在靠模外围依次敷以铝箔、盒口嵌片和翻盖式纸盒片。经热封整形后推入一定数量的烟支，最后借推杆将整个烟包转移到封底工位。此设备的生产能力高达每分钟 300 包。

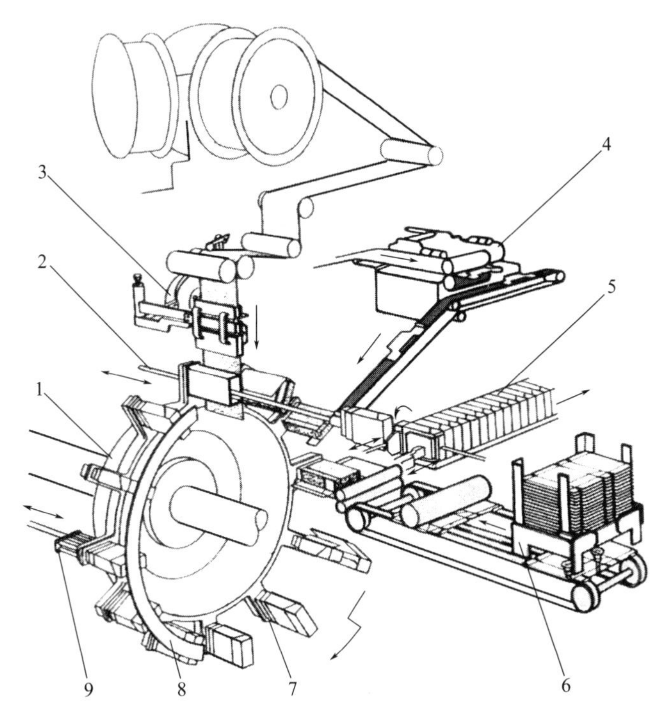

图 2-6-13　组合型间歇靠模成型推入充填式装盒工艺路线图

1—靠模转盘间歇转位机构；2—烟包推出机构；3—铝箔切割供送装置；4—盒口嵌片成型供送装置；5—烟包封底输出装置；6—翻盖式纸盒片供送装置；7—纸盒成型靠模；8—保压导轨；9—烟支推送机构

（二）拾放充填式装盒

如图 2-6-14 所示的组合型连续开盒-拾放充填-插舌封口的装盒工艺路线，纸盒被等间距竖放在主传送带上，要先将盒底封合，借真空吸头拾取的内装物以水平同步速度运行，并逐个投放到盒内。

真空吸头悬挂在倾斜的长圆形空间轨道上，其前后两直线段的投影面应同分件供送螺杆和纸盒主传送带的工作线路相吻合。真空分配盘装在吸头上方，借软管相互连接。如果工位不多，最好选用圆弧型连续拾放充填式装盒工艺路线，以简化总体构造。

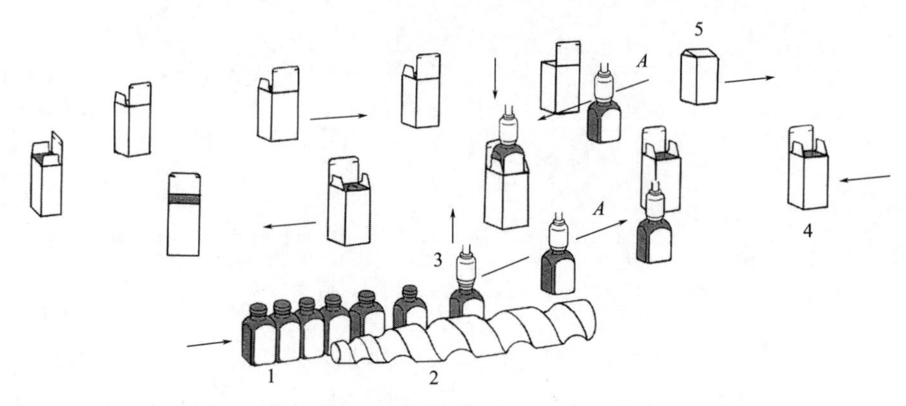

图 2-6-14　组合型连续开盒拾放充填式装盒工艺路线图

1—内装物；2—分件供送螺杆；3—真空吸头；4—纸盒；5—包装成品

（三）自重充填式装盒

如图 2-6-15 所示，内衬袋筒的盒片被插入连续或间歇转位的链带支座上，待封好底部的袋口及盒口之后，便开始一次或多次充填具有一定流动性的粉体、散粒体、流体、半流体及其混合物。

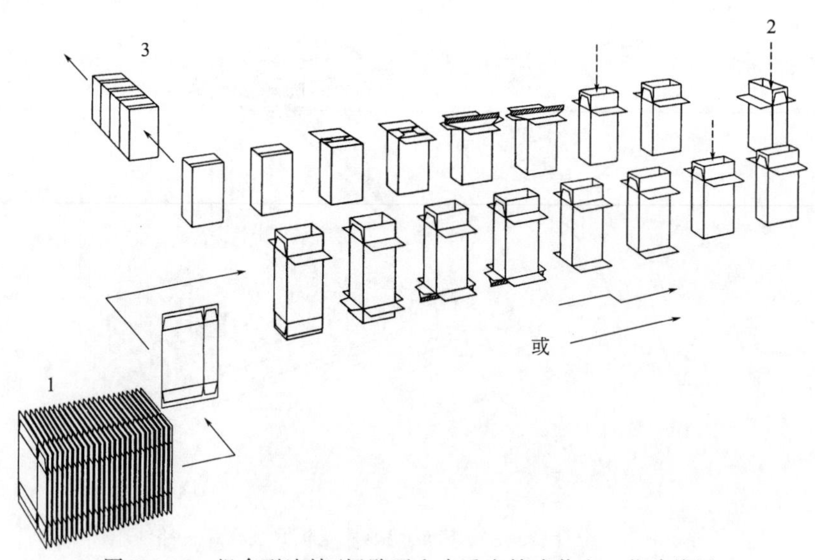

图 2-6-15　组合型连续/间歇开盒自重充填式装盒工艺路线图

1—内衬袋筒纸盒片；2—内装物；3—包装成品

对于连续主传送，为便于同容积式、称重式计量装置配合工作并妥善解决传动问题，宜将计量、充填工作集中安排在主传送路线中一个半圆弧区段。

图 2-6-16 说明两端开口长方体盒型的制作及转位过程。已被模切压痕好的单张纸盒片，借步进式供送机构移至折纸工位。经折叠封合形成盒筒，再沿芯模移至压合工位将接缝粘牢。然后依靠真空吸头摆杆使之由水平状态转换为竖立状状，按规定工序完成整个包装过程。

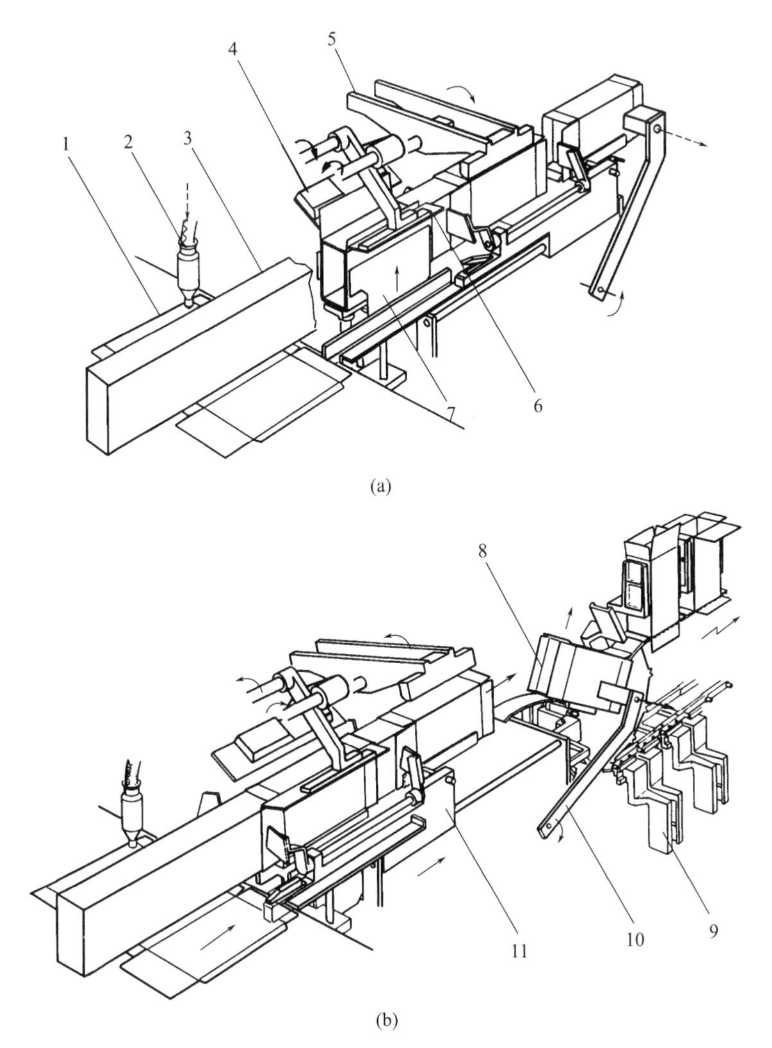

图 2-6-16　直线型间歇式制盒工艺路线图

1—纸盒片；2—涂胶器（备用）；3—芯模；4,6,7—折纸板；5—纸盒接缝压合板；
8—成型纸盒；9—主传送带夹板；10—吸盒转位摆杆；11—步进式供送机构

二、裹包式装盒工艺路线

（一）推送成型-折叠裹包式装盒

参阅图 2-6-17，采用这种裹包式装盒，对中小型、体形规整、稳定耐压的块状物品实施多行列的集合包装是比较适宜的。

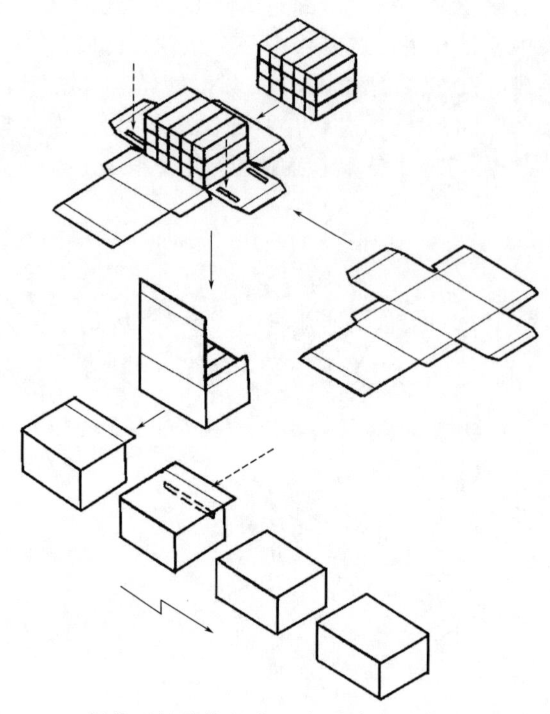

图 2-6-17　折线型间歇推送成型-折叠裹包式装盒工艺路线图

通常，先将内装物按规定数量及排列方式集聚在一张模切压痕的原纸盒片上。借下压作用穿过靠模使盒片的主体部分产生弯折与粘接，继而沿水平折线段将盒子封好。

该机有多种类型，生产能力一般可达 30 盒/分。

（二）成型推送-折叠裹包式装盒

如图 2-6-18 所示，此机的主要特点是：可对中小型块体、袋类的单件或集合件实现折叠裹包式装盒；纸盒片的半成型由作上下往复运动的芯模和作间歇转位的开槽圆盘相互作用完成；加上前后的内装物供送系统和封盒系统共同形成一个组合型包装工艺路线。

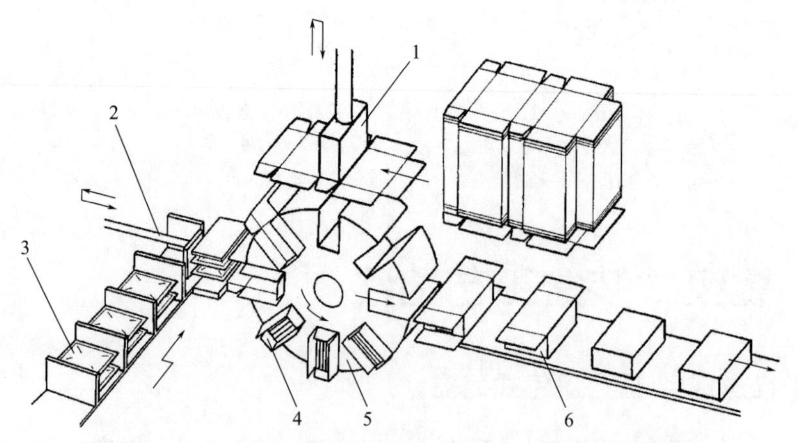

图 2-6-18　组合型间歇成型推送-折叠裹包式装盒工艺路线图

1—芯模；2—推板；3—内装物传送带；4—折纸机构；5—开槽转位盘；6—封盒机构

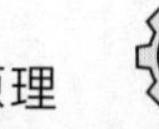

图 2-6-19 所示连续折叠裹包式装盒机的包装工艺路线，与图 2-6-21 颇相类似。只不过前者主要用于中小型瓶罐之类多行列的集合包装，因而在纸盒的结构形式、外廓尺寸以及总体平面布局等方面都存在明显差别。

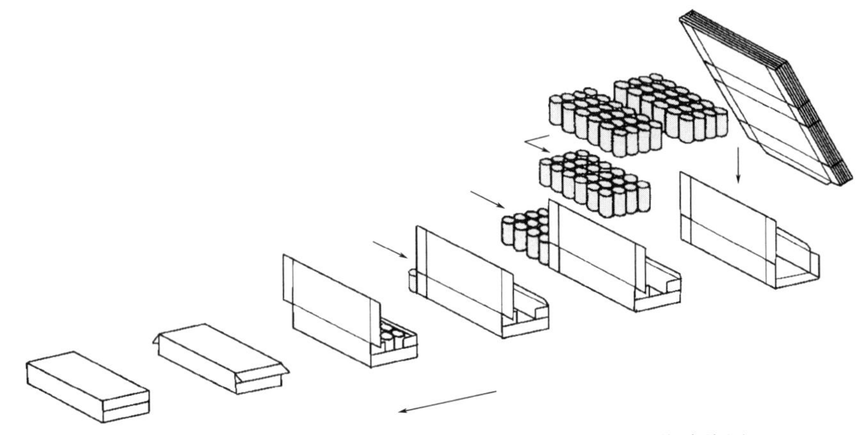

图 2-6-19　直线型连续成型推送-折叠裹包式装盒工艺路线图

在连续工作过程中，先将纸盒片逐个吸下，完成半成型，呈长槽状，均布在主传送带的夹板之间。同时，另一条传送带上的内装物，边沿纵向与纸盒同步运行，边沿横向被执行机构推送到纸盒槽内，继而进行封盒，成为包装成品。该机的生产能力较高，可达 70 盒/分，这是一个突出优点。

综合上述确认，深入研究装盒机械的包装工艺路线对整机的合理设计具有重要意义。要多关注不同类型装盒工艺路线的共性、特性及其应用范围，经对比分析选择多方面最适用的技术方案，再加以创新开发，以满足社会日益增长的需求。

第三节　装盒机执行机构

一、总体结构剖析

基于图 2-6-1 所示的直线型连续推入充填式装盒工艺路线而开发的装盒机系列，也称之为连续式开盒-充填-封口机。图 2-6-20 是其中一种很有代表性的通用机型，被国内外包装界广泛使用。

该机采用全封闭式框架结构，造型美观，既可单机使用，也可配置于自动生产线。为适应内装物的体形、尺寸、个数的变化，允许纸盒规格有较宽的选择范围。这样，当更换产品品种时，就需要适当调整，甚至更换有关的执行机构，并相应地改变生产能力。

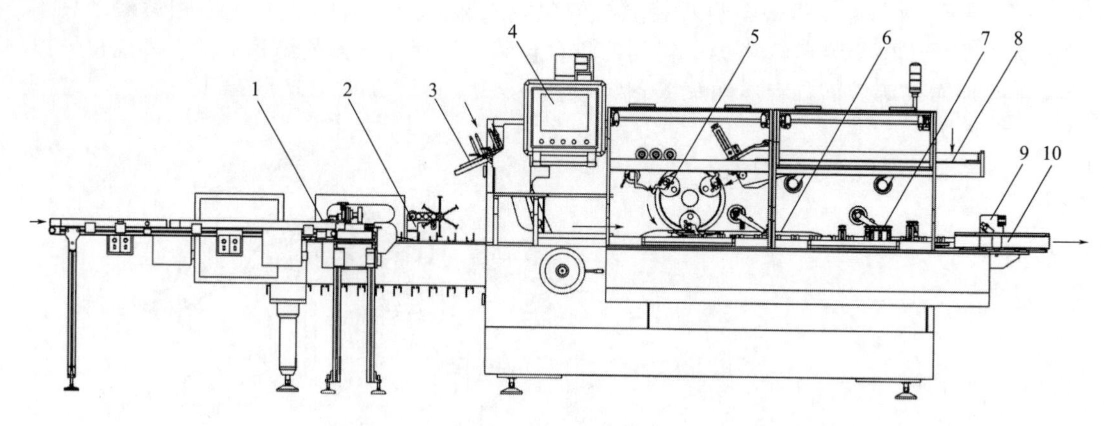

图 2-6-20 连续式开盒-充填-封口机外形简图

1—内装物整理供送装置；2—内装物传送带；3—说明书折叠供送装置；4—人机界面操作系统；5—开盒机构；6—内装物推送机构；7—封口机构；8—纸盒片存库；9—不合格品剔除装置；10—成品输送带

图 2-6-21 示意表示该机的总体平面布局简图，将它同外形图结合起来看，除专用基础件（如说明书折叠供送装置、编码打印装置等）、自动控制及人机界面操作系统之外，其基本组成包括：

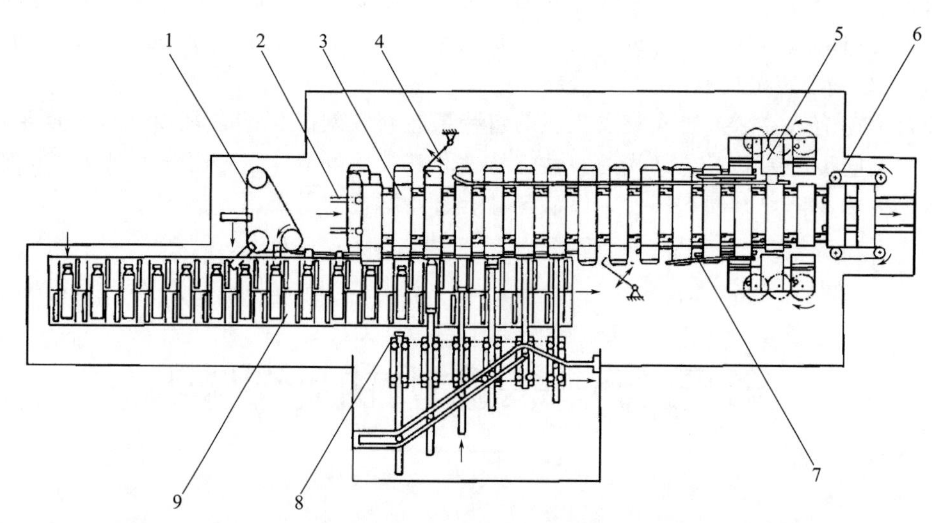

图 2-6-21 连续式开盒-充填-封口机总体平面布局简图

1—说明书折叠供送装置；2—开盒机构；3—纸盒传送带；4—折舌机构；5—盖舌插入机构；6—成品输送带；7—盒盖支撑导轨；8—内装物推送机构；9—内装物传送带

① 内装物整理供送系统；

② 折叠纸盒片供送吸开系统；

③ 内装物及纸盒主传送系统；

④ 内装物推送入盒系统；

⑤ 纸盒折舌封口系统；

⑥ 包装成品输出及不合格品剔除系统。

对连续式装盒机来说，上述中间四个分系统最有设计特色，应扩大范围加以重点研

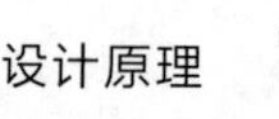

讨。至于其余两个分系统，在供送机构一章大都做过说明，当然也有个别技术难度较高的情况，有待补充思考。例如图 2-6-22，这属于多件集合供送与包装的典型实例，将一列高速运动的瓶罐，边连续分组（一组四个），边引导成平卧姿态放置在同步移动的主传送带上各个隔板之间。显得结构简单，构思巧妙。

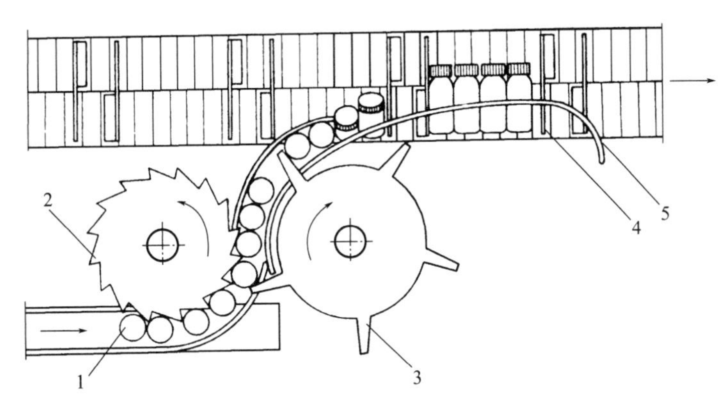

图 2-6-22 拨轮式多件分组连续供送装置

1—瓶罐输送板链；2—齿形拨轮；3—星形拨轮；4—可调分立隔板式内装物传送带；5—固定导轨

二、开盒机构

（一）连续抽出对吸式开盒机构

1. 选型要点

现今，如图 2-6-20 所示的自动装盒机采用高速回转的连续式吸盒及开盒机构已经取得长足的发展。

参阅图 2-6-23，该机构主要由固定的内啮合中心齿轮 3、3 只均布的行星齿轮吸头 4、摆动吸头 5 以及真空系统等组成。

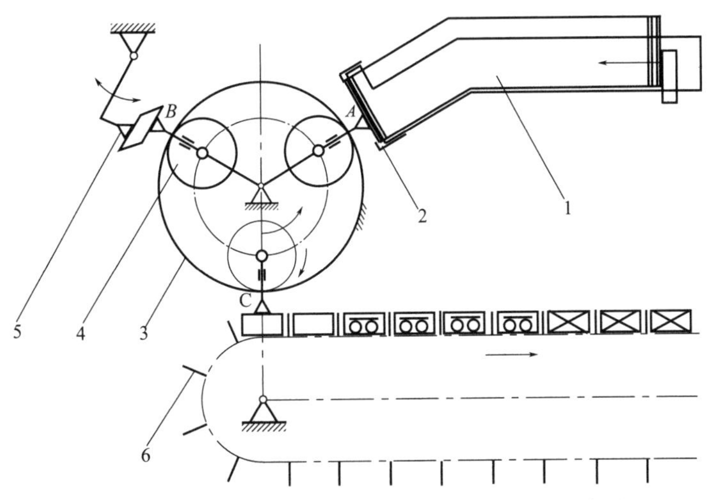

图 2-6-23 连续抽出对吸式开盒机构工作原理示意图

1—折叠纸盒片存库；2—卡头；3—固定内齿轮；4—行星齿轮吸头；5—摆动吸头；6—纸盒传送带

行星齿轮吸头的运动轨迹及形成原理，与图 2-5-26 基本一致，只不过功用有所差别。每只吸头按工位 A、B、C 的次序，先从存库吸取盒片，再同摆动吸头互动打开盒片，随之将开盒沿垂向插入传送带上两夹板之间逐一定位，最后切断气源重新回归到初始的位置，如此不断循环工作。

通过调查了解到，三吸头式开盒机构比四吸头式、五吸头式有着突出的优点：一是工位布局简洁明快，适合开盒连续化；二是能合理安排执行机构和真空系统，本身兼有动平衡作用；三是为对吸打开较大型盒片提供更加充裕的活动空间；四是要提高生产能力，可适当增加行星齿轮吸头的转速。

另一个值得关注的问题是，面对现行的内外啮合行星轮系，该如何合理选型。参阅图 2-6-24 和图 2-6-25，从该二机构的工作基本原理和输出运动规律来看，实际上，完全同属于等效机构。表面上加以比较，内齿轮盘显得形大体重，还会增加制造成本，然而综合考虑，它却能更好地满足大中型高连续式装盒机的实际需要。

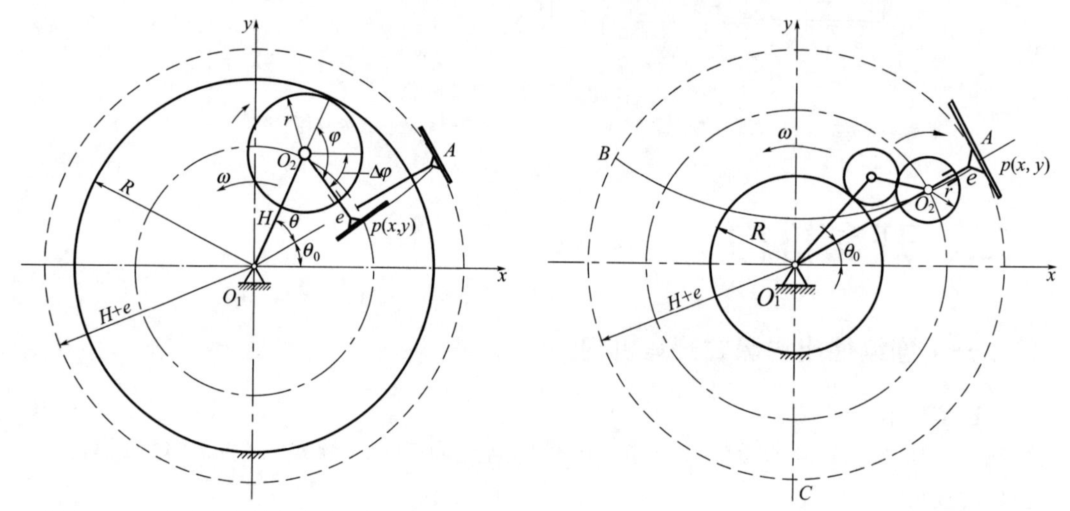

图 2-6-24　内啮合行星轮式吸开盒机构简图

图 2-6-25　外啮合行星轮式吸开盒机构简图

① 内齿轮的齿形有特异性，加之齿数偏多又经变位处理，使其齿根抗弯强度、齿面接触强度以及传动重合度都较高，而齿根滑动率却较低。因此，就传动性能而言，它比外啮合传动优越。

② 为提高开盒机构的运行速度，不单要设法改善齿轮系的制造装配精度，从根本上讲，应尽量减少其啮合齿轮的个数。可是将外啮合用于开盒机构，必须对行星齿轮附加一个换向齿轮，这一点稍逊色于内啮合。

③ 稳重的大内齿轮盘可以作为全封闭机壳的一个组成部分，并有利于增强缓振及润滑效果。

当然，若适当降低生产能力，较为轻便的外啮合行星轮系也能在开盒机构上尽其所用。

2. 性能分析

在本篇前面有关章节，对内外啮合行星轮系的工作机理及公式推导已分别做了深入探讨。在此，结合其特定功用着重考虑，如何合理选择有关参数来适当调控行星齿轮吸头的运动轨迹及运行方向，从而满足吸盒、开盒、插盒的基本工艺要求。

参阅图 2-5-26 和图 2-6-24，按给定条件 $R=3r$、$\varphi=3\theta$，直接引用下列各式建立行星齿轮吸头的运动轨迹方程。

$$x=H\cos(\theta_0+\theta)+e\cos\Delta\varphi$$
$$y=H\sin(\theta_0+\theta)-e\sin\Delta\varphi$$
$$v_x=-\omega[H\sin(\theta_0+\theta)+2e\sin\Delta\varphi]$$
$$v_y=\omega[H\cos(\theta_0+\theta)-2e\cos\Delta\varphi]$$
$$v=\sqrt{v_x^2+v_y^2}$$

式中
$$H=R-r=2r$$
$$\Delta\varphi=\varphi-(\theta_0+\theta)=2\theta-\theta_0,\quad \theta_0=30°$$

令行星齿轮吸头沿旋轮线轨迹运动的瞬时速度的方位角为β，显然

$$\tan\beta=\frac{v_y}{v_x}\quad 即\ \beta=\arctan\frac{v_y}{v_x} \tag{2-6-1}$$

为便于具体分析，选定行星轮和中心轮的齿数各为$Z_a=24$，$Z_b=72$，齿轮模数$m=5$mm，系杆转速$n=100$r/min；算出行星轮和中心轮的节圆半径各为$r=60$mm，$R=180$mm，系杆长度$H=120$mm；再依次取行星齿轮吸头杆长$e=45$mm、60mm、75mm。通过编程分别绘出行星齿轮吸头的运动轨迹曲线及运动特性曲线，如图2-6-26～图2-6-28所示。

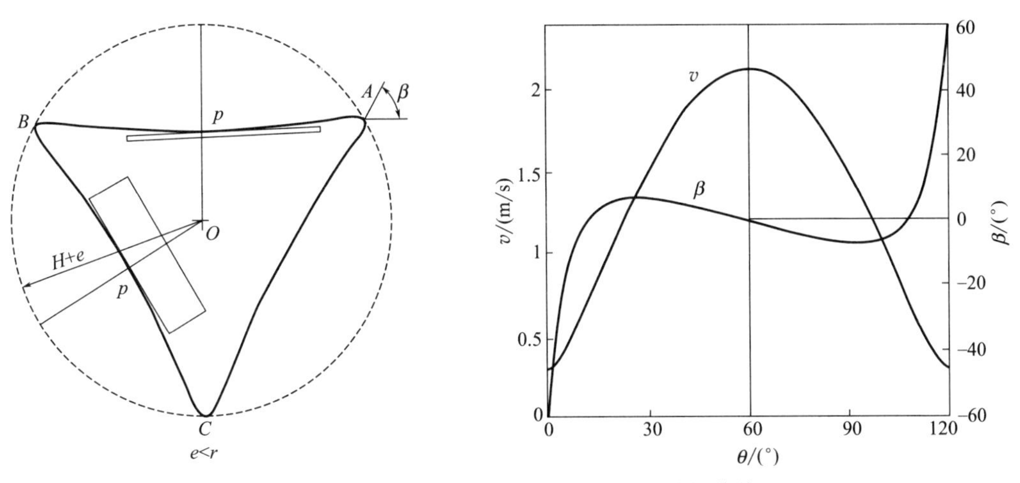

图2-6-26　吸头短幅内摆线轨迹及运动特性曲线

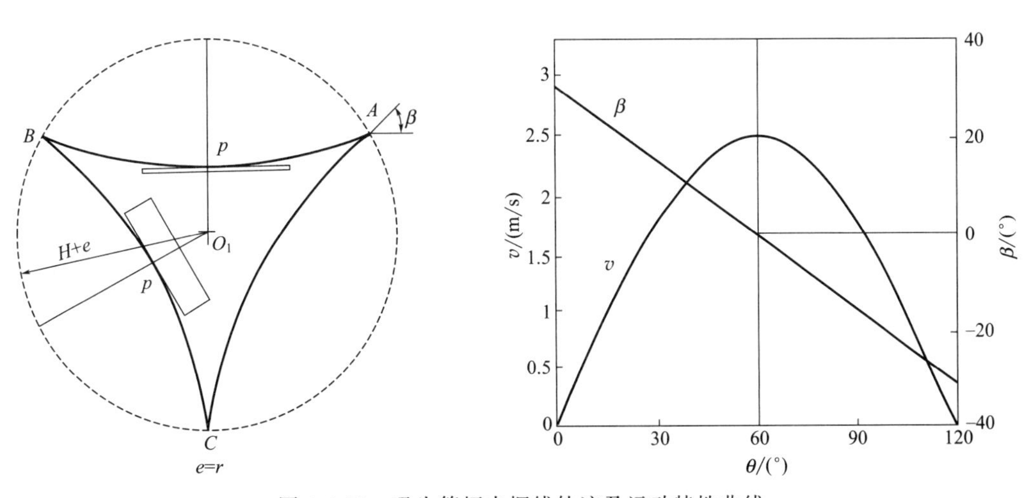

图2-6-27　吸头等幅内摆线轨迹及运动特性曲线

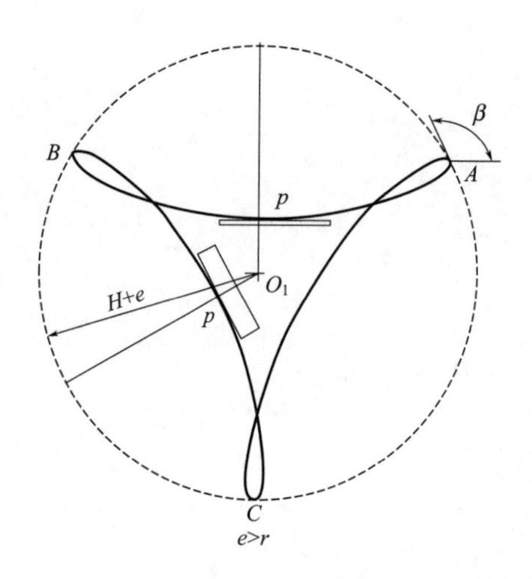

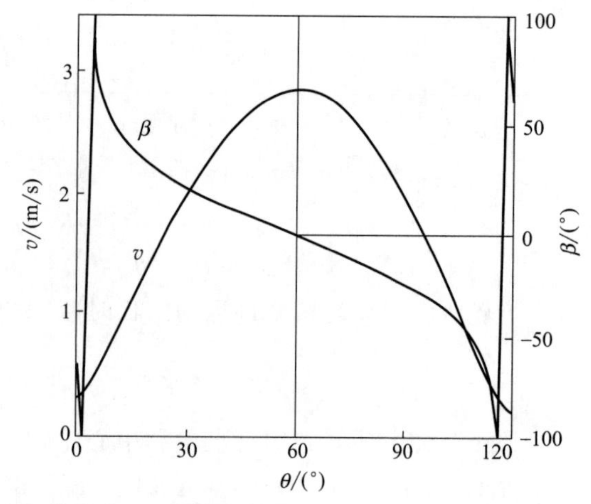

图 2-6-28 吸头长幅内摆线轨迹及运动特性曲线

经全面分析比较认识到：

① 系杆（又称行星轮架）每回转一周，其真空吸头所描绘的旋轮线轨迹，随 e 的取值不同，三边的内凹度（以 O_1、P 两点距离衡量），相应会有很大变化。换言之，e 减小，吸头所能开盒的尺寸范围（指盒子横截面的长与宽）就增大一些。所以，在设计中，对选用的盒型务必校核相邻两只吸头在转移折叠盒片和撑开盒筒的过程中有无相互干涉的可能性。借助仿真实验能够解决这个问题，从而为装盒机的创新设计创造良好条件。

② 前面曾论证过，当行星轮吸头依次转移到旋轮线轨迹的尖点 A、B、C 之时，都会程度不同地产生加速度的有限突变。另从运动特性曲线图中还发现，只有取 $e=r$，该点的瞬时速度才等于零，而且运动方向恰好指向圆心 O_1。例如，在 A 点，$\beta=\theta_0=30°$。至于在其他两种场合，行星齿轮吸头通过各尖点的瞬时速度均大于零，但沿虚线圆移动得极其短促，运动方向的变化也有不同，当 $e<r$ 时，是逆时针方向，而当 $e>r$ 时，则是顺时针方向。显然，这对吸盒、开盒、插盒都有一定的影响。

③ 基于以上分析，如果给定的盒型尺寸偏大，最好选取 $e\leqslant r$ 的设计方案。这样，可以获得良好的综合效果。将图 2-6-23 和图 2-6-26 对照起来思考，自然会找到明确的答案。为此稍做提示，当用真空吸头吸取存库盒片之际，应先使盒片向上错位，略超出下卡头，再向外偏斜抽出，如此操作必会顺利得多。对开盒、插盒，按相对运动原理不妨仿效这一思路。

（二）连续推出单吸式开盒机构

这种富有创新设计思路的开盒机构，其工作原理如图 2-6-29 所示。

盒片的载体是双条并行作长圆等速运动的专用同步齿形带。整个连续开盒过程分为三步走：先从盒片存库下端由齿形带逐个推出折叠的盒片；继而在前移中借助长条形压纸板和上下往复运动真空吸头的作用打开盒片；待绕过固定弧形导板之后，因受一侧摆杆的拍击，可将开盒逐个插到另一对同步齿形带上夹头之间而移向装盒工位。据资料介绍，该机的生产能力高达 400 盒/分。

值得指出，此同步齿形带的夹头间距是无级可调的，以满足多种规格盒子的传送。

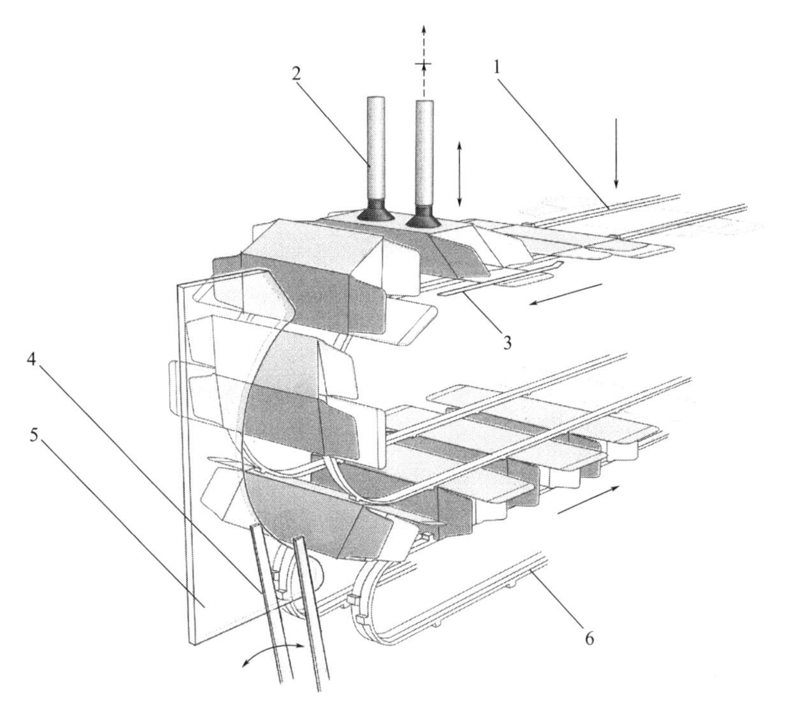

图 2-6-29　连续推出单吸式开盒机构工作原理示意图

1,6—专用同步齿形传送带；2—真空吸头；3—盒盖压条；4—摆杆；5—固定弧形导板

（三）间歇推出对吸式开盒机构

图 2-6-30 所示为间歇推出对吸式开盒机构，另有一些特点，应用年代较久。

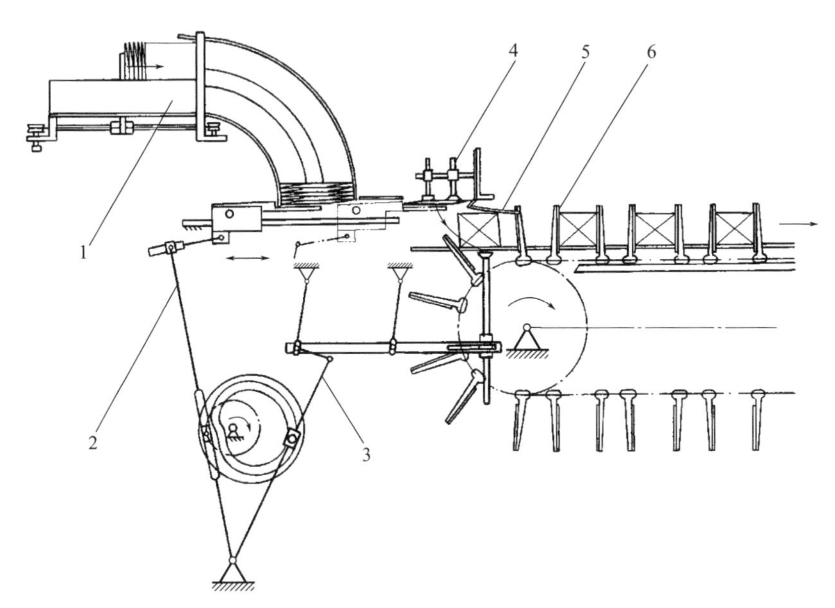

图 2-6-30　间歇推出对吸式开盒机构工作原理示意图

1—压力式折叠纸盒片存库；2—推板曲柄导杆机构；3—下吸头凸轮连杆机构；4—固定上吸头；5—导板；6—纸盒主传送带

① 压力式折叠纸盒片存库 1 的纵截面采用水平直线与直角圆弧的组合形式，其前端开口尺寸可调，以适应供送多种规格的盒片。在正常工作中，靠后端卷簧拉力所产生的推动作用使盒片不断前移。

② 由曲柄导杆机构 2 驱动水平推板沿滑轨作具有急回特性的直线往复运动，将盒片推送到开盒工位。每当检测出内装物、说明单中断供给时，通过放大的电信号吸动推头向下偏移，便不送出盒片。

③ 将折叠的盒片推出后，首先借吸头 3 和 4 的对吸作用，继而受制于导板 5 得以张开成筒状，再被逐个拖进纸盒主传送带 6 的夹板之间。

对不同规格的盒型来说，为完成这一系列操作，仅需适当调整好主要相关构件（盒片推头、固定吸盘、平动吸盘、导板等）的组合位置及工作节拍。为此，设计如图 2-6-31 所示的开盒机构工作循环图，供参考。

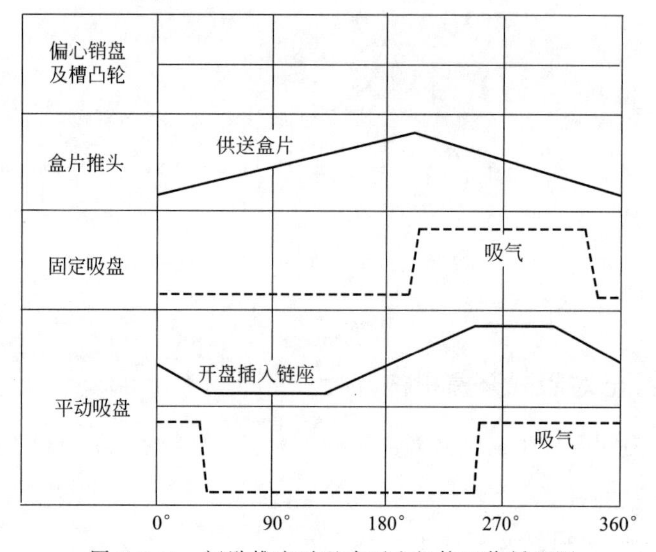

图 2-6-31　间歇推出对吸式开盒机构工作循环图

④ 此间歇式开盒机构，既可同间歇式主传送也可同连续式主传送配套，关键在于调整好生产能力，以满足中小型企业的实际需要。

（四）间歇抽出单吸式开盒机构

这是一种传统的开盒机构，大都同间歇装盒系统相配套，历经改进使机构结构大为简化，其工作原理如图 2-6-32 所示。该机的生产能力虽然较低，为 60～80 盒/分，迄今仍被大量使用。

在每一工作周期内，先借摆动真空吸头 2 从倾斜的盒片存库下方逐个抽出盒片，经过对应的导轨 3、8 之间被初步展开，然后在往复运动的推杆 7 作用下插入主传送带而完成开盒。必须指出，由于主要依靠导轨开盒，难以提高工作速度，否则容易引起纸盒破损。

其次，参阅图 2-6-33，它同属于间歇抽出单吸式开盒机构，而有所差别的是，真空吸头 2 及插盒推杆 3 均采用摆动式；主传送带水平布置，其上均布等间距的整体式槽形夹板，绕长圆形轨道连续运行，适合立式充填装盒。

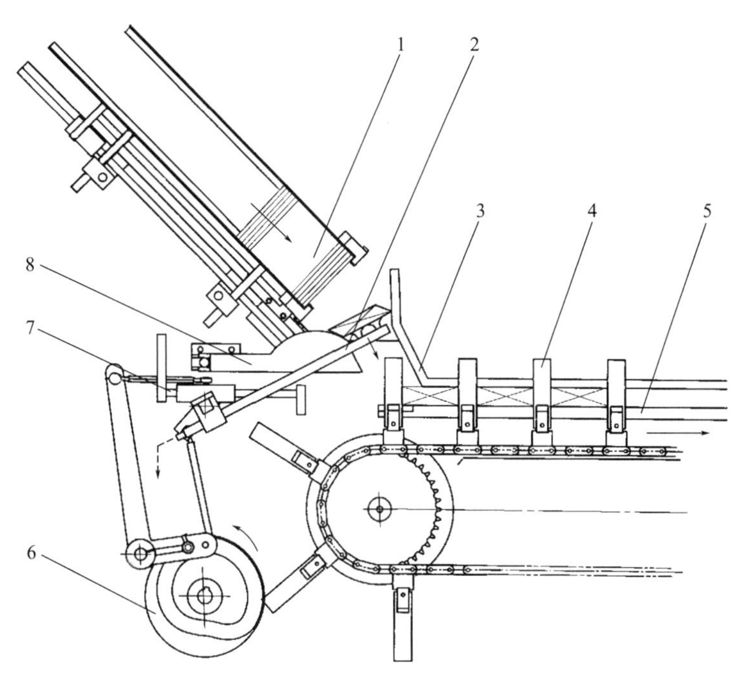

图 2-6-32　间歇抽出单吸式开盒机构工作原理示意图

1—自重式折叠纸盒片存库；2—摆动真空吸头；3,8—导轨；4—主传送带夹板；5—滑杆；6—主动曲柄-凸轮连杆机构；7—推杆

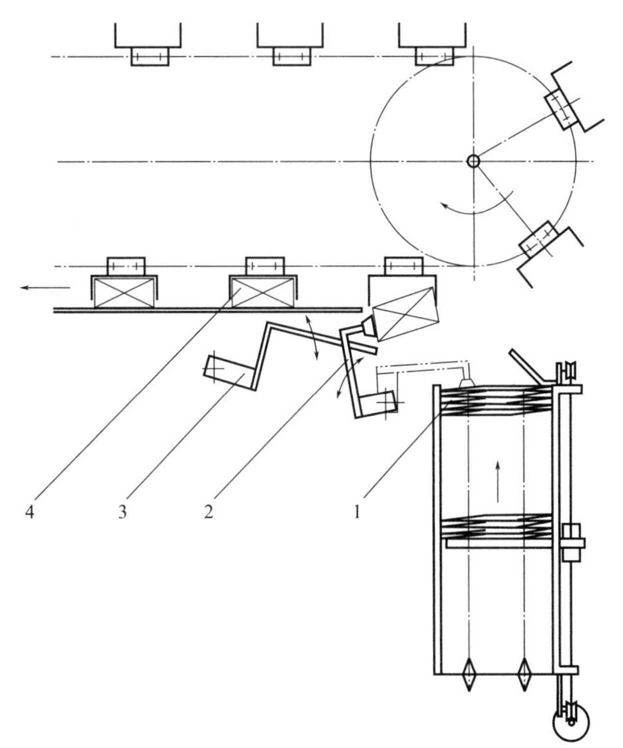

图 2-6-33　间歇抽出单吸式开盒机构工作原理示意图

1—水平盒片存库；2—摆动真空吸头；3—摆动推杆；4—主传送带整体式槽形夹板

三、主传送机构

（一）链带调节关键技术

此主传送组合机构是由纸盒传送带、内装物的推送-传送带以及有关调节机构所组成。为实现多品种、多规格装盒，所涉的承载元件应具有适当的可调范围和协调的配置关系，并在工作过程中始终保持同步运行。要做好这方面的技术综合，确有一定难度，因此是创新设计现代装盒机的关键问题所在。

在此，仅对一套设计技术方案提供机构运动简图，并对基本的工作原理略做说明。

1. 内装物传送带分立隔板有效宽度的调节

参阅图 2-6-34，为分立隔板式内装物推送-传送带。在配置上，每一推杆 3 的轴线应与一对分立隔板 5 的中线相重合。另设一组手动调节机构，以便在限定范围内灵活改变各对分立隔板的有效宽度。

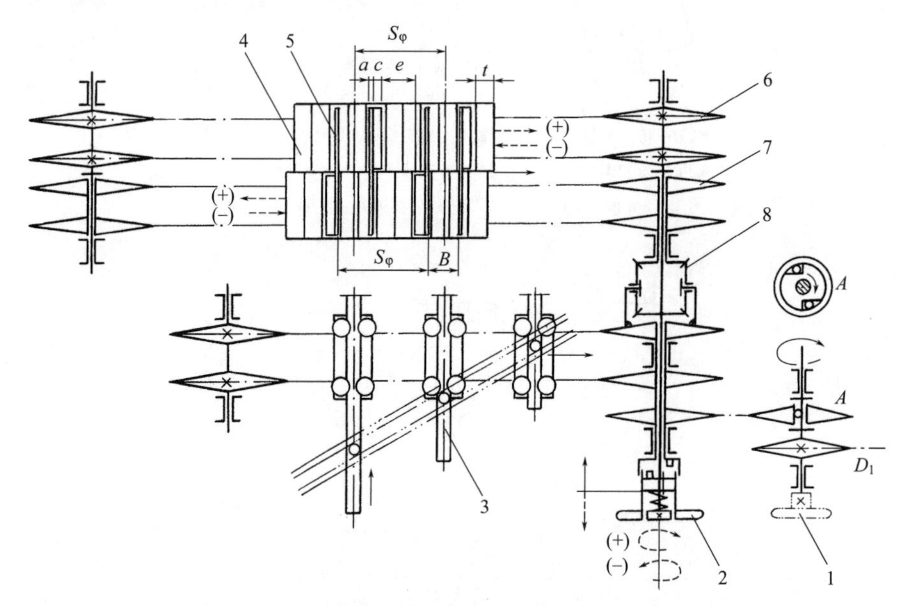

图 2-6-34　分立隔板式内装物推送-传送带调节示意图

1,2—手轮；3—推杆；4—链板；5—分立隔板；6,7—链轮；8—圆锥齿轮差动器

从该图可看出，当向外拉出手轮 2，按顺时针向（+）或逆时针向（−）扳动时，因链轮轴上装有圆锥齿轮差动器 8 而使两组链带 6、7 上均布的各对分立隔板 5 均产生相向的等距位移，如虚线箭头表示的增大（+）或减小（−）。至于推杆传送带因受较强的外界阻力没有变动。调好后，手轮依靠内弹簧反力使离合器嵌牙啮合，实现自动定位。另一方面，主动链轮轴 1 添置了单向超越离合器足以保证此一部分传动不会反向驱动。

2. 纸盒传送带分立夹板横向间距的调节

参阅图 2-6-35，为分立夹板式纸盒传送带。调节时，只需往外拉出手轮 9，再沿逆时针向扳动，就可使传送带上每一组两对夹板相向移位，如虚线箭头 a_1、a_2 所示。从而调节插入纸盒所需的工作宽度。

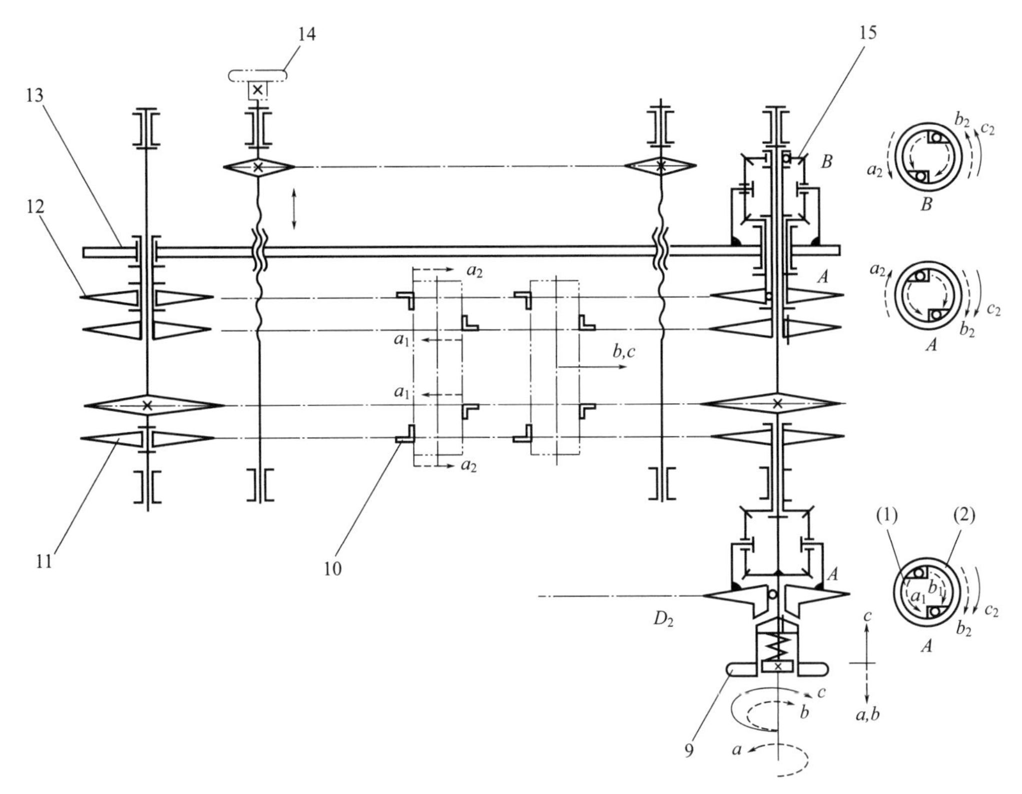

图 2-6-35 分立夹板式纸盒传送带调节示意图

9,14—手轮；10—分立夹板；11,12—链轮；13—平动支承板；15—圆锥齿轮差动器（内装超越离合器）

3. 纸盒传送带分立夹板纵向间距的调节

此纵向间距取决于被插入纸盒的长度。扳动手轮 14 来调节平动支承板 13 及其所连接的一组并联链轮 12，借此改变它同另一组并联链轮 11 的轴向距离，即分立夹板的纵向间距。值得注意，在设计和操作时，还要考虑同侧封盒机构相应位置的调整问题。

4. 内装物分立隔板与纸盒分立夹板中线对合的调节

首先分别将分立隔板和分立夹板都沿横向调至零位，形成各自的基准中线。进而可采取两种方法解决两中线的对合问题。

其一，参阅图 2-6-34，只要不拉出而绕顺时针向扳动手轮 2，使内装物分立隔板的基准中线向右移动，而纸盒分立夹板不动，便能快速达到校准的目的。

其二，参阅图 2-6-35，不管拉出、不拉出手轮 9，只要沿顺时针向扳动，即可向右移动分立夹板，如箭头 b、c 所示。同样能将两基准中线对合。

5. 三组同步传送带与开盒机构对位整合的调节

参阅图 2-6-34 和图 2-6-35，通过链轮 D_1 和 D_2 将三组同步传送带有机联系在一起，成为一个统一的主传送系统。另外还增添一只盘车手轮 1，只许沿顺时针方向扳动，要特别关注纸盒传送带分立夹板与开盒机构插盒执行构件的相互对位关系，保证准确衔接，可靠运行，为正式开机创造必要条件。

（二）传送链带设计原理

装盒机传送带上可以配置多种形式的承载元件，一般常用分立式和整体式两种类型，尽管如此，其设计基本原理可谓是大同小异。

现以图 2-6-34 所示的分立隔板式主传送带为典型实例加以研究，提出一套创新的设计理论。

在两列并靠的长条形链板 4 上，配置正倒相间的分立隔板 5，其板厚为 a，底边宽为 c，要求链板宽与链节距等长，并取 $t \geqslant a+c$。

每列隔板的间距为 S_φ，与其相当的链节数为 x_φ，一条封闭链带的隔板总数为 w_0，相应的链节（亦即链板）总数为 x_0。

主从动链轮的中心距为 A_0，链带的紧边朝上作为工作区段，其间的可用承载单元总数为 w。

已述，将手轮 2 向外拉出双向扳动，能使每一对隔板都产生对中的相向等距移动，在给定可调范围内达到预期的间距，其值 B 也决定了两相邻隔板底边的内间距 e。

除此之外，设计链传动还应兼顾以下几项准则：

① 为保证从动链轮转速稳定，务使主从动链轮齿数相等，均取为 z。其值以偏大为宜，但过大又会引起脱链现象难以维持正常工作。

② 为减轻高速链传动的冲击振动，要选择适当小的链条节距。

③ 为方便链条连接和有利链节均衡磨损，最好采取偶数链节的链条同奇数齿的链轮相配合的方案。

可见，本课题互相制约的因素较多，要理顺头绪，合理选出设定值，巧用优化方法，以求得满意答案。依题意，拟分两种传动布局进行定量分析。

1. 第一类布局

主动链轮的轴位固定，从动链轮的轴位可调，以适应链带多方面使用要求而使两轮中心距内所包含的链节总数基本保持不变。

按设计要求及有关参数符号含义提出设定值为 B、w、α、c、t、z 和试取值为 e。

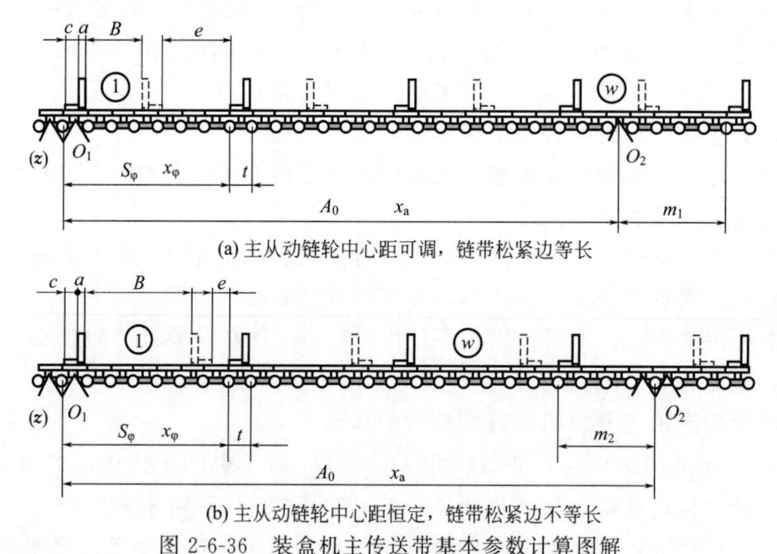

(a) 主从动链轮中心距可调，链带松紧边等长

(b) 主从动链轮中心距恒定，链带松紧边不等长

图 2-6-36　装盒机主传送带基本参数计算图解

参阅图 2-6-36(a) 所示的主传送带各基本参数的几何关系，直接写出

$$x_\varphi t = B + 2(a+c) + e$$

解出

$$x_\varphi = \frac{B + 2(a+c) + e}{t} \tag{2-6-2}$$

若此计算结果含有小数，应取其最接近的整数值，并改写为 x'_φ，则单列隔板的间距

$$S_\varphi = x'_\varphi t \tag{2-6-3}$$

据此重新确定

$$e' = S_\varphi - B - 2(a+c) \tag{2-6-4}$$

令主从动链轮中心距 A_0 内包含的链节数为

$$x_a = wx'_\varphi + m_1 \tag{2-6-5}$$

式中　m_1——链节调整值，待求。

相应的一条封闭链带的总链节数

$$x_0 = 2x_a + z = 2(wx'_\varphi + m_1) + z \tag{2-6-6}$$

由于要求 x_0 为偶数，z 为奇数，联系上式可以断定链节调整数的取值

$$m_1 = \pm 0.5, \pm 1.5, \pm 2.5, \cdots, \pm(x'_\varphi - 0.5)$$

为选择 m_1 系列值中的某一值，可结合隔板总数的两种表达式试算

$$w_0 = 2w + \frac{z}{x'_\varphi} \tag{2-6-7}$$

若此计算结果含有小数，可向增大方向或者减小方向选取整数的 w'_0。接着由

$$w'_0 = \frac{x_0}{x'_\varphi} = \frac{1}{x'_\varphi}[2(wx'_\varphi + m_1) + z]$$

解出

$$m_1 = \frac{1}{2}[(w'_0 - 2w)x'_\varphi - z] \tag{2-6-8}$$

适当调定 w'_0、m_1，求得两链轮中心距的初始值

$$A_0 = x_a t = (wx'_\varphi + m_1)t \tag{2-6-9}$$

及单列链带总长的初始值

$$L_0 = x_0 t = [2(wx'_\varphi + m_1) + z]t \tag{2-6-10}$$

看图得知，分立隔板工作间距的可调范围

$$B_{min} = 0, \quad B_{max} = S_\phi - (a+c) \tag{2-6-11}$$

相应的

$$e_{max} = B_{max}, \quad e_{min} = -(a+c) \tag{2-6-12}$$

考虑到内装物供送等问题，e 值偏大适合连续传送，而 e 值偏小适合间歇传送。

计算实例

参照图 2-6-21，对该机的内装物传送系统做改进设计。

按给定纸盒尺寸（200mm×80mm×40mm）及供送布局，选取 $B=80$mm，$w=18$，在装盒的品种规格上要留有余地。

采用硬质铝合金制作分立式隔板，选取 $a=2$mm，$c=22$mm，试取 $e=30$mm，大致表示隔板的可调范围。

仿原来的链传动系统，选取 $z=43$，$t=25.4$mm，确认符合规定条件 $t>a+c$。

据此，安排设计求解步骤。

由

$$x_\varphi = \frac{B+2(a+c)+e}{t} = \frac{80+2\times(2+22)+30}{25.4} = 6.2$$

取

$$x'_\varphi = 6$$

算出

$$S_\varphi = x'_\varphi t = 6\times 25.4 = 152.4\text{mm}$$

$$e' = S_\varphi - B - 2(a+c) = 152.4 - 80 - 2\times(2+22) = 24.4\text{mm}$$

$$w_0 = 2w + \frac{z}{x'_\varphi} = 2\times 18 + \frac{43}{6} = 43.2$$

取

$$w'_0 = 43$$

算出 $$m_1=\frac{1}{2}[(w_0'-2w)x_\varphi'-z]$$
$$=0.5\times[(43-2\times18)\times6-43]=-0.5$$
另取 $$w_0'=44$$
算出 $$m_1=0.5\times[(44-2\times18)\times6-43]=+2.5$$
继以 $m_1=2.5$ 代入下式，求得
$$x_a=wx_\varphi'+m_1=18\times6+2.5=110.5$$
$$A_0=x_at=110.5\times25.4=2806.7\text{mm}$$
$$x_0=2x_a+z=2\times110.5+43=264(\text{偶数})$$
$$L_0=x_0t=264\times25.4=6705.6\text{mm}$$
$$B_{max}=S_\varphi-(a+c)=152.4-(2+22)=128.4\text{mm}$$

2. 第二类布局

主从动链轮的轴位及其中心距均保持恒定，链带的松边长于紧边，需附设张紧装置，以满足传动系统布局的某种要求。

参阅图 2-6-36(b) 所示的主传送带各基本参数的几何关系，对前面推导的有关公式，凡适合的均可直接引用。在此对单列的，着重指出：

紧边链节数 $$x_{a1}=wx_\varphi'+m_2 \tag{2-6-13}$$
松边链节数 $$x_{a2}=wx_\varphi'+m_2+n \tag{2-6-14}$$
总链节数 $$x_0=x_{a1}+x_{a2}+z=2(wx_\varphi'+m_2)+n+z \tag{2-6-15}$$
式中，链节调整数
$$m_2=0,\pm1,\pm2,\cdots,\pm(x_\varphi'-1)$$
链节增加数
$$n=1,3,5,\cdots$$
试算 $$w_0=2w+\frac{z}{x_\varphi'}$$
经圆整为 w_0'，再选取 n 值，将式(2-6-15) 代入
$$w_0'=\frac{x_0}{x_\varphi'}=\frac{1}{x_\varphi'}[2(wx_\varphi'+m_2)+n+z]$$
解出 $$m_2=\frac{1}{2}[(w_0'-2w)x_\varphi'-n-z)] \tag{2-6-16}$$
求得 $$A_0=x_{a1}t=(wx_\varphi'+m_2)t \tag{2-6-17}$$
$$L_0=x_0t=[2(wx_\varphi'+m_2)+n+z]t \tag{2-6-18}$$

计算实例

沿用前例设定和求解的数据：$w=18$，$z=43$，$t=25.4\text{mm}$，$x_\varphi'=6$，$w_0'=44$，并取 $n=3$，求得
$$m_2=\frac{1}{2}[(w_0'-2w)x_\varphi'-(z+n)]$$
$$=0.5\times[(44-2\times18)\times6-(43+3)]=+1$$
$$x_{a1}=wx_\varphi'+m_2=18\times6+1=109$$
$$A_0=x_{a1}t=109\times25.4=2768.6\text{mm}$$
$$x_0=2x_{a1}+n+z=2\times109+3+43=264$$
$$L_0=x_0t=264\times25.4=6705.6\text{mm}$$

至此，对比前后两次计算结果发现，只是主从动链轮的中心距（初始值）及其间包含的链节数有所差别，而且不大。进一步认识到，在设定同一的某些参数的前提下，此二主传送带布局方案可以相互转化，无疑会给创新设计带来诸多方便。

四、推送机构

（一）主要类型

1. 连续式滑杆推送机构

对于内装物采用连续式滑杆推送机构，又可划分为滑块支座型和滚轮支座型两种不同的结构，如图 2-6-37 所示。

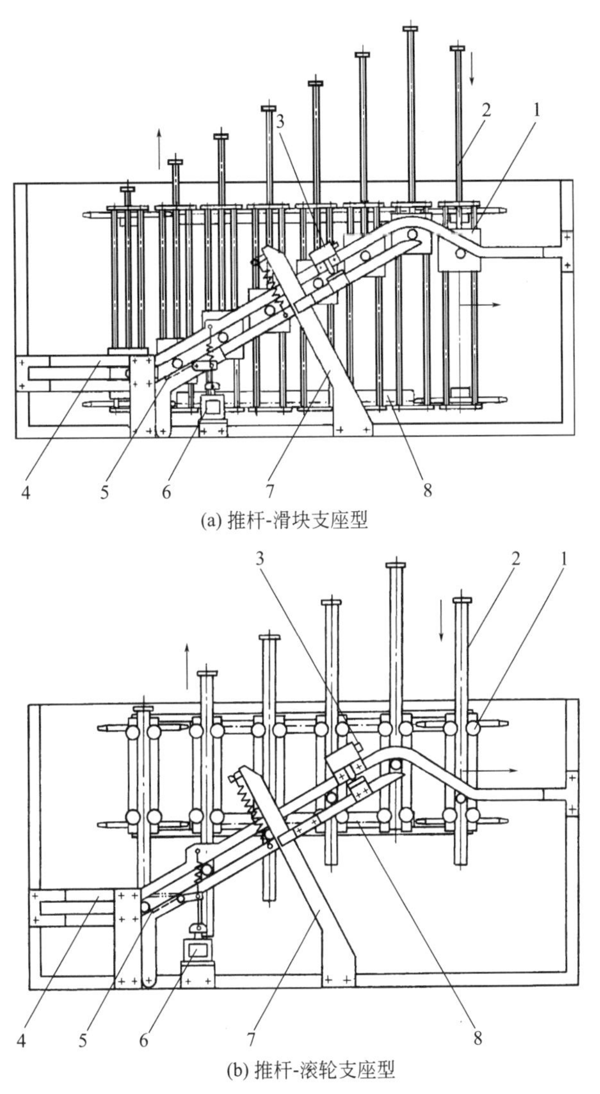

(a) 推杆-滑块支座型

(b) 推杆-滚轮支座型

图 2-6-37　连续式滑杆推送机构简图

1—滑块/滚轮支座；2—推杆；3—微动控制开关；4—推杆滑轮导轨；5—摆动改道导轨；6—电磁铁；7—摆动导轨复位弹簧支架；8—牵引链条导轨

这两种内装物推送机构具有以下一些特点：

① 在总体结构上，基本类似，而差异点在于，图 2-6-37(a) 的推杆与滑块支座紧固相连，每个滑块均沿两侧链条上横向双导杆往复移动；至于图 2-6-31(b) 的滚轮支座则与两侧链条直接相连，每个推杆被夹在两对滚轮之间作横向往复移动。从推杆完成同一工作行程所占用的空间宽度以及有关构件在横向往复移动的受力状况加以分析，不妨认为，滑块支座型比滚轮支座型略高一筹。实际上，前者也使用较多。

② 在推头形状上，应根据内装物的形状、大小、件数等因素来合理设计，还要便于更换。关于推头行程的调整问题，主要受制于导轨的有效长度及其倾斜配置角度。

③ 在主要功能上，该机构显得单一，仅对内装物起横向推送作用，尚需配置与其并列同步运行的内装物传送带。若无其他辅助措施，大都适用于卧放稳定性好、容易导入盒内、体形又较长的单件固态物品。

④ 在控制系统上，共安排两个控制点。其一是，从机座的正面观察，主传送带呈竖直的长圆形布局，紧边朝上，作为推程工作区。此处，推杆滑轮的槽式导轨，一边被固定，另一边做成摆动的，一旦推杆前移受阻发生故障，能通过微动控制开关实现自动停机。其二是，每当传送过程中断供盒或说明单，会发出检测信号，借助记忆控制系统吸动牵引电磁铁，使同它相连的一块导板偏摆，结果与缺盒相对应的那个推杆滑轮就会改道而行，停止推送，而多余的内装物由专用收集器统一回收。

2. 连续式滑板推送机构

图 2-6-38 表示的，是另具特色的连续式滑板推送机构。

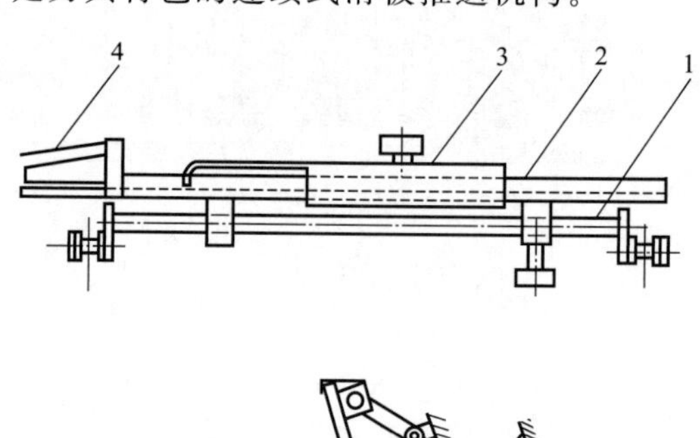

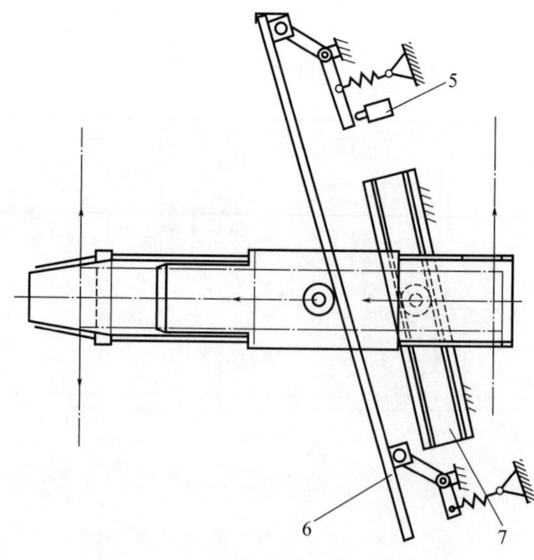

图 2-6-38　连续式滑板推送机构简图

1—链条支承导杆；2—承载槽；3—推板；4—导引弹簧片；5—微动控制开关；6—平动上导轨；7—固定下导轨

各自装有滑轮的推板和承载槽采用滑动配合。由于安置了上下导轨，借助双链条的强制牵引作用，通过滑轮使两者分别产生所要求的等速往复运动并兼有内装物的传送与推送功能。加之省掉一传送带，总体结构显得别具一格。

这样，从装盒过程看，先让承载槽和推板同步移动，当承载槽前端的导引弹簧片插到盒口边沿时立即停歇，只许推板继续前移直至将内装物完全推入盒内为止。而退程的动作程序恰恰与进程相反，如此循环不已。

其实，滑板式推送机构也存在一些缺欠。例如，机构构件和滑动运动副较多，既笨重又增加摩擦阻力，直接影响运行速度和生产能力；推送行程受自身结构限制难以扩展，控制调节功能也不宽；但是，鉴于对内装物的推送导引采取一些有力措施，很适合包装某些外形奇特、重心不稳、尺寸适中的物件，如玩具、灯泡之类，遂受到用户的青睐。

任何机构和机械总是一分为二的，若能坚持取长补短，就会不断创新设计出更令人满意的产品，分析的目的何尝不在于此。

3. 间歇式活门导引机构

对大型特种内装物，为简化推送工作系统，增强推入导引功能，多采用间歇式单一直线往复运动机构来代替由多个平行推杆（或推板）组合而成的主传送带。看了图 2-6-39，就足以体会到这方面的设计思路。

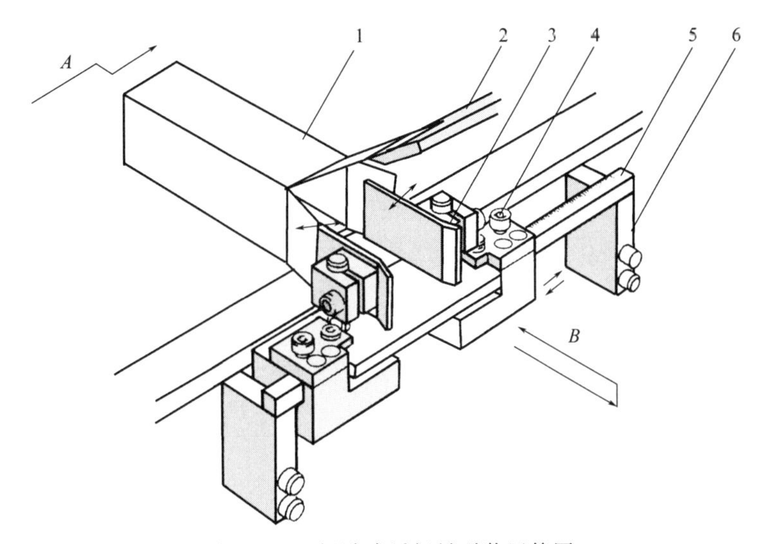

图 2-6-39 间歇式活门导引装置简图

1—纸盒；2—盒盖支撑导板；3—可控摆动导引活门；4—移动活门支座；5—标尺；6—固定支架

当主传送机构（A）将纸盒转移到停歇工位时，两只导引活门随同推板（B）的前移而作相向的朝外摆动，使盒子边舌适当张开，引导内装物顺畅地插入盒内。要实现这种运动，可在两活门摆轴的下端分别配置一组齿轮与齿条的啮合机构，并借同一执行构件驱动。如果需要改变纸盒宽度，应调整两活门摆轴的间距，这可沿标尺移动右侧支座加以定位。

（二）受力分析

选一典型的连续式滑杆推送机构，如图 2-6-37(a) 所示的推杆-滑块支座型，绘成机构简图，并作受力分析，为建立正确的设计准则和正常的工作条件提供依据。

1. 推杆的进程

参阅图 2-6-40，将推杆、滑轮及其滑块支座视为一个组合整体并作为分析的示力体，研究它同链上轴承导杆、固定导轨以及内装物的相互作用关系。

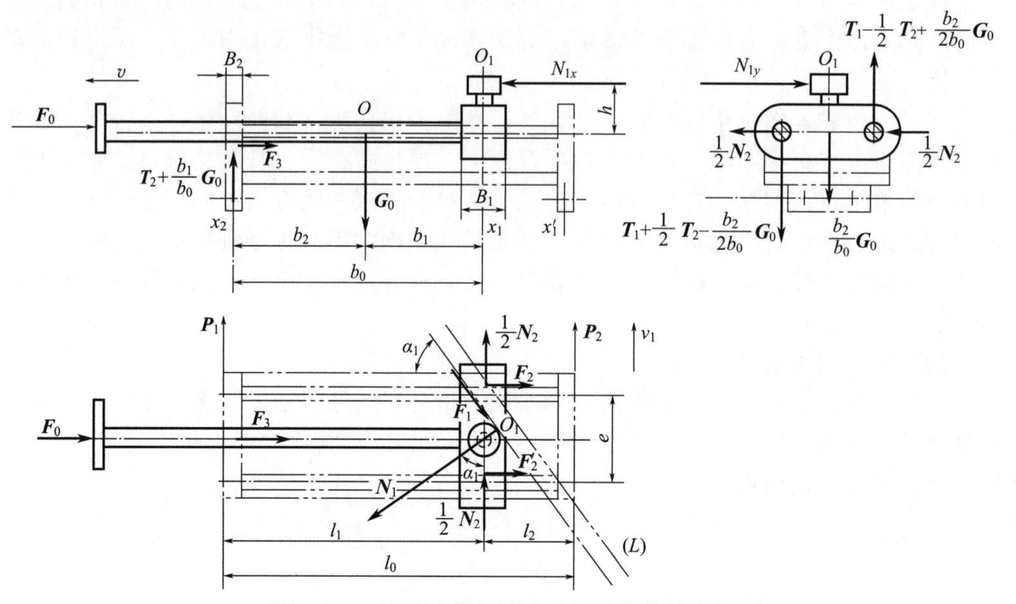

图 2-6-40　连续式滑杆推送机构受力分析简图

现设装在链条上的轴承导杆支座之总长为 l_0，两侧支承板的厚度均为 B_2，所连接双平行导杆的间距为 e；与此导杆动配合的滑块支座之宽度为 B_1，其上部滑轮相对导杆轴平面的高度为 h；滑轮受制于固定导轨，这同轨道进程和退程的斜置角 α_1、α_2 密切相关。

又设滑块支座组合体的总重为 $\boldsymbol{G}_0$，其重心位于推杆轴线的 O 点；在推送过程，重为 $\boldsymbol{G}_w$ 的内装物同承载槽接触表面的滑动摩擦力为 $\boldsymbol{F}_0$，摩擦因数和极限摩擦角分别为 f_0、φ_0；固定导轨对滑轮施加的正压力和滑滚摩擦力为 $\boldsymbol{N}_1$、$\boldsymbol{F}_1$，摩擦因数和极限摩擦角为 f_1、φ_1；滑动运动副各构件间的作用力为 $\boldsymbol{F}_2$、$\boldsymbol{F}'_2$、$\boldsymbol{F}_3$，摩擦因数和极限摩擦角为 f_2、φ_2。

在链条的强制牵引下，通过固定导轨及滑块支座滑轮使各个推杆按一定节拍向前等速移动，当某一滑块支座对导杆前支承板的移距为 b_0 之时，将有关作用力沿纵向（x）和横向（y）分解，并以前述示力体建立推程的动力方程。

$$N_{1x}=N_1(\sin\alpha_1-f_1\cos\alpha_1) \tag{2-6-19}$$

$$N_{1y}=N_1(\cos\alpha_1+f_1\sin\alpha_1) \tag{2-6-20}$$

另一方面

$$N_{1x}=F_0+F_2+F'_2+F_3 \tag{2-6-21}$$

式中

$$F_0=f_0G_w$$

$$F_2=f_2\sqrt{\left(T_1+\frac{T_2}{2}-\frac{b_2G_0}{2b_0}\right)^2+\left(\frac{N_2}{2}\right)^2}$$

$$F'_2=f_2\sqrt{\left(T_1-\frac{T_2}{2}+\frac{b_2G_0}{2b_0}\right)^2+\left(\frac{N_2}{2}\right)^2}$$

$$F_3=f_2\left(T_2+\frac{b_1G_0}{b_0}\right)$$

$$T_1=\frac{h}{e}N_{1y},\quad T_2=\frac{h}{b_0}N_{1x},\quad N_2=N_{1y}$$

$$f_0=\tan\varphi_0,\quad f_1=\tan\varphi_1,\quad f_3=\tan\varphi_2$$

分析以上各式得知，随着推杆前移，b_0 值减小，轴承的作用力也有所增加。因而要着重探讨当滑块支座的移距接近于最小临界值 $b_{or}=b_1=\frac{1}{2}(B_1+B_2)$，$b_2=0$ 时，这一组合件的受力关系。据此，在推杆的进程终点，经简化推导出

$$F_{2r}=f_2\sqrt{\left(T_1+\frac{T_2}{2}\right)^2+\left(\frac{N_2}{2}\right)^2}$$

$$=k_1f_2N_1(\cos\alpha_1+f_1\sin\alpha_1)$$

式中

$$k_1=\frac{1}{2}\sqrt{1+h^2\left[\frac{2}{e}+\frac{1}{b_{or}}\tan(\alpha_1-\varphi_1)\right]^2}\tag{2-6-22}$$

$$F'_{2r}=f_2\sqrt{\left(T_1-\frac{T_2}{2}\right)^2+\left(\frac{N_2}{2}\right)^2}$$

$$=k_2f_2N_1(\cos\alpha_1+f_1\sin\alpha_1)$$

式中

$$k_2=\frac{1}{2}\sqrt{1+h^2\left[\frac{2}{e}-\frac{1}{b_{or}}\tan(\alpha_1-\varphi_1)\right]^2}\tag{2-6-23}$$

$$F_{3r}=f_2\left[G_0+\frac{hN_1}{b_{or}}(\sin\alpha_1-f_1\cos\alpha_1)\right]$$

将上式统代入式(2-6-21)，再联立式(2-6-19) 解出

$$N_1=\frac{f_0G_w+f_2G_0}{\left(1-\frac{f_2h}{b_{or}}\right)(\sin\alpha_1-f_1\cos\alpha_1)-f_2(k_1+k_2)(\cos\alpha_1+f_1\sin\alpha_1)}\tag{2-6-24}$$

为推送机构不自锁，应要求

$$\left(1-\frac{f_2h}{b_{or}}\right)(\sin\alpha_1-f_1\cos\alpha_1)>f_2(k_1+k_2)(\cos\alpha_1+f_2\sin\alpha_1)$$

改写为

$$\frac{\sin\alpha_1-f_1\cos\alpha_1}{\cos\alpha_1+f_1\sin\alpha_1}>\frac{b_{or}f_2(k_1+k_2)}{b_{or}-f_2h}$$

令

$$\varphi'_2=\arctan\frac{b_{or}f_2(k_1+k_2)}{b_{or}-f_2h}\tag{2-6-25}$$

求出

$$\tan(\alpha_1-\varphi_1)>\tan\varphi'_2$$

亦即

$$\alpha_1>\varphi_1+\varphi'_2\tag{2-6-26}$$

综合分析上式，由于 $k_1>0$，$k_2>0$，应要求

$$b_{or}>f_2h\tag{2-6-27}$$

才得以满足

$$\varphi'_2>0$$

从而保证式(2-6-26) 成立。这样，就意味着，只要通过有关结构设计确切实现 $b_{or}=b_1=\frac{1}{2}(B_1+B_2)$，便足以使滑块支座沿链上支承导杆在给定的最大行程 $S_{max}=l_0-(B_1+2B_2)$ 之内畅行无阻。

因此，要设法尽量减小 h、G_0、f_0、f_1、f_2，而要适当增大 e、B_1、B_2。

2. 推杆的退程

在推杆的退程起点，参照式(2-6-24)，应取 $G_w=0$，并以 α_2 代替 α_1，还要改变 T_2 原来的正负号，求得滑块支座上滑轮所受的正压力

$$N_1'=\frac{f_2G_0}{\left(1+\frac{f_2h}{b_{or}}\right)(\sin\alpha_2-f_1\cos\alpha_2)-f_2(k_1+k_2)(\cos\alpha_2+f_1\sin\alpha_2)} \tag{2-6-28}$$

仿前法导出，保证推送机构不自锁的条件

$$\alpha_2>\varphi_1+\varphi_2'' \tag{2-6-29}$$

式中

$$\varphi_2''=\arctan\frac{b_{or}f_2(k_1+k_2)}{b_{or}+f_2h} \tag{2-6-30}$$

由此可见，$N_1'<N_1$，$\varphi_2''<\varphi_2'$，宜取 $\alpha_2\leqslant\alpha_1$。

若已知 S_{max}，一经确定 α_1、α_2，则滑轮导轨有效长度

进程

$$L_1=S_{max}\sec\alpha_1 \tag{2-6-31}$$

退程

$$L_2=S_{max}\sec\alpha_2 \tag{2-6-32}$$

设链带的牵引速度为 v_l，求出推杆的进程与退程速度

$$v_1=v_l\cot\alpha_1,\quad v_2=v_l\cot\alpha_2 \tag{2-6-33}$$

3. 设计计算实例

参阅图 2-6-37(a) 和图 2-6-40，设定连续式滑杆推送机构的若干参数：$h=30\text{mm}$，$b_{or}=40\text{mm}$，$e=50\text{mm}$，$\alpha_1=\alpha_2=60°$；$G_0=5\text{N}$，$G_w=1\text{N}$，$f_0=0.51$，$f_1=0.18$，$f_2=0.42$。试校核该机构运动的自锁条件，并比较推杆的进程终点和退程起点滑块支座上滑轮所受正压力的大小。

由于

$$f_2h=0.42\times30=12.6\text{mm}$$

按式(2-6-27) 校核

$$b_{or}>f_2h$$

由于

$$\varphi_1=\arctan f_1=\arctan0.18=10.2°$$

$$k_1=\frac{1}{2}\sqrt{1+h^2\left[\frac{2}{e}+\frac{1}{b_{or}}\tan(\alpha_1-\varphi_1)\right]^2}$$

$$=0.5\times\sqrt{1+30^2\times\left[\frac{2}{50}+\frac{1}{40}\times\tan(60°-10.2°)\right]^2}=1.16$$

$$k_2=\frac{1}{2}\sqrt{1+h^2\left[\frac{2}{e}-\frac{1}{b_{or}}\tan(\alpha_1-\varphi_1)\right]^2}$$

$$=0.5\times\sqrt{1+30^2\times\left[\frac{2}{50}-\frac{1}{40}\times\tan(60°-10.2°)\right]^2}=0.52$$

$$\varphi_2'=\arctan\frac{b_{or}f_2(k_1+k_2)}{b_{or}-f_2h}$$

$$=\arctan\frac{40\times0.42\times(1.16+0.52)}{40-0.42\times30}=45.9°$$

按式(2-6-26) 校核

$$\alpha_1>\varphi_1+\varphi_2'$$

表明该推送机构运行时不会产生自锁。

其次，按式(2-6-24)、式(2-6-28) 分别求算

$$N_1=\frac{f_0G_w+f_2G_0}{\left(1-\frac{f_2h}{b_{or}}\right)(\sin\alpha_1-f_1\cos\alpha_1)-f_2(k_1+k_2)(\cos\alpha_1+f_1\sin\alpha_1)}$$

$$=\frac{0.51\times1+0.42\times5}{\left(1-\frac{0.42\times30}{40}\right)\times(\sin60°-0.18\times\cos60°)-0.42\times(1.16+0.52)\times(\cos60°+0.18\times\sin60°)}$$

$$=37.9\text{N}$$

$$N_1'=\frac{f_2G_0}{\left(1+\frac{f_2h}{b_{or}}\right)(\sin\alpha_2-f_1\cos\alpha_2)-f_2(k_1+k_2)(\cos\alpha_2-f_1\sin\alpha_2)}$$

$$=\frac{0.42\times5}{\left(1+\frac{0.42\times30}{40}\right)\times(\sin60°-0.18\times\cos60°)-0.42\times(1.16+0.52)\times(\cos60°+0.18\times\sin60°)}$$

$$=3.8\text{N}$$

确认 $$N_1\gg N_1'$$

说明滑杆推送机构的退程比进程省力，容易运行顺畅。

五、插舌机构

（一）设计依据

从图 2-6-4 所示的五种长方体盒型可明显看出，由于盖舌在盒体上插入和涂胶方位的不同，使得整个封盒机构在结构与布局上也会有所差别。

当今多采用长方体形两端反向塞舌封盖的纸盒及其封盒机构。究其优点是，盒体的造型简单、强度较好、启闭方便、可用多次，还适合封盒作业的机械化和连续化。不过，一台设备需配备两套非对称而基本结构完全相同的插舌装置，图 2-6-21、图 2-6-41 即为广泛应用的典型实例。

图中显示，当与纸盒传送带并列同步运行的推杆将内装物逐个推入盒内时，两套封盒的执行机构就从两侧同时动作，依次完成左右边舌的折角，盖舌的折角、插入、压合以及成品的输出，空盒的剔除等作业。其中最为关键的，乃是盖舌朝上或朝下折、插、压的三步动作，图 2-6-42 示意地说明了这一过程（图中序号含义同前）。

鉴于被链带传送的纸盒作等速直线运动，另一方面，封盖的三联件（折板、插刀、压铁）在平行双曲柄机构及齿轮组合体的驱动下作等速正圆平动，以致在每一工作循环中不可能达到完全的同步。针对给定的盒子参数及插舌深度，如果所涉的相关条件配合不当，定会引起封盒的困难，甚至对盒体造成损坏。为了合理创新设计起见，必须对此一系列复杂的问题进行深入的理论研究。

随着纸盒的多样化和多规格化，客观上要求封盒这一重要工作系统，能够进一步简化机构结构、扩大调整措施和增强应变能力。例如，现今有的特需纸盒，通过简化盒体造型、控制适宜尺寸，提高材料品质，合理安排压痕等等举措，也能实现单靠固定导杆的导引作用自动完成连续封盖。当然此种简易方法不可能使千差万别的纸盒都能适应。

附带指出，对图 2-6-41 所示与插舌联动的折边舌曲柄摆杆机构（或选其他相当机构），建议读者深入思考。

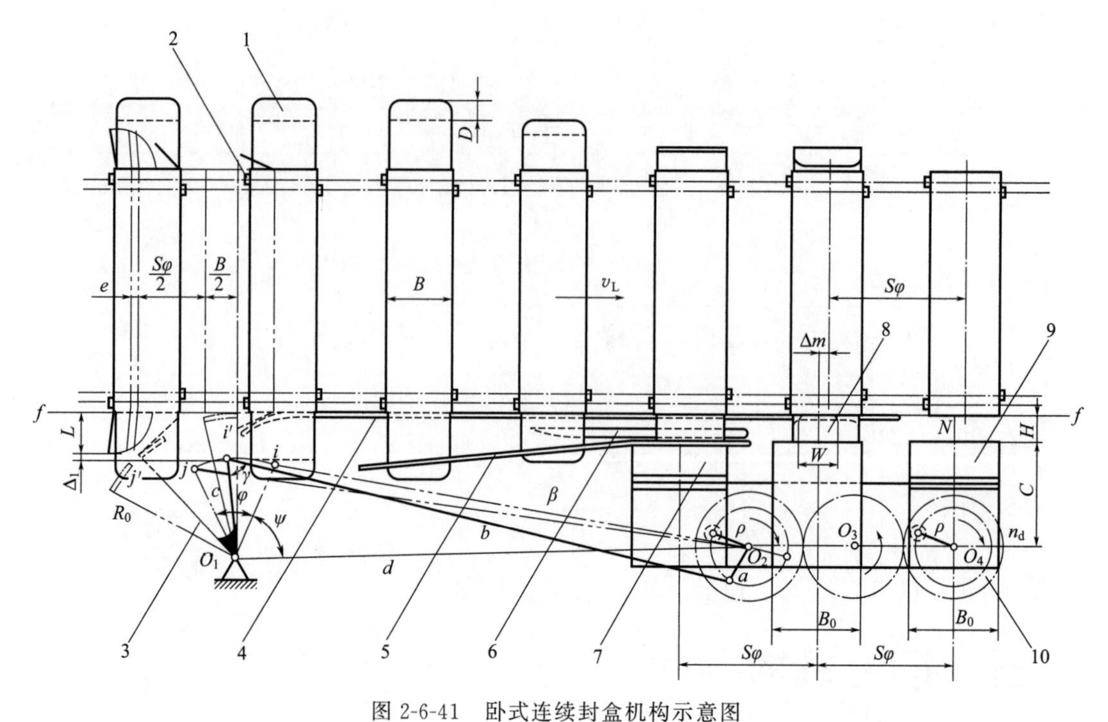

图 2-6-41　卧式连续封盒机构示意图

1—纸盒；2—传送带夹板；3—折边舌曲柄摆杆机构；4—折边舌导轨；5,6—折盖舌导轨；7—盖舌折板；8—盖舌插刀；9—盖舌压铁；10—平行双曲柄机构

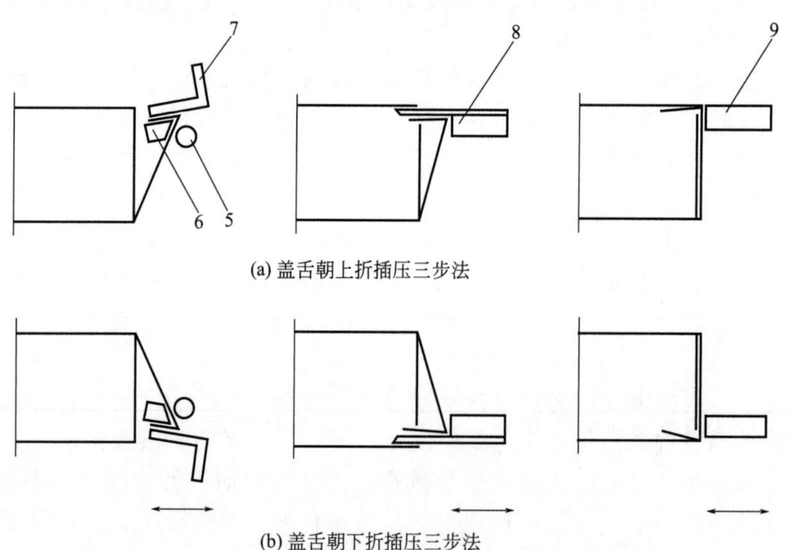

(a) 盖舌朝上折插压三步法

(b) 盖舌朝下折插压三步法

图 2-6-42　卧式纸盒封盖过程示意图

（二）设计原理

如图 2-6-43 所示，解题的核心在于，按给定的纸盒参数及插舌要求，选定插刀的结构形状及平动方式，通过剖析盒体、盖舌、刀头三者相对运动关系，为盖舌插刀机构提供设计依据，并校核盖舌圆角的半径。

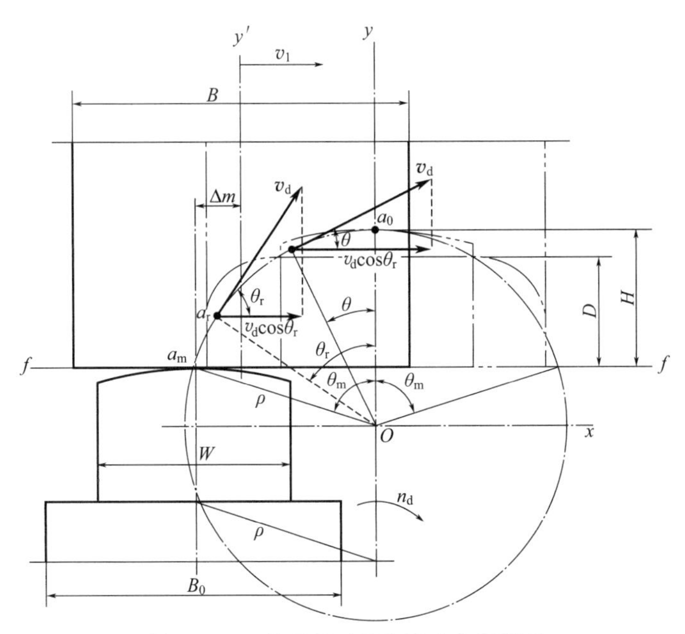

图 2-6-43　盖舌插刀机构运动分析简图

为此，首先要明确一条对刀准则：当驱动刀架的平行双曲柄转至与纸盒传送带水平基线 f-f 垂直，亦即刀头插入盒体最深处时，应调整传送带位置使盒体与刀头的两中心线相互重合。因此刀头顶点插入和退出的轨迹相对盒体中心线便具有完全的对称性。

实际上，盖舌受刀头的推压、摩擦等作用尚未插至它的圆角后沿以前倒是可以横向游动的，而达到一定的深度，盖舌就只能沿纵向移动。至于插刀退出时，由于盖舌压痕的两侧开有切口能同边舌互锁，结果导致盒体、盖舌处于相对静止状态。所以，从插舌运动的完整性和复杂性来考虑，无疑该着重探讨盖舌的插入过程。

基于上述的对刀准则以及给定的纸盒参数，包括内沿宽度 B、盖舌深度 D、传送间距 S_φ、运行速度 v_1，为改善刀头对盖舌的插入效果，应力求满足以下要求：

① 刀头的插入深度比盖舌深度略大些，即取 $H>D$。

② 刀头的插入方位可通过其初插角 θ_m 的大小来控制。由于刀头与盒体的运动方式迥异，使得两者之间既有纵向运动又有横向运动。反映在刀头顶点横向分速度上，则形成了一个由相对滞后、完全同步、再至相对超前的连续变化过程。当刀头转位角 $\theta=0$ 时，其横向分速度即为平动圆周速度，并取 $v_d>v_L$。在这种情况下，盖舌受制于刀头可以完成相应的插入动作。

③ 刀头的插入点具有一定灵活性，加之存在上述的横向游动，因此断定它的宽度 $W<B$，从实用出发，此宽度又不宜过窄。再者，前端应呈圆弧形，以便导入盒内。

对此，下面借助推导相关的数学表达式给予进一步论证。

设刀架平行双曲柄机构的转速为 n_d（在数量上相当于装盒机的生产能力），其角速度

$$\omega_d=\frac{\pi n_d}{30}$$

由

$$v_d=\frac{\pi\rho n_d}{30}=\rho\omega_d \tag{2-6-34}$$

$$v_1=\frac{S_\varphi n_d}{60}=\frac{S_\varphi \omega_d}{2\pi} \tag{2-6-35}$$

取 $v_d>v_1$，得

$$\rho>\frac{S_\varphi}{2\pi} \tag{2-6-36}$$

又取 $\rho>H$，得

$$\cos\theta_m=\frac{\rho-H}{\rho}=1-\frac{H}{\rho}>0 \tag{2-6-37}$$

故知初插角 $\theta_m<90°$，选好 H，θ_m 随 ρ 增大而减小。

令 θ_r 代表刀头对盒体的同步角，设计要求

$$\cos\theta_r=\frac{v_1}{v_d}=\frac{S_\varphi}{2\pi\rho} \tag{2-6-38}$$

$$\theta_r<\theta_m<90°,\quad \cos\theta_r>\cos\theta_m>0$$

改写为

$$\frac{S_\varphi}{2\pi\rho}>1-\frac{H}{\rho}>0$$

或

$$\frac{S_\varphi}{2\pi}>\rho-H>0$$

以此式与式(2-6-36) 联立，确定

$$\rho>\frac{S_\varphi}{2\pi}>\rho-H>0 \tag{2-6-39}$$

总之，按上式(2-6-39) 选定 ρ 值，乃是满足刀头将盖舌有效插入盒内的可控条件。十分清楚，ρ 仅取决于 S_φ 和 H，但取值多少，却有优选的余地。

接着，参阅图 2-6-44，依标注符号对盒体、盖舌、插刀这三者在插入过程的相对运动关系做出定量与定性的分析。

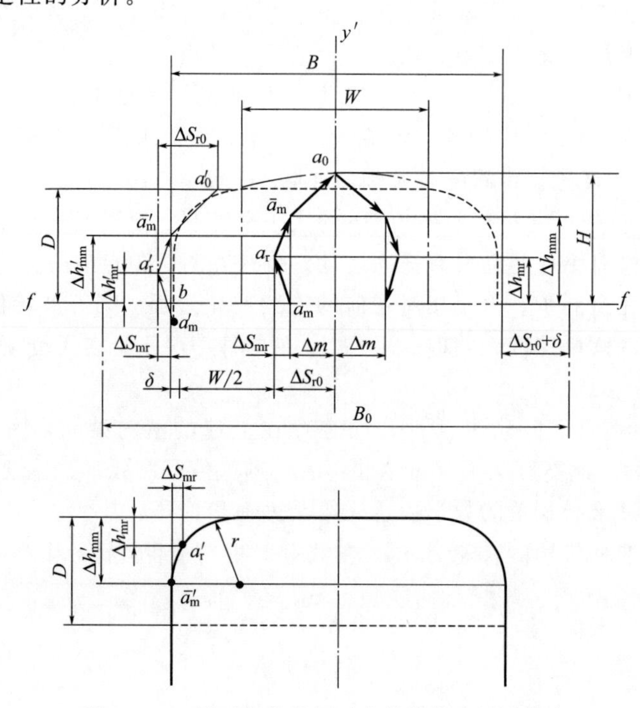

图 2-6-44　插刀与盖舌相对盒体的分步运动轨迹

为简化推导计算并有助于考察相关构件的干涉状况，不妨假想，盖舌不受盒体边界的约束而随同插刀一起运动。

设刀头顶点对运动中盒体的插入点为 a_m，此刻刀盒两中线的间距为 $\Delta m>0$（规定偏左为正，偏右为负）；当刀头顶点从插入点沿顺时针方向作正圆平动，经时间 t 对坐标 y 的转位角为

$$\theta=\theta_m-\omega_d t$$

得

$$t=\frac{\theta_m-\theta}{\omega_d}$$

相应的，刀头顶点对盒体上 a_m 点的横向位移量

$$\begin{aligned}\Delta S_{mt}&=v_1 t-\int_0^t v_d\cos\theta \mathrm{d}t\\&=\rho[(\theta_m-\theta)\cos\theta_r-\sin\theta_m+\sin\theta]\end{aligned} \tag{2-6-40}$$

取 $\theta=0$，代入上式，由于

$$\Delta m+\Delta S_{mt}=0$$

求出

$$\Delta m=\rho(\sin\theta_m-\theta_m\cos\theta_r)=\rho\sin\theta_m-\frac{S_\varphi\theta_m}{2\pi} \tag{2-6-41}$$

这表明，Δm 仅与 ρ、H、S_φ 有关。

同理，根据式(2-6-40）可求刀头顶点从 α_m 至 α_r（或盖舌左角点从 a'_m 至 a'_r）的横向位移量

$$\Delta S_{mr}=\rho[(\theta_m-\theta_r)\cos\theta_r-\sin\theta_m+\sin\theta_r] \tag{2-6-42}$$

以及从 a_r 至 a_0（或从 α'_r 至 a'_0）的横向位移量

$$\Delta S_{ro}=\Delta m+\Delta S_{mr}=\rho(\sin\theta_r-\theta_r\cos\theta_r) \tag{2-6-43}$$

由此可见，ΔS_{mr} 也同 Δ_m 一样只与 ρ、H、S_φ 有关，借此三要素控制好 Δm 和 ΔS_{mr} 之值，以免刀头宽度、盖舌圆角被削减过多。

为了借助图 2-6-44 所示的带箭头细实线来大致体现刀头顶点和盖舌左角点分别从 a_m、a'_m 插入盒体的分步相对运动轨迹，从而合理确定插刀、盖舌的结构形式和几何尺寸，还需推导与刀头、盖舌的横向位移量 ΔS_{mr} 相对应的纵向位移量

$$\Delta h_{mr}=\rho(\cos\theta_r-\cos\theta_m)=H-\rho(1-\cos\theta_r) \tag{2-6-44}$$

$$\Delta h'_{mr}=\Delta h_{mr}-(H-D)=D-\rho(1-\cos\theta_r) \tag{2-6-45}$$

再有，当插刀与盒体的中线间距由 $\Delta m+\Delta S_{mr}$ 重新复位于 Δm 时，令刀头顶点及盖舌左角点分别从 a_m、a'_m 至 $\overline{a}_m$、$\overline{a}'_m$ 的纵向位移量各为 Δh_{mm}、$\Delta h'_{mm}$，相应的插刀转位角为 $\theta'_m(\theta_r>\theta'_m>0)$，导出

$$\Delta h_{mm}=\rho(\cos\theta'_m-\cos\theta_m)=H-\rho(1-\cos\theta'_m) \tag{2-6-46}$$

$$\Delta h'_{mm}=\Delta h_{mm}-(H-D)=D-\rho(1-\cos\theta'_m) \tag{2-6-47}$$

关于 θ'_m 之值的求解，考虑到刀头从 a_m 至 a_r，又从 a_r 至 $\overline{a}_m$ 的过程中，横向位移量分别为 ΔS_{mr}、ΔS_{rm}，由于二者大小相等而位移方向相反，因此

$$\Delta S_{mr}+\Delta S_{rm}=0$$

参照式(2-6-40）求出

$$\Delta S_{rm}=\rho[(\theta_r-\theta'_m)\cos\theta_r-\sin\theta_r+\sin\theta'_m]$$

联立式(2-6-42)，得

$$\theta_m\cos\theta_r-\sin\theta_m=\theta'_m\cos\theta_r-\sin\theta'_m$$

改写为 $$S_m\theta'_m-2\pi\rho\sin\theta'_m=S_\varphi\theta_m-2\pi\rho\sin\theta_m$$

若已知 S_φ、ρ、θ_m，且令

$$K=S_\varphi\theta_m-2\pi\rho\sin\theta_m$$

则 $$S_\varphi\theta'_m-2\pi\rho\sin\theta'_m=K \tag{2-6-48}$$

对上式，可借解析图解法绘出二线的交点，其横坐标值即为 θ'_m，进而联系其他相关值解出 Δh_{mm} 和 $\Delta h'_{mm}$。

再参阅图 2-6-44，只要确定了 a'_r 的点坐标（ΔS_{mr}，$\Delta h'_{mr}$），就能测定盖舌的圆角半径 r，要求 $\Delta h'_{mm}\leqslant r<D$。这样，才能保证插舌时盖舌不同盒体内壁发生干涉，而且封盒牢靠。

另外，还要保证刀头的两边不同盒体的内壁发生接触并应留有适当余隙 δ。据此，写出刀头及其推板的宽度

$$W=B-2(\Delta S_{ro}+\delta) \tag{2-6-49}$$

$$B_0=B+2(\Delta S_{ro}+\delta_0) \tag{2-6-50}$$

式中 $\delta_0\geqslant\delta$

参照一种通用长方体纸盒，试取 $D=13$mm，$H=15$mm，$\delta=2$mm，$S_\varphi=3C$、$4C$、$5C$、$6C$（$C=25.4$mm），根据推导的相关公式算出 S_φ 与 ρ 的不同组合所对应的 Δm、ΔS_{ro}、ΔS_{mr}、$\Delta h'_{mr}$ 及 $2(\Delta S_{ro}+\delta)$ 各值。以此为基础绘成盖舌插刀机构基本参数的列线图，如图 2-6-45 所示。从图中可看出各个要素之间互依变化规律，为合理设计提供充分依据，也足以大大提高工作效率。对此，着重补充说明以下几点：

① 经分析有关公式确认，Δm 及 ΔS_{mr} 取决于 S_φ、ρ、H；ΔS_{ro} 取决于 S_φ、ρ；$\Delta h'_{mr}$ 取决于 S_φ、ρ、D；$\Delta h'_{mm}$ 取决于 S_φ、ρ、H、D；W 及 B_0 取决于 S_φ、ρ、B、δ，如此等等。可见，S_φ、ρ 乃是盖舌插刀机构的最基本参数，或者说是整个设计计算的关键所在。

② 值得注意，S_φ、ρ、δ 一经选定，B 自然成为决定 W、B_0 的唯一因素。所以，纸盒规格（主要指宽度）一有明显改变，就应适当调整插刀。

③ 从图中曲线看出，当 S_φ 为定值时，随着 ρ 的增大，Δm 会产生由负值到正值的连续变化，与此相对应，Δm 的绝对值则由大趋小，再由小趋大。

深言之，对 $\Delta m<0$ 的情况，如果 $|\Delta m|$ 增加过度，引起 ΔS_{mr}、$\Delta h'_{mr}$ 也增加许多，就得将盖舌两侧大幅度削角，当然不可取。另一方面，尽管选择 $\Delta m>0$，情况有所好转，却依然不希望其值偏大，否则，会导致 ΔS_{r0} 变大，势必使刀头缩窄而给插舌带来困难。

④ 作为代表装盒机生产能力的一个重要参数 n_d，在 S_φ、ρ 已经选定的前提下，会直接影响 v_1 和 v_d 的改变，而同插刀的基本尺寸并无关系。

（三）设计实例

1. 给定条件

长方体形纸盒的内沿宽度 $B=40$mm，盖舌深度 $D=13$mm；传送带分立夹板的间距 $S_\varphi=3C(76.20\text{mm})$；盖舌插刀机构平行双曲柄的转速 $n_d=150$r/min。

2. 设计要求

求解插刀的基本尺寸并校核盖舌圆角半径。

3. 解题步骤

1）刀架平动半径（ρ）

按刀头插入深度 $H>D$，选取 $H=15$mm。

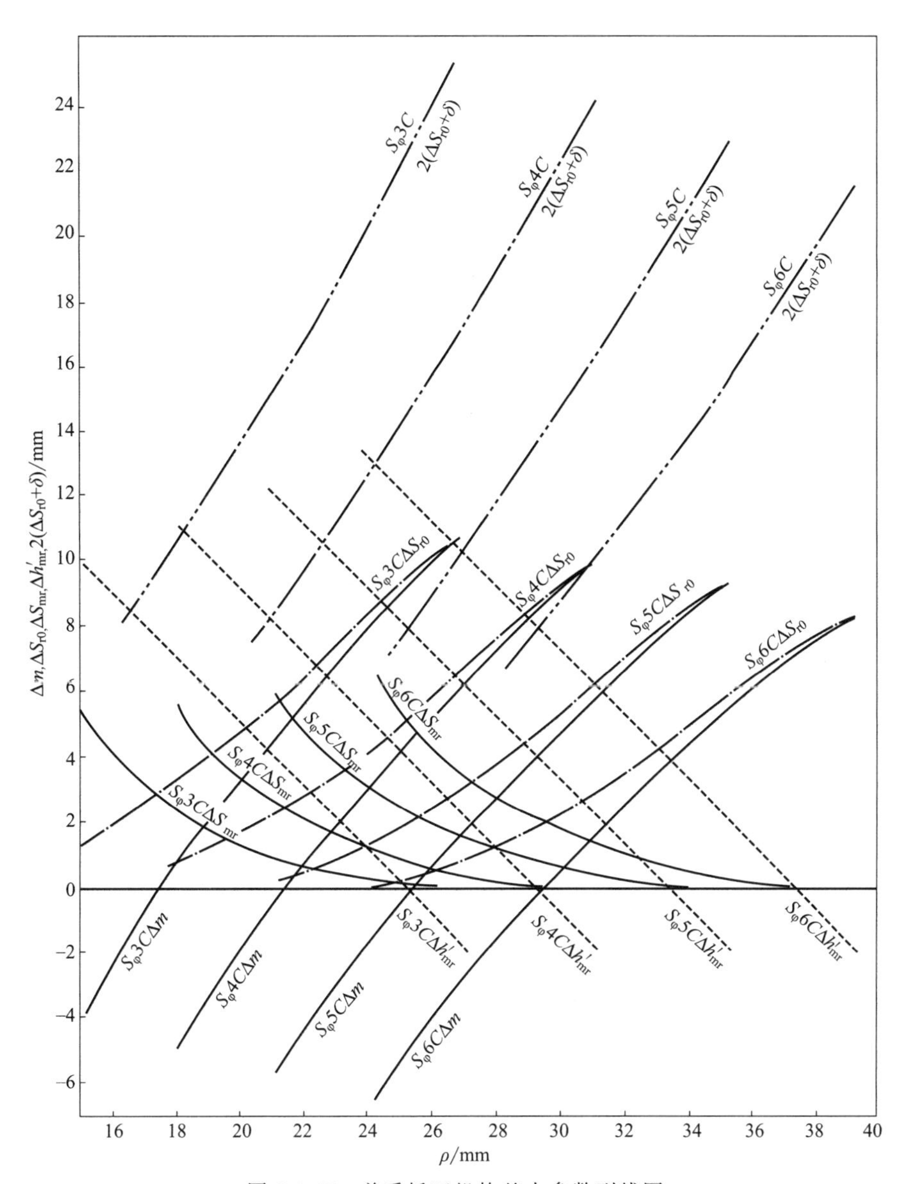

图 2-6-45　盖舌插刀机构基本参数列线图

按
$$\rho > \frac{S_\varphi}{2\pi} > \rho - H > 0$$

算出 $\frac{S_\varphi}{2\pi} = \frac{76.20}{2\pi} = 12.13\text{mm}$，选取 $\rho = 22\text{mm}$。

2）刀头顶点相对盒体横向位移量（ΔS_{mr}，ΔS_{ro}）

由于刀头顶点对盒体的初插角和同步角

$$\theta_m = \arccos\left(1 - \frac{H}{\rho}\right) = \arccos\left(1 - \frac{15}{22}\right) = 71.45°$$

$$\theta_r = \arccos\frac{S_\varphi}{2\pi\rho} = \arccos\frac{76.20}{2\pi \times 22} = 56.54°$$

算出刀头顶点插入时对盒体中心线的偏距

$$\Delta m=\rho(\sin\theta_m-\theta_m\cos\theta_r)=22\times\left(\sin71.45^\circ-\frac{\pi\times71.45^\circ}{180^\circ}\times\cos56.54^\circ\right)=5.73\text{mm}$$

确认 $\Delta m>0$，求得

$$\begin{aligned}\Delta S_{r0}&=\rho(\sin\theta_r-\theta_r\cos\theta_r)\\&=22\times\left(\sin56.54^\circ-\frac{\pi\times56.54^\circ}{180^\circ}\times\cos56.54^\circ\right)=6.38\text{mm}\\\Delta S_{mr}&=\Delta S_{r0}-\Delta m=6.38-5.73=0.65\text{mm}\end{aligned}$$

3）盖舌左角点相对盒体纵向位移量（$\Delta h'_{mr}$，$\Delta h'_{mm}$）

将已知的 S_φ、ρ、θ_m 代入下式

$$S_\varphi\theta'_m-2\pi\rho\sin\theta'_m=S_\varphi\theta_m-2\pi\rho\sin\theta_m$$

借助解析图解法（从略），解出 $\theta'_m=40.73^\circ$，进而算出

$$\Delta h'_{mm}=D-\rho(1-\cos\theta'_m)=13-22\times(1-\cos40.73^\circ)=7.67\text{mm}$$

$$\Delta h'_{mr}=D-\rho(1-\cos\theta_r)=13-22\times(1-\cos56.54^\circ)=3.13\text{mm}$$

参阅图 2-6-44，确定盖舌的两点位置 $a'_r(\Delta S_m,\Delta h'_{mr})$ 及 $\overline{a}'_m(0,\Delta h'_{mm})$，近似测出其圆角半径 $r=8$mm，说明适用。

4）插刀及推板宽度（W，B_0）

取刀头与盒体内沿的安全余隙 $\delta=2$mm，另取 $\delta_0=5$mm，求得

$$W=B-2(\Delta S_{r0}+\delta)=40-2\times(6.38+2)=23\text{mm}$$

$$B_0=B+2(\Delta S_{r0}+\delta_0)=40+2\times(6.38+5)=63\text{mm}$$

5）传送带及插刀的线速度（v_1，v_d）

按已知条件算出

$$v_1=\frac{S_\varphi n_d}{60}=\frac{76.20\times150}{1000\times60}=0.19\text{m/s}$$

$$v_d=\frac{2\pi\rho n_d}{60}=\frac{2\pi\times22\times150}{1000\times60}=0.35\text{m/s}$$

确认

$$v_d>v_1$$

以上求解结果，经图 2-6-45 验证，完全正确。

4. 扩展研究

参照前例，保持 D、H 的原值，改变 $B=65$mm，$S_\varphi=5C$（127.0mm），试对比求解结果。

由于 $H=15$mm，$\frac{S_\varphi}{2\pi}=\frac{127.0}{2\pi}=20.2$mm，改选 $\rho=30$mm。

根据插舌机构基本参数列线图查知：$\Delta m=4.4$mm，$\Delta S_{r0}=5.0$mm，$\Delta S_{mr}=0.6$mm，$\Delta h'_{mr}=3.0$mm，$2(\Delta S_{ro}+\delta)=14.0$mm。

这同 $B=40$mm，$S_\varphi=3C$ 的组合所得数据加以对比，确认 ΔS_{mr}、$\Delta h'_{mr}$ 基本未变，而 Δm、ΔS_{r0} 稍有减小，可见原盖舌圆角依然适用，整个插入过程也同前例相近。但是，刀头及其推板必须参照下列计算值重新更换。

$$W=B-2(\Delta S_{r0}+\delta)=65-2\times(5.0+2)=51\text{mm}$$

$$B_0=B+2(\Delta S_{r0}+\delta_0)=65+2\times(5.0+5)=85\text{mm}$$

六、排盒机构

图 2-6-46 所示立式装盒机（或称立式开盒-充填-封口机）的连续封盒机构，布置在水平长圆形纸盒主传送带出口一侧的上方。盒子夹板采用整体的长槽结构形式，与其相对应的封盒三联件（用于盖舌的折角、插入、压合），同前述的卧式封盒机构相比较，在机构结构上略有不同，但是工作原理却完全一致。不仅如此，其排盒机构也几乎同出一辙，相得益彰。

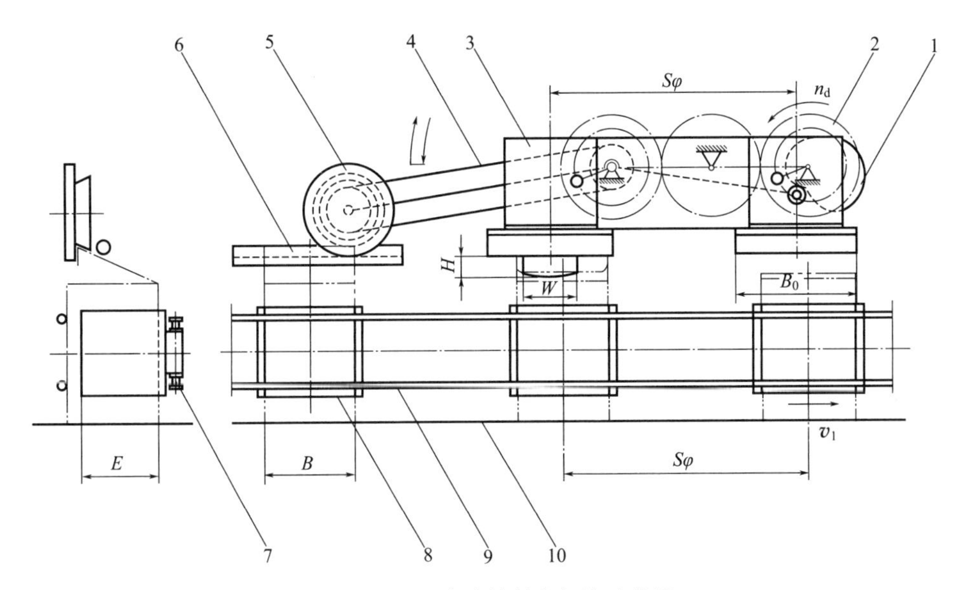

图 2-6-46　立式连续封盒机构示意图

1—凸轮-平行双曲柄联动机构；2—盖舌整形压铁；3—盖舌插刀；4—同步齿形带；5,6—盖舌折角滚轮及导轨；7—纸盒主传送带；8—夹盒槽板；9—盒体导杆；10—盒底滑板

继见图 2-6-47，该卧式排盒机构的水平推板由平行双曲柄机构驱动，作正圆的平动，借此种动作形式将包装成品逐个从连续运动中的主传送带上槽形夹板推出机外。

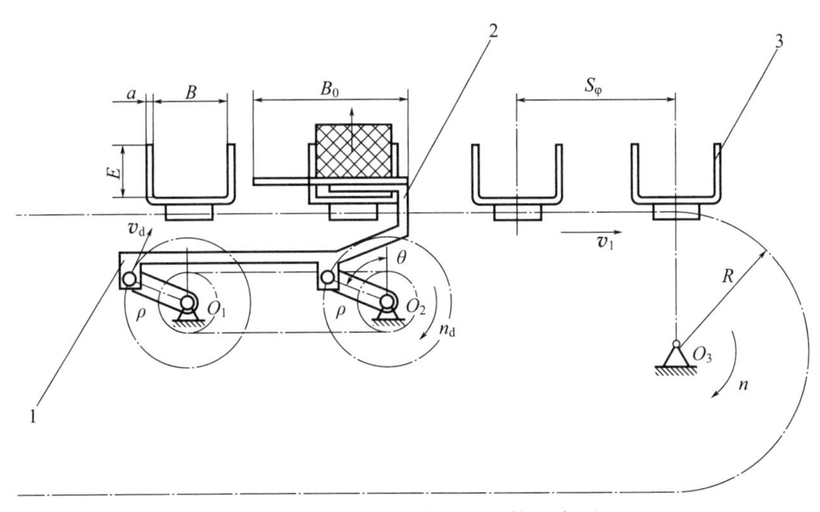

图 2-6-47　卧式连续排盒机构示意图

1—平行双曲柄机构；2—推板；3—夹盒槽板主传送带

联系图 2-6-48，根据插舌机构的基本理论，对连续排盒机构做运动分析。

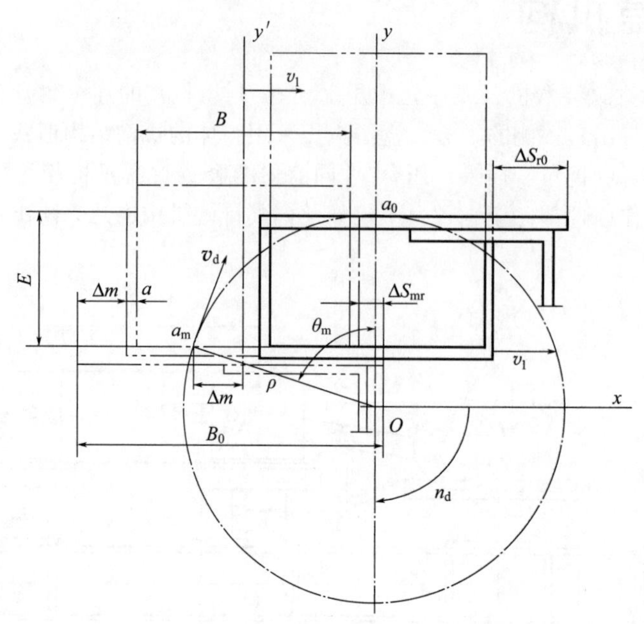

图 2-6-48　连续排盒机构运动分析简图

设主传送带上夹盒槽板的间距为 S_φ、板厚为 a、深度为 E、内沿宽度为 B，其他参数符号一律引用前例，无需再解释。

将槽板的深度 E 视为推板的排盒移距（相当于刀头的插舌深度 H），考虑到

$$\rho > \frac{S_\varphi}{2\pi} > \rho - E > 0 \tag{2-6-51}$$

由此选定 ρ 值，并算出

$$\theta_m = \arccos\left(1 - \frac{E}{\rho}\right) \tag{2-6-52}$$

$$\theta_r = \arccos\frac{S_\varphi}{2\pi\rho}$$

$$\Delta m = \rho(\sin\theta_m - \theta_m\cos\theta_r)$$

确认 $\Delta m > 0$，求得

$$\Delta S_{r0} = \rho(\sin\theta_r - \theta_r\cos\theta_r)$$

$$\Delta S_{mr} = \Delta S_{r0} - \Delta m$$

当 $\theta = 0$ 时，推板与槽板的左端对齐，按图示几何关系导出推板的工作长度

$$B_0 = B + 2a + \Delta S_{r0} \tag{2-6-53}$$

第七章

包装辅助机构

第一节　自动包装线散体分流旋晃机构

一、典型分流装置分类对比

自动包装线是根据产品包装的工艺过程，借助分流、合流、转向、翻身、起伏、升降以及储存、输送等装置，将多种类型的包装机有机连接起来而形成具有一定自动控制与检测功能的特殊生产系统。

对配备分流与合流装置的自动包装线来说，通常，分流的作用是将一条输送线上的原料或半成品有规律地分配到若干条并联输送线上；而合流的作用恰恰相反，是将多条并联输送线上的半成品或包装成品汇集到一条输送线上。现时生产表明，分流装置比合流装置更为多样和复杂，而且往往还构成单机和机组的重要组成部分。本着这样的认识，下面仅着重阐述包装领域一些典型的分流装置（对前述分件供送螺杆的多种功能，无需多加重复），经对比分析达到触类旁通、扩展开发的目的，并为深入研究散体分流旋晃机构奠定基础。

（一）回转盘式分流装置

如图 2-7-1 所示，回转盘式分流装置主要由加料斗、搅拌器、二级甩料圆盘、封闭腔室及分流槽等组成。

由于垂直主轴上大小圆盘作高速回转，使流经其上的散体物料能从周边均匀抛散开来，通过环形分流槽大体上实现各排料管的等流量输出。

这种简单装置主要适合低水分、无黏性、较坚实、颗粒小的物料，如芝麻、砂糖、精制食盐等的分流供送。

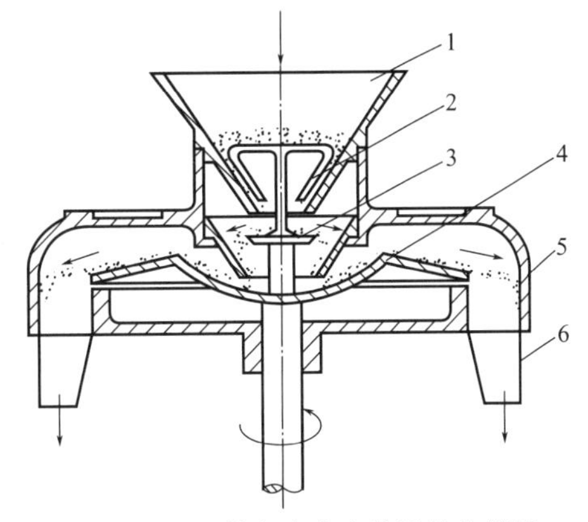

图 2-7-1　回转盘式分流装置结构简图

1—加料斗；2—搅拌器；3,4—二级甩料盘；5—机壳；6—分流槽及排料管

（二）旋晃盘式分流装置

旋晃盘式分流装置如图 2-7-2 所示。该设备正式命名为多功能旋晃机，是参照古老的手动晃盘基本工作原理而发明创造的一个新机种。

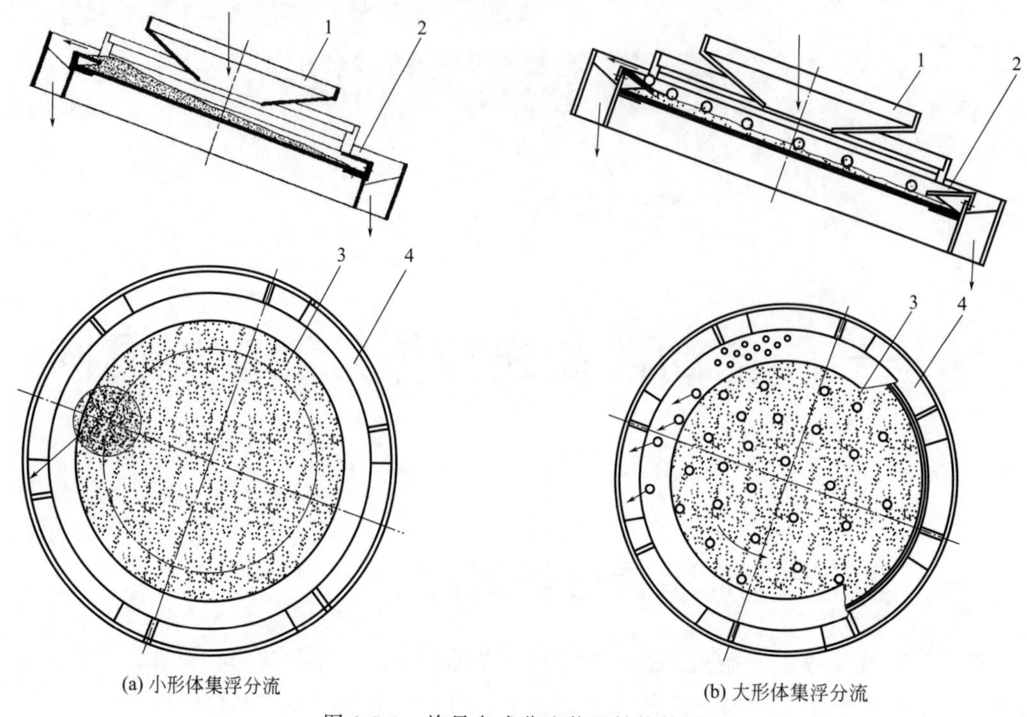

(a) 小形体集浮分流　　(b) 大形体集浮分流

图 2-7-2　旋晃盘式分流装置结构简图

1—加料斗；2—分离圈；3—料盘；4—分流槽

它主要由中心加料斗、料盘、可调高度分离圈、环形分流槽和空间旋晃机构等部分组成。当盘心绕传动轴垂直轴线作等角速正圆平动，并对盘心作同步纯旋晃的空间复合运动时，可使倾斜盘面上的物料向上偏流集浮，同时沿分离圈匀速周转实现连续抛散，最后通过内设等分隔板的环形槽分流出去。

基于这样独特的机构结构和工作原理，很适合对某些中小型规则或不规则形体、质地松脆或表层柔软、易受力变形破损的物料，如葡萄干、枸杞子、汤团、开心果、花生仁、腰果之类，能做到保护性的分流供送。另外，对具有重度差、粒度差的散体混合物还可用于集浮分选、滚粘成型，甚至适合液体培菌，有不少应用前景。

（三）螺旋片式分流装置

如图 2-7-3 所示，螺旋片式分流装置主要由加料斗、等螺距螺旋、料槽和分流排料口等组成。适合分流供送诸如面粉、五谷、化肥、塑料等一般散体物料。

针对不同的物料特性，螺旋片可制成多种结构形式，以有助于提高螺旋在槽内呈半充填状态下的输送效率。

螺旋片式分流装置的优点是，结构简单、工作可靠、造价低廉；在较大流量输送过程中，兼有搅拌混合、冷却除湿等作用；输送路线可长可短，且能灵活布置分流点；主轴倾角允许在较大范围内任意调整，以满足生产的实际需要；料槽被全封闭，减少粉尘对环境的污染。

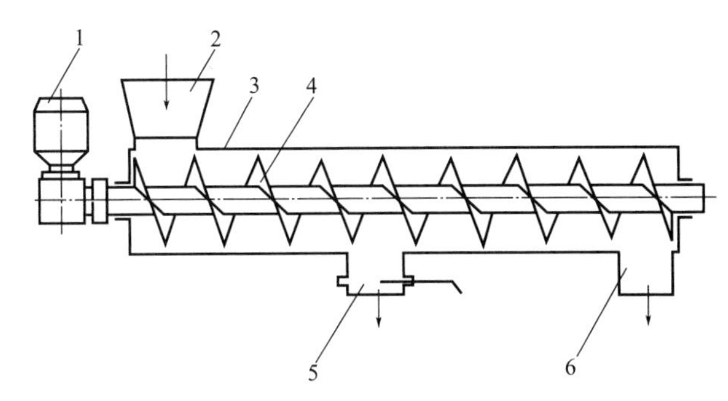

图 2-7-3　螺旋片式分流装置简图

1—电机及变速器；2—加料斗；3—料槽；4—输送螺旋；5,6—分流排料口

（四）拨动轮式分流装置

如图 2-7-4 所示，该装置主要由一条输入运输带、两条输出运输带和一对星形拨轮等组成，大体上形成对称式平面布局。由于左右拨轮的拨板互有一定的相位差，因此在功能上具有可逆性，也可当做合流装置使用。若将拨轮改装成分件供送螺杆，同样有效。

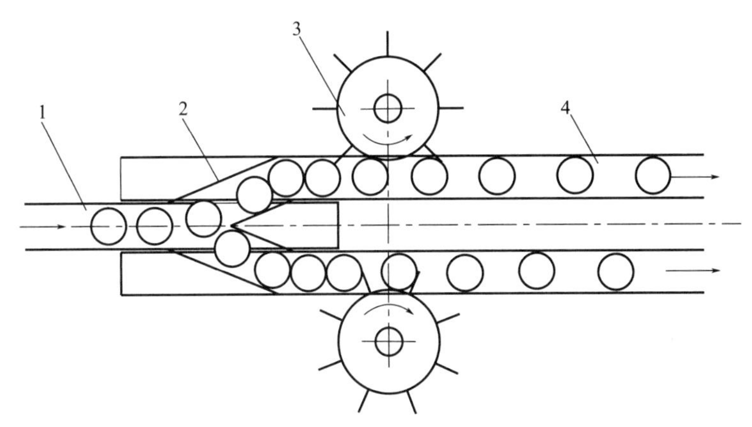

图 2-7-4　拨动轮式分流装置结构简图

1,4—输送带；2—分流导板；3—星形拨轮

输送带的线速度应稍大于拨轮的外沿线速度，使被分流的物件受制于拨轮的拨板得以实现等间距输出。

这种装置适用于主体为圆柱形或带圆角四棱柱形、多种材质、装料（封口）或不装料（开口）的杯瓶罐。

（五）摆动槽式分流装置

如图 2-7-5 所示，摆动槽式分流装置主要由一个摆动式输入溜槽和三个呈辐射状的输出溜槽组成。整个底面前后平滑衔接，且输入端向输出端倾斜适宜的角度，使物件借助自身的重力作用向下滚动或滑动，分流供送到各自的工位。所以，这多用于扁圆柱形金属罐（空罐或实罐），也是对前述拨动轮式的补充应用。

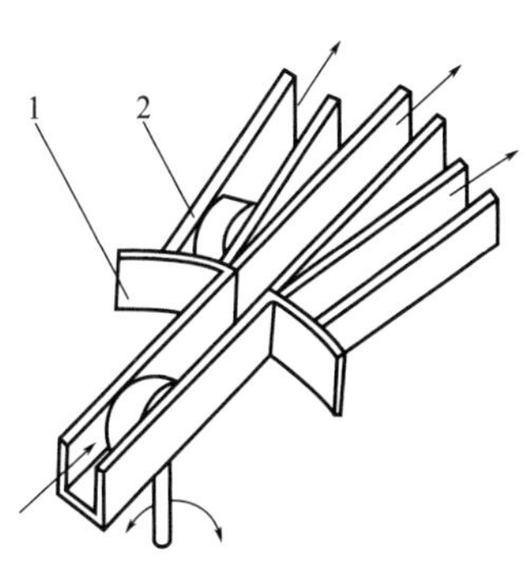

图 2-7-5　摆动槽式分流装置结构简图

1—摆动输入槽；2—定位分流槽

通常，主动溜槽由曲柄摇杆机构驱动控制，实现有节奏的往复摆动。如果改变整个溜槽的倾斜方向，则转变为一种简易的合流装置。

（六）摆动带式分流装置

如图 2-7-6 所示，摆动带式分流装置主要由输送带组成。中间的输送带借摆动气缸驱动控制，使之绕一定位带轮按确定的角度分步摆动，实现上中下三个空间层次的分流供送，通常用于大中型的袋与盒。

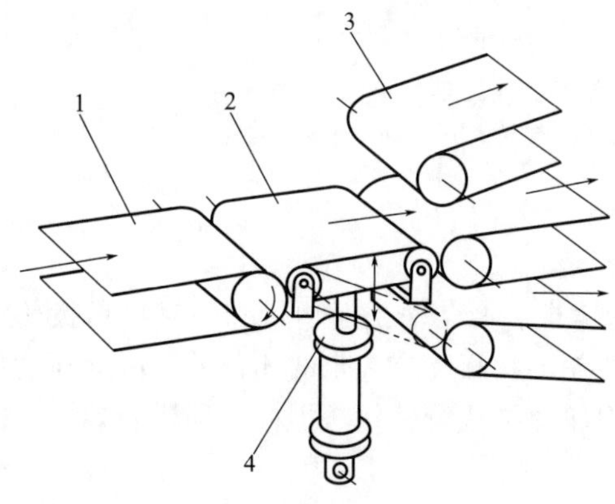

图 2-7-6　摆动带式分流装置结构简图
1—输入输送带；2—摆动输送带；3—分流输送带；4—驱动控制气缸

同理，若将三段输送带按线速度衔接关系全部逆向运行，便构成为摆动带式合流装置。综合上述，提出以下两点认识。

① 对每一种分流供送对象而言，由于其形状、尺寸和物理性质的差异，往往可用多种装置来适应。因此，要根据常用的评估准则和具体的客观条件，通过全面对比分析，做到精心优化选择。

② 实用中，分流装置与合流装置大都有一定的内在联系，况且有的装置就兼有这两方面属性。为此采用可逆思维方法会收到应有的成效，要善于探索发现，促其相互转化。

二、散体分流旋晃机构创新设计方案

（一）创新设计选题拟定

众所周知，千百年来，国内外都广泛使用手动晃盘（或称手动旋筛）来分选谷物、淘洗砂金、加工元宵之类。其基本工作原理几乎是一致的，都是借助手工旋晃作用而使粗滑盘面上的散体混合物产生轻大者上浮集中、重小者下沉分层的物理效应。当然，对于团子还得增添滚粘成型的功能。但手工操作劳动强度大，间歇工作效率低，若能实现生产过程的机械化、连续化、多功能化就更有实用价值。笔者经亲临现场考察、参加模拟实验、反复类比推敲终于正式提出此一研发选题，继而设计制成第一代实用样机，其空间旋晃机构示意图如图 2-7-7 所示。

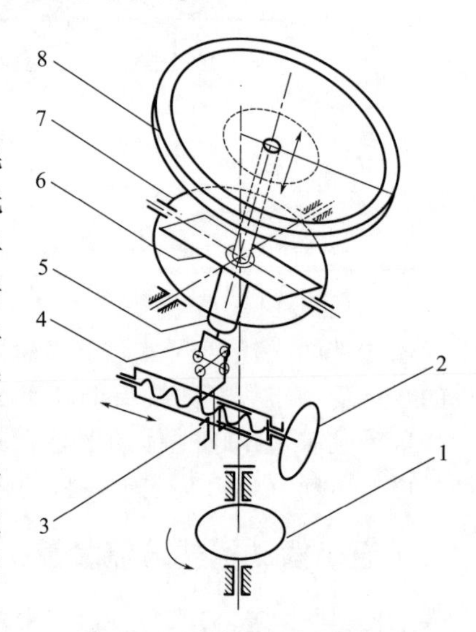

图 2-7-7　散体分流旋晃机构示意图（第一设计方案）
1—调速电机；2—螺杆手轮；3—曲柄滑块轴承；4—万向铰链机构；5—料盘托盘传动轴；6—内摆架；7—外摆圈；8—料盘分离圈

整个空间旋晃机构的主体由两套变异的万向铰接机构串联而成。其下部连接由调速电机驱动的曲柄滑块轴承，而上部连接料盘与分流槽的托盘。料盘的偏心距、倾斜角和旋晃频率（或主传动轴的转速）均可调节。

该机构并不复杂，构思相当巧妙，运行也平稳可靠，对一般或特种散体物料能产生如前图 2-7-2 所示的偏上集浮、环行分流的效果。

（二）创新设计等效机构

通过实践进一步体会到，料盘的偏心距和倾斜角不便独立调节，而且往往与料盘的拔高牵连在一起，不仅增加操作麻烦，还影响设备高度的改变，不甚理想。

后来，以第一设计方案为参照，提出第二设计方案。对某些组成要素给予适当变异，使之形成功能更加完善的等效机构，其机构示意图如图 2-7-8 所示。

所谓等效机构是指所涉两套机构，当输入运动相同时，其执行构件的输出运动特性应该完全相同。

将以上两机构示意图对照一下，不难发现，整个机构变异的重点，仅仅是对原机构取消了内摆架下方的万向铰接机构，另外在内摆架上方增添了一组外啮合行星轮机构，并对主传动轴曲柄做了相应的改造。结果，面貌大为改观，料盘的偏心距和倾斜角均可在较宽范围内独立无级调节；行星轮的转臂也能调整 180°，使料盘实现外倾式或内倾式旋晃；再有，料槽的拔高被压缩到最低限度而且保持恒定。从分类看，这是一种Ⅰ型叠加式空间组合机构。

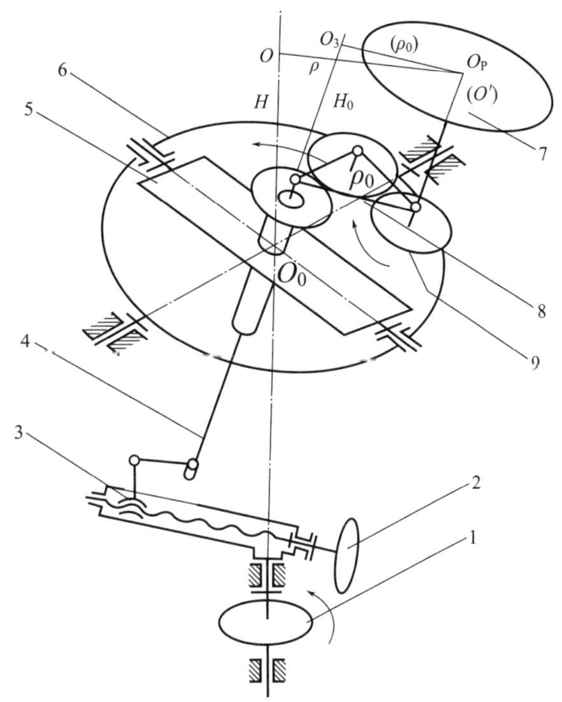

图 2-7-8　散体分流旋晃机构示意图（第二设计方案）

1—调速电机；2—螺杆手轮；3—曲柄滑块支承；4—行星齿轮传动轴；5—内摆架；6—外摆圈；7—料盘托盘；8—转臂；9—外啮合行星齿轮

在附加机构中，只要中心轮和行星轮的齿数、模数取得对应相等，这两套设计方案的料盘基本运动规律就是完全等效的。附带说明，出于某种生产工艺的特殊需要，为使料盘产生任意自转，不妨撤销上述约束条件；另外，必要时也可将料盘倾角改为 0°，即单纯做正圆平移运动。可见，灵活性之高，适应性之强。

据此第二设计方案，绘出如图 2-7-9 和图 2-7-10 所示的散体分流旋晃机总体结构简图及机座分流槽布局简图。

值得注意，料槽和机座的上下两层分流槽，在分隔数量上必须协调，在导流配置上必须对应，以确保各分路的输出流量接近相等。结构设计时，要千方百计减轻整个料槽的体重，对物流力求做到垂直落下缓和冲击，导引顺畅消除死角。

总之，在很多方面，第二设计方案明显优于第一设计方案。但是必须全面看问题，对于前者，为长期可靠运转，应切实抓好行星齿轮这一关键部位的设计、制造和维护工作。相形之下，后者也有一定的实用价值，它结构简单、容易制造、传动牢靠、运行稳定；为

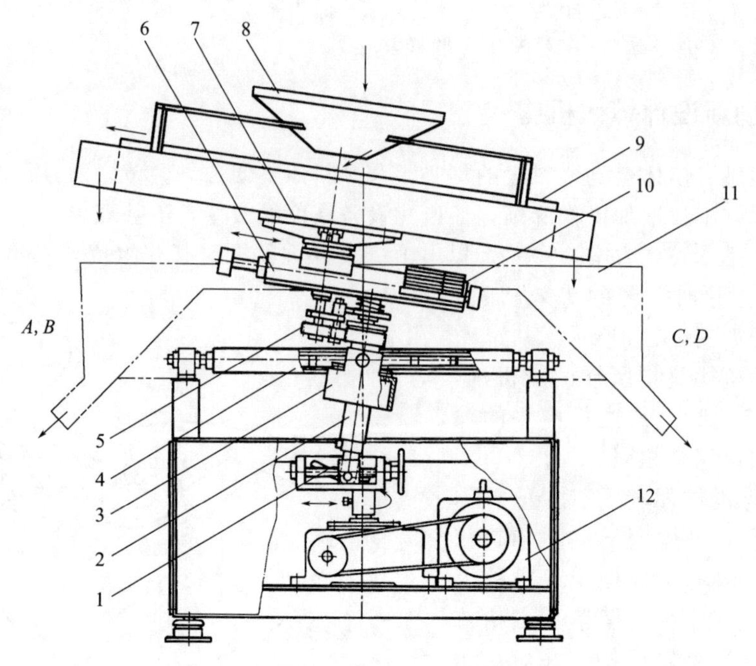

图 2-7-9　散体分流旋晃机总体结构简图

1—曲柄滑块；2—行星齿轮传动轴；3—内摆架；4—外摆圈；5—外啮合行星齿轮；6—转臂；7—料盘托盘；8—中心加料斗；9—分离圈；10—平衡重；11—机座分流槽；12—调速电机及减速器

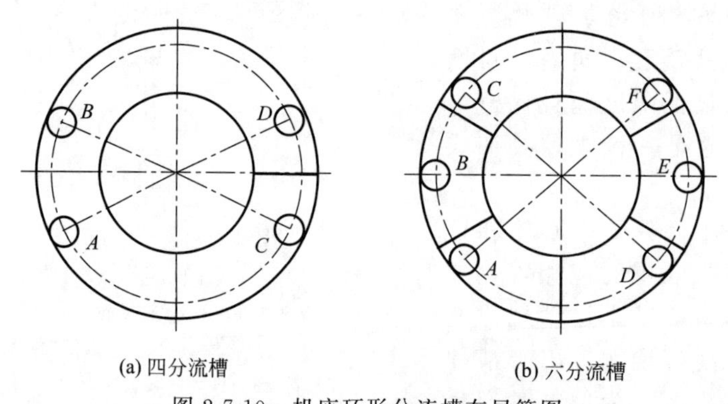

(a) 四分流槽　　(b) 六分流槽

图 2-7-10　机座环形分流槽布局简图

了压低整体的高度，所选的分流对象最好是品种单一、散落性好、负载偏轻、可调范围不大的，甚至可以当成一种专用设备来使用。

（三）创新设计实践经验

关于这样一个完全创新、典型研发的科学与技术选题，总结其成果和经验提供给读者，无疑具有一定现实意义。

① 将古老的普通手动工具转化为一个机械化、连续化、模块化的多功能旋晃机，这件事本身就充分说明科学技术杂交渗透的因果关系。所以，不仅要重视它在包装领域的创新应用，也要关注它在其他领域（如食品、医药、生物、农副产品等）的扩展应用。切实做到有主有次、各有所为，以体现当今时代的发展特征。

② 通过回顾各个创新实践环节，有助于深刻了解一项发明创造的全过程，从几度挫折到几次成功，足以受到许多有益的启示。

特别是，在包装机械领域，常用的机构多为平面机构，而对新涉及的载料旋晃机构，不但要研究复杂的空间机构运动规律，更感棘手的，则是研究该机构所载盘面上散体的特殊运动规律。自从揭示了自动集浮分流的力学实质，终于打开这扇攻关的大门，使解决与此类似的其他课题变得轻而易举，后来又朝物件自动定向分流的方向进行开拓。

③ 就本选题先后提出的两套空间旋晃机构而言，在机构的创新与变异上，由于找到了恰如其分的等效机构，从探索设计理论的角度，又可反过来将这两套机构合为一体，为运用经典的三维直角坐标法、方向余弦矩阵法求解其运动学和动力学问题带来极大的方便，这样就更好地充实了有关空间机构设计方法的内容，增长见识。

因此，创新要求：一切都要根据客观规律办事，循序渐进；正确处理调查、选题、研究、设计、试制、实验、投产各个环节的相互制约与相互作用的辩证关系；重视理论与实践的有机结合及反复循环；认真学习吸取前人发明创造的宝贵经验，锲而不舍，不达目的，决不罢休。

第二节　集浮分流旋晃机创新设计原理

一、空间机构的自由度

（一）计算准则

计算空间机构的自由度有助于预先了解所需设计的机构与机械能否实现给定的调试操作和正常运转，因此这是不可缺少的设计计算环节。

实际上，空间机构远比平面机构复杂，别有特点。这突出地表现在，每一活动构件都有 6 个自由度，而且能够组成很多类型的运动副。概括起来，按各运动副允许的自由度数目，由 1 至 5，共分为五类；或者，按各运动副引入的约束数目，由Ⅴ至Ⅰ，共分为五级。

1 类副（Ⅴ级副）——含转动副 R、移动副 P、螺旋副 H

2 类副（Ⅳ级副）——含圆柱副 C、球销副 S_p、通用副（又称万向铰链机构）U

3 类副（Ⅲ级副）——含球面副 S、平面副 E

4 类副（Ⅱ级副）——含曲面副 S_u

5 类副（Ⅰ级副）——含点接触副 P_t

其中，以 R、P、H、S、C、S_p 的应用最为广泛。

空间机构通常以其所含全部运动副的代号来命名，例如 PRR 机构，即代表由 1 个移动副、2 个转动副连接而成的机构。

空间机构的自由度等于各活动构件在成副前的自由度总数，减去各运动副带来的约束总数。

据此建立由 n_0 个活动构件组成，包括 P_1 个 1 类副、P_2 个 2 类副、P_3 个 3 类副、P_4 个 4 类副和 P_5 个 5 类副的空间机构自由度基本计算式

$$F=6n_0-5P_1-4P_2-3P_3-2P_4-P_5 \tag{2-7-1}$$

但是，由于一些构件和运动副的特殊配置，以致整个机构都丧失了某一种或某几种运动，其实就等于对该机构施加相应的公共约束，在此场合应从上式扣除公共约束数。

另外，还要注意检查机构中是否存在复合铰链、局部自由度和虚约束等问题。

（二）计算结果

1. 第一设计方案（参阅图 2-7-7）

① 调试时

扳动手轮，调节料盘的倾斜角。

活动构件数 $n_0=5$，包括 2、3、4、5-6、7（各 1 件）。

运动副数 $P_1=5$，包括 4R、1H；$P_2=1$，1U。

机构自由度 $F_1=6n_0-5P_1-4P_2=6\times5-5\times5-4\times1=1$

② 运转时

调速电机驱动主轴曲柄，料盘旋晃。

活动构件数 $n_0=4$，包括 1、4、5-6、7（各 1 件）。

运动副数 $P_1=4$，4R；$P_2=1$，1U。

公共约束数 $m=1$（约束垂向位移）。

机构自由度 $F_2=(6-m)n_0-(5-m)P_1-(4-m)P_2$

$=(6-1)\times4-(5-1)\times4-(4-1)\times1=1$

总之，在任何工作场合，该机构的自由度均为 1，适用。

2. 第二设计方案（参阅图 2-2-8）

① 调试时

扳动手轮，调节料盘的倾斜角。

活动构件数 $n_0=6$，包括 2、4、5、6（各 1 件），3（2 件）。

运动副数 $P_1=7$，包括 5R、1P、1H。

机构自由度 $F_1=6n_0-6P_1=6\times6-5\times7=1$

② 运转时

调速电机驱动主轴曲柄，料盘旋晃。

为简化分析计算，将整个机构划分两部分求解。

基础部分——空间旋晃机构

活动构件数 $n_0=3$，包括 1-4、5、6（各 1 件）。

运动副数 $P_1=4$，4R。

公共约束数 $m=3$（其中各转动副的轴线均汇交于外摆圈的中心，使相关构件丧失 3 个方向的移动功能）。

机构自由度 $F_{21}=(6-m)n_0-(5-m)P_1=(6-3)\times3-(5-3)\times4=1$

附加部分——行星齿轮机构

鉴于中心齿轮被定位于作空间旋晃运动的内摆架之上，并借主传动轴驱动行星齿轮相

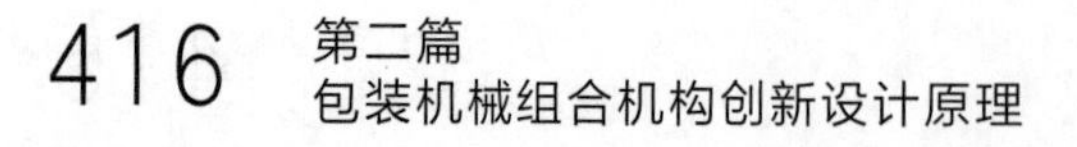

对内摆架作平面平行运动，因此可将行星齿轮机构转化为相当平面机构加以处理。

活动构件数 $n_0=3$，包括 8（1 件）、9（2 件）。

运动副数 $P_L=3$，$P_H=2$。

机构自由度 $F_{22}=3n_0-2P_L-P_H=3\times3-2\times3-1\times2=1$

总之，在任何工作场合，该机构的自由度均为 1，适用。

二、料盘运动规律剖析

现以图 2-7-11 所示的空间旋晃机构为两套设计方案建立等效的运动模型，求解此一复杂的载料机构所涉运动学与动力学问题。一般说来，采用直角坐标法容易取得简明直观、立竿见影、洞查实质、掌控全局的效果。为此，经内外摆圈的合成中心 O_0 形成三维直角坐标系 O_0xyz，并以料盘上某一点作为机构位置的求解参数，便可导出整个盘上所有点的位移、速度和加速度方程，从而为探索散体物料相对盘面的运动规律，找出应有的可控条件奠定必要的基础。

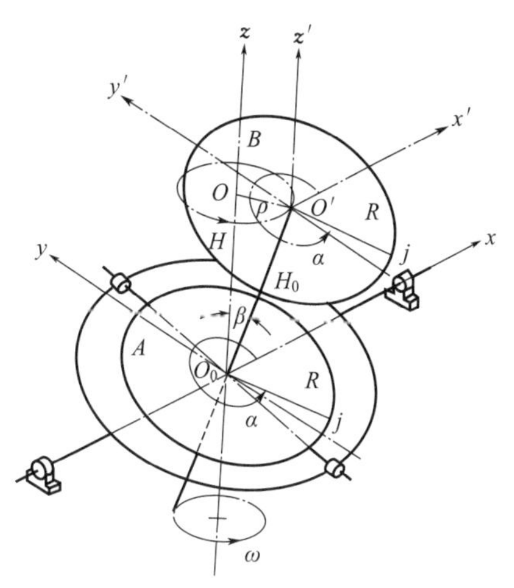

图 2-7-11　空间旋晃机构等效运动模型

首先，将内摆圈假想一料盘 A，剖析其纯旋晃运动。令盘面的最大有效半径为 R，倾斜角为 β，瞬时旋晃最低点为 $j(R,\alpha)$；曲柄主轴以等角速度 ω（或转速 n）绕 z 轴逆时针回转，对应于时间 t 的角位移 $\alpha=\omega t$。

继见图 2-7-12，在该盘面上任选一点 $i(r_i,\alpha_i)$，因其空间运动轨迹是一条绕盘心 O_0，且沿 iO_0z 垂直面摆动的圆弧线，遂写出相应的位移方程

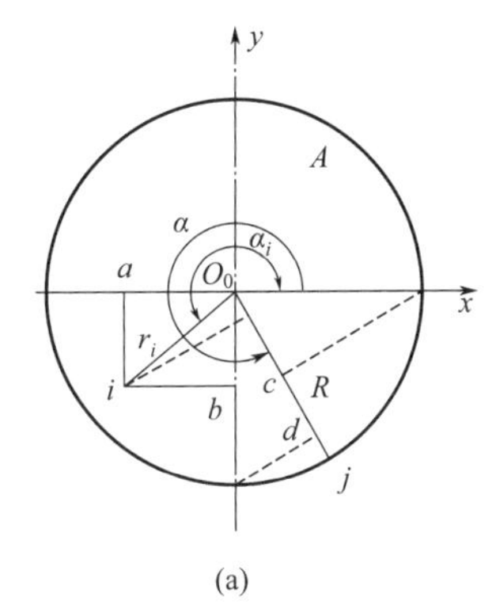

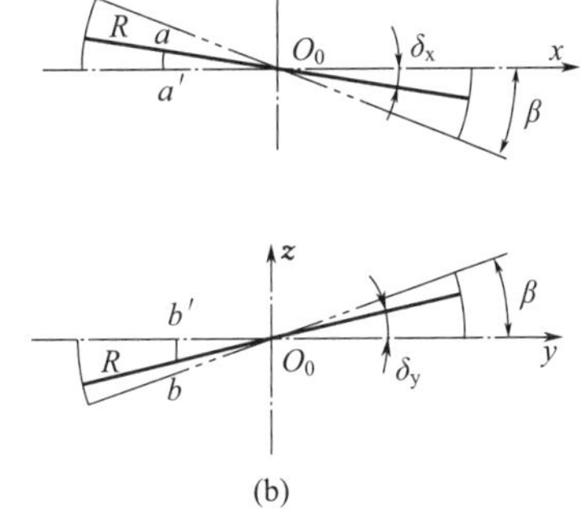

图 2-7-12　盘面纯旋晃运动分析简图

$$x_i=r_i\cos\alpha_i\cos\delta_x \tag{2-7-2}$$

$$y_i=r_i\sin\alpha_i\cos\delta_y \tag{2-7-3}$$

$$z_i=-r_i\cos(\alpha_i-\alpha)\sin\beta \tag{2-7-4}$$

令　$O_0c=r_1=R|\cos\alpha|$，　$O_0d=r_2=R|\sin\alpha|$

因

$$\sin\delta_x=\frac{r_1\sin\beta}{R}=\cos\alpha\sin\beta$$

$$\sin\delta_y=\frac{r_2\sin\beta}{R}=\sin\alpha\sin\beta$$

求出

$$\cos\delta_x=\sqrt{1-(\cos\alpha\sin\beta)^2}$$

$$\cos\delta_y=\sqrt{1-(\sin\alpha\sin\beta)^2}$$

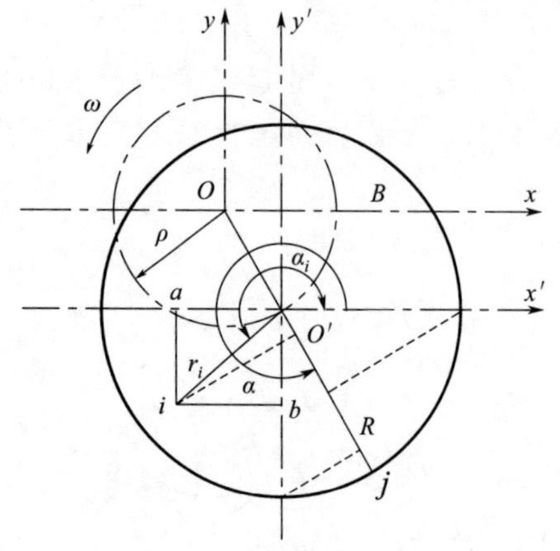

图 2-7-13　盘面复合运动分析简图

接着，对作纯旋晃运动并绕 z 轴作同步正圆平移运动的料盘 B 加以剖析。参阅图 2-7-13，通过该盘的中心 O' 建立另一平行直角坐标系 $O'x'y'z'$，取偏心距 $OO'=\rho$，盘面上给定点依然为 $i(r_i, \alpha_i)$，按前设相关条件写出其位移方程

$$x_i=r_i\cos\alpha_i\cos\delta_x+\rho\cos\alpha \tag{2-7-5}$$

$$y_i=r_i\sin\alpha_i\cos\delta_y+\rho\sin\alpha \tag{2-7-6}$$

$$z_i=-r_i\cos(\alpha_i-\alpha)\sin\beta \tag{2-7-7}$$

据此绘制盘面边沿上任意给定点或特定点 $i(R, 0°)$ 的空间运动轨迹在三视图上的投影曲线，如图 2-7-14 所示。

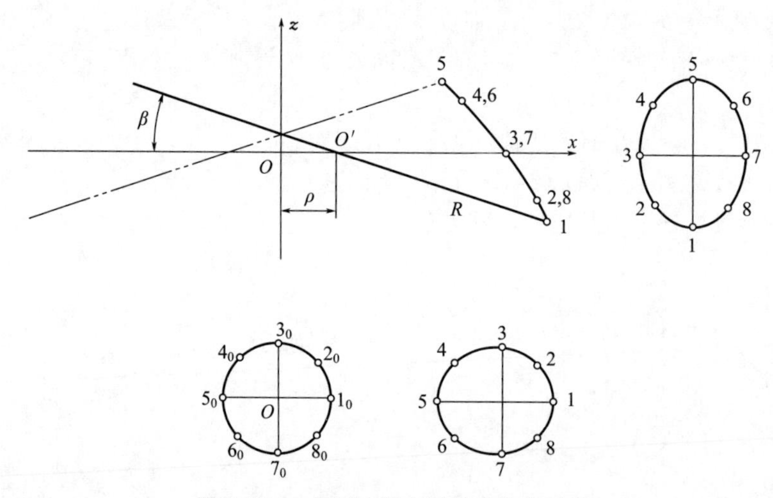

图 2-7-14　盘面边沿空间运动轨迹示例

为简化分析计算，对盘面给定点 i，特取 $r_i \leqslant R$，$\alpha_i=270°$，并设定 $\beta>0$，$\rho=0$（相应的，$H_0=0$ 适用第一设计方案），代入上式求得

位移方程

$$x_i=0 \tag{2-7-8}$$

$$y_i=-r_i\cos\delta_y \tag{2-7-9}$$

$$z_i=r_i\sin\alpha\sin\beta \tag{2-7-10}$$

速度方程

$$v_{xi}=0 \tag{2-7-11}$$

$$v_{yi}=\frac{r_i\omega\sin2\alpha\sin^2\beta}{2\sqrt{1-(\sin\alpha\sin\beta)^2}} \tag{2-7-12}$$

$$v_{zi}=r_i\omega\cos\alpha\sin\beta \tag{2-7-13}$$

加速度方程

$$a_{xi}=0 \tag{2-7-14}$$

$$a_{yi}=\frac{r_i(\omega\sin\beta)^2}{\sqrt{1-(\sin\alpha\sin\beta)^2}}\left\{\cos2\alpha+\frac{(\sin2\alpha\sin\beta)^2}{4[1-(\sin\alpha\sin\beta)^2]}\right\} \tag{2-7-15}$$

$$a_{zi}=-r_i\omega^2\sin\alpha\sin\beta \tag{2-7-16}$$

据此绘制图 2-7-15，示意表示盘面上该点的速度及加速度变化曲线。

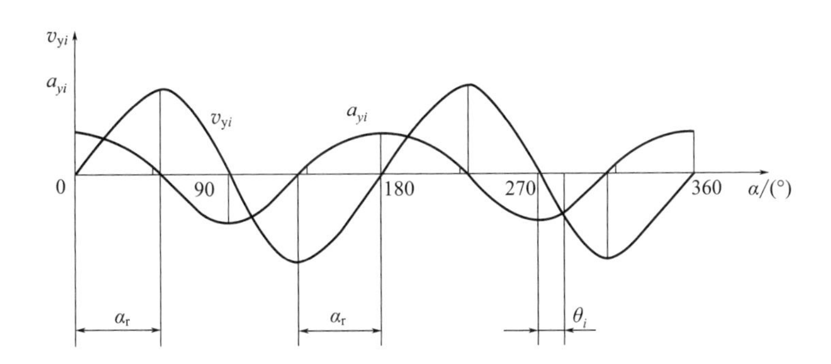

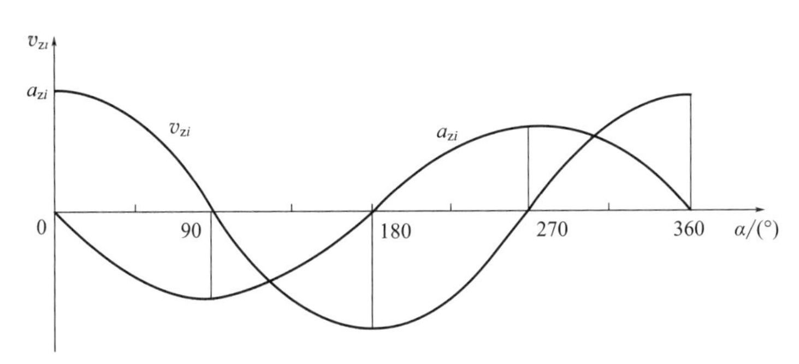

图 2-7-15　盘面纯旋晃运动给定点速度及加速度变化曲线

从中可看出，当 $\alpha=90°$、$270°$时，$v_{yi}=0$，$a_{yi}=a_{yi\max}$（符号均为负），与此相对应，$v_{zi}=0$，$a_{zi}=a_{zi\max}$（符号为一负一正）。

除此之外，图中还出现 4 处临界相位角 α_r，它表示一种特定状况，$v_{yi}=v_{yi\max}$（符号为二正二负），$a_{yi}=0$。将 $\alpha=\alpha_r$ 代入式(2-7-15)，求得

$$\cos2\alpha_r+\frac{(\sin2\alpha_r\sin\beta)^2}{4[1-(sin\alpha_r\sin\beta)^2]}=0$$

改写为

$$(4\sin^2\alpha_r-\sin2\alpha_r\tan\alpha_r)\sin^2\beta=4 \tag{2-7-17}$$

这表明，α_r 仅取决于 β，若 $\beta=15°\sim20°$，就各个象限而言，算出 $\alpha_r=45.5°\sim45.9°$。

当然，对盘面给定点 i 还可选取其他值（如 $\alpha_i=270°+\theta_i$），以充分反映它纯旋晃时各点的运动变化规律。但其中有条准则是必须遵守的，即 x 向和 y 向的合成速度 v_{ri}、合成加速度 a_{ri} 的矢径应该总经过盘面的中心。

在此前提下，令 $\theta_i=\alpha_i-270°$，则该点水平径向加速度

$$\alpha_{ri}=\sqrt{\alpha_{xi}^2+\alpha_{yi}^2}=\alpha_{yi}\sec\theta_i$$

换言之，根据图 2-7-15 的加速度变化曲线，只要给定 θ_i，测出 a_{yi}（包括 a_{zi}），即可算出 a_{ri}，而无需求解 a_{xi}。

强调指出，推导以上结果，其用意是为研究盘面上散体物料的运动学与动力学问题提供关键性数据。

三、载料集浮力学本质

通过综合分析，不难确定盘面作复合运动的任意瞬间，加于质量为 m 的物料颗粒上所有惯性力。参阅图 2-7-16，当 $\alpha=90°$，对给定点 $i(r_i=R,\alpha_i=270°+\theta_i)$ 物料，其水平径向惯性力为 $\boldsymbol{P}_{ri}(P_{ri}=ma_{ri})$，垂直惯性力为 $\boldsymbol{P}_{zi}(P_{zi}=ma_{zi})$，水平离心惯性力为 $\boldsymbol{P}_1(P_1=mpw^2)$。前已述及，借助图 2-7-15 可以扩展求知盘面其他给定点上物料的受力状况。结果表明，在某一瞬时，这些矢量全部对称于经料盘下限点 j 和 z 轴所做的垂直平面。

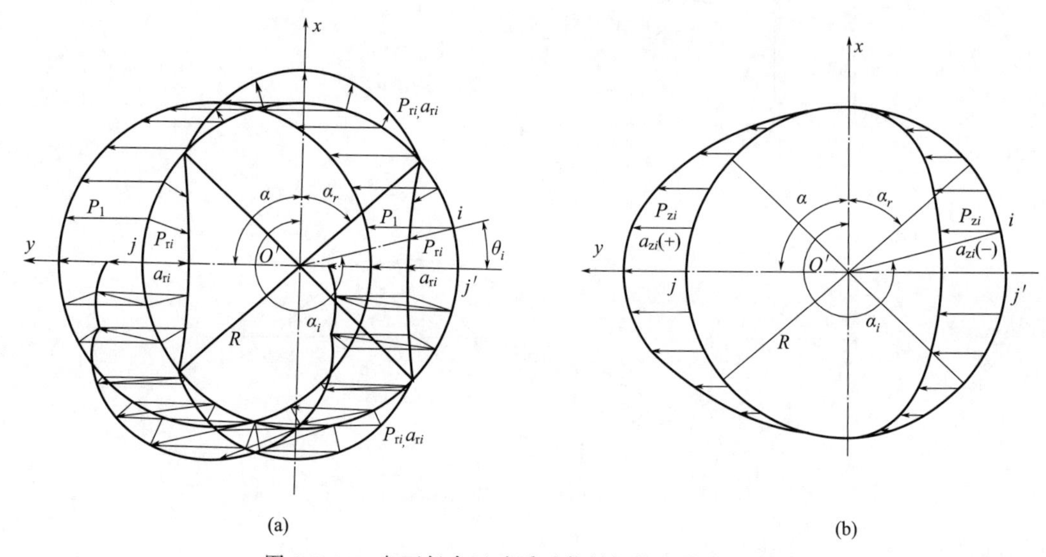

图 2-7-16　盘面复合运动瞬时载料惯性力分布示意图

在此基础上，为了探明散体物料在整个盘面上的流动性，必须进一步求解一些相关未知量。

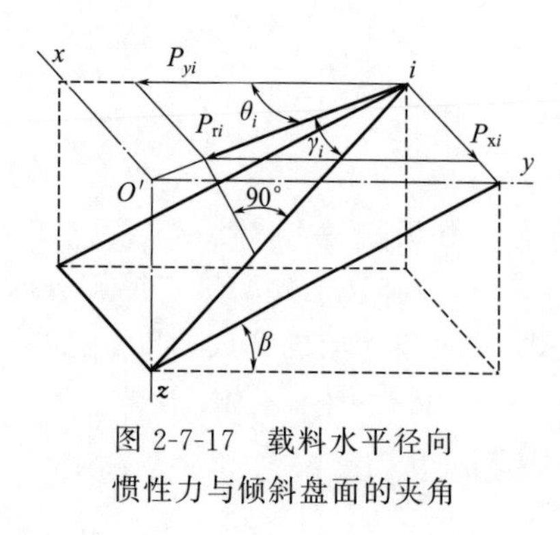

图 2-7-17　载料水平径向惯性力与倾斜盘面的夹角

参阅图 2-7-16，令加于盘面边沿上某一颗粒的水平径向惯性力 $\boldsymbol{P}_{ri}$ 与 y 轴的夹角为 θ_i；当 $0\leqslant\alpha_i\leqslant180°$ 时，$\theta_i=|90°-\alpha_i|$；当 $180°\leqslant\alpha_i\leqslant360°$ 时，$\theta_i=|270°-\alpha_i|$。依图 2-7-17 求解该水平惯性力与倾斜盘面的夹角 γ_i。

鉴于对给定点 i、j，盘面倾斜角为 β，从图示 $\boldsymbol{P}_{ri}$ 的空间相位关系，写出

$$x=y\tan\theta_i,\quad z=y\tan\beta$$

求得

$$\tan\gamma_i=\frac{z}{\sqrt{x^2+y^2}}=\cos\theta_i\tan\beta$$

亦即

$$\gamma_i=\arctan(|\sin\alpha_i|\tan\beta) \tag{2-7-18}$$

但是，盘面上物料颗粒所受的实际作用力只有两种：一是本身的重力 $\boldsymbol{G}(G=mg$，

g 为重力加速度)；二是与盘面的接触摩擦力 $\boldsymbol{F}_{si}$($F_{si}=fP_{ni}$，f 为滑动摩擦因数，P_{ni} 为接触正压力)。在空间旋晃运动中，这些实际作用力同前述的惯性力构成假想的动平衡。

基于这些认识，参考图 2-7-18，当 $\alpha=90°$时，对盘面给定点 i ($r_i=R$，$\alpha_i=270°+\theta_i$，靠近 j')，分别确定沿盘面垂直方向加于物料颗粒的合力

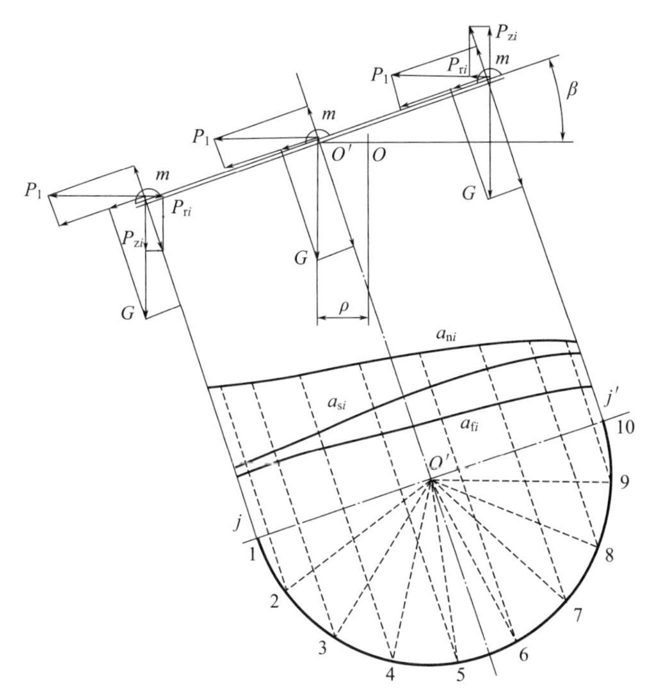

图 2-7-18　旋晃盘面载料受力综合分析

$$
\begin{aligned}
P_{ni} &= (G-P_{zi})\cos\gamma_i-(P_1\sin\beta+P_{ri}\sin\gamma_i) \\
&= m[(g+a_{zi})\cos\gamma_i-(\rho w^2\sin\beta-a_{ri}\sin\gamma_i)]
\end{aligned}
\tag{2-7-19}
$$

以及沿盘面平行方向加于物料颗粒的合力

$$
\begin{aligned}
P_{si} &= \sqrt{P_{rsi}^2+P_{1s}^2-2P_{rsi}P_{1s}\cos(180°-\theta_i)} \\
&= \sqrt{P_{rsi}^2+P_{1s}^2-2P_{rsi}P_{1s}\sin\alpha_i}
\end{aligned}
\tag{2-7-20}
$$

式中

$$P_{rsi}=m[(g+a_{zi})\sin\gamma_i-a_{ri}\cos\gamma_i]$$

$$P_{1s}=m\rho w^2\cos\beta$$

实用中，为使同盘面接触的所有物料均能充分相对运动和集浮分流，必须满足一个基本条件

$$P_{si}\geqslant F_{si} \qquad \text{即} \qquad a_{si}\geqslant fa_{ni}$$

令

$$a_{fi}=fa_{ni}$$

将上式改为

$$a_{si}\geqslant a_{fi} \tag{2-7-21}$$

欲保证工作稳定可靠起见，在已选定 $\alpha=90°$的前提下，应取 a_{ni} 最大值所在点（见图 2-7-18 点 j）进行核校。在此特定情况下，改选 $r_i=R$、$\alpha_i=90°$，相应的，$\theta_i=0°$，$\gamma_i=\beta$，一并代入式(2-7-19) 和式(2-7-20)，求出

$$
\begin{aligned}
a_{ni} &= (g + a_{zi})\cos\beta - (\rho\omega^2 + a_{ri})\sin\beta \\
&= (g + R\omega^2\sin\beta)\cos\beta - (\rho\omega^2 - R\omega^2\sin\beta\tan\beta)\sin\beta \\
a_{si} &= (g + a_{zi})\sin\beta + (\rho\omega^2 + a_{ri})\cos\beta \\
&= (g + R\omega^2\sin\beta)\sin\beta + (\rho\omega^2 - R\omega^2\sin\beta\tan\beta)\cos\beta
\end{aligned}
$$

按式(2-7-21) 的论证条件，写出

$$
\begin{aligned}
& g\sin\beta + \rho\omega^2\cos\beta + R\omega^2\sin\beta(\sin\beta - \cos\beta\tan\beta) \geqslant \\
& \qquad f[g\cos\beta - \rho\omega^2\sin\beta + R\omega^2\sin\beta(\cos\beta + \sin\beta\tan\beta)]
\end{aligned}
$$

代入 $\omega = \frac{\pi n}{30}$

确认主动轴转速

$$
n \geqslant \frac{30}{\pi}\sqrt{\frac{g(f\cot\beta - 1)}{\rho(f + \cot\beta) - fR(1 + \tan^2\beta)\cos\beta}} \quad (\text{r/min}) \tag{2-7-22}
$$

为以后论述方便，另取主动轴的临界转速

$$
n_{\text{r}} = \frac{30}{\pi}\sqrt{\frac{g(f\cot\beta - 1)}{\rho(f + \cot\beta) - fR(1 + \tan^2\beta)\cos\beta}} \tag{2-7-23}
$$

由此得出重要结论：对载料空间旋晃机构，要使盘面上散布的颗粒物料全部产生相对运动，务必保证 $n \geqslant n_{\text{r}}$。

从式(2-7-23) 清楚地了解到，影响 n_{r} 的主要因素是 R、β、ρ、f；若适当增大 R、f，而适当减小 β、ρ，那么 n_{r} 会有所增大。通过大量实验也证明了这个实用公式是正确的。例如，处理小型干果之类物料，选取 $R=500\text{mm}$，$\beta=18°$，$\rho=170\text{mm}$，$f=0.49$，经计算求得 $n_{\text{r}}=36\text{r/min}$。实际上采用 $n=45\sim55\text{r/min}$，其工艺效果已相当不错。

更值得关注的是，研究这一部分创新设计理论，应围绕一个核心问题来展开，就是，在稳定的旋晃料盘过程中，散体物料为何会自动形成集浮中心，并得以沿着外倾式盘面向上方整体偏移，同时环绕分离圈等速同步运行、均匀抛离，达到所期望的分流目的。

但是，从广义的实用角度讲，问题远不止于此。大量实验表明，对于空间旋晃机构，适当改变其主要工作参数，尤其是盘面倾斜角及偏心距，盘面上的散体物料就会出现各式各样的相对运动轨迹，可以满足多方面的工艺操作要求，其实这也是研究多功能旋晃机的最大难点之一。

毫不夸大地说，搞清楚这样一些奇异的物理概念和工作原理，对采取科学的操控措施和提出合理的选型依据都是至关重要的。

在长期实践和不断摸索中逐渐感受到，有必要阐明空间旋晃料盘在运动-动力学方面到底有何与众不同之处。对此，自然联想到图 2-7-18 所展示的三条加速度曲线，究其基本特征，在给定条件下，从盘面的瞬时下限点 j 至瞬时上限点 j'，a_{si} 的变化比较平缓，而 a_{ni}、a_{fi} 却明显由大趋小，同时 a_{si} 与 a_{fi} 之差又明显由小趋大。这意味着，料盘旋晃之时，物料颗粒所受滑动摩擦力的分布状况，大体上是盘面的上方弱于下方，加上 P_{si} 与 F_{si} 之差也相应增大，随之容易引发改变工作参数（主要为 β、ρ）就能改变散体物料相对运动轨迹的特有局面。

当然，单靠这种定性分析不够充分，还需借助图解解析法绘制物料（为简化处理，仅取单一颗粒作示力体）的相对运动轨迹加以综合考察。鉴于所用求解方法过于繁琐，现只提供对图 2-7-19 和图 2-7-20 的研究结果供参考。

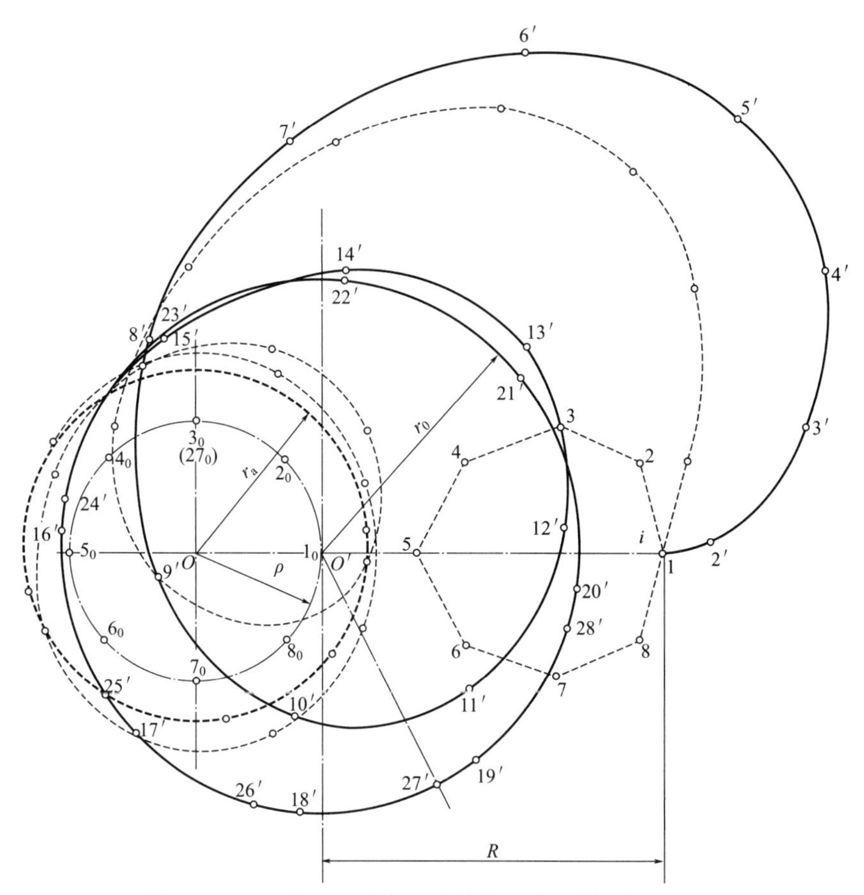

图 2-7-19　复合运动料盘上单颗粒相对运动轨迹（$\beta=18°$）

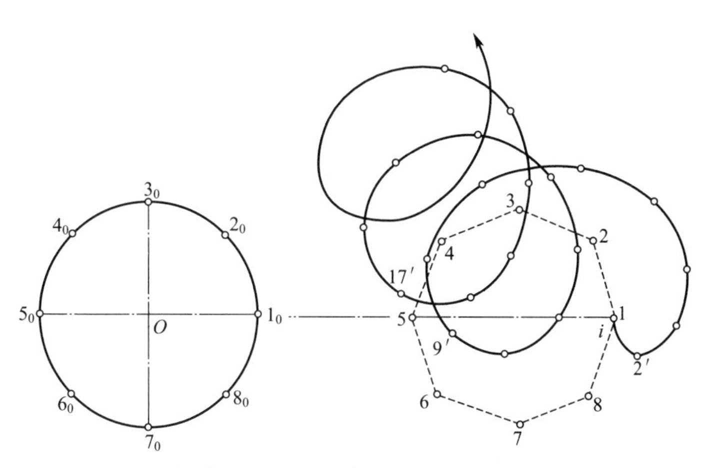

图 2-7-20　复合运动料盘上单颗粒相对运动轨迹（$\beta=10°$）

① 绘制第一张轨迹图的主参数是 $\beta=18°$，$\rho=170\text{mm}$，$f=0.49$，$n=36\text{r/min}$。

理论上，初始位于盘面瞬时下限点 j 处（$R=500\text{mm}$，看图时假想盘面扩大）的物料颗粒，经二三次旋晃后才稳定下来，绘出的相对运动轨迹（粗实线）是个绕盘心逆时针回转的正圆，其半径 $r_0=360\text{mm}$，明显小于圆盘的半径。

由此推断，对散体物料层而言，应产生与料盘的旋晃方向和旋晃周期完全一致的整体回转运动。鉴于各个同心圆的轨迹均向盘心收缩，又必定引起中央部位的凸起，即形成集浮中心。并且它会随着β、ρ的适当增加而使整个物料层向盘面上方偏移，待盘面倾斜角提升到某一特定值（通常为20°左右）时，凸起的物料层就同环形分离圈接触，在连续加料的场合可以不断被刮板分割，然后抛散分流出去。

附带说明，图中的粗虚线代表该物料颗粒的绝对运动轨迹，也是一个正圆，半径$r_a=240$mm，其中心恰同曲柄主传动轴的中心线相重合。

② 当其他参数保持不变的条件下，只适当降低盘面的倾斜角，结果表现出，集浮中心向盘面下方偏移，凸起也逐渐衰减，整个物料层转变为绕盘心的慢速周转。

参阅第二张轨迹图，取$\beta=10°$，绘出的单颗粒相对运动轨迹，从外向里，则为一条条形状弯曲又有所变化的螺旋线。它的走向由图中箭头大致体现出来，正是有力的证明。

③ 及至料盘的倾斜角为零时，空间旋晃机构已不复存在，就第二设计方案而言，便转化为一个别有新意的正圆平行移动机构。在这种操作环境中，散体物料层完全平铺于整个盘面。理论证明，各层物料的相对运动轨迹均为同一转向、但不尽相同的正圆，形成各个颗粒原地打转的局面。虽然边缘区域的物料也能从分离圈分离出去，但总比不上在盘上添置某种导引构件更能加速这一输出与分流的过程。

根据动点的运动合成原理，对作正圆平动的料盘，其上某一动点的瞬时绝对运动加速度应等于该瞬时的牵连加速度与相对加速度的矢量和。

援引力矢直角三角形及已知符号，写出简式

$$(r_a\omega^2)^2=(\rho\omega^2)^2-(r_0\omega^2)^2$$

由于

$$r_a\omega^2=fg$$

解出

$$r_0=\rho\sqrt{1-\left(\frac{fg}{\rho\omega^2}\right)^2} \tag{2-7-24}$$

在一般情况下，$\rho\omega^2>fg$，可见$r_0<\rho$。

另外，按式(2-7-23)，令$\beta=0$，求得

$$n_r=\frac{30}{\pi}\sqrt{\frac{fg}{\rho}} \quad (\mathrm{r/min}) \tag{2-7-25}$$

或改写为

$$\omega_r=\sqrt{\frac{fg}{\rho}} \quad (\mathrm{rad/s})$$

总之，以上三种运动轨迹形式颇有特色，尤其是通过简单地调整主要工作参数就得以相互转换，各展其用，实属匪夷所思，有待继续研发。

四、旋晃分流控制要素

图2-7-21示意表示旋晃料盘对散体物料的集浮分流机理及其与可控条件的互依变化关系。这集中体现了，设法合理安排五个基本要素乃是提高设备工艺性能的关键所在。

① 料盘结构尺寸　一般说来，选择较大的料盘对增加设备生产能力具有重要意义。但是，直径过大，不仅笨重，保持盘面平整也很困难。所以建议选取料盘的有效直径为800～1000mm，分离圈的宽度和拔高各为90～100mm、30～35mm，而且最好形成系列化产品。

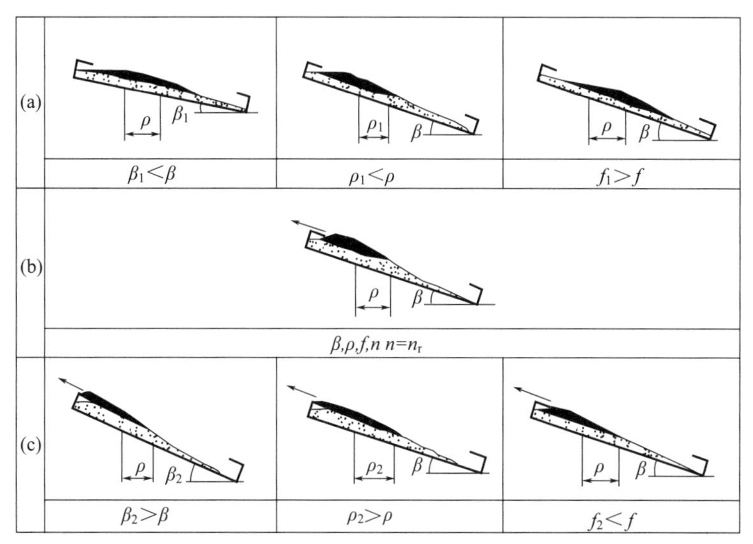

图 2-7-21 旋晃集浮分流机理及可控条件互依变化关系

整个料槽（包括料盘）是主要旋晃构件，要采用轻质、高强度、刚性好的材料制造，以减轻动载负荷，延长设备的使用寿命。

② 料盘表面性状　物料同盘面不可能没有摩擦，只不过选择料盘工作面的表面粗糙度要适当偏低一些，以利于促进物料的相对运动。料盘可采用厚度为 1.2～2.0mm 的铝合金板制作，而要加强多种组分的混合以及自动分级等作用，宜将这种较厚的板材铣削成为均布浅半球形的凹点。设计计算时，常取极限摩擦角 $\varphi_m=23°\sim28°$，相应的滑动摩擦因数 $f=0.42\sim0.53$。

③ 料盘倾斜角度　经论证，载料旋晃盘式空间机构之所以能够发挥其独特功能，最根本的是选用适度的料盘倾斜角。

根据式(2-7-22) 得知，其根号内的分母项一般为正值，为保证 $n>0$，应使 $f\cos\beta-1>0$，由于 $f=\tan\varphi_m$ 求得 $\beta<\varphi_m$。实用中，可取 $\beta=\varphi_m-(6°\sim10°)$，对于处理近似球形物料，以偏低一些为好，甚至接近于零。

④ 料盘平动半径　实验表明，适当增大料盘的平动半径，有助于扩大物料集浮中心的环形轨迹。若过大则有明显的负作用，会产生强烈的抛离现象。再从设备结构的紧凑性和动平衡性来考虑，一般取平动半径 $\rho=150\sim180$mm。

⑤ 料盘旋晃次数　料盘的每分钟旋晃次数与主传动轴的转速具有等值意义。只有料盘以适当周期旋晃，才能激起散体物料产生预期的集浮分流和自动分级效应。按式(2-7-22) 要求 $n\geqslant n_r$，实用中最好配备无级调速装置，以便针对某一种或某几种物料，经精心调节和综合评估找到最佳的可调范围。通常，$n=40\sim50$r/min。

五、驱动功率计算方法

散体分流旋晃机在正常运动中所消耗的能量，主要用来克服旋晃机构主体部分的惯性阻抗以及载料、传动等部分的摩擦阻抗。为了简化分析计算，最后应通过实验测定加以校核。

关于旋晃机构主体部分所需的功率 W，参阅图 2-7-22，可按下式粗略计算。

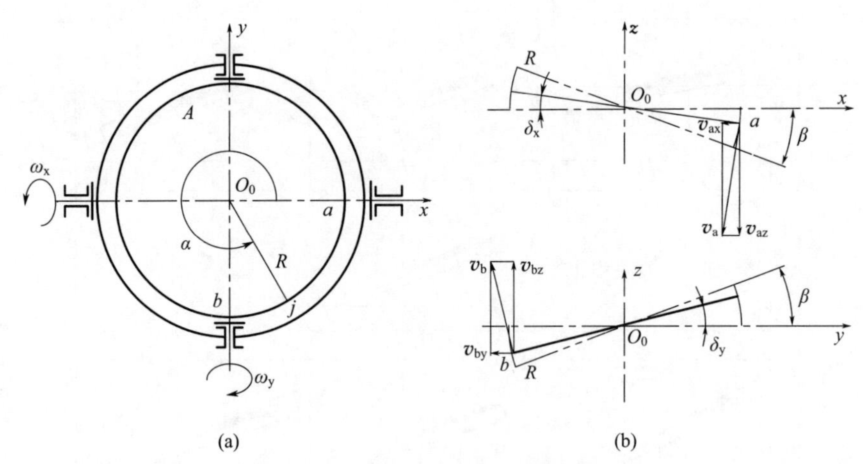

图 2-7-22　旋晃机构内外摆圈运动分析

$$W=\frac{2n}{60\times10^3}\left(\frac{1}{2}I_x\omega_{xmax}^2+\frac{1}{2}I_y\omega_{ymax}^2\right)$$

$$=\frac{n}{6\times10^4}(I_x\omega_{xmax}^2+I_y\omega_{ymax}^2)\quad(\mathrm{kW})\tag{2-7-26}$$

式中，I_x 为料槽（含载料）、内摆架、外摆圈及有关附件对 x 轴的转动惯量，$kg\cdot m^2$；I_y 为料槽（含载料）、内摆架及有关附件对 y 轴的转动惯量，$kg\cdot m^2$；ω_{xmax} 为外摆圈及其支承轴的最大角速度；ω_{ymax} 为内摆架及其支承轴的最大角速度。

为求解 ω_{xmax}、ω_{ymax}，在图中所示内摆圈上分别选取 a、b 两点，令 $r_a=r_b=R$，$\alpha_a=0°$，$\alpha_b=270°$，代入式(2-7-4)，求出该二点的位移及速度方程

$$z_a=-R\sin\beta\cos\alpha$$

$$z_b=R\sin\beta\sin\alpha$$

$$v_{za}=R\omega\sin\beta\sin\alpha$$

$$v_{zb}=R\omega\sin\beta\cos\alpha$$

故得

$$\omega_x=\frac{v_b}{R}=\frac{v_{zb}}{R\cos\delta_y}=\frac{\omega\sin\beta\cos\alpha}{\sqrt{1-(\sin\beta\sin\alpha)^2}}\tag{2-7-27}$$

$$\omega_y=\frac{v_a}{R}=\frac{v_{za}}{R\cos\delta_x}=\frac{\omega\sin\beta\sin\alpha}{\sqrt{1-(\sin\beta\cos\alpha)^2}}\tag{2-7-28}$$

$$\omega_{xmax}=\omega_{ymax}=\pm\omega\sin\beta\tag{2-7-29}$$

将此值代入式(2-7-26)，改写成

$$W=\frac{(I_x+I_y)n^3\sin^2\beta}{5.47\times10^6\eta}\tag{2-7-30}$$

式中，η 为补偿各种能量损耗所表示的机构工作效率，由实验测定。

至此，可以确认：

① 散体分流旋晃机的驱动功率 W 是随 I_x、I_y、β、n 的增大而增加的，尤其是 n 的影响最为突出。设计中应设法从结构、尺寸、材质、布局诸方面减小料槽（含料盘）、内摆架、外摆圈的转动惯量，另外，在操作上要控制适宜的料盘倾斜角和主传动轴转速。

② 图 2-7-23 明显表示，内摆架、外摆圈的角速度 ω_x、ω_y 两绝对值之和是随主传动轴角位移 α 的变化而有所波动的。所以旋晃次数过快，不单多耗能量，还容易引起设备振动，难以维持正常操作。

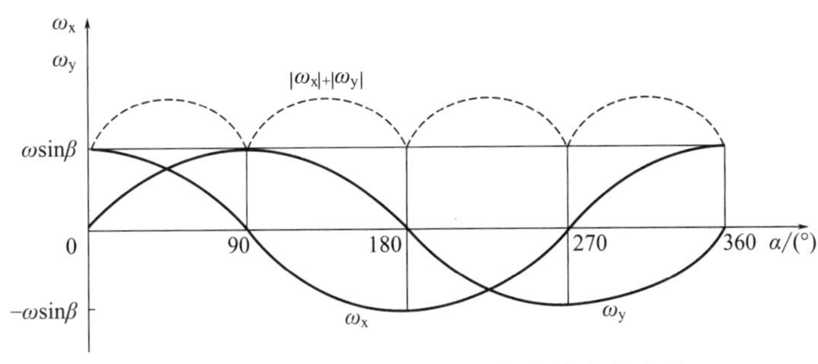

图 2-7-23 旋晃机构内外摆圈角速度变化曲线

③ 经试制和测试样机取得第一手资料，该机的驱动功率变化范围是 0.4～0.7kW。

第三节 定向分流旋晃机创新设计原理

一、料斗结构特点

当前，在产品包装及机械制造等行业所用的自动定向供送装置，类型较多，各有优缺点。至于新研究开发的斗式定向分流旋晃机，则是受到斗式电磁振动给料器的启示而构思出来的技术方案，使之既具有后者的若干结构特征和工艺性能，又可借助空间旋晃机构的机械传动，以适当增加料斗直径和旋晃次数来提高设备生产能力、降低制造维护成本。

参阅图 2-7-24 所示的旋晃料斗，它主要由圆柱形壳体、锥形散料盘，以及两组呈中心点对称的供送滑道（A_1,A_2）、定向排列螺旋滑道（B_1,B_2）和分流槽（C_1,C_2）所构成。

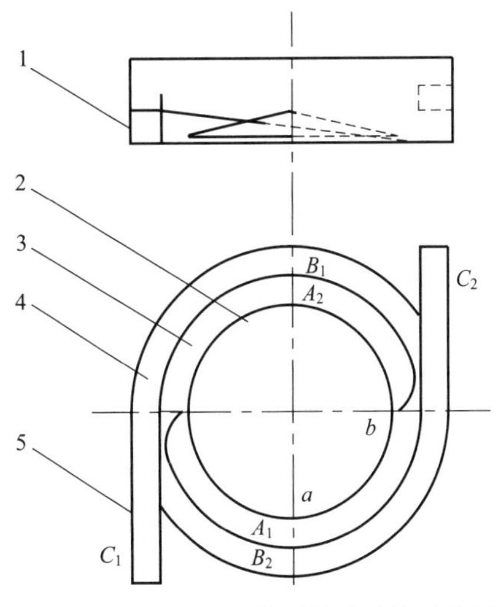

图 2-7-24 定向分流旋晃料斗结构示意图
1—料斗壳体；2—锥形散料盘；3—供送滑道；4—定向排列螺旋滑道；5—分流槽

该料斗在外观上貌似单调平凡，但在机理上却显得巧妙独特。一般说来，它适合处理较长的正圆柱形、椭圆柱形、直棱柱形及其他类似形体的物件。为了实现预期的自动定向排列要求，应按物件的某一主体尺寸作为定向基准，合理安排供送滑道和螺旋滑道的有效宽度。必要时不妨更换不同直径的散料盘并调节其底边的高度加以补偿。

经后面的深入理论研究认识到，单就 A_1-B_1 两滑道的组合而言，当盘面 a 点处于旋晃的低位区段，可将连续加料引进供送滑道，然后在 b 点间歇导入螺旋滑道进行定向与排列，最后由分流槽输出。为了缓和两槽轮流排料的波动性，各摆动槽口的下方最好配备一套简单的存储导向装置，再将整理好的物件送至相关的包装工位。

二、工作机理初探

（一）机构分析

定向分流旋晃机的创新设计别有特点，这之中要着重关注如何利用空间旋晃机构对物件沿滑道实现预期的自动定向与排列分流的问题。

为达到此一目的，关键在于搞清其基本工作原理。在此需要另辟求解途径，改用方向余弦矩阵法，通过坐标系变换找到主要运动参数关系，从而建立物件相对盘面、特别是螺旋滑道运动的可控条件，只有这样才能合理安排料斗的总体结构设计以及相适应的操作要求。

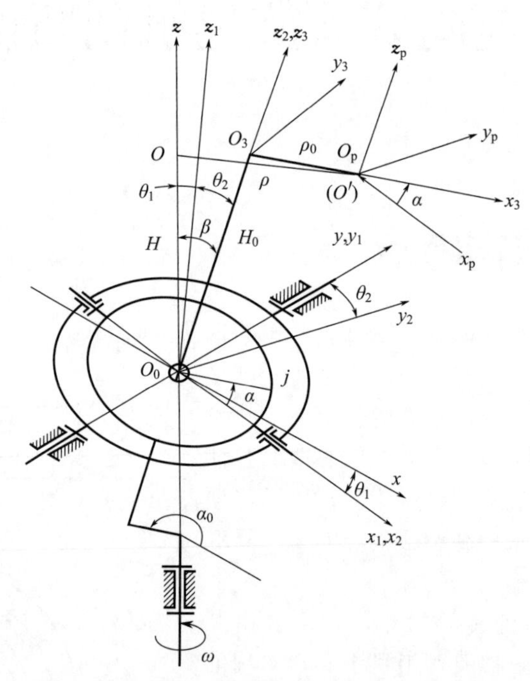

图 2-7-25　空间旋晃机构各坐标系变换示意图

现以已知旋晃机构第二设计方案（见图 2-7-8）作为参照依据，提出图 2-7-25 所示的空间旋晃机构各坐标系变换示意图，并设定：

O_0xyz——经外摆圈定位轴承及曲柄原动轴的静坐标系（参考系Ⅰ）；

$O_0x_1y_1z_1$——经外摆圈定位轴承及摆动轴承的动坐标系（参考系Ⅱ）；

$O_0x_2y_2z_2$——经外摆圈摆动轴承及主传动轴的动坐标系（参考系Ⅲ）；

$O_3x_3y_3z_3$——经主传动轴及盘心的动坐标系（参考系Ⅳ）；

$O_p x_p y_p z_p$——经料盘中心轴线且与坐标轴 x_2、y_2 平行的动坐标系（参考系Ⅴ）；

H_0——料盘（工作表面）与内外摆圈的中心距；

ρ_0——料盘对主传动轴的偏心距；

ω, n——曲柄原动轴的角速度和转速；

α——内摆圈瞬时旋晃最低点 j 对坐标轴 x_1 或 x_2 的相位角，$\alpha=\omega t$（t 代表时间）；

α_0——曲柄对静坐标面 xO_0z 的回转相位角，$\alpha_0=180°+\alpha$。

由于料盘作复合运动，使得各坐标系的变换也趋于复杂，既有共原点的转动，还包含非共原点的平移。

根据前述条件及方向余弦矩阵法坐标系变换准则（详见参考文献［28］、［35］），可将料盘上动坐标系中某给定点 $P(x_p、y_p、z_p)$ 同原静坐标系相互联系起来，并建立相应的运动方程。为此，导出如下矩阵

$$\begin{bmatrix} x \\ y \\ z \end{bmatrix} = \begin{bmatrix} \cos\theta_1 & 0 & \sin\theta_1 \\ 0 & 1 & 0 \\ -\sin\theta_1 & 0 & \cos\theta_1 \end{bmatrix} \begin{bmatrix} x_1 \\ y_1 \\ z_1 \end{bmatrix} \tag{2-7-31}$$

$$\begin{bmatrix} x_1 \\ y_1 \\ z_1 \end{bmatrix} - \begin{bmatrix} 1 & 0 & 0 \\ 0 & \cos\theta_2 & \sin\theta_2 \\ 0 & -\sin\theta_2 & \cos\theta_2 \end{bmatrix} \begin{bmatrix} x_2 \\ y_2 \\ z_2 \end{bmatrix} \tag{2-7-32}$$

$$\begin{bmatrix} x_2 \\ y_2 \\ z_2 \\ 1 \end{bmatrix} = \begin{bmatrix} \cos\alpha & -\sin\alpha & 0 & 0 \\ \sin\alpha & \cos\alpha & 0 & 0 \\ 0 & 0 & 1 & H_0 \\ 0 & 0 & 0 & 1 \end{bmatrix} \begin{bmatrix} x_3 \\ y_3 \\ z_3 \\ 1 \end{bmatrix} \tag{2-7-33}$$

$$\begin{bmatrix} x_3 \\ y_3 \\ z_3 \\ 1 \end{bmatrix} = \begin{bmatrix} \cos\alpha & \sin\alpha & 0 & \rho_0 \\ -\sin\alpha & \cos\alpha & 0 & 0 \\ 0 & 0 & 1 & 0 \\ 0 & 0 & 0 & 1 \end{bmatrix} \begin{bmatrix} x_p \\ y_p \\ z_p \\ 1 \end{bmatrix} \tag{2-7-34}$$

求得料盘上某给定点 P 对参考系Ⅰ的位移方程

$$[x, y, z]^T = [A][x_p, y_p, z_p]^T + [B_x, B_y, B_z]^T \tag{2-7-35}$$

式中

$$[A] = \begin{bmatrix} \cos\theta_1 & -\sin\theta_1\sin\theta_2 & \sin\theta_1\cos\theta_2 \\ 0 & \cos\theta_2 & \sin\theta_2 \\ -\sin\theta_1 & -\cos\theta_1\sin\theta_2 & \cos\beta \end{bmatrix}$$

$$B_x = H_0\sin\theta_1\cos\theta_2 + \rho_0(\cos\theta_1\cos\alpha - \sin\theta_1\sin\theta_2\sin\alpha)$$

$$B_y = H_0\sin\theta_2 + \rho_0\cos\theta_2\sin\alpha$$

$$B_z = H_0\cos\beta - \rho_0(\sin\theta_1\cos\alpha + \cos\theta_1\sin\theta_2\sin\alpha)$$

参阅图 2-7-26，在上述参考系中，选取向量 $\boldsymbol{Z}$、$\boldsymbol{Z}_1$、$\boldsymbol{Z}_2$，且令 $\boldsymbol{Z}$ 与 $\boldsymbol{Z}_1$ 的夹角为 θ_1，$\boldsymbol{Z}_1$ 与 $\boldsymbol{Z}_2$ 的夹角为 θ_2，$\boldsymbol{Z}$ 与 $\boldsymbol{Z}_2$ 的夹角为 β，根据两向量点积（数量积）原理直接写出

$$\boldsymbol{Z} \cdot \boldsymbol{Z}_1 = |\boldsymbol{Z}||\boldsymbol{Z}_1|\cos\theta_1$$

$$\boldsymbol{Z}_1 \cdot \boldsymbol{Z}_2 = |\boldsymbol{Z}_1||\boldsymbol{Z}_2|\cos\theta_2$$

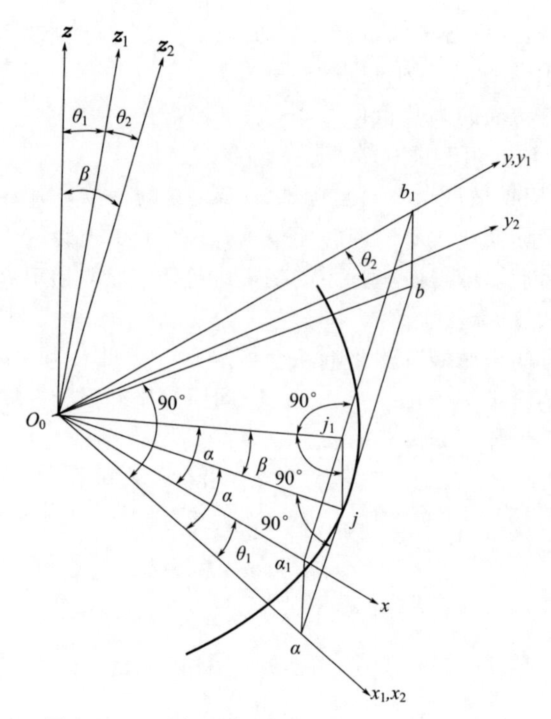

图 2-7-26　内摆圈各摆角空间几何关系示意图

或改写为

$$\cos\theta_1=\frac{\boldsymbol{Z}\cdot\boldsymbol{Z}_1}{|\boldsymbol{Z}||\boldsymbol{Z}_1|}$$

$$\cos\theta_2=\frac{\boldsymbol{Z}_1\cdot\boldsymbol{Z}_2}{|\boldsymbol{Z}_1||\boldsymbol{Z}_2|}$$

由于

$$\boldsymbol{Z}_1\cdot\boldsymbol{Z}_1=|\boldsymbol{Z}_1||\boldsymbol{Z}_1|\cos0=|\boldsymbol{Z}_1|^2$$

亦即

$$\frac{\boldsymbol{Z}_1\cdot\boldsymbol{Z}_1}{|\boldsymbol{Z}_1|^2}=1$$

故知

$$\cos\beta=\frac{\boldsymbol{Z}\cdot\boldsymbol{Z}_2}{|\boldsymbol{Z}||\boldsymbol{Z}_2|}=\frac{\boldsymbol{Z}\cdot\boldsymbol{Z}_1}{|\boldsymbol{Z}||\boldsymbol{Z}_1|}\frac{\boldsymbol{Z}_1\cdot\boldsymbol{Z}_2}{|\boldsymbol{Z}_1||\boldsymbol{Z}_2|}=\cos\theta_1\cos\theta_2 \tag{2-7-36}$$

另借该图的空间几何关系求出

$$\tan\theta_1=\frac{aa_1}{O_0a_1}=\frac{jj_1}{O_0a_1}=\frac{jj_1}{O_0j_1}\frac{O_0j_1}{O_0a_1}=\tan\beta\cos\alpha \tag{2-7-37}$$

继而解出

$$\sin\theta_1=\frac{\tan\theta_1}{\sqrt{1+\tan^2\theta_1}}=\frac{\tan\beta\cos\alpha}{\sqrt{1+(\tan\beta\cos\alpha)^2}} \tag{2-7-38}$$

$$\cos\theta_1=\frac{1}{\sqrt{1+(\tan\beta\cos\alpha)^2}} \tag{2-7-39}$$

$$\sin\theta_2=\sin\beta\sin\alpha \tag{2-7-40}$$

$$\cos\theta_2=\sqrt{1-(\sin\beta\sin\alpha)^2} \tag{2-7-41}$$

将上式(2-7-35）及其有关各式分别对时间 t 求导，可得料盘上某给定点 P 对参考系

Ⅰ的速度及加速度方程。

令　$v_x=\dot{x}$，$v_y=\dot{y}$，$v_z=\dot{z}$

$$[\dot{x},\dot{y},\dot{z}]^{T}=[\dot{A}][x_p,y_p,z_p]^{T}+[\dot{B}_x,\dot{B}_y,\dot{B}_z]^{T} \tag{2-7-42}$$

式中　$[\dot{A}]=\begin{bmatrix} (\cos\theta_1)' & -\sin\theta_1(\sin\theta_2)'-(\sin\theta_1)'\sin\theta_2 & \sin\theta_1(\cos\theta_2)'+(\sin\theta_1)'\cos\theta_2 \\ 0 & (\cos\theta_2)' & (\sin\theta_2)' \\ -(\sin\theta_1)' & -\cos\theta_1(\sin\theta_2)'-(\cos\theta_1)'\sin\theta_2 & 0 \end{bmatrix}$

$\dot{B}_x=H_0[\sin\theta_1(\cos\theta_2)'+(\sin\theta_1)'\cos\theta_2]-\rho_0[\omega\cos\theta_1+\sin\theta_1(\sin\theta_2)'+(\sin\theta_1)'\sin\theta_2]\sin\alpha+\rho_0[(\cos\theta_1)'-\omega\sin\theta_1\sin\theta_2]\cos\alpha$

$\dot{B}_y=H_0(\sin\theta_2)'+\rho_0[\omega\cos\theta_2\cos\alpha+(\cos\theta_2)'\sin\alpha]$

$\dot{B}_z=0$

又令　$a_x=\ddot{x}$，$a_y=\ddot{y}$，$a_z=\ddot{z}$

$$[\ddot{x},\ddot{y},\ddot{z}]^{T}=[\ddot{A}][x_p,y_p,z_p]^{T}+[\ddot{B}_x,\ddot{B}_y,\ddot{B}_z]^{T} \tag{2-7-43}$$

式中　$[\ddot{A}]=\begin{bmatrix} (\cos\theta_1)'' & -\sin\theta_1(\sin\theta_2)''-2(\sin\theta_1)'(\sin\theta_2)'-(\sin\theta_1)''\sin\theta_2 & \sin\theta_1(\cos\theta_2)''+2(\sin\theta_1)'(\cos\theta_2)'+(\sin\theta_1)''\cos\theta_2 \\ 0 & (\cos\theta_2)'' & (\sin\theta_2)'' \\ -(\sin\theta_1)'' & -\cos\theta_1(\sin\theta_2)''-2(\cos\theta_1)'(\sin\theta_2)'-(\cos\theta_1)''\sin\theta_2 & 0 \end{bmatrix}$

$\ddot{B}_x=H_0[\sin\theta_1(\cos\theta_2)''+2(\sin\theta_1)'(\cos\theta_2)'+(\sin\theta_1)''\cos\theta_2]-\rho_0[2\omega(\cos\theta_1)'+\sin\theta_1(\sin\theta_2)''+2(\sin\theta_1)'(\sin\theta_2)'+(\sin\theta_1)''\sin\theta_2-\omega^2\sin\theta_1\sin\theta_2]\sin\alpha+\rho_0[(\cos\theta_1)''-2\omega\sin\theta_1(\sin\theta_2)'-2\omega(\sin\theta_1)'\sin\theta_2-\omega^2\cos\theta_1]\cos\alpha$

$\ddot{B}_y=H_0(\sin\theta_2)''+\rho_0[(\cos\theta_1)''-\omega^2\cos\theta_2]\sin\alpha+2\rho_0\omega(\cos\theta_2)'\cos\alpha$

$\ddot{B}_z=0$

补充说明，设料盘上给定点的坐标为 $P(x_p,y_p,0)$，并选取 β、ρ_0、H_0、ω 各值，分别代入式(2-7-35)、式(2-7-42) 和式(2-7-43)，可借计算机编程绘制该点对静坐标系的位移、速度、加速度的变化曲线。这犹同前述的直角坐标法所完成的工作一样，将为探明被料盘旋晃的物件供入螺旋滑道的可控条件奠定基础。

（二）控制条件

参阅图 2-7-27 和图 2-7-28，在料盘上螺旋滑道入口处沿坐标轴 y_p 另取一给定点 $p(0,R,0)$，由于料盘相对内摆架为平动，故知该点的切线 pq 应始终平行于坐标轴 x_p（或 x_1，x_2）。当盘面瞬时最低点 j_p 对 x_p 的相位角 $\alpha>90°$时，该切线的倾斜角就等于外摆圈的摆角 θ_1。这样，可将其绝对值与螺旋滑道平均螺旋角 θ_0 之差称为给定点滑道面的瞬时旋晃倾斜角 θ_p，写成下式

$$\theta_p=\theta_1-\theta_0=f_1(\beta,\alpha) \tag{2-7-44}$$

接着，分析物件在螺旋滑道入口处 p 点的受力状况。令该物件的质量为 m，重力为 $\boldsymbol{G}$，同底面和壁面的正压力各为 $\boldsymbol{N}_1$、$\boldsymbol{N}_2$，相应的摩擦力各为 $\boldsymbol{F}_1$、$\boldsymbol{F}_2$，滑动摩擦因数均

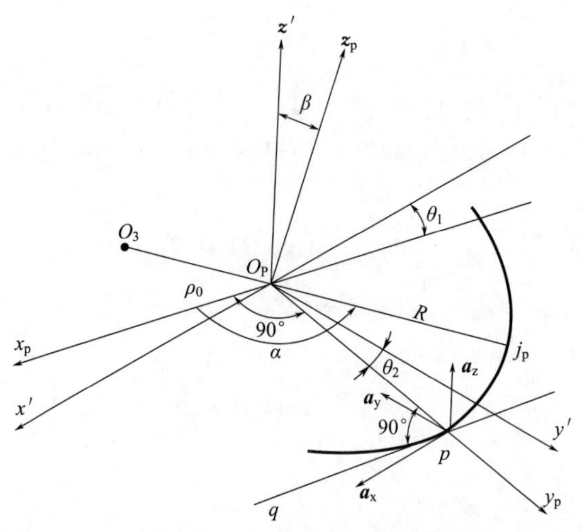

图 2-7-27　螺旋滑道入口处瞬时旋晃倾斜角分析示意图

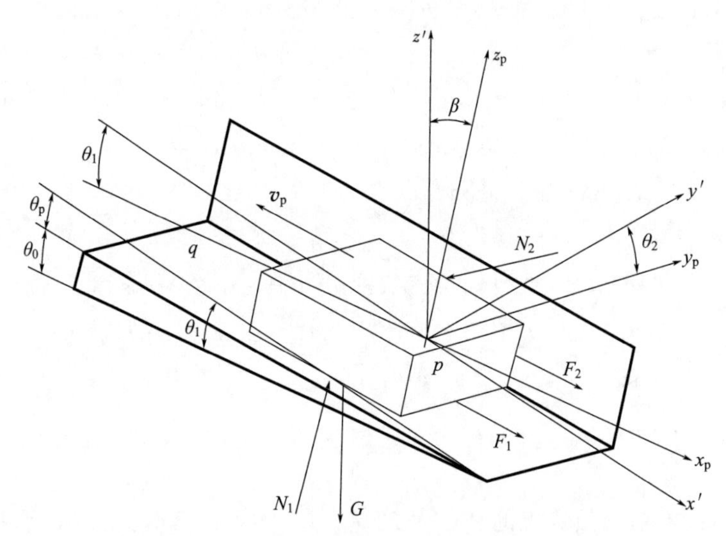

图 2-7-28　螺旋滑道入口处物件受力分析示意图

为 f，遂建立运动方程的近似表达式

$$N_1-G\cos\theta_2\cos\theta_p=m(-\ddot{x}\sin\theta_p+\ddot{y}\sin\theta_2\cos\theta_p+\ddot{z}\cos\theta_2\cos\theta_p) \tag{2-7-45}$$

$$G\sin\theta_2-N_2=m(\ddot{y}\cos\theta_2-\ddot{z}\sin\theta_2) \tag{2-7-46}$$

由于　$G=mg$，$F_1=fN_1$，$F_2=fN_2$，求得

$$F_1=fm[-\ddot{x}\sin\theta_p+(g\cos\theta_2+\ddot{y}\sin\theta_2+\ddot{z}\cos\theta_2)\cos\theta_p] \tag{2-7-47}$$

$$F_2=fm[(g+\ddot{z})\sin\theta_2-\ddot{y}\cos\theta_2] \tag{2-7-48}$$

现控制如下条件，以保证物件从螺旋滑道入口处向上滑移。

$$F_1+F_2-mg\cos\theta_2\sin\theta_p\leqslant m(\ddot{x}\cos\theta_p+\ddot{y}\sin\theta_2\sin\theta_p+\ddot{z}\cos\theta_2\sin\theta_p)$$

代入式(2-7-47)、式(2-7-48)，近似解出

$$\tan\theta_p>\frac{-\ddot{x}+f[\ddot{y}(\sin\theta_2-\cos\theta_2)+(g+\ddot{z})(\sin\theta_2+\cos\theta_2)]}{f\ddot{x}+\ddot{y}\sin\theta_2+(g+\ddot{z})\cos\theta_2}$$

令校核准数

$$k_{\mathrm{p}}=\arctan \frac{-\ddot{x}+f[\ddot{y}(\sin\theta_2-\cos\theta_2)+(g+\ddot{z})(\sin\theta_2+\cos\theta_2)]}{f\ddot{x}+\ddot{y}\sin\theta_2+(g+\ddot{z})\cos\theta_2} \tag{2-7-49}$$

则要求

$$\theta_{\mathrm{p}}>k_{\mathrm{p}}=f_2(\beta,\alpha) \tag{2-7-50}$$

借式(2-7-44)和式(2-7-49)，代入 $H_0=240\mathrm{mm}$、$\rho_0=160\mathrm{mm}$、$R=250\mathrm{mm}$、$\beta=20°$、$\theta_0=2°$、$f=0.27$、$n=60\mathrm{r/min}$，绘制如图 2-7-29 所示的 $\theta_{\mathrm{p}}-\alpha$、$k_{\mathrm{p}}$-$\alpha$ 关系曲线。这表明，当其他参数确定后，只有物件所在螺旋滑道面的瞬时旋晃倾斜角 θ_{p} 大于相应的校核准值 k_{p} 时，物件才能沿着螺旋滑道表面向上运动。

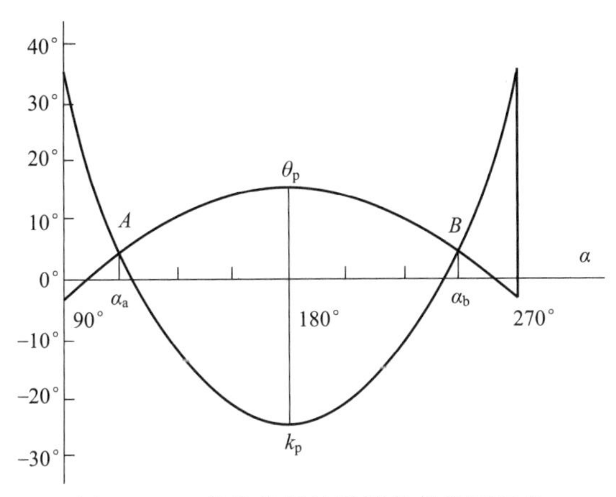

图 2-7-29　物件沿螺旋滑道的供送区间角

鉴于图中两条曲线 θ_{p} 与 k_{p} 对称相交于 A、B 两点，而投影到横坐标轴上即为相位角 α_{a}、α_{b}。不难理解，前者为物件向上运动的起始相位角，后者为终止相位角，因此该二角度之差

$$\Delta\alpha=\alpha_{\mathrm{b}}-\alpha_{\mathrm{a}} \tag{2-7-51}$$

就大体上反映了物件沿螺旋滑道的供送区间大小。鉴于 $0°<\Delta\alpha<180°$，更加具体地确认，在每次旋晃不足半个周期之内，螺旋滑道入口处的瞬时倾斜角一旦达到 $\theta_{\mathrm{p}}\geqslant k_{\mathrm{pa}}$，必然可以使若干个物件一连串地导入螺旋滑道上，间歇地实现自动定向排列。相应的，各分流槽也轮换排料。

总之，这充分体现出该机工作原理的最大特点，无疑是理论推导的重要成果，为创新设计打开了思路。切不可忘记，在诸多参数调控方面，定向分流与集浮分流两机构之间仍存在不少共性，值得相互借鉴，尤其是，要多参照图 2-7-16 和图 2-7-18 来思考相关问题。

（三）简要结论

① 就定向分流旋晃机而言，合理控制供送区间角 $\Delta\alpha$ 的大小，在很大程度上可以作为评估其生产能力的尺度。对此，主要影响因素包括：

a. 定向排列滑道平均螺旋角　可取 $\theta_0=0°\sim3°$，过大会降低 $\Delta\alpha$。

b. 盘面倾斜角　前已论证，$\beta<\varphi_{\mathrm{m}}$，为促进物件沿盘面供送滑道环流，可取 $\beta=18°$左右，过大或过小都会降低 $\Delta\alpha$。

c. 结构偏心距　计算表明，在给定条件下，随着 ρ_0 的增大，$\Delta\alpha$ 呈急剧上升而后趋于平缓的状态（类似半个正弦曲线）。不过，考虑到物件沿滑道上定向排列的稳定性以及尽量缩小分流槽口的空间活动范围，可取 $\rho_0=100\text{mm}$ 左右。注意，实际上，$\rho>\rho_0$。

d. 旋晃次数　这同生产能力几乎成正比关系，可是旋晃得过快，物件的定向供送可能会失效，要靠实验来测定。除此以外，尚需关注另外两方面情况：一是，为了增强滑道处于瞬时低位区段时物件供送的流畅性，不妨参照式(2-7-23) 确定该机构的第一临界转速 n_{r1}；二是，为了防止在供送过程中物件从滑道表面上起跳，还必须确定第二临界转速 n_{r2}。对此，按式(2-7-45)，令 $N_1=0$，解出

$$n_{r2}=\frac{30}{\pi}\sqrt{\frac{g}{H_0\sin\beta+\rho_0[\cos\beta+(2-\cos\beta)\sin^2\beta]\tan(\beta-\theta_0)}} \tag{2-7-52}$$

因此，应取 $n_{r1}<n<n_{r2}$。

② 仍就定向分流旋晃机而言，提高生产能力的另一条重要途径是选择多个分流螺旋滑道。从设计要求出发，视料斗直径大小及分流总体布局，可取螺旋滑道个数 $i_d=2$ 或 4。

综合前述集中于一点，作为本章的收尾。

多功能旋晃机是个新机种，属中国发明创造，而且在理论与实践上，也填补了国内外的空白。因此，从整个系统角度看，可以堪称本专业机械组合机构创新设计的典型实例。这值得深切体会，并以此为契机，向更多领域进一步扩展开拓。

确信，路总是人走出来的，但永远走不到尽头！

附录

编程用希腊字母

α——alp(ha)

β——bet(a)

γ——gam(ma)

δ——delt(a)

ε——epsi(lon)

ζ——zeta

η——eta

θ——thet(a)

ι——iota

κ——kap(pa)

λ——lam(bda)

μ——mu

ν——nu

ξ——xi

o——omic(ron)

π——pi

ρ——rho

σ——sig(ma)

τ——tau

υ——upsi(lon)

ϕ——phi

χ——chi

ψ——psi

ω——ome(ga)

参 考 文 献

[1] 许林成，赵治华，王治，汤志焕，虞定华. 包装机械原理与设计. 上海：上海科学技术出版社，1988.

[2] 许林成. 包装机械工程系统的综合研究. 包装与食品机械，1997，(5).

[3] 王明强等. 现代机械设计理论与应用. 北京：国防工业出版社，2011.

[4] 沈萌红等. TRIZ 理论及机械创新实践. 北京：机械工业出版社，2012.

[5] 温兆麟. 创新思维与机械创新设计. 北京：机械工业出版社，2012.

[6] 高志亮等. 系统工程方法论. 西安：西北工业大学出版社，2004.

[7] 戴庆辉等. 先进设计系统. 北京：电子工业出版社，2009.

[8] 巩敦卫等. 智能控制技术简明教程. 北京：国防工业出版社，2010.

[9] 李建勇等. 机电一体化技术. 北京：科学出版社，2004.

[10] 章建浩等. 食品包装学. 北京：中国农业出版社，2002.

[11] 孙智慧等. 药品包装学. 北京：中国轻工业出版社，2006.

[12] 孙诚等. 包装结构设计. 北京：中国轻工业出版社，2014.

[13] Xu Lincheng. Theoretical Studies of High Speed Timing Screw used in Conveyer for Various Types of Bottles and Cans. International Packging Conference Proceedings，Peijing，1985.

[14] Xu Lincheng. A Research of the Multifunction Wobble-Revolving Machinery-The Development And Application of the Wobble-Revolving Machanism with Feeg-Matarial. Second International Packging Conference Proceedings，Peijing，1988.

[15] Ying Xiaoli，Xu Lincheng. A Research on the General Application of the High Speed Timing Screw used in Conveying for Various Types of Bottles nd Cans. Intenational Packging Conference A Selection of Dissertations，Peijing，1996.

[16] 许林成. 从研制多功能旋晃机浅议发明创造的成功道路. 中国机械工程学会包装与食品工程分会第三届学术年会论文集，1993.

[17] 杉浦东逸. タィミンダスクリユー. 食品機械装置，1976，(8).

[18] 道家博. 新形压电式パーツフィーダ应用技術. 自動化技術，1989，21 (2).

[19] M. B. Медвидь. Автоматические ориентирующие загрузочные устройства и механизмы. МАШГИЗ，1963.

[20] Н. А. Усенкою，И. С. Ъляхеров. Автоматические загрузочно-ориентирующие устройства МАШИПОСТРОЕНИЕ，1984.

[21] George N. Sandor，Arthur G. Erdman. Advanced Mechanism Desing—Analysis and Synthesis. Prentice-Hell，INC.，1984.

[22] H. Retuer. Aseptic Packaging of Food. Technomic Publishing Company，INC.，1989.

[23] 许林成. 高速分件供送螺杆装置的理论与设计. 无锡轻工业学院学报，1982，(1).

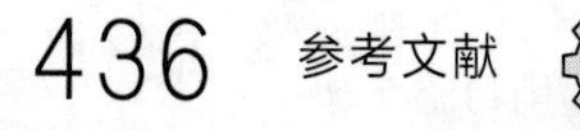

[24] 许林成. 不完整锥齿轮转位机构的理论与设计. 机械技术，1982，(2).
[25] 许林成. 瞬歇供送机构的理论与设计. 机械技术，1983，(2-3).
[26] 许林成. 连续式装盒机封盒机构的理论与设计. 包装科技，1982，(3).
[27] 许林成. 斗式电磁振动给料器理论与设计问题的研究. 包装科技，1983，(3).
[28] 许林成，章建浩. 载料旋晃机构的研究——斗式旋晃给料器的开发. 无锡轻工业学院学报，1991，10，(4)
[29] 许林成，蔡建新，张红伟，李继鉴. 高速定时分件供送螺杆系统研究新进展——变螺距螺旋线设计新方法初探. 包装工程，1997，(2).
[30] 曲继方等. 机构创新原理. 北京：科学出版社，2001.
[31] 邹慧君等. 广义机构设计与创新应用. 北京：机械工业出版社，2009.
[32] 华大年等. 连杆机构设计与应用创新. 北京：机械工业出版社，2008.
[33] 梁崇高等. 平面连杆机构的计算设计. 北京：高等教育出版社，1993.
[34] 孟宪源等. 机构构型与应用. 北京：机械工业出版社，2010.
[35] 张启先. 空间机构的分析与综合. 北京：机械工业出版社，1984.
[36] 张龙等. 空间机构学与机器人设计方法. 南京：东南大学出版社，2018.
[37] 韩中庚. 数学建模方法及其应用. 北京：高等教育出版社，2017.
[38] 黎明安. MTALAB Simulink 动力学系统建模与仿真. 北京：国防工业出版社，2012.
[39] 王勇等. 基于 MATLAB Simulink 的四杆机构连杆点轨迹仿真. 机械研究与应用，2007，20 (3).
[40] 杜志强等. 基于 MATLAB Simulink 语言的机构设计与分析. 上海：上海科学技术出版社，2001.
[41] 刘昌祺，牧野洋等. 凸轮机构设计. 北京：机械工业出版社，2005.
[42] Larry L. Howell. 柔顺机构学. 余跃庆译. 北京：高等教育出版社，2007.
[43] 西安轻工业机械科学研究所译. 制袋充填封口式包装机的成型器. 轻工业包装机械，1976，(11).
[44] 周一届，蔡和平，储志俊. 矩形管翻领成型器曲面的研究. 江南大学学报，2004，3，(3).
[45] 吴爱祥等. 散体动力学理论及其应用，北京：冶金工业出版社，2002.
[46] 贺利乐等. 机械系统动力学. 北京：国防工业出版社，2014.
[47] 顾新建等. 机电产品模块化设计方法和案例. 北京：机械工业出版社，2014.
[48] 陈定芳等. 虚拟设计. 北京：机械工业出版社. 2002.
[49] 唐中一等. 复合传动与控制. 重庆：重庆大学出版社. 2004.
[50] 杨卫民等. 注射成型新技术. 北京：化学工业出版社. 2008.
[51] 方昌林等. 液压气压传动与控制. 北京：机械工业出版社. 2010.
[52] 罗振成等. 自动检测与转换技术. 北京：化学工业出版社. 2010.
[53] 蔡杏山. 步进与伺服应用技术. 北京：人民邮电出版社. 2012.
[54] 徐滨士等. 再制造技术与应用. 北京：化学工业出版社. 2015.
[55] 程光明等. 悬臂式压电双晶片振子夹持长度变化对其动态特性的影响. 光学精密工程，2014，22 (5).

后　语

耄耋之年，谨以此书献给我的祖国。

沁　园　春

祖国颂

百余年头，
中华史册，
席卷狂飙。
喜南昌枪声，
井冈鼓角；
长城炮响，
天堑旗飘。
开放国门，
振兴百业，
盛世征程始今朝。
建功名，
洗病夫血泪，
世界赶超。

仙人洞天公雕，
看大地风光更娇娆。
惊三峡截流，
天路开拓；
嫦娥奔月，
奥运浪潮。
泱泱神州，
熊熊火炬，
一代新人竞比高。
登珠峰，
攀雪壁冰崖，
无敌英豪！